Dieses Buch
widmen wir den
Zierfischimporteuren,
die es den Aquarianern
seit über 100 Jahren ermöglichen,
an die kostbaren Wasserjuwelen
der tropischen Zonen
unserer Erde
zu gelangen.

Hans A. Baensch
Dr. Rüdiger Riehl

Umschlagfotos:
Titel: *Corydoras bolivianus*
Foto: Arend van den Nieuwenhuizen

Rückseite: *Cynolebias magnificus*   *Cyprinochromis pavo*
Ruud Wildekamp   Horst Büscher

Hypancistrus zebra
Hans A. Baensch

1. Auflage 1995

CIP-Kurztitelaufnahme der Deutschen Bibliothek

AQUARIEN ATLAS: Baensch, Hans A.; Riehl, Rüdiger
Mergus Verlag GmbH; Verlag für Natur- und Heimtierkunde - Melle :
NE: Baensch, Hans A. [Mitverf.]; Riehl, Rüdiger [Mitverf.]

Bd. 4 Unter Mitarb. von Lothar Seegers et. al. - 1. Auflage 1995
ISBN 3-88244-038-4

© Copyright 1995 MERGUS-Verlag GmbH, Postfach 86, 49302 Melle, Germany
Satz: Gabriele Nickstadt, Osnabrück
Lithos: Reprotec, Osnabrück
Druck: MERGUS PRESS, Singapur
Redaktion: Dr. Rüdiger Riehl
Herausgeber: Hans A. Baensch

Printed in Singapore

Hans A. Baensch
Dr. Rüdiger Riehl

AQUARIEN ATLAS

Band 4

Neuimporte und seltene Fische

unter Mitarbeit von
Horst Büscher
Dr. Hanns-J. Franke
Jörg Freyhof
Steffen Hellner
Hans Horsthemke
Manfred Meyer
Erwin Schraml
Lothar Seegers
Dr. Andreas Spreinat
Andreas Werner
Ruud Wildekamp

®

MERGUS

Verlag GmbH für Natur- und Heimtierkunde
Hans A. Baensch • Melle • Germany

Vorwort

Der Band 4 des Aquarien Atlas ist keine Wiederholung der ersten drei Bände. Vielmehr: Es sind andere Fischarten aufgenommen worden und zwar solche, die in den letzten Jahren neu importiert wurden. Es sind auch Arten darin zu finden, die kaum ein Aquarianer jemals zu Gesicht bekommen würde - es sei denn, er bereist alle Länder mit den wichtigsten öffentlichen Schauaquarien.

Der Schwerpunkt dieses Bandes liegt eindeutig bei den Cichliden, Welsen, Killifischen und den sehr seltenen Arten, die in der Natur teilweise schon als ausgestorben galten. Diesen sollte bei der Aquarienpflege besondere Aufmerksamkeit geschenkt werden, um sie für die Nachwelt zu erhalten.

Mit den vier Bänden des AQUARIEN ATLAS erfassen wir ca. 3.300 Fischarten. Das ist etwa ein Drittel der bisher beschriebenen Süßwasserfische. Ein weites Betätigungsfeld liegt noch vor uns.

Mit diesen vier Bänden sollte die Aquarien Atlas-Reihe zunächst als abgeschlossen gelten. Es liegt jedoch so viel gutes Fotomaterial vor, daß ein 5. Band bereits in Arbeit ist. Damit wird dann auch ein Gesamtindex für alle fünf Bände erscheinen, der das Auffinden der einzelnen Arten erleichtern soll. Der Index soll nach Gattung/Art und Art/Gattung geordnet werden, so daß man auch in der Gattung umbenannte Fische leicht auffinden kann.

Für die weitere Verbesserung der jetzt vorliegenden vier Bände wären die Autoren und der Verlag Ihnen dankbar. Einige Anregungen können wir sicher noch in Band 5 aufnehmen.

Dr. Rüdiger Riehl   Hans A. Baensch
Düsseldorf   Melle

Im Januar 1995

Herrn Harro Hieronimus wird herzlich gedankt für die Durchsicht dieses Bandes.

Inhaltsverzeichnis

Lethenteron kessleri, siehe Seite 12

Lampetra fluviatilis
Flußneunauge

(LINNAEUS, 1758)

Syn.: *Petromyzon fluviatilis, P. branchianalis, P. omallii, Lampetra opisthodon.*

Vork.: Europäische Zuflüsse zum Meer, Irland, Großbritannien, Finnland, Italien, Rußland, Deutschland.

Ersteinf.: Heimische Art.

GU: Entwickeln sich erst ab Beginn der Wanderung in die Flüsse. Das ♂ hat eine Urogenitalpapille, beim ♀ schwillt die Vorderkante der zweiten Rückenflosse und die Analregion an.

Soz.V.: Lebt häufig sympatrisch mit Bachneunaugen. Die Querder sind als im Boden lebende Tiere ungefährlich für Fische. Sie leben zu mehreren nebeneinander, bilden jedoch keine voneinander abhängigen Gruppen oder Schwärme. Die adulten Tiere sind mehr oder weniger Einzelgänger, können jedoch im Artenbecken auch zusammen gehalten werden (Foto linke Seite).

Hält.B.: Große, langgestreckte Aquarien mit kräftiger Filterung und Strömung. Sand/Kiesgemisch als Bodengrund.

ZU: In Aquarien bisher nicht gelungen. In Zuchtanstalten durch künstliche Befruchtung möglich.

FU: Die Larven (*Ammocoetus*) oder Querder ernähren sich von Detritus, Algen (Diatomeen), später werden auch kleine Würmer und Krebschen genommen. Die adulten Tiere parasitieren an Heringen, Makrelen, Dorschartigen, Lachsen u.a.; Fischlaich.

Bes.: Die Lebenserwartung der Larven beträgt 4 - 6 Jahre, die Tiere leben dann weitere ca. 2 1/2 Jahre im Meer, um zur Laichzeit in die Flüsse aufzusteigen.

T: 5 - 18° C, L: ca. 100 cm, ♂ etwas kürzer, BL: 150 cm, WR: m, SG: 4

---

*Lampetra wilderi**
Amerikanisches Neunauge

(GAGE, 1896)

Syn.: *Lampetra lamottenii, L. appendix (nomen nudum).*

Vork.: Große Seen in den USA.

Ersteinf.: Bisher nicht nach Europa eingeführt.

GU: Wie bei *L. japonicum.*

Soz.V.: Untereinander lassen sich die Tiere gut vergesellschaften. Ein Artenbecken ist anzuraten. Auf die Haltung zusammen mit anderen Fischen sollte - außer zu Ernährungs- und Beobachtungszwecken - verzichtet werden. Parasitär lebend.

Hält.B.: Becken mit sauerstoffreichem Wasser. pH-Wert 6,8 - 7,5; Härte bis 18 dGH. Sand/Kiesboden sowie Steine als Dekorationsmaterial. Unterschlupf ist von Vorteil. Die Tiere lieben es nicht zu hell.

Wanderungen werden nicht bei Sonnen- oder Mondschein durchgeführt.

ZU: Es liegen uns keine Angaben vor.

FU: Die *Ammocoetus*form dürfte sich von Detritus, Algen und auch tierischen Kleinstlebewesen ernähren. Umgewandelte Lampreten ernähren sich dann in den Seen von Fischhaut, Schuppen und Fleisch sowie Laich.

Bes.: *Lampetra wilderi* weicht in der Färbung von *Lethenteron japonicum* ab. Morphologisch gleicht die Art der letzteren. Wegen der völligen geografischen Abtrennung haben wir die Art als eigenständig belassen. Neunaugen dienen verschiedenen Fischen im Süßwasser, z.B. dem Hecht, als Nahrung.

T: 5 - 20° C, **L:** 20 cm, **BL:** 100 cm, **WR:** u, **SG:** 4

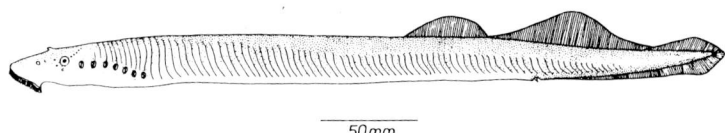

50mm

Lampetra fluviatilis (LINNAEUS, 1758)

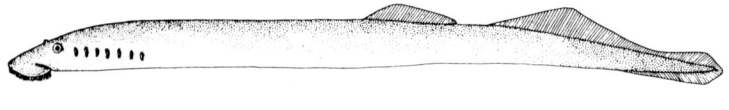

50mm

Lethenteron japonicum (MARTENS, 1868)

Lampetra wilderi, ♀ mit Eiern

Lampetra wilderi

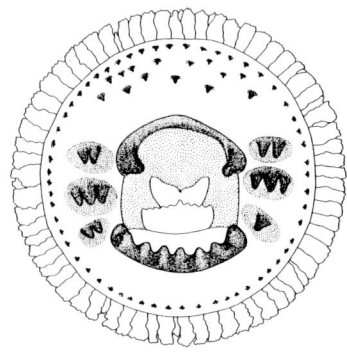

Mundscheibe von *Lampetra planeri*

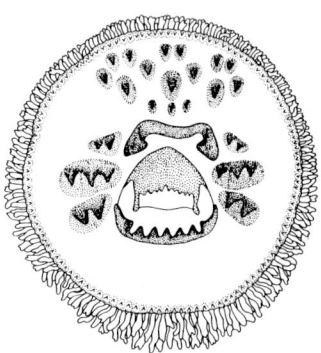

Mundscheibe von *Lampetra fluviatilis*

Mundscheibe von *Lethenteron japonicum*

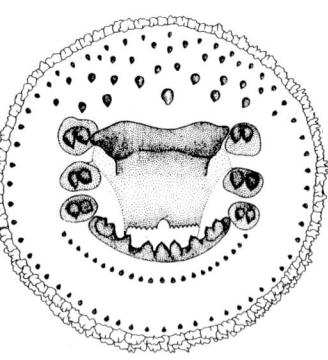

Mundscheibe von *Lethenteron kessleri*

Lethenteron japonicum
Arktische Lamprete

(MARTENS, 1868)

Syn.: *Petromyzon japonicus, Lampetra aurea, Eutosphemus japonais, Lethenteron reissneri u.v.a.*

Vork.: Nordamerika, Rußland, Japan, Zuflüsse nördlicher Meere.

Ersteinf.: Nicht bekannt, in Nordeuropa und USA heimische Art.

GU: Die Quellflosse des ♀ ist etwas größer als die des ♂. Bei laichreifen ♀♀ schimmern die Eier durch die Haut.

Soz.V.: Die geselligen Tiere unternehmen zur Laichzeit Wanderungen. Im Aquarium nicht mit anderen Fischen halten.

Hält.B.: Flache Becken mit viel Strömung und Sandboden für die Larven. Erwachsene Tiere benötigen Meerwasser. Von der Haltung ist abzuraten. Eine artgerechte Pflege dürfte nur mit sehr hohem Aufwand möglich sein.

ZU: Im Aquarium nicht möglich. Die Larven leben ca. 4 Jahre im Sandboden und danach noch 2 - 3 Jahre im Meer. Nach dem Ablaichen sterben die Tiere. Das Ablaichen erfolgt bei 12 - 16° C und

dauert etwa 5 Tage. In 20 - 30 cm Wassertiefe werden Nestmulden von ca. 20 - 50 cm Durchmesser im Kies oder Sand gebaut. Die Mulden sind 5 - 10 cm tief. Am Nestbau beteiligen sich ♀ und ♂. Ein ♀ kann nacheinander mit mehreren ♂ ♂ ablaichen. Beide Geschlechter "bewachen" das Nest einige Tage.

FU: Die Larven fressen mikroskopisch kleine Algen. Halberwachsene Tiere nehmen am Boden lebende Nahrung und kleine Fische. Während der Wanderung wird nicht gefressen. Ausgewachsene Tiere raspeln an Fischen und nehmen Haut- und Muskelfleisch. In der Hauptsache werden Lachse, Heringe, *Corregonus*-Arten, Dorsche und Flundern attackiert. Sobald die Laichreife eintritt und die Lampreten ins Süßwasser zurückkehren, fressen sie nicht mehr.

Bes.: Die Art ist sehr fett- und vitaminreich. In kaspischen Gebieten wird das Öl für Lampen genutzt. In Japan nutzt man den Vitamin-A-Gehalt gegen Augenleiden. In Finnland werden jährlich etwa 100 t gefangen.

T: 5 - 18° C, **L:** 54 cm Rußland, 35 cm Japan, 18 cm Alaska, **BL:** 150 cm, **WR:** u, **SG:** 4

Fam.: Petromyzontidae

Lethenteron kessleri
Kesslers Neunauge

(DYBOWSKI, 1869)

Syn.: *Lampetra kessleri, Petromyzon kessleri, Lampetra planeri reissneri u.a.*

Vork.: Rußland, Sibirien, Japan (Hokaido). In Seen und Flüssen ohne Meerzugang.

Ersteinf.: Bisher nicht nach Westeuropa eingeführt. Die fotografierten Tiere wurden im Aquarium Moskau gehalten.

GU: Dorsalflossen beim ♂ höher und weiter nach vorn gestellt als beim ♀. Die ♂♂ sind etwas länger als die ♀♀. Bei den anderen Neunaugen ist dies umgekehrt.

Soz.V.: Friedliche Art, die jedoch nicht mit Fischen zusammen gehalten werden sollte. Inlandsformen leben wahrscheinlich nicht parasitär.

Hält.B.: Wie die anderen Neunaugen. Eine Kühlanlage ist jedoch erforderlich.

ZU: Die Larven werden etwa 6 Jahre alt, bevor sie sich zu geschlechtsreifen Tieren umwandeln.

FU: Die Larven fressen Detritus, Algen (Diatomeen), *Cyclops*. Während der Metamorphose werden hauptsächlich Algen genommen. Die Nahrung der Alttiere ist nicht bekannt. ♀♀ wurden nach dem Ablaichen an größeren Fischen gefunden. Das kann auch ein Reflex sein. Demzufolge könnte die Ernährung wie bei den anderen Neunaugen erfolgen. Zwischen Mai und Juli werden etwa 2000 - 3000 Eier abgelegt. Temperatur: 11 - 13° C. Laichperiode zwischen 7 und 15 Tagen. Die ♂♂ erscheinen zuerst am Laichplatz und kämpfen um die besten Stellen. 2 - 3 ♀♀ paaren sich mit dem stärksten ♂ innerhalb einer "Laichfamilie". Die ♀♀, die ihre Eier abgelegt haben, verlassen das Nest und treiben bachabwärts. Die ♂♂ bewachen das Nest noch einige Tage. Auch geschlechtsreife Tiere, die nicht gelaicht haben (gewöhnlich die kleinsten), sterben nach einer Weile.

Bes.: Abgesehen von der Körperlänge, größeren Eiern und geringerer Eizahl unterscheidet sich *L. kessleri* kaum von *L. japonicum*.

T: 5 - 25° C (Kaltwasserfisch), **L:** 35 cm, **BL:** 150 cm, **WR:** m, **SG:** 2 - 3

Lethenteron kessleri

Paratrygon orbicularis, Text siehe nächste Seite

Fam.: Potamotrygonidae   Süßwasserrochen

Paratrygon orbicularis
Ringrochen

BLOCH & SCHNEIDER, 1801

Syn.: *Aiereba, Raja orbicularis, Trygon aiereba, Paratrygon aiereba.*

Vork.: Brasilien: In den großen Flüssen.

Ersteinf.: Unbekannt.

GU: ♂ mit verdickten Ventralflossen.

Soz.V.: Räuber, wehrhaft, aber scheu.

Hält.B.: Kein Aquarienfisch. Die Haltung von Jungfischen in Aquarien mit Sandboden, Dämmerlicht, Torffilterung ist möglich, aber nicht anzuraten. Transportempfindlich. Wasser: pH-Wert 5,8 - 7,5;

Härte 1 - 18° dGH. Kräftige Filterung, schwache Wasserströmung.

ZU: Nicht möglich. Lebendgebärend.

FU: K; alles Lebendfutter, lebende und tote Fische.

Bes.: Die Art wird auch als *Paratrygon aiereba* bezeichnet. Da WALBAUM (1792) die Art jedoch nicht nach den Binomenklaturregeln darstellte, gilt die Einordnung zu *P. orbicularis.*

T: 22 - 28° C, **L:** 50 cm, ohne Schwanzfilament (+ 80 cm), **BL:** 250 cm, **WR:** u, **SG:** 4 (G, K)

Fam.: Dasyatididae   Stachelrochen

Himantura uarnak
Indo-Australischer Tüpfelrochen

(FORSSKÅL, 1775)

Syn.: *Dasiatis uarnak, Dasybatφs (Himanturus) uarnak.*

Vork.: Küstengewässer des nordwestlichen Australien und des südlichen Indonesien.

Ersteinf.: Unbekannt.

GU: Die ♂♂ haben Verdickungen an den Bauchflossen, denen bei der Fortpflanzung funktionelle Bedeutung zukommen dürfte.

Soz.V.: Bodengebunden lebende Einzelgänger.

Hält.B.: Zur Aquarienpflege kommen nur Jungrochen in Frage. Sie benötigen unbedingt Brackwasser. Erwachsene Exemplare sind attraktive Pfleglinge für die Meerwasser-Schauaquarien zoologischer Gärten. Sie benötigen eine starke Sandschicht, da sie sich gern eingraben. Eine starke Filteranlage mit Wasserrücklauf sollte für klares Wasser sorgen und Fließbewegung vortäuschen.

ZU: Unbekannt. Viele Rochen sind lebendgebärend, meist 4 - 6 Embryonen

wachsen in einer uterusartigen Eileitererweiterung heran, die Zotten ausbildet, in denen die Embryonen eingebettet liegen. Diese Zotten sondern ein eiweißreiches Sekret zur Ernährung der Embryonen ab.

FU: K; tote Fische, Schnecken und Muscheln, deren Gehäuse zerbissen und dann ausgespuckt wird.

Bes.: Stachelrochen haben stark undifferenzierte Brustflossen, die auf breiter Basis verwachsen den ganzen Kopf umgeben. Sie laufen vorn meistens in eine Spitze aus, mit deren Hilfe der Fisch in der Lage ist, durch Flossenschläge den eigenen Körper mit Sand zu bewerfen und so ganz zu bedecken. Der extrem lange, dünne, peitschenartige Schwanz besitzt einen doppelseitig mit Zacken bewehrten Giftstachel, den die Tiere bei Gefahr aktiv durch Schlagen mit dem Schwanzstiel als Verteidigungswaffe einsetzen. Wie bei den Süßwasserrochen der Gattung *Potamotrygon* können durch den abgebrochenen, in der

Himantura uarnak

Wunde steckengebliebenen Kalkstachel lebensgefährliche Infektionen entstehen.

Nach GLOERFELT-TARP und KAILOLA gehört der hier abgebildete Jungrochen möglicherweise einer äußerlich sehr ähnlichen, nahe verwandten, aber noch nicht wissenschaftlich beschriebenen Art an, die sie als *Himantura* sp. 1 bezeichnen.

Nach WIRTZ in "DATZ", 3/91, bestehen die je nach Art 1 - 2 Giftstacheln der Stachelrochen aus Vasodentin. Sie können bei verschiedenen Arten bis 30 cm lang werden. Sie sind von einer Gewebehülle umkleidet, unter der entlang in Zweierrillen die Giftdrüsen liegen. Am Rand stehen Widerhaken. Die Stacheln der *Potamotrygon*-Arten werden nach THORSONS Untersuchungen abwechselnd im 6-Monate-Rhythmus abgeworfen und erneuert, also jeder einmal im Jahr. Grund dafür sei nicht ein Stumpfwerden der Stachel, sondern die Notwendigkeit der Erneuerung der Giftdrüsen.

Jungrochen von *Himantura uarnak* sollen, wie das abgebildete Tier, auf der gesamten Oberfläche gepunktet sein, während adulte Fische ein dichtes Netzgeflecht von hellen und dunklen verschnörkelten Linien, Ringen und Stäbchen in zelliger oder marmorierter Anordnung zeigen sollen.

T: 23 - 26° C, L: Körperdurchmesser bis 250 cm, BL: 150 - 200 cm, WR: u, SG: 4

Potamotrygon henlei
Feuerrochen
(CASTELNAU, 1855)

Syn.: *Trygon henlei.*

Vork.: Brasilien: Rio Tocantins, Rio Araguaia.

Ersteinf.: Ab etwa 1989 durch Transfish, München, nach Deutschland.

GU: Keine äußeren bekannt. Die fortpflanzungsfähigen ♂♂ tragen verdickte Bauchflossen.

Soz.V.: Vergesellschaftung mit ruhigen Oberflächenfischen möglich. Dämmerungsaktiv. Für das Spezialbecken. Einzelhaltung.

Hält.B.: Sandiger bis mulmiger weicher Bodengrund von 8 - 12 cm Schichtstärke. Torffilterung. Dunkles, braunes Wasser wird gegenüber stark beleuchteten Aquarien bevorzugt. Pflanzen nur in Töpfen. Evtl. Schwimmpflanzendecke. Kräftige

Filterung mit wenig Strömung. Wasser: pH-Wert 5,8 - 7,2; Härte 4 - 15° dGH.

ZU: Im Aquarium bisher nicht gelungen. Auch aus der Natur liegen keine Beobachtungen vor. Lebendgebärend.

FU: K; Jedes bodenlebende Futter, besonders Würmer und Mollusken. Auch Forellenpellets, TetraTips, tote und lebende Fische werden angenommen.

Bes.: Prächtige Art, die sich äußerlich kaum von der nah verwandten Art *P. leopoldi* unterscheidet. Beides sind attraktive schwarze Arten mit weißen Punkten. Aufgrund ihrer flachen Gestalt können nen die Tiere auch zwischen senkrechten Felsspalten Nahrung (Schnecken) erbeuten.

T: 23 - 28° C, **L:** 35 cm, **BL:** 120 cm, **WR:** u, **SG:** 3 - 4

Potamotrygon hystrix
Marmorierter Süßwasserrochen
MÜLLER & HENLE, 1841

Syn.: *Trygon hystrix.*

Vork.: Südamerika; Argentinien: Buenos Aires, Maracaibo-See, Brasilien, Paraguay, Venezuela, Peru: Contamana, Rio Pacaya, Lago Cashiboya, Iquitos.

Ersteinf.: Vermutlich um 1960.

GU: Die ♂♂ sollen intensiver gezeichnet sein und besitzen verdickte Ventralen, die bei der Fortpflanzung eine Rolle spielen.

Soz.V.: Gegenüber Beckenmitinsassen, sofern sie nicht so klein sind, daß sie als Futter betrachtet werden könnten, friedliche Fische, die außerhalb der Paarungszeit als Einzelgänger leben. Zeitweise ist ein großes Schwimmbedürfnis vorhanden, dem durch ein genügend großes Aquarium Rechnung getragen werden sollte.

Hält.B.: Pflege in Aquarien mit großer Bodenfläche und feinem Sand, in den sich die Rochen zeitweise vollkommen eingraben, um zu ruhen. Dabei schauen nur die Augen aus dem Sand hervor. Die Sandschicht sollte wenigstens 10 cm dick

sein. Mittelhartes, gut gefiltertes Wasser um 10 ° dGH und ein pH-Wert um den Neutralpunkt sind für die Pflege am vorteilhaftesten.

ZU: Noch nicht gezüchtet. Als vivipare Fische bringen die ♀♀ zwischen 6 - 12 Jungrochen zur Welt.

FU: K; Nahrungsspezialisten, die die im Bodengrund vergrabenen Futtertiere mit einem kräftigen Wasserstrahl "freiblasen". Gefressen werden Muscheln, deren zerbissene Schalenreste wieder ausgestoßen werden, ferner Mückenlarven, Garnelen, *Tubifex*, Regenwürmer und in Stükke zerschnittenes mageres Rindfleisch sowie Fischstücke.

Bes.: Beim Hantieren im Rochenbecken ist Vorsicht geboten, um gefährliche Verletzungen durch den abgebrochenen Kalkstachel des zur Verteidigung hochschnellenden Peitschenschwanzes zu vermeiden. Näheres dazu siehe unter *Potamotrygon reticulatus.*

T: 24 - 26° C, **L:** Körperdurchmesser um 70 cm, **BL:** 120 - 200 cm, **WR:** u, m, **SG:** 4

Potamotrygon henlei

Potamotrygon hystrix

Potamotrygon reticulatus
Genetzter Süßwasserrochen

Syn.: Keine.

Vork.: Südamerika: Peru, Brasilien, Argentinien. Vornehmlich in den großen, schlammigen Urwaldseen, die aus durch Hochwasserstauungen abgeschnittenen Flußschleifen entstanden.

Ersteinf.: Nicht mehr genau zu ermitteln, vermutlich um 1980.

GU: Die ♂♂ haben undifferenzierte Ventralen, die sich als Verdickungen darstellen und bei der Fortpflanzung (Paarung) eine Rollen spielen dürften.

Soz.V.: Zeitweise recht bewegungsfreudige Art. Gegenüber anderen, allerdings nicht zu kleinen Fischen, friedfertige Grundbewohner. Zu kleine Beckenmitinsassen können allerdings als Futtertiere gefressen werden.

Hält.B.: Da sich Süßwasserrochen zeitweise gern in den Bodengrund eingraben, sind Aquarien mit großer Bodenfläche und dicker Schicht aus feinem Sand erforderlich. Die Höhe des Wasserstandes ist dabei von untergeordneter Bedeutung. Auf Wurzeln bildende Wasserpflanzen sollte verzichtet werden, da sie dem Eingraben der Tiere hinderlich sind. Die Gesamthärte des Wassers sollte 15° dGH nicht übersteigen, der pH-Wert bei 6,8 - 7,5 liegen.

ZU: Noch nicht gelungen. Die Art dürfte, wie alle Dasiatidae (Stechrochen), vivipar sein. Das bedeutet, daß bereits geschlüpfte Jungrochen vom ♀ entlassen werden. LÜLING konnte beobachten, wie ein von einem indianischen Fischer gespeertes *Potamotrygon motoro*-♀, noch am Speer hängend, 7 Jungrochen gebar, die völlig entwickelt und lebensfähig waren. ("Südamerikanische Fische und ihr Lebensraum", S. 34).

FU: Rochen sind Nahrungsspezialisten, die vorzugsweise Muscheln und Wasserschnecken fressen, deren Schalen bzw. Gehäuse sie mit ihrem kräftigen Gebiß mühelos zerbrechen. Die Schalen werden dabei wieder ausgestoßen. Muscheln, aber auch bodenbewohnende Wurmarten werden erbeutet, indem sich der Rochen darüber legt und das Beutetier mit einem ausgestoßenen Wasserstrahl vor dem Freßakt freilegt, um es danach einzusaugen. Auch Regenwürmer, magere Fleischstücke, Rinderherz, Shrimps sowie Muschelfleisch und in Stücke geschnittene tote Fische werden von der Sandoberfläche aufgenommen und gefressen.

Bes.: Alle Süßwasserrochen sind äußerst interessante Beobachtungsobjekte, die - infolge ihrer definitiven Größe - nur in sehr geräumigen Aquarien mit starker Filteranlage gepflegt werden können. Aber größte Vorsicht beim Hantieren im Becken! Ebenso wie die Dasyatidae (Stechrochen), mit denen die amazonischen Süßwasserrochen der Gattung *Potamotrygon* (Fam.: Potamotrygonidae) nahe verwandt sind, haben sie einen peitschenförmigen Schwanzstiel, der oberseits einen dornenbewehrten Kalkstachel trägt. Dieser bohrt sich Badenden bei zufälliger Berührung des Rochens unter Wasser durch die Wucht des in diesem Moment peitschenartig hochschnellenden Schwanzstiels, je nach Größe des Tieres, in Wade oder Oberschenkel. Er bricht dort ab, bleibt stecken und erzeugt schwer verheilende Wunden nach Sekundärinfektionen. Allen Rochen fehlen die Dorsale und Anale. Die großen, vorn verwachsenen Brustflossen umfassen saumartig Körper und Kopf.

T: 24 - 26° C, **L**: Körperbreite 30 cm und mehr, **BL**: 120 cm, **WR**: u, **SG**: 4

Potamotrygon reticulatus

Potamotrygon sp. aff. *reticulatus*

Potamotrygon sp.

Paracheirodon innesi, Leuchtkopfneon (Zuchtform)

Alestopetersius smykalai * POLL, 1967
Blauer Diamantsalmler

Syn.: "*Rhabdalestes smykalai*", *Hemigrammopetersius smykalai.*

Vork.: Afrika: Nigeria, unterer Niger bei Aba.

Ersteinf.: Ca. 1980.

GU: Siehe Fotos; deutlicher Geschlechtsdimorphismus.

Soz.V.: Friedlicher Schwarmfisch, für das größere Gesellschaftsbecken gut geeignet. Nicht mit flossenfressenden Arten (Sumatrabarben) vergesellschaften.

Hält.B.: Dicht bepflanzte Aquarien mit viel freiem Schwimmraum. Wasser: pH-Wert 6,0 - 7,2; Härte bis 15° dGH (8°). Torffilterung oder Torfextraktzusatz, gedämpftes Licht (Schwimmpflanzendecke). Becken gut abdecken, da die Tiere schreckhaft sein können und dann springen.

ZU: 80-cm-Aquarium mit feinfiedrigen Pflanzen. Weiches Wasser bis 6° dGH bieten. Torfzusatz. Siehe Blauer Kongosalmler, Bd. 1, Seite 222.

FU: K, O; gern Flockenfutter, Frost- und Gefrierfutter. *Artemien.* Tümpelfutter dann, wenn sich keine Fische in dem Teich befinden. Sonst werden leicht Krankheiten eingeschleppt.

Bes.: Name aus dem Englischen übersetzt.
* GÉRY (1977) stellt die Gattung in Frage und zählt die Art zur Gattung *Hemigrammopetersius.*

T: 23 - 27° C, **L:** 10 cm, **BL:** 100 cm, **WR:** m, **SG:** 2 - 3

Zaire, westafrikanisches Gewässer, Heimat verschiedener Salmlerarten

Alestopetersius smykalai ♂, Nigeria

Alestopetersius smykalai ♀, "Blue Diamond"

Bathyaethiops caudomaculatus
Afrikanischer Mondsalmer

(PELLEGRIN, 1925)

Syn.: *Phenacogrammus caudomaculatus, Micralestes caudomaculatus latus, Hemigrammalestes caudomaculatus.*

Vork.: Afrika: im Kongogebiet weit verbreitet, Sangha (Kamerun).

Ersteinf.: Um 1960 nach Deutschland eingeführt.

GU: Der blutrote Fleck am Ansatz der Dorsale ist bei den ♀♀ kleiner als bei den ♂♂. Dazu sind laichreife ♀♀ an der gerundeten Bauchpartie und Bauchkante zu erkennen, die bei den ♂♂ nach unten beilförmig zugespitzt ausläuft.

Soz.V.: Ausgeprägtes Schwarmverhalten kennzeichnet diese farblich hervorragend ausgestatteten friedlichen Salmler. Allein gehalten fehlt ihnen die Sicherheit, die der Schwarmzusammenhalt gibt. Sie sind dann überaus scheu und flüchten, besonders in Becken mit geringer oder fehlender Hintergrundbepflanzung, bei jeder vermeintlichen Gefahr. Dabei prallen sie oft gegen die Scheiben. Solche Einzeltiere vergesellschaftet man am besten mit anderen, etwa gleich großen, ruhigen und nicht scheuen Salmlerarten.

Hält.B.: Als schwimmlustige Schwarmfische lieben diese Fische lange Becken mit viel freiem Schwimmraum, einer Schwimmpflanzendecke und Hintergrundbepflanzung, die ihnen Sicherheit verleiht. Zudem soll der Standort des Beckens bei dunklem Bodengrund nicht zu hell gewählt werden, da diese Art bei seitlichem Lichteinfall sehr schreckhaft ist. Torffilterung ist zu empfehlen. Günstige Wasserwerte: pH-Wert 6,3 - 7,3; dGH 5 - 12°. Häufiger Frischwasserzusatz erhöht ihr Wohlbefinden.

ZU: Bisher ist nichts über das Fortpflanzungsverhalten bekannt geworden.

FU: K, O; kräftiges Lebendfutter, wie große *Cyclops*, Daphnien, *Tubifex*, Enchyträen, verschiedene Arten Mückenlarven; alle genannten Futterarten auch als Frostfutter, dazu Flockenfutter.

Bes.: GÉRY faßt in der *Phenacogrammus caudomaculatus*-Gruppe, die mit der Untergattung *Bathyaethiops* gleichzusetzen ist, drei Arten zusammen: *B. greeni* (FOWLER, 1949), die Typusart der Gattung *Bathyaethiops*, die hier behandelte Nominatform der Gruppe *B. caudomaculatus* und *B. breuseghemi* (POLL, 1945). Alle drei Arten sind durch ihre auffallende Hochrückigkeit charakterisiert. Bei fast übereinstimmender Körperfärbung unterscheidet sich *B. breuseghemi* von *B. caudomaculatus* nur durch die etwas geringere Körperhöhe (s. Band 3, S. 95). Ferner soll der schwarze Kaudalfleck nach GÉRY etwas weiter hinten am Schwanzstiel und in dessen unterer Hälfte liegen. Ob diese beiden Arten weiterhin als solche Bestand haben, oder aber *B. breuseghemi* zur Unterart oder Lokalrasse von *B. caudomaculatus* abgewertet werden wird, muß einer künftigen Revision der Gattung *Phenacogrammus* vorbehalten bleiben. Es scheint nämlich festzustehen, daß Größe und Position des Kaudalfleckes - zumindest bei Exemplaren von *B. caudomaculatus* - individuell variieren können. Auch scheint die Hochrückigkeit dieser Art im Alter zuzunehmen. Auffallend ist die kräftige Rotfärbung der ersten Dorsalstrahlen von *B. breuseghemi,* die bei *B. caudomaculatus* nur in Andeutung vorhanden ist. Man vergleiche dazu die Aufnahmen auf der Vorseite.

T: 23 - 27° C, **L:** 7 - 8 cm, **BL:** 80 cm, **WR:** m, **SG:** 2 - 3

Bathyaethiops caudomaculatus ♂

Bathyaethiops caudomaculatus

Bathyaethiops greeni
Greens Salmler

FOWLER, 1949

Syn.: *Phenacogrammus greeni.*

Vork.: Afrika: Zaire.

Ersteinf.: Bisher nicht nach Europa eingeführt. Ca. 1980 in die USA.

GU: ♂ mit spitzer ausgezogenen Rükken- und Afterflossen.

Soz.V.: Friedlicher Schwarmfisch.

Hält.B.: Etwa wie der Blaue Kongosalmler: Bd. 1, Seite 222.

ZU: Nicht bekannt.

FU: K; feines Lebendfutter, Flockenfutter, Gefrierfutter.

Bes.: Die Art ist Genustyp von *Bathyaethiops*. Nach CLOFFA gehört die Art zur Gattung *Bathyaethiops*. GÉRY (mündl. Mitteilung) rechnet sie zu *Phenacogrammus*.

T: 22 - 28° C, **L**: 6 cm, **BL**: 80 cm, **WR**: m, **SG**: 2

Brachypetersius pseudonummifer *

POLL, 1967

Syn.: *Micralestes altus* (partim), *Petersius nummifer* (partim).

Vork.: Afrika: Zaire, oberes Flußgebiet.

Ersteinf.: Unbekannt.

GU: ♀♀ dicker.

Soz.V.: Friedlicher Schwarmfisch, der gut mit anderen, nicht zu großen Fischen vergesellschaftet werden kann.

Hält.B.: Mittelgroßes, gut bepflanztes Aquarium mit offenem Schwimmraum. Die Wasserqualität soll nicht zu hart (bis 10 ° dGH) und leicht sauer bis neutral (pH-Wert 6 - 7) sein. Diese Art möglichst im Schwarm halten oder mit anderen gleich großen *Characiden* aus Zaire vergesellschaften.

ZU: Unbekannt.

FU: K; alle Arten von Lebendfutter.

Bes.: Wird nur sehr selten im Aquarienhandel angeboten, wenn, dann nur als Beifang aus Zaire.
* GÉRY (1977) stellte die Art zur Gattung *Phenacogrammus*.

T: 20 - 27 ° C, **L**: 8 cm, **BL**: 80 cm, **WR**: m, o, **SG**: 2 - 3

Bathyaethiops greeni

Brachypetersius pseudonummifer, Zaire

Fam.: Alestiidae*
Unterfam.: Alestiinae

Echte Afrikanische Salmler
Schwarmsalmer

Brycinus affinis
Rotfeder-Salmler

(GÜNTHER, 1894)

Syn.: *Alestes affinis, Alestes imberi*.

Vork.: Ostafrika: Tana-Fluß u. a., Tansania; weit verbreitet.

Ersteinf.: Unbekannt.

GU: Wie bei *B. schoutedeni*, Seite 32.

Soz.V.: Friedlicher Schwarmfisch in der Jugend. Ausgewachsene Tiere brauchen ein Großbecken mit robusten Cichliden oder Welsen als Gesellschafter.

Hält.B.: Recht anspruchslose Art, was die Wasserbeschaffenheit angeht. Gute Filterung mit Strömung und Sauerstoffanreicherung ist jedoch erforderlich. Kräftige Wasserpflanzen wie Vallisnerien, Javafarn und -moos. Viel Schwimmraum.

ZU: Bisher nicht bekannt. Zur Laichzeit (zu Beginn der Regenzeit) werden Sumpf- und Überschwemmungsgebiete aufgesucht.

FU: K, O; Allesfresser, auch zarte Pflanzen. Kräftiges Lebend- oder Frostfutter, Flockenfutter und Tabletten.

Bes.: *GÉRY (1977) bezeichnet die Familie *Alestiidae*. CLOFFA (Prüfliste der Süßwasserfische von Afrika, 1984), zählt sie zu den (südamerikanischen) *Characidae*. Wegen der vor über 60 Millionen Jahren erfolgten geographischen Trennung und der Unterschiede in der Bezahnung der oberen Maxillare (Oberkiefer) wurde hier GÉRY gefolgt.

T: 22 - 28° C, **L**: 28 cm, **BL**: 180 cm, **WR**: m, o, **SG**: 2

Brycinus brevis*
Kleiner Großaugensalmler

(BOULENGER, 1903)

Syn.: *Alestes brevis**.

Vork.: Afrika: Goldküste, Lagos, Ost-Nigeria (Benue-Fluß bei Yda)

Ersteinf.: ?, sicher 1990 durch Tropifish, Holland.

GU: Wie bei *B. schoutedeni*, Seite 32.

Soz.V.: Friedlicher Schwarmfisch, für Gesellschaftsbecken gut geeignet. Mit zunehmendem Alter (Größe) wird die Art für das Heimaquarium zu lang.

Hält.B.: Gut bepflanztes Aquarium mit viel freiem Schwimmraum. Kräftige Filterung und Strömung. Wasserwechsel bis

zur Hälfte alle 2 - 4 Wochen, je nach Wasserbelastung. pH-Wert 6,5 - 7,8.

ZU: Wie obige Art.

FU: K, O; feines Lebendfutter, z.B. *Artemia, Cyclops*. Flockenfutter, Gefrier- und FD-Nahrung. Gelegentlich Pflanzenkost.

Bes.: *Obwohl die CLOFFA jüngeren Datums ist als GÉRY (1977), sind die Ausführungen von GÉRY in diesem Fall vorzuziehen. CLOFFA war zum Zeitpunkt des Erscheinens gegenüber dem "GÉRY" bereits veraltet.

T: 23 - 27° C, **L**: 22,5 cm, **BL**: 120 cm, **WR**: m, **SG**: 2 - 3

Brycinus affinis, Tansania

Brycinus brevis, Yola, Ostnigeria

Fam.: Alestiidae

Unterfam.: Alestiinae

Echte Afrikanische Salmler

Schwarmsalmer

Brycinus leuciscus
Afrikanischer Weißfischsalmler

(GÜNTHER, 1867)

Syn.: *Alestes senegalensis, A. nurse* (n. RÜPPELL), *A. nigrilineatus, A. leuciscus.*

Vork.: Afrika: Ost-Nigeria, Yda, Benue-Fluß.

Ersteinf.: ?, sicher 1990 nach Holland.

GU: Afterflosse beim ♂ größer mit vorderem "Lappen". Beim ♀ konkav.

Soz.V.: Meist friedlicher Schwarmfisch, kleinere Fische werden jedoch als Lebendfutter betrachtet.

Hält.B.: Großvolumiger Filter, häufiger Wasserwechsel.

ZU: Wie *Brycinus affinis*.

FU: O; Allesfresser, besonders kleine und große Insekten, Spinnen. Im Aquarium jede Art von Flocken-, Pellet- und Gefrierfutter.

Bes.: Kein Aquarienfisch. Die größeren *Brycinus*-Arten werden zu Speisezwecken gefangen und haben so eine gewisse wirtschaftliche Bedeutung.

T: 22 - 27° C, **L:** ca. 30 cm, **BL:** 150 cm, **WR:** m, o, **SG:** 3 (G)

Brycinus macrolepidotus
Großschuppiger Brycinus

VALENCIENNES, 1849

Syn.: *Alestes macrolepidotus, A. macrolepidotus macrolepidotus, A. macrolepidotus rhodopleura, A. macrolepidotus schoutedeni.*

Vork.: Westafrika: Senegal, Tschad, Niger, Küstenregion von Sierra Leone bis Kamerun.

Ersteinf.: Unbekannt.

GU: Siehe bei *B. schoutedeni.*

Soz.V.: Recht friedlicher Schwarmfisch, der jedoch mit zunehmender Größe zum Räuber wird.

Hält.B.: Gut bepflanzte Aquarien mit viel Platz zum Schwimmen. Große Filter, deren Material regelmäßig gewartet werden muß. Sauerstoffbedürftig; sonst recht anspruchslos.

ZU: Im Aquarium wegen der Größe wohl kaum möglich.

FU: K, O; Allesfresser. Kleinere Tiere nehmen gern Flockenfutter, größere Karpfen- und Forellenpellets.

Bes.: Die Art kommt im gleichen Verbreitungsgebiet wie *B. rutilus* (32 cm Länge) vor, wird jedoch nicht zusammen mit dieser Art gefangen. Anscheinend bewohnen beiden Arten verschiedene Gewässerregionen.

T: 22 - 28° C, **L:** 12 cm, **BL:** 100 cm, **WR:** m, o, **SG:** 3 (G)

Brycinus leuciscus, Yda, Benue River

Brycinus macrolepidotus, Nigeria

Brycinus schoutedeni *
Großschuppen-Brycinus

BOULENGER, 1912

Syn.: *Alestes macrolepidotus schoutedeni, A. schoutedeni.*

Vork.: Afrika: Unteres Kongo-Becken (Zaire), Gabun.

Ersteinf.: Sicher 1992 durch Tropifish, Beek en Donk, nach Holland.

GU: Afterflosse beim ♂ eingebuchtet, beim ♀ fast gerade.

Soz.V.: Jungtiere lassen sich gut im Schwarm halten. Bei guter Pflege wachsen sie jedoch bald ins Rüpelalter.

Hält.B.: Die *Brycinus*-Arten springen gern! Becken gut abdecken. Wie die anderen Arten der Gattung: Großbecken, kräftige Bepflanzung. Gute Filterung. Wasser: pH-Wert 6,0 - 7,5; Härte bis 15° dGH. Weiches Wasser von Vorteil: bis ca. 400 µS.

ZU: Nichts aus der Aquaristik bekannt.

FU: K, O; vorwiegend Lebendfutter aller Art; auch Pflanzenkost, Früchte, Erbsen. Flockenfutter für Jungtiere, Pellets für Fische ab 12 cm Länge.

Bes.: *GÉRY (1977) stellt diese Art zu *Alestes (Brycinus) grandisquamis* (BOULENGER, 1899).

T: 22 - 27° C, **L**: ca. 25 cm, **BL**: 150 cm, **WR**: m, o, **SG**: 3

Bryconaethiops macrops
Masken-Großaugensalmler

BOULENGER, 1920

Syn.: Keine.

Vork.: Kamerun, Kongo.

Ersteinf.: Bisher nicht eingeführt?

GU: ♀♀ zur Laichzeit voller in der Bauchpartie.

Soz.V.: Flinker, friedlicher Schwarmfisch.

Hält.B.: Sauerstoffbedürftig. Braucht viel freien Schwimmraum. Schreckhaft, Becken gut abdecken, da die Tiere gern springen.

ZU: Nicht bekannt; vermutlich Schwarmlaicher zwischen dichten Pflanzenbüscheln.

FU: O; Allesfresser. Von Lebendfutter bis zu zarten Pflanzen. Flockenfutter auf pflanzlicher Basis.

Bes.: Hinfällige, sauerstoffbedürftige Art.

T: 23 - 26° C, **L**: 12 cm, **BL**: 120 cm, **WR**: m, o, **SG**: 2 - 3

Brycinus schoutedeni

Bryconaethiops macrops

Hemigrammopetersius intermedius
Tschadsalmler

BLACHE & MITON, 1960

Syn.: *Petersius intermedius.*

Vork.: Afrika: Tschadsee, Niger, Elfenbeinküste.

Ersteinf.: ca. 1958.

GU: Deutlicher Geschlechtsdimorphismus. Beim ♂ ist die Afterflosse vorn mit einem Lappen versehen. Beim ♀ ist der äußere Rand gerade oder leicht konkav.

Soz.V.: Friedlicher Schwarmfisch.

Hält.B.: Geräumiges Aquarium mit viel freiem Schwimmraum. Harte Pflanzen, da zarte Triebe gelegentlich angeknabbert werden.. Wasser: pH-Wert 6,5 bis 7,5; Härte bis 20° dGH.

ZU: Die Tiere wandern zur Laichzeit in sumpfartige Überschwemmungsgebiete und laichen zwischen Pflanzen ab.

FU: K, O; Flockenfutter auch auf pflanzlicher Basis. Jedes gängige Lebend- und Gefrierfutter.

Bes.: Keine.

T: 22 - 28° C, **L**: ca. 8 cm, **BL**: 100 cm, **WR**: m, o, **SG**: 1 - 2

Hemigrammopetersius septentrionalis

(BOULENGER, 1911)

Syn.: *Rhabdalestes septentrionalis, Micralestes septentrionalis, Petersius septentrionalis.*

Vork.: Nordwestliches Afrika: Gambia, Senegal, Kamerun, Guinea.

Ersteinf.: Nicht bekannt.

GU: Sehr deutlich an der Afterflosse erkennbar: Beim ♂ ist diese stark rund ausgebuchtet; beim ♀ gerade und vorn mit einer leichten Spitze.

Soz.V.: Friedlicher Schwarmfisch, fürs Gesellschaftsaquarium gut geeignet. Man sollte stets wenigstens 5 Tiere pflegen. Manche Tiere schließen sich auch anderen Schwarmfischen an.

Hält.B.: Diese Art braucht viel freien Schwimmraum. Dunkler Bodengrund, torfgefiltertes Wasser und evtl. eine Schwimmpflanzendecke in einem Teil des Aquariums sind von Vorteil für das

Wohlbefinden der Art. Wasser: pH-Wert 6,0 - 7,5 (6,8); Härte: 6 - 20 °dGH (10). Wasserwechsel alle 2 - 3 Wochen 1/3 des Beckeninhaltes.

ZU: Zuchtbecken zunächst für ein paar Tage abdunkeln, dann kräftig beleuchten. T: 27° C. Die Art laicht paarweise oder im Schwarm ab. Die Eier sind klein und durchsichtig. Sie fallen zu Boden. Die Elterntiere sollten entfernt werden. Aufzucht mit feinstem Staubfutter.

FU: K, O; Flockenfutter, Frost- und Lebendfutter aller Art.

Bes.: Die Art wurde häufig mit *Micralestes acutidens* verwechselt. Der echte *M. acutidens* wurde erst im AQUARIEN ATLAS, Bd. 1, Seite 223, ab der 9. Auflage abgebildet. Vorher wurde dort *H. septentrionalis* gezeigt.

T: 23 - 27° C, **L**: 6 cm, **BL**: 80 cm, **WR**: m, o, **SG**: 2 - 3

Hemigrammopetersius intermedius

Hemigrammopetersius septentrionalis, Nigeria

Hemigrammopetersius tangensis
Tangasalmler

(LÖNNBERG, 1907)
Unterfam.: Alestiinae

Syn.: *Micralestes tangensis tangensis, Petersius tangensis, Rhabdalestes tangensis.*

Vork.: Ostafrika: Tangafluß, Luapula, Kando, Zinga. Tansania.

Ersteinf.: Unbekannt; 1991 nach Holland.

GU: Das Foto zeigt ein ♂, bei dem die Afterflosse lappenförmig ausgezogen und weiß gefärbt ist. Beim ♀ ist diese gerade und durchsichtig.

Soz.V.: Friedlicher Schwarmfisch. Vergesellschaftung mit friedlichen Welsen, anderen Salmlern, Zwergcichliden, *Rasbora*-Arten usw.

Hält.B.: Wie obenstehende Art.

ZU: Wie vorige Art.

FU: K, O; Flockenfutter, gelegentlich Pflanzenkost.

Bes.: Selten importiert.

T: 23 - 27° C, **L**: 5,5 cm, **BL**: 80 cm, **WR**: m, o, **SG**: 2 - 3

Micralestes acutidens
Spitzzahnsalmler

PETERS, 1852

Syn.: *Alestes acutidens, Brachyalestes acutidens.*

Vork.: Nil, Niger, Zaire, Sambesi, Togo, Ghana.

Ersteinf.: 1932 durch SCHREITMÜLLER.

GU: ♂ hat eine anders geformte Afterflosse und ist schlanker.

Soz.V.: Lebhafter, friedlicher Schwarmfisch. Geeignet für Gesellschaftsaquarien.

Hält.B.: Langgestreckte Becken mit guter Hintergrund- und etwas Seitenrandbepflanzung, die viel Platz zum Ausschwimmen läßt. Nicht anspruchsvoll an die Wasserbedingungen, jedoch ist gute Belüftung notwendig. pH-Wert 6,2 - 8,0; Härte bis 25° dGH .

ZU: Bisher nicht beschrieben.

FU: K, O; Flockenfutter, Lebendfutter aller Art.

Bes: Wird leider wenig eingeführt, obwohl die Art häufig und weit verbreitet ist. Jungtiere sind recht unscheinbar. Wegen hohen Sauerstoffbedarfs transportgefährdet.

T: 22 - 26° C, **L**: 6,5 cm, **BL**: 80 cm, **WR**: m, **SG**: 2

Hemigrammopetersius tangensis, Zinga, Osttansania

Micralestes acutidens

Micralestes elongatus

DAGET, 1957

Syn.: *Micralestes acutidens*, *Micralestes acutidens elongatus*.

Vork.: Afrika: System des Tschad, Niger, Volta, Senegal, Cross und mehrere kleine, in den Atlantik fließende Ströme in Westafrika.

Ersteinf.: Unbekannt.

GU: Die ♂♂ besitzen eine breitere Afterflosse, die im unteren Drittel einen größeren abgerundeten Zipfel besitzt.

Soz.V.: Friedlicher, kleiner Schwarmfisch, der gut für das Gesellschaftsbecken geeignet ist. Braucht gute Randbepflanzung und offenen Schwimmraum.

Hält.B.: Diese Art ist am besten im kleinen Schwarm zu halten. Wasser: pH-Wert 6,0 - 7,5; Härte bis 16 ° dGH. Bevorzugt einen dunklen Bodengrund. Das Aquarium soll nicht zu hell beleuchtet sein und eine kräftige Filterströmung haben.

ZU: Soll ein Freilaicher zwischen Pflanzen in Uferregionen sein. Es ist nicht bekannt, ob eine Zucht im Aquarium schon gelungen ist.

FU: K, O; alle Arten von Lebendfutter, das nicht zu grob ist. Tiefgefrorenes Futter und fast alle Sorten Flockenfutter.

Bes.: Wird manchmal als *Micralestes humilis* angeboten, der aber aus dem Sambesi- und Zaire-Flußgebiet stammt und der in westlicher Richtung nicht weiter als bis zum Tschad-Gebiet und zum oberen Benue vordringt. *Micralestes humilis* ist von dieser Art durch das Fehlen der Rotfärbung in der Fettflosse gut zu unterscheiden. In Band 3, Seite 90, wird *Micralestes stormsi* gezeigt. Dieser weist ebenfalls eine große Ähnlichkeit mit *Micralestes humilis* auf, hat jedoch auch keine Rotfärbung in der Schwanzflosse.

T: 22 - 26° C, **L**: 6 cm, **BL**: 80 cm, **WR**: m, o, **SG**: 2

Micralestes humilis

BOULENGER, 1899

Syn.: *Petersius woosmani, Micralestes acutidens humilis*.

Vork.: Afrika: Flußgebiete des Sambesi, Zaire, Tschad, Lake Moero, Cubango und oberer Benue.

Ersteinf.: Unbekannt. Tropifish, Beek en Donk, Holland. 1991, als Beifang in einer Sendung aus Zaire.

GU: Unbekannt. Vermutlich haben die ♂♂ eine abgerundete Afterflosse.

Soz.V.: Friedlicher, kleiner Schwarmfisch, der gut für das Gesellschaftsbecken und das kleinere Afrika-Spezialbecken geeignet ist. Braucht sowohl eine dichte Randbepflanzung als auch offenen Schwimmraum.

Hält.B.: Im kleinen Schwarm gut haltbar. Bevorzugt wird Wasser, das weich bis mittelhart und neutral bis leicht sauer ist. Eine gute Filterung oder Durchlüftung ist anzuraten.

ZU: Unbekannt.

FU: K, O; alles an Lebendfutter, was nicht zu grob ist. Flockenfutter und tiefgefrorenes Futter.

Bes.: Der Name *M. humilis* wurde oft für Arten mit roter Fettflosse aus Ghana oder Nigeria (*M. occidentalis* oder *M. elongatus*) verwendet.

T: 24 - 28° C, **L**: 9 cm, **BL**: 80 cm, **WR**: m, **SG**: 2

Micralestes elongatus, Nigeria

Micralestes humilis, Zaire

Micralestes occidentalis (GÜNTHER, 1899)

Syn.: *Petersius occidentalis, Hemigram-mopetersius occidentalis, Micralestes acutidens occidentalis, M. voltae.*

Vork.: Afrika: Elfenbeinküste, Ghana, Liberia und Sierra Leone.

Ersteinf.: Unbekannt.

GU: Die ♀♀ besitzen eine rechteckige Afterflosse; die Afterflosse der ♂♂ dagegen weist eine abgerundete Lobe auf. Den ♀♀ fehlt die rosarote Tönung der Rücken- und Schwanzflosse.

Soz.V.: Friedlicher, geselliger Schwarmfisch, der gut für das Gesellschaftsbecken geeignet ist. Diese Art ist am besten im kleinen Schwarm zu pflegen.

Hält.B.: Dicht bepflanztes Aquarium mit viel freiem Schwimmraum in der vorderen Beckenhälfte. Wasser: pH-Wert 5,5 - 7,5; Härte 1 - 10 ° dGH. Dunkler Bodengrund und eine leichte Strömung sind empfehlenswert.

ZU: Unbekannt.

FU: K, O; jede Art von Lebendfutter, Flocken- und Frostfutter.

Bes.: Zwei Unterarten sind bekannt: *M. occidentalis occidentalis* als Waldform in Westafrika und *M. occidentalis voltae* als Savannenform. Die Unterarten unterscheiden sich durch das Fehlen einer dunklen Rückenflossenspitze bei der Savannenform. Das Foto zeigt *M. occidentalis voltae.*

T: 22 - 26° C, **L**: 8 cm, **BL**: 80 cm, **WR**: m, o., **SG**: 2 - 3

Phenacogrammus deheyni POLL, 1945
Brauner Kongosalmler

Syn.: *Hemigrammalestes interruptus.*

Vork.: Afrika: Mittlerer Kongo bei Lisala.

Ersteinf.: Bisher nicht nach Deutschland (?).

GU: ♂♂ farbiger und mit größeren Flossen.

Soz.V.: Friedlicher Schwarmfisch, fürs Gesellschaftsbecken geeignet. Vergesellschaftung mit friedlichen Bodenfischen.

Hält.B.: Weiches Wasser, torfgefiltert. Regelmäßiger Wasserwechsel: alle 2-3 Wochen 1/3 des Beckeninhaltes. Randbepflanzung mit viel Schwimmraum. Schwimmpflanzendecke oder gedämpftes Licht ist von Vorteil.

ZU: Nicht bekannt; jedoch wahrscheinlich wie sein Vetter *Ph. interruptus* (s. Band 1, Seite 222).

FU: K, O; Lebendfutter aller Art, Flockenfutter; evtl. auch zarte Pflanzen. Pflanzenkost (TetraPhyll) sollte 2-3 mal wöchentlich gereicht werden.

Bes.: Selten eingeführte Art, da Exportmöglichkeiten fehlen.

T: 24 - 27° C, **L**: 7 cm, **BL**: 80 cm, **WR**: m, o, **SG**: 2 - 3

Micralestes occidentalis, Ghana

Phenacogrammus deheyni

Hydrocynus vittatus
Tigersalmler

(CASTELNAU, 1861)

Syn.: *Hydrocyon forskalii*, *Hydrocyon lineatus*.

Vork.: Große Gebiete im tropischen Afrika. Westafrika, Nilgebiet, Albertsee, Tanganjikasee, Zaire-Fluß, Sambesi-Fluß, Bangweulu- und Moeroseen, Rufji und Ruakaflüsse in Ostafrika und südlich bis nach Botswana.

Ersteinf.: Unbekannt.

GU: Die ♀♀ sind größer und dicker als die ♂♂.

Soz.V.: Raubfisch; sehr gefräßig. Jagt in Schwärmen in größeren Gewässern.

Hält.B.: Nur für Schauaquarien geeignet, die ausreichend groß sind. Kann nur mit viel größeren Arten vergesellschaftet werden.

ZU: Nicht möglich. In der Natur laichen die Tiere in den Wintermonaten.

FU: K, O; Allesfresser von Detritus bis Pflanzen, Wasserinsekten und deren Larven. Kleine Tiere nehmen Flockenfutter, später Forellenpellets.

Bes.: Speisefisch.

T: 22 - 28° C, **L**: 65 cm, **BL**: 300 cm, **WR**: alle, **SG**: 4 (K)

Citharinus congicus
Kongo-Geradsalmler

BOULENGER, 1897
Unterfam.: Citharininae

Syn.: Keine.

Vork.: Afrika: Zaire-Becken und Tansania (Ruaha-Fluß).

Ersteinf.: Ca. 1988 nach Holland.

GU: Nicht erkennbar. ♀ sicher zur Laichzeit voller - aber wer sieht diese Art schon laichbereit?

Soz.V.: Friedliche Schwarmfische, die jedoch wegen der Größe nur großen Schauaquarien vorbehalten sein sollten.

Hält.B.: Riesenbecken ohne Pflanzen und entsprechend große Filter. Wasser: pH-Wert 6,2 - 7,5; Härte bis 18° dGH.

ZU: Unbekannt und in Gefangenschaft vermutlich nicht möglich. Zu Beginn der Regenzeit werden Sumpfgebiete zum Ablaichen aufgesucht. Es können über eine Million Eier abgelegt werden.

FU: H, O; Pflanzen, Fische und kleinere Brocken Rinderherz.

Bes.: Ähnelt sehr stark *H. forskalii*, der aber größer wird. Läßt sich durch seine schwarze Spitze in der Rücken- und Fettflosse und am Hinterrand der Schwanzflosse unterscheiden. Auch sitzt bei dieser Art der Anfang der Rückenflosse deutlich hinter der Bauchflosse.

T: 22 - 26° C, L: 43 cm+, BL: 300 cm, WR: alle, SG: 4 (G)

Sumpfgebiet, Tansania, Ruaha-Fluß

Distichodus rostratus, Taylor Creek, Nigerdelta

Distichodus rostratus   GÜNTHER, 1864

Syn.: *Salmo niloticus, S. aegypticus, Characinus nefasch, Citharinus martini.*

Vork.: Afrika: Die Flußgebiete in Gambia und des Tschadsees, Senegal, Niger, Volta, Nil in West- und Nordafrika.

Ersteinf.: Unbekannt.

GU: Unbekannt; die ♀♀ vermutlich dikker.

Soz.V.: Friedlicher Fisch, der wegen seiner Größe nur für Schauaquarien geeignet ist.

Hält.B.: Wie die meisten anderen *Distichodus*-Arten ein richtiger Pflanzenfresser. Deswegen sollte das Aquarium eine gute Filterung haben, da die große Menge an Exkrementen leicht zu Wasserverschmutzung führen kann. Regel-mäßiger Wasserwechsel ist zu empfehlen. Wasserhärte bis zu 15° dGH; pH-Wert 6,5 - 7,5.

ZU: Unbekannt.

FU: H; viel Pflanzenmaterial, weiche Wasserpflanzen, Salat, kurz unter heißes Wasser gehalten. Auch Flockenfutter wird genommen, Karpfenpellets.

Bes.: Eigentlich kein ausgesprochener Aquarienfisch, da er zu groß wird. Jungfische sind eine Zeitlang zu halten. Besser ist es, diese Art nicht zu importieren. Aber Jungfische sind als Beifang schwer zu vermeiden. Speisefisch.

T: 22 - 28° C, **L:** 75 - 80 cm, **BL:** 300 cm, **WR:** alle, **SG:** 4 (G)

Nannocharax brevis
Kleiner Bodensalmler

COENEN & TEUGELS, 1989

Syn.: Keine.

Vork.: Afrika: Zentrales Zairebecken.

Ersteinf.: 1989 von Tropifish, Beek en Donk, Holland.

GU: Es sind keine äußeren bekannt. ♂ zur Laichzeit mit runderer Bauchpartie.

Soz.V.: Bodenfisch, der nur ungern seinen Liegeplatz verläßt. ♂ verteidigen ihr Revier energisch gegen Artgenossen - sonst sehr friedlich.

Hält.B.: Die Art ist sauerstoffbedürftig und liebt Strömung. Daher ist das Filtermaterial möglichst jede Woche zu reinigen oder zu wechseln. Wasser: ph-Wert 6,0 - 7,5; Härte bis 12° dGH. Gut bepflanztes Becken mit breitblättrigen Arten. Moorkienholzwurzeln als Sitzplatz.

ZU: Bisher nicht beschrieben. Siehe nächste Art.

FU: K, O; feines Lebendfutter, wie *Artemia* oder *Cyclops*. FD-Futterstoffe und Frostfutter werden in der Filterströmung genommen.

Bes.: Die Art ist *Nannocharax macropterus* recht ähnlich. Diese wird jedoch größer (6 cm) und hat ein anderes Verbreitungsgebiet. Die Gattung *Nannocharax* war früher in die Familie *Citharinidae* (Geradsalmler) gestellt. Nach CLOFFA (Checklist of the Freshwater Fishes of Africa) gehört diese Gattung zu den *Distichodidae*, auch als *Distichodontidae* bezeichnet. Bei der deutschen Familienbezeichnung belassen wir es vorläufig für beide Familien mit "Geradsalmler".

T: 23 - 27° C, **L:** 4,5 cm, **BL:** 50 cm, **WR:** u., **SG:** 2 - 3

Nannocharax latifasciatus

COENEN & TEUGELS, 1989

Syn.: *Nannocharax parvus* (s. Aquarien Atlas, Band 2, Seite 230 bis 231 oben).

Vork.: Afrika: Südliches Nigeria und auch Nigerdelta vom Omi-Fluß im Westen bis zum Cross-Fluß im Grenzgebiet von Kamerun und Nigeria.

Ersteinf.: 1989 von Tropifish, Beek en Donk, Holland.

GU: Gering. ♂♂ schlanker als die ♀♀. Die Bauchpartie der ♀♀ ist immer voller.

Soz.V.: Friedlicher Fisch, der in kleineren Gruppen zwischen der Uferbepflanzung lebt. ♂♂ können sich untereinander streiten, was aber nicht zu Verletzungen führt. Die Art kann im gut bepflanzten Gesellschaftsbecken mit ruhigen Arten gehalten werden.

Hält.B.: Gut haltbarer Aquarienfisch, der dicht bepflanzte Aquarien bevorzugt und helle Stellen meidet.

ZU: Nicht sehr einfach. Am besten in einem gut bepflanzten mittelgroßen Aquarium mit Torffasern. Die Partner dringen zum Laichen in die Pflanzenmenge ein. Nicht sehr produktiv. Schlupf der Jungen nach rund 30 Stunden. Aufzucht der Jungfische mit kleinstem Staubfutter und Infusorien.

FU: K, O; kleines Lebendfutter, Daphnien, *Cyclops*, aber auch Flockenfutter wird genommen.

Bes.: Ist nahe verwandt mit *N. ansorgii* und *N. parvus*, die alle charakterisiert sind durch eine dunkle Längsbinde. *N. latifasciatus* ist im männlichen Geschlecht von den beiden anderen Arten durch das völlige Fehlen einer Rotfärbung zu unterscheiden.

T: 23 - 26° C, **L:** 5 cm, **BL:** 60 cm, **WR:** m, u, **SG:** 2 - 3

Nannocharax brevis

Nannocharax latifasciatus, Isiokpo, östl. Nigerdelta

Nannocharax macropterus

PELLEGRIN, 1926

Syn.: Keine.

Vork.: Afrika: Zaire-Becken. Oberes Sambesi-System einschließlich des Kafue. Die oberen Zaire-Seitenflüsse Kasai und Lualaba und die des Okavangos.

Ersteinf.: November 1992 von Tropifish, Beek en Donk, Holland.

GU: Die ♂♂ sind etwas kleiner und schlanker als die ♀♀, die auch etwas blasser in der Körperfärbung sind.

Soz.V.: Bodenfisch aus der *N. fasciatus*-Gruppe, mit der er im Verhalten zu vergleichen ist. Im allgemeinen leben diese Tiere in kleinen Gruppen auf dem Boden oder der Bepflanzung von langsam fließenden Gewässern.

Hält.B.: Als Aquariumfisch sehr brauchbar und gut geeignet für das "Spezial-Afrika-Becken". Einrichtung mit viel Moorkienholz, abwechselnd mit Pflanzen. In solch einem Aquarium fühlt sich diese Art sehr wohl und kann mit gleich großen anderen afrikanischen Fischen (z. B. Killifischen) vergesellschaftet werden. Sauerstoffreiches Wasser mit etwas Strömung anbieten. Kinderfaustgroße Kieselsteine und Pflanzen wie *Anubias* als erhöhten Standort zur Dekoration verwenden. Wasser weich und leicht sauer (pH-Wert 6,2 - 6,8).

ZU: Noch nicht gelungen.

FU: K; feines Lebendfutter, eventuell nach Gewöhnung auch geriebenes Flockenfutter und FD-Tabletten.

Bes.: Keine.

T: 24 - 28° C, L: 6 cm, **BL:** 60 cm, **WR:** u, **SG:** 2 - 3

Nannocharax occidentalis

DAGET, 1959

Syn.: *Nannocharax niloticus gracilis, N. n. occidentalis, N. n. tchadiensis.*

Vork.: Afrika: Mittlerer und unterer Niger, Benue, Logone und Chari Flüsse in Burkina Faso, Mali, Nigeria, Tschad und Kamerun.

Ersteinf.: Nicht bekannt.

GU: Die ♂♂ sind schlanker als die ♀♀ und besitzen blaßbraune unpaare Flossen.

Soz.V.: Friedliche Art. Lebt in sehr lockerem Schwarmverband. Es kommen auch Einzelexemplare vor. Neugieriger Fisch, wenig scheu.

Hält.B.: Braucht nicht zu große Becken mit ruhigen anderen Fischen. Hierfür sind Arten der Gattungen *Nannaethiops* und *Neolebias* empfehlenswert, außerdem einige afrikanische Killifisch-Arten. Die Art bevorzugt erhöhte Ruheplätze auf Pflanzen und Steinen. Auf gute Wasserqualität und etwas Strömung ist zu achten. pH-Wert 6,2 - 7,2 (6,8); Härte 6 - 18° dGH.

ZU: Unbekannt.

FU: K; Lebendfutter, nicht zu grob, da die Mundspalte nur klein ist. Regelmäßig mindestens aber zweimal pro Woche lebende *Artemia*-Nauplien. Mit etwas Geduld auch an geriebenes Flockenfutter zu gewöhnen.

Bes.: Gehört der "*N. fasciatus*"-Gruppe an. Nur ab und zu als Beifang, hauptsächlich in Nigeria-Importen zu finden.

T: 22 - 27° C, L: bis 7,5 cm, **BL:** 60 cm, **WR:** u, m, **SG:** 2 - 3

Nannocharax macropterus

Nannocharax occidentalis

Neolebias axelrodi

POLL & GOSSE, 1963

Syn.: Keine.

Vork.: Afrika: Südliches Nigeria und süd-östliches Benin in kleineren, ruhigen Waldströmen. Fast immer zwischen dichten Pflanzenbeständen in offenen Waldstücken zu finden.

Ersteinf.: Unbekannt.

GU: Die ♀♀ sind blasser als die ♂♂ und ihnen fehlt auch die Rotfärbung der Afterflosse. Sie sind etwas größer und voller in der Bauchpartie.

Soz.V.: Kleiner, friedlicher Fisch, der im Schwarm zwischen Pflanzen lebt. Er ernährt sich von Kleinstlebewesen, die zwischen den Pflanzen leben. Die Art findet man manchmal zusammen mit *Nannaethiops unitaeniatus*, der aber weniger weit in die Pflanzen vordringt.

Hält.B.: Gut haltbarer Aquarienfisch, der ein gut bepflanztes Becken braucht, in dem sich die Tiere überwiegend aufhalten. Haltung in leicht- bis mittelhartem Wasser bei leicht saurem bis neutralem pH-Wert.

ZU: Zur Zucht besser weiches bis leicht hartes Wasser (1 - 4° dGH) verwenden. Als Laichsubstrat viel Torffasern und/oder Javamoos ins Becken einbringen. Es kann mit mehreren Paaren gleichzeitig gezüchtet werden, um die Produktion zu erhöhen (bis zu 60 Jungtiere pro Paar).

FU: K; kleines Lebendfutter, Daphnien, *Cyclops, Tubifex,* aber auch geriebenes Flockenfutter wird genommen.

Bes.: Die Art wird manchmal mit *N. ansorgii* verwechselt, ist aber durch einen weniger hohen Körperbau und ein dunkles Längsband bei beiden Geschlechtern zu unterscheiden.

T: 22 - 26° C, **L**: 2,5 bis 3,0 cm, **BL**: 60 cm, **WR**: m, u, **SG**: 3

Neolebias kerguennae

DAGET, 1980

Syn.: Keine.

Vork.: Afrika: Westliches Gabun im System der Küstenflüsse.

Ersteinf.: Ca. 1980 nach Frankreich.

GU: Die ♂♂ sind kräftiger gefärbt, kleiner und schlanker als die ♀♀.

Soz.V.: Friedlicher, aber ziemlich scheuer Fisch, der sich gerne zwischen dichter Bepflanzung aufhält. Die Art ist weniger für das Gesellschaftsbecken geeignet, sondern besser in einem kleinen Spezialbecken mit weiteren kleinen und ruhigen Fischen zu halten.

Hält.B.: Nicht sehr helles Aquarium mit feinblättrigen Pflanzen oder Javamoos. Wasserwechsel mit frischem Wasser werden schlecht vertragen, daher schon abgestandenes verwenden.

ZU: Bis jetzt nur selten gelungen. Die Zucht erfolgt wie bei *N. axelrodi* und *N. ansorgii* beschrieben. Nicht sehr produktive Art.

FU: K, O; feines Lebendfutter. Kleinere Mückenlarven, Daphnien, *Cyclops* und *Tubifex*. Auch geriebenes Flockenfutter wird genommen.

Bes.: Leider wird diese schöne Art nur selten und wenig importiert. Fast alle Importe stammen von reisenden Aquarianern.

T: 24 - 28° C, **L**: 2,5 bis 3,0 cm, **BL**: 60 cm, **WR**: m, u, **SG**: 3

Neolebias axelrodi ♂, ♀ Seite 56

Neolebias kerguennae

Neolebias powelli
Domino-Neolebias

TEUGELS & ROBERTS, 1990

Syn.: Keine.

Vork.: Afrika: Nigerdelta im südlichen Nigeria. Von der Umgebung Warris im Westen bis zum Otamri-Fluß im Osten.

Ersteinf.: Februar 1990 von COOYMANS & WILDEKAMP.

GU: Gering. Die ♀♀ unterscheiden sich von den ♂♂ durch eine etwas geringere Rotfärbung des Körpers und eine "vollere" Bauchpartie.

Soz.V.: Lebt in kleinen Gruppen in dichtem Pflanzenbewuchs. Obwohl die ♂♂ kleine Territorien bilden und verteidigen, ist die Art recht friedlich.

Hält.B.: Durch seine geringe Größe keine einfach zu haltende Art. Aufgrund seiner kleinen Mundspalte nur mit Kleinstfutter zu ernähren. Haltung in einem kleinen Aquarium in weichem, leicht saurem Wasser. Zur Deckung einen Busch Fasertorf ins Aquarium geben, worin sich die Tiere aufhalten. Haltung als einzelne Art oder mit anderen kleineren, sehr ruhigen Fischarten. Ein Fisch für Spezialisten.

ZU: Nicht einfach. Am besten wird diese Art mit viel Torffasern oder Javamoos gezüchtet und auch gehalten. Die Larven schlüpfen nach 24 - 36 Stunden. Die Jungtiere sind mit feinstem Staubfutter oder Infusorien aufzuziehen.

FU: K, O; feines Futter, am liebsten abwechslungsreich. Lebendfutter, aber auch feingeriebenes Flockenfutter wird genommen.

Bes.: Die Zeichnung der Fische ist ziemlich unterschiedlich. Es gibt Exemplare mit 1, 2, 3 oder 4 grünen Punkten, wobei solche mit drei Punkten überwiegen.

T: 23 - 26° C, **L:** 3 cm, **BL:** 60 cm, **WR:** m., **SG:** 3

Neolebias powelli, mit einem Körperleuchtfleck

Neolebias powelli, südl. von Isiopo, Nigerdelta, mit zwei Körperleuchtflecken

Neolebias powelli, mit drei Körperleuchtflecken

Neolebias trewavasae

POLL & GOSSE, 1963

Syn.: *Nannaethiops unitaeniatus, Neolebias unifasciatus.*

Vork.: Afrika: Zaire, im Flußsystem des Zaire. Die Systeme der Küstenflüsse von Äquatorial-Guinea bis in die Mündung des Zaire-Flusses. Vermutlich auch im System des Nils, grenzend an das des Zaires.

Ersteinf.: Unbekannt.

GU: ♂ ♂ sind kleiner, schlanker und dunkler gefärbt als die ♀ ♀.

Soz.V.: Ruhiger und friedlicher Schwarmfisch, der am besten in einem nicht zu hellen, reichlich bepflanzten Aquarium zu halten ist. Weniger für ein Gesellschaftsbecken geeignet, jedoch in einem Artbecken mit weiteren *Neolebias*-Arten und Killifischen gut haltbar.

Hält.B.: Der Bodengrund des Aquariums sollte dunkel sein, um die zarten Farben dieser Art zur Geltung kommen zu lassen. Wasserwerte: Härte bis 12° dGH bei einem leicht sauren bis neutralen pH-Wert. Randbepflanzung und Dekoration mit Moorkienholz.

ZU: Ein Zuchtbecken von ca. 50 l Inhalt mit feinen Pflanzen, Javamoos, Torffasern oder Perlonfasern, in dem mehrere Paare untergebracht werden können. Die Elterntiere nach der Eiablage entfernen. Die Larven schlüpfen nach rund 36 Stunden, und die Jungfische sollen in erster Linie mit Infusorien gefüttert werden.

FU: K, O; abwechslungsreiches Lebendfutter, feines oder geriebenes Flockenfutter.

Bes.: *Neolebias trewavasae* hat eine gewisse Ähnlichkeit mit *N. unifasciatus*, unterscheidet sich jedoch durch die Anwesenheit einer Fettflosse und eines breiteren dunklen Längsbandes.

T: 24 - 28° C, **L**: 5 cm, **BL**: 60 cm, **WR**: m, u, **SG**: 3

Neolebias unifasciatus
Schwarzer Neolebias, Afrikanischer Längsbandsalmler

POLL & GOSSE, 1963

Syn.: *Nannaethiops unitaeniatus, Neolebias unitaeniatus, N. univittatus, Nannaethiops angustolinea, Nannocharax shariensis.*

Vork.: Westafrika: Tschad-Becken, Ubangi- und Ogowe-Flüsse.

Ersteinf.: 1911.

GU: Das ♂ ist zur Laichzeit deutlich ziegelrot gefärbt; das ♀ blasser und in der Bauchpartie stark gerundet.

Soz.V.: Friedliche, aber sehr scheue Art. Nur mit sehr ruhigen Fischen vergesellschaften.

Hält.B.: Gut bepflanzte Aquarien mit etwas freiem Schwimmraum. Bei Vergesellschaftung mit zu robusten und aktiven Arten zieht sich *Neolebias* ins Pflanzendickicht zurück und wird kaum gesehen. Wasser: ph-Wert 6,0 - 7,0; Härte bis 8° dGH. Eine Schwimmpflanzendecke, besonders für die Zucht, ist von Vorteil.

ZU: Siehe Bd. 1, Seite 230. *N. unifasciatus* ist jedoch weniger produktiv. Die Aufzucht erfolgt mit Teichstaubfutter (Pantoffeltierchen) und/oder Rotatorien (Rädertierchen).

FU: K, O; *Artemia* und *Cyclops*, jedoch auch Frost- und Flockenfutter, FD-Stoffe.

Bes.: Die Art ist Genustyp. *Neolebias* haben keine Fettflosse, sind jedoch der Gattung *Nannaethiops* sonst recht ähnlich. *Neolebias* trägt im vorderen Teil der Schwanzflosse keine Schuppen. Bei *Nannaethiops* ist dieser Teil jedoch beschuppt.

T: 24 - 28° C, **L**: 5 cm, **BL**: 60 cm, **WR**: m, u, **SG**: 2 - 3

Neolebias trewavasae ♂, ♀ Seite 56

Neolebias unifasciatus

Neolebias axelrodi ♀, Molajoye, Nigeria; ♂ Seite 51

Neolebias trewavasae ♀; ♂ Seite 55

Ichthyborus monodi　　　　　　　　　　　　　(PELLEGRIN, 1926)

Syn.: *Gavialocharax monodi.*

Vork.: Afrika: Südliches Nigeria und westliches Kamerun.

Ersteinf.: Unbekannt.

GU: Die ♀♀ sind etwas größer als die ♂♂ und haben eine rundere Bauchpartie.

Soz.V.: Kleiner Raubfisch, der versteckt zwischen Pflanzen auf Beute lauert. Diese besteht aus kleinen Fischen und Flossenteilen größerer Fischarten. Geht erst langsam an seine Beute heran, um dann blitzartig zuzuschlagen.

Hält.B.: Gut haltbar in einem geräumigen, mit dichter Randbepflanzung ein-

gerichtetem Aquarium. Mehrere Exemplare können bei genügend Versteckmöglichkeiten gepflegt werden. Mit größeren Fischarten gut zu vergesellschaften. Bei guter Fütterung geht die Art nicht oder nur selten an die Flossen von größeren Fischen.

ZU: Unbekannt.

FU: K; kleine Fische, große Daphnien, Mückenlarven.

Bes.: Keine.

T: 24 - 27° C, L: 20 cm, BL: 140 cm, WR: alle, SG: 3 - 4

Ichthyborus quadrilineatus
Scherenschwanz-Schnabelsalmler

(PELLEGRIN, 1904)

Syn.: *Neoborus quadrilineatus, Phagoborus quadrilineatus.*

Vork.: Casamanza-River (zwischen Gambia und Guinea-Bissau).

Ersteinf.: Unbekannt.

GU: Unbekannt.

Soz.V.: Nicht mit kleinen Fischen unter 8 cm Länge vergesellschaften. Stoßräuber. Schreckhaft.

Hält.B.: Dichte Hintergrundbepflanzung. Abgedunkeltes Aquarium mit Schwimmpflanzen. Am besten Artbecken. Wasser: pH-Wert 6,5 - 7,5; Härte bis 15° dGH. Eine empfindliche, sauerstoffbedürftige Art. Anfällig gegenüber *Ichthyophthirius.*

ZU: Nicht bekannt.

FU: K; Die Ernährungsweise in der Natur ist nicht bekannt. Seine größeren Vettern fressen die Schuppen anderer Fische. Im Aquarium reicht man gröberes Lebendfutter und evtl. auch Frostfutter.

Bes.: Vergl. Aquarien Atlas Bd. 3, Seite 99, mit *I. ornatus.*

T: 22 - 27° C, **L**: 12 cm, **BL**: 100 cm, **WR**: alle, **SG**: 3 - 4 (K)

Phago loricatus
Harnisch-Schnabelsalmler

GÜNTHER, 1865

Syn.: *Phago rostratus.*

Vork.: Westafrika: Nigerdelta (Nigeria).

Ersteinf.: (?) Letzter Nachweis 1991 nach Holland.

GU: Nicht bekannt.

Soz.V.: Räuber, über Schwarm- oder Einzelhaltung ist wenig bekannt. Einzelhaltung mit wenigen größeren Fischen dürfte möglich sein. Vergreift sich der Schnabelsalmler an Flossen der Beckenbewohner, muß man ihn separieren. Mit größeren friedlichen Welsen sicher zu halten.

Hält.B.: Gut bepflanztes Becken mit gedämpftem Licht. Wasser: pH-Wert 6,0 - 7,2; Härte bis 15° dGH. Schreckhaft. Becken gut abdecken und an ruhigem Ort aufstellen.

ZU: Aquariumnachzuchten nicht beschrieben.

FU: K; kleine Fische, kräftiges Lebendfutter, Fischschuppen, Gefrierfutter.

Bes.: Das Maul kann wie eine Schere bewegt werden; klappt der Unterkiefer herunter, schnellt der Oberkiefer herauf. Die Schuppen tragen Stacheln, etwa wie bei einem Seepferdchen.

T: 22 - 27° C, **L**: 12 cm, **BL**: 100 cm, **WR**: alle, **SG**: 3 - 4 (K)

Ichthyborus quadrilineatus

Phago loricatus

Leporinus jamesi (?)
James' Leporinus

Syn.: Keine (?).

Vork.: Brasilien: Amazonasgebiet.

Ersteinf.: Unbekannt.

GU: Nicht erkennbar.

Soz.V.: Friedliche Art, die in losen Trupps lebt. Nur für Gesellschaftsbecken entsprechender Größe geeignet.

Hält.B.: Nur Jungtiere sind im Aquarium zu pflegen. Sie wachsen schnell und man sollte sich vor der Anschaffung über ihren späteren Verbleib Gedanken machen. An die Wasserbedingungen werden geringe Ansprüche gestellt. pH-Wert 6,0 - 7,5; Härte bis 20° dGH.

GARMAN in BORODON, 1929

ZU: Im Aquarium nicht möglich. Siehe wie bei *L. moralesi.*

FU: H, O; Allesfresser, besonders Pflanzenteile, Früchte, Detritus, Algen. Jungtiere nehmen gern Flockenfutter und Futtertabletten.

Bes.: Nach dem Foto ähnelt das Tier *Leporinus nigrotaeniatus*, siehe Bd. 1, Seite 240, sehr. Es könnte sich um die gleiche Art handeln.

T: 22° C, **L**: 30 cm, **BL**: 150 cm, **WR**: m, u, **SG**: 3 - 4 (G)

Leporinus moralesi
Maulbeer-Leporinus

Syn.: *Leporinus muelleri.*

Vork.: Südamerika: Orinoco, Venezuela; Brasilien, Peru.

Ersteinf.: Nicht bekannt.

GU: ♀ zur Laichzeit deutlich dicker; sonst sind die Geschlechter kaum zu unterscheiden.

Soz.V.: Friedliche Tiere, die wegen der Robustheit jedoch nur mit gleich großen Fischen gehalten werden sollten.

Hält.B.: Großbecken mit Wurzeln und Steinen. Kräftige Filterung. An die Wasserqualität werden nur geringe Ansprüche gestellt.

FOWLER, 1942

ZU: Wegen der Größe im Aquarium nicht möglich. In der Natur Freilaicher in Überschwemmungsgebieten zwischen Pflanzenbüscheln.

FU: O, H; Pflanzen, Früchte, Pellets. Jungtiere nehmen gern Flockenfutter und jedes Lebend- und Gefrierfutter. Reichlich Pflanzenkost bieten.

Bes.: Keine.

T: 22 - 26° C, **L**: 30 cm, **BL**: 150 cm, **WR**: m, **SG**: 3 - 4 (G)

Leporinus cf. *jamesi*

Leporinus moralesi

Leporinus wolfei
Wolfs Engmaulsalmler

FOWLER, 1939

Syn.: Keine.

Vork.: Südamerika: Amazonasbecken Perus, Yarina Cocha und Cocha Cashibo sowie deren Kanalsysteme, die sie mit dem Rio Ucayali bei Pucallpa verbinden.

Ersteinf.: 1979 durch FRANKE.

GU: Unbekannt, vermutlich nur durch stärkere Leibesfülle adulter ♀♀ während der Laichperiode möglich.

Soz.V.: Allgemein friedfertige Salmler, die in ihren Heimatgewässern in kleinen Trupps zusammenleben und sich zur Laichzeit zu riesigen Schwärmen vereinigen können. Bei Einzelhaltung sind sie scheu und fliehen bei Erschrecken mit Vehemenz gegen die Aquarienscheiben. Sie sind wie alle *Leporinus*-Arten sehr geschickte Springer, die im senkrechten Sprung Höhen bis 50 cm und mehr erreichen können. Lückenlose Beckenabdeckung ist daher unbedingt erforderlich.

Hält.B.: Als rasante Schwimmer benötigen diese Salmler große Aquarien mit viel freiem Schwimmraum. Leider vergreifen sie sich, wie wohl alle *Leporinus*-Arten, am Wasserpflanzenbestand. Daher am besten nur Wurzeln und Steine als Beckendekoration verwenden. Viel pflanzliche Kost (ungespritzten Salat) reichen.

ZU: Noch nicht gelungen.

FU: H, K; kräftiges Lebendfutter, wie Mückenlarven, *Tubifex*, kleine Regenwürmer, Bachflohkrebse. Ferner Forellenpellets, Haferflocken, gequetschte Erbsen, Flocken- und Tablettenfutter. Dazu stets pflanzliche Beikost.

Bes.: Wegen seiner ansprechenden Färbung ist *Leporinus wolfei* ein begehrenswerter, bisher leider nur ganz selten importierter Engmaulsalmler.

T: 23 - 28° C, **L:** 25 - 30 cm, **BL:** 120 - 150 cm, **WR:** m, **SG:** 2 - 4

Charax tectifer
Panzertetra

COPE, 1870

Syn.: *Charax copei.*

Vork.: Südamerika: Oberer Amazonas, Ecuador.

Ersteinf.: Unbekannt.

GU: ♀ fülliger und etwas größer als ♂.

Soz.V.: Scheue, trotz des grimmigen Aussehens recht friedliche Art. Vergesellschaftung dennoch nur mit größeren Fischen. Für Gesellschaftsbecken üblicher Art nicht geeignet.

Hält.B.: Becken mit Steinen, Wurzeln, Plastikpflanzen; Javamoos und/oder -farn (beide Pflanzen sind giftig - werden jedoch nur bei großem Hunger - Urlaubszeit! - genommen). Kräftige Filterung. An die Wasserbedingungen werden keine Ansprüche gestellt. pH-Wert 6,0 - 7,5; Härte bis 20° dGH. Besser, auch für die Zucht, ist jedoch weiches Wasser.

ZU: Freilaicher zwischen Pflanzen. Nach etwa 3 Tagen schlüpfen die Larven und müssen mit Infusorien, später mit *Artemia* aufgezogen werden. Elterntiere entfernen.

FU: K, O; möglicherweise Schuppenfresser: Grobes Lebendfutter, Frostfutter. Pflanzenkost und Früchte probieren. Zarte Pflanzentriebe werden bei Hunger vertilgt.

Bes.: Die Gattung *Charax* gehört zu den ursprünglichsten Salmlern. Nahe verwandt ist *Charax metae* aus dem Einzugsgebiet des Orinoco (Rio Meta). Jungtiere von *C. tectifer* sind recht ansprechend gefärbt mit rötlichen Flossen und einem runden Fleck zwischen Seitenlinie und Dorsalbeginn.

T: 23 - 28° C, **L:** 14 cm, **BL:** 120 cm, **WR:** m, o, **SG:** 3

Paracheirodon innesi   (MYERS, 1936)
Diamantkopf-Neontetra

Syn.: *Hyphessobrycon innesi.*

Vork.: Südamerika: Rio Putumayo, Rio Aucayacu mit Zuläufen (Quebrada Abrahanzillo) am mittleren Rio Ucayali in Ostperu.

Ersteinf.: 1936 durch RABAUT.

GU: Adulte ♂♂ sind schlanker als die laichvollen ♀♀.

Soz.V.:, Hält.B.:, ZU: siehe in Band 1, Seite 306 bis 307, bei der Stammform.

FU: K, O; kleines Lebendfutter oder Frostfutter, wie *Cyclops, Moina, Artemia,* Schwarze Mückenlarven, dazu feines Flockenfutter und Futtertabletten.

Bes.: Dieser abnorm gefärbte Neontetra tauchte 1990 in Hamburg auf. Es dürfte sich um eine zwischen Aquariennachzuchten entstandene Farbmutation handeln. Näheres dazu ist nicht bekannt. Sie wird in großen Mengen in Südostasien gezüchtet.

T: 20 - 24° C, **L**: 4 cm, **BL**: 60 cm, **WR**: m, **SG**: 2 - 3

Paracheirodon innesi   (MYERS, 1936)
Schleier-Neontetra

Diese Zuchtform ist sehr anspruchsvoll in der Pflege und leicht hinfällig. Die Mutation ist zwar interessant, aber als Mißgeburt mit überlangen Flossen einzustufen. Einfuhr in Schweden verboten.

Diamantkopf-Neontetra - Zuchtform von *Paracheirodon innesi*

Schleierneon - Zuchtform von *Paracheirodon innesi*

Roeboexodon guyanensis   (PUYO, 1948)
Haimaul-Salmler

Syn.: *Roeboexodon geryi.*

Vork.: Südamerika: Oberläufe des Rio Araguaia, Rio Xingu. Guyana-Länder.

Ersteinf.: Unbekannt.

GU: Unbekannt.

Soz.V.: Lebhafter, flinker Schwarmfisch. Sehr scheu und leicht verletzlich. Nur für Gesellschaftsbecken mit widerstandsfähigen, ruhigen Fischen geeignet.

Hält.B.: Die Fische springen gern. Bekken gut abdecken und vor Störungen schützen. Der obere Maulfortsatz ist empfindlich und wird leicht von Pilzen befallen. Sauerstoffbedürftig! Gut bepflanzte Aquarien mit freiem Schwimmraum bieten. Wasser: pH-Wert 6,0 - 6,8; Härte bis 15° dGH, besser Weichwasser bis 8° und Torfextraktzusatz.

ZU: Nicht bekannt.

FU: K; Wasserinsekten und kleine Fische. Ob Flossenteile, Schuppen oder Augen gefressen werden, ist nicht bekannt.

Bes.: Das Maul dieses seltsamen Salmlers ähnelt keiner anderen Salmlerart. Sehr selten.

T: 23 - 26°C, **L:** 10 cm, **BL:** 80 cm, **WR:** alle, **SG:** 3

Saccoderma hastata   (EIGENMANN, 1913)

Syn.: *Odontostilbe hastata.*

Vork.: Südamerika: Kolumbien, Rio Atrato, Rio San Juan.

Ersteinf.: Vermutlich 1990.

GU: Adulte ♀♀ besitzen eine Schwanzflossendrüse.

Soz.V.: Da diese Art bisher kaum lebend nach Deutschland kam, fehlen Pflegeerfahrungen. Vermutlich dürfte es sich um friedliche Schwarmfische handeln, die man mit anderen etwa gleich großen Salmlern wie Neontetras, Glühlichttetras, Rotkopfsalmlern, Phantomsalmlern oder ähnlichen Arten vergesellschaften sollte.

Hält.B.: Pflege in klarem, sauerstoffreichem Wasser von 2 - 8° dGH und einem pH-Wert zwischen 6 und 7. Ein freier, zentraler Schwimmraum mit reichlicher Hintergrundbepflanzung und Schwimmpflanzen, die gedämpftes Licht geben.

ZU: Unbekannt.

FU: O; entsprechend der Größe dieser Art Fütterung mit *Cyclops*, *Moina*, Schwarzen Mückenlarven (*Culex*), sowohl lebend als auch als Frostfutter. Dazu Flockenfutter und stummelflüglige Taufliegen (*Drosophila*) als Ersatz für die Anflugnahrung in den südamerikanischen Heimatgewässern.

Bes.: Die Gattung *Saccoderma* wurde 1944 von FOWLER aufgestellt. Sie besteht aus drei Arten. Neben dem hier vorgestellten Fisch wurde noch *S. melanostigma* SCHULTZ, 1944 aus dem Lago de Maracaibo in Venezuela und *S. robusta*, DAHL, 1955, eine nur im Rio Sinu in Kolumbien lebende endemisch lebende Art, beschrieben; GÉRY spricht in seinen "Characoids of the world", S. 546, davon, daß nur die ♂♂ die erwähnte Schwanzflossendrüse besitzen. Dagegen spricht er in der Gattungsbeschreibung davon, daß diese Drüse beiden Geschlechtern eigen sei. Die drei *Saccoderma*-Arten, die alle nur Größen bis 4 cm erreichen, unterscheiden sich nur durch geringe Farbunterschiede und vergleichsweise unterschiedliche Lage der Flossen.

T: 23 - 27° C, **L:** etwa 3,5 cm, **BL:** 80 cm, **WR:** m, **SG:** 2 - 3

Roeboexodon guyanensis

Saccoderma hastata

Roeboides dayi
Days Raubglassalmler

(STEINDACHNER, 1879)

Syn.: *Anacyrtus dayi*.

Vork.: Venezuela und Trinidad.

Ersteinf.: Unbekannt, als Beifang sicher schon seit etlichen Jahren.

GU: ♀ zur Laichzeit deutlich fülliger.

Soz.V.: Die Vergesellschaftung mit größeren Fischen ist fast unproblematisch. Auch panzerbewehrte Welse sind weitgehend vor Nachstellungen sicher. Kleinere Fische oder Schuppen davon werden jedoch genommen.

Hält.B.: An die Wasserqualität werden keine großen Ansprüche gestellt: pH-Wert 6,0 - 7,5; Härte bis 20° dGH (10°). Aquarium mäßig bepflanzt. Möglichst dunkler Grund mit einer Schwimmpflanzenecke im Becken.

ZU: Relativ einfach: In weichem Wasser bei abgedunkeltem Becken laichen die Tiere zwischen Pflanzen. Die Larven schlüpfen nach 20 - 30 Stunden und sind mit Tümpelstaubfutter und nach 8 Tagen mit *Artemia* leicht aufzuziehen.

FU: K; alles feinere Lebendfutter, jedoch auch Flocken. Schuppen und Hautteile werden gelegentlich von nicht gut gefütterten Tieren gefressen. Bei der Fütterung auch gegenüber Artgenossen bissig.

Bes.: Raubglassalmler schwimmen meistens leicht mit dem Kopf nach unten geneigt. Von der Haltung im Gesellschaftsaquarium sollte Abstand genommen werden.

T: 22 - 28° C, **L**: 5 cm, **BL**: 60 cm, **WR**: alle, **SG**: 2 - 4 (K)

Roeboides descalvadensis
Descalvado-Raubglassalmler

FOWLER, 1932

Syn.: Keine.

Vork.: Brasilien: Mato Grosso.

Ersteinf.: Unbekannt.

GU: ♀ fülliger; außerhalb der Laichzeit nicht erkennbar.

Soz.V.: Kleiner Räuber, der am Futter sehr zänkisch ist. Sonst bei Vergesellschaftung mit nicht zu kleinen Fischen recht ruhige Art, die mit dem Kopf nach unten geneigt im Unterschlupf steht.

Hält.B.: Im Gegensatz zu voriger Art stellt *R. descalvadensis* höhere Ansprüche an

die Wasserqualität: pH-Wert 5,8 - 6,8; Härte bis 8° dGH. Ein gut bepflanztes Becken mit Filterströmung wird empfohlen.

ZU: Siehe vorige Art. Bisher nicht nachgezüchtet.

FU: K; feines Lebendfutter. Siehe auch obige Art.

Bes.: Keine.

T: 22 - 26°C, **L**: 5 cm, **BL**: 60 cm, **WR**: m, **SG**: 3

Roeboides dayi

Roeboides descalvadensis

Gephyrocharax chapare
Chapare-Drüsensalmler

FOWLER, 1940

Syn.: Keine.

Vork.: Südamerika: Rio Chapare (Bolivien); Kolumbien (?).

Ersteinf.: Nicht bekannt.

GU: Die ♂♂ tragen eine Drüse am Schwanzstiel, die von einer modifizierten Schuppe gebildet wird. ♂♂ mit Flossenlappen vorn an der Anale. Beim ♀ ist die Anale gerade gezogen oder leicht konkav.

Soz.V.: Lebhafter Schwarmfisch, zur Vergesellschaftung mit kleinen, friedlichen Arten geeignet.

Hält.B.: Krankheitsanfällig, besonders gegenüber Ichthyo. Wenn eingewöhnt (möglichst in Quarantäne), recht hart gegenüber Wasserbedingungen und Temperaturschwankungen. Über 24° C soll das Wasser jedoch nicht erwärmt werden. Dichte Bepflanzung und Lichtdämpfung werden empfohlen.

ZU: Vorratsbefruchtung. Nach der Befruchtung laichen das oder die ♀♀ zwischen feinfiedrigen Pflanzen ab.

FU: K, O; feines Flockenfutter, FD-Menü, *Artemia* und gefrorene feinere Futtermittel.

Bes.: Trotz der Friedfertigkeit und interessanten Vermehrung ist die Art selten im Handel zu finden.

T: 20 - 24° C, **L**: 4,5 cm, **BL**: 60 cm, **WR**: m, o, **SG**: 2 - 3

Gephyrocharax venezuelae
Venezuela-Drüsensalmler

SCHULTZ, 1944

Syn.: Keine.

Vork.: Südamerika: Oberläufe von Flüssen in Venezuela.

Ersteinf.: Unbekannt, zuletzt 1992 nach Holland.

GU: Die ♂♂ tragen eine "verdickte" Schuppe am Schwanzstiel; siehe **Bes.**

Soz.V.: Friedlicher Schwarmfisch, wegen der Seltenheit jedoch auch vielfach Einzelgänger. Für Gesellschaftsbecken geeignet.

Hält.B.: Kühles, bepflanztes Aquarium mit reichlich Schwimmraum. Wasser: pH-Wert 6,0 - 7,5; Härte bis 20° dGH. Sand- und Kieselbodengrund.

ZU: Wahrscheinlich wie vorgenannte Art.

FU: K, O; feines Lebendfutter, Flockenfutter - auch pflanzlich - , FD- und Gefrierfutter.

Bes.: Die im Schwanzstiel vorhandene Drüse soll Duftstoffe zum Anlocken von ♀♀ produzieren. ♂♂ einiger Arten übergeben dem ♀ einen Köder (Lockspeise), um es zur Paarung zu bewegen.

T: 20 - 24° C, **L**: 5 cm, **BL**: 60 cm, **WR**: m, o, **SG**: 2

Gephyrocharax chapare

Gephyrocharax venezuelae

Tyttocharax atopodus
Bürstenmaul-Drachenflosser

BOEHLKE, 1938
Unterfam.: Glandulocaudinae

Syn.: Keine.

Vork.: Peru: oberer Huallaga-Fluß in den Anden.

Ersteinf.: Unbekannt.

GU: Nicht bekannt.

Soz.V.: Friedlicher Schwarmfisch. Wegen Größe und Seltenheit sollte ein Artbecken verwendet werden.

Hält.B.: Klares, sauerstoffreiches Wasser mit guter Filterströmung. Wasser nitratarm (unter 5 mg/l); pH-Wert 6,0 - 6,5; Härte bis 10° dGH, besser niedriger. Torffilterung oder Torfextraktzugabe ist von Vorteil. Regelmäßiger Wasserwechsel mit einem guten Aufbereitungs-

mittel. Reichlich Randbepflanzung und etwas freien Schwimmraum bieten.

ZU: Für die verwandte Art *T. madeirae* gab ROLOFF an, daß die Fische unter Pflanzenblättern ablaichen. Die Eier werden dicht nebeneinander abgesetzt.

FU: K, O; Flockenfutter, FD-Menü, feines Lebendfutter, wie *Artemia*, junge Schwarze Mückenlarven, *Cyclops*.

Bes.: In der Schwanzwurzel befindet sich eine Drüse, die wohl Duftstoffe zur Paarfindung absondert. Eine Adipose ist bei dieser Art nicht vorhanden.

T: 20 - 24° C, **L:** 2,5 cm, **BL:** 60 c, **WR:** m, **SG:** 3

Prionobrama sp. (möglicherweise eine Variante von *P. filigera*)

COPE, 1870
Unterfam.: Paragoniatinae

Syn.: Keine.

Vork.: Südamerika: Das abgebildete Tier wurde aus Iquitos, Peru, importiert. *P. filigera* hat eine weite Verbreitung in Südamerika und den Systemen des Amazonas; Paraguay, Paraná und Uruguay.

Ersteinf.: ?; 1992 von Tropifish, Beek en Donk, Holland.

GU: Die ♀♀ sind etwas dicker als die ♂♂ und die ausgezogenen Strahlen an der Dorsale und Anale sind kürzer als bei den ♂♂.

Soz.V.: Friedlicher Schwarmfisch, der sich in Gruppen in Ufernähe von Flüssen und Bächen aufhält. Bewohnt die mittleren und oberen Schichten des Wassers. Vergesellschaftet mit friedlichen Welsen, anderen Salmlern und Zwergcichliden.

Hält.B.: Gut haltbar als Aquarienfisch. Bevorzugt offenen Schwimmraum und eine Randbepflanzung. Die Wasser-

qualität soll gut sein, wobei der pH-Wert nicht über 7 steigen und die Gesamthärte bei 8 - 15° dGH liegen soll. Die Tiere lieben etwas Strömung. Regelmäßiger Wasserwechsel alle 14 Tage etwa 1/3 unter Zugabe eines guten Wasseraufbereitungsmittels. Torfextraktzugabe erhöht das Wohlbefinden.

ZU: Unbekannt.

FU: K; Lebendfutter aller Art, aber auch Trockenfutterarten werden gern genommen.

Bes.: Die aus Iquitos importierten Tiere weichen von dem bekannten *P. filigera*-Typ ab. Es fehlt die Rotfärbung in der Schwanzflosse. Die hier abgebildete Art ähnelt einer *Prionobrama*-Art aus dem Rio Paraguay, der unter dem Namen *P. paraguayensis* bekannt wurde, doch bleiben die Tiere etwas schlanker.

T: 23 - 26° C, **L:** 5 - 6 cm, **BL:** 80 cm, **WR:** m, o, **SG:** 2

Tyttocharax atopodus

Prionobrama sp.

Hydrolycus scomberoides   (CUVIER, 1817)

Syn.: Keine.

Vork.: Südamerika: Flußsysteme des Amazonas, Orinoco und Rio Paraguay.

Ersteinf.: März ·1993 von Tropifish, Beek en Donk, Holland.

GU: Unbekannt.

Soz.V.: Aggressiver Schwarmfisch, der in Gruppen in den oberen und mittleren Wasserschichten kleine Fische jagt.

Hält.B.: Nur geeignet für große Spezial- und Schauaquarien mit viel Schwimm-raum. Bepflanzung ist möglich, aber bestimmt nicht notwendig. Nur mit größeren Fischen zusammen halten.

ZU: Unbekannt.

FU: K; kleine Fische, vielleicht auch an Fischfleisch zu gewöhnen.

Bes.: Besitzt ein kräftiges Gebiß. Die zwei vorderen Zähne im Unterkiefer sind stark verlängert und dienen vermutlich als Greifzähne.

> Kein Aquarienfisch!
> Vom Import und Kauf ist dringend abzuraten!

T: 24 - 28° C, **L**: 40 cm, **BL**: 150 cm, **WR**: m, o, **SG**: 4 (K)

Der untere Amazonas bei Belém - ein riesiges Flußgebiet. Auf den Segelschiffen werden auch Zierfische befördert.

Rhoadsia altipinna
Regenbogensalmler

FOWLER, 1911

Syn.: Keine.

Vork.: Südamerika: Westecuador und Costa Rica. STAWIKOWSKI und Begleiter (s. "DATZ", 1/86) fingen zahlreiche Tiere dieser Art im Rio Zapotal, Rio Quevedo und einem kleinen Fluß unbekannten Namens, etwa 30 km südlich der westecuadorianischen Ortschaft Milagro.

Ersteinf.: Unbekannt.

GU: ♂♂ sind größer, besitzen eine sichelförmig verlängerte Dorsale und eine kräftig rot gerandete Anale.

Soz.V.: Die ♂♂ bilden in den klaren, langsam fließenden Gewässern nach STAWIKOWSKIS Beobachtungen Reviere von etwa 2 m Durchmesser "in unmittelbarer Nähe steilerer Uferabschnitte des Prallhanges", in die die laichbereiten ♀♀ einschwimmen. Dort kommt es zur Paarung im Freiwasser des Revierzentrums. Vorhandene Pflanzenpartien wurden dazu nicht aufgesucht. Die ♂♂ verteidigen ihre Reviere gegeneinander. STALLKNECHT ("DATZ" 7/92) berichtet, daß das stärkste ♂ seiner 5 Tiere stets Dominanz über die restlichen Artgenossen besitzt, die zumeist zwischen den Pflanzen Schutz suchen.

Hält.B.: Geräumige Aquarien sind notwendig, um den rangniederen Tieren Möglichkeiten zur Flucht vor den Aggressionen des ♂ zu bieten. Häufiger Teilwasserwechsel ist empfehlenswert, da die Tiere in der Natur in O_2-reichen Gewässern leben.

ZU: Im Aquarium Erfurt wurde die Art in einem 1000-l-Becken nachgezogen. Das ♂ verteidigt sein Revier (etwa 1/3 des Aquariumraumes) auch gegen viel größere Fische. Mitte des Laichreviers bilden kieselige Steine. Das ♂ lockt ein laichbereites ♀ zum Laichplatz. Das ♀ beißt das ♂ in die Genitalpapille. Das ♂ umschlingt das ♀ mit den Brustflossen, so daß dem ♀ die Augen verschlossen

werden. Sobald das ♀ die Eier ausstößt, gibt das ♂ Sperma ab, welches zu den Eiern am Boden gelangt. Der Laichvorgang erstreckt sich über mehrere Stunden von Tagesanbruch bis zur Dämmerung. Sofern mehrere ♀♀ mit einem ♂ gehalten werden, stehen die rangniedrigeren ♀♀ um den Laichplatz abwartend herum und warten, bis sie "dran" sind. Es kommt auch vor, daß ein zweites ♀ zu dem ablaichenden Paar schwimmt und seine Eier in die Spermawolke abgibt, so daß sich Laich von mehreren ♀♀ zusammen entwickelt. Das ♂ bewacht den Laich und säubert diesen mit dem Maul. Die geschlüpften Larven werden nach dem Freischwimmen mit feinstem Tümpelstaubfutter (Bosmiden) - auch tiefgefroren - aufgezogen, bis sie zerkleinertes Flockenfutter, *Artemia* und anderes aufnehmen können.

FU: O; kräftiges Lebend- bzw. Frostfutter, Rote und Schwarze Mückenlarven sowie Glasmückenlarven, große Daphnien, *Tubifex*, Wasserinsektenlarven und Enchyträen, auch Anflugnahrung (tote Fliegen auf der Wasseroberfläche). STALLKNECHT erzielte Laichansätze bei seinen ♀♀ durch Verfütterung von mehreren Hundert junger *Trichogaster trichopterus*. Auch Flockenfutter wird nach Eingewöhnung angenommen.

Bes.: Die wenigen Arten der Unterfamilie *Rhoadsiinae* sind bisher aquaristisch fast unbekannt, obwohl sie durch ihre Farbenpracht interessante Pfleglinge sind. Neben *R. altipinna* ist noch die weniger hochrückige, gestrecktere *R. minor* bekannt, die wesentlich kleiner bleiben soll als *R. altipinna*. GÉRY vermutet, daß es sich bei *R. minor* nur um eine Gebirgsform von *R. altipinna* handeln könnte, da erstere in "schneller fließenden Gebirgsflüssen höherer Regionen" zu finden sind. Ferner ist noch *Rhoadsia* (*Carlana*) *eigenmanni* und aus einer zweiten Gattung

Rhoadsia altipinna

Parastremma sadina bekannt. Während letztere Art einen doppelten Schulter- und einen Schwanzwurzelfleck besitzt, hat *R.* (*C.*) *eigenmanni* nur einen Schulterfleck (anstelle des zumeist keilförmigen großen schwarzen Fleckes der *R. altipinna* in Körpermitte) und dazu eine langgestreckte horizontale, strichartige, dunkle Zeichnung auf dem Schwanzstiel, die sich bis zum freien Ende der mittleren Kaudalstrahlen fortsetzt.

T: 22 - 25° C, **L:** bis 17 cm Totallänge, **BL:** 100 cm, **WR:** m, **SG:** 3-4

Poptella longipinnis

(POPTA, 1901)

Syn.: *Tetragonopterus longipinnis*.

Vork.: Nördliches Südamerika: Venezuela.

Ersteinf.: Unbekannt, da meist unerkannt.

GU: ♀♀ in der Laichzeit fülliger.

Soz.V.: In größeren Aquarien schwimmt die Art im lockeren Schwarm. Manchmal recht schreckhaft.

Hält.B.: Geräumiges Aquarium mit starker Filterung. Typischer Weißwasserfisch. pH 6,5 - 7,5; dGH bis 20°, zur Zucht niedriger.

ZU: Bisher noch nicht bekannt geworden.

FU: K, O; gierige Fresser, die größere Mengen Futter geradezu verschlingen. Gefressen wird mit Vorliebe Lebendfutter, aber auch Flockenfutter wird angenommen.

Bes.: Dem ähnlichen *Brachychalcinus orbicularis* - Syn.: *Poptella orbicularis*, VALENCIENNES, 1849, - fehlt die dunkle Färbung der verlängerten ersten Afterflossenstrahlen. Der abgebildete Fisch ist halbwüchsig. Die Afterflosse ist bei ausgewachsenen Exemplaren nicht mehr so stark ausgezogen.

T: 25 - 28° C, **L**: 10 cm, **BL**: 100 cm, **WR**: m, **SG**: 2

Stethaprion erythrops

COPE, 1870

Syn.: Keine.

Vork.: Nördliches Südamerika, oberes und mittleres Amazonasbecken Perus und Brasiliens, Yarina Cocha, Paca Cocha und Cocha Cashibo mit Zuflüssen bei Pucallpa, Peru.

Ersteinf.: Vermutlich 1981 durch FRANKE.

GU: Unbekannt. Vermutlich an der Laichfülle adulter ♀♀ erkennbar.

Soz.V.: Interessante, friedfertige Salmler, die von den Amerikanern "silver dollar tetra" genannt werden. In ihrer Heimat leben sie zu kleinen Trupps vergesellschaftet im Weißwasser führenden Urwaldseen und deren Verbindungskanälen in den oberen Wasserschichten.

Hält.B.: Größere Aquarien mit ausgedehntem Freiraum zum Ausschwimmen sind zu ihrem Wohlbefinden nötig. Wasser-

werte wie die in der Yarina Cocha, also 11 - 11,5° dGH, pH-Wert um 7 bei 600 - 640 μS Leitwert, dürften optimale Pflegebedingungen gewährleisten. Sehr pflegeleichte Art.

ZU: Noch nicht gelungen.

FU: K; kräftiges Lebendfutter, vor allen Dingen Mückenlarven, besonders die an der Wasseroberfläche lebenden Schwarzen Mückenlarven (*Culex pipiens*). Sie entsprechen der Hauptnahrung dieser Salmler in den Urwaldseen, der Zuckmücke *Siolimyia amazonica*. Daneben Daphnien und *Tubifex* sowie Flockenfutter und pflanzliche Kost (Salat).

Bes.: Die Gattung *Stethaprion* besteht aus drei Arten. Sie bildet zusammen mit den Gattungen *Poptella* (früher *Ephippicharax*) und *Brachychalcinus* die Unterfamilie Stethaprioninae.

T: 24 - 28° C, **L**: 8 cm, **BL**: 100 - 120 cm, **WR**: o, **SG**: 2 - 4

Poptella longipinnis

Stethaprion erythrops

Aphyocharax erythrurus*
Venezuela-Laubensalmler

EIGENMANN, 1912

Syn.: Keine.

Vork.: Venezuela (Cabruta).

Ersteinf.: Unbekannt.

GU: ♀ etwas großer und fülliger. Außerhalb der Laichzeit schwer zu unterscheiden.

Soz.V.: Schwarmfisch, friedlich, für Gesellschaftsbecken geeignet.

Hält.B.: Gut bepflanztes Aquarium mit viel freiem Schwimmraum. Becken mit Schwimmpflanzen etwas abdunkeln. Dunkler Bodengrund. Klares sauerstoffreiches Wasser mit einem pH-Wert von 6,0 - 7,5 (6,8) und einer Härte von 4 - 20° dGH (10°).

ZU: Siehe *A. anisitsi*, Bd.1, Seite 242.

FU: K, O; Allesfresser: Von feinem Flokken-, Frost- und FD-Futter bis zu allerlei Lebendfutter. Bei Roten Mückenlarven ist Vorsicht geboten.

Bes.: * Siehe Bd. 1, Seite 242. Diese Art ist nach GÉRY (1977) möglicherweise ein Synonym von *A. alburnus*.

T: 22 - 26° C, **L:** 7 cm, **BL:** 80 cm, **WR:** m, **SG:** 2

Astyanax brevirhinus
Stumpfmäuliger Tetra

EIGENMANN, 1908

Syn.: Keine.

Vork.: Südamerika: Ostbrasilien.

Ersteinf.: Unbekannt, zuletzt 1992 in die USA.

GU: ♂ besonders zur Laichzeit kräftiger gefärbt, ♀ fülliger.

Soz.V.: Lebhafter, manchmal scheuer Schwarmfisch, der mit kleinen und gleichgroßen Fischen gut vergesellschaftet werden kann.

Hält.B.: Aquarium nicht zu hell beleuchten. Gut bepflanzen, jedoch mit ausreichendem Schwimmraum im Vordergrund. Wasser: pH-Wert 6,2 - 7,5; Härte bis 12° dGH. Die Art ist recht sauerstoffbedürftig und transportanfällig.

ZU: Bisher nicht gelungen (mangels Importen).

FU: K, O; feines Flockenfutter, *Artemia*, Mückenlarven; gelegentlich Pflanzenkost.

Bes.: Eine hübsche Art für Salmlerfreunde.

T: 23 - 27° C, **L:** 10 cm, **BL:** 80 cm, **WR:** m, **SG:** 2

Aphyocharax erythrurus

Astyanax brevirhinus

Astyanax maximus (STEINDACHNER, 1875)

Syn.: Keine.

Vork.: Nördliches Südamerika, Peru: oberer Rio Huallaga und seine Zuflüsse im Vorandenbereich um Tingo Mari.

Ersteinf.: Vermutlich noch nicht lebend importiert.

GU: Adulte ♀♀ sind an der laichvollen Bauchpartie von den schlankeren ♂♂ zu unterscheiden.

Soz.V.: Unbekannt, entsprechend seiner Größe dürfte diese Art unduldsam gegenüber kleinen Beckenmitbewohnern sein. Daher nur mit robusten Salmlerarten vergesellschaften.

Hält.B.: Benötigt viel freien Schwimmraum sowie starke Belüftung des Aquariums. Am geeignetsten erscheint ein Umwälzfilter, der durch den Wasserrücklauf eine Fließbewegung vortäuscht. Die Art lebt in relativ schnellfließenden, ziemlich kühlen Gebirgsbächen und Flüssen bei etwa 20° C. Vorsicht, diese Fische könnten Pflanzenfresser sein.

ZU: Unbekannt.

FU: K, O; kräftiges Lebendfutter und Frostfutter, Mückenlarven, *Tubifex,* Wasserinsektenlarven, große Daphnien, ferner Haferflocken, Forellenpellets und vegetarische Beikost (Salat).

Bes.: Mit etwa 20 cm Länge ist *Astyanax maximus* die größte der bisher wissenschaftlich beschriebenen Arten seiner Gattung.

T: 20 - 22° C, **L:** um 20 cm, **BL:** 100 - 150 cm, **WR:** m, **SG:** 2 - 3

Astyanax ribeirae EIGENMANN, 1911

Syn.: Keine.

Vork.: Südost-Brasilien.

Ersteinf.: Nicht bekannt.

GU: ♂ mit längerer Dorsale

Soz.V.: Friedlicher Schwarmfisch.

Hält.B.: Wie obige Art.

ZU: Paarweises Laichen zwischen Pflanzen. Die Elterntiere sind danach zu entfernen.

FU: K, O, Flockenfutter, Lebendfutter aller Art.

Bes.: Das Foto zeigt einen Kaudalfleck verlängert bis in die Schwanzflosse. Nach GÉRY müßte es daher eine andere Art sein!

T: 23 - 27° C, **L:** 8 cm, **BL:** 80 cm, **WR:** m, o, **SG:** 2

Astyanax cf. *maximus*

Astyanax cf. *ribeirae*

Astyanax sp. "Lago Tefé"
Goldflossensalmler

noch unbeschriebene Art

Syn.: Keine.

Vork.: Südamerika: Brasilien; Lago Tefé und umliegende Gewässer.

Ersteinf.: Unbekannt, vermutlich vor 1977.

GU: ♀♀ werden beträchtlich größer als die wesentlich schlankeren ♂♂.

Soz.V.: Friedfertige Salmler, die gern im lockeren Schwarm zusammenhalten. Die unangenehme Eigenschaft mancher *Astyanax*-Arten, z.B. *A. bimaculatus,* chlorophyllreiche, weiche Wasserpflanzenblätter anzufressen, scheint diese Art nicht zu haben. In Aquarien mit geringer Bepflanzung sind diese Fische, besonders bei direktem Sonneneinfall, oft scheu und schreckhaft.

Hält.B.: Bei Vergesellschaftung mit anderen kleinen und nicht scheuen Salmlerarten, deren Verhalten ihnen Sicherheit zu geben scheint, fühlen sich die Goldflossensalmler am wohlsten und sind dann nicht scheu. Wasserhärten um 6 - 12° dGH bei einem pH-Wert von 7,0 - 7,4 scheinen dieser Art besonders zuzusagen.

ZU: Noch nicht gelungen. Sie dürfte aber durchaus möglich sein, sofern man den Tieren ein genügend großes Ablaichbecken mit ruhigem Standort (am besten über Kopfhöhe) bietet. Vermutlich erhöhen häufige Frischwasserzugaben und Temperaturen um 25 - 27° C die Ausreifung der Geschlechtsprodukte.

FU: K, O; kleines Lebendfutter, wie *Cyclops, Moina,* kleine Daphnien, Schwarze und Glasmückenlarven, Enchyträen. Ferner Frost- und Flockenfutter.

Bes.: Die systematische Zuordnung dieser prächtigen Salmler ist bis heute ungeklärt. Die Vorstellung als *Astyanax* sp. "Lago Tefé" erfolgt aufgrund eines Vergleiches der hier abgebildeten Fische mit einer Aufnahme von SCHULTZ in "Characoids of the World" von GÉRY auf Seite 408, unten. Die Bildlegende lautet: "*Astyanax* sp. from Lago Tefé". Es handelt sich zweifellos um dieselbe Art. Andererseits wird dieser Salmler in der aquaristischen Literatur zumeist unter dem Namen *Hemigrammus ulreyi* (BOULENGER, 1895) abgebildet. So zum Beispiel auf den Titelaufnahmen von "Aquarienmagazin" 12/87 und auf PINTERS Buch "Salmler" (1988) sowie in STALLKNECHTS "Man nennt sie Salmler" (1994): 121, unten und der Aufnahme von MAYLAND in "das Aquarium" 1/1995: 17, unten. So muß die Frage nach der Artzugehörigkeit des hier vorgestellten Salmlers vorläufig offenbleiben. Der Trivialname soll auf das gelbe Dreieck in der Dorsale hinweisen. Nach GÉRY ist *Hemigrammus ulreyi* ein unscheinbarer rötlicher Salmler mit rotviolettem Längsband (Seite 533 oben).

T: 24 - 27° C, **L**: ♂ 3,5 cm, ♀ 4,5 cm, **BL**: 70 cm, **WR**: m, **SG**: 2 - 3

Astyanax sp. "Lago Tefé"

Astyanax sp. "Lago Tefé", oben ♀, unten zwei ♂ ♂

Bryconamericus scopiferus
Rostbrauner Tetra

EIGENMANN, 1913

Syn.: Keine.

Vork.: Südamerika: Kolumbien.

Ersteinf.: Unbekannt.

GU: Nicht bekannt.

Soz.V.: Friedlicher Schwarmfisch; für Gesellschaftsbecken geeignet, sofern die Wasserbedingungen zu allen Tieren passen.

Hält.B.: Torfwasser, leicht sauer und weich: pH-Wert 5,5 - 7,0; Härte bis 10° dGH. Randbepflanzung mit sehr viel Schwimmraum. Dunkler Bodengrund; Moorkienholz (gut ausgekocht) als Dekoration. Regelmäßiger Wasserwechsel, da nitratempfindliche Art.

ZU: Nicht bekannt; wahrscheinlich Freilaicher zwischen Pflanzen.

FU: K, O; Flockenfutter, Frostfutter und jedes Lebendfutter passender Größe.

Bes.: Die Art entfaltet ihre Farbenpracht erst, wenn sie ausgewachsen ist.

T: 23 - 27° C, **L**: 10 cm, **BL**: 80 cm, **WR**: m, **SG**: 2

Bryconella pallidifrons

(FOWLER, 1946)

Syn.: *Cheirodon pallidifrons, Hyphessobrycon thompsoni.*

Vork.: Südamerika: Peru, mittleres Ucayali-Gebiet, Abrahanzillo-Bach, Zulauf zum Rio Aucayacu.

Ersteinf.: 1981 durch FRANKE.

GU: Adulte ♂♂ sind etwas kleiner und wesentlich schlanker als laichvolle ♀♀.

Soz.V.: Friedfertige, kleine Salmler, die gern im lockeren Schwarm zusammenhalten. Vergesellschaftung nur mit etwa gleich großen Salmlerarten, wie Neon- oder Glühlichttetra, da sie sich sonst verängstigt in die Hintergrundbepflanzung zurückziehen.

Hält.B.: Als elegante Schwimmer benötigen diese Salmler freien Schwimmraum im Aquarium. Nicht zu grelle Beleuchtung und regelmäßige Frischwassergaben fördern ihr Wohlbefinden. Entspre-

chend den Messungen in der Quebrada Abrahanzillo sollte das Becken Wasserwerte um 2 - 4° dGH, pH-Wert 6,5 und nicht mehr als 25 µS Leitwert bei einer Temperatur von 26 - 28° C aufweisen.

ZU: Noch nicht gelungen.

FU: K, O; kleines Lebendfutter, wie *Cyclops, Moina*, Grindalwürmchen, *Artemia*-Nauplien und Schwarze Mückenlarven, dazu Flockenfutter.

Bes.: Die Teilnehmer der 2. Internationalen peruanischen Fang- und Forschungsexpedition 1981 fingen *Bryconella pallidifrons* an mehreren Abschnitten der Quebrada Abrahanzillo stets vergesellschaftet mit *Paracheirodon innesi*, dem Neontetra. Als Freßfeinde lebten größere Mengen Blattfische, *Monocirrhus polyacanthus,* in diesem schmalen Urwaldrinnsal.

T: 26 - 28° C, **L**: ♂♂ um 3 cm, ♀♀ um 3,5 cm, **BL**: 60 - 80 cm, **WR**: m, o, **SG**: 2 - 4

Bryconamericus scopiferus

Bryconella pallidifrons

Bryconops (Creatochanes) inpai

KNÖPPEL, JUNK & GÉRY, 1968

Syn.: Keine.

Vork.: Nördliches Südamerika. Brasilien: unterer Rio Negro. Peru: Urwaldbach, Zulauf zum Rio Copal, Rio Copal, Rio Alcides im Bereich des mittleren Rio Ucayali.

Ersteinf.: 1981 durch FRANKE.

GU: Adulte ♀♀ nur an der laichvollen Bauchpartie zu erkennen.

Soz.V.: Friedfertige Schwarmfische. Gut zu vergesellschaften mit kleineren Salmlerarten, wie *Hyphessobrycon loretoensis*, *H. metae*, *Carnegiella strigata*, *Pyrrhulina brevis* oder *Copella metae*. Mit diesen Arten teilen die *Bryconops inpai* in den Schwarzwasserbächen der peruanischen Heimat den Lebensraum.

Hält.B.: Als elegante Schwimmer benötigen sie ausreichenden Freiraum. Zu ihrem optimalen Wohlbefinden sollten die Wasserwerte ihrer Heimatgewässer im Aquarium zugrunde gelegt werden: 0,7 -

2° dGH, ph-Wert 5,6 - 6,4, Leitwert zwischen 10 und 25 μS. Torfzusatz ist zu empfehlen.

ZU: Unbekannt.

FU: O; abwechslungsreiches Lebendfutter, Mückenlarven verschiedener Arten, mittelgroße Daphnien, *Moina* und stummelflüglige Essigfliegen (*Drosophila*) auf die Wasseroberfläche. Auch Flokkenfutter wird angenommen. Die Aufnahme von vegetarischer Kost sollte getestet werden.

Bes.: Bei der Attraktivität dieses farbschönen Salmlers, der in der Farbkomposition etwas an den Kongosalmler, *Phenacogrammus interruptus*, erinnert, ist es unverständlich, daß wir noch immer vergeblich auf einen zahlenmäßig lohnenden Import warten müssen. *Bryconops inpai* würde unter den Salmlerfreunden zweifellos viele Interessenten finden.

T: 24 - 27° C, **L**: ca. 10 cm, **BL**: 100 - 120 cm, **WR**: m, o, **SG**: 2 - 4

Creagrutus brevipinnis
Doppelstreifentetra

EIGENMANN, 1913

Syn.: Keine.

Vork.: Südamerika: Kolumbien, oberer Rio Cauca (endemisch).

Ersteinf.: Unbekannt.

GU: ♀♀ farbiger und fülliger als ♂♂.

Soz.V.: Recht friedliche Schwarmfische, die sich gut mit anderen "Weichwasserfischen" vergesellschaften lassen.

Hält.B.: Klares, gut belüftetes Aquarium mit Sandboden und dichtem Pflanzenwuchs im Hintergrund. Weiches, leicht saures Wasser.

ZU: Gelaicht wird zwischen Pflanzen. Das ♂ befruchtet zunächst das ♀. Die Eiabla-

ge kann später erfolgen (Vorratsbefruchtung). Normalerweise erfolgt die Eiablage jedoch gleich nach der Befruchtung. Die Larven schlüpfen bei 24° C bereits nach 36 Stunden, bei 26° C nach 24 - 30 Stunden. Läßt die Vorratsbefruchtung und schnelle Schlupfzeit auf unstete Lebensbedingungen in der Natur schließen?

FU: K; feines Lebendfutter, jedoch auch Flocken- und FD-Futtermittel. Frostfutter.

Bes.: Keine.

T: 23 - 27° C, **L**: 6 cm, **BL**: 60 cm, **WR**: m, **SG**: 3

Bryconops (Creatochanes) inpai

Creagrutus brevipinnis

Hemibrycon jabonero
Jabonero Tetra

(SCHULTZ, 1944)

Syn.: *Hemibrycon dentatus jabonero.*

Vork.: Südamerika: Venezuela; im Orinoco-System und einigen Küstenflüssen. Ecuador und sehr vermutlich auch Kolumbien.

Ersteinf.: ?; sicher im Januar 1992 von Tropifish, Beek en Donk, Holland.

GU: Nur gering; die ♀♀ sind etwas größer und etwas dicker als die ♂♂.

Soz.V.: Schwarmfisch. Sehr schneller Schwimmer. Kann bissig gegenüber Artgenossen und anderen Arten sein.

Hält.B.: Gut haltbar als Aquarienfisch. Braucht aber wegen seiner schnellen Schwimmweise ein geräumiges Becken. Das Becken soll gut abgedeckt sein, da diese Art ein ausgezeichneter Springer ist. Nicht mit sehr kleinen Fischen verge-

sellschaften. Wasser: pH-Wert 6,0 - 7,2; Härte 8 - 15° dGH. Gute Filterung mit Strömung.

ZU: Unbekannt. Vermutlich nicht unterschiedlich zu *H. dentatus*: Freilaicher im Schwarm zwischen Pflanzen an der Wasseroberfläche. Die Eltern stellen den Eiern nach.

FU: K; Insekten und -Larven. Anflugnahrung. Flockenfutter, gefriergetrocknete Mückenlarven. Frostfutter.

Bes.: Die Gattung *Hemibrycon* ist noch wenig untersucht. Zur Zeit werden 15 Arten anerkannt; aber es sind schon weitere "species" bekannt. Die Determination des abgebildeten Fisches ist nicht gesichert.

T: 22 - 26° C, **L:** 8 - 10 cm, **BL:** 100 cm, **WR:** m, o, **SG:** 2 - 3

Hemigrammus (Hyphessobrycon) amandae GÉRY & UI, 1987
Funkensalmler

Syn.: *Hyphessobrycon amandae*.

Vork.: Südamerika: Brasilien: Rio das Mortes im Staat Mato Grosso.

Ersteinf.: Ende der 70er Jahre.

GU: Bei den ♂♂ sind sowohl die Körperfärbung als auch der schwarze Dorsalfleck farbintensiver als bei den durch die Laichfülle etwas plumper wirkenden, geringfügig größeren ♀♀.

Soz.V.: Friedfertiger Schwarmfisch, der für Kleinaquarien wegen seiner geringen Größe bestens geeignet ist.

Hält.B.: Pflege nur im Verband mit anderen, ähnlich kleinen Arten, wie *Hyphessobrycon georgettae, Rasbora maculata, R. urophthalma, Dermogenys pusillus* o. ä. Dunkler Bodengrund, eine dichte Hintergrundbepflanzung und schwach saures, durch Erlenzapfenextrakt oder Torf bräunlich getöntes Wasser lassen die prächtige Rotfärbung am besten hervortreten. Der Schwarm sollte aus 6 - 10 Fischen bestehen, um ihnen das Gefühl der Sicherheit zu vermitteln.

ZU: Das Ablaichen erfolgt in der für die Gattung *Hemigrammus* typischen Weise. Die ♀♀ setzen je nach Alter 30 - 60 Eier im feinfiedrigen Substrat ab, die wenig Klebkraft besitzen. Die Jungfische schlüpfen bei etwa 26 - 28° C nach 24 - 30 Stunden und sind, entsprechend ihrer Größe von etwa 2 mm Länge, mit Rotatorien und nach wenigen Tagen mit *Artemia*-Nauplien aufzuziehen. Das weitere Wachstum geht relativ schnell vor sich.

FU: O; *Cyclops, Moina*, Grindalwürmchen, *Artemia*, dazu zerriebenes Flockenfutter, FD-Menü.

Bes.: Keine.

T: 24 - 28° C, **L**: ♂♂ um 2,5 cm, ♀♀ kaum 3 cm, **BL**: 20 - 40 cm, **WR**: m, **SG**: 2

Hemigrammus barrigonae
Barrigona-Tetra

EIGENMANN & HENN, 1914

Syn.: Keine.

Vork.: Südamerika: Kolumbien, Rio Meta.

Ersteinf.: Unbekannt.

GU: ♂ schlanker und kleiner als ♀.

Soz.V: Friedlicher Schwarmfisch. Heikel: nur mit zarten Arten vergesellschaften; z.B. *Nannostomus*-Arten.

Hält.B.: Aquarium mit gedämpftem Licht, dunklem Bodengrund und reichlich Rand-bepflanzung. Sauerstoffbedürftige Art, die für das normale Gesellschaftsbecken zu zart ist. Regelmäßige Fütterung und Pflege mit pH-Werten von 5,8 - 7,0 (6,5), Härte bis 10° dGH.

ZU: Wie andere *Hemigrammus*-Arten.

FU: K, O; feines Lebend- und Flockenfutter.

Bes.: Keine.

T: 22 - 26° C, **L**: 4,5 cm, **BL**: 60 cm, **WR**: m, o **SG**: 3

Hemigrammus cupreus
Glänzender Kupfertetra

DURBIN in EIGENMANN, 1918

Syn.: Keine.

Vork.: Südamerika: Amazonasbecken.

Ersteinf.: Unbekannt, als Beifang sicher schon häufiger.

GU: ♂ farbiger als ♀; ♀ fülliger; Anale beim ♂ vorn weiß gesäumt.

Soz.V.: Friedliche Art, die gut in Gesell-schaft mit kleinen und zarten Fischen gehalten werden kann.

Hält.B.: Wie die anderen *Hemigrammus*-Arten.

ZU: Wie andere *Hemigrammus*-Arten.

FU: K, O; Flockenfutter.

Bes.: Selten importierte Art, da außer-halb der Laichzeit recht unscheinbar.

T: 23 - 27° C, **L**: 3,5 cm, **BL**: 60 cm, **WR**: m, **SG**: 2

Die Gattung *Hypohessobrycon* soll eingezogen werden. Die bisherigen *Hyphessobrycon*-Arten werden zur Untergattung. GÉRY, 1993 (mündliche Mitteilung) stellte alle *Hyphessobrycon* zu *Hemigrammus*. *Hemigrammus*-Arten heißen demnach (*H.*) (*Hemigrammus*) sp. und *Hyphessobrycon*-Arten *Hemigrammus* (*Hyphessobrycon*) sp.. Die in Klammern gesetzte Untergattung kann bei der Namensbezeichnung weggelassen werden.

Hemigrammus barrigonae

Hemigrammus cupreus

Hemigrammus (*Hyphessobrycon*) *georgettae* (GÉRY, 1961)
Georgis Tetra*

Syn.: *Hyphessobrycon georgettae.*

Vork.: Surinam (ehemals Niederl. Guyana).

Ersteinf.: Ca. 1960.

GU: ♂ mit spitzer nach unten gezogener Schwimmblase. Beim ♀ ist diese mehr gerundet und meist kürzer.

Soz.V.: Munterer, friedlicher Schwarmfisch, für Gesellschaftsbecken geeignet.

Hält.B.: Gut bepflanztes Aquarium mit freiem Schwimmraum im Vordergrund. Weiches, leicht saures Wasser. Nach Gewöhnung wird auch hartes Wasser bis 25° dGH vertragen. Die Farben der Tiere verblassen dann jedoch.

ZU: Ausgesiebte kleine Schwarze Mückenlarven fördern den Laichansatz. Paarweiser Ansatz in Torfwasser. Becken abdunkeln. Abgelaicht wird zwischen feinfiedrigen Pflanzen. Die Aufzucht der Larven mit Tümpelstaubfutter ist nicht ganz unproblematisch. Elterntiere entfernen.

FU: K, O; vorwiegend feines Lebendfutter wie *Artemia* und *Cyclops*. Flockenfutter und FD-Stoffe werden gern genommen. Gefrorene Rote Mückenlarven sparsam füttern.

Bes.: * Nach der Ehefrau von GÉRY benannt.

T: 23 - 27° C, **L**: 4 cm, **BL**: 60 cm, **WR**: m, o, **SG**: 2

Hemigrammus (*Hyphessobrycon*) *haraldschultzi* TRAVASSOS, 1960
Schultz' Signalsalmler

Syn.: *Hyphessobrycon haraldschultzi.*

Vork.: Südamerika: Rio Mamore, Guaporé (Grenzflüsse zwischen Brasilien und Kolumbien), in ruhigen Seitenarmen.

Ersteinf.: 1973 durch BAENSCH nach Deutschland.

GU: ♀ zur Laichzeit fülliger, sonst kaum erkennbar.

Soz.V.: Friedlicher, munterer Schwarmfisch, für Gesellschaftsbecken bei entsprechenden Wasserbedingungen geeignet, z. B. *Thayeria obliqua.*

Hält.B.: Wasser extrem weich! Im Vorkommensgebiet war die Härte nicht meßbar (unter 1° dGH), pH-Wert trotzdem 5,8 (Sept. '75). 10 km südlich von Guajara Mirim. Die Haltung bei pH-Werten bis

zu 6,5 und Härte bis zu 8° dGH dürfte kein Problem sein. Aquarium mit viel Pflanzenwuchs am Boden und Schwimmpflanzendecke. Dazwischen viel Schwimmraum.

ZU: In der Natur sind die Lagunen und Randsümpfe oft mit dichten, fadenartigen Algen bewachsen.

FU: K, O; Moskitoeier und -larven, *Artemia*; feines Flockenfutter, FD-Nahrung.

Bes.: Eine prächtige kleine Salmlerart, die wegen des abgelegenen Fundortes und wegen des hohen Sauerstoffbedarfs wenig exportiert wird. In der Natur kommt die Art stellenweise massenhaft vor (einige Tausend Tiere auf 30 x 30 m Wasserfläche).

T: 22 - 26° C, **L**: 3,5 cm, **BL**: 50 cm, **WR**: m, u, **SG**: 2 - 3

Hemigrammus (Hyphessobrycon) georgettae

Hemigrammus (Hyphessobrycon) haraldschultzi

Hemigrammus sp. aff. *hyanuary*

Syn.: Keine.

Vork.: Südamerika: Kolumbien.

Ersteinf.: Das Foto zeigt ein nach Holland importiertes Tier (1991).

GU: S. Fotos: oben das schlankere ♂, unten 2 ♀♀ mit gerundeter Bauchlinie.

Soz.V.: Friedlicher Schwarmfisch, zur Vergesellschaftung mit kleineren Salmlern, *Corydoras*, Killifischen und Zwergcichliden gut geeignet.

Hält.B.: Beansprucht weiches Wasser, bis 12° dGH. Dauert in hartem Wasser nicht lange aus. Torffilterung ist erwünscht. Bei gedämpftem Licht, etwa durch Schwimmpflanzen und dunklen Bodengrund, kommen Weichwasser-*Hemigrammus*-Arten besser farblich zur Geltung. In zu hartem Wasser sind die Fische weniger lebhaft und in der Färbung blasser.

ZU: Siehe Bd. 1, Seite 268.

FU: K, O; feines Lebendfutter, Flocken-, Gefrier- und FD-Futtermittel.

Bes.: Wahrscheinlich ist die Art auf dem Foto mit *H. hyanuary* Bd. 1, Seite 268, identisch. Hier wird jedoch ein Wildfang gezeigt, während es sich im Bd. 1 um Nachzuchttiere handelt. Eine Nachbestimmung wäre wünschenswert.

T: 23 - 27° C, **L:** 4 cm, **BL:** 60 cm, **WR:** m, **SG:** 2

Fortsetzung von Seite 100:
Hemigrammus stegemanni

flüglige Taufliegen (*Drosophila*) sein, die man lebend auf die Wasseroberfläche gibt. Sie sind ein guter Ersatz für das Anflugfutter in den Tropen, von dem viele Kleinsalmlerarten in der Niedrigwasserzeit leben. Auch Schwarze Mückenlarven (*Culex*) werden gern unter der Wasseroberfläche erbeutet.

Bes.: Ansprechende Salmlerart, deren Einfuhr in lohnender Stückzahl bisher leider seitens der Importeure viel zu wenig Beachtung entgegengebracht wurde.

T: 23 - 28° C, **L:** 3 cm, **BL:** 80 cm, **WR:** m, **SG:** 2 - 3

Hemigrammus sp. aff. *hyanuary*, Kolumbıen

Hemigrammus hyanuary

Hemigrammus mattei
Mattes Tetra, "Falscher Schlußlichtsalmler"

EIGENMANN, 1918

Syn.: *Hemigrammus ocellifer falsus.*

Vork.: Südamerika: Argentinien.

Ersteinf.: Ca. 1960 durch ESPE.

GU: Beim ♂ ist die Schwimmblase spitzer ausgezogen als beim ♀. ♀ deutlich dicker und hochrückiger als ♂.

Soz.V.: Friedlicher Schwarmfisch; gut für Gesellschaftsbecken geeignet.

Hält.B.: Es werden geringe Ansprüche an die Wasserqualität gestellt. Die Tiere sind hart im Nehmen. Dennoch sollte man sie in nicht zu hartem Wasser (bis 20° dGH) mit einem pH-Wert bis 7,8 pflegen. Auch die Filterwartung darf man nicht vernachlässigen.

ZU: Die Zucht ist relativ einfach und produktiv. Nachzulesen in Bd. 1, Seite 277 f.

FU: K, O; Flockenfutter, FD-Menü, allerlei feines Lebendfutter und Frostfutter; FD-Tabletten.

Bes.: Die "blasse" Schwester des Schlußlichtsalmlers hat bisher (wohl auch mangels Importe) wenig Anhänger gefunden.

T: 22 - 26° C, **L**: 4,5 cm, **BL**: 60 cm, **WR**: m, **SG**: 1

Hemigrammus (Hyphessobrycon) minimus
Minitetra

(DURBIN, 1909)

Syn.: *Hyphessobrycon minimus.*

Vork.: Südamerika: Iquitos (Peru); Guyana.

Ersteinf.: Nicht bekannt.

GU: Beim ♂ ist die Schwimmblase spitzer ausgezogen als beim ♀. ♀ deutlich dicker und hochrückiger als ♂.

Soz.V.: Friedliche Art, die nur mit sehr ruhigen Fischen, z. B. *Corydoras,* gehalten werden sollte.

Hält.B.: Kleine Aquarien mit gedämpftem Licht, dunklem Bodengrund und Randbepflanzung. Torffilterung. Regelmäßige Teilwasserwechsel 1/3 alle 2 - 3 Wochen. Dabei ein gutes Wasseraufbereitungsmittel verwenden. pH-Wert 6,0 - 7,0; Härte 5 - 15° dGH.

ZU: Über die Zucht der Art ist uns bisher nichts bekannt, wahrscheinlich Freilaicher zwischen Pflanzen. Wasserhärte auf ca. 4° dGH absenken; pH-Wert 6,0.

FU: K, O; feinstes Lebendfutter wie *Cyclops* und *Artemia*. Feine (zerriebene) Futterflocken (FD-Menü) werden nach Gewöhnung auch genommen. Futterportionen stets sehr sparsam, dafür aber häufig (bis zu 8 mal) am Tag.

Bes.: Einer der kleinsten Tetras.

T: 23 - 27° C, **L**: 3 cm, **BL**: 50 cm, **WR**: m, **SG**: 3

Hemigrammus mattei

Hemigrammus (Hyphessobrycon) minimus

Hemigrammus(Hyphessobrycon) serpae
Serpasalmler

DURBIN in EIGENMANN, 1908

Syn.: *Hyphessobrycon callistus serpae, Hyphessobrycon serpae.*

Vork.: Südliche Nebenflüsse des Amazonas und des oberen Rio Paraguay in Brasilien und Paraguay.

Ersteinf.: 1931 nach Deutschland, 1948 in die USA.

GU: ♂ deutlich schlanker als ♀. Die Rückenflosse ist beim ♂ etwas mehr ausgezogen als beim ♀. ♂ mehr Rot in der Schwanzflosse.

Soz.V.: Friedlicher Schwarmfisch, obwohl erwachsene ♀♀ etwas bissig untereinander sein können. Manche Tiere beißen sich gegenseitig die Augen aus. Wenn möglich, "Streithähne" trennen, bis die Gruppe zueinanderpaßt. Für das Gesellschaftsaquarium geeignet.

Hält.B.: Einfach zu pflegende Fische, die jedoch nur bei guten Wasserbedingungen zur Geltung kommen. Wasser: pH-Wert 5,0 - 7,8 (7,0); Härte von 5 - 25°

T: 22 - 26° C, L: 4,5 cm, BL: 60 cm, **WR**: m, SG: 1

dGH (10°). Ein etwas durch Schwimmpflanzen abgedunkeltes Becken und ein dunkler Bodengrund sind von Vorteil. In zu hellen Aquarien bleiben die Fische blaß und unscheinbar. Gute Randbepflanzung mit Schwimmraum.

ZU: Siehe Band 1, Seite 277.

FU: K; feines Lebendfutter wie *Artemia* und *Cyclops*; Flockenfutter. Mit Roten Mückenlarven soll nur sehr sparsam gefüttert werden.

Bes.: Sehr ähnlich zeigt sich die Art *Cheirodon froemmeri*. *H. serpae* war vor der Einführung von *H. callistus* die am häufigsten in Aquarien gepflegte *H.-*Art. Wegen der meist recht blassen Farben ist sie jedoch aus der "Mode" gekommen. Unter den Namen *H. serpae* wurden auch Populationen von *H. callistus* eingeführt. Die Taxonomie der *H. calllistus-*Gruppe ist nicht sehr klar und eine Revision wäre wünschenswert.

Hemigrammus (Hyphessobrycon)stegemanni
Stegemanns Tetra

(GÉRY, 1961)

Syn.: *Hyphessobrycon stegemanni.*

Vork.: Südamerika: Brasilien, unterer Rio Tocantins.

Ersteinf.: Unbekannt, vermutlich mehrfach als unerkannter Beifang nach 1970.

GU: Laichvolle, adulte ♀♀ sind nur durch die gerundete Bauchpartie von den schlankeren ♂♂ zu unterscheiden.

Soz.V.: Friedliche und schwimmlustige kleine Schwarmfische, die man am günstigsten mit Neon- und Glühlichttetras, Dreibandsalmlern oder Rotkopfsalmlern vergesellschaften sollte, mit denen sie sich zeitweise im Schwarm zusammenfinden und zu denen sie einen guten Farbkontrast abgeben.

Hält.B.: Becken mit nicht zu greller Beleuchtung, dunklem Sandboden und reichlicher Hintergrundbepflanzung, evtl. Torffilterung und weichem Wasser von 2 - 8° dGH, pH-Wert zwischen 6,5 und 7 sowie ein regelmäßiger Wasserwechsel

fördern das Wohlbefinden dieser kleinen Salmler. Die Wasseroberfläche sollte, zumindest teilweise, von Schwimmpflanzen bedeckt sein. Diese Oberflächenbewachsung erzeugt gedämpftes Licht und wirkt gleichzeitig einer oft zu beobachtenden Scheu dieser Fische in schlecht bepflanzten, stark beleuchteten Aquarien mit hellem Sand entgegen.

ZU: Zuchterfolge sind bisher nicht veröffentlicht worden. Das dürfte vorrangig daran liegen, daß bisher zumeist nur wenige Exemplare gleichzeitig importiert worden sind. Bei Zuchtversuchen sollte man, ähnlich wie für *Paracheirodon innesi* (Band 1, S. 307) beschrieben, verfahren.

FU: O; kleines Lebendfutter, wie *Cyclops, Moina, Artemia*-Nauplien, auch als Frostfutter. Eine besondere Delikatesse dürften für diese kleinen Salmler stummel-

Fortsetzung auf Seite 96

Hemigrammus serpae

Hemigrammus stegemanni

Hemigrammus (Hyphessobrycon) tropis (GÉRY, 1963)

Syn.: *Hyphessobrycon tropis.*

Vork.: Südamerika: Stromgebiet des Rio Negro, sympatrisch mit *Hemigrammus schmardae* und *H. vorderwinkleri.*

Ersteinf.: 1992 als Beifang von der Firma Interfisch, Berlin, in Importsendungen des Roten Neonsalmlers; unerkannt, vermutlich bereits früher.

GU: ♂♂ mit einem Kiel am vorderen Teil der Afterflosse.

Soz.V.: Wenig bekannt, vermutlich jedoch ähnlich wie bei verwandten Arten. Einzeltiere scheu, zwischen Wasserpflanzen versteckt lebend.

Hält.B.: Leicht zu pflegender Fisch. In Aquarien mit dunklem Bodengrund und mit einer Schwimmpflanzendecke, durch die das Oberlicht abgeschwächt wird, kommen die Farben besser zur Geltung. Dichte Bepflanzung, z. B. mit *Cryptocoryne-*, *Echinodorus-* oder *Vallisneria-*Arten erhöhen das Wohlbefinden der Tiere. Wöchentlicher Teilwasserwechsel günstig. Nicht empfindlich gegenüber härterem Wasser (bis etwa 15° dGH).

ZU: Noch nicht gezüchtet, jedoch vermutlich nicht allzu schwierig. Versuche sollten sich an der Zucht von Arten mit vergleichsweise ähnlicher Lebensweise orientieren, z.B. *Hemigrammus ocellifer ocellifer* oder *H. ocellifer falsus.*

FU: Lebendfutter, wie *Cyclops*, Daphnien, Rote und Schwarze Mückenlarven, aber auch gute Flockenfutterpräparate; nicht wählerisch.

Bes.: Wenig bekannte Art, die nur gelegentlich als Beifang von Roten Neontetras zusammen mit *Hemigrammus schmardae* und *H. vorderwinkleri* nach Mitteleuropa gelangt und meistens nicht erkannt wird. Gleicht *Hemigrammus schmardae* und *H. vorderwinkleri.* Ist jedoch schlanker als *H. schmardae*, verfügt weiterhin über eine längere Afterflosse als *H. vorderwinkleri* (19 anstatt 14 - 15 geteilte Flossenstrahlen). Außerdem besitzt *Hemigrammus tropis* 7 - 8 konische Zähne im Maxillare; *H. schmardae* und *H. vorderwinkleri* mit 1 - 3 dreispitzigen Zähnen im Maxillare. Benannt nach dem Kiel oberhalb der Afterflosse.

T: 21 - 26° C, **L**: bis 3 - 4 cm (?), **BL**: 60 cm, **WR**: m, u, **SG**: 1 - 2

Hemigrammus (Hyphessobrycon) tukunai
Tukuna-Salmler (GÉRY, 1965)

Syn.: *Hyphessobrycon tukunai.*

Vork.: Südamerika: Oberes Amazonasgebiet, sympatrisch mit *Paracheirodon innesi* und *Bryconella pallidifrons.*

Ersteinf.: 1992 als Beifang von der Firma Interfisch, Berlin; vermutlich jedoch unerkannt bereits früher.

GU: ♂♂ erste Strahlen der Afterflosse verdickt, mit Häkchen besetzt.

Soz.V.: Unbekannt, da bislang offenbar nur Einzeltiere importiert wurden. Diese sind im Gesellschaftsbecken mit anderen kleinen Salmlern schreckhaft und leben versteckt zwischen Wasserpflanzen. Ruhiger Schwimmer.

Hält.B.: Nicht schwierig zu pflegende Art. Vergesellschaftung nur mit anderen kleinen Salmlern oder kleinen *Rasbora-*Arten angezeigt. Aufgrund der Seltenheit der Fische sollten sie jedoch im Artaquarium gepflegt werden.

ZU: Noch nicht gezüchtet.

FU: K, O; Flockenfutter, FD-Menü, *Artemia, Cyclops.*

Bes.: Keine.

T: 21 - 24° C, **L**: 2 - 3 cm (?), **BL**: 60 cm, **WR**: m, u, **SG**: 2

Hemigrammus tropis

Hemigrammus tukunai

Hemigrammus sp. aff. unilineatus

Syn.: Keine.

Vork.: Als Beifang aus Iquitos, Peru, gekommen.

Ersteinf.: Juli 1991 von Tropifish, Beek en Donk, Holland.

GU: Nicht bekannt.

Soz.V.: Geselliger friedlicher Schwarmfisch, der gut als Aquarienfisch zu halten ist.

Hält.B.: Wie viele weitere Arten der Gattung Hemigrammus. Als Schwarmfisch zu halten in einem bepflanzten Aquarium mit offenem Schwimmraum. Wasser: pH-Wert 6,0 - 7,5; Härte bis 15° dGH (8°).

ZU: Wie H. unilineatus, Bd. 1, Seite 274. Zum Zuchtansatz sollten Schwarze Mückenlarven gefüttert werden.

FU: K; Flockenfutter und feines Lebendfutter.

Bes.: Vergleiche mit H. unilineatus Bd. 1, Seite 274. Das unterschiedliche Zeichnungsmuster läßt auf eine andere Art schließen.

T: 23 - 27° C, **L:** 5 cm, **BL:** 80 cm, **WR:** m, o, **SG:** 2

Hemigrammus (Hyphessobrycon) sp.
Leuchtstrichsalmler

Unbeschriebene Art?

Syn.: Keine.

Vork.: Südamerika: Peru.

Ersteinf.: 1990 nach Holland.

GU: Es sind keine bekannt. ♀ dürfte gerundeter in der Bauchlinie sein.

Soz.V.: Friedlicher Schwarmfisch für Spezialbecken mit kleinen, zarten Arten geeignet. Besser jedoch Artbecken, um die Zucht zu versuchen. "Vererben" sich die Leuchtstriche?

Hält.B.: Torfgefiltertes, weiches Wasser bis 6° dGH, pH-Wert 5,5 - 6,5. Gedämpftes Licht oder Schwimmpflanzendecke. Dunkler Bodengrund. Sorgfältige, regelmäßige Filterpflege und Wasserwechsel 1/3 alle 2 - 3 Wochen.

ZU: Nicht bekannt. Bei weichstem Wasser mit Torf versuchen. Becken abdunkeln. Perlongespinst als Laichsubstrat.

FU: K, O; feinstes Lebendfutter, FD-Menü.

Bes.: Die Leuchtstriche entlang der Seitenlinie sind variabel; es können 1, 2, 3 oder auch 4 sein. Es ist nicht anzunehmen, daß die Striche krankheitsbedingt sind. Warum jedoch jedes Individuum Striche anderer Anordnung hat, ist ungeklärt. Die sonst fast farblosen Salmler können sich im dunklen Schwarzwasser anhand der Leuchtstriche sicher im Schwarm halten, Feinde irritieren, evtl. Beute anlocken. Die interessante Art verdient es, näher untersucht zu werden.

T: 23 - 27° C, **L:** 3 cm, **BL:** 50 cm, **WR:** m, **SG:** 3

Hemigrammus sp. aff. *unilineatus*

Hemigrammus (Hyphessobrycon) sp., Peru

Markiana nigripinnis
Orangeflecksalmler

(PERUGIA, 1891)

Syn.: *Tetragonopterus nigripinnis, T. anomalis, Astyanax nigripinnis.*

Vork.: Südamerika: Paraguay; La Plata-Becken.

Ersteinf.: 1912 von MAYER.

GU: ♂ mit farbigen, orange bis roten Flossen; ♀ trägt diese Flossen gelb bis grünlich.

Soz.V.: In der Natur in großen Schwärmen. Gesellige Art. Relativ friedlich. Kleine Fische werden jedoch als Futter angesehen. Mit großen Cichliden und Welsen gut zu vergesellschaften.

Hält.B.: Die unersättlichen Fresser brauchen kräftige Filterung und regelmäßigen Wasserwechsel. Sonst sehr anpassungsfähig. Wasser: pH-Wert 6,5 - 8,0; Härte bis 30° dGH (12°). Dekoration nur mit Wurzeln und Steinen. Sandboden.

ZU: Die Zucht soll schon gelungen sein. Nähere Angaben liegen aber nicht vor.

FU: O; Allesfresser von Fisch bis Pflanzen. Forellen- /Karpfenpellets. Kleine Tiere nehmen Flocken- und Gefrierfutter.

Bes.: Große Salmler sind nicht "in", weshalb die Art selten importiert wird.

T: 20 - 26° C, **L**: 15 cm, **BL**: 150 cm, **WR**: m, u, **SG**: 2

Megalamphodus axelrodi
Calypsotetra

(TRAVASSOS in AXELROD, 1959)

Syn.: *Aphyocharax axelrodi.*

Vork.: Trinidad.

Ersteinf.: 1988.

GU: ♂ kleiner und schlanker.

Soz.V.: Friedlicher Schwarmfisch.

Hält.B.: Einfach zu pflegender Fisch für das dicht bepflanzte Gesellschaftsaquarium. Ruhige Tiere, nicht mit zu schwimmaktiven Arten vergesellschaften. In zu hell stehenden Aquarien scheu und wenig farbenfreudig.

ZU: Bereits geglückt, jedoch liegen keine genaueren Berichte vor. Zucht vermutlich ähnlich den verwandten Arten, jedoch selten importiert und gezüchtet. Da auch in dicht bepflanzten Gesellschaftsbecken gelegentlich Jungtiere aufkommen, sollte geprüft werden, ob sich die Art nicht auch im Daueransatz vermehren läßt.

FU: K, O; Flockenfutter, Gefrier- und FD-Futterstoffe.

Bes.: Keine.

T: 22 - 23° C, **L**: bis 4 cm, **BL**: 60 cm, **WR**: m, u, **SG**: 2 - 3

Markiana nigripinnis

Megalamphodus axelrodi

Moenkhausia chrysargyrea
Pinselflecksalmler

(GÜNTHER, 1864)

Syn.: *Tetragonopterus chrysargyreus.*

Vork.: Südamerika: Brasilien bei Tabatinga (Amazonas), Guyana-Länder.

Ersteinf.: 1992 in die USA und nach Holland.

GU: ♀ voller und etwas größer als ♂.

Soz.V.: Munterer, flinker Schwarmfisch. Friedlich. Für Gesellschaftsbecken gut geeignet.

Hält.B.: Geräumiges Aquarium mit viel freiem Schwimmraum. Wasser: pH-Wert 6,0 - 7,2; Härte bis 20° dGH (8°). Dunkler Bodengrund, teilweise mit Schwimmpflanzen abgedeckte Oberfläche und Torffilterung sind von Vorteil.

ZU: Wie bei *Moenkhausia pittieri*, Bd. 1, Seite 302, angegeben.

FU: K, O; alle gängigen Futtersorten, am liebsten *Cyclops* und Mückenlarven.

Bes.: Die Pastellfärbung mit Perlmuttglanz entfaltet sich erst bei gedämpfter Beleuchtung.

T: 23 - 28° C, L: 7,5 cm, **BL**: 80 cm, **WR**: alle (m), **SG**: 2

Pfahlbauten, Tabatinga am Amazonas

Moenkhausia chrysargyrea

Moenkhausia chrysargyrea

Moenkhausia eigenmanni
Eigenmanns Tetra

GÉRY, 1963

Syn.: Keine.

Vork.: Südamerika: Oberer Rio Meta in Kolumbien.

Ersteinf.: Nicht bekannt.

GU: ♀♀ zur Laichzeit deutlich fülliger.

Soz.V.: Friedlicher Schwarmfisch für jedes Gesellschaftsbecken mit weichem Wasser.

Hält.B.: Im etwas abgedunkelten Becken (Schwimmpflanzendecke oder Torfwasser). pH-Wert 6,0 - 7,2; Härte bis 15° dGH (6°). Dunkler Bodengrund.

ZU: Bisher liegen keine Zuchtberichte vor. Die Art dürfte jedoch wie andere *Moenkhausia* recht einfach nachzuzüchten sein. Siehe Bd. 1, Seite 300 - 302.

FU: K, O; Flockenfutter, jedes kleinere Lebend-, Frost- oder FD-Futtermittel.

Bes.: Wegen ihres unscheinbaren Äußeren wird die Art meist nur als "Beifang" importiert.

T: 23 - 27° C, **L**: 5 cm, **BL**: 60 cm, **WR**: alle, **SG**: 2

Moenkhausia grandisquamis

(MÜLLER & TROSCHEL, 1845)

Syn.: *Tetragonopterus grandisquamis*.

Vork.: Südamerika: Guyanaländer und Amazonasbecken. Brasilien: Rio Juruena-Becken. Peru: Rio Carahuayte, Rio Copal und zulaufende Urwaldbäche bei Jenaro Herrera am mittleren Rio Ucayali.

Ersteinf.: 1981 durch FRANKE.

GU: Adulte ♂♂ sind etwas kleiner und schlanker als die laichvollen ♀♀.

Soz.V.: Robuste Salmler mit großem Schwimmbedürfnis, die gern im Schwarm zusammenhalten. Sie sind gegen andere, etwa gleich große Salmler oder Zwergbuntbarsche friedlich.

Hält.B.: Größere Aquarien mit pflanzenfreiem Schwimmraum und Hintergrundbepflanzung. Bei zu hellem Standort des Beckens sehr schreckhaft, künstliche Beleuchtung von oben und Schwimmpflanzenpolster sind daher zu empfehlen.

Weiches, evtl. torfgefiltertes Wasser, das entsprechend dem Heimatgewässer folgende Werte aufweisen sollte (Rio Copal, Schwarzwasserbach): 2 - 4° dGH, pH-Wert 6,0 - 6,8, 18 µS/cm Leitwert, Temperatur 21 - 23° C. Häufige Frischwasserzugaben als Ersatz für Fließwasser.

ZU: Noch nicht gelungen.

FU: O; kräftiges Lebend- oder Frostfutter, wie verschiedene Arten Mückenlarven, *Tubifex*, mittlere und große Daphnien, *Cyclops*, Enchyträen. Auch Flockenfutter und gebrühte Salatblätter werden gern gefressen.

Bes.: Pflegeharte und ausdauernde, bisher aber nur selten importierte Salmlerart, die sich leider bei ungenügender vegetarischer Zukost (Salat) gelegentlich an chlorophyllhaltigen Wasserpflanzen vergreift.

T: 21 - 25° C, **L**: bis 8 cm, **BL**: 80 - 100 cm, **WR**: m, **SG**: 2 - 4

Moenkhausia eigenmanni

Moenkhausia grandisquamis

Phenacogaster calverti
Komteßsalmler

Syn.: Nicht bekannt.

Vork.: Südamerika: Brasilien, Bundesstaat Maranhão, Rio Parnaiba, oberer Rio Tocantins.

Ersteinf.: Vermutlich 1988 nach Deutschland.

GU: Die ♂♂ sind sehr viel schlanker und etwas kleiner als die wesentlich massiger und kompakter wirkenden adulten ♀♀. Zudem ist die Schwimmblase laichvoller ♀♀ im durchscheinenden Licht durch die gefüllten Gonaden, im Gegensatz zu den ♂♂, weitgehend verdeckt.

Soz.V.: Friedliche Schwarmfische der mittleren Wasserschichten, die die Gesellschaft ihresgleichen brauchen, wobei die ♂♂ ihr Imponierverhalten gegenüber Rivalen oder Balzverhalten vor den ♀♀ demonstrieren. Die Hauptaktivitätsphase liegt in der Dämmerung des hereinbrechenden Abends.

Hält.B.: Nicht zu kleine Aquarien mit viel freiem Schwimmraum sowie klares, sauerstoffreiches Wasser und eine reichliche Hintergrundbepflanzung sind für ihr Wohlbefinden wichtig.

(FOWLER, 1941)
Unterfam.: Tetragonopterinae

ZU: Die Erstzucht des Komteßsalmlers gelang SUTTNER. Seinem Bericht in der "DATZ" 10/90 zufolge laichten seine Tiere abends zwischen 22 und 23 Uhr bei Kunstlicht, nach vortägiger Senkung der Wassertemperatur von 28° auf 24° C ab. Bei den Paarungen wurde die Wasseroberfläche durchstoßen, wobei jeweils etwa 30 recht kleine, schwach gelbliche, stark klebende Eier von 0,5 mm Ø zu Boden sanken. Die Jungfische schlüpften nach etwa 20 Stunden in einem Wasser mit pH-Wert 7,4 und einem Leitwert um 600 µS/cm. Sie maßen beim Schlupf 2,5 mm. Drei Tage später fraßen sie nach SUTTNER zuerst Infusorien, nach einer Woche Artemia-Nauplien. Zu diesem Zeitpunkt waren sie bereits auf 5 mm Größe gewachsen.

FU: O; Allesfresser, kleines Lebendfutter wie Cyclops, Moina, kleine Daphnien, Mückenlarven, Tubifex, Enchyträen, daneben Flockenfutter, FD-Futtertabletten, Frostfutter.

Fortsetzung übernächste Seite

Pseudochalceus kyburzi
Kyburz' Salmler

Syn.: Keine.

Vork.: Kolumbien.

Ersteinf.: Nicht bekannt (1977 Foto bei GÉRY), ca. 1989.

GU: ♂♂ werden größer, erhalten eine ausgezogene Dorsale, besitzen eine farbigere Schwanzflosse mit roten und gelben Tönen.

Soz.V.: In zu kleinen Becken gehalten, neigt die Art zu Streitigkeiten. In geräumigeren Behältern verliert sich dies und die Fische können problemlos auch mit etwas kleineren Salmlern vergesellschaftet werden. Die ♂♂ gründen Reviere an der Bodenfläche und betreiben Brutfürsorge. ♀♀ schwimmen im Schwarm im oberen Drittel des Beckens.

Hält.B.: Geräumige Aquarien mit Stein- oder Tonaufbauten. Mäßige Bepflanzung. Neutrales, mittelhartes Wasser wird zur bloßen Haltung gut vertragen.

ZU: pH-Wert 6,5, 0° KH. SUTTNER beschreibt in der "DATZ" 8/94 wie die Tiere

SCHULTZ, 1966
Unterfam.: Tetragonopterinae

ihre Eier im Revier des ♂ an Tonaufbauten anheften (ca. 30 St.). Bei 23° C schlüpfen die Larven nach 2 Tagen in dem vom ♂ bewachten Revier. Am 7. Tag schwimmen sie frei. Sie fressen von Anfang an gesiebte Cyclops-Nauplien und sind gierige Fresser.

FU: K, O; In der Natur ernährt sich die Art überwiegend von Anflugnahrung. Hat man hierzu im Aquarium die Möglichkeit, sollte man sie nutzen. Ansonsten werden alle gängigen Futtermittel genommen.

Bes.: Die Art atmet in bestimmten Abständen atmosphärische Luft, die sie von der Wasseroberfläche schnappt. Wenn sich die Tiere wohlfühlen, verlieren sie mehr und mehr die markanten Punkte auf den Körperseiten, vor allem in der oberen Hälfte. Das sollte aber kein Grund sein, sie nicht zu pflegen, wenn einmal die Gelegenheit dazu besteht. Leider wird die Art sehr selten eingeführt.

T: 23 - 26° C, **L:** 6 cm, **BL:** 120 cm, **WR:** u, m, o, **SG:** 3

Phenacogaster calverti

Pseudochalceus kyburzi

Fortsetzung von *Phenocogaster calverti*

Bes.: *Phenacogaster calverti* ähnelt dem nahe verwandten Zweipunkt-Glassalmler *Vesicatrus tegatus*, EIGENMANN, 1911, (siehe dort) sehr in der Anordnung der Körperpunktierung. Unterscheidungsmöglichkeit bietet die Lage des schwarzen Körperfleckes. Bei *Phenacogaster calverti* befindet er sich etwa in der Mitte zwischen dem hinteren Kiemendeckelrand und dem Beginn der Dorsale. Da-

gegen liegt er bei *Vesicatrus tegatus* etwa auf Höhe des Beginns der Dorsale. Dazu schwimmt diese Art zumeist in leichter Kopfabwärtshaltung des Körpers. Die Position des Körperfleckes unter der Dorsale teilt *Vesicatrus tegatus* mit Meeks Raubglassalmler, *Roeboides meeki* EIGENMANN, 1922 (siehe Band 3, S. 114/115), einer Glassalmlerart, die ebenfalls in leichter Kopfabwärtsposition schwimmt.

T: 23 - 27° C, **L**: ♂♂ 7 cm, ♀♀ 8 cm, **BL**: 100 cm, **WR**: m, **SG**: 2 - 3

Pseudopristella simulata   GÉRY, 1960
"Falscher" Sternflecksalmler   Unterfam.: Tetragonopterinae

Syn.: Keine.

Vork.: Südamerika: Französisch-Guyana, Crique YiYi.

Ersteinf.: 1989 durch HOFMANN.

GU: ♂♂ farbiger, ♀♀ mit deutlichem Laichansatz bei guter Fütterung.

Soz.V.: Friedliche Art, die in lockeren Verbänden durch das Aquarium zieht. Die ♂♂ bilden kleine Reviere aus und balzen die ♀♀ von dort aus an.

Hält.B.: Gut bepflanzte und durchstrukturierte Becken mit schattigen Stellen, wo die Tiere den Tag verbringen. pH-Wert 6,0 - 6,5; Härte bis 15° dGH. Zu Zuchtver-

suchen unbedingt saures und sehr weiches Wasser verwenden.

ZU: Bisher noch nicht gelungen.

FU: K, O; die Art bevorzugt kleines Lebendfutter, wie *Cyclops* oder Wasserflöhe, nimmt aber auch Flockenfutter an.

Bes.: Nach ZARSKE (1977) ist eine Verwechslung mit blaß gefärbten *Hyphessobrycon serpae* möglich. Die Arten unterscheiden sich jedoch im Hinblick auf die Bezahnung. Vom bekannten Sternflecksalmler, *Pristella maxillaris*, unterscheidet sich die Art eindeutig durch Habitus und Endgröße.

T: 24 - 26° C, **L**: 5 cm, **BL**: 80 cm, **WR**: m, **SG**: 2-3

Vesicatrus tegatus   EIGENMANN, 1911
Zweipunkt-Glassalmler   Unterfam.: Tetragonopterinae

Syn.: Keine.

Vork.: Südamerika: Grenzgebiete zwischen Paraguay und Südbrasilien, im oberen Rio Paraguay-Becken.

Ersteinf.: Unbekannt.

GU: Die Geschlechter sind nur vor der Laichzeit an der volleren Bauchpartie der ♀♀ zu erkennen. Wie bei vielen Salmlern wird in dieser Phase die Schwimmblase der ♀♀ durch die prall gefüllten Gonaden im durchscheinenden Licht viel weiter verdeckt als bei den schlankeren ♂♂.

Soz.V.: Friedliche kleine Salmler, die gern im lockeren Artverband leben. Gelegentlich kommt es dabei zu gegenseitigem Breitseitimponieren, zeitweise auch zu harmlosen, wechselseitigen Attacken,

denen der Angegriffene jeweils geschickt ausweicht.

Hält.B.: Das Becken sollte bei guter Hintergrundbepflanzung recht viel freien Schwimmraum bieten, da diese Salmler stundenweise recht bewegungsfreudig sind. Wasserwerte um 4 - 12° dGH und ein neutraler pH-Wert scheinen diesen Fischen bei gleichzeitigem regelmäßigen Wasserwechsel besonders zuzusagen. Zu grelle Beleuchtung des Beckens führt zumeist zum Verblassen und zu Schreckhaftigkeit.

ZU: Wohl aufgrund der Tatsache, daß diese Salmlerart bisher nur in geringen Stückzahlen eingeführt wurde, sind noch keine Zuchterfolge bekannt geworden.

Fortsetzung übernächste Seite

Pseudopristella simulata

Vesicatrus tegatus

Fortsetzung von *Vesicatrus tegatus*

FU: O; kleines Lebendfutter, wie *Cyclops, Moina*, kleine Daphnien, Mückenlarven, *Tubifex* (gehackt und gespült), Enchyträen und Grindalwürmchen. Dazu wird Flockenfutter gern angenommen.

Bes.: Die monotypische Gattung *Vesicatrus* ist mit den Arten der Gattung *Phenacogaster* sehr nahe verwandt. Allein die Tatsache, daß *Vesicatrus tegatus* nur 8 durchbohrte Schuppen in der Seitenlinie besitzt, hat GÉRY zufolge zur Aufstellung einer eigenen Gattung geführt. Äußerlich besteht große Ähnlichkeit zu *Phenacogaster calverti* (siehe S. 112). Beide Arten besitzen zwei schwarze Körperflecke. Zur Unterscheidung beider Arten sei darauf hingewiesen, daß der vordere schwarze Körperfleck bei *V. tegatus* etwa unter dem Ansatz der Dorsale liegt, bei *P. calverti* dagegen etwa in der Mitte zwischen dem hinteren Kiemendeckelrand und dem Beginn der Dorsale. Zudem schwimmt *V. tegatus* in schwacher Schräglage mit dem Kopf nach unten. Die Position des vorderen Körperflecks unter dem Ansatz der Dorsale hat *V. tegatus* mit dem ebenfalls durch zwei schwarze Körperpunkte gekennzeichneten *Roeboides meeki*, EIGENMANN, 1922, Meeks Raubglassalmler, gemeinsam (siehe Band 3, S. 114/115). Letzterer schwimmt zudem ebenfalls kopfabwärts geneigt und ist daher leicht mit der besprochenen Art zu verwechseln.

T: 23 - 27° C, L: ♂♂ um 6 cm, ♀♀ um 7 cm, **BL:** 80 cm, **WR:** m, **SG:** 2 - 3

Fam.: Characidiidae
Unterfam.: Characidiinae

Bodensalmler

Ammochryptocharax elegans

Syn.: Keine.

Vork.: Südamerika: Brasilien, Rio Curusanta im Staat Para.

Ersteinf.: Ca. 1978 nach Holland, 1985 durch WERNER auch nach Deutschland.

GU: Äußerlich nicht zu erkennen.

Soz.V.: Das große "Maul" läßt auf einen Räuber schließen; daher nicht mit zu kleinen Fischen vergesellschaften. Scheue Art, für die ein Artbecken empfohlen wird.

Hält.B.: Gut bepflanztes Aquarium mit Wurzeln oder Steinen, auf denen gern ausgeruht und gelauert wird. Sauerstoff-

WEITZMAN & KANAZAWA, 1976

bedürftig. Strömung. pH-Wert 5,5 - 6,5; dGH 4 - 8°, µS bis 200. Torffilterung. Dunkler Bodengrund. Eventuell eine Schwimmpflanzendecke. Nitrit-, nitratempfindliche Art.

ZU: Bisher nichts bekannt.

FU: K; feines Lebendfutter wie *Artemia*; Mückenlarven. Sparsam füttern! Die Tiere verlassen ihren Standplatz und nehmen die Nahrung fast senkrecht stehend, hüpfend auf.

Bes.: Sehr selten eingeführte Art, die auch schon als *Klausewitzia geisleri* bezeichnet wurde.

T: 23 - 27° C, L: 7 cm, **BL:** 80 cm, **WR:** u, **SG:** 3 - 4

Ammochryptocharax vintonae
Vintons Zwergpfeilsalmler

Syn.: *Klausewitzia laterale, K. vintoni.*

Vork.: Membaru River, Guyana.

Ersteinf.: Nicht bekannt.

GU: ♀ fülliger zur Laichzeit.

Soz.V.: Friedlich; ♂♂ beanspruchen ein kleines Revier. Mit anderen Arten gut zu vergesellschaften. Standorttreu.

Hält.B.: Gut bepflanztes Becken mit Strömung am Boden. Sehr weiches und torfbraunes, leicht saures Wasser mit pH-

(EIGENMANN, 1909)

Wert von 6,0 - 7,0; Härte bis 10° dGH, besser niedriger. Steine und Wurzeln zur Revierabgrenzung.

ZU: Bisher noch nicht beschrieben, müßte jedoch im Aquarium möglich sein.

FU: K; *Cyclops*, junge Mückenlarven. Die feine Nahrung wird im Wasserstrom aufgenommen. *Artemia*! *Artemia*-Nauplien mit *Chlorella*-Algen füttern.

Bes.: Keine.

T: 23 - 27° C, L: 4 cm, **BL:** 60 cm, **WR:** u, **SG:** 2 - 3

Ammochryptocharax elegans

Ammochryptocharax vintonae

Ammochryptocharax cf. *minutus*   BUCKUP, 1993

Syn.: Keine.

Vork.: Oberer Orinoco und Rio Negro.

Ersteinf.: 1992 von Manaus nach Holland.

GU: Nicht bekannt.

Soz.V.: Friedliche Art gegenüber zarten anderen Fischen. Kann zänkisch untereinander sein. Jedes ♂ beansprucht ein eigenes kleines Revier.

Hält.B.: Wie vorher beschriebene Art, jedoch noch heikler. Bevorzugt abgedunkelte Becken, dunklen Bodengrund und Strömung. Sauerstoffbedürftig. Wasser: pH-Wert 5,5 - 6,5; Härte 0 - 8° dGH. Torffilterung. Regelmäßiger Wasserwechsel, da nitrat-/nitiritempfindlich.

ZU. Nicht bekannt.

FU: K, O; feines Lebendfutter, wie *Artemia* und *Cyclops*, auch tiefgefroren. Algenaufwuchs mit darin lebenden Krebschen etc. Evtl. auch feines Flockenfutter wie FD-Menü.

Bes.: *A. minutus* soll der kleinste Bodensalmler sein. Die Länge in der Erstbeschreibung wird mit 24,2 mm Standardlänge angegeben.

T: 23 - 26° C, **L**: 5 cm, **BL**: 40 cm, **WR**: u, **SG**: 3

Characidium brevirostre   PELLEGRIN, 1906
Kurznasiger Bodensalmler

Syn.: Keine.

Vork.: Südamerika: Kolumbien, Peru.

Ersteinf.: Unbekannt.

GU: Rückenflosse beim ♂ größer als beim ♀.

Soz.V.: Äußerst friedliche Art, die gegenüber Artgenossen jedoch während der Fortpflanzung revierverteidigend ist. Paarweise Haltung oder in Becken ab 80 cm Länge auch mehrere Tiere. Vergesellschaftung mit kleinen Salmlern. Mit *Corydoras* besser nicht, da Nahrungskonkurrenz.

Hält.B.: Klare, gut gefilterte Aquarien mit sauerstoffreicher Strömung. Bodengrund: flache Kiesel- und Sandflächen. Dazwischen kurzwüchsige Pflanzen, im Hintergrund höher wachsende Pflanzenarten. Viel Licht für Algenbewuchs auf den Kie-

selsteinen. Wasser: pH-Wert 5,8 - 7,2, Härte bis 10° dGH.

ZU: Zuchtberichte dieser Art wurden bisher nicht veröffentlicht. Möglicherweise verläuft die Paarung wie bei *Characidium fasciatus*: Nach ausgiebigem Liebesspiel werden klebrige Eier in ein Pflanzen- oder Algensubstrat am Boden abgelegt. Brutpflege erfolgt nicht; aber die Elterntiere bleiben standorttreu in der Nähe des Geleges. Die Larven schlüpfen nach 3 - 4 Tagen und werden mit allerfeinstem Tümpelstaubfutter aufgezogen.

FU: K, O; feinstes Lebendfutter, besonders *Artemia, Cyclops*, FD-Nahrung (Tabletten).

Bes.: Von den Bodensalmlern der "*fasciatus*"-Gruppe sind bisher über 30 Arten beschrieben worden.

T: 22 - 26° C, **L**: 5,5 cm, **BL**: 60 cm, **WR**: u, **SG**: 2

Ammocryptocharax cf. *minutus*

Characidium brevirostre

Characidium sp.*
C. purpuratum-Gruppe

Syn.: Keine.

Vork.: Südamerika: Umgebung von São Paulo, Brasilien.

Ersteinf.: Im November 1991 von COOY-MANS.

GU: Die ♀♀ sind im allgemeinen etwas voller und dicker als die ♂♂.

Soz.V.: Friedliche Fischart. Wie fast alle Vertreter der Gattung *Characidium* nimmt auch diese Art ein kleines Revier ein, das gegen Eindringlinge der gleichen Art und auch anderen Arten der Gattung - wenn syntop lebend - verteidigt wird. Das Revier kann wechseln.

Hält.B.: Als Aquarienfisch gut haltbar. Am besten mit mehreren Exemplaren halten, da sich die Tiere dann während der Verteidigung ihres Reviers gut zeigen. Einzeln gehaltene Tiere sind wegen ihrer guten Tarnung kaum zu sehen. Diese Art lebt in langsam fließenden Gewässern um São Paulo und ist deswegen auch weniger sauerstoffbedürftig als andere *Characidium*-Arten aus schnellfließenden Gewässern. Das Becken sollte mit Pflanzen versehen sein.

ZU: Obwohl die abgebildete Art bis jetzt noch nicht nachgezüchtet wurde, ist die Zucht bei anderen *Characidium*-Arten schon gelungen und soll nicht schwierig sein (siehe bei *C. fasciatum*, Aquarien Atlas, Band 1).

FU: K, O; fast alles, was klein genug und freßbar ist. Mückenlarven, Wasserflöhe, Würmer, Flockenfutter etc.

Bes.: Die Gattung *Characidium* besteht aus vielen Arten, die mit bloßem Auge schwer zu determinieren sind. Von GÉRY wurde diese Gattung in vier Gruppen aufgeteilt. Es ist auf eine Revision zu warten mit Abbildungen jeder Art, um einigermaßen Einsicht in diese Gattung zu bekommen.
* BUCKUP (1993) bringt in "Ichthyological Exploration of Freshwaters", Vol 4, No. 2, Pfeil-Verlag, München, eine Liste, der jedoch die Abbildungen meistens fehlen.

T: 20 - 25° C, **L**: 10 cm, **BL**: 60 cm, **WR**: u, **SG**: 2 - 3

Characidium sp., Itanhaèm, Brasilien

Characidium sp., Cuiaba, Brasilien

Characidium sp. ♂, São Paulo, Brasilien

Characidium sp. ♀, São Paulo, Brasilien

Characidium steindachneri
Steindachners Bodensalmler

Syn.: *Characidium catenatum, Characidium ladigesi.*

Vork.: Südamerika: Amazonasgebiet in Peru und Kolumbien.

Ersteinf.: Unbekannt.

GU: Nicht bekannt.

Soz.V.: Friedlicher Bodenfisch, der in kleinen Trupps lebt. Meist in fließenden Gewässern am Boden; aber auch auf Pflanzen und Steinen. Ist gut mit anderen Fischarten zu vergesellschaften.

Hält.B.: Mittelgroßes Aquarium, eingerichtet mit Randbepflanzung und offenem Schwimmraum. Im Schwimmraum nur wenige Bodenpflanzen, aber einige Steine einbringen. Die Fische suchen sich gerne einen erhöhten Standort und stüt-

zen sich dabei auf Bauch- und Brustflossen. Das Wasser sollte klar und frei von Nitrit sein, Nitrat bis max. 10 mg/l. pH-Wert 6,0 - 6,8; Härte 6 - 12° dGl l.

ZU: Nicht bekannt; vermutlich aber wie *Ch. fasciatum*, siehe Band 1, Seite 314.

FU: K, O; hauptsächlich von am Boden lebenden Insekten, Insektenlarven und Würmern. Im Aquarium wird auch Flocken- und Tablettenfutter genommen.

Bes.: Die *Characidiinae* sind zum Teil von BUCKUP* bearbeitet worden, wobei einige neue Gattungen aufgestellt wurden. Die Characidiiden im engeren Sinn warten noch auf eine Bearbeitung.
* In "Ichthyological Exploration of Freshwaters"; Vol. 4, No. 2 (1993).

T: 22 - 25° C, **L:** 6 cm, **BL:** 80 cm, **WR:** u, **SG:** 2 - 3

Rio Negro bei Niedrigwasser

Boulengerella sp.*
Schokoladen Hechtsalmler

Syn.: Keine.

Vork.: Südamerika: Venezuela, Rio Apure.

Ersteinf.: ?, zuletzt 1992 nach Holland.

GU: Nicht bekannt.

Soz.V.: Räuberische Art, von der nur Jungtiere mit anderen größeren und ruhigen Fischen gehalten werden können. Vorzugsweise Artbecken.

Hält.B.: Jungtiere dieser Gattung sind sehr schreckhaft und besonders am Maul leicht verletzlich. Die beschädigte Maulspitze heilt sehr schlecht aus und wird meist von Schimmelpilzen befallen. Solcherart geschädigte Tiere nicht kaufen! Sie gehen meist ein. Gesunde Tiere in abgedunkelten Becken eingewöhnen und Störungen strikt meiden. Weiches, leicht saures Wasser. Torfextraktzusatz und/oder Torffilterung. Becken gut abdekken! Wasserwechsel nur mit einem guten Wasseraufbereitungsmittel. Kräftige Filterung. Evtl. Ozonisierung des Wassers, um Bakterienbefall einzuschränken.

ZU: Nicht bekannt. Die frisch geschlüpften Tiere tragen einige Tage einen Dottersack.

FU: K; kräftiges Lebendfutter.

Bes.: *Möglicherweise handelt es sich um Jungtiere einer bekannten *Boulengerella*-Art. Wer hat Tiere dieser Art vom Jungtier an großgefüttert? Die Jungtiere von *B.* (*Spixosoma*) *lucia* sollen nach GÉRY (1977) eine durchgehende Längsbinde tragen, die das Jungtier auf dem Foto nicht hat. Auf dem Foto ist eine durchgehende Seitenlinie erkennbar. Deshalb ist die hier abgebildete Art wohl der Untergattung *Spixosoma* zuzuordnen. Vielleicht doch Jungtiere von *B.* (*Spixosoma*) *lucia* ?

T: 23 - 28° C, **L:** 12 cm (Foto); ausgewachsene Länge nicht bekannt, **BL:** 120 cm, **WR:** m, o, **SG:** 3 - 4

Caenotropus labyrinthicus   (KNER, 1858)
Labyrinthsalmler*   Unterfam.: Chilodinae

Syn.: *Chilodus labyrinthicus, Microdus labyrinthicus.*

Aquarien Atlas, Band 1, Seite 318, versuchen.

Vork.: Südamerika: Amazonasbecken, Orinoco bis Kolumbien.

FU: O; Detritus, Algen. Flockenfutter, Futtertabletten (TetraTips), Mückenlarven, Daphnien - auch gefroren.

Ersteinf.: Unbekannt.

GU: Äußerlich außerhalb der Laichzeit nicht erkennbar. Laichbereite ♀♀ sind sehr füllig.

Bes.: Die ähnliche und nah verwandte Art *C. maculosus* hat keinen Punkt auf dem Seitenlinienstrich. Von *Chilodus* unterscheidet sich die Gattung durch ein unterständiges Maul (bei *Curimata* endständig bis leicht oberständig).

Soz.V.: Friedliche Art, die in kleinen Trupps lebt.

Hält.B.: Passendes Dekomaterial, wie Steine, Schieferplatten, Wurzeln verwenden. Viel Licht für den Algenwuchs. Wasser: pH-Wert 6 - 7; Härte bis 10° dGH. Gut und kräftig filtern (Strömung), Torf oder ToruMin-Zugabe. Alle 2 Wochen ein Drittel Wasserwechsel mit Zugabe eines Wasseraufbereitungsmittels.

* Der vorgeschlagene Name leitet sich von den Labyrinthfischen ab. Der 4. und 5. Kiemenbogen ist ähnlich den Labyrinth-. fischen eigenartig umgebildet. Ob es sich tatsächlich um ein akzessorisches Atmungsorgan handelt, bliebe noch zu klären (aus RACHOW - Die Aquarienfische in Wort und Bild, S. 7q, 51 Blatt 713/14).

ZU: Evtl. wie bei *Chilodus punctatus*,

T: 24 - 27° C, **L:** 18,5 cm, **BL:** 150 cm, **WR:** u, **SG:** 3

Curimata cyprinoides cyprinoides   (LINNAEUS, 1766)
Aalstrich-Barbensalmler   Unterfam.: Curimatinae

Syn.: *Salmo cyprinoides, Curimatus cyprinoides.*

schen Pflanzen in Überschwemmungsgebieten (Tümpeln) ab. Dabei umschwimmt ein ♂ das ♀ in Kreisen, beide steigen dann zur Wasseroberfläche und entlassen Eier und Samen gleichzeitig. Die Eier sind klein, ca. 1 mm im Durchmesser. Die Larven schlüpfen bei 25° C bereits nach ca. 20 Stunden. Bis zu 200 Eier werden pro Laichakt ausgestoßen. Große ♀♀ bringen es insgesamt auf 100.000 - 200.000 Eier. Während die ♀♀ nur einmal im Jahr laichen, können die ♂♂ mehrere Male mit anderen ♀♀ ablaichen. Die ♂♂ sollen quakende Laute beim Laichakt abgeben.

Vork.: Südamerika: Brasilien, unterer Amazonas.

Ersteinf.: Nicht bekannt.

GU: ♀♀ deutlich fülliger.

Soz.V.: Friedliche Schwarmfische, die jedoch gründeln und sich an Pflanzen vergreifen.

Hält.B.: Großbecken mit viel Licht, starker Filterung und einer Dekoration, die den Pflanzenfressern Rechnung trägt: Plastikpflanzen, Wurzeln und Kiesel. Eine Sanddecke zum Gründeln sollte eingeräumt werden. Wasser: pH-Wert 6,0 - 7,8; Härte bis 25° dGH. Für die Zucht wechseln zu weicherem Wasser.

FU: O; Allesfresser: Von Detritus bis Pflanzen, Insektenlarven.

Bes.: Die Schwester-Unterart *Curimata c. schomburgki* bewohnt Flüsse in Guyana, Surinam und Französisch-Guyana. Die Art ist Genustyp.

ZU: Bisher nicht erfolgt. In der Natur schwimmen die Fische zum Ende der Regenzeit stromaufwärts und laichen zwi-

T: 23 - 27° C, **L:** 18 cm, **BL:** 150 cm, **WR:** alle, **SG:** 2

Caenotropus labyrinthicus

Curimata c. cyprinoides

Curimata lineopunctata

BOULENGER, 1911

Syn.: Keine.

Vork.: Südamerika: Rio Calima, Kolumbien.

Ersteinf.: Ca. 1990 über Manaus nach Holland.

GU: Kaum sichtbar außerhalb der Laichzeit.

Soz.V.: Friedlicher Schwarmfisch, für Gesellschaftsbecken geeignet. Vergreift sich jedoch gelegentlich an zarten Pflanzentrieben.

Hält.B.: Becken mit harten Pflanzen. Liebt weiches Wasser bis 10° dGH; pH-Wert 5,5 - 7,0. Evtl. Torffilterung oder Torfextraktzugabe.

ZU: Bisher nicht beschrieben.

FU: O; von feinem Lebendfutter bis Pflanzenflockenfutter. Grünalgen, Erbsen.

Bes.: Die Artzugehörigkeit zum Foto ist nicht gesichert.

T: 23 - 27° C, **L**: 12 cm, **BL**: 80 cm, **WR**: alle, **SG**: 3

Curimata metae
Olivin-Barbensalmler*

EIGENMANN, 1912

Syn.: Keine.

Vork.: Südamerika: Rio Meta, Kolumbien; Rio Negro, Südvenezuela.

Ersteinf.: Zuletzt 1992 nach Holland; vorher als Beifang nicht erkannt.

GU: Außerhalb der Laichzeit kaum sichtbar.

Soz.V.: Friedlicher Schwarmfisch, für Gesellschaftsbecken geeignet (Pflanzenauswahl beachten).

Hält.B.: Aquarium mit Sandboden, dazwischen Kiesel. Als Pflanzen eignen sich gut *Anubias*, Javamoos und Javafarn. Wasser: pH-Wert 5,5 - 6,8; Härte bis 15° (8°) dGH. Torffilterung ist von Vorteil, aber nicht Bedingung. Recht scheue Art, daher Wasseroberfläche teilweise abdecken.

ZU: Nicht bekannt, jedoch wahrscheinlich wie die anderen Curimatiden in Überschwemmungstümpeln mit viel Pflanzenwuchs.

FU: H, O; Aufwuchsnahrung aus Algenrasen.

Bes.: * Der deutsche Name wurde von dem hellgrünen Halbedelstein Olivin abgeleitet. In dessen Farbe schillert der Rücken dieser Art. Der Olivin wird auch als Peridot bezeichnet.

T: 23 - 26° C, **L**: 10 cm, **BL**: 80 cm, **WR**: alle, **SG**: 2 - 3

Curimata lineopunctata, Manaus, Brasilien

Curimata metae, Rio Negro

Curimata (Cyphocharax) pantostictos

VARI & BARRIGA, 1990

Syn.: Keine.

Vork.: Südamerika: Ecuador, Peru: Rio Putumayo, Rio Nanay, Rio Copal bei Jenaro Herrera am mittleren Rio Ucayali.

Ersteinf.: 1981 durch FRANKE aus dem Rio Copal, Peru.

GU: Adulte ♂♂ sind schlanker als laichvolle ♀♀.

Soz.V.: Friedliche und ruhige Salmler, die sich zur Vergesellschaftung mit anderen kleinen Salmlern, Apistogramma-Arten oder Panzerwelsen eignen.

Hält.B.: Die Art liebt Aquarien mit teilweise freiem Schwimmraum bei reichlicher Hintergrundbepflanzung und evtl. Oberflächenbewuchs, der nur gedämpftes Licht einfallen läßt. Entsprechend den Messungen an verschiedenen Fangplätzen ist weiches Wasser von 2 - 6° dGH und pH-Werte zwischen 5,5 und 6,5 mit Torffilterung wichtig, da die Art in Schwarzwasserbächen und im Schwarzwasser von Urwaldrestsenken gefangen wurde.

ZU: Da bisher nur sehr wenige Tiere lebend nach Deutschland gelangten, deren Zucht nicht gelang, fehlen bis jetzt Beobachtungen über das Fortpflanzungsverhalten dieser ansprechend gezeichneten Salmlerart.

FU: O; kleines Lebendfutter, wie Cyclops, kleinere Daphnien, verschiedene Mückenlarven, auch Frostfutter, ferner Enchyträen und Tubifex. Auch Flockenfutter wurde von den bisher im Aquarium gepflegten Tieren angenommen.

Bes.: Die Untergattung Cyphocharax FOWLER, 1906 ist bis heute aquaristisch unbekannt, obwohl diese Arten interessante Pfleglinge für Salmlerfreunde darstellen würden. Außer C. pantostictos gehört noch C. multilineatus (MYERS, 1927) aus dem Caño Tremblador in Venezuela zu dieser Untergattung. Diese Art besitzt statt der Punktreihen des C. pantostictos 8 - 9 dunkle, schmale, zickzackartig verlaufende Körperlängsbänder, während die langgestreckte, schwarze Fleck auf dem Schwanzstiel fehlt. Ein Vertreter der nahe verwandten Curimatiden-Gattung Steindachnerina FOWLER, 1906 es handelt sich um S. fasciata VARI & GÉRY, 1985 aus dem Rio Madeira-Flußgebiet in Brasilien, ähnelt dagegen C. pantostictos so stark, daß beide Arten nur durch einige unterschiedliche morphometrische Merkmale sicher zu unterscheiden sind.

T: 24 - 28° C, **L:** 10 cm, **BL:** 100 cm, **WR:** m, **SG:** 2 - 3

Curimata (Cyphocharax) pantostictos

Curimatopsis sp. cf. *evelynae*. Das Foto zeigt eine wahrscheinlich noch unbeschriebene Art.

Parodon piracicabae
Tiete-Algensalmler

EIGENMANN in EIGENMANN & OGLE, 1907

Syn.: Keine.

Vork.: Südost-Brasilien: Tiete- und Paraná-Flüsse.

Ersteinf.: Unbekannt.

GU: Nicht bekannt.

Soz.V.: Friedliche, ruhige Art, die gut mit anderen zarten Salmlern, Zwergcichliden und nicht gründelnden kleinen Welsen vergesellschaftet werden kann. Bei Haltung von mehreren Tieren ziehen diese gern im Schwarm durch das Becken.

Hält.B.: Die Tiere mögen klares, sauerstoffreiches Wasser mit einer Strömung. Sie bevorzugen einen festen Standplatz auf Moorkienholz oder flachen Steinen. Wasser: pH-Wert 6,5 - 7,5; Härte bis 15° dGH.

ZU: Nicht bekannt.

FU: H, O; Algennahrung, Aufwuchs; jedoch auch feines Lebend- und Flockenfutter.

Bes.: Wahrscheinlich ist die Art in Bd. 1, Seite 331, bereits als *P. pongoense* abgebildet worden. *P. pongoense* hat jedoch einen dunklen Rücken und trägt einen dunkel gefärbten unteren Schwanzflossenlappen.

T: 23 - 26° C, **L:** 7 cm, **BL:** 80 cm, **WR:** u, **SG:** 2

Lebiasina boruca
Boruca-Zwergraubsalmler

(BUSSING, 1967)
Unterfam.: Lebiasininae

Syn.: *Piabucina boruca, Lebiasina burica*.

Vork.: Mittelamerika: Costa Rica, Saulsidro de el General.

Ersteinf.: Unbekannt.

GU: ♀ zur Laichzeit voller; ♂ farbiger.

Soz.V.: Kleiner Räuber, der nur mit größeren Fischen gehalten werden kann. Besser Artbecken. Meist scheu.

Hält.B.: Sehr tolerant gegenüber den Wasserwerten: pH-Wert 6,0 - 7,5; Härte bis 20° dGH. Gut bepflanztes Aquarium mit Unterstand dazwischen. Dunkler Bodengrund.

ZU: Nicht bekannt.

T: 22 - 26° C, **L:** 12 cm, **BL:** 100 cm, **WR:** m, **SG:** 1 - 2

FU: K, O; Lebendfutter; Gefrierfutter, Flokkenfutter (Großflocken), Forellenpellets.

Bes.: In Bd. 3 (1. Auflg.) wurde die Art bereits behandelt - aber mit einer falschen Abbildung. In der 2. Auflage haben wir den Namen in *Lebiasina bimaculata* geändert. Hier nun der echte *L. boruca*! Die Art hat keine Fettflosse. Die Gattung kann auch bei schlechten Wasserbedingungen eine Zeitlang überleben. Ein zusätzliches Atmungsorgan, gebildet aus Teilen der Schwimmblase, ermöglicht dieses. Vergleiche dazu die Raubsalmler *Erythrinus*, Bd. 1, Seite 322.

Nannostomus anduzei

FERNANDEZ & WEITZMAN, 1987

Syn.: Keine.

Vork.: Südamerika: Rio Negro, Brasilien; mittlerer Rio Orinoco, Venezuela. Nur von einigen Fundorten bekannt.

Ersteinf.: 1988 durch HIERONIMUS, Beifang zu *N. trifasciatus.*

GU: Die ♂♂ sind schlanker, mit roter Schwanz- und Afterflosse.

Soz.V.: Friedlicher kleiner Schwarmfisch, der am besten mit anderen kleinen und ruhigen Fischen zusammen gehalten werden sollte.

Hält.B.: Braucht ein gut bepflanztes Aquarium, aber auch offenen Schwimmraum. Da meistens nur sehr wenige Exemplare zu erhalten sind, ist es am besten, diese kleine Art mit *Nannostomus marginatus*, *N. minimus* oder *N. diagrammus* zu vergesellschaften.

ZU: Unbekannt; vermutlich aber nicht abweichend von den anderen *Nannostomus*-Arten.

FU: K; kleinstes Lebendfutter, *Artemia*, fein geriebenes Flockenfutter.

Bes.: Die kleinste Art aus der Gattung *Nannostomus.*

T: 24 - 28° C, **L:** 2 cm, **BL:** 60 cm, **WR:** m, o, **SG:** 3

Pyrrhulina laeta
Halbstrich-Schlanksalmler

(COPE, 1871)

Syn.: *Holotaxis laetus, Pyrrhulina semifasciata, P. melanostoma, P. maxima.*

Vork.: Südamerika: Peru, Urwaldbäche in der Umgebung von Jenaro Herrera, die in den Rio Copal und Rio Carahuayte im Bereich des mittleren Rio Ucayali einmünden.

Ersteinf.: 1910 durch MAYER.

GU: Dorsale und oberer Kaudallappen der ♂♂ sind länger und spitzer ausgezogen als den ♀♀.

Soz.V.: Friedfertige Salmler, lediglich zur Laichzeit können die ♂♂ untereinander streitsüchtig werden. Das liegt daran, daß jedes ♂ ein Revier im Umkreis um ein waagerecht im Wasser stehendes Blatt beansprucht. In zu kleinen Becken führt das zur Überschneidung der Reviergrenzen und damit zu Auseinandersetzungen. Daher besser paarweiser Ansatz zur Zucht.

Hält.B.: Becken mit Hintergrundbepflanzung, die reichlichen Schwimmraum freiläßt, und sorgfältige Beckenabdeckung, da die Fische geschickte Springer sind. Günstigste Wasserwerte sind 2 - 8° dGH, pH-Wert zwischen 5,8 und 7,0 und ein Leitwert bis 350 µS bei Torfzusatz, da diese Salmler im Schwarzwasser leben.

ZU: Die Zucht gelang SUTTNER (siehe "DATZ", 9/88). Als Laichplatz wurde ein größeres, waagerecht stehendes Blatt gewählt, auf dem etwa 250 Eier nach vorheriger Säuberung anklebten, die bei zahlreichen Paarungen abgestoßen und vom ♂ mit der Anale aufgefangen wurden. Das ♂ pflegte den Laich allein. Die nach 36 Stunden geschlüpften Jungfische wurden nach 5 Tagen mit Infusorien, ab dem 10. Tag mit *Artemia*-Nauplien gefüttert. Sie waren anfangs empfindlich gegen Frischwasser. Erster Wasserwechsel erst nach 4 Wochen, es sollte sehr langsam dem Beckenwasser zugegeben werden. Mit acht Wochen sind die Jungfische 1,5 cm lang.

FU: K,O; kräftiges Lebendfutter, dazu stummelflüglige Taufliegen (*Drosophila*), da die Fische in ihren Heimatgewässern Anflugfresser sind. Auch Frost- und Flockenfutter wird angenommen.

Bes.: Die Art wurde bereits im Aquarien Atlas, Band 2, Seite 326, beschrieben. Wegen der etwas anderen Zeichnung und des Zuchtberichtes wird sie hier noch einmal vorgestellt.

T: 25 - 28° C, **L:** ♂♂ bis 9 cm, ♀♀ bis 8 cm, **BL:** 60 - 80 cm, **WR:** m, **SG:** 2 - 4

Nannostomus anduzei

Pyrrhulina laeta

Metynnis (Myleocollops) argenteus   AHL, 1923
Scheibensalmler, Silberdollar

Syn.: *Metynnis anisurus, M. dungerni, M. eigenmanni, M. heinrothi, M. snethlageae*

Vork.: Guyana, Amazonas-Becken.

Ersteinf.: 1913.

GU: Afterflosse beim ♂ vorn breiter und eingebuchtet. Beim ♀ ist diese schmaler und vorn spitz.

Soz.V.: Friedlicher Schwarmfisch, für Gesellschaftsbecken ohne Pflanzen geeignet.

Hält.B.: Kräftige Filterung. Dekoration mit Holz und Steinen, Plastikpflanzen. Wasserwerte von weich bis hart, pH- Wert 6,5 - 8,5 (7,5). Wasserwechsel alle 4 Wochen ein Drittel.

Die Art ist recht ausdauernd, wächst aber nur bei guter Pflege.

ZU: Im Aquarium noch nicht gelungen.

FU: H, O; Pflanzenkost aller Art; besonders Pflanzen, Algen, Erbsen (gefroren und gequetscht).

Bes.: Von *M. argenteus* gibt es viele Farbvarianten mit unterschiedlichsten Punkt- und Streifenzeichnungen. Die vorliegende Farbform heißt im Englischen "cut throat" (durchschnittene Kehle). Es dürfte sich um ein ♂ in Brutfärbung handeln.

T: 23 - 28° C, **L:** 25 cm, **BL:** 120 cm, **WR:** m, o, **SG:** 3

Myleus rubripinnis luna   (VALENCIENNES, 1849)
Mond-Scheibensalmler

Syn.: *Tetragonopterus luna, Myleus luna, Myloplus luna.*

Vork.: Südamerika: Amazonasgebiet, unterer Rio Tocantins.

Ersteinf.: Unbekannt. Das abgebildete Tier wurde 1992 von Tropifish, Beek en Donk vom Rio Tocantins importiert.

GU: Die ♂ ♂ sind intensiver gefärbt und haben länger entwickelte vordere Afterflossenstrahlen.

Soz.V.: Im allgemeinen ein friedlicher Schwarmfisch, obwohl die ♂ ♂ untereinander im Schwarm ab und zu einander kurz angreifen. Dies führt aber sehr selten zu Verletzungen.

Hält.B.: Diese Art ist in weichem, leicht saurem Wasser zu halten. Kräftig füttern. Wegen seiner Länge nur für größere Aquarien geeignet. Da diese Art auch Pflanzennahrung zu sich nimmt, ist das Becken nur mit größeren und harten Pflanzen zu dekorieren (*Echinodorus, Anubi-*

as). Torfgefiltertes Wasser und dunkler Bodengrund sind von Vorteil. Wasser: pH-Wert 5,5 - 7,0; Härte 8 - 15° dGH.

ZU: Bei dieser Art noch nicht gelungen, aber vermutlich gleicht die Zucht *Metynnis hypsauchen fasciatus*. Siehe Band 2, Seite 330.

FU: O, H; Lebendfutter etwas gröberer Art wie Mückenlarven, Daphnien, Rinderherz, aber auch Pflanzenkost, wie Salat und Spinat. Auch Flockenfutter wird genommen (TetraPhyll-Großflocken).

Bes.: Diese Farbform wurde als *Myleus* sp. "yellow hook" vom Rio Tocantins exportiert. Im Aussehen gleicht sie *Myleus rubripinnis;* nur die verlängerte Afterflosse ist gelb. Dies kann eine Populationsdifferenz sein. Laut GÉRY's Characidenbuch ist es nur eine Farbform von *M. rubripinnis luna.* Siehe AQUARIEN ATLAS, Bd. 2, Seite 330.

T: 22 - 27° C, **L:** 12 cm, **BL:** 100 cm, **WR:** m, **SG:** 2 - 3

Metynnis (Myleocollops) argenteus

Myleus rubripinnis luna, Rio Tocantins, Brasilien

Mylossoma aureum
(SPIX in AGASSIZ, 1829)
Gemeiner Scheibensalmler, Goldener Mühlsteinsalmler

Syn.: *Mylossoma herniearus (?), Mylossoma unimaculatus (?), Metynnis unimaculatus, Myletes duriventris.*

Vork.: Südamerika: Amazonasbecken und Orinoco.

Ersteinf.: 1907 aus Argentinien.

GU: ♂ hat vorn eine breiter ausgezogene Afterflosse.

Soz.V.: Friedlicher Schwarmfisch für größere Aquarien.

Hält.B.: Keine Bepflanzung, außer evtl. Javafarn und -moos. Hungrige Tiere könnten sich daran "vergreifen" und vergiften sich dadurch. Wer es mag, nimmt Plastikpflanzen, sonst können nur Steine und Holz zur Dekoration verwendet werden. Kräftige Filterung. Wasserwerte nicht von Bedeutung, weiches Wasser wird allerdings bevorzugt.

ZU: Die Tiere laichen als Paar - aus dem Schwarm heraus - an der Wasseroberfläche. Die Eier sinken zu Boden. Zucht im Aquarium bisher nicht erfolgt.

FU: H, O; Allesfresser, besonders Pflanzenkost, Karpfenpellets. Kleine Tiere nehmen gern Trockenfutter.

Bes.: Größere Tiere werden mit Netzen zu Speisezwecken gefangen. Jungtiere tragen einen Augenfleck unterhalb der Dorsale.

T: 22 - 28° C, L: 20 cm, BL: 120 cm, WR: m, o, SG: 2 - 3

Ossubtus xinguense
JÉGU, 1992
Adlerschnabel-Pacu

Syn.: Keine.

Vork.: Südamerika: Nur von der Typuslokalität bekannt, die Stromschnelle im Rio Xingú, bei Altamira, Estado Para, Nordostbrasilien.

Ersteinf.: Januar 1992 von Tropifish, Beek en Donk, Holland.

GU: Unbekannt.

Soz.V.: Vermutlich in Schulen in den mehr ruhigen Teilen der Stromschnellen oder im "Stromschatten" unter Felsen. Lebt in der Natur von Macrophyten und Filamentalgen. Bei erwachsenen Tieren wurde auch Sand im Magen gefunden, was darauf hindeutet, daß auch Nahrung (vermutlich Würmer) aus dem Boden aufgenommen wird.

Hält.B.: Braucht ein sehr geräumiges Aquarium mit großem, offenem Schwimmraum. Haltung am besten im Schwarm. Die Wasserbedingungen sind weniger wichtig, obwohl leicht hartes und neutrales bis saures Wasser bevorzugt wird. Strömung und ein hoher Anteil an Sauerstoff sind im Aquarium für diese Art notwendig.

ZU: Unbekannt.

FU: H, O; alles Lebendfutter, frisches sowie tiefgefrorenes, wird genommen, ebenso Flockenfutter. Daneben werden Algen zusammen mit Pflanzenteilen aus Pflanzenblättern gefressen.

Bes.: Ist gekennzeichnet durch ein unterständiges Maul mit kräftigen Zähnen.

T: 22 - 25° C, L: ca. 15 cm, BL: 120 cm, WR: m, u, SG: 3

Mylossoma aureum

Ossubtus xinguense, Rio Tocantins, Brasilien

Utiarichthys sennaebragai   JÉGU, 1992

Syn.: Keine.

Vork.: Brasilien: Rio Tocantins, Rio Araguaia und Rio Tapajos.

Ersteinf.: Nicht bekannt.

GU: ♀♀ zur Laichzeit kräftiger rot am Bauch eingefärbt.

Soz.V.: Kann in Gruppen auch mit anderen Großfischen gehalten werden.

Hält.B.: Nur in unbepflanzten Großbecken halten. Javamoos und Javafarn sollten nicht als Dekoration verwendet werden, da giftig. Evtl. Schwimmpflanzendecke mit *Eichhornia*. Wegen der hohen Nahrungsaufnahme ist kräftige Filterung erforderlich.

ZU: Nicht bekannt, dürfte aber der von anderen *Serrasalmidae (Myleus)* ähnlich sein.

FU: H; Pflanzenkost aller Art: Obst, Gurken, Vogelmiere, Salat, Spinat (überbrüht), gequetschte tiefgefrorene junge Erbsen.

Bes.: Die Gattung ist monotypisch. Sie unterscheidet sich von der Gattung *Myleus* nur durch die fehlenden Sägezähnchen auf der Bauchseite.

T: 23 - 28° C, **L:** 25 cm, **BL:** 150 cm, **WR:** alle, **SG:** 4

Chela cachius, siehe Seite 192

Beaufortia leveretti
Leveretts Flossensauger

(NICHOLS & POPE, 1927)

Syn.: *Gastromyzon leveretti.*

Vork.: China: Hainan.

Ersteinf.: Ca. 1990.

GU: Nicht bekannt.

Soz.V.: Friedlich. Gelegentlich revierverteidigend.

Hält.B.: Wie nachstehende Art.

ZU: Nicht bekannt.

FU: H, O; Aufwuchs im Algenrasen. Restevertilger von Flockenfutter und anderen gängigen Futterarten. Rote und Weiße Mückenlarven sowie Schwarze Mückenlarven evtl. für Laichansatz. Tiefgefrorene, gequetschte Erbsen.

Bes.: Possierliche Art, die durch die ruckhafte Schwimmweise auffällt.

T: 18 - 24° C, **L**: 12 cm, **BL**: 100 cm, **WR**: u, m, **SG**: 2 - 3

Sinogastromyzon wui
Wuis Flossensauger

FANG, 1930

Syn.: Oft falsch: *Sinigastromyzon.*

Vork.: China: Kwangsi.

Ersteinf.: Ca. 1990.

GU: Nicht bekannt.

Soz.V.: Friedliche Art, für das Gesellschaftsbecken mit ruhigen Fischen gut geeignet.

Hält.B.: Viel Licht ist wegen des Algenwuchses erforderlich. Strömung und etwas kühlere Temperaturen werden geschätzt. Dunkler, nicht scharfkantiger Bodengrund. Torffilterung. Wasser: pH-Wert 6,5 - 7,5; Härte 10 - 20° dGH. Recht sauerstoffbedürftige Art. Möglichst in alteingerichtete Aquarien setzen. Steine und Wurzelholz als Dekoration.

ZU: Nicht bekannt (?)

FU: H, O; Aufwuchs, Algenrasen, aber auch gefrorene Mückenlarven, TetraTips, Futterreste.

Bes.: Der Artname ist nicht völlig gesichert.

T: 20 - 26° C, **L**: 14 cm, **BL**: 100 cm, **WR**: u, m, **SG**: 2 - 3

Beaufortia leveretti

Sinogastromyzon wui

Micronemacheilus pulcher
Schöne Gebirgsbachschmerle

NICHOLS & POPE, 1926

Syn.: *Micronoemacheilus pulcher.*

Vork.: China: Kanton; Posek und Kwangsiflüsse.

Ersteinf.: ca. 1990.

GU: Wenig unterschiedlich, siehe Fotos.

Soz.V.: Friedliche Art für Gesellschaftsbecken mit ruhigen Arten, keine Fadenfische oder Segelflosser, geeignet.

Hält.B.: Schmerlenbecken mit Versteckmöglichkeiten. Runde Kiesel und Sandboden. Kräftige Filterung mit regelmäßiger Filterpflege und Teilwasserwechsel (1/4) alle 2 - 4 Wochen. Nitrat-, nitrit-, ichthyoempfindlich. Wasser: pH-Wert 6,5 bis 7,5 mit nur geringen Schwankungen. Härte 5 - 18° dGH.

ZU: Bisher nicht gelungen.

FU: H, O; Lebendfutter aller Art, jedoch auch Futterreste und FD-Tabletten. Liebt Mückenlarven in jeder Form.

Bes.: Die Art nimmt eine Zwischenstellung zwischen *Botia* und *Nemacheilus* ein. Einige Autoren stellten die Art in die (monotypische) Gattung *Micronemacheilus,* andere bezeichneten diese als Untergattung.

T: 22 - 25° C, **L**: 10 cm, **BL**: 80 cm, **WR**: u, **SG**: 2 - 3

Nemacheilus abyssinicus

BOULENGER, 1902

Syn.: *Noemachilus abyssinicus.*

Vork.: China.

Ersteinf.: Bisher nicht importiert. Das Foto stammt aus dem Aquarium Moskau.

GU: Selbst nach guten Fotos kann man kaum einen Geschlechtsunterschied erkennen. ♀ zur Laichzeit fülliger.

Soz.V.: Friedliche Art.

Hält.B.: Wie die anderen *Nemacheilus*-Arten, besonders *M. pulcher* (siehe unten). Sandboden zum Gründeln.

ZU: Nicht bekannt.

FU: K, O; Lebendfutter aller Art, FD-Tabletten, Gefrierfutter, Flockenfutter.

Bes.: Keine.

T: 18 - 22° C, **L**: 9 cm, **BL**: 80 cm, **WR**: u, **SG**: 3

Micronemacheilus pulcher ♂, ♀ Seite 146

Nemacheilus abyssinicus ♂, ♀ Seite 146

Micronemacheilus pulcher ♀

Nemacheilus abyssinicus ♀

Nemacheilus savona
Savonaschmerle

Syn.: *Schistura savona, Cobitis savona**.

Vork.: Indien: Kalkutta, Kosi River.

Ersteinf.: Nicht bekannt, 1992 nach Holland durch Tropifish, Beek en Donk.

GU: Keine äußeren bekannt. ♂ evtl. mit verdicktem ersten Dorsalstrahl.

Soz.V.: Friedliche, liebenswerte Art.

Hält.B.: Wie *Micronemacheilus pulcher*.

T: 23 - 26° C, **L**: 10 cm, **BL**: 80 cm, **WR**: u, **SG**: 2 - 3

ZU: Bisher nicht bekannt.

FU: K, O; feines Lebendfutter wie *Artemia*, Daphnien, etwas *Tubifcx* (gut wässern). Gefrorene Mückenlarven.

Bes.: * Die Art wurde im Handel auch als *Oreonectes* angeboten.

Catostomus catostomus catostomus
Alaska-Saugdöbel

(FORSTER, 1773)

Syn.: *Stomacatus catostomus, Cyprinus catostomus, Catostomus longirostrum, C. hudsonius, C. forsterianus, C. aurora, C. nanomycon.*

Vork.: Östlich der Rocky Mountains (USA) bis Maine.

Ersteinf.: Eine Einfuhr nach Deutschland ist bisher nicht bekannt geworden.

GU: ♂♂ zur Laichzeit sehr dunkel, fast schwarz, mit rötlichen Schwanz- und Bauchflossen. Außerdem bilden sich perlartige Knoten um die Anale und den unteren Teil der Kaudale.

Soz.V.: Vergesellschaftung nur mit Großfischen in Schauaquarien. Dann recht friedliche Art. Kleine Fische sind Beute.

Hält.B.: Voraussetzung für die erfolgreiche Haltung ist eine Kühlanlage. Die Art kommt jedoch außer in Alaska auch im Hudson-River (Maine) vor. Tiere von dort können natürlich wärmer gehalten werden. Kräftige Filterung! Wasser: pH-Wert 6,5 - 7,8; Härte 5 - 25° dGH. Nitritempfindlich.

ZU: Im Frühjahr, wenn das Eis aufbricht, beginnt die Laichwanderung. Meist paaren sich nachts zwei (kleinere) ♂♂ mit einem größeren ♀. Es wird in den Flüssen über Kiesboden abgelaicht. Danach gehen die Tiere in ihre Seen zurück (nicht ins Meer!). Viele Tiere sterben wie die Lachse nach dem Laichen: Es werden 20 000 - 50 000 Eier abgegeben.

FU: K; Lebendfutter aller Art, auch Fische. Forellenpellets, Laich.

Bes.: *Catostomus* ersetzt in Nordamerika etwa die Barbe Europas, trägt jedoch keine Barteln.

T: 0 - 15° C (- 20° C), **L**: 70 cm, **BL**: 250 cm, **WR**: u, m, **SG**: 4 (G)

Catostomus catostomus rostratus
Maulbinden-Saugdöbel

(TILESIUS in PALLAS, 1814)

Syn.: *Cyprinus labeo, C. rostratus.*

Vork.: Sibirien, Rußland, in Seen und Flüssen.

Ersteinf.: Bisher nicht eingeführt.

GU: Bei dieser Unterart werden die Flossen nicht rötlich, eher gelb. Die ♂♂ färben sich zur Laichzeit sehr viel dunkler als die ♀♀.

Soz.V.: Wie vorige Art.

Hält.B.: Sauerstoffbedürftig. Wasser vermag kalt mehr O_2 aufzunehmen als warm. Eine Kühlanlage und/oder starke, feinperlige Durchlüftung (Injektionspumpe) ist erforderlich. Sonst wie vorige Unterart.

ZU: Wie vorige Unterart.

FU: K; Allesfresser, jedoch keine Pflanzen.

Bes.: Speisefisch. Wird bis 165 kg schwer. Fang mit Netzen, Reusen, gelegentlich mit der Angel (Grundköder). Beide Aufnahmen stammen aus dem Aquarium Moskau.

T: 4 - 18° C, **L**: 54 cm, **BL**: 200 cm, **WR**: u, m, **SG**: 4 (G)

Catostomus catostomus catostomus

Catostomus catostomus rostratus

Botia dario, Bombay; siehe Band 3, Seite 166

Botia dario, Bombay

Botia striata; siehe Band 2, Seite 344

Botia striata, Indien

Botia fasciata = Parabotia fasciata
Ringelschmerle

(DE THIERSANT, 1872)

Syn.: *Parabotia fasciatus, Cobitis xanthi, Botia multifasciata, Leptobotia intermedia, Leptobotia hopeiensis, Cobitis zanthi, Parabotia fasciolata.*

Vork.: China: Yangtze-Fluß.

Ersteinf.: 1992 durch Tropifish, Beek en Donk, Holland.

GU: Nicht bekannt.

Soz.V.: Gegenüber Art- und Gattungsgenossen recht angriffslustige Schmerle, die mit größeren anderen Fischen aber gut vergesellschaftet werden kann. Dämmerungsaktiv.

Hält.B.: Feinkiesiger Bodengrund. Starke Filterung. Versteckmöglichkeiten (Röh-

re) bieten. Bepflanzung nur mit festwurzelnden, kräftigen Pflanzen. Eventuell Schimmpflanzendecke. Wasser: pH-Wert 6,8 - 7,8; Härte 6 - 18° dGH.

ZU: Bisher nicht im Aquarium nachgewiesen.

FU: K; Schnecken und grobes Lebendfutter. Frostfutter, FD-Tabletten, Futterreste, Forellenpellets.

Bes.: Diese schlanke Schmerle "kriecht" gern gegen die Strömung ins Wasseransaugrohr des Filters. Ansog gut absichern.

T: 20 - 26° C, **L**: 15 cm und darüber, **BL**: 150 cm, **WR**: u, **SG**: 2 - 3

Botia superciliaris
Spitzkopfschmerle

(GÜNTHER, 1892)*

Syn.: *Sinibotia superciliaris.*

Vork.: China: Szetschuan.

Ersteinf.: Anfang der 90er Jahre über Singapur nach Deutschland und Holland.

GU: Bisher nicht beschrieben.

Soz.V.: Eine quirlige Schmerle, lebhaft und viel "unterwegs". Dämmerungsaktiv. Kommt jedoch nach Gewöhnung auch tagsüber ans Futter. Nicht mit zu kleinen Fischen halten, da diese Nahrung bedeuten können. ♂♂ untereinander aggressiv.

Hält.B.: Wie bei *Botia morleti*, Bd.1, Seite 368, angegeben. Etwas kühler halten. Die Tiere unterwühlen gern Wurzelholz und Steine, deshalb evtl. Drainagerohr als Höhle bieten.

ZU: Nicht bekannt.

FU: K, O; besonders Würmer, Mückenlarven, kleine Fische, Laich. Futtertabletten. Futterreste. Kleine Schnecken.

Bes.: * in PRATT, Snows of Tibet.

T: 22 - 26° C, **L**: 15 cm, **BL**: 100 cm, **WR**: u, **SG**: 3 (- 4)

Botia fasciata = Parabotia fasciata

Botia superciliaris

Botia robusta
Kansuschmerle

(KESSLER, 1876)

Syn.: *Barbula robusta, Nemacheilus robustus.*

Vork.: China, Mongolei, Tangutorfluß, Kansu.

Ersteinf.: Anfang der 90er Jahre nach Holland. Evtl. auch schon früher.

GU: Nicht bekannt. Eventuell wie bei *Botia macracanthus,* Bd. 1, Seite 370.

Soz.V.: Gegenüber anderen Fischen recht friedliche Art. Jungfische werden jedoch gelegentlich als Beute betrachtet. Revierverteidigend. Besonders zwei ♂♂ jagen sich bei Mangel an Verstecken ständig. Dämmerungsaktiv.

Hält.B.: Im Winter kühl halten im unbeheizten Zimmeraquarium. Kräftige Filterung mit Oberflächenströmung (Sauerstoffanreicherung). Wasser: pH-Wert 7,0 - 7,8; Härte 6 - 22° dGH (10°). Teilwasserwechsel alle 2 - 3 Wochen 1/4 bis 1/3 der Wassermenge.

ZU: Nicht bekannt. Evtl. im Sommer in den gut bewachsenen Gartenteich setzen. Im Herbst abfischen.

FU: K, O; jedes Lebendfutter passender Größe. FD-Tabletten, Futtersticks, Pellets für Forellen. Schnecken.

Bes.: Kühl halten, während einer kurzen Sommerperiode zwischen Juni und August werden auch höhere Temperaturen vertragen.

T: 18 - 24° C, **L**: 18 cm, **BL**: 150 cm, **WR**: u, **SG**: 3

Botia robusta, China

Botia robusta, China

Lepidocephalichthys pristes   ROBERTS, 1989
                                         Unterfam.: Cobitidinae

Syn.: Keine.

Vork.: Malaysia. Das abgebildete Exemplar wurde von WITTE im malaysischen Teil der Insel Borneo (Sarawak) gefangen. Der genaue Fundort: West-Kuching, Straße nach Lundu, bei km 49,1 im Sungai Stunggang.

Ersteinf.: 1988 durch WITTE.

GU: Unbekannt.

Soz.V.: Friedliche kleine Bachschmerle, die sich um andere Mitbewohner nicht kümmert. Sollte nicht mit zu großen Fischen vergesellschaftet werden.

Hält.B.: Scheue und zurückgezogene Art, die sich offensichtlich auch gerne im feinen Bodengrund eingräbt. Das Aquarium sollte nicht zu hell beleuchtet sein.

ZU: Unbekannt.

FU: Allesfresser. Kleines Futter wird bevorzugt.

Bes.: WITTE überließ dem Spartenleiter Schmerlen des VDA-Arbeitskreises Barben, Salmler, Schmerlen, Welse, OTT, im März 1988 sechs Exemplare dieser Schmerle, die er auf einer Expedition gefangen hatte. Der Biotop wird wie folgt beschrieben: Wasser vom Typ Schwarzwasser (pH-Wert 4,9; Leitwert 10 μS), keine höheren Pflanzen, lehmig-schlammiger Boden, ins Wasser hängende Gräser (Poaceae) am Prallhang sowie ins Wasser wachsende Cyperaceae und Gebüsch, teilweise reichlich Fallaub im Wasser. In dem Gewässer kamen auch noch andere Fische vor: *Parosphronemus* cf. *allani*, BROWN, 1987, *Rasbora*, *Saerichthys osphronemoides*, *Pangio*, große Barben. Konserviertes Material konnte von KOTTELAT, Zoologische Staatssammlung München, determiniert werden.

T: 22 - 26° C, **L:** um 5 cm, **BL:** ab 60 cm, **WR:** u, **SG:** 4

Leptobotia elongata   BLEEKER, 1870
Riesenbotia   Unterfam.: Botiinae

Syn.: Fälschlich *Botia variegata.*

Vork.: China: Yungtai; Asien, Fukienriver, Yangtze.

Ersteinf.: Anfang der 90er Jahre.

GU: ♂ mit Dorn unterhalb des Auges und verdicktem 1. Dorsalstrahl. Dieser ist mit kleinen "Warzen" besetzt.

Soz.V.: Räuber. Nur kleinere Tiere eignen sich zur Aquarienhaltung. Mit großen Fischen im Schauaquarium als attraktive Tiere gut zu halten.

Hält.B.: Kräftige Filterung mit regelmäßigem Teilwasserwechsel. Jungtiere in weichem Wasser halten, evtl. Torffilterung. Ältere Tiere ab 18 cm Länge sind anpassungsfähiger und stellen keine so

hohen Ansprüche an die Wasserbeschaffenheit. Trotzdem sauerstoffbedürftig.

ZU: Die Tiere unternehmen Laichwanderungen. Abgelaicht wird in den stark strömenden Bächen und Zuflüssen z.B. des Yangtze. Jungtiere tauchen ca. 6 Monate später in den Flußniederungen auf.

FU: K, O; alles Freßbare, auch Fische und in Notzeiten zarte Pflanzenteile. Karpfen- und Forellenpellets (abwechselnd) für größere Tiere.

Bes.: Guter Speisefisch. Sollte nicht im Aquarium gehalten werden, wenn man die Endgröße berücksichtigt.

T: 22 - 28° C, **L:** 30 - 50 cm, **BL:** 200 cm, **WR:** u, **SG:** 4 (G)

Lepidocephalichthys pristes

Leptobotia elongata

Leptobotia guilinensis

CHEN, 1936

Syn.: Keine.

Vork.: China.

Ersteinf.: 1992 nach Holland.

GU: Keine äußeren bekannt.

Soz.V.: Scheue Art. Recht friedlich und versteckt lebend.

Hält.B.: Wie andere *Botia*-Arten. Keinen scharfkantigen Kies verwenden! Versteckmöglichkeiten bieten.

ZU: Nicht bekannt.

FU: K, O; Lebendfutter wie Mückenlarven, *Tubifex*. FD-Futtertabletten und Flockenfutterreste.

Bes.: Seltene Art, über die so gut wie nichts bekannt ist.

T: 23 - 27° C, **L**: 12 cm, **BL**: 100 cm, **WR**: u, **SG**: 2 - 3

Leptobotia rubrilabris
Rotlippenschmerle

(DE THIERSANT, 1872)

Syn.: *Botia rubrilabris, Parabotia rubrilabris, Botia variegata.*

Vork.: China: Yangtze, Tungting Lake, Hunan.

Ersteinf.: Anfang der 90er Jahre nach Holland und Deutschland. 1985 in die USA.

GU: Nicht bekannt.

Soz.V.: Recht friedliche Art, dämmerungsaktiv. Etwa wie *Botia macracanthus.*

Hält.B.: In Aquarien, die etwas abgedunkelt sind, fühlen sich die Tiere am wohlsten. Schwimmpflanzendecke und Versteckmöglichkeiten bieten den Tieren Schutz. Die Wasserwerte sind nicht so entscheidend wie nitrit- und nitratarmes Wasser. pH-Wert 6,5 - 7,5; Härte bis 20° dGH. Sand- und Geröllbodengrund.

ZU: Bisher nicht gelungen.

FU: K, O; alles zu bewältigende Lebendfutter. Flockenfutter, FD-Stoffe, Gefrierfutter. Schnecken.

Bes.: Auf dem Foto sind die roten Lippen der erwachsenen ♂ ♂ noch nicht erkennbar.

T: 18 - 25° C, **L**: 12 cm, **BL**: 100 cm, **WR**: u, **SG**: 2 - 3

Leptobotia guilinensis

Leptobotia rubrilabris, China

Pangio kuhlii
Vietnam-Dornauge

(VALENCIENNES, 1846)

Syn.: *Acanthophthalmus kuhlii,* evtl. noch nicht beschriebene Unterart.

Vork.: Vietnam (nähere Angaben fehlen leider).

Ersteinf.: 1985 vom Aquarium Moskau nach Rußland.

GU: Kaum erkennbar, ♀♀ zur Laichzeit deutlich fülliger.

Soz.V.: Friedliche Art, die sich gern in Gesellschaft eines Partners aufhält. Sonst Einzelgänger. Nacht-, dämmerungsaktiv.

Hält.B.: Versteckmöglichkeiten bieten. Weicher Bodengrund, damit sich die Barteln nicht verletzten. Becken gut abdek-

ken! Die Tiere wandern durch die kleinsten Spalten (Wanderungstrieb?). Wasser: pH-Wert 6,5 - 7,5; Härte 5 - 18° dGH.

ZU: Bisher liegen keine Angaben für Aquariennachzucht vor.

FU: K, O; feines Lebendfutter, Futtertabletten und Futterreste.

Bes.: Diese Farbform stammt aus Vietnam. Dort wurde diese Art unseres Wissens bisher noch nicht nachgewiesen.

T: 20 - 26° C, **L**: 11 cm, **BL**: 60 cm, **WR**: u, **SG**: 2

Pangio kuhlii
Albino-Dornauge

(VALENCIENNES, 1846)

Zuchtform, in der Natur kaum lebensfähig. Haltung wie die anderen Dornaugen. Die Albinos sind etwas empfindlicher und werden nicht so alt wie die Naturform.

Parabotia fasciata, siehe Seite 152

Pangio kuhlii, Paar, Vietnam

Pangio kuhlii

Sabanejewia aurata bulgarica
Gold-Steinbeißer

(DRENSKY, 1928)
Unterfam.: Cobitidinae

Syn.: *Cobitis aurata bulgarica.*

Vork.: Mittel- und Unterlauf der Donau und deren Zuflüsse von Österreich an abwärts.

Ersteinf.: Nicht bekannt. In Österreich heimisch.

GU: ♂♂ kleiner als die ♀♀. Bei den ♂♂ sind die Körperseiten vor der Dorsale verdickt. Laichreife ♀♀ sind dicker.

Soz.V.: Stationärer, nachtaktiver Bodenfisch. Gegenüber anderen Fischen friedlich. Gräbt sich gerne in Sand ein.

Hält.B.: Kaltwasserfisch, der gegen Sauerstoffmangel empfindlich ist. Sandiger oder feinkiesiger Bodengrund und nicht zu gefräßige Beifische sind empfehlenswert. Sollte unter 10° C überwintern.

ZU: Im Aquarium noch nicht gelungen. Laicht wahrscheinlich im Frühsommer.

FU: K; am besten mit Lebend- und Frostfutter zu ernähren.

Bes.: Eine Reihe von Unterarten, deren Stellung zum großen Teil nicht ausreichend geklärt ist.

T: 5 - 20° C (Kaltwasserfisch), **L**: 12 cm, **BL**: 60 cm, **WR**: u, **SG**: 2 - 3

Cobitis taenia bilineata (ohne Text)

Cobitis taenia (ohne Text)

Abramis ballerus
Zope, Schwuppe

(LINNAEUS, 1758)

Syn.: *Cyprinus ballerus*.

Vork.: Von der Elbe nach Osten bis zur Newa. Skandinavien (Südschweden, Südfinnland). Don, Wolga, Ural und Donau.

Ersteinf.: Heimische Art.

GU: ♀♀ kleiner und fülliger. ♂♂ im Frühjahr mit Laichausschlag.

Soz.V.: Friedlicher, lebhafter Schwarmfisch des freien Wassers. Wühlt nicht. Vergesellschaftung mit anderen Kaltwasserfischen.

Hält.B.: Viel freier Schwimmraum. Eine gute Filterung und Durchlüftung sind empfehlenswert. Besondere Ansprüche an Einrichtung und Bodengrund werden nicht gestellt. Kaltwasserfisch, der bei ca. 5 - 10° C überwintert werden sollte.

ZU: Nur in großen Schaubecken sinnvoll. Laicht in der Natur im Frühsommer über kiesigem Grund in der Strömung. Über Zucht im Aquarium liegen keine Berichte vor. Zur Laichzeit wandern die Tiere stromaufwärts.

FU: Zooplanktonfresser, der aber an alle gängigen Futterarten geht.

Bes.: *Abramis ballerus* weist von allen Vertretern der Gattung die meisten Seitenlinienschuppen auf (65 und mehr).

T: 5 - 25° C (Kaltwasserfisch), **L**: 35 cm, **BL**: 150 cm, **WR**: m, **SG**: 2 - 3

Alburnus albidus
Mittelmeer-Ukelei, Alborella

(COSTA, 1838)

Syn.: *Leuciscus albidus, Cyprinus albidus*.

Vork.: Süditalien.

Ersteinf.: Europäische Art.

GU: Nur zur Laichzeit erkennbar. Die ♂♂ zeigen dann den typischen Laichausschlag.

Soz.V.: Friedlicher Schwarmfisch, etwas scheu, schneller Schwimmer. Stets etwa 5 oder mehr Tiere zusammen pflegen.

Hält.B.: In langen Becken mit kräftiger Filterung und Strömung einfach zu pflegen. Becken abdecken! Bodengrund aus grobkörnigem Kies mit Kieselsteinen. Hintergrundbepflanzung mit europäischen Kaltwasserpflanzen. Regelmäßige Filterpflege. Nitrit-/nitratempfindliche Art. pH-Wert 6,8 - 7,8; Härte 8 - 25° dGH.

ZU: Substratlaicher an Steinen. Wahrscheinlich ähnlich Ukelei, siehe Bd. 3, Seite 173.

FU: K, O; Lebendfutter aller Art, hauptsächlich Oberflächennahrung, Flockenfutter, schwimmende Pellets. Goldfischfutter ist auf Dauer zu "mager".

Bes.: Eine Unterart (?). *Alburnus albidus alborella* kommt vom Po entlang der adriatischen Küste (im Süßwasser) bis Albanien vor.

T: 12 - 28° C, **L**: 20 cm, **BL**: 150 cm, **WR**: o, m, **SG**: 2 - 3

Abramis ballerus

Alburnus albidus

Barboides gracilis   BRÜNING, 1929

Syn.: *Raddabarbus camerounensis, Barbus lorenzi.*

Vork.: Südöstliches Benin, Nigeria, Südwestliches Kamerun und Rio Muni. Nur in Waldgebieten in kleinen, gut fließenden Bächen.

Ersteinf.: Unbekannt.

GU: ♀♀ etwas größer und fülliger als ♂♂.

Soz.V.: Kleiner, ruhiger Schwarmfisch, der nur in der Gruppe gehalten werden sollte. Vergesellschaftung möglich. Dann jedoch nur mit anderen, ähnlichen zarten und kleinen Arten. Ein Artbecken ist allerdings empfehlenswerter.

Hält.B.: Die Art kann bereits in relativ kleinen Becken gepflegt werden, die dicht bepflanzt und reich strukturiert sein sollten. Auch empfiehlt es sich, nicht zu stark zu beleuchten, da sich dann die Tiere wohler fühlen und auch weniger schreckhaft sind. Weiches, leicht saures Wasser sollte verwendet werden.

ZU: Nicht bekannt. Wahrscheinlich ähnlich wie bei *Barbus jae.*

FU: K, O; kleines Lebendfutter, wie z.B. *Cyclops, Artemia* oder auch ab und zu Grindal und Microfutter anbieten.

Bes.: Keine

T: 24 - 26° C, **L**: bis 2,5 cm, **BL**: ab 40 cm, **WR**: m, u, **SG**: 3 - 4

Barbus aboinensis   BOULENGER, 1911
Aboinabarbe

Syn.: Keine.

Vork.: Afrika: Südnigeria im Aboina- und Cross-River.

Ersteinf.: Ca. 1990 durch Tropifish, Beek en Donk, nach Holland. Als Beifang sicher auch schon früher.

GU: ♀♀ deutlich voller.

Soz.V.: Friedlicher Schwarmfisch, der stets in Trupps ab mindestens 5 Tieren gehalten werden sollte.

Hält.B.: Wie andere Barben.

ZU: Wie die anderen afrikanischen Barben: Freilaicher zwischen feinfiedrigen Pflanzen. Laichräuber.

FU: O; Allesfresser, jedoch kaum Pflanzen. TetraPhyll, FD-Tips, Futterreste, Aufwuchs.

Bes.: Keine.

T: 24 - 28° C, **L**: 8 cm, **BL**: 80 cm, **WR**: alle, **SG**: 2

Barboides gracilis, Nigeria

Barbus aboinensis, Lake Benin, Westkamerun

Barbus sp. aff. *baudoni*
Baudonibarbe

Syn.: Keine.

Vork.: Keteruma-River bei Alodam in Nigeria.

Ersteinf.: Unbekannt.

GU: ♂♂ schlanker als ♀♀.

Soz.V.: Ruhiger Schwarmfisch, der gut mit anderen, im Verhalten ähnlichen Arten vergesellschaftet werden kann.

Hält.B.: Gut bepflanzte, nicht zu stark beleuchtete Becken sind empfehlenswert.

ZU: Unbekannt.

FU: K, O; kleines Lebendfutter, wie *Artemia, Cyclops* und Daphnien. Eingewöhnte Tiere gehen auch an Kunstfutter.

Bes.: Die Art zeigt große Ähnlichkeit zu *Barbus baudoni*, der Status bedarf noch einer Klärung.

T: 24 - 26° C, **L**: ca. 4 cm, **BL**: ab 50 cm, **WR**: m, u, **SG**: 3 - 4

Barbus chlorotaenia   BOULENGER, 1911

Syn.: Keine.

Vork.: Tschad-Becken, Benue-River, Ghana, Nigeria, Kamerun.

Ersteinf.: Unbekannt.

GU: ♂♂ etwas kleiner und zarter als ♀♀.

Soz.V.: Die Art sollte in kleinen Gruppen oder im Schwarm gepflegt werden. Von Einzelhaltung ist abzuraten, da die Tiere hier scheu und zurückgezogen bleiben. Eine Vergesellschaftung mit anderen Barben oder Salmlern ist gut möglich.

Hält.B.: Die Art ist sehr lebhaft und schwimmfreudig und daher in größeren Becken mit viel Schwimmraum besser untergebracht. Trotzdem sollte aber auch für Verstecke und Unterstände gesorgt werden, in die sich die Tiere bei Störungen zurückziehen können. Eine Bepflan-

zung ist möglich. Da die Tiere Nahrung gerne vom Boden aufnehmen, empfiehlt sich feinsandiger Bodengrund. Bezüglich der Wasserwerte ist die Art tolerant, mittelhartes Wasser mit neutralem pH-Wert ist jedoch günstiger.

ZU: Im Aquarium vermutlich noch nicht gelungen, aber wahrscheinlich ähnlich wie bei *Barbus ablabes* (s. AQUARIEN ATLAS, Bd. 2, S. 362).

FU: *B. chlorotaenia* kann leicht mit anderen afrikanischen Längsstrich-Barben verwechselt werden und wurde möglicherweise schon öfter importiert, ohne erkannt worden zu sein.

Bes.: Keine.

T: 23 - 27° C, **L**: bis 8 cm, **BL**: ab 60-80 cm, **WR**: alle, **SG**: 2

Barbus sp. aff. *baudoni*

Barbus chlorotaenia

Barbus congicus
Kongobarbe

BOULENGER, 1899

Syn.: Keine

Vork.: Flußsystem des Zaire River.

Ersteinf.: Unbekannt.

GU: ♀♀ deutlich kräftiger als ♂♂.

Soz.V.: Typischer Schwarmfisch. Wie die meisten Barben mit anderen, ähnlichen Arten gut zu vergesellschaften.

Hält.B.: Nicht zu kleine Becken verwenden, die neben einem ausreichenden Schwimmraum auch Versteckmöglichkeiten bieten sollten. Eine gute Bepflanzung ist empfehlenswert. Es empfiehlt sich auch, feinsandigen Bodengrund zu verwenden. Mittelhartes bis weiches Wasser bei neutralem pH-Wert ist anzuraten.

ZU: Wahrscheinlich in Gefangenschaft noch nicht gelungen.

FU: K, O; es ist jede gängige Futtersorte geeignet, wenn auch Ballaststoffe Lebendnahrung vorzuziehen sind. Pflanzliche Beikost ist empfehlenswert.

Bes.: Siehe auch die Seiten 172 und 182/183.

T: 24 - 27° C, **L**: bis 8 cm, **BL**: ab 80 cm, **WR**: m, u, **SG**: 2 - 3

Barbus (Puntius) canius
Hundsbarbe

HAMILTON, 1822

Syn.: Cyprinus canius.

Vork.: Indien: Ganges.

Ersteinf.: Nicht mehr ermittelbar.

GU: Beim ♂ werden Rücken- und Bauchflossen farbiger (rötlich). ♀♀ deutlich fülliger.

Soz.V.: Friedliche Art, die sich aber schon mal an zarten Pflanzentrieben vergreift. Nicht mit Fadenfischen halten! Schwarmfisch.

Hält.B.: Bei zu heller Beleuchtung scheu. Sonst recht anspruchslos. Dunkler Bodengrund.

ZU: Nach heftigem Treiben werden die Eier über feinfiedrigen Pflanzen ausgestoßen. Das ♂ umschlingt das ♀ dabei. Laichrost verwenden.

FU: K, O; Allesfresser.

Bes.: Als Jungtier große Ähnlichkeit mit Barbus gelius (siehe Bd.1, Seite 388), wird aber viel größer.

T: 18 - 28° C, **L**: 10 cm, **BL**: 100 cm, **WR**: m, u, **SG**: 2

Barbus congicus ♂, Zaire; ♀ Seite 172

Barbus canius, Indien

Barbus hypsolepis (?); wahrscheinlich auch *Barbus congicus*

Barbus congicus ♀, Kinshasa, Zaire; ♂ Seite 171

Barbus donaldsonsmithi

Syn.: *Barbus trispilus, B. lepidus.*

Vork.: Niger-Flußsystem.

Ersteinf.: Unbekannt.

GU: ♂ ♂ kleiner und schlanker als ♀ ♀.

Soz.V.: Schwarmfisch, der sich nur in Gesellschaft von Artgenossen wirklich wohlfühlt. Für das Gesellschaftsaquarium mit anderen, ähnlichen und nicht zu zarten Arten geeignet.

Hält.B.: Entsprechend der Größe und Schwimmfreudigkeit der Art sollten die Aquarien nicht zu klein gewählt werden, eine Bepflanzung ist möglich, die Pflanzenbestände werden bei Störungen auch

FOWLER, 1958

gerne als Verstecke genutzt. Die Wasserwerte betreffend ist die Art anspruchslos, wenn auch mittelhartes Wasser geeigneter erscheint.

ZU: Keine Zuchtberichte bekannt.

FU: Allesfresser, es sollte jedoch immer auf einen ausreichenden Anteil an Ballaststoffen geachtet werden.

Bes.: Keine.

T: 23 - 27° C, L: bis ca 11 cm, BL: ab 80 cm, WR: alle, SG: 2 - 3

Barbus eutaenia

BOULENGER, 1904

Syn.: *Barbus kessleri, Barbus kerstenii*.

Vork.: Zentrales bis südliches Afrika vom oberen Einzug des Zaire (Luaiaba, Luapula) über den oberen Sambesi einschließlich des Okavango und einige Flüsse Angolas südwärts bis Transvaal in Südafrika. Das immer wieder von Ruanda und Burundi angegebene Vorkommen stellt eine andere und noch unbeschriebene Art dar.

Ersteinf.: Unbekannt, vermutlich in den 60er Jahren, möglicherweise auch unerkannt unter falschem Namen.

GU: Die ♀♀ sind rundlicher und kräftiger, die ♂♂ intensiver gefärbt, doch sind die Unterschiede gering und oft nicht feststellbar.

Soz.V.: Eine schwimmfreudige und problemlos zu pflegende friedliche Barbe, die im kleineren Trupp gehalten werden sollte. Die Tiere können allerdings, ein-zeln gepflegt, Mitbewohnern, vor allem Cichliden, dadurch lästig werden, daß sie ständig mit ihnen mitschwimmen und ihnen überallhin folgen.

Hält.B.: Für diese hübsche Art ist ein gut bepflanztes, nicht zu kleines Aquarium anzuraten, das im Hintergrund dichten Pflanzenwuchs und vorne einen genügend großen Freiraum aufweist, denn die Fische sind ausdauernde und flinke Schwimmer. Wasser bis mittelhart, pH-Wert 6,5 - 7,5, gut gefiltert. Ein dunklerer Bodengrund, der auch mit Moorkienholz gestaltet sein kann, erhöht die Farbintensität.

ZU: Unbekannt, wahrscheinlich in Gefangenschaft noch nicht erfolgt.

FU: O; Lebendfutter aller Art, ferner auch gefrorenes und gefriergetrocknetes sowie Kunstfutter. Unproblematisch.

Bes.: Keine.

T: 20 - 26° C, **L:** 8 cm, selten größer, **BL:** 80 - 100 cm, **WR:** u, m, o, **SG:** 2

Barbus macrops
Afrikanische Längsstreifenbarbe

BOULENGER, 1911

Syn.: *Barbus weidholzi, B. ablabes, B. gambiensis, Mannichthys luciliae, Barbus deserti, Puntius gambiensis, Barbus ablabes type desert.*

Vork.: In weiten Gebieten der Savannenzone Westafrikas und des Tschad-Beckens.

Ersteinf.: Unbekannt.

GU: ♀♀ mit markanterer Bauchregion als ♂♂, und auch größer werdend.

Soz.V.: Friedlicher, verträglicher und schwimmfreudiger Schwarmfisch, der nur in der Gruppe gehalten werden sollte. Mit gleich großen, ähnlichen Fischen gut zu vergesellschaften.

Hält.B.: Größere Becken mit viel freiem Schwimmraum, aber auch Verstecken und Unterständen anbieten. Bepflanzung ist möglich, da sich die Tiere kaum daran vergreifen. Wasserwerte für die Haltung ohne große Bedeutung, da die Art diesbezüglich sehr tolerant ist.

ZU: Im Aquarium wahrscheinlich noch nicht gelungen.

FU: O; problemloser Allesfresser.

Bes.: Aus Ost-Nigeria wurde kürzlich eine sehr ähnliche Art importiert, die bis zu einer Klärung des genauen Artstatus als *Barbus* sp. aff. *macrops* bezeichnet werden soll.

T: 22 - 28° C, **L:** bis max. 12 cm, **BL:** ab 80 cm, **WR:** m, u, **SG:** 3 - 4

Barbus eutaenia, Zaire

Barbus macrops, Nigeria

Barbus jacksonii, Fort Portal, Uganda

Barbus sp., Kumba, Westkamerun

Barbus jacksonii
Dreipunktbarbe

BRÜNING, 1929

Syn.: *Barbus trimaculatus, B. nummifer, B. pappenheimi.*

Vork.: Afrika: Einzugsgebiet des Viktoriasees, Lake Rukwa, Malara, Pangani und Bubuflüsse.

Ersteinf.: ca. 1990 durch WILDEKAMP & SEEGERS.

GU: Kaum erkennbar. ♀♀ zur Laichzeit sehr dick.

Soz.V.: Friedlicher Schwarmfisch, für Gesellschaftsbecken geeignet.

Hält.B.: Nicht zu helle Aquarien mit viel freiem Schwimmraum. Bodengrund zum Gründeln (keinen scharfkantigen Kies!). Wasser: pH-Wert 6,8 - 7,8; Härte 6 - 20° dGH. Frischwasserzugabe alle 2 - 3 Wochen.

ZU: Freilaicher zwischen Pflanzen. Laichrost verwenden.

FU: K, O; Allesfresser. Flockenfutter, Futterpellets, auch Karpfenfutter wird gern genommen. Pflanzenkost bis Lebendfutter.

Bes.: Das Foto des Tieres links oben zeigt einen zusätzlichen Fleck unterhalb der Seitenlinie direkt unterhalb des ersten Dorsalstrahles. Diese Färbung hat *Barbus jacksonii*, beide Aufnahmen zeigen jedoch denselben Fisch.

T: 22 - 28° C, **L**: 13 cm, **BL**: 120 cm, **WR**: m, u, **SG**: 2

Barbus martorelli   ROMAN, 1971

Syn.: Keine.

Vork.: Nach der Erstbeschreibung soll die Art endemisch im System des Ntem-Rivers in Äquatorial-Guinea vorkommen. Das hier abgebildete Tier stammt allerdings aus dem Gebiet um Kinshasa in Zaire.

Ersteinf.: Unbekannt.

GU: ♂♂ kleiner und schlanker als ♀♀.

Soz.V.: Recht lebhafter und friedlicher Schwarmfisch.

Hält.B.: Größere Becken sind empfehlenswert. Freien Schwimmraum, aber auch Verstecke bieten. Becken nicht zu hell halten, da die Tiere dann nicht so scheu sind. Wasser am besten mittelhart bei neutralem pH-Wert.

ZU: Keine Angaben bekannt.

FU: Wie die meisten mittelgroßen afrikanischen Barben ein problemloser Allesfresser.

Bes.: Keine.

T: 22 - 26° C, L: bis 12 cm, BL: ab 80 cm, WR: m, u, SG: 2 - 3

Barbus meridionalis   RISSO, 1826
Forellen- oder Hundsbarbe

Syn.: Keine.

Vork.: Südeuropa: Portugal, Nordspanien, Südfrankreich, Ober- und Mittelitalien.

Ersteinf.: Europäische Art.

GU: Keine äußeren Geschlechtsmerkmale. Adulte Tiere sind auf dem Rücken und an den Seiten sowie auf Rücken- und Afterflosse dunkel gefleckt.

Soz.V.: Friedlicher Schwarmfisch.

Hält.B.: Kaltwasseraquarium mit grobem Kiesgrund, Steinen und Quellmoosbüschen, kräftige Filterströmung. Nicht wärmeempfindlich.

ZU: Dürfte nach kalter Überwinterung im Aquarium möglich sein. Im Freiland laicht die Art im Mai/Juni im starkströmenden Auslauf kiesiger tieferer Stellen in Wasserläufen und Seen. Die Eier werden in Laichgruben im Kies eingebettet.

FU: Wasserinsekten, Weichtiere und Trockenfutter jeder Art.

Bes.: Vier Barteln am wulstigen Oberlippenrand. Unterscheidet sich von *Barbus barbus* auch durch eine vorspringende Stirn und nicht verknöcherten, nicht gesägten Rückenflossenstrahl.

T: 5 - 25° C, L: 30 cm, BL: 100 cm, WR: u, SG: 2

Barbus martorelli, Kinshasa, Zaire

Barbus meridionalis

Barbus magdalenae
Magdalenenbarbe

WORTHINGTON, 1933

Syn.: Keine.

Vork.: Afrika: Viktoriasee in den Seerosensümpfen, Lake Nabugabo.

Ersteinf.: Unbekannt. Sicher 1990 durch WILDEKAMP nach Holland.

GU: ♀♀ zur Laichzeit voller.

Soz.V.: Friedlicher Schwarmfisch. Für Gesellschaftsbecken gut geeignet.

Hält.B.: Aquarium mit Schwimmpflanzen abdecken; sonst ist die Art scheu. Wasser: problemlos, eher mittelhart als weich.

ZU: Bisher im Aquarium nicht nachgewiesen. Dürfte aber wie bei anderen afrikanischen Barben sein.

FU: O; Allesfresser.

Bes.: Wegen der geringen Farbigkeit recht selten importierte Art.

T: 22 - 28° C, **L**: 8 cm, **BL**: 80 cm, **WR**: m, alle, **SG**: 1

Barbus multilineatus

WORTHINGTON, 1933

Syn.: *Puntius carpenteri, Barbus carpenteri.*

Vork.: Südost-Zaire, Oberer Sambesi und Kafue-Fluß.

Ersteinf.: Unbekannt.

GU: ♀♀ etwas kräftiger als ♂♂. Bei Laichreife mit deutlich gerundeter Bauchregion.

Soz.V.: Friedlicher Schwarmfisch, der zwar gut zu vergesellschaften ist, sich aber im Artbecken wohler fühlt.

Hält.B.: Becken gut bepflanzen und für viele Unterstände oder Verstecke sorgen. Nicht zu hell beleuchten. Mittelhartes, besser aber weiches Wasser mit neutra-

lem bis leicht saurem pH-Wert verwenden.

ZU: Vermutlich in Gefangenschaft noch nicht gelungen

FU: K, O; die Art ist zwar Allesfresser, jedoch sollte bevorzugt nicht zu großes Lebendfutter geboten werden.

Bes.: Es besteht eine gewisse farbliche Ähnlichkeit mit *Neolebias trilineatus*, Bd. 2, Seite 231.

T: 22 - 26° C, **L**: bis 4,5 cm, **BL**: ab 50 cm, **WR**: m, u, **SG**: 3

Barbus magdalenae

Barbus multilineatus

Barbus musumbi
Angola-Barbe, Musumbi-Barbe

BOULENGER, 1910

Syn.: Keine.

Vork.: Einzugsgebiete des Quanza und Bengo sowie Kilunda-See in Angola.

Ersteinf.: Um 1985 durch KELLER.

GU: ♂ schlanker, kräftiger gefärbt.

Soz.V.: Friedlicher Fisch, der sich vorwiegend in den unteren Wasserschichten aufhält. Jungfische schließen sich häufig zu lockeren Schwärmen zusammen, ältere ♂♂ besetzen in der Regel kleinere Reviere, die sie Rivalen gegenüber verteidigen. Die dabei ausgetragenen Kämpfe sind jedoch harmlos und führen nicht zu ernsthaften Verletzungen.

Hält.B.: Anspruchsloser Fisch, der sich hervorragend zur Vergesellschaftung mit verwandten Arten eignet. In zu kleinen Aquarien sind die Fische jedoch schreckhaft. Aus diesem Grunde sollten die Tiere nur in größeren Behältern mit zumindest teilweise dichten Pflanzenbeständen gepflegt werden, in die sich die Fische bei Beunruhigung zurückziehen können.

ZU: Einfach. Die Fische laichen nach typischer Barbenart in den Morgenstunden, das Ablaichen kann sich aber auch bis zum Mittag hinziehen. Der Ansatz kann paarweise oder im Daueransatz erfolgen. Die Elterntiere stellen offenbar nur den Eiern nach, die auf den Boden fallen. An Wasserpflanzen haftende Eier werden nicht beachtet. Klebkraft der Eier nicht allzu stark. Für die rationelle Zucht ist ein Laichrost zweckmäßig; für den Daueransatz reicht dichte Bepflanzung. Produktivität bei Paaransatz 500 bis 600 Eier, im Daueransatz geringer. Eier glasklar, Jungfische schlüpfen nach ca. 30 Stunden und schwimmen nach etwa 5 - 6 Tagen frei. Anfütterung mit Nauplien. Wachstum zügig, Aufzucht leicht.

FU: K, O; Lebend- und Trockenfutter aller Art, wenig wählerisch.

Bes.: Gehört aufgrund der vergrößerten Schuppen in der Seitenlinie in die Untergattung *Clypeobarbus*. Die Verwandtschaft zu der im Kongogebiet beheimateten *B. pleuropholis* ist noch nicht ausreichend geklärt. Da die importierten Fische aus Angola stammen und mit den Syntypen übereinstimmen, scheint die Verwendung des Namen *B. musumbi* bis zur Klärung der genauen Verwandtschaftsverhältnisse gerechtfertigt. Vgl. auch *Barbus congicus!* Seite 170.

T: 22 - 26° C, **L**: bis 6 cm, **BL**: 100 cm, **WR**: u bis m, **SG**: 1

Barbus musumbi

Barbus congicus; wurde auch als *Barbus dolichosoma* bezeichnet

Barbus perince

Syn.: *Barbus pernice.*

Vork.: Bereich des Nils und seiner Seitenflüsse, Tschadsee, Albertsee, Edwardsee und System des Benue River.

Ersteinf.: Unbekannt.

GU: ♂♂ kleiner und schlanker als ♀♀.

Soz.V.: Friedlicher, lebhafter Schwarmfisch. Für das Gesellschaftsaquarium gut geeignet.

Hält.B.: Große Becken mit viel Schwimmraum verwenden. Auch für Verstecke sorgen. Wasser mittelhart bei neutralem pH-Wert.

ZU: Keine Berichte dazu bekannt.

FU: O; problemloser Allesfresser.

Bes.: Keine.

T: 22 - 28° C, L: bis 12 cm, BL: ab 80 cm, WR: alle, SG: 2

Barbus punctitaeniatus

Syn.: Keine.

Vork.: Oberer Senegal-River, Niger-River, Volta-River sowie in den zu diesen Flüssen gehörenden Systemen und im Tschad-Becken

Ersteinf.: Unbekannt.

GU: ♀♀ etwas größer und kräftiger als ♂♂.

Soz.V.: Friedlicher, manchmal etwas schreckhafter und scheuer Schwarmfisch.

Hält.B.: Becken gut bepflanzen und nicht zu hell halten. Die Tiere zeigen dann deutlich besseres Wohlbefinden und sind auch nicht so scheu. Wasser weich bis mittelhart, pH-Wert um den Neutralpunkt oder leicht darunter.

ZU: Im Aquarium wahrscheinlich noch nicht gelungen.

FU: O; Allesfresser, allerdings sollte bevorzugt Lebendfutter, wie z.B. *Cyclops,* geboten werden.

Bes.: Keine.

T: 22 - 26° C, L: bis 4,5 cm, BL: ab 50-80 cm, WR: m, u, SG: 2 - 3

Barbus perince, Keleruma River bei Aledam

Barbus punctitaeniatus

Barbus sylvaticus   LOISELLE & WELLOMME, 1971

Syn.: Keine.

Vork.: Endemisch im Ignidi-River in Benin und in kleinen Bereichen Nigerias.

Ersteinf.: Unbekannt.

GU: ♀ ♀ etwas kräftiger als ♂ ♂ und auch etwas blasser gefärbt.

Soz.V.: Zarter und scheuer Schwarmfisch, der nur in Artbecken gepflegt werden sollte.

Hält.B.: Gut bepflanzte, versteckreiche Becken anbieten. Nicht zu hell halten. Die Tiere zeigen dann bessere Farben und sind auch nicht so scheu. Weiches und saures Wasser verwenden. Vorsicht vor *Oodinium*, die Art ist relativ anfällig dagegen, verträgt aber kupferhaltige Medikamente schlecht.

ZU: Keine Angaben dazu bekannt; die Zucht dürfte aber ähnlich wie bei *Barbus jae* sein.

FU: K, O; kleines und kleinstes Lebendfutter, wie *Artemia, Cyclops,* Grindal, Micro oder Plankton.

Bes.: Eine sehr hübsche Zwergbarbe, deren häufigere Einfuhr wünschenswert wäre, auch wenn es sich um eine Art handelt, die wohl nur für Liebhaber geeignet ist.

T: 23 - 26° C, **L**: bis 2,5 cm, **BL**: ab 50 cm, **WR**: m, u, **SG**: 3 - 4

Barbus trimaculatus   PETERS, 1852

Syn.: *Barbus breyeri, B. decipiens, B. katangae, B. kurumani.*

Vork.: Südliches Afrika: Sambesi, Lake Ngami, Cubango, Malawisee, Ruo Bangwenlu-See, Luapula, Lualaba, Orange River, Limpopo, Inconati, Vaal River, Kunene River.

Ersteinf.: Nicht bekannt.

GU: Nicht bekannt.

Soz.V.: Schwarmfisch, der gut zu kleineren Cichliden aus dem Malawisee paßt.

Hält.B.: Stellt kaum Ansprüche und kann in Wasser mit verschiedener Beschaffenheit zurechtkommen (eventuell abhängig von der Herkunft der Tiere - die Art hat ein sehr großes Verbreitungsgebiet). Unbedingt sollte ein kleiner Trupp gehalten werden (mind. 5 - 6 Tiere).

ZU: Bisher liegen darüber keine Angaben vor.

FU: O; alle gängigen Futtersorten.

Bes.: Keine.

T: 24 - 26° C, **L**: 12 cm, **BL**: 80 cm, **WR**: m, **SG**: 3

Barbus sylvaticus, Nigeria

Barbus trimaculatus

Barbus venustus, Pangani River, Tansania
Barbus venustus
Rote Panganibarbe

BAILEY, 1980

Syn.: Keine.

Vork.: Die Art ist bisher nur vom Pangani-Einzug im nordöstlichen Tansania und dem angrenzenden Kenia bekannt. Sie ist dort in den Fließgewässern recht häufig.

Ersteinf.: 1989 durch KILIAN & SEEGERS.

GU: Die ♂ ♂ sind kräftiger rot und etwas graziler, während die plumperen ♀ ♀ mehr bräunlich-grünliche Farben zeigen.

Soz.V.: Kleinbarbe, die innerartlich und gegenüber anderen Fischen friedlich und eher etwas scheu ist.

Hält.B.: Diese kleine Barbe sollte im kleinen Trupp im gut bepflanzten und nicht zu großen Aquarium gepflegt werden. In großen Becken wirken die Tiere etwas verloren. Das Wasser muß eher weich bis mittelhart sein und einen neutralen bis leicht alkalischen pH-Wert aufweisen. Ein dunkler Bodengrund intensiviert die Rotfärbung. Dennoch ist leider festzustellen, daß die in der Natur bei Frischfängen auftretende Rotfärbung in Gefangenschaft nachläßt und auch bei bester Pflege nicht zurückkehrt.

ZU: Die Nachzucht ist in Gefangenschaft bereits erfolgt, doch zeigten auch hier die Nachzuchttiere nicht die kräftigen Rottöne, die bei frischgefangenen Tieren zu bewundern waren. Die Zucht wurde, wie für andere Kleinbarben oder auch Salmler üblich, in weichem und leicht saurem Wasser über einem Laichrost durchgeführt. Die freischwimmenden Larven sind mit Infusorien aus Zuchtansätzen anzufüttern.

FU: O; kleineres Lebendfutter aller Art, ferner auch gefrorenes und gefriergetrocknetes sowie Flockenfutter. Gerne auch Nauplien von *Artemia salina*. Möglicherweise intensiviert rotes Futter (Rote Mückenlarven, *Artemia*) oder ein Karotinzusatz (TetraRubin) die in der Natur vorhandene Rotfärbung.

T: 20 - 26° C, **L:** 4 cm, **BL:** 40 - 60 cm, **WR:** u, m, o, **SG:** 3

Barilius barna *
Ozolabärbling**

(HAMILTON, 1822)

Syn.: *Cyprinus barna, Opsarius fasciatus, Leuciscus acanthopterus, L. barna, Barilius papillatus.*

Vork.: Indien: Im Quellgebiet der Flüsse Ganges, Jumna und Bramaputra. Meist im Flachwasser über Sandbänken.

Ersteinf.: Unbekannt.

GU: ♂ etwas gestreckter, ♀ gedrungener und zur Laichzeit fülliger.

Soz.V.: Friedlicher Schwarmfisch, gut für Gesellschaftsbecken geeignet. Ausgewachsene Tiere können Jungfischen nachstellen.

Hält.B.: Wie die *Brachydanio*-Arten: langgestreckte Becken mit sehr viel freiem Schwimmraum. Hintergrundbepflanzung. Sand- oder Kiesbodengrund, vorzugsweise dunkler Färbung. Nicht zu helles Licht. Evtl. Torfextraktzugabe. Eine Ecke mit Schwimmpflanzendecke. Wasser: pH-Wert 6,8 - 7,8; Härte 5 - 20° dGH. Zur Zucht sicher weich.

ZU: Wahrscheinlich ähnlich der *Brachydanio*-Arten. Siehe z.B. Aquarien Atlas Band 1, Seite 404 ff. Bisher nicht nachgezogen.

FU: K, O; Flockenfutter, schwimmende Pellets, jegliches Lebendfutter, besonders Anflugnahrung.

Bes.: * Barbe ohne Barteln.
** Einheimischer Name aus Assam [aus DAY (1878)].
Die asiatischen Arten dieser Gattung bleiben in *Barilius*. Die ähnlich gezeichneten Arten aus Afrika zählen heute zur Gattung *Opsaridium,* welche bereits von PETERS, 1855, aufgestellt wurde.

T: 20 - 26° C, **L**: >12 cm, **BL**: 100 cm, **WR**: o, m, **SG**: 2

Catla catla
(HAMILTON, 1822)
Catlabarbe*

Syn.: *Catla buchanani, Cyprinus catla, Leuciscus catla, Cyprinus abramioides, Hypselobarbus abramioides.*

Vork.: Indien, über Bengalen bis nach Burma und Thailand.

Ersteinf.: Nicht bekannt, als Jungtiere (Beifang) sicher schon vor vielen Jahren.

GU: Bei Jungtieren noch nicht erkennbar.

Soz.V.: Friedliche Art, aber wegen der Größe absolut kein Aquariumfisch. Ein starkes und aktives Tier. Springt den Fischern oft über das Netz.

Hält.B.: Großbecken jeder Art.

ZU: Wurde bereits 1875 in künstlichen Teichen bei Kalkutta aufgezogen. Von Mai bis September wuchsen die Tiere von 1,5 - 2,5 cm auf über 25 cm Länge heran. Der größte wog 400 g (14 oz).

FU: O; Allesfresser, geht jedoch nicht an die Angel (?), evtl. auf Fliege.

Bes.: Eßbar, bis etwa 60 cm Länge, größere Tiere schmecken fade. Wird mit Netzen gefangen. Die Art geht auch ins Brackwasser.

* Indischer Telugu-Dialekt. Dieser bezeichnet die Art als Catla. In Burma heißt sie Tambra, im Bombay auf Hindi: Boassa.

T: 18 - 28° C, **L**: 180 cm, **BL**: 200 cm, **WR**: alle, **SG**: 1 - 4 (G)

Chalcalburnus chalcoides
(GÜLDENSTÄDT, 1772)
Seelaube, Mairenke, Schiedling

Syn.: *Cyprinus chalcoides, Alburnus chalcoides, A. chipeoides, A. latissimus, A. longissimus.*

Vork.: In einer Reihe von Unterarten in Seen und Flüssen der Schwarzmeer- und Kaspisee-Region. In Voralpenseen die Unterart *C. c. mento* (AGASSIZ, 1832).

Ersteinf.: Heimische Art.

GU: Die ♀♀ sind fülliger. ♂♂ zur Laichzeit mit stärkerem Laichausschlag.

Soz.V.: Oberflächenorientierter Schwarmfisch. Die Art wird am besten mit anderen Kaltwasser-Cypriniden vergesellschaftet.

Hält.B.: Ein großer freier Schwimmraum ist das wichtigste Kriterium für eine erfolgreiche Pflege dieses Schwarmfisches. Die Tiere reagieren empfindlich auf Sauerstoffarmut und verschmutztes Wasser. Eine kalte Überwinterung ist sinnvoll.

ZU: Im Aquarium nicht gelungen. Laicht ähnlich wie andere Cypriniden im Frühsommer (Mai-Renke) über Kies.

FU: K; Lebendfutter, aber auch sonstige gängige Futterarten.

Bes.: Keine.

T: 5 - 20° C (Kaltwasserart), **L**: bis 40 cm, **BL**: 150 cm, **WR**: u, m, **SG**: 2 - 3

Catla catla, Sri Lanka

Chalcalburnus chalcoides

Chela cachius   (HAMILTON, 1822)
Blauer Flügelbärbling

Syn.: *Cyprinus cachius, C. atpar, Chela atpar, Perilampus cachius, P. psilopteromus, Chela anastoma, Leuciscus atpar, L. cachius, Perilampus macropolus, Paradanio elegans, Cachius atpar, Oxygaster atpar.*

Vork.: Ca. 1989.

Ersteinf.: Nicht bekannt.

GU: Äußerlich kaum erkennbar. Zur Laichzeit haben die ♀♀ einen deutlich dickeren Bauch.

Soz.V.: Friedliche Art. Schwarmfisch. Gut mit anderen friedlichen Arten zu vergesellschaften. Jungfischen könnte nachgestellt werden.

Hält.B.: Gut bepflanztes Aquarium mit freiem Schwimmraum. Gedämpftes Licht. Dunkler Bodengrund - andernfalls kommt die kräftig hellblau schillernde Farbe nicht zur Geltung. Wasser weich: 6 - 12° dGH; pH-Wert 6,8 - 7,5. Auch höhere Werte werden gut vertragen - auf Kosten der Farben. Regelmäßiger Wasserwechsel evtl. mit Torfextraktzugabe (ToruMin o.ä.).

ZU: Ist bereits gelungen. Das Treiben beginnt meist abends in der Dämmerung. Gelaicht wird nachts bzw. bei Dunkelheit. 30 - 40 Eier pro Laichakt. Die Eier werden durch Flossenschläge verwirbelt. Die Eltern gehen kaum an den eigenen Laich. Ein Laichrost im Zuchtbecken wäre dennoch von Vorteil. Eier sehr klein. Die Larven schlüpfen bei 25 - 26° C bereits nach 20 - 24 Stunden und schwimmen dann ab dem 3. Tag frei. Aufzucht mit feinstem Tümpelstaubfutter, feinst zermahlenem Flockenfutter (MikroMin), Protogen-Granulat und/oder Liquifry Rot. Ab einer Woche *Artemia*-Nauplien.

FU: O; Flocken-, Frost- und Lebendfutter. Vor dem Zuchtansatz Mückenlarven (am besten Schwarze).

Bes.: Keine.

T: 22 - 26° C, **L:** 10 cm, **BL:** 100 cm, **WR:** o, m, **SG:** 2

Chelaethiops bibie   (JOANNIS, 1835)
Leuchtstrichbärbling

Syn.: *Leuciscus bibie, Pelecus bibie, Barilius bibie.*

Vork.: Afrika: Nil und Webi Shebeli.

Ersteinf.: Nicht bekannt, sicher jedoch 1992 von Tropifish, Beek en Donk, nach Holland.

GU: Äußerlich kaum erkennbar.

Soz.V.: Friedlicher Schwarmfisch, scheu und leicht hinfällig.

Hält.B.: Becken gut abdecken. Torffilterung. Oberflächenströmung zur Sauerstoffanreicherung. Anfällig gegen Transportschäden und Ichthyo. Wasser: pH-Wert 7,0 - 7,8; Härte 10 - 20° dGH.

ZU: Bisher nicht beschrieben.

FU: K; feines Lebendfutter aller Art. Frostfutter, FD-Stoffe.

Bes.: Keine.

T: 22 - 28° C, **L:** 5,5 cm, **BL:** 80 cm, **WR:** o, m, **SG:** 2 - 3

Chela cachius, Indien

Chelaethiops bibie

Couesius plumbeus
See-Zwergdöbel

(AGASSIZ, 1856)

Syn.: *Gobio plumbeus.*

Vork.: Nordamerika: Lake Michigan, Westvorkommen im Mississippi; Kanada, Alaska.

Ersteinf.: Ca. 1992 durch WILDEKAMP nach Holland.

GU: ♂ während der Paarungszeit mit leuchtend roten Flecken am Ansatz der Brust- und Bauchflossen. Färbung des ♀ wie Foto.

Soz.V.: Friedliche Art, gesellig. Ältere Tiere auch Einzelgänger. Gut im Gartenteich haltbar, jedoch ist ein Auswildern streng zu vermeiden.

Hält.B.: Sand und Kiesel als Bodengrund. Kräftige Bepflanzung mit z.B. Riesenvallisnerien im Hintergrund. Viel freier Schwimmraum. Wasserwerte sind nicht von großer Bedeutung, jedoch sollten extreme pH-Werte unter 6,5 und über 7,8 vermieden werden. Kräftige Filterung ist angeraten.

ZU: Nicht bekannt.

FU: K, O; je nach Größe feines bis grobes Lebendfutter. Erwachsene Tiere nehmen auch kleine Fische. Forellenpellets und Flockenfutter werden gerne gefressen.

Bes.: Der am weitesten nach Norden verbreitete Zwergdöbel. Größere Augen als bei anderen verwandten Arten. Die Art trägt zwei Barteln in den Maulecken. *C. plumbeus* "liard" wird als unbeschriebenes Taxon in der Literatur aufgeführt.

T: 4 - 25° C (Kaltwasserfisch), **L**: 23 cm, **BL**: 120 cm, **WR**: o, m, u, **SG**: 3

Dionda episcopa
Rundnasen-Minnow

GIRARD, 1857

Syn.: Keine.

Vork.: Nordamerika, Texas, New Mexico, Nordmexiko, Rio Grande Flußsystem, in Texas vom Guadalupe River bis zum Rio Grande.

Ersteinf.: Die Art wurde durch MEYER & REHBECK im Frühjahr 1992 nach Deutschland importiert.

GU: Die ♂♂ sind intensiver als die ♀♀ gefärbt, sie sind kleiner in den Körperabmessungen und während der Fortpflanzungszeiten schlanker.

Soz.V.: Die friedliche Kärpflingsart hält sich überwiegend in kleinen Verbänden von 5 - 20 Tieren auf. Die Jungfische und subadulten Tiere leben in der Natur im Schwarm dicht über Schlamm- und Sandboden. *Dionda episcopa* kann mit gleich langen oder kleineren Friedfischen im Aquarium gut vergesellschaftet werden.

Hält.B.: *Dionda episcopa* liebt kristallklares, mittelhartes Wasser. Der Aquariumboden sollte entsprechend den Gegebenheiten im natürlichen Habitat mit Kies und feinem Sand belegt sein. Der Hintergrund des Aquariums kann dicht mit feinfiedrigen wie auch hartblättrigen Pflanzenarten besetzt werden. Das Aquarienwasser sollte leicht bewegt sein und regelmäßig alle 14 Tage zur Hälfte gewechselt werden. Die Filterung des Wassers erfolgt am besten über Kohle oder Kies. Wasser: pH- Wert 7,4 - 8,1, Härte 7 - 20° dGH.

ZU: Über die Aquarium-Zucht von *Dionda episcopa* ist bislang noch nicht berichtet worden. Die Eier der Art sind schwer an Gewicht und nicht haftend. In der Natur werden die Eier vor allem in den Quellbereichen von Flüssen zwischen Kies abgelegt.

FU: O; Allesfresser, überwiegend kleines Lebendfutter: *Artemia*, Mückenlarven, Grindal, *Tubifex*. Flockenfutter wird als Zusatznahrung ebenfalls gerne genommen.

Bes.: *Dionda episcopa* umfaßt anscheinend mehrere, noch nicht klar definierte Unterarten. Bekannt sind *D. episcopa serena* vom südöstlichen Texas, *D. episcopa couchi* von der Big Bend Region und der Nominatform *D. episcopa episcopa* vom Pecos River-System.

T: 23 - 25° C, **L**: 7 cm; **BL**: 80 cm, **WR**: o, m, u, **SG**: 2 - 3

Couesius plumbeus ♀, New York, Lake Chub

Dionda episcopa

Garra ornata

(NICHOLS & GRISCOM, 1917)

Syn.: *Discognathus ornatus, D. dembeensis, D. occidentalis, D. baudon, D. waterloti, Garra waterloti, Discognathus waterlot dagesti, Garra ornata, G. baudoni, G. occidentalis.*

Vork.: Weit verbreitet vom Niger-System bis zum Zaire-System.

Ersteinf.: Unbekannt.

GU: Nichts Genaues bekannt. Wahrscheinlich sind die ♀♀ etwas fülliger als die ♂♂.

Soz.V.: Keine genauen Angaben vorhanden, vermutlich aber ähnlich wie bei kleineren *Labeo*-Arten.

Hält.B.: Die Art liebt nicht zu kleine Bekken mit feinem Bodengrund, dichter Bepflanzung im Hintergrund und vielen Versteckmöglichkeiten. In zu hellen Aquarien sind die Tiere oft sehr scheu und nur selten zu sehen. Eine Vergesellschaftung mit anderen barbenartigen Fischen ist zu empfehlen.

ZU: In Gefangenschaft noch nicht gelungen.

FU: K; es werden alle gängigen Futtersorten angenommen, gutem Lebendfutter ist jedoch Vorzug zu geben.

Bes.: Keine.

T: 22 - 26° C, **L**: bis 7,5 cm, **BL**: ab 60 cm, **WR**: u, **SG**: 2 - 3

Garra pingi
Pings Saugbarbe

(TSCHANG, 1929)

Syn.: *Discognathus pingi, Leptobarbus pingi, Cyprinion imberba, Percocypris pingi, Cyprinion poilanei.*

Vork.: China: Szetschuan; Bombay, Indien.

Ersteinf.: ?, zumindest ist 1992 als Einfuhr nach Holland sicher.

GU: Nicht bekannt.

Soz.V.: Friedlicher Bodenbewohner. Gut mit Arten aus den mittleren Wasserschichten zu halten.

Hält.B.: Bachbecken mit viel Strömung. Klares Wasser. Optimale Filterpflege und regelmäßiger Wasserwechsel werden angeraten. pH-Wert 6,5 - 7,2; Härte 12 - 25° dGH. Dunkler Bodengrund. Überwinterung im unbeheizten Becken.

ZU: Nicht bekannt.

FU: K, O; Aufwuchs, Insektenlarven, *Artemia,* Futtertabletten.

Bes.: Eine weitere Unterart, *G.p. yiliangensis,* wurde von WU & CHEN, 1977 beschrieben (als *Cyprinonon*).

T: 15 - 25° C, **L**: 8 cm, **BL**: 80 cm, **WR**: u, **SG**: 2 - 3

Garra ornata, Kamerun

Garra pingi, Bombay, Indien

Labeo senegalensis

VALENCIENNES, 1842

Syn.: *Romitichthys senegalensis, Labeo horei, Labeo niloticus brevicauda.*

Vork.: In Westafrika weit verbreitet in allen großen Flüssen (Gambia River, Senegal River, Volta, Niger) sowie im Tschad-Becken.

Ersteinf.: Unbekannt.

GU: Nichts Genaues bekannt. ♂ ♂ in der Laichzeit mit Laichausschlag.

Soz.V.: Keine Angaben dazu bekannt. Wahrscheinlich aber - wie die meisten *Labeo*-Arten - untereinander ziemlich streitsüchtig.

Hält.B.: Aufgrund der Endgröße der Tiere nur für große Becken geeignet. Dekoration mit Verstecken nur aus Holz und Steinen empfehlenswert, Pflanzen werden stark in Mitleidenschaft gezogen. Bezüglich der Wasserwerte anspruchslos.

ZU: Unter Aquarienbedingungen noch nicht gelungen.

FU: O; Allesfresser, der aufgrund seiner Größe allerdings entsprechend kräftige Nahrung braucht.

Bes.: Speisefisch.

Kein Aquarienfisch !

T: 22 - 26° C, **L**: bis 65 cm, **BL**: ab 150 cm, **WR**: u, **SG**: 4 (G)

Labeo tibesti

PELLEGRIN, 1919

Syn.: Keine.

Vork.: Nigeria im Bereich des Benue-Rivers sowie in Tschad in den Gebieten Tibesti und Ennedi.

Ersteinf.: Nicht bekannt.

GU: Nicht bekannt.

Soz.V.: Es liegen keine Informationen vor, wahrscheinlich aber wie bei anderen *Labeo*-Arten.

Hält.B.: Becken nicht zu klein wählen. Neben feinsandigem Bodengrund auch Verstecke und Unterstände in ausreichender Anzahl anbieten. Die Art kann sicher auch im Gesellschaftsaquarium gepflegt werden, sie ist auch bezüglich der Wasserwerte tolerant.

ZU: Keine Berichte bekannt.

FU: Allesfresser.

Bes.: Keine.

T: 22 - 27° C, **L**: ca. 13 cm, **BL**: 80 cm, **WR**: u, **SG**: 3

Labeo senegalensis, Nigeria

Labeo tibesti, Nordost-Nigeria

Leptobarbus melanopterus

WEBER & DE BEAUFORT, 1916

Syn.: Keine.

Vork.: Westborneo.

Ersteinf.: Bisher nicht nach Europa eingeführt. Ca. 1980 in die USA.

GU: Keine äußeren bekannt.

Soz.V.: Während die Haibarbe recht friedlich ist, stellt diese Art kleineren Fischen gern nach.

Hält.B.: Etwa wie die Haibarbe *Balantiocheilos melanopterus*. Braucht viel Schwimmraum.

ZU: Nicht bekannt.

FU: K, O; besonders Insektenlarven und kleine Fische.

Bes.: Die Art ist sehr ähnlich mit *Leptobarbus hoeveni,* Bd. 2, S. 394.

T: 22 - 30° C, **L**: 24 cm, **BL**: 1 80 cm, **WR**: m, o, **SG**: 3

Leuciscus cephalus cabeda
Italienischer Döbel

RISSO, 1826

Syn.: Keine.

Vork.: Südfrankreich; Italien: Po, Isonzo bis Liri und Volturno.

Ersteinf.: Nicht bekannt.

GU: ♂ mit Laichausschlag.

Soz.V.: Friedliche Art, wegen der Größe jedoch nur für Schaubecken geeignet.

Hält.B.: Großbecken mit kräftiger Filterung. Kies- und Sandbodengrund. Pflanzen in Töpfen. Die Fische gründeln und vergreifen sich gelegentlich an jungen Pflanzentrieben. Wasser: pH-Wert 6,0 - 7,8 (7,0); Härte 8 - 25° dGH.

ZU: Bisher im Aquarium noch nicht nachgezogen.

FU: O; Allesfresser. Forellen- und Karpfenfutterpellets. Jungtiere Lebend-, Flokken- und Gefrierfuttermittel.

Bes.: Kein Aquarienfisch.

T: 10 - 24° C, **L**: 40 cm, **BL**: 150 cm, **WR**: alle, **SG**: 2 - 4 (G)

Leptobarbus melanopterus

Leuciscus cephalus cabeda

Leuciscus illyricus

(HECKEL & KNER, 1858)

Syn.: *Rutilus illyricus.*

Vork.: Dalmatien, im ehemaligen Jugoslawien. Vor allem im Cetina-System; auch in den Flüssen Isonzo und Kerka in stehenden oder langsam fließenden Gewässern.

Ersteinf.: Nicht bekannt.

GU: Kaum äußere Geschlechtsunterschiede. ♀♀ zur Laichzeit fülliger, ♂♂ zur Laichzeit mit griesartigem Laichausschlag.

Soz.V.: Friedlicher, sehr beweglicher Schwarmfisch, der sich gut mit anderen Cypriniden vergesellschaften läßt. Beschädigt feinere Pflanzen. Größere Tiere werden Einzelgänger.

Hält.B.: Wie bei allen mittelgroßen Kaltwassercypriniden große Becken mit viel Schwimmraum, kiesigem Grund und guter Wasserpflege. Sollte bei 5 - 10° C überwintert werden.

ZU: Über die Zucht liegen keine Berichte vor. Daten aus dem Freiland fehlen weitgehend. *L. illyricus* laicht im Mai bis Juni über kiesigem Grund in der Strömung.

FU: K; nimmt alle gängigen Futtersorten, auch kleine Fische.

Bes.: Im südwestlichen ehemaligen Jugoslawien kommt die Art auch in schnell fließenden Gewässern vor.

T: 5 - 25° C (Kaltwasserart), **L**: ca. 25 cm, **BL**: 150 cm, **WR**: u, m, **SG**: 2

Myxocyprinus asiaticus asiaticus
Wimpelkarpfen

(WEBER & DE BEAUFORT, 1916)

Syn.: *Carpiodes asiaticus, Myxocyprinus asiaticus nankinensis.*

Vork.: Nördliches China, als Masttier in den großen Flüssen in Netzen unterhalb der Wohnbehausungen.

Ersteinf.: 1990 aus Singapur nach Holland, Deutschland und USA.

GU: Bei Jungtieren nicht zu erkennen.

Soz.V.: Friedliche Art, als Jungtier auch für Gesellschaftsbecken geeignet.

Hält.B.: Großbecken mit kräftiger Filterung. Bepflanzung: harte Pflanzen in Töpfen. An das Wasser werden kaum Ansprüche gestellt.

ZU: Hierzu liegen uns keine Berichte vor.

FU: O; Allesfresser, nimmt sogar den eigenen Kot und kaut diesen zur nochmaligen Verwertung durch. Besonders gerne Mückenlarven (gefroren). Karpfenpellets.

Bes.: Es gibt zwei weitere Unterarten: *M. asiaticus chinensis.* Die ♂♂ sind (zur Laichzeit?) an den Seiten brillantrot gefärbt. - Selten - . *M. asiaticus fukiensis (Jungtier von M.a. asiaticus (?)).* Speisefisch. Mit zunehmendem Alter wird die Dorsale schmaler und der Rücken flacher.

T: 15 - 28° C, **L**: 60 cm, **BL**: 150 cm, **WR**: m, u, **SG**: 1 - 4 (G)

Leuciscus illyricus

Myxocyprinus asiaticus asiaticus, China

Notropis welaka
Blaunasenorfe

EVERMANN & KENDALL, 1897

Syn.: Keine.

Vork.: Nordamerika; die Verbreitung ist auf die Golfküste vom östlichen Florida über Mississippi bis auf ein kleines Gebiet im östlichen Louisiana beschränkt. In Louisiana kommt die Art in mehreren kleinen Nebenflüssen des Pearl River vor.

Ersteinf.: Unbekannt.

GU: Deutlicher Geschlechtsdimorphismus. ♂ mit größeren Flossen, wobei besonders Rücken- und Afterflosse beträchtliche Ausmaße erreichen, blauem Oberkopf und silbrigen Flecken auf dem Körper. ♀ ohne vergrößerte Flossen und silbrige Körperflecken, außerdem ist höchstens die Schnauzenspitze blau gefärbt.

Soz.V.: Sehr friedlicher Fisch.

Hält.B.: Bodengrund aus feinem Sand; einige Wurzeln und Steine zur Dekoration, dichte Seiten- und Hintergrundbepflanzung mit feinfiedrigen, amerikanischen Kaltwasserarten. Wasser weich (bis 10° dGH) und leicht sauer (pH-Wert um 6,5), obwohl die Art große Schwankungen des pH-Wertes und der Wasserhärte toleriert. Vergesellschaftung mit Fischen ähnlicher Größe und ähnlichem Temperament.

ZU: *Notropis welaka* hat in Gefangenschaft erst ein einziges Mal abgelaicht, was aber nur als Zufallsereignis zu werten ist. Es handelte sich dabei um Wildfänge, die wenige Tage nach ihrem Fang in feinfiedrigen Pflanzen ihre Eier ablegten.

FU: K, O; Lebendfutter, wie Daphnien, Hüpferlinge, *Artemia, Tubifex,* Mückenlarven und Enchyträen. Die Tiere fressen gern Flockenfutter.

Bes.: Während der Laichzeit ist dieser Fisch zweifelsfrei an seiner brillantblauen Nase zu erkennen und von allen anderen *Notropis*-Arten zu unterscheiden.

T: 6 - 20° C (26°) (Kaltwasserfisch), **L**: 6 cm, **BL**: 60 cm, **WR**: m, **SG**: 2

Notropis welaka ♂, im Hintergrund ♀

Notropis welaka ♂

Osteobrama cotio
Gurda-Barbe

(HAMILTON, 1822)

Syn.: *Cyprinus cotio, Rohtee cotio.*

Vork.: Asien: Indien (aber nicht mehr südlich des Krishna-Rivers und nicht an der Malabar-Küste), Pakistan und Burma.

Ersteinf.: ?, ca. 1991 durch Aquarium Rio, Kelsterbach.

GU: Bisher wurden keine Geschlechtsunterschiede beschrieben, vielleicht sind sie nur während der Balzzeit vorhanden.

Soz.V.: Friedlicher Schwarmfisch, der nicht einzeln gehalten werden sollte. Die Tiere stehen immer dicht zusammen, und nur selten löst sich ein Individuum aus dem Schwarmverband. Kann gut mit anderen, auch kleineren Schwarmfischen zusammen gepflegt werden.

Hält.B.: Es werden kaum Ansprüche an die Wasserbeschaffenheit gestellt. Das Becken sollte viel Schwimmraum, aber auch Unterstände in Form von großblättrigen Pflanzen oder Wurzeln bieten, die den Tieren ein Gefühl von Sicherheit vermitteln.

ZU: Es gibt in der Literatur bisher noch keine Hinweise auf eine gelungene Zucht

in Gefangenschaft. Auch über die Vermehrung und ökologischen Ansprüche der Art in der Natur sind keine Angaben erhältlich gewesen.

FU: O; es werden alle Formen von Ersatzfutter genommen. Besonders Flockenfutter wird geschätzt.

Bes.: Das Aussehen dieser Fische erinnert sehr stark an südamerikanische Tetras. Für eine Barbe besitzt die Art eine recht ungewöhnliche Körperform, insbesondere die lange Afterflosse ist hervorzuheben. Außerdem fehlen Barteln und die Schuppen sind auffällig klein. Die Brustflosse ist sehr lang und ihre Spitzen reichen über den Ansatz der Bauchflossen hinaus. Aus manchen Vorkommensgebieten sind Populationen mit einer deutlichen Marmorierung des Rükkens mit schwarzen Flecken bekannt, die teilweise in die Schwanzflosse hinein ausgebildet sind. Die hier abgebildete Population hat dagegen ein recht einfaches Farbkleid und bietet deshalb wohl nur für die Aquarianer einen Kaufreiz, die das Besondere lieben.

T: 22 - 25° C, L: 9,5 cm, BL: 100 cm, WR: m, SG: 2

Osteochilus triporus*

(BLEEKER, 1852)

Syn.: *Rohita triporus.*

Vork.: Borneo: Kapuas River.

Ersteinf.: Bisher nicht nach Deutschland eingeführt. In die USA ca. 1990.

GU: Nur zur Laichzeit erkennbar. Die ♀♀ sind dann deutlich fülliger.

Soz.V.: Flinker Schwarmfisch, der im Alter recht zänkisch werden kann. Für das Gesellschaftsbecken nur mit größeren Arten geeignet.

Hält.B.: Braucht viel Platz zum Ausschwimmen. Hintergrundbepflanzung. Strömung. Dunkler Bodengrund. Wasser klar, pH-Wert 6,5 - 7,5; Härte 12 - 20° dGH.

ZU: Über die Zucht ist uns nichts bekannt.

FU: K, O; Allesfresser, jedoch vorwiegend plaktonisches Lebendfutter, Jungbrut und Fischeier. Hungernde Tiere nehmen auch Pflanzenteile.

Bes.: *Es gibt einige Unklarheiten um diese Art. Zunächst wurde sie als identisch mit O. vittatus (Bd. 3, Seite 250) gesehen. Die Kopfform ist jedoch ganz anders. POPTA trennt die Art in O. intermedius und O. bellus. Osteochilus bellus trägt ein schwarzes Längsband, welches sich jedoch auch bei Jungtieren von O. vittatus findet. Die Fische dieser Gattung werden in ihrer Heimat gegessen.

T: 22 - 28° C, L: 20 cm, BL: 120 cm, WR: alle, SG: 2 - 3

Osteobrama cotio

Osteochilus triporus

Phoxinellus adspersus (HECKEL, 1843)

Syn.: *Leucos adspersus, Leuciscus adspersus.*

Vork.: Sehr lokal verbreitet im Crvenojezoro bei Smotsk/Jugoslawien.

Ersteinf.: Nicht bekannt.

GU: Nicht bekannt.

Soz.V.: Friedlicher Kleinfisch, der sich gern im freien Wasser aufhält. Läßt sich gut mit anderen kleinen Cypriniden vergesellschaften.

Hält.B.: Kaltwasserfisch, der vorzugsweise in dichter Vegetation lebt. Feiner Kies als Bodengrund ist von Vorteil, und eine sehr gute Filterung sowie eine starke Durchlüftung sind wichtig. Eine kalte Überwinterung ist notwendig.

ZU: Über eine erfolgreiche Zucht ist nichts bekannt. Diese Cypriniden dürften ähnlich wie Elritzen (Aquarien Atlas, Bd. 1, Seite 430) zu züchten sein.

FU: O; nimmt alle gängigen Futtersorten für Zierfische.

Bes.: Von *Phoxinellus adspersus* sind eine Reihe von Unterarten aus dem ehemaligen Jugoslawien beschrieben worden.

T: 5 - 20° C, **L**: 10 cm, **BL**: 80 cm, **WR**: m, **SG**: 2 - 3

Phoxinellus stymphalicus (VALENCIENNES, 1844)

Syn.: *Leucaspius stymphalicus, L. delineatus* (partim).

Vork.: In verschiedenen Unterarten in Griechenland und Albanien verbreitet. Diese Unterart kommt im Stymphaliasee auf dem Peloponnes (Griechenland) vor.

Ersteinf.: Nicht bekannt.

GU: Nicht bekannt.

Soz.V.: Lebhafter Kleinfisch, der kleine Schwärme bildet.

Hält.B.: Kaltwasserfisch, der sich am besten in gut gefilterten, sehr gut belüfteten und gut bepflanzten Aquarien halten läßt. Eine kühle Überwinterung ist bei dieser Art notwendig, um die Fische bei guter Gesundheit zu halten.

ZU: Über eine versuchte oder gelungene Zucht ist nichts bekannt. Siehe auch wie bei *P. adspersus* angegeben.

FU: K,O; nimmt alle gängigen Futtersorten an.

Bes.: Die Verbreitung und Systematik dieser Art ist sehr wenig untersucht. Die Art ist "unserem" Moderlieschen recht ähnlich.

T: 5 - 20° C, **L**: 12 cm, **BL**: 80 cm, **WR**: m, **SG**: 2 - 3

Phoxinellus adspersus

Phoxinellus stymphalicus

Raiamas batesii   (BOULENGER, 1914)

Syn.: *Barilius batesii.*

Vork.: Afrika: Süd-Kamerun, Zaire-System.

Ersteinf.: Noch nicht eingeführt.

GU: Nicht bekannt. ♀♀ vermutlich fülliger.

Soz.V.: Schwimmfreudiger, friedlicher Schwarmfisch.

Hält.B.: Große Becken mit viel Schwimmraum und sauberes, gut durchlüftetes Wasser sind ausschlaggebend für eine erfolgreiche Haltung von *Raiamas*-Arten. Tiere springen gut und gerne.

ZU: Über eine gelungene Zucht ist nichts bekannt.

FU: K; dürfte alle gängigen Futtersorten nehmen. Raubfisch.

Bes.: Keine.

T: 24 - 26° C, **L**: 12 cm, **BL**: 150 cm, **WR**: m, o, **SG**: 2 - 3

Raiamas nigeriensis   (DAGET, 1959)

Syn.: *Barilius nigeriensis.*

Vork.: Afrika: System des Niger, Moa, Cuvully, Sassandra, Bandame, Comoe, Pra und Cross (Westafrika).

Ersteinf.: Noch nicht eingeführt.

GU: Die ♀♀ sind vermutlich etwas fülliger. Genaues ist nicht bekannt.

Soz.V.: Schwimmfreudiger, friedlicher Schwarmfisch des freien Wassers.

Hält.B.: Wie bei *R. batesii* angegeben.

ZU: Über eine gelungene Zucht ist nichts bekannt.

FU: K; dürfte alle gängigen Futtersorten nehmen. Raubfisch.

Bes.: Keine.

T: 24 - 26° C, **L**: 13 cm, **BL**: 150 cm, **WR**: m, o, **SG**: 2 - 3

Raiamas batesii

Raiamas nigeriensis

Rutilus atropatenus
Tschaiplötze

DERJAVIN, 1937

Syn.: Keine.

Vork.: Aserbaidschan: Kurafluß*, dort endemisch.

Ersteinf.: Bisher nicht eingeführt.

GU: Keine äußeren bekannt. Wahrscheinlich wie bei den anderen *Rutilus*-Arten.

Soz.V.: Friedlicher Schwarmfisch, für das Kaltwasserbecken geeignet.

Hält.B.: Wie andere Weißfische.

ZU: Nicht bekannt. Wahrscheinlich wie *Rutilus rutilus heckeli*.

FU: K, O; Lebendfutter und Pflanzenkost. Alle Sorten Flockenfutter und Pellets.

Bes.: Sehr seltene Art!
* Mündet an der Nordgrenze des Iran in das Kaspische Meer.

T: 10 - 25° C, **L**: 10 cm, **BL**: 100 cm, **WR**: alle, **SG**: 2 - 3

Rutilus aula
Dalmatinischer Zwergdöbel

(BONAPARTE, 1841)

Syn.: *Rutilus rubilio, Leuciscus aula.*

Vork.: Italien, Dalmatien.

Ersteinf.: Europäische Art.

GU: ♂ zur Laichzeit kräftiger gefärbt und mit Laichausschlag an der Kopfregion.

Soz.V.: Friedlicher Schwarmfisch für das kühle Bachaquarium.

Hält.B.: Gute Bepflanzung mit Vallisnerien und anderen Kaltwasserpflanzen. Freier Schwimmraum im Vordergrund. Kiesiger Bodengrund. Etwas Strömung - bes-

ser mehr als zu wenig. Wasser: pH-Wert 7,2 - 8,0. Härte 12 - 25° dGH. Im Winter im unbeheizten Raum hältern.

ZU: Bisher liegen uns keine Berichte über erfolgreiche Nachzucht im Aquarium vor. Diese dürfte aber möglich sein.

FU: K, O; jegliches Lebendfutter, Flockenfutter, gefrorene Futtermittel.

Bes.: Seltene, schützenswerte Art.

T: 8 - 24° C, **L**: 15 cm, **BL**: 120 cm, **WR**: alle, **SG**: 2 - 3

Rutilus atropatenus

Rutilus aula

Rutilus frisii meidingeri (HECKEL, 1852)
Perlfisch, Frauenfisch

Syn.: *Pararutilus frisii meidingeri.*

Vork.: Donauoberlauf und verschiedene Seen, wie Chiemsee, Traunsee, Attersee, Mondsee in Bayern und Österreich. Um das Schwarze Meer, außer dem südl. Teil, und im westl. Teil des Kaspischen Meeres.

Ersteinf.: Einheimische Art.

GU: ♂♂ zur Laichzeit prächtiger rot an Bauch und Flossen gefärbt und mit Laichausschlag.

Soz.V.: Friedliche Art, die in kleinen Trupps wandert.

Hält.B.: Kiesbodengrund mit wenig Hintergrundbepflanzung. Ältere Tiere hält man besser im Brackwasser bei ca. 1 % Salzzusatz. Kein Aquarienfisch!

ZU: Laicht im April in den Zuflüssen der unter **Vork.** angegebenen Seen. Fortpflanzung im Aquarium nicht möglich.

FU: K, O; in der Natur Lebendfutter von Krebsen, Würmern, Insektenlarven bis Muscheln und Schnecken. In Gefangenschaft auch Karpfen- oder Forellenpellets.

Bes.: Nicht verwechseln mit dem Frauenfisch oder Frauennerfling *Rutilus pigus virgo*! Beide Arten kommen teilweise sympatrisch vor. Der Name Perlfisch wurde vom perlfarbigen Laichausschlag der ♂♂ abgeleitet. Geschützte Art.

T: 5 - 20° C (Kaltwasserfisch), **L**: max. 70 cm, normal 40 - 60 cm, **BL**: 200 cm, **WR**: o, m, **SG**: 4 (G)

Phoxinus percnurus (PALLAS, 1811)
Sumpfelritze

Syn.: *Phoxinus jelskii, Ph. altus, Ph. sabanejewi, Ph. variabilis, Moroco percnurus.*

Vork.: Von Osteuropa (Polen) bis zu der Halbinsel Sachalin, Populationen um Danzig, Posen und Warschau sind vermutlich erloschen. Außerhalb Europas mit anderen Subspecies vertreten. Besiedelt kleinere, stehende, stark verkrautete Gewässer mit teilweise stark verschlammtem Bodengrund.

Ersteinf.: Unbekannt.

GU: ♂♂ schlanker, niemals mit Horntuberkeln (Laichausschlag); ♀♀ ·kräftiger, größer.

Soz.V.: Friedliche Schwarmfische der mittleren und unteren Wasserregion.

Hält.B.: Pflege in mittleren bis großen Aquarien mit dichtem Pflanzenwuchs. An die Wasserbeschaffenheit werden keine großen Ansprüche gestellt. Im Gegensatz zu *Phoxinus phoxinus* nicht stark sauerstoffbedürftig, deshalb auch relativ leicht zu pflegen. Erhöhung der Wassertemperatur in den Sommermonaten über 20° C beeinträchtigt in keiner Weise das Wohlbefinden. Eine Vergesellschaftung mit anderen Arten ist aufgrund der Seltenheit der Fische nicht ratsam.

ZU: Im Aquarium offenbar noch nicht gelungen. In Gartenteichen hat sich die Sumpfelritze bereits vermehrt, ohne daß jedoch genauere Beobachtungen angestellt werden konnten. Die Fische werden im zweiten Lebensjahr geschlechtsreif. Unter natürlichen Bedingungen laicht die Sumpfelritze Ende Juni bis Ende Juli, offenbar jedoch mehrmals im Jahr. Dies läßt sich aus unterschiedlich großen Eiern in den Ovarien laichreifer ♀♀ ableiten. Reife Eier sind gelb und verhältnismäßig klein (0,9 - 1,1 mm). Das Ablaichverhalten ist unbekannt. Die Eier werden auf Wasserpflanzenblättern abgelegt und sind recht zahlreich. Entwicklungsdauer der Eier und Wachstum der Jungfische unbekannt.

FU: K, O; Insekten und deren Larven, gute Flockenfutterpräparate. Kleinkrebse werden nicht allzugern genommen.

Bes.: Einer der seltensten europäischen Süßwasserfische, dem man auch aus Gründen des Artenschutzes mehr Aufmerksamkeit schenken sollte. Mehrere, ursprünglich aus Polen beschriebene Unterarten, lassen sich nicht aufrecht erhalten. Die ostasiatischen Unterarten sind offenbar deutlich größer (bis 24 cm) und besitzen teilweise eine gewisse ökonomische Bedeutung.

T: 15 - 23° C (Kaltwasserfisch), **L**: meist 6 - 8 cm (in Ausnahmefällen bis 12 cm), **BL**: 60 cm, **WR**: m, u, **SG**: 1 - 2

Rutilus frisii meidingeri

Phoxinus percnurus

Rutilus pigus virgo
Frauennerfling, Frauenfisch

(HECKEL, 1852)

Syn.: *Leuciscus virgo.*

Vork.: Donau und deren Nebenflüsse. Nur im Süßwasser.

Ersteinf.: Einheimische Art.

GU: ♂ zur Laichzeit mit deutlichem Laichausschlag auf Kopf und Rücken und intensiver gefärbt.

Soz.V.: Friedlicher Schwarmfisch.

Hält.B.: Im Aquarium anfällig gegen Pilzerkrankungen. Sauerstoffbedürftig! Kräftige Durchlüftung bzw. Wasserbewegung. Sand- und Kiesbodengrund. Bekken abdunkeln, da die Tiere sich außer-

halb der Laichzeit gern in tieferen Wasserschichten aufhalten. Wasser: pH-Wert 7,3 bis 8,0; Härte 15 - 30° dGH.

ZU: Laicht von April bis Mai in den Uferregionen der Flüsse. Im Aquarium noch nicht gelungen.

FU: K, O; vorzugsweise Würmer, Insektenlarven, Kleinkrebse und Mollusken (Schnecken, Muscheln). Futterpellets (Forellenfutter) etc.

Bes.: Eine farbenprächtige Art, die leider für das Aquarium zu groß wird.

T: 5 - 20° C, **L**: 45 cm, **BL**: 150 cm, **WR**: m, u, **SG**: 2 - 4 (G)

Rutilus rutilus heckeli
Heckels Plötze, Taran*

(NORDMANN, 1840)

Syn.: *Leuciscus rutilus heckeli.*

Vork.: Schwarzes und Asowsches Meer. Zum Laichen geht die Unterart in den Don und Kuban.

Ersteinf.: Nicht bekannt. Wahrscheinlich nach Westeuropa noch nicht eingeführt.

GU: ♂♂ mit Laichausschlag auf Kopf und Rücken (zur Laichzeit), ♀♀ dann plumper.

Soz.V.: Friedlicher Wanderfisch.

Hält.B.: Dekoration mit Wurzeln und Steinen. Sand- und Kiesbodengrund. Kräftige Filterung. Tiere ab 18 cm Länge brauchen Salzzusatz. Hartes Wasser.

ZU: Laicht von April bis Mai ca. 100.000 Eier, die über Pflanzen und/oder Kiesbodengrund abgelegt werden.

FU: K, O; Allesfresser, auch Pflanzen.

Bes.: Anadromer Brackwasserfisch, der zum Laichen ins Süßwasser geht (wie z.B. der Lachs).
* Taran = Russisch.
Speisefisch von einiger wirtschaftlicher Bedeutung in den Fanggebieten. Sollte bei uns auf keinen Fall ausgesetzt werden!

T: 5 - 25° C, **L**: 20 - 50 cm, **BL**: 200 cm, **WR**: alle, **SG**: 4, Jungtiere 2

Rutilus pigus virgo

Rutilus rutilus heckeli

Zacco temmincki
Taiwan-Drachenfisch

Syn.: *Leuciscus temmincki, Zacco pachy-cephalus.*

Vork.: Taiwan, Südchina.

Ersteinf.: Nicht bekannt, sicher 1992 nach Holland.

GU: ♂ mit deutlich länger ausgezogener Afterflosse. Zur Laichzeit zeigen die ♂ ♂ Laichausschlag der Perlorgane.

Soz.V.: Gegenüber Kleinfischen räuberische, ansonsten recht scheue und schwimmfreudige Art.

Hält.B.: Wie nachfolgende Art. Becken gut abdecken! Ein Teil des Beckens evtl. mit Schwimmpflanzendecke. An das Wasser werden keine besonderen Ansprüche gestellt.

ZU: Nicht bei uns bekannt, sie soll der anderer Karpfenfische ähnlich sein.

FU: K, O; jegliches Lebendfutter, jüngere Tiere auch Flockenfutter und Frostfutter.

Bes.: Keine.

T: 12 - 26° C, **L:** 15 cm, **BL:** 120 cm, **WR:** m, o, **SG:** 2

Zacco platypus
Drachenfisch

Syn.: *Leuciscus platypus.*

Vork.: Japan und Ostasien.

Ersteinf.: Vermutlich in den 60er Jahren.

GU: ♂ ♂ mit längeren Flossen, prachtvoller gefärbt, ♀ ♀ mit kräftigerem Bauch.

Soz.V.: Die Jungtiere sind friedliche Schwarmfische. Ältere Drachenfische werden zum Teil räuberisch und manche werden auch Einzelgänger.

Hält.B.: Die schnellen und wendigen Schwimmer benötigen viel Schwimmraum. Deshalb nur am Rand und im Hintergrund Pflanzen einsetzen. Bodengrund aus Kies. Zur Dekoration etwas Moorkienholz und einige Steine einbringen. Regelmäßiger Wasserwechsel und gute Filterung sind notwendig. An die Wasserchemie werden keine besonderen Ansprüche gestellt. Der Drachenfisch ist ein sehr schöner Fisch, der auch für den Gartenteich geeignet ist. Das Aquarium muß gut abgedeckt sein, da Drachenfische gut und häufig springen.

ZU: Über Zucht und Vermehrung ist nichts bekannt, verläuft wahrscheinlich im Prinzip ähnlich der vieler Karpfenfische.

FU: O, mehr K; Räuberischer Allesfresser, von Flockenfutter, Pellets bis zu kleinen Fischen.

Bes.: Für den Gartenteich geeignete Art, die jedoch nicht im Freien überwintert werden sollte.

T: 10 - 22° C, **L:** 18 cm, **BL:** 100 cm, **WR:** alle, **SG:** 1

Zacco temmincki

Zacco platypus

Gyrinocheilus aymonieri   (TIRANT, 1883)
Zitronen-Saugschmerle (Zuchtform)

Syn.: Siehe Bd. 1, Seite 448.

Vork.: Zuchtform aus Singapur, Hongkong, Korea, Japan, Thailand. Urform: aus Thailand und Hinterindien.

Ersteinf.: Ab ca. 1990 nach Holland.

GU: Die erwachsenen ♂♂ sollen "Dornen" um das Maul herum tragen.

Soz.V.: Revierbildende Art, die manchmal recht unfreundlich werden kann. Sie saugt sich gelegentlich an größeren Fischen fest. Diese geraten dann in Panik. Kleine Tiere bis 10 cm Länge problemlos, auch für Gesellschaftsbecken.

Hält.B.: Jungtiere sind recht empfindlich. Diese sollten nicht unter 24° C gehalten werden. Umsetzen vom Händler möglichst in ein eingefahrenes Aquarium mit Algenbewuchs auf Steinen, Holz und Pflanzen. Wasser: pH-Wert 6,8 - 7,8; Härte 10 - 20° dGH (nach Gewöhnung auch abweichend). Regelmäßiger Wasserwechsel unter Zugabe eines guten Wasseraufbereitungsmittels.

ZU: Die Art wird in Teichen in Ostasien vermehrt. Die gelbe (xanthotinische) Form ist recht selten. Über die Zucht ist nichts bekannt. Möglicherweise werden die Tiere "abgestreift" und die Eier künstlich befruchtet.

FU: O; Allesfresser, besonders Aufwuchs, Algen, Futtertabletten. Restevertilger.

Bes.: Die größte Art der Gattung wird ca. 36 cm lang: *Gyrinocheilus pustulosus*. Diese kommt auf Borneo vor.

T: 20 - 30° C, **L**: 22 cm, **BL**: 100 cm, **WR**: u, auf Pflanzen auch oben, **SG**: 2 - 3

Gyrinocheilus kaznakowi *   BERG, 1906
Russische Saugschmerle

Syn.: Siehe oben und **Bes.**

Vork.: China, GUS-Staaten; Amurflußbecken.

Ersteinf.: Bisher noch nicht eingeführt.

GU: Nicht bekannt.

Soz.V.: Größere Tiere saugen sich zuweilen an anderen größeren Fischen fest und versetzen diese damit in Panik. Sonst ruhig und friedlich.

Hält.B.: Wie die Stammform, siehe Bd. 1, Seite 448, jedoch etwas kühler. Evtl. kühl bei 12° C überwintern. Vielleicht gelangt die Art dann zur Zuchtreife.

ZU: Bisher nicht nachgewiesen.

FU: K, O; Allesfresser, besonders Algenrasen (Aufwuchs) und Futtertabletten, Flockenfutterrest, Lebend- und Frostfutter.

Bes.: * Das Taxon gilt heute als Synonym zu *G. aymonieri*, ist jedoch dunkler gefärbt und wird größer.

T: 15 - 25° C, **L**: 26 cm, **BL**: 150 cm, **WR**: alle, **SG**: 2 - 3

Gyrinocheilus aymonieri

Gyrinocheilus kaznakowi (= G. aymonieri)

Psilorhynchus balitora   (HAMILTON, 1822)

Syn.: *Cyprinus (Garra) balitora.*

Vork.: Indien (Delhi, Uttar Pradesh, Nord-bengalen, Assam); Bangladesh; Burma. Vertreter der Gattung bewohnen schnell strömende und flache Flüsse, vor allem solche mit steinigem Bett.

Ersteinf.: 1990 durch BLEHER.

GU: Unbekannt.

Soz.V.: Rheophiler Bodenbewohner.

Hält.B.: Aquarium mit kräftig bewegtem Wasser; Einrichtung mit großen Steinen und Kiesgrund.

ZU: Unbekannt.

FU: K, O; kleines Lebend- und Flocken-futter; Algenaufwuchs, FD-Tabletten.

Bes.: Die Art ist Genustyp und die Gattung wahrscheinlich monotypisch. Die von HAMILTON (1822) beschriebene Art *Cyprinus sucatio* könnte mit dieser Art identisch sein.

T: 22 - 27° C, **L**: 7 cm, **BL**: 80 cm, **WR**: u, **SG**: 4

Corydoras bolivianus; wurde im Handel auch als *"C. latus"* bezeichnet.

Ageneiosus marmoratus
Marmor-Delphinwels

EIGENMANN, 1912

Syn.: Keine.

Vork.: Guyana, Venezuela.

Ersteinf.: Unbekannt. 1990 bei Fa. Biotop (St. Augustin) aufgetaucht.

GU: Nicht bekannt.

Soz.V.: Die Tiere scheinen, zumindest im Jugendstadium, gesellig zu sein. Sie sind allerdings ausgesprochene Raubfische und können nicht mit kleineren Arten vergesellschaftet werden.

Hält.B.: Nur in großen Aquarien halbwegs artgerecht möglich. Sie benötigen viel freien Schwimmraum. Pflanzen nur spärlich zur Dekoration einsetzen, um diesen Raum nicht zu beengen.

ZU: Noch nicht beschrieben, aber siehe *A. brevifilis,* Bd. 2, S. 433.

FU: K; reiner Fisch- und Fleischfresser. Benötigt große Nahrungsmengen.

Bes.: In der Heimat ein geschätzter Speisefisch. Die Artbestimmung nach dem Foto ist nicht gesichert.

T: 23 - 26° C, L: 30 cm, BL: 200 cm, WR: m, SG: 4 (K)

Amphilius jacksonii
Jacksons Kaulquappenwels

BOULENGER, 1912
Unterfam.: Amphiliinae

Syn.: Keine.

Vork.: Afrika: Uganda, in den Flüssen Hima, Aduka und Agoye; Zaire, im Rutshumi-Fluß und Eduard-See.

Ersteinf.: Unbekannt.

GU: Nicht bekannt, eventuell sind die ♀♀ an der größeren Leibesfülle erkennbar.

Soz.V.: Speziell zu dieser Art wurden noch keine Erfahrungen wiedergegeben. Wahrscheinlich ähnlich friedfertige Art wie *A. atesuensis* (Vgl. Bd. 3, S. 291).

Hält.B.: Meist tagaktive Art. Bepflanzte Aquarien mit Sand oder feinem Kies als Untergrund. Sauberes, gut gefiltertes Wasser.

ZU: Nicht bekannt.

FU: K, O; Allesfresser: Insektenlarven, lebend oder gefrostet, Würmer, Wasserflöhe, Kleinkrebse, Flockenfutter, Futtertabletten.

Bes.: Das Foto zeigt ein Tier aus dem Rwimi-River, Uganda. Die Amerikaner nennen die Familie Afrikanische Gebirgsbachwelse.

T: 20 - 24° C, L: 10 cm, BL: 60 cm, WR: u, m, SG: 2 - 3

Belonoglanis tenuis

BOULENGER, 1902

Syn.: *Belonoglanis curvirostris, Belonoglanis nudipectus.*

Vork.: Afrika: Zaire-Flußsystem (Stanley Pool), Kafanga.

Ersteinf.: Anfang der 80er Jahre durch FOERSCH.

GU: Nicht bekannt, ♀ zur Laichzeit um die Bauchpartie dicker als ♂.

Soz.V.: Friedlicher Fisch, der sich hauptsächlich in ziemlich schnell fließenden Gewässern aufhält. Kann ohne Probleme mit weiteren friedlichen Fischen vergesellschaftet werden.

Hält.B.: Nicht sehr einfacher Aquarienfisch, der eine gewisse Strömung im Becken benötigt. Wird ab und zu in kleineren Exemplaren importiert. Größere Tiere sind

recht selten. Sauerstoffbedürftige Art. Gut bepflanzte Becken mit grobem Sandboden, einige, möglichst veraltge Steine. Gedämpftes Licht. Wasser: pH-Wert 6,2 bis 7,2; Härte bis 18° dGH. Teilwasserwechsel 1/3 alle 2 - 3 Wochen.

ZU: Nicht bekannt. Siehe evtl. unter *Phractura ansorgii*; Bd. 3, S. 294.

FU: H, O; Algen, Aufwuchsrasen, selbst Erbsen (überbrüht und gequetscht), gefrorene Mückenlarven, Futtertabletten.

Bes.: Durch die längere Schnauze und den schlanken Körper von anderen, ähnlichen Arten zu unterscheiden.

T: 24 - 28° C, **L**: 17 cm, **BL**: 100 cm, **WR**: u, **SG**: 2 - 3

Phractura clauseni
Clausens Kaulquappenwels

DAGET & STAUCH, 1963

Syn.: *Phractura intermedia.*

Vork.: Afrika: Comoe, Schwarzer Volta, Unterer Niger und kleinere Küstenflüsse in Kamerun.

Ersteinf.: In den 80er Jahren durch CLAUSEN.

GU: Zur Laichzeit sind die ♀♀ dicker, mit stark ausgewölbter Bauchpartie.

Soz.V.: Sehr friedlicher, ein wenig scheuer Fisch. Mehr nachtaktiv, obwohl er auch tagsüber gelegentlich gesehen wird. Nicht zusammen mit größeren oder aggressiven Fischen halten; kommt sonst nicht an's Futter.

Hält.B.: In Aquarien mit nicht zu vielen lebhaften kleinen Salmlern, damit sich

die Scheu etwas verliert. Gut bepflanzen, Versteckplätze sind für die Fische wichtig.

ZU: Siehe dazu Bd. 3, S. 294. Die Nachzucht dürfte ähnlich verlaufen wie bei *P. ansorgii*, ist aber für diese Art noch nicht dokumentiert worden.

FU: K; kleinstes Lebendfutter, das manchmal zwischen Algen zu finden ist. *Artemia, Cyclops.* Nach Gewöhnung auch Futtertabletten.

Bes.: Die einzelnen Arten der Gattung *Phractura* sind, ohne daß die genaue Herkunft der Tiere bekannt ist, nicht einfach zu unterscheiden.

T: 23 - 27° C, **L**: 8 cm, **BL**: 60 cm, **WR**: u, **SG**: 2 - 3

Zaireichthys wamiensis siehe Seite 234

Belonoglanis tenuis, Zaire

Phractura clauseni, Shaganu, Nigeria

Entomocorus benjamini   EIGENMANN, 1917
Schlafwels

Syn.: Keine.

Vork.: Südamerika: Bolivien: San Joaquin, Rio Santa Rita.

Ersteinf.: Unbekannt.

GU: Die ♂ ♂ besitzen stilettartig lang ausgezogene Bauchflossen, wogegen die der ♀ ♀ wesentlich kürzer, dafür aber breiter gefächert sind. Die Oberkieferantennen der ♂ ♂ sind in der basalen Hälfte verknöchert, abgeplattet und führen im Halbkreis unter den Augen entlang, die freie Hälfte ist dagegen unverknöchert und beweglich. Diese Maxillarbarteln können nur seitlich abgebogen, nicht aber nach vorn ausgestreckt werden. Sie erfüllen vermutlich, ebenso wie von AZUMA bei *Parauchenipterus insignis* (von ihm noch als *Trachycorystes insignis* bezeichnet) beobachtet, eine wichtige Klammerfunktion um die Brustflosse des ♀ während der Paarung und Übertragung des Samenpaketes (Spermatophore) in den weiblichen Samenspeicher (Receptaculum seminis). Die ersten Strahlen der Anale des ♂ sind zu einem Kopulationsorgan umgebildet.

Soz.V.: Nachtaktive, dann ruhelos im Freiwasser auf Futtersuche umherschwimmende Einzelgänger.

Hält.B.: Pflege am besten im Artenbecken mit Hintergrundbepflanzung und vorn freiem Schwimmraum.

ZU: Noch nicht gelungen.

FU: K, O; Kleinfutter wie *Cyclops, Moina,* kleine Daphnien, Glasmückenlarven (*Corethra*) und Stechmückenlarven (*Culex*), auch Kunstfutterpräparate, die nachts von der Wasseroberfläche abgelesen oder im Herabsinken ergriffen werden.

Bes.: Den Trivialnamen "Schlafwels" verdankt *Entomocorus benjamini* der Angewohnheit, sich im Morgengrauen oder bei plötzlichem Aufflammen des Kunstlichtes zu Boden oder zwischen feinfiedrige Pflanzen absinken zu lassen. Dort verfallen sie sofort, zumeist auf einer Körperseite liegend, in eine Schreckstarre, die in dieser Körperlage den Tag über anhält.

T: 24 - 27° C, **L**: 6 - 7 cm, **BL**: 40 cm, **WR**: o, m, **SG**: 3 - 4

Tatia galaxias (Foto Seite 230)   MEES, 1974
Milchstraßen-Trugdornwels

Syn.: Keine.

Vork.: Südamerika: Orinoco-Becken Venezuelas, Caño de Quiribana und Rio Apuré.

Ersteinf.: Vermutlich 1987 in die Bundesrepublik Deutschland.

GU: ♂ ♂ schlanker als die laichvollen ♀ ♀. Zudem sind die Strahlen der Anale der ♂ ♂ zu einem spitzkegeligen Kopulationsorgan verschmolzen.

Soz.V.: Dämmerungs- und nachtaktive Einzelgänger, die sich nur zur Paarungszeit zusammenfinden. Das paarungswillige ♀ wird dann vom ♂ oft stundenlang verfolgt. Die Paarung scheint in den Nachtstunden zu erfolgen.

Hält.B.: Außerordentlich harte und im Aquarium jahrelang ausdauernde Welse. Die völlig friedfertige Art benötigt engvolumige Drainage-, Bambus- oder Kunststoffröhren, halbierte Kokosnußschalen oder hohle Wurzelstücke als Tagesverstecke. Mittelhartes Wasser und ein pH-Wert um oder über 7,0 werden bevorzugt. Bei Hälterung in stark bepflanzten Becken sollte man den äußerst eleganten und ausdauernden Schwimmern einen großen Schwimmraum freilassen.

ZU: Erstzucht gelang 1988 (siehe "Aquarien-Terrarien", 9/1989 und "T.F.H.", 6/1990). Das paarungswillige ♀ übernimmt nach stundenlanger Verfolgung vom ♂ im Moment der Paarung ein Samenpaket (Spermatophore) in den Samenspeicher (Receptaculum seminis) auf. Erst nach einem Monat legt es über 200, nach Quellung der Eihüllen etwa 3 mm große Eier

Fortsetzung übernachste Seite

Entomocorus benjamini ♂

Entomocorus benjamini ♀

Fortsetzung von *Tatia galaxias*

ab, die ohne Klebkraft am Boden liegen. Die Jungwelse schlüpfen nach 3 - 3 1/2 Tagen. 5 Tage später schwimmen sie nachts ruhelos auf Futtersuche unter der Wasseroberfläche umher. Neben fein zerriebenem TetraMin fressen die etwa 5 mm langen Jungwelse (ausschließlich nachts) gefrostete Rotatorien (Rädertierchen) oder *Artemia*-Nauplien. Die Futterreste müssen täglich morgens abgesaugt und die Bodenscheibe mit einem Haarpinsel gereinigt werden. Mit etwa 15 mm Länge wird die weiße Körperpunktierung sichtbar. Von da an fressen sie Frost-*Cyclops* (keine lebenden verfüttern, die nicht gefangen werden können und die Nachzucht gefährden) und mit etwa 40 mm Länge gerne Glasmückenlarven (*Corethra)*.

FU: K, O; mittlere und große Daphnien, *Moina*, alle Arten von Mückenlarven, ferner Flockenfutter von der Wasseroberfläche. Die Futteraufnahme erfolgt ausschließlich nachts.

Bes.: Gedämpftes Licht ohne direkte Sonneneinstrahlung ist für ihr Wohlbefinden notwendig. Ferner ist eine sorgfältige Abdeckung des Aquariums erforderlich, da die Milchstraßen-Trugdornwelse sehr geschickte Springer sind. Eine erfolgreiche Aufzucht der Jungwelse erfordert viel - zumeist nächtlichen - Pflegeaufwand und züchterisches Feingefühl.

T: 22 - 26° C, L: 8 - 9 cm, BL: 80 cm, WR: m, u, SG: 3 - 4

Tatia galaxias

Auchenoglanis punctatus   BOULENGER, 1902

Syn.: Keine.

Vork.: Afrika: System des Zaire-Flusses in Zaire und Kongo.

Ersteinf.: Wahrscheinlich 1991 von DE JONG, VLYM und WAGENEER.

GU: Unbekannt.

Soz.V.: Friedlich gegenüber nicht zu kleinen oder gleich großen anderen Fischen. Gegenüber kleineren Fischen räuberisch. Nachtaktiv.

Hält.B.: Nicht sehr schwierige Art. Da es sich um einen dämmerungs- und nachtaktiven Fisch handelt, sollten Versteckmöglichkeiten im Becken sein, damit die Tiere darin den Tag verbringen können.

T: 24 - 28° C, **L:** 8 cm, **BL: WR:** m, **SG:** 2 - 3

ZU: Über eine gelungene Zucht im Aquarium ist nichts bekannt.

FU: Alles große Lebendfutter, Futtertabletten, Trockenfutter, Fischfleisch und Rinderherz.

Bes.: Keine.

Auchenoglanis punctatus, Ogove, Kongo

Bagrus bajad
Bajad-Stachelwels

(FORSSKÅL, 1775)

Syn.: *Bagrus bayad, Bagrus bayad bayad, Bagrus bayad macropterus, Porcus bayad, Porcus docmac bayad, Silurus bajad, Silurus bayad.*

Vork.: Afrika: Nil, Tschadsee und Umgebung, Niger-, Benue-, Volta- und Senegal-Systeme.

Ersteinf.: Nicht bekannt.

GU: Nicht bekannt.

Soz.V.: Ziemlich aggressiver Einzelgänger. Nachtaktiver Raubfisch, der nur mit großen Fischen vergesellschaftet werden kann.

Hält.B.: Gut haltbar im Aquarium, aber wegen seiner Größe nur für größere Becken geeignet. Kräftige Filterung. Wasserwerte sind nicht von großer Bedeutung.

ZU: Vermehrt sich in Überschwemmungsgebieten nach Beginn der Regenzeit. Im Aquarium nicht möglich.

FU: K, O; alles Freßbare, besonders Fische, Forellen- und Karpfenpellets.

Bes.: Meistens als Jungfische importiert. Da ziemlich schnell wachsend, kaum fürs Gesellschaftsbecken geeignet. Fängt früh an, die anderen Fische zu verspeisen. Die Art wird als Speisefisch geschätzt.

T: 22 - 28° C, **L**: 70 cm, **BL**: 200 cm, **WR**: u, **SG**: 4 (G, K)

Bagrus filamentosus
Schweinewels

PELLEGRIN, 1924

Syn.: *Porcus* * *filamentosus.*

Vork.: Afrika: Niger-System.

Ersteinf.: Unbekannt.

GU: Nur bei erwachsenen Tieren feststellbar durch die Leibesfülle der ♀♀.

Soz.V.: Raubwels, kann nicht mit kleineren Fischen vergesellschaftet werden.

Hält.B.: Schnellwüchsige Art, die für den Durchschnittsaquarianer nicht geeignet ist. Als Jungfisch Versteckmöglichkeiten bieten. Gedämpftes Licht schaffen. Gute Filterung.

ZU: Nicht bekannt.

FU: K, O; Allesfresser, vor allem Fisch, Fischfleisch.

Bes.: Die Art ist ein Überlebenskünstler, der in den oft austrocknenden Gewässern seiner Heimat als letzter Fisch übrigbleibt, weil er alles andere gefressen hat.
*Porcus = Schwein.

T: 23 - 28° C, **L**: 100 cm, **BL**: >100 cm, **WR**: u, **SG**: 4 (G, K)

Bagrus bajad

Bagrus filamentosus, Njewasee, Yola, östliches Nigeria

Chrysichthys furcatus

GÜNTHER, 1865

Syn.: *Chrysichthys camaronensis, Chrysichthys cameronensis.*

Vork.: Westafrika.

Ersteinf.: Unbekannt.

GU: Nicht bekannt.

Soz.V.: Über die Art ist aquaristisch praktisch noch nichts bekannt. Da fast alle Arten der Gattung *Chrysichthys* mehr oder weniger große Räuber sind, sollte *Crysichthys furcatus* sicherheitshalber nicht mit zu kleinen Fischen vergesellschaftet werden.

Hält.B.: Becken mit Versteckmöglichkeiten einrichten, wodurch man die Fische zwar kaum zu Gesicht bekommen wird, was aber einer artgerechten Haltung entspricht. Nicht zu hell halten, mit weniger starker Beleuchtung oder Schwimmpflanzendecke abdunkeln.

ZU: Nicht bekannt.

FU: K, O; Lebendfutter, auch kleine Fische, Frost- und Trockenfutter.

Bes.: Wie die meisten Arten der Gattung ist sie farblich wenig attraktiv und wird wohl nur den eingefleischten Welsfan ansprechen.

T: 22 - 28° C, **L**: 70 cm, **BL**: 200 cm, **WR**: u, **SG**: 4 (G, K)

Leptoglanis wamiensis*
Schachbrett-Zwergstachelwels

SEEGERS, 1989

Syn.: Keine.

Vork.: Tropisches Afrika, Kisangata-Bach, 32 km südwestlich des Ortes Kidete im Wami-Einzugsgebiet.

Ersteinf.: Vermutlich 1989 durch SEEGERS.

GU: Adulte ♀♀ sind nur durch die kräftigere Bauchpartie von den schlankeren ♂♂ zu unterscheiden.

Soz.V.: Im Hinblick auf die geringe Größe pflegt man diese munteren und friedlichen Kleinwelse am besten in einer Gruppe im Artenbecken oder aber nur mit Friedfischen, wie kleinen Salmlern.

Hält.B.: Feiner Sandboden mit dichter Hintergrundbepflanzung, in die sich die Tiere zeitweise zurückziehen können; durch eine Schwimmpflanzendecke gedämpfte Oberlichtbeleuchtung, häufiger Teilwasserwechsel und kräftige Belüftung. Wasserwerte von 4 - 8° dGH, ph-Wert 7,0 - 7,5 und 100 - 200 μS Leitwert fördern Aktivität und Wohlbefinden.

ZU: Unbekannt.

FU: K; gesiebte Daphnien, *Moina, Cyclops* und Rote Mückenlarven, lebend oder gefrostet, Grindalwürmchen und Enchyträen. Es liegen keine Angaben darüber vor, ob Flockenfutter angenommen wird.

Bes.: * Einer vorläufigen Information zufolge gehört die Gattung *Leptoglanis* nach neueren Untersuchungen nicht in die Familie Bagridae, sondern zur Familie Amphiliidae. Die hier vorgestellte Art soll nach noch nicht veröffentlichten, neueren Untersuchungen nicht zur Gattung *Leptoglanis*, sondern zur Gattung *Zaireichthys* gehören.

T: 23 - 26° C, **L**: vermutlich unter 8 cm, **BL**: 60 - 80 cm, **WR**: u, **SG**: 2

Chrysichthys furcatus

Leptoglanis wamiensis

Corydoras araguaiaensis
Araguaia-Panzerwels

SANDS, 1990

Syn.: Keine.

Vork.: Südamerika: Brasilien, Rio Araguaia.

Ersteinf.: 1983/84 von BLEHER.

GU: ♂♂ etwas kleiner und graziler als die etwas größeren und durch ihren Laichansatz plumper wirkenden ♀♀.

Soz.V.: Ängstliche, nicht sehr schwimmfreudige Panzerwelse, die sich gern zum Schwarm vereint am Boden aufhalten.

Hält.B.: Vergesellschaftung mit anderen, nicht scheuen Kleinfischen, wie kleinbleibenden Salmlern, *Apistogramma*-Arten in Becken mit freiem, von feinem Sand bedecktem vorderem Beckenraum und Hintergrundbepflanzung.

ZU: Bereits mehrfach (noch als *C. haraldschultzi* oder *C. maculifer* angesprochen) gelungen. Etwa 80 - 100 Eier werden an Pflanzenblätter oder an die Bek-kenscheiben angeklebt. Aufzucht der Jungwelse zuerst mit Artemien oder Rotatorien (keine *Cyclops*-Nauplien), später mit Grindalwürmchen, gefrosteten kleinen *Cyclops* oder TabiMin-Tabletten.

FU: O; wie bei *C. ellisae* angegeben.

Bes.: Obwohl diese Art schon länger in der Aquaristik bekannt ist, wurde sie erst Anfang 1990 von SANDS wissenschaftlich beschrieben. Bis dahin wurde sie zuerst mit *C. haraldschultzi*, dann mit *C. maculifer* verwechselt. Während *C. haraldschultzi* (ebenso wie *C. sterbai*) orangegelbe Pectorale und Ventrale besitzt, sind sie bei *C. araguaiaensis* farblos durchsichtig bis zart gelblich. Im Gegensatz zum sehr stumpfschnäuzigen *C. araguaiaensis* soll der bisher noch nicht aquaristisch in Erscheinung getretene *C. maculifer* bei sehr ähnlicher Zeichnung eine gestrecktere Kopfform besitzen.

T: 23 - 26° C, **L**: bis 6 cm, **BL**: 50 - 70 cm, **WR**: u, **SG**: 2 - 4

Corydoras breei
Brees Panzerwels

ISBRÜCKER & NIJSSEN, 1992

Syn.: Keine.

Vork.: Surinam, Corantijn-Becken, Kabalebo.

Ersteinf.: Unbekannt, wohl nur in wenigen Exemplaren.

GU: Gattungstypisch, ♀ größer und fülliger.

Soz.V.: Friedliche Art, die gut mit ähnlich gefärbten Panzerwelsen zu vergesellschaften ist.

Hält.B.: Panzerwelse benötigen eine Fläche feinen Sandes zum Gründeln, gute Filterung des Wassers und häufige Teilwasserwechsel (50% wöchentlich).

ZU: Wie bei allen Panzerwelsen. Die Tiere reagieren auf Abdunkeln des Beckens und gleichzeitige Verstärkung der Wasserströmung mit Balzaktivitäten und Ablaichen. Pro ♀ max. ca. 150 Eier. Aufzucht wie bei der Gattung in Band 1 angegeben.

FU: K, O; alle bekannten Futtersorten, die zu Boden sinken, aber auch lebende Weiße Mückenlarven werden erjagt. Wurmfutter und gefrostete Rote Mückenlarven fördern einen Laichansatz.

Bes.: Die Art wurde irrtümlich als *Corydoras osteocarus* bezeichnet (siehe NIJSSEN & ISBRÜCKER, 1987). Der in Band 3, Seite 341, als *C. osteocarus* (adult) abgebildete Fisch ist *C. breei*, die als juveniler *C. osteocarus* bezeichnete Art ist tatsächlich *C. osteocarus*, der mit max. 3,5 cm Gesamtlänge auch wesentlich kleiner als *C. breei* bleibt.

T: 24 - 26° C, **L**: 5 cm, **BL**: 60 cm, **WR**: u, **SG**: 2

Corydoras araguaiaensis

Corydoras breei ♀

Corydoras bolivianus
Bolivianischer Riesenpanzerwels

NJISSEN & ISBRÜCKER, 1983

Syn.: *Corydoras latus* (Verwechslung),
C. sp. "C 5".

Vork.: Südamerika: Bolivien, Rio Mamoré.

Ersteinf.: 1990 (?).

GU: Beim ♂ scheint der metallische Grün-
glanz des Körpers nur in fleckigen Punkten und Linien vorhanden zu sein, während der Rest eher bläulich grau wirkt.
Außerdem sind die Flossen durchscheinend gebändert.

Soz.V.: Wie alle *Corydoras*-Arten sind
die Fische sehr gesellig und sollten
niemals einzeln gehalten werden (*ein*
Panzerwels ist *kein* Panzerwels!). Im
Trupp huschen die Tiere in wenigen
Zentimetern Abstand über den Boden.

Hält.B.: Freie Flächen mit feinem Sand
(auf keinen Fall scharfkantiger Lava-
grund) reizen die Tiere immer wieder
dazu, mit ihren Barteln darin herumzu-
stöbern. Zu dichte Bepflanzung behin-
dert die Fische mitunter, weil sie nicht
gerade zu den elegantesten Schwimmern gehören und sich durchaus im
Gestrüpp verheddern können.

ZU: Speziell zu dieser Art liegen noch
keine Zuchtberichte vor.

FU: K, O; alles Futter wird vom bzw. im
Boden aufgenommen. Flockenfutter
ebenso wie Lebend- und Frostnahrung.
Natürlich gehören Würmer zu den beliebtesten Futtersorten.

Bes.: Im Handel wird die Art immer wieder als *Corydoras latus* angeboten, obwohl es sich um eine ganz andere Art
handelt.
Siehe auch Buchtitel und Seite 223.

T: 22 - 25° C, **L**: 8 cm, **BL**: 100 cm, **WR**: u, **SG**: 3

Corydoras bolivianus ♀ (fälschlich: *C. latus*)

Corydoras bolivianus ♂

Corydoras burgessi

AXELROD, 1987

Syn.: Keine.

Vork.: Südamerika: Brasilien, Amazonien, Rio Unini, Zufluß zum Rio Negro.

Ersteinf.: 1987.

GU: Die ♂♂ bleiben etwas kleiner und sind schlanker als die durch ihre Laichfülle kompakter wirkenden ♀♀.

Soz.V.: Wie die meisten *Corydoras*-Arten gehen diese Welse gemeinsam im lockeren Schwarm auf Nahrungssuche und ruhen auch gemeinsam am Boden aus. Daher empfiehlt sich Gruppenhaltung.

Hält.B.: Hälterungsbecken mit guter Hintergrundbepflanzung, in die sich die Welse bei Erschrecken zurückziehen können. Im Vordergrund freien Schwimmraum bieten. Eine Wasserhärte von 3 - 20° dGH und ein neutraler oder schwach saurer pH-Wert fördern das Wohlbefinden.

ZU: Bereits mehrfach gelungen. Art des Ablaichens und Aufzucht stimmt weitgehend mit dem zu *Corydoras adolfi* Gesagten überein (siehe Band 3, S. 328). Auch diese Art ist nicht sehr produktiv. Die Jungwelse wachsen, wie die von *C. adolfi,* recht langsam.

FU: O; Allesfresser, die kleines Lebendoder Frostfutter, wie *Cyclops, Moina,* Enchyträen, gehackte *Tubifex* und Grindalwürmchen bevorzugen. Auch Flocken- oder Tablettenfutter wird angenommen.

Bes.: Nach MAYLAND gibt es vier Zeichnungsvarianten: 1. mit ungemustertem Körper, 2. mit kurzer schwarzer Rückenbinde, 3. mit Tüpfelmuster auf der Rückenpartie und 4. mit schwarzer Rückenpartie und zwei Tüpfelreihen auf den Körperseiten.

T: 23 - 26° C, L: ♂♂ bis 5,5 cm, ♀♀ bis 6 cm, BL: 50 - 70 cm, WR: u, SG: 2 - 4

Corydoras cortesi

CASTRO, 1987

Syn.: Keine.

Vork.: Südamerika: Kolumbien, Rio Arauca.

Ersteinf.: 1990 in geringen Stückzahlen.

GU: ♀♀ größer und mit Laichansatz plumper.

Soz.V.: Die hübsche Art ist leider etwas scheu und versteckt sich gern im Pflanzendickicht.

Hält.B.: Strömungsreiches Wasser bei einem wöchentlichen Wasserwechsel von bis zu 50%. Wie alle langschnäuzigen Arten, ist auch *C. cortesi* anfällig für Krankheiten, wenn die Bedingungen sich verschlechtern.

ZU: Pro ♀♀ manchmal über 100 kleine Eier, die gern unter Pflanzenblättern (*Anubias*) und im feinen Wurzelgeflecht abgelegt werden.

FU: K, O; alle zu Boden sinkenden Futtersorten, besonders gern *Tubifex* und Grindal bzw. Enchyträen.

Bes.: Die Art ähnelt *Corydoras septentrionalis* GOSLINE, 1940, der allerdings keine Zeichnung in den Flossen, mit Ausnahme der Kaudale, aufweist.

T: 23 - 26° C, L: 5,5 cm, BL: 60 cm, WR: u, SG: 2 - 3

Corydoras burgessi

Corydoras cortesi

Corydoras crypticus SANDS, 1994
Messing-Panzerwels, "Grufti"*

Syn.: Keine.

Vork.: Südamerika: Brasilien: Oberer Rio Negro (Rio Miuá-System).

Ersteinf.: 1993 durch SANDS nach England.

GU: Es sind keine äußeren bekannt.

Soz.V.: Friedliche Art, die gern mit Artgenossen oder auch mit *C. delphax* in Schulen schwimmt. Vergesellschaftung mit kleinen Salmlern oder Zwergcichliden gut möglich.

Hält.B.: Wie andere *Corydoras*-Arten aus Schwarzwassergebieten.

ZU: Bisher nicht beschrieben. Weiches Wasser, Torffilterung und Nachahmung der Regenzeit dürften gute Voraussetzungen für das Gelingen sein.

FU: K, O; jegliches Lebendfutter passender Größe, Flockenfutter und FD-Tabletten, Frostfutter. Restevertilger.

Bes.: Die Art ähnelt sehr *C. delphax*.
* Deutscher Name von Crypta = Gruft. Cryptyeus = rätselhaft. Beide Arten kommen sympatrisch (zusammen) vor.

T: 22 - 28° C, **L**: 6 cm, **BL**: 60 cm, **WR**: u, **SG**: 2

Corydoras ephippifer NIJSSEN, 1972

Syn.: Keine.

Vork.: Südamerika: Brasilien, Rio Amapari.

Ersteinf.: Unbekannt.

GU: Nicht bekannt.

Soz.V.: Friedliche, gesellige Art, die gern in lockeren Trupps durch das Becken schwimmt.

Hält.B.: Feiner Sand und etwas freier Schwimmraum zwischen den einzelnen Pflanzen sind neben Unterständen die wichtigsten Einrichtungsmerkmale für diese wie auch für die meisten anderen Panzerwels-Arten.

ZU: Speziell zu dieser Art liegen noch keine Zuchtberichte vor.

FU: K, O; alle gängigen Futtersorten, die zu Boden fallen.

Bes.: Die Art scheint recht variabel gezeichnet zu sein. Neben dem feinen Punktmuster kommen auch Tiere mit gröberem oder aber auch mit fast fehlendem Zeichnungsmuster in einer einzigen Importsendung zusammen vor. Besonderes Kennzeichen ist die relativ langgestreckte Form und die mäßig langgezogene Schnauze. Die Art wird in letzter Zeit häufiger eingeführt und ist schon in den Sommermonaten im Handel erhältlich.

T: 22 - 25° C, **L**: 6 cm, **BL**: 60 cm, **WR**: u, **SG**: 3

Corydoras crypticus

Corydoras ephippifer

Corydoras flaveolus
IHERING, 1911

Syn.: Keine.

Vork.: Südamerika: Brasilien, Rio Piracicaba-System.

Ersteinf.: 1991 als *Corydoras macropterus*.

GU: ♀♀ größer und plumper. Bauchflossen bei den ♀♀ abgerundet, bei den ♂♂ zugespitzt.

Soz.V.: Friedliche Art, die leider viel scheuer ist als ähnlich gezeichnete Panzerwelse.

Hält.B.: Kühlere Temperaturen von 20 - 23° C sagen dieser südostbrasilianischen Art am ehesten zu. Ansonsten gilt das für die anderen Panzerwelse Gesagte.

ZU: Mangels genügend vorhandener Tiere bisher nicht geglückt.

FU: Bevorzugt werden gefrostete Rote Mückenlarven und lebendes Wurmfutter, wie *Tubifex* oder Enchyträen.

Bes.: Die seltene Art wird meist mit dem sehr ähnlichen *C. garbei* verwechselt.

T: 20 - 23° C, **L**: 5 cm, **BL**: 60 cm, **WR**: u, **SG**: 2 - 3

Corydoras sp. "C 11"
Unbeschriebene Art

Syn.: *Corydoras geryi* (Verwechslung).

Vork.: Bolivien.

Ersteinf.: 1992 durch "Bitter Exotic".

GU: ♀♀ größer und intensiver gepunktet als ♂♂. Außerdem wirken ♀♀, besonders wenn sie laichvoll sind, plumper und haben eine gewölbte Bauchpartie. Bei den ♂♂ ist diese geradlinig.

Soz.V.: Gesellige Art, die im kleinen Schwarm gehalten werden sollte. Die Art ist im Gegensatz zu den meisten anderen Panzerwelsen freischwimmend. Sie ist anscheinend sehr scheu.

Hält.B.: In Aquarien mit freien Sandflächen, genügend feinfiedrigen Pflanzen am Rand und zum Verstecken lassen sich die Fische gut halten. Sind andere

lebhafte Schwarmfische, z.B. kleine Salmler, im Aquarium, könnte sich die Scheu der Tiere verlieren.

ZU: EVERS soll die Zucht inzwischen gelungen sein. FRANKE berichtet nur über einen Beinahe-Erfolg ("DATZ" 8/93).

FU: K, O; Flockenfutter, Tabletten, Frost- und Lebendfutter. *Tubifex* und Enchyträen werden vorgezogen, sollten wegen der Verfettungsgefahr aber nicht zu häufig gegeben werden.

Bes.: Die Art wurde fälschlicherweise mit *C. geryi* in Verbindung gebracht. Die Körperform ist aber *C. guapore* viel ähnlicher.

T: 23 - 26° C, **L**: 4,5 cm, **BL**: 60 cm, **WR**: u, m, **SG**: 3

Corydoras flaveolus

Corydoras sp. "C 11"

Corydoras gomezi

CASTRO, 1986

Syn.: Keine.

Vork.: Südamerika: Kolumbien: Rio Solimoes, in der Umgebung von Leticia.

Ersteinf.: Unbekannt, da sie mit ähnlichen Arten verwechselt wurde.

GU: Nicht bekannt.

Soz.V.: Friedliche, gesellige Art, wie alle Panzerwelse.

Hält.B.: Keine Unterschiede zu anderen Panzerwelsen.

ZU: Es liegen bisher keine Erkenntnisse über eine gelungene Fortpflanzung im Aquarium vor, sie dürfte aber auf ähnliche Weise zustande kommen wie bei anderen Corydoras-Arten.

FU: K, O; alle Futtersorten, die vom Boden genommen werden können, werden gefressen, z. B. Flockenfutter, Tabletten, Frostfutter und Tubifex, Rote Mückenlarven etc.

Bes.: Es gibt mehrere sehr ähnlich aussehende Arten, von denen diese Fische schwierig zu unterscheiden sind: C. julii, C. leopardus und C. orphnopterus. Von einigen Experten wird sogar bezweifelt, daß es sich tatsächlich um eine eigenständige Art handelt. Typisch ist jedoch der in der Mitte der Dorsale liegende dunkle Fleck.

T: 22 - 26° C, **L**: 5 cm, **BL**: 60 cm, **WR**: u, **SG**: 3

Corydoras incolicana

BURGESS, 1993

Syn.: Corydoras sp. "C 1", Corydoras sp. "Perrairae", Corydoras sp. "Perreira".

Vork.: Südamerika: Brasilien: Rio Negro (Oberlauf), Rio Icana.

Ersteinf.: 1991 durch KELLNER.

GU: ♂♂ sind schlanker als ♀♀.

Soz.V.: Gesellige Art, die nicht einzeln gehalten werden sollte. Die Fische sind keine munteren Schwimmer, sondern ruhen die meiste Zeit am Boden. Bei häufigerer, aber dafür spärlicherer Fütterung sieht man die Tiere öfter in Aktion.

Hält.B.: Aquarien ohne groben, scharfkantigen Kies, durch den die Barteln der Fische beschädigt werden können. Bepflanzung so wählen, daß genügend Ruheraum auf Sand bestehen bleibt.

ZU: Speziell zu dieser Art liegen noch keine Angaben über eine gelungene Fortpflanzung im Aquarium vor.

FU: K, O; alle gängigen Futtersorten, die zu Boden fallen.

Bes.: Die Art hat eine gewisse Ähnlichkeit mit C. ephippifer.

T: 23 - 26° C, **L**: 6 cm, **BL**: 80 cm, **WR**: u, **SG**: 3

Corydoras gomezi

Corydoras incolicana

Corydoras maculifer

NIJSSEN & ISBRÜCKER, 1971

Syn.: Keine.

Vork.: Südamerika: Brasilien, Est. Mato Grosso, Zweigarm des Rio dos Mortes.

Ersteinf.: Seit 1991 in größeren Stückzahlen im Handel.

GU: ♀♀ kaum größer und zur Laichzeit plumper. Geschlechtsunterschiede sind bei gutem Ernährungszustand nur schwer zu erkennen.

Soz.V.: Die Art ist wenig scheu und friedlich.

Hält.B.: Kristallklares Wasser mit starker Strömung. Bei unzureichender Hygiene ist die Art sehr krankheitsanfällig.

ZU: Die ♀♀ haben bei guter Fütterung im November und Dezember stets einen starken Laichansatz. SEIDEL erzielte ca.

100 recht kleine Eier, die an Vallisnerienblättern abgelegt wurden. Schlupf bei 26° C zu fast 100 %. Die Jungfische müssen nach Größe getrennt aufgezogen werden, da die vorderwüchsigen Tiere sonst die kleineren Geschwister verkümmern lassen.

FU: Aufgrund der Maulstruktur bewältigt die Art auch etwas größere Futterbrocken, wie kleine *Mysis* oder auch Bachflohkrebse. Eingewöhnte Tiere fressen sich "kugelrund".

Bes.: Der fast identisch gezeichnete *Corydoras araguaiaensis* bleibt kleiner und hat im Gegensatz zum langschnäuzigeren *C. maculifer* einen abgerundeten Kopf.

T: 25 - 27° C, **L:** 7 cm, **BL:** 80 cm, **WR:** u, **SG:** 2 - 3

Corydoras multimaculatus
Vielgetupfter Panzerwels

STEINDACHNER, 1907

Syn.: Keine.

Vork.: Südamerika: Brasilien: Rio Preto, bei "Santa Rita de Cassia".

Ersteinf.: Unbekannt.

GU: Wurde noch nicht beschrieben, es ist jedoch anzunehmen, daß die ♀♀ plumper und je nach Laichfülle dicker sind als die ♂♂.

Soz.V.: Sicherlich handelt es sich ebenfalls um eine gesellige Art, wie das bei allen anderen *Corydoras*-Arten auch der Fall ist. Deshalb sollte man die Fische niemals ohne Art- oder zumindest Gattungsgenossen pflegen.

Hält.B.: Keinen groben oder scharfkantigen Kies im Aquarium verwenden! Bepflanzung so wählen, daß die Fische Ruheplätze zwischen den Pflanzen finden,

auf denen sie sich in Gesellschaft legen können.

ZU: Zu dieser Art gibt es noch keine Angaben in der Literatur.

FU: K, O; alle Futtersorten, die zu Boden fallen. Flocken-, Tabletten-, Frost- und Lebendfutter.

Bes.: Es gibt mehrere ähnlich gefärbte Arten.

T: 23 - 26° C, **L:** ca. 5 cm, **BL:** 60 cm, **WR:** u, **SG:** 2 - 3

Corydoras maculifer

Corydoras sp. aff. *multimaculatus*

Corydoras narcissus

Narziß-Panzerwels

NIJSSEN & ISBRÜCKER, 1980
Unterfam.: Corydoradinae

Syn.: Keine.

Vork.: Südamerika: Brasilien, Bundesstaat Amazonas, Rio Purus-System, in einem in den Rio Ipixuna, 30 km westlich von Humaita mündenden Bach; Kolumbien.

Ersteinf.: Bereits 1961, damals aber als *C. schwartzi* angesprochen (siehe RÖSSELS Erstbeschreibung von *C. schwartzi*, Senck. biol. 44/5, 359-363, Abb. 3).

GU: Adulte ♂♂ sind etwas schlanker als laichvolle und dadurch plumper wirkende ♀♀.

Soz.V.: Wie alle *Corydoras*-Arten lieben sie die Gemeinschaft ihresgleichen. Wegen ihrer beträchtlichen Größe vereinen sie sich am liebsten mit Artgenossen. Die Gesellschaft anderer *Corydoras*-Vertreter meiden sie normalerweise. Das vermutlich deshalb, weil die meisten dieser Arten wesentlich kleiner bleiben und deshalb nicht als Schwarmgenossen akzeptiert werden. Haltung von Einzeltieren ist daher ganz besonders unangebracht, außer mit *C. arcuatus*.

Hält.B.: Entsprechend der Größe dieser Panzerwelse benötigen sie besonders viel Raum zum Ausschwimmen und sollten am besten in geräumigen Gesellschaftsaquarien gepflegt werden. Wie die meisten langschnäuzigen *Corydoras*-Arten suchen sie gern im Bodengrund nach Nahrung. Es empfiehlt sich deshalb, feinen Sand zu verwenden.

ZU: Noch nicht gelungen.

FU: O; abwechslungsreiches, kräftiges Lebend- oder Frostfutter, bestehend aus Roten Mückenlarven, Glaslarven, *Tubifex*, mittelgroßen Daphnien und *Cyclops*. Dazu zeitweise Enchyträen. Nach Eingewöhnung von Wildfängen an Aquarienverhältnisse nehmen diese auch Flocken- und Tablettenfutter an.

Bes.: Durch die große Ähnlichkeit besteht, besonders bei nicht voll erwachsenen Exemplaren, Verwechslungsmöglichkeit mit *C. arcuatus,* mit dem sie in gemischten Schwärmen vorkommen. Sichere Unterscheidungsmöglichkeiten beider Arten bieten jedoch folgende Merkmale: *C. narcissus* besitzt nur 4 kleine Knochenplatten vor der Fettflosse (D 2), *C. arcuatus* deren 5. Die Intercoracoidalzone zwischen den Brustflossen ist bei *C. narcissus* nackt, bei *C. arcuatus* dagegen mit zahlreichen winzigen, vieleckigen (polygonalen) Knochenplättchen besetzt. Das ist bei lebenden Tieren bei Betrachtung der Ventralseite makroskopisch gut sichtbar. *C. narcissus* besitzt eine spitzere und längere Schnauzenpartie als *C. arcuatus,* die zudem dorsal eingedellt ist. Schließlich werden adulte *C. narcissus* wesentlich größer als ebensolche *C. arcuatus* und haben eine schmalere und weniger scharf begrenzte schwarze Körperlängsbinde. Nach NIJSSEN & ISBRÜCKER gehört *C. narcissus* zur *C. acutus*-Gruppe und ist mit *C. arcuatus* nicht näher verwandt.

T: 24 - 26° C, **L**: etwa 12 cm Totallänge, **BL**: 80 cm, **WR**: u, **SG**: 2 - 4

Corydoras nattereri

Blauer Panzerwels

STEINDACHNER, 1876
Unterfam.: Corydoradinae

Syn.: *Corydoras juquiaae.*

Vork.: Südamerika: Brasilien: von Rio de Janeiro bis Rio Doce, Rio Juquia, in den Nebenflüssen des Rio Paraiba do Sul.

Ersteinf.: ?; vor 1975.

GU: ♀♀ werden größer und deutlich kräftiger als ♂♂.

Soz.V.: Friedliche Art, die gern in kleinen Trupps durchs Becken zieht. Deshalb nie ohne Art- bzw. Gattungsgenossen pflegen.

Hält.B.: Nicht zu helle Aquarien mit feinem Bodengrund, mit Unterstehmög-

lichkeiten in Form von Wurzeln oder Pflanzen. Nicht zu warm halten!

ZU: Nach SEUSS paarweise oder 3 ♂♂ zu 2 ♀♀ ansetzen. Bei 23° C schlüpfen die Jungen nach 5 Tagen. Futteraufnahme nach 3 - 4 Tagen mit frisch geschlüpften *Artemia*. Eizahlen: 30 - 60.

FU: K, O; alle gängigen Futtersorten. Gefressen wird nur vom Boden.

Bes.: Die Art hat Ähnlichkeit mit *C. baderi,* der in früheren Auflagen des Aquarien Atlas, Bd. 1, S. 471, als *C. nattereri* abgebildet wurde.

T: 20 - 23° C, **L**: 6,5 cm, **BL**: 60 cm, **WR**: u, **SG**: 2 - 3

Corydoras narcissus

Corydoras nattereri

Corydoras nattereri

Corydoras nijsseni

Corydoras nijsseni
Nijssens Panzerwels

SANDS, 1989

Syn.: *Corydoras elegans nijsseni.*

Vork.: Südamerika: Brasilien: Nebenflüsse des Rio Negro, oberhalb von São Gabriel da Cachoeira.

Ersteinf.: Um 1990.

GU: ♀♀ werden deutlich dicker und plumper als ♂♂.

Soz.V.: Friedlicher, geselliger Wels. Niemals einzeln halten.

Hält.B.: In gut gefilterten Behältern mit feinem Sand und etwas Bepflanzung mit kleineren Beifischen pflegen. Auf keinen Fall scharfkantigen Kies verwenden.

ZU: Nach BOHN laichen die Tiere bei 23 bis 24° C, pH 6,5. Es werden zwischen 30 und 160, ca. 1,1 mm große Eier, abgelegt. Schlupf nach 3 Tagen. Anfütterung mit Liquifry, später frisch geschlüpfte *Artemia.*

FU: K, O; alle Futtersorten. Es wird nur vom Boden gefressen.

Bes.: Die Art wird bisher nicht gezielt importiert. Mitunter kann man sie in Schwärmen der ähnlich aussehenden Arten *C. imitator* und *C. adolfoi* finden.

T: 22 - 26° C, **L:** 4 - 5 cm, **BL:** 60 cm, **WR:** u, **SG:** 3

Corydoras ourastigma — NIJSSEN, 1972

Syn.: Keine.

Vork.: Südamerika: Brasilien, Est. Arcre, Rio Iquiri.

Ersteinf.: 1990 als "Beifang" zu *C. similis*.

GU: ♀ ♀ größer und in der Laichzeit plumper mit abgerundeten Bauchflossen. ♂ ♂ weisen zugespitzte Bauchflossen auf.

Soz.V.: Friedlicher Bodenbewohner. Untereinander rangeln die Fische ab und zu um den Futterplatz. Gut mit ähnlich gefärbten Arten (*C. caudimaculatus*, *C. similis*) zu vergesellschaften.

Hält.B.: Unbedingt auf sauberes, klares Wasser achten. Viel Strömung. Die Art kränkelt leicht und verkümmert geradezu unter ungünstigen Lebensbedingungen.

ZU: Schon mehrfach gelungen. Im allgemeinen werden ca. 30 Eier pro ♀ abgelaicht. Die Art laicht im Rhythmus von 1 - 2 Wochen mehrere Male hintereinander ab. Aufzucht der winzigen Jungfische ist nicht leicht. Die Jungtiere sind in den ersten Wochen recht schnellwüchsig.

FU: Kräftiges Wurmfutter, Wasserflöhe und auch größere Brocken, wie kleine *Mysis* oder Bachflohkrebse, die aufgrund der Maulform gut bewältigt werden.

Bes.: Auch diese Langschnäuzerart hat ein rundschnäuziges Pendant, den kleiner bleibenden *C. similis*. Die Arten sind teilweise syntop.

T: 24 - 26° C, **L**: 7 cm, **BL**: 80 cm, **WR**: u, **SG**: 3

Corydoras parallelus — BURGESS, 1993
Sattelpanzerwels

Syn.: *Corydoras "correae"*, *C. "conilea"*.

Vork.: Nördliches Südamerika, Amazonasbecken Perus und Boliviens.

Ersteinf.: 1988.

GU: Adulte ♀ ♀ wirken durch ihre Laichfülle und Körperhöhe massiger als die schlanken und etwas kleineren ♂ ♂.

Soz.V.: Da diese prächtigen Panzerwelse bisher meist in geringer Stückzahl als Beifang zu uns gelangten, fehlen Beobachtungen über innerartliches Verhalten. Im Aquarium schließen sich Einzelexemplare gern den Gruppen etwa gleich großer *Corydoras*-Arten an.

Hält.B.: Pflege in nicht zu kleinen Aquarien, da diese Panzerwelsart zeitweise recht schwimmlustig ist. Gedämpftes Licht und feiner, nicht zu heller Sand zum

Gründeln sowie regelmäßiger Teilwasserwechsel fördern das Wohlbefinden.

ZU: Noch nicht gelungen, da bisher ausreichendes Zuchtmaterial fehlt.

FU: O; kräftiges Lebendfutter wie Mückenlarven, *Tubifex*, mittleren Daphnien und zeitweise Enchyträen, auch Futtertabletten werden gern genommen.

Bes.: Diese sowohl durch ihre Größe als auch durch auffallende Färbung mit dem schwarzen Sattelfleck sehr attraktive *Corydoras*-Art erinnert durch ähnliches Zeichnungsmuster etwas an die von MAYLAND beschriebene 4. Farbvariante des *Corydoras burgessi* (siehe dort), wird aber deutlich größer.

T: 24 - 27° C, **L**: ♂ ♂ bis 7 cm, ♀ ♀ bis 7,5 cm, **BL**: 60 - 80 cm, **WR**: u, **SG**: 2 - 4

Corydoras ourastigma

Corydoras parallelus

Corydoras rabauti
Rostpanzerwels

LAMONTE, 1941

Syn.: *Corydoras myersi.*

Vork.: Südamerika: Rio Yavari (Rio Ucayali-Flußsystem) im Grenzbereich zwischen Peru und Brasilien.

Ersteinf.: Unbekannt, da stets mit *C. zygatus* verwechselt.

GU: ♂♂ wesentlich schlanker als die plumperen, oft sehr laichvollen ♀♀.

Soz.V.:, Hält.B.:, FU: Siehe bei *C. zygatus* (Band 3, Seite 348).

ZU: Der Rostpanzerwels ist im Aquarium nicht einfach zur Fortpflanzung zu bringen. Wenn es gelingt, werden über 100 Eier zwischen feinfiedrigen Pflanzen (z.B. in Javamoos, in das sich das ♀ förmlich mit einem kräftigen Schwimmstoß "hineinbohrt"), seltener an größeren Blättern oder an den Aquarienscheiben abgelegt. Die Wahl des Ablageplatzes kann dabei individuellen Präferenzen der ♀♀ unterworfen sein. Nach etwa 4 Tagen

schlüpfen die Jungwelse. Sie sind schon nach wenigen Tagen dreifarbig (siehe Abb.1). Im Alter von 1 - 3 Monaten bekommen sie ein prachtvolles, unter allen bisher im Aquarium gezüchteten Arten einmaliges Jugendkleid (siehe Abb.2), das vom 4. Lebensmonat an langsam in die definitive Färbung adulter Tiere übergeht (siehe Abb.3). Sie fressen vom ersten Tag an *Artemia*-Nauplien.

Bes.: Interessanterweise bestätigten erst die in der Aquaristik heranwachsenden Nachzuchttiere durch ihre unterschiedliche Jugendfärbung sehr eindrucksvoll die Tatsache, daß es sich bei den einander so täuschend ähnlichen Panzerwelsen *C. rabauti* und *C. zygatus*, die noch dazu in eng nebeneinander liegenden Verbreitungsgebieten in Peru beheimatet sind, tatsächlich um zwei valide Arten handelt. Jungtiere von *C. zygatus* im nächsten Band.

T: 23 - 25° C, **L:** 5,5 cm, **BL:** 50 - 70 cm, **WR:** u, **SG:** 2 - 4

Corydoras rabauti, Jungwelse, etwa 10 Tage alt.

Corydoras rabauti, Jungwels nach Ablegen des Jugendkleides, unten adultes ♀

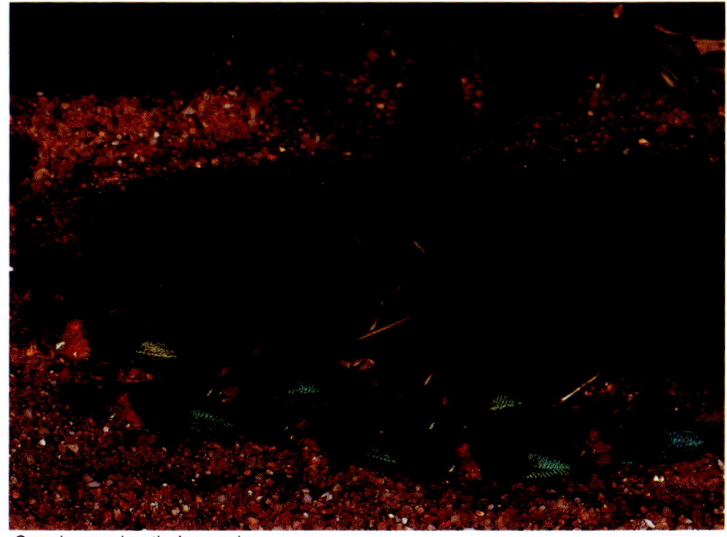

Corydoras rabauti, Jungwelse

Corydoras sanchesi   NIJSSEN & ISBRÜCKER, 1967
Sanches' Panzerwels

Syn.: Keine.

Vork.: Südamerika: Surinam: Nebenflüsse des Saramacca-River bei Posugrunu.

Ersteinf.: Unbekannt.

GU: Nicht beschrieben. Vermutlich sind die ♀♀ an der Leibesfülle zu erkennen, wenn sie beginnen, Laich anzusetzen.

Soz.V.: Wahrscheinlich ebenso gesellig wie alle *Corydoras*-Arten.

Hält.B.: Wie bei allen Panzerwelsen sollte man darauf achten, keinen scharfkantigen Bodengrund, wie z. B. Lavalit zu verwenden.

ZU: Wurde von dieser Art noch nicht beschrieben.

FU: K, O; alle gängigen Futtersorten.

Bes.: Ohne genaue Herkunftsangabe besteht Verwechslungsmöglichkeit mit *C. xinguensis*. Die Art wird kaum eingeführt.

T: 23 - 26° C, **L**: 4 - 5 cm, **BL**: 60 cm   **WR**: u, **SG**: 3

Corydoras saramaccensis   NIJSSEN, 1970
Saramacca-Panzerwels

Syn.: Keine.

Vork.: Südamerika: Surinam: Kleiner Saramacca-River

Ersteinf.: Nicht bekannt.

GU: Wurden noch nicht beschrieben, es ist jedoch anzunehmen, daß die ♀♀, besonders wenn sie Laich angesetzt haben, deutlich fülliger sind.

Soz.V.: Sicherlich handelt es sich um einen geselligen Fisch, wie es für *Corydoras*-Arten typisch ist.

Hält.B.: Aquarien mit feinem Sand als Bodengrund, Wurzeln zum Unterstehen und eine nicht zu dichte Bepflanzung, damit dazwischen Platz zum Ablegen besteht. Becken nicht zu hell halten, dann sind die Fische aktiver.

ZU: Wurde speziell von dieser Art noch nicht beschrieben.

FU: K, O; Alle Futtersorten, die vom Boden aufgenommen werden können.

Bes.: SEUSS sieht Ähnlichkeiten mit *C. delphax*, dessen Rückenflosse jedoch im vorderen Bereich deutlich schwarz gefärbt sein soll.

T: 23 - 26° C, **L**: 6 - 7 cm, **BL**: 80 cm, **WR**: u, **SG**: 3

Corydoras sp. cf. *sanchesi*

Corydoras sp. cf. *saramaccensis*

Corydoras similis
Similis-Panzerwels

HIERONIMUS, 1991

Syn.: Keine.

Vork.: Südamerika: Brasilien. Der Holotyp und zwei Paratypen wurden in der Nähe der Stadt Ariqumes in einem Zufluß zum Rio Madeira, Bundesstaat Rondonia, gefangen.

Ersteinf.: Vermutlich 1989.

GU: Nach HIERONIMUS liegt die Analöffnung der ♀♀ deutlich vor dem Ansatz der Brustflossen, die der ♂♂ jedoch dahinter; zudem soll der D-Stachel der ♂♂ länger sein. Die Bauchpartie adulter ♀♀ ist kräftiger gewölbt.

Soz.V.: Wie wohl alle Corydoras-Vertreter liebt auch diese kleinbleibende und friedliche Art das Leben im Schwarmverband. Einzeln gepflegte Tiere sind recht scheu und suchen Anschluß an andere Corydoras-Gruppen.

Hält.B.: Unterscheiden sich nicht von denen anderer Panzerwelsarten.

ZU: Die Erstzucht gelang SEUSS ("DATZ", 4/91, S. 222-223). Das Ablaichen fand in den Abendstunden in der für Corydoras-Arten typischen Weise statt, wobei 24 Eier, je 2 pro Paarung, gelegt wurden. Bei 23 - 25° C, pH-Wert 7,5 und 180 µS/cm Leitwert schlüpften die Jungwelse nach 3 - 4 Tagen. Sie wurden ohne Probleme aufgezogen. Die Elterntiere stellten dem Laich nicht nach.

FU: Allesfresser, kleine Daphnien, Cyclops, Mückenlarven, lebend oder gefrostet, Flockenfutter und Futtertabletten.

Bes.: In ihren Heimatgewässern soll diese relativ kurzschnäuzige Art sympatrisch mit dem wesentlich langschnäuzigeren und etwas größeren Corydoras ourastigma NIJSSEN, 1972 leben. Beide Arten sind einander durch das Vorhandensein eines dunklen Schwanzstielflecks recht ähnlich. Noch mehr erinnert C. similis jedoch an den ebenfalls sehr kurzschnäuzigen C. caudimaculatus RÖSSEL, 1961. Während dieser jedoch eine Art gefleckte Dorsale und Kaudale besitzt, sind diese Flossen bei C. similis ohne Fleckung.

T: 22 - 26° C, **L:** 5 cm, **BL:** 60 - 80 cm, **WR:** u, **SG:** 2

Corydoras virginiae
Miguelito-Panzerwels

BURGESS, 1993

Syn.: Corydoras sp. "Purus", Corydoras sp. "Miguelito", Corydoras sp. "C 4".

Vork.: Rio Ucayali-System in Peru. Das abgebildete Tier ist vom Rio Blanco.

Ersteinf.: ca. 1990 unter verschiedenen Namen.

GU: Keine äußeren sichtbar.

Soz.V.: Friedlicher Bodenbewohner. Gesellig und mit allen friedlichen Arten gut zu pflegen. Ausnahme sind eventuell Antennenwelse.

Hält.B.: Da die Art gern im Sandboden oder Detritus (zerfallenen Blätter, etc.) gründelt, ist eine Sanddecke im Aquarium vorzusehen. Scharfkantiger Kies schädigt die Barteln. Nicht zu heller Standort. Wasser: pH-Wert 5,8 - 7,5 (6,5).

ZU: Die Art ist noch nicht nachgezüchtet worden, dürfte aber wie andere Arten aus extremen Weichwassergebieten sein.

FU: K, O; Allesfresser. Futtertabletten, allerlei Futterreste, Gefrier- und FD-Futtermittel.

Bes.: Keine.

T: 23 - 26° C, **L:** 6 cm, **BL:** 60 cm, **WR:** u, **SG:** 2 - 3

Corydoras similis

Corydoras virginiae

Clarias buthupogon

SAUVAGE, 1879

Syn.: *Clarias angolensis (p.), C. bathypogon, C. bithypogon, C. buthipogon, C. buthopogon, C. buthypogon, C. butupogon, C. bythipogon, C. camerunensis (p.), C. dumerilii (p.), C. ekibondoi (p.), C. gabonensis, C. lindicus, C. longibarbis, C. megapogon, C. obscurus, C. walkeri, C. zygouron.*

Vork.: Afrika: Küstenflüsse von Benin bis Zaire.

Ersteinf.: Nicht bekannt, aber mit Sicherheit 1990 von COOYMANS & WILDE-KAMP nach Holland.

GU: Nicht bekannt.

Soz.V.: Einzelgänger oder in kleinen Gruppen. Meist nachtaktiver Raubfisch.

Hält.B.: Nur für das Spezialaquarium mit gleich großen oder größeren Fischarten geeignet. Kräftige Filterung und gedämpftes Licht. Wasser: pH-Wert 6,0 - 7,5; Härte bis 25° dGH (15°). Versteckmöglichkeiten bieten!

ZU: Nicht bekannt.

FU: K; Fische, Fischfleisch, Wasserinsekten und Würmer, Futtertabletten.

Bes.: Keine.

T: 22 - 28° C, **L**: 30 cm, **BL**: >100 cm, **WR**: u, m, **SG**: 4 (K)

Clarias camerunensis   LÖNNBERG, 1895

Syn.: *Clarias breviceps, C. curtus (p.), C. duchaillui, C. dumerilii (p.), C. lazera, C. liocephalus (p.), C. monkei, C. noensis, C. nigeriae, C. platycephalus, C. poensis, C. submarginatus, C. submarginatus thysvillensis, C. walkeri.*

Vork.: Afrika: Unteres Voltasystem, Küstenflüsse in Togo, Benin und Nigeria, Nigerdelta und Cross River, weiter südwärts über die Küstenflüsse Kameruns, Gabuns bis Zaire.

Ersteinf.: 1991 von VAN DEN BERG & DE WAGENEER nach Holland.

GU: Nicht bekannt.

Soz.V.: Wie die übrigen *Clarias*-Arten ein meist nachtaktiver, ziemlich räuberischer Wels.

Hält.B.: Robuster Aquarienfisch, der leider nicht mit kleineren Fischarten zu vergesellschaften ist. Abgedunkeltes Becken (Schwimmpflanzendecke). Sehr kräftige Filterung. An die Wasserwerte werden kaum Ansprüche gestellt. Ein Tagesversteck (z. B. Drainagerohr) sollte angeboten werden.

ZU: Unbekannt.

FU: K, O; Fische, Würmer, Insekten. Allesfresser, meist nachtaktiv.

Bes.: Keine.

T: 23 - 28° C, **L:** 45 cm, **BL:** 150 cm, **WR:** u, **SG:** 4 (K)

Clarias gabonensis   GÜNTHER, 1867

Syn.: *Clarias angolensis (p.), C. bythipogon (p.), C. congicus, C. dolloi, C. dumerilii (p.)*.

Vork.: Mittlerer und Unterer Zaire, Lake Tumba und Pool Malebo, Ogowe- und Chiloango-Flußsystem.

Ersteinf.: Nicht bekannt, sicher 1991 von VAN DEN BERG & DE WAGENEER nach Holland.

GU: Nicht bekannt.

Soz.V.: Hauptsächlich ein nachtaktiver Raubwels. Wegen seiner Größe besteht seine Beute hauptsächlich aus kleineren Fischen.

Hält.B.: Robuster und gut haltbarer Aquarienfisch. Kann mit gleich großen und größeren Arten zusammen gehalten werden. Kleinere Fischarten werden oft gefressen. Unterschlupf bieten. Wasser: pH-Wert 6,0-7,5. Härte bis 25° dGH.

ZU: Unbekannt.

FU: K; Meist Fische oder Froschlarven, die, während sie schlafen, gefressen werden. Frißt im Aquarium fast alles, was angeboten wird.

Bes.: Keine.

T: 22 - 28° C, **L**: 35 cm, **BL**: 150 cm, **WR**: u, **SG**: 4 (K)

Clarias gariepinus   (BURCHELL, 1822)

Syn.: *Silurus gariepinus, Clarias lazera, C. syriacus, C. capensis, C.mossambicus, C. orontis, C. xenodon, C. macracanthus, C. robecchii, C. smithii, C. microphthalmus, C. guentheri, C. longiceps, C. moorii, C. vinciguerrae, C. tsanensis, C. malaris, C. notozygurus, C. depressus.*

Vork.: Panafrikanische Verbreitung mit Ausnahme der nordafrikanischen Länder, Südosttürkei, Jordanien, Libanon und Israel.

Ersteinf.: Nicht bekannt.

GU: ♀♀ größer und voller als die ♂♂.

Soz.V.: Sehr räuberischer und hauptsächlich nachtaktiver Fisch, jagt aber, wenn hungrig, auch tagsüber. Lebt in Flüssen und Sümpfen der Gezeitenzonen.

Die Fische können kriechend über Land das Biotop wechseln (walking catfish!). Die Tiere können in eintrocknenden Tümpeln auf die Regenzeit warten.

Hält.B.: Nur in großen Aquarien möglich. Kann nur mit gleich großen Fischen zusammen gehalten werden.

ZU: Bis jetzt nur durch Hypophysenzugabe gelungen.

FU: Allesfresser.

Bes.: Wichtiger Speisefisch in den Ländern seiner Herkunft. Wird auch in Afrika als Konsumfisch gezüchtet.

T: 22 - 28° C, **L**: bis 150 cm, **BL**: 300 cm, **WR**: u, **SG**: 4 (G, K)

Clarias liocephalus

BOULENGER, 1898

Syn.: *Clarias carsonii, C. neumanni, C. phillipsi, C. ornatus, C. species, C. submarginatus, C. submarginatus liocephalus, C. youngicus.*

Vork.: Afrika: Viktoriasee, Eduardsee, Georgsee und weitere kleinere Seen in Uganda. Kivusee, Tanganjikasee, Bagweulu- und Moerosee. Systeme der Kagera-, Malagarazi-, Ruzizi- und Tana-Flüsse.

Ersteinf.: Unbekannt.

GU: Unbekannt.

Soz.V.: Wie fast alle anderen *Clarias*-Arten hauptsächlich nachtaktiver Raubwels. Kleinere Exemplare leben hauptsächlich von Wasserinsekten und deren Larven.

Hält.B.: Wegen seiner Größe mit gleich großen oder größeren Fischarten in einem Spezialaquarium zu halten. Ein Unterschlupf sollte geboten werden. Kräftige Filterung. Die Wasserbedingungen sind nicht von Bedeutung.

ZU: Nicht bekannt.

FU: K, O; alles, was freßbar ist. Würmer, Fische, Fischfleisch, Forellenpellets.

Bes.: Keine.

T: 22 - 28° C, **L**: 35 cm, **BL**: 150 cm, **WR**: u, **SG**: 4 (G, K)

Heterobranchus isopterus

BLEEKER, 1863

Syn.: *Heterobranchus macronema.*

Vork.: Afrika: Küstenflüsse von Guinea (Konkouré) bis Nigeria (Cross).

Ersteinf.: 1988 durch die Firma Tropifish, Beek en Donk, Niederlande.

GU: Keine äußeren bekannt.

Soz.V.: Wie fast alle Clariiden ist *H. isopterus* ein räuberischer Fisch und überwiegend nachtaktiv. In der freien Natur ist die Art sowohl in Bächen als auch in Flüssen zu finden.

Hält.B.: Ist in einem normalen Aquarium zwar haltbar, für ein Schauaquarium jedoch besser geeignet, in dem die Tiere auch mit größeren Fischarten vergesellschaftet werden können. Ein mit Pflanzen eingerichtetes Becken ist notwendig, damit sich die Tiere während des Tages verstecken und ruhen können.

ZU: Unbekannt, vermutlich nur durch Hypophysenzugabe möglich.

FU: Allesfresser.

Bes.: Maxillare Barteln, die nie an die Ventralen reichen.

T: 22 - 28° C, **L**: bis 50 cm, **BL**: 150 cm, **WR**: u, **SG**: 4 (G, K)

Clarias liocephalus, Uganda

Heterobranchus isopterus, Sierra Leone

Heterobranchus bidorsalis

SAINT-HILAIRE, 1809

Syn.: *Heterobranchus geoffroyi, H. intermedius, H.senegalensis.*

Vork.: Afrika: In den Flußsystemen des Nil, Niger, Benue, Oberen Volta, Senegal- und Gambia-Flüsse.

Ersteinf.: Nicht bekannt.

GU: ♀♀ zur Laichzeit beträchtlich dikker.

Soz.V.: Sehr räuberischer Fisch.

Hält.B.: Nur für größere Aquarien geeignet. Kann mit gleich großen oder größeren anderen Arten vergesellschaftet werden.

ZU: Die Vermehrung in der Natur erfolgt kurz nach Beginn der Regenzeit (April) in Sümpfen und Überflutungsgebieten.

FU: K; alles, was freßbar ist.

Bes.: Vom Import und Kauf ist dringend abzuraten.

T: 22 - 28° C, **L:** bis 1,5 m, **BL:** 200 cm, **WR:** u, **SG:** 4 (G, K)

Cetopsis coecutiens   (LICHTENSTEIN, 1829)
Walwels

Syn.: *Silurus coecutiens.*

Vork.: Südamerika: Brasilien und Peru, im Amazonasstromgebiet.

Ersteinf.: Unbekannt, sicher ist die Art im März 1993 von Tropifish, Beek en Donk, aus Iquitos, Peru, importiert worden.

GU: Unbekannt.

Soz.V.: Sehr aggressiver Raubfisch: Lebt einzeln oder in kleinen Schulen. Greift verwundete Fische an.

Hält.B.: Nur geeignet für ein Spezialaquarium. Nicht mit anderen Fischen zu vergesellschaften. Einrichtung und Wasserwerte spielen keine große Rolle. Für kräftige Filterung muß jedoch gesorgt werden.

ZU: Unbekannt.

FU: K; Fischfleisch. Konnte aber beim Importeur auch gut mit *Tubifex* und Rinderherz gefüttert werden.

Bes.: Lebt hauptsächlich von verwundeten großen Fischen, die sehr aggressiv von dieser Art angegriffen werden. Dabei wird eine Höhle in den Bauch gefressen und in kurzer Zeit ein Fisch von innen leergefressen. Der Walwels ist vergleichbar mit einem Piranha der gefährlichen Arten. Kein Aquarienfisch!

T: 22 - 28° C, **L**: bis 1,5 m, **BL**: 200 cm, **WR**: u, **SG**: 4 (G, K)

Baryancistrus sp., Brasilien; L 18 und L81 (oben); Seite 280

Die nachfolgenden "L"-Nummern wurden der "DATZ" und einem bebilderten Verzeichnis der Importfirma Transfish, München, entnommen.

Die "LDA"-Nummern beziehen sich auf Loricariiden der Zeitschrift DAS AQUARIUM, Birgit-Schmettkamp-Verlag.

Ancistrus sp. "LDA 3"

Syn.: Keine.

Vork.: Brasilien.

Ersteinf.: 1992 von KELLNER.

GU: ♂♂ besitzen längere häutige Auswüchse an der Oberseite der Schnauze.

Soz.V.: Friedliche, apart gefärbte Art, die
problemlos in ein Gesellschaftsaquarium
paßt.

Hält.B.: Für Versteckplätze sorgen. Dadurch bekommt man die Tiere zwar weniger häufig zu Gesicht, ermöglicht ihnen
aber, sich artgerecht zu verbergen.

ZU: Noch nicht gelungen.

FU: H; Algen, Salat, Spinat, Trockenfutter
mit hohem Grünfutteranteil. Allerdings
wird meist auch gängiges Normalfutter
gefressen. Die Tiere fressen auch Aas.

Bes.: Keine.

T: 23 - 26° C, L: 10 cm, BL: > 60 cm, WR: u, SG: 2 - 3

Ancistrus sp. "L 156"

Syn.: *Ancistrus* sp. aff. *leucostictus.*

Vork.: Brasilien: Rio Tocantins, São Paulo?

Ersteinf.: Unbekannt.

GU: ♂♂ besitzen ein stark ausgebildetes "Geweih" aus häutigen Anhängen.

Soz.V.: Friedliche Art, die untereinander in harmlosen Rangeleien Revierkämpfe ausführt.

Hält.B.: Verstecke in Form von Höhlen in Steinen oder Wurzeln bieten. Sehr zarte Aquarienpflanzen werden gelegentlich "vernascht". Der Schaden hält sich bei wenigen Tieren aber in Grenzen.

ZU: Wahrscheinlich schon gelungen. Da die Art nicht eindeutig zu identifizieren ist, aber fraglich. Danach bewachen die ♂♂ in typischer *Ancistrus*-Manier Gelege und frisch geschlüpfte Jungfische bis zum Freischwimmen in einer Bruthöhle.

FU: H; Pflanzennahrung in Form von Algen, Spinat, Salat, Salatgurken, etc. Es wird aber auch Flocken- und Tablettenfutter, Frost- und Lebendfutter sowie Aas genommen.

Bes.: Vielleicht gibt es mehrere, sehr ähnlich aussehende Arten, oder die Art besitzt ein sehr weites Verbreitungsgebiet. Von dem ähnlichen *A. tamboensis* läßt sie sich durch die viel runderen Flecke unterscheiden.

T: 23 - 28° C, **L:** 12 cm, **BL:** 100 cm, **WR:** u, **SG:** 2 - 3

Ancistrus sp. "L 88"

Syn.: Keine.

Vork.: Südamerika: Brasilien, importiert aus Manaus.

Ersteinf.: 1991 von KELLNER (MERING).

GU: ♂♂ besitzen einen kräftig ausgeprägten "Geweihwuchs" auf der Schnauzenoberseite.

Soz.V.: Sehr friedliche Art, die nur untereinander harmlose Geplänkel um Futter oder Reviere ausführt. Dabei werden zwar die stacheligen Zwischenkiemendornen eingesetzt, es kommt aber dennoch zu keinen Verletzungen.

Hält.B.: Für Verstecke in Form von Höhlen in Steinen oder Wurzeln sorgen. Wegen des Algenfressens sollte das Becken nicht zu knapp beleuchtet werden.

ZU: Bisher noch nicht beschrieben. Sicherlich wird das ♂ die Höhle und die darin vom ♀ abgelegten Eier und Larven bewachen, bis sie frei schwimmen.

FU: H; allerlei Grünfutter (Algen, Spinat, Salat, etc.) und Trockenfutter. Es wird aber auch Aas gefressen.

Bes.: Die Art ist eine bemerkenswert unauffällige Neueinführung hinsichtlich ihrer Zeichnung. Allerdings ist das urige "Geweih" der ♂ ein Anreiz, die Tiere zu pflegen, auch angesichts der Tatsache, daß sie problemlos in jedes Gesellschaftsaquarium passen.

T: 24 - 28° C, **L:** 10 cm, **BL:** 80 cm, **WR:** u, **SG:** 2

Ancistrus sp. aff. *leucostictus,* "L 156"

Ancistrus sp. "L 88"

Ancistrus tamboensis "L 89"
Mosaik-Harnischwels

FOWLER, 1945

Syn.: Keine.

Vork.: Südamerika: Peru, Satipo. Brasilien?

Ersteinf.: 1991 von KELLNER.

GU: ♂♂ haben ein stattliches "Geweih" aus hautartigen Fortsätzen.

Soz.V.: Friedliche Art, die mit anderen Harnischwelsen und auch Fischen aus anderen Familien gut vergesellschaftet werden kann.

Hält.B.: Becken mit Wurzeln ausstatten, in denen sich die Tiere verbergen können. Wasserwerte nicht sehr wichtig: pH-Wert 6,5 - 7,5; Härte bis 20° dGH.

ZU: MOHR berichtet, daß die Art bei hohen Temperaturen (28° C) in der Höhle des ♂ ablaichte. Junge schlüpfen nach 4 Tagen, nach 11 Tagen ist der Dottersack aufgezehrt. Anfüttern mit Aufzuchtfutter für Jungfische und Algen. Langsameres Wachstum als bei anderen *Ancistrus*-Arten.

FU: H; Algen, Salat, Spinat, Erbsen, Salatgurken. Allerdings wird auch normales Flockenfutter und Tablettenfutter genommen.

Bes.: Die Art ist an den unregelmäßig geformten Flecken zu erkennen, die wie Einlegearbeiten aussehen.

T: 24 - 29° C, **L**: 12 cm, **BL**: 100 cm, **WR**: u, **SG**: 2 - 3

Ancistrus triradiatus

EIGENMANN, 1917

Syn.: Keine.

Vork.: Kolumbien, Oberes Rio Meta-System, Anden östlich von Bogotá, Quebrada Cramalote, Villavicenco. Brasilien, Belém?

Ersteinf.: Unbekannt.

GU: ♂♂ besitzen ein "Geweih" aus hautartigen Fortsätzen.

Soz.V.: Wurde noch nicht beschrieben, dürfte aber ähnlich dem anderer *Ancistrus*-Arten sein, also relativ friedlich gegenüber anderen Fischen.

Hält.B.: Aquarium mit Steinen und Wurzeln, in denen sich Höhlen befinden. Bepflanzung so wählen, daß noch genügend Licht für Algenwuchs einfällt, der von den Fischen abgeraspelt wird.

ZU: Es liegen keine Veröffentlichungen vor, dürfte aber auf ähnliche Weise stattfinden wie bei anderen *Ancistrus*-Arten. Danach bewacht das ♂ eine Bruthöhle, in das die ♀♀ zum Ablaichen kommen. Eier und Larven werden bis zum Freischwimmen behütet.

FU: H; Grünfutter (Algen, Spinat, Salat, etc.) aber auch normales Flocken- und Tablettenfutter.

Bes.: Das Tier auf dem Foto stammt aus Belém. So weit vom ursprünglichen Verbreitungsgebiet der Art entfernt scheint es fraglich, ob die Identifizierung korrekt erfolgt ist.

T: 24 - 28° C, **L**: 10 cm, **BL**: 80 cm, **WR**: u, **SG**: 2

Ancistrus tamboensis

Ancistrus triradiatus

Aphanotorulus frankei
Leopard-Schilderharnischwels

ISBRÜCKER & NIJSSEN, 1983

Syn.: Keine.

Vork.: Südamerika: Peru, Rio Neshua, Nebenfluß des Rio Aguaytia, der im Distrikt Coronel Portillo nördlich von Pucallpa in den Rio Ucayali entwässert.

Ersteinf.: Vermutlich 1988 in mehreren Exemplaren nach Wien.

GU: Adulte ♂ ♂ besitzen eine starke Beborstung aus Knochenzähnchen auf dem Schwanzstiel ab Höhe des Endes der Dorsale und auf dem obersten verdickten Kaudalstrahl, die den ♀ ♀ fehlt.

Soz.V.: Sehr attraktive, leider dämmerungs- und nachtaktive Art. Diese friedfertigen Welse leben außerhalb der Laichzeit als Einzelgänger. Fische der gleichen Art, die in ihr Tagesversteck eindringen wollen, werden mit großer Beharrlichkeit wieder herausgedrängt.

Hält.B.: Pflege paarweise im Artenbekken oder im Gesellschaftsaquarium mit je einem Versteckplatz pro Fisch in Bambus- oder Kunststoffröhren oder Spalten im Steinaufbau. Häufige Frischwassergaben oder zeitweiser Wasserdurchfluß sind erforderlich, da der Rio Neshua auch in der Niedrigwasserzeit eine relativ starke Strömung aufweist. Möglichst täglich den nachts anfallenden Kot entfernen.

ZU: Noch nicht gelungen.

FU: H, K, O; Leopard-Schilderharnischwelse scheinen Nahrungsspezialisten zu sein, die im Aquarium mit Vorliebe Flockenfutter fressen. Gelegentlich werden größere lebende Daphnien und Tubificiden angenommen. Gebrühter Salat wird verschmäht, auch scheinen sie keine Ballaststoffe in Form von abgeraspeltem Holz, wie das von den *Ancistrus*-Arten bekannt ist, aufzunehmen. Möglicherweise leben sie im Rio Neshua von den in großer Menge am Bodengrund liegenden, zerfallenden großen Blättern mancher Urwaldbäume (Papaya, Mango, usw.).

Bes.: Die zwei ersten Exemplare dieser Art wurden von den Teilnehmern der 2. Internationalen peruanischen ichthyologischen Expedition der San-Marcos Universität, Lima, 1981 im Rio Neshua entdeckt. Sie repräsentieren als Holo- und Paratyp die neue Gattung und Art. Typisch sind für diese Harnischwelse ständige fächelnde Bewegungen mit dem Schwanzstiel nach rechts und links im Tagesversteck. Das scheint die Sauerstoffzufuhr in das Röhreninnere bei fehlendem Fließwasser im Aquarium zu erhöhen.

T: 25 - 28° C, L: 13 - 15 cm, BL: 60 - 100 cm, WR: u, SG: 3 - 4

Aphanotorulus frankei ♂, man beachte Oberkante Schwanzstiel und -flosse

Aphanotorulus frankei ♀

Aposturisoma myriodon
Kopfleisten-Störwels

ISBRÜCKER, BRITSKI, NIJSSEN & ORTEGA, 1983

Syn.: Keine.

Vork.: Südamerika: Peru, Rio Huacama-yo, Nebenfluß des Rio Aguaytia, der im Distrikt Coronel Portillo in den Rio Ucayali einmündet.

Ersteinf.: Nicht bekannt.

GU: Unbekannt.

Soz.V.: Unbekannt.

Hält.B.: Falls der Lebendimport gelingen sollte (siehe bei **Bes.**:), scheinen starke Durchlüftung des Beckens und - zumindest teilweise - Frischwasserdurchfluß Voraussetzungen für die erfolgreiche Pflege und eventuelle Zucht zu sein.

ZU: Unbekannt.

FU: L, O; es liegen noch keine Erfahrungen vor. Vermutlich beraspeln diese Fi-sche Algenaufwuchs des steinigen Untergrundes, auf dem sie leben. TetraMin dürfte - wie von den meisten *Loricariiden* - angenommen werden. Zusätzlich gebrühten Salat anbieten.

Bes.: Die äußerst attraktive Welsart wurde 1979 von den Teilnehmern der ersten Internationalen peruanischen ichthyologischen Expedition der San-Marcos-Universität im Rio Huacamayo entdeckt. Leider gelang es trotz häufigen Wasserwechsels nicht, die Welse länger als 2 Stunden ohne Belüftung am Leben zu erhalten. Ihr Leben in den sehr schnell fließenden, flachen Flußabschnitten erklärt ihren hohen Sauerstoffbedarf, der einen Lebendimport sehr erschweren dürfte.

T: 24 - 28° C, L: 18 - 20 cm, **BL:** 60 - 80 cm, **WR:** u, **SG:** 3 - 4

Fundort von *Aposturisoma myriodon*

Aposturisoma myriodon

Aposturisoma myriodon

Zum Vergleich: *Leporacanthicus galaxias*, juvenil (?)

Baryancistrus sp. "L 18, L 81, L177"
Gelbsaumwels

Syn.: Keine.

Vork.: Brasilien, Rio Xingu, Rio Iriri.

Ersteinf.: 1988.

GU: Nicht bekannt.

Soz.V.: Friedlicher, allerdings nicht ganz klein bleibender Harnischwels. Kann problemlos mit nicht zu aggressiven Arten vergesellschaftet werden.

Hält.B.: Die Art hat sich in der Eingewöhnungsphase als relativ heikel erwiesen. Sehr oft bekommen die Fische die sogenannte "Grünbauch-Krankheit". Dabei verfärbt sich der Bauch der Tiere grünlich, schwillt an und die Fische verenden nach kurzer Zeit. Gesunde Tiere sind recht haltbar.

ZU: Noch nicht gelungen.

FU: H, O; Algen, Aufwuchs von Scheiben und anderen festen Unterlagen. Moorkienholz zum Abraspeln ist wichtig. Erbsen, Futtertabletten und Flockenfutter, das vom Boden aufgenommen wird.

Bes.: Obwohl die mit separaten Code-Nummern versehenen Welse "L 18", "L 81" und "L 177" gewisse Unterschiede im Farbkleid aufweisen, ist ihre sonstige Morphologie identisch. Mit großer Sicherheit kann deshalb angenommen werden, daß es sich dabei um eine Art handelt, die verschieden gefärbte Individuen hervorgebracht hat. "L 18" und "L 81" werden auch häufig in einem Beutel zusammen importiert. "L 177" hat einen anderen Fundort (Rio Iriri).

T: 23 - 26° C, L: > 15 cm, **BL:** 100 cm, **WR:** u, **SG:** 3 - 4

Baryancistrus sp., Brasilien, "L 81"

Baryancistrus sp., Brasilien, "L 18, L 177"

Cochliodon sp. "L 50"
Riesen-Cochliodon

Syn.: Keine.

Vork.: Brasilien.

Ersteinf.: Unbekannt.

GU: Nicht bekannt.

Soz.V.: Friedliche, nicht ganz klein bleibende Harnischwelsart, die sich problemlos mit anderen Fischen vergesellschaften läßt.

Hält.B.: In der Eingewöhnungsphase nicht ganz problemlos, später ein ausdauernder Aquarienfisch. Kann auch mit nicht ruppigen Cichliden zusammen gehalten werden. Wasserwerte spielen keine so große Rolle. Härte bis 20° dGH; pH-Wert 6,5 - 7,5.

ZU: Bisher nicht gelungen.

FU: O; frißt alle gängigen Futtersorten (Frost-, Flocken- und Tablettenfutter). Lebendnahrung nur, wenn sie am Boden erbeutet werden kann. Guter Restevertilger.

Bes.: Die Art ist besonders hochrückig, wodurch sie von anderen, ähnlichen Arten unterschieden werden kann. Außerdem treten die dunklen Punkte auf dem Körper besonders markant hervor. Das Maul besitzt löffelartige Zähne.

T: 23 - 27° C, **L**: > 15 cm, **BL**: 100 cm, **WR**: u, **SG**: 3

Cochliodon sp.
Rusty-Pleco

Syn.: *Hypostomus* "bruno", *Panaque* "bruno".

Vork.: Paraguay.

Ersteinf.: Unbekannt.

GU: Nicht bekannt.

Soz.V.: Friedliche Art, die als "Putzer" eine weite Verbreitung gefunden hat. Für das Gesellschaftsaquarium gut geeignet.

Hält.B.: In fast jedem Aquarium möglich. Kann sowohl mit Cichliden als auch mit kleineren Fischen vergesellschaftet werden. Verträgt extrem niedrige Temperaturen (mehrere Wochen bei 16° C waren kein Problem).

ZU: Nicht bekannt.

FU: O; frißt alle gängigen Futtersorten. Guter Restevertilger und sogar Aasfresser.

Bes.: Die Art besitzt löffelartige Zähne wie die Ancistrinen *Panaque*, hat aber keine Zwischenkiemenstacheln. Ob sie in freier Natur wie *Panaque* ein Holzfresser ist, ist unbekannt. Hat Ähnlichkeit mit *Cochliodon cochliodon*, der aber über zusätzliche dunkle Punkte am Körper verfügt.

T: 20 - 26° C, **L**: > 15 cm, **BL**: 100 cm, **WR**: u, **SG**: 2

Cochliodon sp. "L 50"

Cochliodon sp.

Crossoloricaria rhami

ISBRÜCKER & NIJSSEN, 1983

Syn.: Keine.

Vork.: Südamerika: Peru, Rio Huacamayo, Zufluß zum Rio Aguaytia, Rio Ucayali-Becken.

Ersteinf.: Anfang der 90er Jahre.

GU: Adulte ♀♀ sind an der laichvollen, gerundeten Bauchpartie zu erkennen.

Soz.V.: Unbekannt.

Hält.B.: Unbekannt. Es sollten hierbei die Pflegeerfahrungen bei den aquaristisch viel gepflegten Hexenwelsarten *Rineloricaria lanceolata*, *R.* sp. "rot", *Dasyloricaria filamentosa*, usw. berücksichtigt werden.

ZU: Unbekannt. Auch hier sollte man auf die bereits bewährten Zuchterfahrungen mit den *Rineloricaria*-Arten zurückgreifen. Möglicherweise sind es aber auch "Offenbrüter", wie die *Sturisoma*-Arten.

FU: O, H; *Cyclops, Moina*, ausgesiebte kleine Daphnien, Enchyträen, zerkleinerte und ausgewachsene *Tubifex* (in kleinsten Mengen, da die auslaufende seröse Flüssigkeit der *Tubifex*-Stücke ein guter Nährboden für Infusorien-Massenentwicklung darstellt, wenn das Futter nicht sofort gefressen wird). Ferner Flockenfutter und TabiMin-Tabletten.

Bes.: Die hübsche, vermutlich kleinbleibende Art wurde bisher nur in drei Exemplaren 1979 und 1981 von den Teilnehmern der ersten und zweiten Internationalen Fangexpedition der San-Marcos-Universität Lima im Rio Huacamayo/Peru gefangen. Das größte der als Typenmaterial konservierten Exemplare war nur 12,7 cm lang.

T: 25 - 28° C, **L:** 13 cm (?), **BL:** 60 cm, **WR:** u, **SG:** 3 - 4

Crossoloricaria variegata venezuelae

(SCHULTZ, 1944)

Syn.: *Loricaria variegata venezuelae.*

Vork.: Südamerika: Venezuela, Rio Palmar, etwa 70 km südwestlich von Maracaibo.

Ersteinf.: 1991.

GU: Unbekannt. Laichvolle ♀♀ sind jedoch an der volleren Bauchpartie zu erkennen.

Soz.V.: Außerhalb der Laichzeit friedliche Einzelgänger, die sich tagsüber gern in feinem Sand soweit vergraben, daß nur der Schädel mit den Augen, die Rückenlinie und die Oberseite des Schwanzstiels bei genauem Hinsehen zu erkennen sind. In der Dämmerung werden sie aktiv und suchen den Boden nach Freßbarem ab.

Hält.B.: Geräumige Aquarien mit feinem Sandboden, der nur eine seitliche und Hintergrundbepflanzung aufweisen sollte. Ansonsten muß den Tieren genügend pflanzen- und steinfreier Bodenraum zum Eingraben und für ihre nächtliche Aktivitätsphase zur Verfügung stehen.

ZU: Unbekannt.

FU: O; Daphnien, *Moina, Cyclops,* Rote Mückenlarven lebend oder gefroren, ferner Enchyträen, gefrostete *Artemia*-Krebschen, Schwarze und Glasmückenlarven sowie Flockenfutter und Futtertabletten.

Bes.: Die vier *Crossoloricaria*-Arten erinnern durch ihren flunderähnlichen platten Körperbau sehr an die Vertreter der Gattung *Pseudohemiodon*. Besonders *P. laticeps* ist durch die gestrichelte Körperzeichnung *Crossoloricaria venezuelae* und *C. rhami* ISBRÜCKER & NIJSSEN, 1983 sehr ähnlich.

T: 22 - 26° C, **L:** 16 - 18 cm, **BL:** 80 - 100 cm, **WR:** u, **SG:** 2 - 3

Crossoloricaria rhami

Pseudohemiodon lamina (GUNTHER, 1868)

Farlowella knerii   (STEINDACHNER, 1883)
Kners Schnabelwels   Unterfam.: Loricariinae

Syn.: *Acestra knerii.*

Vork.: Südamerika: Ecuador, Canelos.

Ersteinf.: Unbekannt.

GU: Wurden noch nicht beschrieben, bei anderen *Farlowella*-Arten sind die ♂♂ aber an Beckenbärten, zumindest während der Paarungszeit, zu erkennen.

Soz.V.: Friedlicher Fisch, der gut zu kleineren, ebenso friedlichen Arten gesellt werden kann. Auf keinen Fall mit ruppigen Arten pflegen.

Hält.B.: Die Art scheint sehr transportempfindlich zu sein. Leider erreichen die Tiere Europa häufig in einem recht desolaten Zustand. Hat man sie zum "Stehen" gebracht, sind es bei guter Pflege aus-

dauernde Gesellen. Becken mit Wurzeln dekorieren. Die Fische hängen sich auch gerne an langblättrige Pflanzen. Gute Filterung ist wichtig.

ZU: Wurde bisher noch nicht beschrieben.

FU: H; von den Scheiben werden gerne Algen geraspelt. Schnabelwelse fressen aber auch Futtertabletten und anderes Kunstfutter. Da sie dabei etwas langsam sind, sollten sie nicht mit zu gierigen Arten vergesellschaftet werden.

Bes.: Leider wird die Art kaum eingeführt, da uns aus Ecuador nur selten Fische erreichen.

T: 24 - 27° C, **L**: > 12 cm, **BL**: 80 cm, **WR**: u, **SG**: 3 - 4

Glyptoperichthys joselimaianus   WEBER, 1991
                                                Unterfam.: Hypostominae

Syn.: "L 1", "L 22".

Vork.: Südamerika: Brasilien, Rio Aruana (Goiás).

Ersteinf.: Unbekannt.

GU: Nicht bekannt.

Soz.V.: Zumindest in großen Becken untereinander und zu anderen Fischen verträglich. Im Gegensatz zu manchen Vertretern der Gattung *Hypostomus* werden auch große Fische nicht belästigt.

Hält.B.: Kann in Aquarien fast aller Schattierungen gepflegt werden. Von manchen Autoren wird vom Mißbrauch der Fische als Putzer und Müllmänner geschrieben. Genau diesen Zweck erfüllen sie aber ausgezeichnet und zwar sowohl in Becken für Cichliden (egal, aus welchem

Erdteil) oder im Gesellschaftsaquarium. Möchte man sie halbwegs artgerecht unterbringen, sollten sie Wurzel- oder Steinhöhlen erhalten.

ZU: Noch nicht gelungen.

FU: O; es werden nicht nur Algen gefressen, sondern auch Detritus, Laich anderer Fische, Aas und natürlich auch alle Arten von Frost- und Trockenfutter.

Bes.: Diese Art verträgt sehr gut hohe Temperaturen und ist deshalb auch im Diskusbecken ein hervorragender Restevertilger.

T: 24 - 29° C, **L**: > 15 cm, **BL**: 100 cm, **WR**: u, **SG**: 2

Farlowella knerii

Glyptoperichthys joselimaianus

Hypancistrus zebra
Zebra-Harnischwels

ISBRÜCKER & NIJSSEN, 1991

Syn.: Keine.

Vork.: Südamerika: Brasilien, Est. Para, Zulauf zum Rio Xingu.

Ersteinf.: 1989, vermutlich durch WERNER.

GU: Die Dornen (Knochenzähne) auf den Brustflossenstrahlen und Hakenstacheln am abspreizbaren Zwischenkieferknochen der ♂ ♂ sind länger als die der ♀ ♀.

Soz.V.: Ruhiger und gegen Fremdfische friedfertiger Harnischwels. Untereinander kann es jedoch zu Kämpfen kommen, wobei der ranghöchste Fisch rangniedrigere Artgenossen unter Breitseitimponieren bedroht. Morgens fehlen den unterlegenen Tieren oft Flossenteile, wovon besonders der Oberlappen der weit gegabelten Kaudale betroffen ist. Dabei wird sogar der Flossenstachel teilweise abgebrochen. Wodurch die Verletzungen entstehen, bedarf noch der Klärung. Vermutlich sind die Hakenstacheln des abgespreizten Zwischenkieferknochens die Verursacher. Rein nachtaktiv lebende *Loricariiden*, die man tagsüber lediglich beim Fehlen jeglicher Versteckmöglichkeiten zu sehen bekommt. Sie bevorzugen als Tagesruheplatz immer wieder ein bestimmtes Versteck, das sie nur nach Vertreibung durch ein ranghöheres Tier oder einen stärkeren Fremdfisch aufgeben.

Hält.B.: Für die Einzelhaltung genügen bei ihrer geringen Größe kleine Aquarien mit friedlichem Kleinfischbesatz (kleine Salmler, *Rineloricaria*-, *Otocinclus*-, *Farlowella*- oder *Peckoltia*-Arten). Als Versteckplätze eignen sich längs durchtrennte Kunststoff- oder Bambusröhren von etwa 4 cm Innendurchmesser, die sie nicht geteilten Röhren vorziehen, ferner halbierte Kokosnußschalen und Spalten in Steinaufbauten. Bei Pflege von mehreren Tieren in geräumigen Becken ist es

notwendig, zumindest anfänglich zu beobachten, ob ein aggressives Tier dabei ist, das sofort zu isolieren ist. Für jeden Fisch muß dann eine Versteckmöglichkeit vorhanden sein.

ZU: Nachzucht wird beschrieben von PAHNKE: Seit zwei Jahren regelmäßig gezüchtet: *Hypancistrus zebra*. ("DATZ", 47 (10) 1993: 630-632) und WALTER: Nachzucht gelungen: *Hypancistrus zebra*. ("DATZ", 47 (10) 1993: 633).

FU: Da diese Welse nur nachts zu fressen scheinen, ist es sehr schwer, ihr Nahrungsspektrum zu ergründen. Neben Flockenfutter sollten Salatblätter (ungespritzt), frisch gefrostete *Cyclops* und kleinere Daphnien sowie versuchsweise algenbewachsene Steine gereicht werden, daneben Grindalwürmchen und ab und an Enchyträen. Daneben ist Holz zum Abraspeln wichtig!

Bes.: Das Bekanntwerden vom Fang der ersten Exemplare und die ersten Abbildungen dieser Welse waren eine der großen aquaristischen Sensationen der letzten Jahre, zumindest für die Welsfreunde. Leider erwiesen sich die Tiere, die frisch importiert worden waren, als anfällig für *Ichthyophthirius*-Infektionen. Daher ist eine längere Quarantäne neu erworbener Fische zu empfehlen. Bei schnellem Abfall des pH-Wertes in den sauren Bereich, etwa ab pH-Wert 6,0, kommt es sofort zu Verlusten. Bei Beachtung dieser Hinweise sind diese einmalig schönen, geradezu unwirklich anmutenden Loricariiden aber ausdauernde Pfleglinge. Inzwischen gibt es zwei weitere schwarz/weiß gezeichnete Arten wahrscheinlich der gleichen Gattung. Eine davon ist auf dem oberen Fotos rechts abgebildet.

T: 23 - 26° C, **L**: kaum über 5 cm, **BL**: 35 (- 80 cm für mehrere Tiere), **WR**: u, **SG**: 2 - 4

Hypancistrus cf. *zebra*, bisher keine L-Nr.!

Hypancistrus zebra

Hypostomus emarginatus

VALENCIENNES, 1840

Syn.: *Hypostomus horridus, Plecostomus emarginatus, P. horridus, P. villarsii.*

Vork.: Südamerika: Brasilien.

Ersteinf.: Unbekannt.

GU: Nicht bekannt.

Soz.V.: Die Art scheint relativ friedlich zu sein, auch gegenüber anderen großen Fischen.

Hält.B.: In geräumigen Behältern. Zur artgerechten Pflege gehört eine Höhle aus Steinen (oder Kunststoffrohr), die nicht zu groß und weit sein darf, sondern nur so geräumig, daß der Fisch gut hineinpaßt.

ZU: Noch nicht beschrieben worden.

FU: O; die Art frißt nicht nur Grünfutter, sondern alle gängigen Futtersorten, die im Aquarium in der Regel verabreicht werden (Flocken-, Tabletten-, Frost- und am Boden liegendes Lebendfutter).

Bes.: Es gibt anscheinend eine große Zahl von Arten (Varianten?) mit ähnlichem Aussehen (relativ langgestreckt, niedrige Körperhöhe, viele schwarze Punkte auf braunbeigem Grund). In der "DATZ" haben solche Arten unter anderem folgende L-Nummern erhalten: "L 11, L 35, L 108, L 109, L 116, L 131, L153".

T: 24 - 27° C, **L:** > 15 cm, **BL:** > 100 cm, **WR:** u, **SG:** 2

Hypostomus jaguribensis
Jaguribé-Harnischwels

(FOWLER, 1915)

Syn.: *Plecostomus jaguribensis.*

Vork.: Südamerika: Brasilien, Rio Jaguribé bei Barro Alto.

Ersteinf.: Unbekannt.

GU: Nicht bekannt.

Soz.V.: Bei *Hypostomus*-Arten ist immer ein wenig Vorsicht angeraten. Erwachsene Tiere können größeren Fischen recht lästig werden, weil sie sich immer wieder an deren Seiten heften und dort mit ihren scharfen Zähnen zu putzen (?) beginnen.

Hält.B.: In geräumigen Aquarien mit einigen Wurzeln gut zu halten. Die Wasserwerte spielen kaum eine Rolle.

ZU: Nicht bekannt.

FU: O; die Fische fressen im Alter immer weniger Algen. Normales, zu Boden gefallenes Flockenfutter oder Futtertabletten werden sehr gerne gefressen, genauso Frostfutter.

Bes.: Die Identifizierung der Arten mit einem solchen oder ähnlichen Farbkleid ist äußerst schwierig. Es ist nicht sicher, ob tatsächlich *H. jaguribensis* auf nebenstehendem Bild zu sehen ist.

T: 24 - 27° C, **L:** > 12 cm, **BL:** 100 cm, **WR:** u, **SG:** 2

Hypostomus emarginatus

Hypostomus jaguribensis

Hypostomus margaritifer   (REGAN, 1908)
Unterfam.: Hypostominae

Syn.: *Plecostomus margaritifer.*

Vork.: Südamerika: Brasilien, São Paulo, Rio Piracicaba

Ersteinf.: Unbekannt.

GU: Nicht bekannt.

Soz.V.: Relativ friedlicher *Hypostomus.* Erfahrungswerte gegenüber anderen Arten liegen allerdings nicht vor.

Hält.B.: In geräumigen Behältern mit etwas Wurzeln als Dekoration, aber genügend freiem Platz am Boden. Wasserwerte spielen keine große Rolle.

ZU: Wahrscheinlich noch nicht gelungen.

FU: O; es werden alle möglichen Arten von Futter genommen (Flocken- und Tablettenfutter, Frostfutter, am Boden liegendes Lebendfutter, Detritus und Aas).

Bes.: Leider wird die Art nicht zu häufig eingeführt, sie ist eine der schönsten *Hypostomus*-Arten, die wir kennen.

T: 24 - 27° C, **L**: > 15 cm, **BL**: 120 cm, **WR**: u, **SG**: 2 - 3

Lithoxancistrus sp. "L 127"   Unterfam.: Ancistrinae

Syn.: Keine.

Vork.: Venezuela.

Ersteinf.: 1992.

GU: Nicht bekannt.

Soz.V.: Friedlicher Harnischwels, der gut fürs Gesellschaftsbecken geeignet ist.

Hält.B.: Die Fische lieben sauberes Wasser und eine leichte Strömung. Eine gute Filterleistung scheint für ihr Wohlbefinden wichtig zu sein.

ZU: Noch nicht gelungen.

FU: H; Algen, Salat, Spinat, etc. Die Tiere gehen aber auch an Flocken- und Tablettenfutter.

Bes.: Die Fische sehen *Lithoxancistrus orinoco* ähnlich, es handelt sich jedoch um eine andere Art. Es ist nicht sicher, ob sie ebenfalls zu dieser Gattung gehören. Sie scheinen noch nicht wissenschaftlich beschrieben zu sein.

T: 23 - 27° C, **L**: 10 cm, **BL**: 80 cm, **WR**: u, **SG**: 2

Hypostomus margaritifer

Lithoxancistrus sp. "L 127"

Loricariichthys platymetopon

ISBRÜCKER & NIJSSEN, 1979

Syn.: Keine.

Vork.: Südamerika: Paraguay, Argentinien, Uruguay und Südbrasilien.

Ersteinf.: Seit Mitte der 80er Jahre vereinzelt im Handel.

GU: Nur zur Laichzeit erkennbar. ♂♂ haben die Lippen dann zu einer "Hauttasche" umgebildet. Die ♀♀ sind zur Laichzeit dicker.

Soz.V.: Friedliche Art, die in der Dämmerung aktiv wird und auf Futtersuche geht.

Hält.B.: Häufiger Wasserwechsel, große freie Flächen feinen Sandes schaffen. Kräftige Filterung.

ZU: Von April bis Juli bilden die ♂♂ die Hauttaschen aus, in denen die Eier in einem Ballen bis zu 1000 Stück getragen werden. Schlupf in Intervallen nach 13 - 23 Tagen. Aufzucht der schnellwüchsigen Jungfische mit *Artemia*-Nauplien, später *Cyclops* und Wasserflöhe. Die Art laicht ab etwa 15 cm Größe im 2. Lebensjahr.

FU: Allesfresser, die große Mengen vertilgen können.

Bes.: Einzigartig unter den Harnischwelsen ist der verzögerte Schlupf der Jungfische über ca. 11 Tage.
Nahe verwandt sind *L. ucayalensis* REGAN, 1913 und *L. maculatus* (BLOCH, 1794).

T: 23 - 26° C, **L:** 30 cm, **BL:** 100 cm, **WR:** u, **SG:** 2

Loricariichthys cf. *ucayalensis*

REGAN, 1913

Syn.: Keine.

Vork.: Südamerika: Peru, Rio Ucayali.

Ersteinf.: Nicht bekannt.

GU: Nur in der Fortpflanzungszeit erkennbar (siehe bei *L. platymetopon*).

Soz.V.: Friedliche und ausdauernde Art.

Hält.B.: Viel freie Sandbodenfläche, da die Tiere mit ihren Mäulern gern den Bodengrund auf der Futtersuche "durcharbeiten". Häufige Wasserwechsel, starke Filterung. Die Art lebt in Peru in weißwasserführenden Flüssen und Teichen ("cochas"). pH um 7,0, Härte bis ca. 20° dGH.

ZU: Noch nicht gelungen. Vermutlich wie bei *L. platymetopon* (siehe dort).

FU: Jede Art von zu Boden sinkendem Futter. Besonders gern werden Wasserflöhe und Rote Mückenlarven genommen.

Bes.: *L. ucayalensis* unterscheidet sich von *L. platymetopon* durch ein schmaleres Kopfprofil und eine weniger starke Punktzeichnung. Das abgebildete Tier wurde aus Peru importiert.

T: 24 - 28° C, **L:** 25 cm, **BL:** 100 cm, **WR:** u, **SG:** 2

Loricariichthys platymetopon

Loricariichthys cf. *ucayalensis*

Panaque sp. "L 90"
Sichel-Harnischwels

Noch unbeschriebene Art!

Syn.: Keine.

Vork.: Peru.

Ersteinf.: 1991 von KELLNER.

GU: Nicht bekannt, eventuell bekommen die ♂♂ wie bei anderen *Panaque*-Arten verlängerte Zwischenkiemendornen oder verlängerte Odontoden auf den Pectoralstacheln.

Soz.V.: Untereinander etwas streitsüchtig, was in kleinen Behältern ohne ausreichende Versteckmöglichkeiten auch zu Verletzungen führen kann. Gegenüber anderen Arten friedlich. Leider überwiegend nacht- bzw. dämmerungsaktiv.

Hält.B.: In geräumigen Becken, die weiträumig bepflanzt sein können (Pflanzen gut verankern). Höhlenversteck, Wurzeln (zum Abraspeln) und eine gute Filterung. Die Wasserqualität ist wichtig! Wasser: pH-Wert 6,0 - 7,0; Härte bis 20° dGH.

ZU: Im Aquarium noch nicht gelungen.

FU: H, O; in der Natur Holzfresser (ins Wasser gefallenen Bäume) mit allem, was am Holz ist (Algen, Insektenlarven, Aufwuchs). Im Aquarium wird jedes gängige Futter genommen (Flocken-, Tabletten- und Frostfutter).

Bes.: Sehr prächtige und leider auch nicht häufig eingeführte Art, die sich von anderen Arten durch die enorm ausgezogenen Schwanzflossenspitzen unterscheiden läßt.

T: 23 - 27° C, **L:** > 30 cm, **BL:** 150 cm, **WR:** u, **SG:** 3

Pterosturisoma sp., sieht ähnlich gefärbt aus wie "L 90"

Panaque sp. "L 90", juvenil, Peru

Panaque sp. "L 90", adult

Peckoltia vermiculata   (STEINDACHNER, 1908)

Syn.: *Ancistrus vittatus* var. *vermiculata.*

Vork.: Südamerika: Brasilien, bei Pará.

Ersteinf.: Unbekannt.

GU: Nicht bekannt.

Soz.V.: Friedliche, kleiner bleibende Harnischwelsart, die auch ins Gesellschaftsaquarium gut paßt.

Hält.B.: Das Becken darf gerne gut bepflanzt sein und einige Versteckplätze für die Fische beinhalten. Allerdings wird man dann nicht allzuviel von den Tieren sehen, da sie eher dämmerungsaktiv sind. Wasserwerte spielen keine große Rolle.

ZU: Noch nicht gelungen.

FU: O; frißt im Aquarium alle denkbaren Futterarten.

Bes.: Es gibt eine ganze Reihe von getigerten Harnischwelsen, die sich äußerlich nur sehr schwer unterscheiden lassen. Ob die Fische auf der Abbildung tatsächlich *P. vermiculata* darstellen, ist nicht restlos gesichert.

T: 23 - 27° C, **L:** 10 cm, **BL:** 80 cm, **WR:** u, **SG:** 2 - 3

Peckoltia vermiculata

Peckoltia vermiculata

Peckoltia vermiculata

Peckoltia sp. "L 102"
Schneeball*-Peckoltia

Syn.: Keine.

Vork.: Südamerika: Brasilien, Rio Negro.

Ersteinf.: Anfang 1992 von KELLNER.

GU: ♂ ♂ bekommen während der Laichzeit am ganzen Körper, ganz besonders aber um den Schwanzstiel, dicht besetzt verlängerte Hautzähnchen. Außerdem wachsen auf dem Hartstrahl der Brustflossen ebenfalls verlängerte Odontoden.

Soz.V.: Ziemlich verträgliche Art, auch untereinander. Kann sehr gut in ein Gesellschaftsaquarium gesellt werden.

Hält.B.: Die Tiere verstecken sich gerne unter Wurzeln oder in Steinaufbauten. Dem sollte Rechnung getragen werden. Das Becken nicht zu hell halten. Wasserwerte: pH-Wert 6,2 - 7,5; Härte bis 20° dGH. Bei Zuchtversuchen weicher.

ZU: Bisher noch nicht gelungen.

FU: O; die Art kann mit Flocken-, Tabletten- und Frostfutter ernährt werden.

Bes.: Die Größe und Verteilung der weißen Flecke auf dem Körper ist von Fisch zu Fisch verschieden. Es ist eine wunderschöne Art, mit ganz markanten, wenigen, großen, recht einzeln stehenden, zweigegabelten, rötlichen Zähnen. Daß sie im Augenblick in die Nähe der Sammelgattung *Peckoltia* gestellt wurde, ist mangels besserer Zuordnungsmöglichkeit geschehen. Wahrscheinlich gehört sie in eine neue Gattung.
*Aus dem Englischen: Snowball.

T: 23 - 26° C, **L**: 15 cm, **BL**: 120 cm, **WR**: u, **SG**: 3

Peckoltia sp. "L 122"

Syn.: Keine.

Vork.: Venezuela.

Ersteinf.: 1992.

GU: Nicht bekannt.

Soz.V.: Klein bleibende, friedliche Harnischwelsart. Kann mit anderen Fischen problemlos vergesellschaftet werden.

Hält.B.: Aquarium mit Versteckmöglichkeiten in Form von Höhlen in Steinaufbauten oder Wurzeln bieten. Gute Filterung, nicht zu hartes Wasser (bis 20° dGH). pH-Wert 6,5 - 7,5.

ZU: Noch nicht gelungen.

FU: O; jedes gängige Futter, Frost-, Lebend- und Trockenfutter.

Bes.: Es ist nicht ganz klar, warum diese Codenummer ("L 122") vergeben wurde. Die Ähnlichkeit zu "L 106" ist so groß, daß sie innerhalb der Toleranzgrenzen der Variabilität einer Art liegt. Die hier vorgenommene Zuordnung zur Gattung *Peckoltia* ist rein spekulativ. *Peckoltia* ist eine Sammelgattung, die einer dringenden Revision bedürfte.

T: 23 - 28° C, **L**: 10 cm, **BL**: 80 cm, **WR**: u, **SG**: 2 - 3

Schneeball-*Peckoltia*

Parameistrus sp.

Parancistrus sp. "L 47"
Magnum-Orangesaumwels "L 47"

ISBRÜCKER & NIJSSEN, 1989

Syn.: Keine.

Vork.: Südamerika: Brasilien, Rio Xingu.

Ersteinf.: Ca. 1989.

GU: Wahrscheinlich sind es die ♂♂, die auf den Hartstrahlen der Brustflossen kurze, kräftige Borsten entwickeln. Bei ihnen scheinen die Strahlen selbst auch etwas kräftiger ausgebildet zu sein.

Soz.V.: Relativ verträgliche Art, die auch gegenüber artgleichen Fischen wenig aggressiv ist. Andere Arten werden ohnehin nicht beachtet.

Hält.B.: Sauerstoffreiches, gut gefiltertes und sauberes Wasser ist für das Wohlbefinden der Fische sehr wichtig. Die Wasserwerte zur Haltung sind weniger relevant. pH-Werte von 6,2 - 8,0 werden akzeptiert und Härtegrade bis 20° dGH sind problemlos verträglich.

ZU: Bisher noch nicht gelungen. Die Art stammt aus weichem, leicht saurem Wasser, das trotz guter Strömung 30° C warm ist. Dies sollte bei einem Zuchtversuch berücksichtigt werden.

FU: O; im Aquarium werden Flocken-, Tabletten- und Frostfutter gefressen.

Bes.: Die Eingruppierung dieser Art zur Gattung *Parancistrus* ist etwas leichtfertig. Es gibt einige Merkmale, die darauf hindeuten, daß diese Art in eine neue, noch nicht beschriebene Gattung zu stellen ist.

T: 24 - 30° C, **L**: > 25 cm, **BL**: 150 cm, **WR**: u, **SG**: 3

Scobinancistrus pariolispos "L 48"
Golden Cloud-Plecko

ISBRÜCKER & NIJSSEN, 1989

Syn.: Keine.

Vork.: Südamerika: Brasilien, Rio Tocantins, Rio Tapajos, Rio Itacaiunas.

Ersteinf.: Ca. 1990.

GU: ♂♂ entwickeln auf den Stachelstrahlen der Brustflossen borstige Auswüchse.

Soz.V.: Im Alter territorial, als Jungfische untereinander gut verträglich. Gegenüber anderen Fischen gibt es keine Auseinandersetzungen, da diese nicht beachtet werden.

Hält.B.: Sehr sauberes, gut gefiltertes Wasser ist für das Wohlbefinden der Fische von großer Wichtigkeit. Wasserwerte nicht sehr relevant. Wurzeln können als Dekorationsmaterial eingebracht werden.

ZU: Noch nicht gelungen. Für Zuchtversuche sollte das Wasser leicht sauer und weich sein. Außerdem ist eine höhere Temperatur zu empfehlen (bis 30° C).

FU: O; die Tiere fressen im Aquarium alle gängigen Futtersorten. Algen werden kaum beachtet. Flocken-, Tabletten- und Frostfutter werden genommen. Ob die Art sich in der Natur von Schnecken ernährt, wie vermutet wurde, konnte noch nicht bewiesen werden.

Bes.: Die Gattung *Scobinancistrus* besitzt im Unterkiefer wenige, besonders lange, gebogene Zähne, die deutlich hervorstehen, wenn man das Maul der Fische von der Seite betrachtet.

T: 24 - 30° C, **L**: > 15 cm, **BL**: 150 cm, **WR**: u, **SG**: 3

Parancistrus sp. "L 47"

Scobinancistrus pariolispos

Pseudacanthicus sp. "L 24"
Rotflossiger Kaktuswels

Syn.: Keine.

Vork.: Südamerika: Brasilien: Rio Tocantins.

Ersteinf.: ca. 1989.

GU: ♂♂ haben besonders an den äußeren Enden der Brustflossen sehr stark verlängerte Odontoden (Hautzähnchen).

Soz.V.: Zu seinesgleichen sehr unverträgliche Art, die man nur in sehr großen Aquarien gemeinsam pflegen kann. Gegenüber anderen, auch kleineren Fischen verhält sich die Art nach bisherigen Beobachtungen neutral.

Hält.B.: Die Art benötigt wirklich geräumige Aquarien, die auch genügend freien Raum zum Bewegen und Liegen lassen. Deckscheiben gut befestigen, größere Exemplare der Art können sie problemlos anheben. Schaumstoff wird angefressen. Steinaufbauten wirklich gut verbinden, können zum Einsturz gebracht werden. Besser sind Wurzeln geeignet, weil sie beim Fallen nicht gleich die Aquarienscheiben zertrümmern. Gute Filterung ist unbedingt nötig. Je nach Besatz häufig Wasser wechseln.

ZU: Bisher noch nicht gelungen.

FU: O; die Art frißt alle gängigen Futtersorten. Trotz der Größe sind die Fische relativ genügsam.

Bes.: Vielleicht ist die Art eine der brasilianischen Varianten von *P. serratus*, der eigentlich aus Surinam stammt. Sie soll aber ein relativ anderes Aussehen haben. "L 24" besitzt außergewöhnlich lange Zähne, die wie ein Kamm gebildet sind. Es wäre interessant zu erfahren, was sie damit in freier Natur herausrechen.

T: 24 - 27° C, **L:** > 30 cm, **BL:** > 150 cm, **WR:** u, **SG:** 4 (G)

Pseudacanthicus sp. "L 25", *P. leopardus (?)*
Xingu-Kaktuswels

Syn.: Keine.

Vork.: Südamerika: Brasilien, Rio Xingu.

Ersteinf.: ca. 1989.

GU: ♂♂ besitzen während der Laichzeit auf den Stachelstrahlen der Brustflossen sehr stark verlängerte Hautzähne.

Soz.V.: Untereinander sehr unverträgliche Art, die wohl nur in größeren Behältern mit ihresgleichen vergesellschaftet werden kann. Gegenüber kleineren Fischen des Freiwassers verhalten sich die Fische neutral.

Hält.B.: Nur in Aquarien "Typ Badewanne" auf Dauer möglich. Vorsichtsmaßnahmen wie bei "L 24" treffen. Für beide Arten gilt, Vorsicht beim Herausfangen mit der Hand. Die Stacheln am Körper sind sehr scharf!!

ZU: Bisher noch nicht gelungen.

FU: O; es werden alle gängigen Futtermittel gefressen.

Bes.: Die Tiere gehören zu den außergewöhnlichsten Erscheinungen der letzten Jahre. Seltsamerweise werden häufiger erwachsene Tiere importiert als Jungwelse. Da die Tiere meist einzeln in eine Kiste gepackt sind, sind schon die Transportkosten extrem hoch. Ihr im Handel sehr hoher Preis resultiert nicht zuletzt daraus. Wie schon "L 24" besitzt auch "L 25" dieselben langen, kammartigen Zähne. Diese Art besitzt ebenfalls rote Flossenstrahlen. Es wurde schon vermutet, daß es sich dabei um Verwachsungen handelt, die von Piranha-Überfällen herrühren. Dies stimmt aber nicht, denn schon kleine Jungfische besitzen die hübsch gefärbten Flossen.

T: 24 - 27° C, **L:** > 30 cm, **BL:** > 150 cm, **WR:** u, **SG:** 4 (G)

Pseudacanthicus sp. "L 24"

Pseudacanthicus leopardus

Rineloricaria sp. "rot"
Roter Hexenwels

Noch nicht beschriebene Art
Unterfam.: Loricariinae

Syn.: Keine.

Vork.: Unbekannt. Möglicherweise ist es keine valide Art, sondern eine Farbvariante einer anderen *Rineloricaria*-Art.

Ersteinf.: Unbekannt.

GU: Die ♂♂ besitzen einen gelblichen "Backenbart" und ebensolche Knochenzähnchen auf der Oberseite der Brustflosse. Beides fehlt den ♀♀.

Soz.V.: Völlig friedfertige Hexenwelse, die sowohl paarweise als auch im Gesellschaftsaquarium gepflegt werden können. Jedes ♂ beansprucht eine Brutröhre aus Bambus oder Kunststoff, in die es auch außerhalb der Laichzeit tagsüber immer wieder zurückkehrt. Die ♀♀ vagabundieren umher.

Hält.B.: Nicht zu sonniger Stand und Randbepflanzung des Beckens mit freiem vorderen Raum aus feinem Sand. Häufiger Teilwasserwechsel fördert Wohlbefinden und Fortpflanzungswilligkeit. Wasserhärte zwischen 6 und 15° dGH und pH-Wert 7,0 (nicht unter 6,8!).

ZU: Schon häufig gelungen. Am besten paarweise in kleinen Aquarien. Nach dem Ablaichen das ♀ entfernen oder das ♂ mit Brutröhre und Gelege in ein Aufzuchtbecken überführen. Die ♀♀ fressen unmittelbar nach dem Verlassen des Laich-

platzes nicht nur die oft während des Ablaichens aus der Röhre fallenden Eier, sondern verdrängen (nach Beobachtungen von FRANKE) im Gesellschaftsbecken sogar die ♂♂ viel größerer, offenbrütender Arten, z.B. *Sturisoma panamense,* von ihren Gelegen, um diese zu fressen, ohne daß diese es verhindern können. Aufzucht mit Rotatorien oder *Artemia,* nicht lebenden *Cyclops,* da diese im Aquarium schnell zum ersten *Cyclops*-Stadium heranwachsen und dann die Jungwelse gefährden. Später tiefgekühlte und nach dem Auftauen gequetschte Erbsen und zerriebenes Flokkenfutter sowie Futtertabletten.

FU: O; hauptsächlich H; weiteres siehe bei *Rineloricaria castroi.*

Bes.: Seit seinem Bekanntwerden ist der Rote Hexenwels wegen seiner attraktiven Färbung und geringen Größe einer der begehrtesten Hexenwelse. Da diese Fische vermutlich eine Farbvariante darstellen, muß der Bedarf ausschließlich durch Nachzuchten gedeckt werden. Leider verenden diese *Loricariiden* im Aquarium mit zunehmendem Alter häufig an einer starken Rötung und Schwellung der Kehlgegend, vermutlich einer Schilddrüsenerkrankung.

T: 22 - 27° C, L: 12 - 14 cm, **BL**: 40 - 60 cm, **WR**: u, **SG**: 2 - 4

Spatuloricaria cf. *caquetae*

(FOWLER, 1943)
Unterfam.: Loricariinae

Syn.: *Loricaria caquetae.*

Vork.: Südamerika: Kolumbien, Ecuador.

Ersteinf.: 1992 durch WERNER.

GU: ♂♂ in der Laichzeit mit starkem (ca. 2 cm Länge!) "Backenbart" und beborsteten ersten Brustflossenstrahlen.

Soz.V.: Die ansonsten friedliche Art rangelt untereinander bei Futterstreitigkeiten.

Hält.B.: Größere Becken mit freier Sandfläche und Unterständen. Bei der enormen Futterumsetzung ist ein leistungsfähiger Filter und ein wöchentlicher, 50%-iger Wasserwechsel nötig. pH-Wert 6,5 - 7,5, Härte bis 20° dGH.

ZU: Bisher noch nicht gelungen. Wahrscheinlich tragen die ♂♂, ähnlich wie *Loricariichthys*, einen Laichballen im Maul.

FU: Alle erdenklichen Futterarten in großen Mengen. Die Art frißt auch gern vegetarische Kost, wie Salat, Gurken, Rosenkohl etc.

Bes.: Das abgebildete Tier wurde in Ecuador, Rio Napo bei Coca gefangen. Vorher war die Art nur aus Kolumbien bekannt. Ob es sich wirklich um *S. caquetae* handelt, ist nur anhand von toten Exemplaren zu untersuchen, weshalb hier der Zusatz "cf." verwendet wird.

T: 22 - 25° C, L: 25 cm, **BL**: 100 cm, **WR**: u, **SG**: 2 - 3

Rineloricaria sp. "rot"

Spatuloricaria cf. *caquetae*

Scobinancistrus sp. "L 14"
Sonnenwels

Syn.: Keine.

Vork.: Südamerika: Brasilien: Rio Xingu.

Ersteinf.: Ca. 1990.

GU: ♂♂ bekommen auf dem ersten Brustflossenstrahl stark verlängerte Hautzähnchen.

Soz.V.: Als Jungfisch ohne Schwierigkeiten auch mit eigenen Artgenossen zu vergesellschaften. Erwachsene Tiere werden jedoch territorial, wobei sich die bisher beobachteten Aggressionen allerdings in Grenzen halten.

Hält.B.: Vor allem große Welse brauchen sehr große Behälter mit unbelastetem, gut gefiltertem und sauerstoffreichem Wasser. Die Wasserwerte (pH und Härte) sind für die Haltung der Tiere nicht von Bedeutung. Wurzeln eignen sich als Dekorationsmaterial hervorragend.

ZU: Noch nicht gelungen. Für Zuchtversuche sollte das Wasser weich und leicht sauer sein und die Temperatur relativ hoch (bis 30° C).

FU: O; im Aquarium werden fast alle gebräuchlichen Futtersorten gefressen. Die Art scheint weniger an Algen interessiert zu sein.

Bes.: Die Art wurde ursprünglich als Vertreter der *Hypostominae* angesprochen, weil *Scobinancistrus* typischerweise sehr stark reduzierte Zwischenkiemendornen besitzt. Diese Art läßt sich von *S. pariolispos* außer in der Färbung auch noch an der erreichbaren Endgröße unterscheiden. Außerdem ist der Kopf bei erwachsenen Tieren verhältnismäßig viel breiter und auch etwas kürzer. In Importen werden beide Arten mitunter zusammen in einem Beutel eingeführt. Als Jungwelse lassen sie sich von den Körperproportionen her sehr schlecht unterscheiden. Es gibt mindestens noch eine weitere *Scobinancistrus*-Art ("L 82"), die aber ebenfalls noch nicht wissenschaftlich beschrieben ist.

T: 24 - 30° C, **L**: 30 cm, **BL**: 200 cm, **WR**: u, **SG**: 4 (G)

Scobinancistrus sp. "L 14"

Scobinancistrus sp. "L 14", adult, Belém, Brasilien

Brachysynodontis batensoda (RÜPPELL, 1832)

Syn.: *Synodontis batensoda, S. membranaceus, S. melanogaster.*

Vork.: Afrika: Stromgebiet des Nil, Tschad, Niger, Senegal, Gambia.

Ersteinf.: Unbekannt. Bisher nur selten eingeführt, obwohl sie in ihrer Heimat häufig sein sollen (nach SANDS).

GU: Adulte ♂♂ sind durch die fast in einer Geraden verlaufenden Bauchpartie von laichvollen ♀♀ gut unterscheidbar.

Soz.V.: Heranwachsende Exemplare kann man zu mehreren vergesellschaftet in geräumigen Aquarien pflegen, wo sie gern gemeinsam in Höhlen, Röhren oder Wurzelstöcken die Tagesstunden verbringen. Im Alter werden sie unduldsame Einzelgänger, die das Territorium um ihr Tagesversteck gegen Eindringlinge jeglicher Art, besonders aber gegen Artgenossen und Verwandte aus der Gattung *Synodontis,* verteidigen.

Hält.B.: Entsprechend ihrer beachtlichen Größe sollte das Becken nur mit robusten, fest im Boden verankerten Pflanzen, besser nur mit Steinen und Bambusstäben oder Wurzelteilen, dekoriert werden. Tagsüber ruhen sie gern hinter senkrecht stehenden Steinen oder Wurzelstücken. Die Wasserhärte spielt nur eine untergeordnete Rolle. Der pH-Wert sollte zwischen 6,8 und 8,0 liegen.

ZU: Noch nicht gelungen.

FU: O, K; starke Fresser; selbst größte Regenwürmer werden unzerkleinert gefressen. Köcherfliegenlarven, gut gewässerte *Tubifex,* Garnelen, Shrimps, Mükkenlarven. Ferner FD- und andere Futtertabletten, grobe Haferflocken, roh und gekocht (vorher im Sieb ausspülen).

Bes.: Die Gattung *Brachysynodontis* beinhaltet nur diese Art. Der ganze Körper, die Rücken- und Bauchflossen und die Brustflossen sowie die große Fettflosse adulter Exemplare sind einfarbig dunkel rauchfarben, nur die Kaudale und Anale sind etwas lichter und schwach gepunktet (auf dem Foto nicht erkennbar). Diese Welse schwimmen sehr häufig in Rückenlage, wie das z. B. von *Synodontis nigriventris* gut bekannt ist. *Brachysynodontis batensoda* ist in Habitus und Färbung der ebenfalls monotypischen Art *Hemisynodontis membranaceus* (GEOFFROY ST. HILAIRE, 1809) sehr ähnlich. Beide Arten haben Membranen am Hinterrand der Oberkieferantennen. Diese sind jedoch bei *H. membranaceus* wesentlich breiter, zusätzlich hat hier das erste Unterkieferbartelpaar an den Spitzen ebenfalls kurze Membranen, die *B. batensoda* fehlen.

Leider ist anhand des sehr dunklen Fotos nicht eindeutig zu entscheiden, ob es sich bei den abgebildeten Fischen tatsächlich um *B. batensoda* oder um eine ähnlich gefärbte *Synodontis*-Art (z. B. *S. resupinatus, S. serratus, S. frontosus* o. ä.) handelt. Zudem unterliegen fast alle Vertreter dieser Gattungen im Verlaufe ihres Wachstums starken farblichen und auch habituellen Veränderungen. Das erschwert sichere Artdiagnosen, besonders wenn sie nur anhand einer Abbildung getroffen werden sollen.

T: 23 - 27° C, **L**: etwa 21 cm, **BL**: 100 cm, **WR**: m, u, **SG**: 2 - 4

Brachysynodontis batensoda

Synodontis sp., Zaire

Chiloglanis cameronensis

BOULENGER, 1904

Syn.: *Chilochromis cameronensis.*

Vork.: Afrika: Küstenflüsse in Kamerun, Äquatorial-Guinea und Gabun. Auch am unteren Zaire-Flußsystem.

Ersteinf.: Nicht bekannt.

GU: Unbekannt.

Soz.V.: Friedlicher Fisch, der sich auch tagsüber sehen läßt. Lebt fast überwiegend in ziemlich schnell fließenden Gewässern, zum Teil auch in Stromschnellen. Fast immer sind mehrere Exemplare zusammen zu finden.

Hält.B.: Weniger für ein Gesellschaftsaquarium geeignet, sondern mehr für ein Schaubecken, das mit Moorkienholz und Steinen eingerichtet sein sollte, wo aber auch Pflanzen nicht fehlen dürfen. Auf eine gute Durchströmung ist zu achten. Wasser am besten nicht zu hart, 5 - 10° dGH, pH-Wert neutral.

ZU: Unbekannt.

FU: Feines Lebendfutter, Pflanzenkost, wie Algen. Flocken- und Tablettenfutter.

Bes.: Keine.

T: 23 - 27° C, L: 6 cm, BL: 100 cm, WR: u, SG: 2 - 3

Chiloglanis paratus

CRASS, 1960

Syn.: Keine.

Vork.: Südliches und vermutlich auch östliches Afrika.

Ersteinf.: Vermutlich 1991 durch SEEGERS.

GU: Unbekannt.

Soz.V.: Friedlicher kleiner Fisch, der sich auch an kleinsten anderen Fischen nicht vergreift.

Hält.B.: Wie die meisten anderen *Chiloglanis*-Arten bevorzugt auch diese Art schnell fließende Gewässer. Im Aquarium sind sie aber gut in weniger stark bewegtem Wasser zu halten. Gute Filterung ist zu bevorzugen, um für eine gewisse Strömung zu sorgen. Dekoration mit Moorkienholz und Steinen. pH-Wert neutral und dGH nicht über 15°.

ZU: Die Zucht der *Chiloglanis*-Arten ist im Aquarium noch nicht gelungen.

FU: Algen, Aufwuchs, Lebendfutter auch tiefgefroren, Flockenfutter.

Bes.: Die Artzugehörigkeit der abgebildeten Art ist zur Zeit noch nicht gesichert.

T: 22 - 26° C, L: 5,5 cm, BL: 80 cm, WR: u, SG: 2 - 3

Chiloglanis cameronensis, Kamerun

Chiloglanis paratus, Tansania

Chiloglanis sp. "Kisangani"
Schwanzstreifen-Stromschnellenwels

Noch unbeschriebene Art

Syn.: Keine.

Vork.: Afrika, Kisangani, Zaire.

Ersteinf.: Vermutlich erstmals 1986 aus der Umgebung von Kisangani importiert.

GU: Laichreife, adulte ♀♀ sind an der sichtbar volleren Bauchpartie erkennbar.

Soz.V.: Friedliche kleine Welsart, die am besten nur mit kleinen Salmlerarten oder mit ihresgleichen im Artenbecken zu vergesellschaften ist.

Hält.B.: Da diese Welse in klaren, teilweise schnell fließenden Gewässern leben, ist starke Belüftung des Beckens erforderlich. Zusätzlich ist ein starker Rücklauf des Filterwassers vorteilhaft, da dadurch eine Wasserbewegung erzeugt wird. Die Wasserhärte sollte 15° dGH nicht übersteigen, der pH-Wert zwischen 6,5 und 7,3 liegen.

ZU: Unbekannt.

FU: O; Algenaufwuchs, Flockenfutter, dazu kleines Lebendfutter, wie *Cyclops*, *Moina*, kleine Daphnien und Mückenlarven (lebend oder gefrostet).

Bes.: Die abgebildete Art ist durch die gegabelte, scharf konturierte Form der Schwanzflossenbänderung, die spitz zulaufenden Flossenlappen und die unterschiedliche Anordnung der Körperfleckung eindeutig von den in Band 3, Seite 395 und 397 abgebildeten *C. cameronensis*, *C. deckeni* und *C.* cf. *neumanni* zu unterscheiden. Nicht zu klären ist momentan die Frage, ob sie einer der 34 *Chiloglanis*-Arten zuzuordnen ist, die GOSSE in seiner "Checklist of freshwater fishes of Africa" erwähnt, oder ob es sich um eine noch unbeschriebene Art handelt. Die Gattung *Chiloglanis* bedarf dringend der wissenschaftlichen Überarbeitung.

T: 22 - 26° C, L: 6 cm (oder etwas darüber), BL: 60 cm, WR: m, u, SG: 2 - 3

Chiloglanis somereni
Migori-Stromschnellenwels

WHITEHEAD, 1958

Syn.: Keine.

Vork.: Tropisches Afrika: Migori-River, Westkenia.

Ersteinf.: Vermutlich 1990. Der Importeur ist unbekannt.

GU: Unbekannt, vermutlich haben adulte ♀♀ eine vollere Bauchpartie.

Soz.V.: Friedliche Art, die auch kleinste Aquarienmitbewohner unbehelligt läßt.

Hält.B.: Da diese Art bisher nur in ganz geringer Stückzahl lebend nach Europa gelangte, liegen noch keine Pflegeerfahrungen vor. Es ist ratsam, diese Welse entweder im Artenbecken oder aber nur mit wenigen ruhigen und friedfertigen kleineren Arten vergesellschaftet zu pflegen. Starke Filterung des Beckenwassers

und häufiger Teilwasserwechsel sowie nicht zu hohe Wassertemperaturen dürften zu ihrem Wohlbefinden beitragen. Wurzelstücke und flache Steine, wenn möglich mit Algenbewuchs, an denen sie sich mit ihrem Saugmaul anheften und die sie gleichzeitig nach Freßbarem absuchen können, sind wichtige Pflegevoraussetzungen. Die Steine sollten oft gegen andere mit Algenbewuchs ausgetauscht werden. Bodengrund dürfte nicht unbedingt erforderlich sein.

ZU: Unbekannt.

FU: H; vorzugsweise vermutlich Aufwuchsfresser, die zusätzlich auch tierische Kost, wie Mückenlarven, kleine Daphnien, *Cyclops* und Wurmfutter, wie *Tubifex*, Enchyträen, Grindalwürmchen

Fortsetzung übernächste Seite

Chiloglanis sp. "Kisangani"

Chiloglanis somereni, Migori-River

Fortsetzung von *Chiloglanis somereni*

sowie Flockenfutter oder Futtertabletten annehmen.

Bes.: Die Vertreter der Unterfamilie der Chiloglanidinae, die die Gattungen *Atopodus*, *Chiloglanis* und *Euchilichthys* umfaßt, leben vorrangig in klaren, schnell fließenden Gewässern, zumeist in den Oberläufen afrikanischer Flüsse. Es sind jedoch auch Ausnahmen bekannt. So lebt *Chiloglanis neumanni* im Malawi-See, und SEEGERS fing Exemplare von Arten der Unterfamilie *Chiloglanidinae* in fast stehenden Gewässern und sogar Sümpfen (siehe Band 3/396 unten). Das läßt vermuten, daß zumindest manche Arten dieser Mochociden in bezug auf die Intensität der Wasserströmung in ihren Heimatgewässern anpassungsfähiger sind, als bisher angenommen wurde. Das könnte ihre langsame Umgewöhnung an "normale Aquarienbedingungen" erleichtern. Trotzdem ist eine kräftige Filterung anzuraten. Die abgebildete Art bedarf betreffs ihrer Gattungszugehörigkeit noch näherer Untersuchung.

T: 20 - 24° C, **L**: unbekannt, vermutlich unter 10 cm, **BL**: 50 - 70 cm, **WR**: m, **SG**: 2 - 3

***Chiloglanis* sp.**

Syn.: Keine.

Vork.: Tropisches Afrika, Kamerun, nähere Fundortangaben fehlen.

Ersteinf.: Vermutlich 1990.

GU: Unbekannt, die Geschlechter sind wahrscheinlich nur an der volleren Bauchpartie laichreifer ♀♀ zu unterscheiden.

Soz.V.: Friedfertige Welsart, deren Verhaltensinventar noch weitgehend unbekannt ist.

Hält.B.: Pflegeerfahrungen mit dieser Welsart wurden bisher nicht veröffentlicht. Auch von diesem Fisch gelangten bisher nur sehr wenige Exemplare in geringer Stückzahl als Beifänge in den Zoofachhandel. Die für die Pflege des vorstehend behandelten Welses gemachten Vorschläge, dürften auch hier zutreffend sein.

Noch unbeschriebene Art

ZU: Noch nicht gelungen.

FU: H, O; neben reichlicher Aufwuchsnahrung in Form veralgter Steine oder Holzteile, die regelmäßig gegen neue, reichlich bewachsene ausgetauscht werden müssen, wird vermutlich auch kleineres Wurmfutter, Daphnien und *Cyclops* sowie Flockenfutter gefressen.

Bes.: Der abgebildete Fisch erinnert in der Anordnung der hellen Elemente der Körperfärbung entfernt an *Chiloglanis cameronensis* BOULENGER, 1904. Eine sichere Artdiagnose ist jedoch anhand der Abbildung nicht möglich. Da auch der Fundort nicht zu ermitteln war, muß das Eintreffen weiterer Importtiere und deren eingehende Untersuchung abgewartet werden.

T: 20 - 24° C, **L**: unbekannt, vermutlich unter 10 cm, **BL**: 50 - 70 cm, **WR**: m, **SG**: 2 - 3

Biotop von *Chiloglanis* in Westafrika

Chiloglanis sp., Kamerun

Euchilichthys cf. *boulengeri*

NICHOLS & LAMONTE, 1934

Syn.: Keine.

Vork.: Afrika: Zaire, Kasai-Distrikt.

Ersteinf.: Nicht bekannt.

GU: Äußerlich kaum sichtbar. ♀♀ haben zeitweise einen starken Laichansatz.

Soz.V.: Untereinander stark territorial, verteidigen Wohnrevier und Futterplatz energisch gegen Artgenossen. Absolut friedlich gegenüber anderen Aquarienbewohnern. Scheue Art, die bei Futtergaben blitzschnell hervorkommt und gleich darauf wieder in der Deckung verschwindet.

Hält.B.: Strömungsreiches Aquarium mit vielen Versteckmöglichkeiten in Form von Höhlen und Röhren.

ZU: Noch nicht gelungen.

FU: Alle Arten von Lebend-, Frost- und Flockenfutter. Besonders gern werden gefrostete Mückenlarven und *Mysis* genommen. Die Tiere rutschen dabei über den Boden und "saugen" große Mengen Futter in sich hinein.

Bes.: *E. boulengeri* unterscheidet sich vom ähnlichen *E. royauxi* durch das größere Saugmaul und die deutlich erkennbare Bänderzeichnung, sowie eine fehlende Punktzeichnung auf Kopf- und Vorderkörper. Die Bänderzeichnung verblaßt mit zunehmendem Alter.

T: 23 - 26° C, **L**: 12-13 cm, **BL**: 100 cm, **WR**: u, **SG**: 3 - 4

Euchilichthys guentheri

(SCHILTHUIS, 1891)

Syn.: *Atapochilus guentheri*.

Vork.: Afrika: Das ganze Zaire-Flußsystem bis zum System des Bangweulu-Sees.

Ersteinf.: Durch BLEHER (1992?) nach Deutschland.

GU: Wie obige Art.

Soz.V.: Friedlicher, nachtaktiver Fisch. Läßt sich leider selten sehen, ist tagsüber in Verstecken zu finden. Versteckmöglichkeiten in Form von Röhren oder Spalten sind daher notwendig.

Hält.B.: Als Aquarienfisch gut haltbar. Kann als Einzeltier oder in kleinen Gruppen gepflegt werden.

ZU: Nicht bekannt.

FU: Pflanzliches Futter wie Algen, aber auch Lebendfutter, wie Daphnien oder *Tubifex* wird gern genommen.

Bes.: *Euchilichthys*-Arten lassen sich von den verwandten Arten der Gattung *Chiloglanis* durch die Bildung des Mauls und des viel breiteren Kopfes unterscheiden.

T: 23 - 26° C, **L**: 7,5 cm, **BL**: 100 cm, **WR**: u, **SG**: 3

Euchilichthys cf. *boulengeri*

Euchilichthys guentheri, Zaire

Synodontis budgetti
Budgetts Fiederbartwels

BOULENGER, 1911

Syn.: Keine.

Vork.: Afrika: Mittlerer und unterer Niger Fluß (Nigeria), Ouémé-Fluß (Dahomey), Nokouè-See (Dahomey) und Bénoué (Kamerun).

Ersteinf.: Unbekannt.

GU: Nicht bekannt.

Soz.V.: Ziemlich aggressiver und territorialer Fiederbartwels. Fast jedes Exemplar versucht, ein eigenes Territorium zu erobern, das gegenüber anderen *Synodontis*-Arten, aber auch gegenüber anderen größeren Fischen, stark verteidigt wird. Die Flossenstacheln werden dazu als Waffen verwendet, was zu Verletzungen führen kann.

Hält.B.: Wegen seiner Aggressivität nur für größere Becken geeignet. Es sollten Steine oder Wurzeln vorhanden sein, die als Markierung der Territorien dienen können. Verstecke für unterlegene Tiere sollten eingerichtet werden. Wasser: pH-Wert 6,2 - 7,2; Härte 6 - 20° dGH.

ZU: Nicht bekannt.

FU: K, O; Allesfresser: Würmer, Fische, Fischfleisch, Rinderherz, Futtertabletten, Pellets für Forellen.

Bes.: Die unscheinbare Art ist für das Gesellschaftsbecken nicht geeignet.

T: 22 - 27° C, **L**: 40 cm, **BL**: 150 cm, **WR**: u, **SG**: 4 (K)

Synodontis sp. aff. *fuelleborni*
Syn.: Keine.

HILGENDORF & PAPPENHEIM, 1903

Vork.: Afrika: Tansania, im System des Rukwasees und Rufiji-Flusses. Möglicherweise auch im Malagarasi-System.

Ersteinf.: Vermutlich 1990 von SEEGERS.

GU: Nicht bekannt.

Soz.V.: Wie die meisten Fiederbartwelse ein ziemlich friedlicher Einzelgänger. Ist sowohl tag- als auch nachtaktiv, obwohl während des Tages längere Zeiten im Versteck zugebracht werden.

Hält.B.: Diese mittelgroße Art ist ein guter Aquarienfisch. Das Becken muß aber mehrere Versteckmöglichkeiten und eine dichte Randbepflanzung haben, worin sich die Tiere zurückziehen können.

Auch ein offener Schwimmraum ist zu empfehlen. Stellt wenig Ansprüche an die Wasserbeschaffenheit und das Futter.

ZU: Es gibt keine Angaben zur Vermehrung.

FU: K, O; Allesfresser, bevorzugt aber am Boden lebende Insektenlarven und Würmer. Auch Flocken- und Tablettenfutter wird genommen sowie Rinderherz und Frostfutter.

Bes.: Als Aquarienfisch eigentlich unbekannt, da vom Landesinneren Tansanias keine Aquarienfische exportiert werden. Nur vereinzelt haben reisende Aquarianer diese Art mitgebracht.

T: 20 - 25° C, **L**: 20 cm, **BL**: 150 cm, **WR**: u, m, **SG**: 3

Synodontis budgetti, Nigeria

Synodontis sp. aff. *fuelleborni,* Tansania

Synodontis gambiensis
Gambia-Fiederbartwels

GÜNTHER, 1864

Syn.: *Synodontis gambiensis latifrons, Synodontis serratus.*

Vork.: Afrika: Niger, Tschad, Gambia, Geba-, Taja-, Waange-, Volta- und Oueme-Flußsysteme.

Ersteinf.: Unbekannt.

GU: Nicht bekannt.

Soz.V.: Aggressiv gegenüber Exemplaren der gleichen Art, aber auch gegenüber anderen Arten der Gattung *Synodontis*.

Hält.B.: Als Einzelfisch gut haltbar im Spezialaquarium. Falls das Becken groß genug ist und Versteckplätze hat, kann man die Art auch in mehreren Exemplaren zusammen halten.

ZU: Nicht bekannt.

FU: K, O; Allesfresser. Futtermittel jeder Art, besonders Würmer und kleine Fische.

Bes.: Ist vermutlich ein Synonym von *Synodontis schall*, siehe Bd. 1, S. 550.

T: 22 - 28° C, **L**: 35 cm, **BL**: 150 cm, **WR**: u, m, **SG**: 4 (K)

Synodontis ocellifer
Augenflecken-Fiederbartwels

BOULENGER, 1900

Syn.: Keine.

Vork.: Westafrika, verschiedene Flußsysteme vom Senegal bis Tschad (Senegal, Gambia, Volta, Tschad und Niger-Becken).

Ersteinf.: Unbekannt.

GU: Nicht bekannt.

Soz.V.: Als Jungwels durchaus verträgliche und gesellige Art, die auch mit ihresgleichen und anderen *Synodontis*-Arten gepflegt werden kann. Über ihr Verhalten im Alter ist nichts bekannt.

Hält.B.: Gut bepflanzter Behälter mit Wurzeln oder Steinen, die Unterschlupf bieten. Nicht zu hell halten und dennoch für freien Schwimmraum sorgen.

ZU: Nicht bekannt.

FU: K, O; Allesfresser. Mitunter werden die Tiere "klapperdürr" importiert, sie erholen sich aber innerhalb kürzester Zeit.

Bes.: Während bei jungen Exemplaren die großen, runden Flecke auf den Körperseiten schwarz gefüllt sind, werden daraus im Alter Ringe. Die Art wird mit zunehmendem Alter auch hochrückiger. Die Art wird inzwischen regelmäßig importiert.

T: 23 - 27° C, **L**: 26 cm, **BL**: 120 cm, **WR**: u, m, **SG**: 2 - 3

Synodontis gambiensis, Nigeria

Synodontis ocellifer, Nigeria

Brachyplatystoma juruense
Goldbinden-Zebraantennenwels

(BOULENGER, 1898)

Syn.: *Silurus juruense, Platystoma juruense.*

Vork.: Peru und Brasilien, Rio Jurua und weitere Zuflüsse des oberen Amazonas.

Ersteinf.: Ca. 1990.

GU: Unbekannt.

Soz.V.: Räuberischer Wels, der gewöhnlich die tieferen Teile der Flüsse bevorzugt. Vergesellschaftung nur mit anderen Fischen entsprechender Größe.

Hält.B.: Nur für große Aquarien geeignet. Für ausreichend freien Schwimmraum sorgen. Gedämpftes Licht bewirkt, daß sich die Tiere auch am Tag sehen lassen.

ZU: Es gibt keine Angaben über eine gelungene Zucht.

FU: K; in der Natur werden Fische, Krebse und ins Wasser gefallene Vögel und kleinere Säugetiere gefressen. Im Aquarium sind große Exemplare kaum zu bekommen. Jüngere Tiere lassen sich noch mit Rinderherz und Forellenpellets füttern. Bei größeren Fischen hilft nur Fischfleisch, gefrostete Stinte und - wenn machbar - lebende Fische.

Bes.: Die Art sollte nur für Spezialisten auf Bestellung importiert werden. Für den Normalaquarianer ist die Art nicht geeignet. Die auffällige weiße Querbänderung junger Exemplare verschwindet mit dem Älterwerden fast völlig und macht einer dunkel olivbraunen Tönung Platz. (Vgl.: Das Aquarium 12/90, S. 18). Vergleiche auch mit *Pseudoplatystoma tigrinum*, Seite 328.

T: 22 - 27° C, **L**: bis zu 200 cm, **BL**: > 150 cm, **WR**: u, **SG**: 4 (G, K)

Brachyplatystoma juruense, adult

Brachyplatystoma juruense, juv., Peru

Leiarius marmoratus
Marmor-Prachtantennenwels

GILL, 1870

Syn.: *Sciades marmoratus.*

Vork.: Südamerika: Peru und Brasilien, Einzugsgebiete des Rio Ucayali, Rio Marañon, Amazonas, Rio Tabatinga.

Ersteinf.: 1983 durch WERNER.

GU: Die etwas größeren ♀♀ haben zur Laichzeit starken Laichansatz. Dadurch wirken sie wesentlich kompakter als die beträchtlich schlankeren ♂♂.

Soz.V.: Außerhalb der Laichzeit dämmerungs- und nachtaktive Einzelgänger.

Hält.B.: Diese prächtigen Welse benötigen tagsüber ein geräumiges Versteck in einem hohlen Wurzelstock oder Steinaufbau. Man kann sie nicht mit zu kleinen Fischarten vergesellschaften, die sie nachts schlafend ergreifen und fressen würden. Das Aquarium muß den nachts schwimmlustigen Fischen genügend Bewegungsmöglichkeit in einer pflanzenfreien Zone gewährleisten. Die Wasserwerte des Rio Aucayacu, eines Nebenflusses des mittleren Rio Ucayali in Peru, in dem die Art häufig anzutreffen ist, sind folgende: $3.8°$ dGH, pH-Wert 6,5 - 6,8, Leitwert 100 µS bei einer Tagestemperatur des Wassers von 24 - 26° C. Der Fluß führt schwach saures Schwarzwasser, in das Weißwasserzuläufe einmünden.

ZU: Unbekannt.

FU: K; Wasserinsektenlarven, kleine Futterfische bis zur Größe adulter Guppy-Weibchen, mageres Rindfleisch und Futtertabletten.

Bes.: Attraktive Welsart, die leider wegen ihrer beträchtlichen Größe nur selten importiert wird. Im Aquarium werden diese Fische selten länger als 40 cm.

T: 24 - 26° C, **L**: bis 60 cm, **BL**: 120 - 150 cm, **WR**: u, **SG**: 3 - 4

Merodontotus tigrinus
Zebra-Spatelmaul

BRITSKI, 1981

Syn.: Keine.

Vork.: Brasilien: Staat Rondonia, in den Stromschnellen "Cachoeiras do Teotonio" des Rio Madeira unweit von Porto Velho.

Ersteinf.: Ca. 1990.

GU: Nicht bekannt.

Soz.V.: Es gibt noch keine Hinweise zur Verträglichkeit dieser Art, sicherlich ist sie ein Räuber, der nur mit ähnlich großen Fischen vergesellschaftet werden kann.

Hält.B.: Nur in großen Aquarien mit genügend Raum zum Ablegen und auch Bewegen!

ZU: Nicht bekannt.

FU: K; Fische, Fischfleisch, evtl. Rinderherz, große Frostgarnelen.

Bes.: Die Art gilt als sehr selten. Es wird behauptet, daß die Fische nur mit der Angel an den Stromschnellen gefangen werden können und deshalb alle, die in den Handel kommen, dadurch mehr oder weniger stark verletzt und meistens Todeskandidaten sind. Die Tiere wären ohnehin nur für Spezialisten geeignet. Der horrende Preis, der für sie verlangt wird, schreckt glücklicherweise jeden Normalaquarianer ab.

T: 22 - 26° C, **L**: > 50 cm, **BL**: > 150 cm, **WR**: u, **SG**: 4 (G, K)

Leiarius marmoratus ♂

Merodontotus tigrinus

Pseudopimelodus nigricaudus   MEES, 1974
Unterfam.: Pimelodinae

Syn.: Keine.

Vork.: Südamerika: Surinam: Sipaliwini-Gebiet.

Ersteinf.: Unbekannt.

GU: Nicht bekannt.

Soz.V.: Nachtaktiver Raubwels, nur für Großbecken. Kann nur mit sehr großen anderen Fischen zusammen gehalten werden.

Hält.B.: Versteckmöglichkeiten bieten. Kräftige Filterung. Die Wasserwerte sind von untergeordneter Bedeutung: pH-Wert 6,0 - 7,5; Härte bis 20° dGH.

ZU: Nicht bekannt.

FU: K; Fische, Würmer. Meist wird nur Lebendnahrung genommen.

Bes.: Nur sehr selten importiert. Bei KOBAYAGAWA wird dieselbe Art als *P. raninus acanthochiroides* bezeichnet.

T: 20 - 25° C, **L**: 35 cm, **BL**: 150 cm, **WR**: u, **SG**: 4 (G, K)

Pseudoplatystoma tigrinum   (VALENCIENNES, 1840)
Tigerspatelwels   Unterfam.: Sorubiminae

Syn.: *Silurus tigrinum*.

Vork.: Größere Teile des Amazonas-Flußgebietes in Brasilien, Peru, Uruguay, Kolumbien und Venezuela.

Ersteinf.: 1990.

GU: Nicht bekannt.

Soz.V.: Gut mit mehreren Exemplaren zusammen in geräumigen Aquarien zu halten. Ist auch friedlich gegenüber weiteren größeren Fischarten. Kleinere Fische werden dagegen als Beute betrachtet.

Hält.B.: Am besten in größeren Aquarien halten, auf Sand oder auch schlammigem, jedenfalls weichem Bodengrund. Gute Filterung ist notwendig. Die Beleuchtung soll gedämpft sein, sonst bleiben die Tiere scheu, ja manchmal schreck-

haft. Dabei stoßen sie sich das Maul wund und es kommt leicht zu Pilzinfektionen. Wasser: pH-Wert 6,2 - 7,2; Härte bis 20° dGH.

ZU: Nicht bekannt.

FU: K; Würmer, kleine Fische, Rinderherz.

Bes.: Das Foto zeigt ein Jungtier aus Venezuela. Die sehr ähnliche Art *Merodontotus tigrinus* besitzt u. a. ein etwas anderes Kopfprofil. Die größte Ähnlichkeit besteht zu *P. fasciatum* (LINNAEUS, 1766), Band 1, Seite 510. Wahrscheinlich ist die Art identisch mit dieser oder eine der 5 beschriebenen Unterarten.

T: 22 - 26° C, **L**: 60 cm, **BL**: 200 cm, **WR**: u, **SG**: 4 (G, K)

Pseudopimelodus nigricaudus

Pseudoplatystoma tigrinum

Eutropiellus (*Pareutropius*) *longifilis*

(STEINDACHNER, 1916)

Syn.: *Pareutropius longifilis, Pareutropius micristius, Eutropius longifilis.*

Vork.: Afrika: Tansania, Kiperege, Tümpel in der Rufu-Ebene an der Straße Dares-Salam nach Morogoro.

Ersteinf.: Vermutlich 1990 durch SEE-GERS.

GU: ♂♂ sehr schlank und etwas kleiner; adulte laichvolle ♀♀ wirken kompakter.

Soz.V.: Unbekannt. Die Art ist sicherlich genauso wie die aquaristisch bekannten Arten *E. buffei* (Band 1/513 und 3/572) und *E. debauwi* schwarmbildend. Einzeln gehalten dürften sie, ebenso wie Einzelexemplare dieser Arten, sehr schreckhaft sein. Sie trauen sich tagsüber nicht aus dem Schutz der Pflanzen, zwischen denen sie ängstlich verharren, obwohl sie vermutlich ebenfalls tagaktiv sind. Dadurch fehlt ihnen die lebensnotwendige Bewegung. Sie kümmern durch unzureichende Nahrungsaufnahme und verenden zumeist kurze Zeit darauf.

Hält.B.: Um dem großen Bewegungsbedürfnis der *Eutropiellus*-Arten Rechnung zu tragen, empfiehlt es sich, einen kleinen Schwarm von wenigstens vier Fischen in einem möglichst langen Becken, das dafür weder besonders hoch noch tief zu sein braucht, zu pflegen. Wichtig ist ein dunkler Hintergrund durch schwarzes Papier oder eine Korkrückwand hinter dem Becken, dichte Hintergrundbepflanzung und Abschattung der Wasseroberfläche durch ein starkes Schwimmpflanzenpolster. Sind noch kleine, wenig scheue Salmler- oder Barbenarten im Aquarium, die diesen Welsen Sicherheit geben, schwimmen sie tagsüber ruhelos mit schwach abwärts hängendem Schwanzstiel und rechtslinks schlagender Schwanzflosse gemeinsam im freien Wasserteil umher.

ZU: Unbekannt; vermutlich ähnlich wie für *E. buffei* beschrieben.

FU: K, O; vornehmlich werden Insektenlarven wie Rote und Schwarze Mückenlarven sowie Glasmückenlarven gefressen, die auch gefrostet sein können; das Futter wird am liebsten während des Herabsinkens aufgenommen. Auf diese Weise kann man in mehreren kleinen Gaben auch *Tubifex* verfüttern. Vom Boden wird die Nahrung offensichtlich nur sehr ungern aufgenommen. Beliebt sind große Daphnien, während *Cyclops* nicht beachtet werden. Flockenfutter wird geschickt von der Wasseroberfläche oder während des Herabsinkens gefressen.

Bes.: Die Gattung *Eutropiellus* unterteilt sich in zwei Untergattungen mit je 2 Arten: die Nominat-Untergattung *Eutropiellus* beinhaltet die Arten *E. (E.) buffei* GRAS, 1960 und *E. (E.) debauwi* BOULENGER, 1900. Diese haben nur zwei Bartelpaare, je ein Oberkiefer- und ein Unterkieferpaar. Die beiden Vertreter der Untergattungen *Pareutropius* mit *E. (P.) longifilis* (STEINDACHNER, 1916) und *E. (P.) mandevillei* (POLL, 1959) haben dagegen ein Oberkieferbartelpaar und zwei Paar Unterkieferbarteln. Letztere sind zudem länger als bei den beiden Arten der Untergattung *Eutropius*. Sie sind auf dem Bild deutlich zu erkennen.

T: 23 - 27° C, **L**: ca. 8 cm, **BL**: 100 cm, **WR**: m, **SG**: 2 - 3

Eutropiellus longifilis

Schilbe (Eutropius) brevianalis (Foto Seite 333)   (PELLEGRIN, 1929)
Gewölkter Glaswels

Syn.: *Eutropius brevianalis.*

Vork.: Afrika: einige Küstenflüsse Nigerias und Kameruns, Dehane (Nyong).

Ersteinf.: Unbekannt.

GU: Adulte ♂♂ sind schlanker und kleiner als die hochrückigeren, zur Paarungszeit sehr laichvollen ♀♀.

Soz.V.: Friedliche, untereinander verträgliche Welsart, die tagsüber gern gemeinsame Verstecke in dichten Pflanzenbüschen, zwischen Steinaufbauten, in Bambusröhren oder hohlen Wurzelstöcken aufsuchen. In den Dämmerungs- und Nachtstunden schwimmen sie oft gemeinsam während der Futtersuche.

Hält.B.: Geräumige Aquarien mit Hintergrundbepflanzung und sehr viel freiem Schwimmraum für die nachts sehr bewegungsfreudigen Welse. Als Tagesverstecke sollte man dichte Pflanzenbüsche (z.B. Stufen- oder Schwarzwurzelfarn, *Microsorium pteropus*), ferner Röhren und Höhlen einbringen.

ZU: Die Erstzucht gelang FRANKE (s. DATZ 7/92, 130-133) nach hormoneller Stimulation. Nach Eintritt der Dunkelheit begann eines der beiden ♂♂ das ♀ sehr stark unter blitzschnellen Schwimmbewegungen zu treiben. Erst nach 3 Uhr morgens erfolgten die ersten Paarungen, wobei das ♂ das ♀ ringförmig hinter dessen Hinterkopf im freien Wasser umschlang.

Bis etwa 4.30 Uhr wurden in vielen Paarungen etwa 3000 Eier abgesetzt, die zu Boden sanken, da sie keine Klebkraft besitzen. Bereits nach etwa 20 Stunden schlüpften die winzigen Jungwelse. Nach 3 Tagen fraßen sie lebende *Cyclops* und

Fortsetzung nächste Seite

Fortsetzung von *Schilbe (E.) brevianalis*

Artemia-Nauplien, nach 2 Wochen bereits große *Cyclops*. Nach 2 1/2 Monaten waren sie bereits 4,5 cm lang und glichen den Eltern in der Färbung. Untereinander zeigten sie - im Gegensatz zu jungen *S. intermedius* (bisher bekannt als *S. mystus*) - keinerlei Kannibalismus
FU: K; kräftiges Lebend- und Frostfutter, wie Rote, Schwarze und Glasmückenlarven, *Tubifex*, große Daphnien, Enchyträen, kleine Stücke mageren Rindfleisches und Wasserinsektenlarven. Möglicherweise werden auch ganz kleine Jungfische gefressen.

Bes.: Die Art wurde und wird sehr häufig mit *S. marmoratus* verwechselt (s. den Fisch auf Seite 424, AQUARIEN ATLAS, Bd. 3), der allerdings mit etwa 24 cm Länge annähernd 10 cm größer wird. Auch bei der Abbildung zum Text von *S. marmoratus* auf Seite 422 (Bd. 3) handelt es sich um einen *S. brevianalis*. Während beide Arten in der Jugend ähnlich gefärbt zu sein scheinen, verblaßt die Färbung von *S. marmoratus* im Alter stark. Vermutlich fehlt *S. marmoratus* die für *S. brevianalis* typische kleine Fettflosse..

T: 24 - 27° C, **L:** ♂♂ 10 cm ♀♀ bis 13 cm, **BL:** 80 cm, **WR:** m, **SG:** 2 - 3

Schilbe (Eutropius) grenfelli

(BOULENGER, 1900)

Syn.: *Eutropius altipinnis, E. bomae, E. congensis, E. congolensis, E. gastratus, E. grenfelli, E. liberiensis, E. mentalis, E. niloticus.*

Vork.: Afrika: Zaire-Becken, Ogowe-, Ntem-, Nyonga- und Campo-Fluß.

Ersteinf.: Unbekannt.

GU: Nicht bekannt.

Soz.V.: Es gibt über diese Art keine Angaben in der aquaristischen Literatur.

Hält.B.: Ist vermutlich in Aquarien mit genügend freiem Schwimmraum und einigen Wurzeln als Unterständen gut zu pflegen.

ZU: Nicht bekannt.

FU: K, O; nimmt Lebend-, Frost- und Trockenfutter.

Bes.: Diese Art wurde bisher sehr selten eingeführt.

T: 23 - 26° C, **L:** 50 cm, **BL:** > 80 cm, **WR:** m, **SG:** 3

Schilbe (Eutropius) brevianalis, Nigeria

Schilbe (Eutropius) grenfelli, Shaba, Zaire

Ompok sabanus   INGER & CHIN, 1959

Syn.: Keine.

Vork.: Indonesien, Malaysia, Insel Borneo.

Ersteinf.: Unbekannt, vermutlich 1990 durch die Firma Tropifish, Beek en Donk, Holland.

GU: Vermutlich sind kleine Häkchen am Brustflossenstachel der ♂♂ ein Geschlechtsunterschied.

Soz.V.: Nachtaktiver Fisch, der am besten mit gleich großen Fischarten zu vergesellschaften ist. Lebt in kleinen Gruppen in langsam fließendem, fast immer trübem Wasser.

Hält.B.: Als Aquariumfisch gut haltbar, jedoch nicht mit zu kleinen Fischarten zu vergesellschaften. An die Wasserbedingungen werden keine besonderen Ansprüche gestellt.

ZU: Unbekannt.

FU: K, O; Allesfresser, der alles Greifbare annimmt.

Bes.: Hat eine gewisse Ähnlichkeit mit *Ompok eugeneiatus*, ist aber durch die viel kürzeren Unterkieferbarteln zu unterscheiden.

T: 23 - 27° C, **L:** 18 cm, **BL:** 120 cm, **WR:** alle, **SG:** 3 - 4 (K)

Fortsetzung von *Hara jerdoni*

Beobachtungen sehr wetterfühlig sein und bei Tiefdruckwetter durch rastloses Auf- und Abschwimmen an den Aquarienscheiben sein Unbehagen zeigen. Seinem Bericht nach werden diese Welse "in speziell konstruierten Fallen" gefangen, die mit Köderfischen (gemeint ist wohl mit Fischstücken) und Schlachtabfällen beschickt sind. Die manchen Sisoriden eigene Auffaltung der Haut in der Brustregion zu einem Haftapparat fehlt dieser Gattung.

T: 18 - 24° C, **L:** ♂♂ 30 mm, ♀♀ 35 mm, **BL:** 30 - 50 cm, **WR:** u, **SG:** 3 - 4

Hara jerdoni
Deltaflügel-Zwergwels

DAY, 1870

Syn.: Keine.

Vork.: Bangladesh, nördliches Sylhet, strömungsreiche Flüsse und Bäche im Brahmaputra-Becken im Bereich von Aramuchal Pradesh, Nagaland und Bihar.

Ersteinf.: Vermutlich 1985, dabei verwechselt mit juvenilen *Hara hara.*

GU: Adulte ♀♀ wirken mit etwa 35 mm Länge durch ihre Laichfülle wesentlich plumper und kompakter als die kleineren, etwa 30 mm langen, sehr schlanken ♂♂.

Soz.V.: Diese Zwerge unter den Siluriformes sind nachtaktive Einzelgänger. Den Tag verschlafen sie unter oder in Wurzelholz, Bambusröhren oder Steinaufbauten. In ihren Heimatgewässern finden sie in ähnlichen Verstecken während ihrer Ruhestunden am Tage Schutz vor der starken Strömung.

Hält.B.: Klares, sauerstoffreiches Wasser, am besten mittels einer durch starken Filterwasserrücklauf erzeugten Strömung, fördert ihr Wohlbefinden. Sie dauern aber auch in Aquarien mit nur gelegentlicher Frischwasserzugabe sehr lange aus. Mittlere Wasserwerte von 8 - 15° dGH und ein pH-Wert um 7 sagen ihnen besonders zu. Als Bodengrund bewährt sich feiner Sand am besten. Wegen ihrer geringen Größe sollten diese Welse nur mit kleinen Friedfischen vergesellschaftet werden. Am vorteilhaftesten dürfte ihre Pflege im Artenbecken sein.

ZU: Noch nicht gelungen.

FU: O; da die Futteraufnahme schwer zu beobachten ist, sollten wahlweise nach TOMEY, der die Pflege dieser Zwergwelse in "Das Aquarium" 2/90 beschrieb, sowohl veralgte Steine zum Abweiden, kleine Portionen gebrühten Salates oder Spinats, junge Brennesseln sowie lebendes Kleinfutter wie *Cyclops*, kleine Daphnien, Grindal-Würmchen, *Tubifex*, Rote Mückenlarven, gehacktes Rinderherz sowie Flockenfutter gereicht werden.

Bes.: *Hara jerdoni* soll nach TOMEYS

Fortsetzung linke Seite unten

335

Erethistes maesotensis   KOTTELAT, 1983

Syn.: Keine.

Vork.: Asien: Indien (Assam) bis westliches Burma.

Ersteinf.: Unbekannt, 1991 von Tropifish, Beek en Donk, Holland.

GU: Unbekannt.

Soz.V.: Kleiner friedlicher Wels, der am besten in kleinen Gruppen gehalten wird.

Hält.B.: Sehr ruhiger Fisch, der vornehmlich mit anderen, sehr ruhigen Fischarten vergesellschaftet wird. Mit viel aktiveren Fischen zusammen gehalten, kommt diese Art kaum ans Futter und kann verhungern. Bevorzugt einen steinigen Bodengrund und fließendes Wasser. Braucht dunkle Versteckplätze.

ZU: Unbekannt.

FU: K; am Boden lebende Würmer oder Insektenlarven, auch Flockenfutter und FD-Tabletten werden ab und zu genommen.

Bes.: *E. pusillus* läßt sich von seiner verwandten Art *E. maesotensis* durch seine größere Länge unterscheiden und durch dunkel/helle Ringe um die Barteln sowie gesägte Rückenflossenstacheln, die bei *E. maesotensis* ungesägt sind. Hält sich mit seinen starren Brustflossenstacheln zwischen Felsen und Steinen in stark fließenden Hügelgewässern fest.

T: 22 - 24° C, **L:** 6 cm, **BL:** 60 cm, **WR:** u, **SG:** 2

Eremophilus mutisii   HUMBOLDT, 1805
                                              Unterfam.: Trichomycterinae

Syn.: Keine.

Vork.: Kolumbien.

Ersteinf.: Unbekannt.

GU: Vermutlich sind die ♀♀ plumper und
etwas dicker als die ♂♂.

Soz.V.: Hauptsächlich nachtaktiver und
friedlicher Bodenbewohner. Braucht
tagsüber Versteckmöglichkeiten.

Hält.B.: Diese Unterfamilie der Schmer-
lenwelse ist nicht parasitär. Sie eignet
sich gut für Aquarien, wird aber selten
importiert.

ZU: Nicht bekannt.

FU: K; Mückenlarven, *Tubifex,* Enchyträ-
en, gelegentlich auch Flockenfutter.

Bes.: Diese Gattung ist von verwandten
Gattungen durch das Fehlen von Bauchflossen zu unterscheiden.

T: 22 - 28° C, L: 15 cm, BL: 80 cm, WR: u, SG: 3

Fam.: Trichomycteriadae
Unterfam.: Stegophilinae

Ochmacanthus orinoco
Orinoco-Schmerlenwels

MYERS, 1927

Syn.: Keine.

Vork.: Südamerika: Venezuela, Orinoco, Playa Metapalma. Das Tier auf dem Foto stammt vom Cano San Philipe Squime.

Ersteinf.: Unbekannt.

GU: Nicht bekannt.

Soz.V.: Viele Stegophilinae sind parasitär. Speziell zu dieser Art liegen noch keine Beobachtungen vor.

Hält.B.: Kleines, gut eingerichtetes Aquarium. Die Tiere liegen meist auf dem Boden, als ob sie etwas lauern würden. Vergesellschaftung mit kleineren Salmlern unproblematisch.

ZU: Nicht bekannt.

FU: K; sehr kleines Lebendfutter, wie z.B. *Artemia* oder *Cyclops*. Auch Frostfutter wurde schon genommen.

Bes.: Die Identifizierung der Arten dieser Gruppe ist anhand von Fotos sehr schwierig, deshalb ist der Name mit Vorbehalt zu betrachten. Es fehlt an regelmäßigen Importen, da die Tiere nur gelegentlich als Beifang zu uns gelangen.

T: 23 - 26° C, **L**: 5 cm, **BL**: 60 cm, **WR**: u, **SG**: 3 - 4

Pseudostegophilus nemurus
Blaugelber Urinwels

(GÜNTHER, 1869)

Syn.: Keine.

Vork.: Brasilien: oberer Amazonas, Rio Mamoré.

Ersteinf.: Unbekannt, gelegentlich als Beifang.

GU: Nicht bekannt.

Soz.V.: Parasitäre Art, kann nicht mit größeren Fischen vergesellschaftet werden, außer z. B. mit gepanzerten Harnischwelsen. Andere Fische werden durch das Abbeißen von Schuppen- und Hautteilen in der Aquariensituation auf Dauer so schwer geschädigt, daß sie meist verenden. Die Tiere liegen tagsüber auf Sand oder Steinen und lauern auf Beute. Verstecke werden nicht aufgesucht.

Hält.B.: Spezialaquarium, das ruhig bepflanzt werden darf. Schwimmpflanzendecke, die Fische lieben es dunkel. Eventuell können kleinere Fischarten (Zwerg-

buntbarsche, Salmler, etc.), die nicht als Wirtstiere in Frage kommen, beigesetzt werden. Wasser: pH-Wert 6,0 - 7,1; Härte: unter 10° dGH.

ZU: Noch nicht gelungen.

FU: Parasitäre Art, die sich nur von Schuppen und dem Hautschleim anderer Fische ernährt. Kann praktisch nicht an Ersatzfutter gewöhnt werden. Benötigt Fische, an denen sie schmarotzen kann.

Bes.: Aufgrund der besonderen Ernährung bereitet es Schwierigkeiten, die Art auf Dauer im Aquarium am Leben zu erhalten. Voraussetzung wäre es, immer wieder Wirtsfische einsetzen zu können, die nach kurzer Zeit ausgetauscht werden müßten, um die Qual, der diese Tiere zweifelsohne ausgesetzt würden, zeitlich stark zu begrenzen.

T: 26 - 28° C, **L**: 15 cm, **BL**: 100 cm, **WR**: u, **SG**: 4 (Ernährung!)

Ochmacanthus orinoco

Pseudostegophilus nemurus

Cyprinodon bovinus ♂, siehe Seite 424

Killifische, Eierlegende Zahnkarpfen

Vieles wird über Fische geschrieben, viel Richtiges, aber immer noch - oder immer wieder? - auch Unrichtiges. Vor allem Vorurteile oder Pauschalisierungen über Arten, Gattungen und sogar ganze Familien werden gerne wiederholt, wenn sie sich erst einmal festgesetzt haben. Das gilt für keine andere Fischfamilie so wie für die Killifische, die genau genommen gar keine eigene Familie sind, sondern ein aquaristischer Überbegriff für die zoologischen Familien Aplocheilichthyidae, Aplocheilidae, Cyprinodontidae, Rivulidae, Orestiidae und Oryziidae innerhalb der Ordnung Cyprinodontiformes. Diese Einteilung kann sich aber schnell wieder ändern, denn die Systematik der Killifische befindet sich sozusagen "in ständigem Fluß" (übrigens das einzige Vorurteil über Killifische, dem nicht zu widersprechen ist!).

Über Killifische wird viel mehr geschrieben, als es aufgrund ihrer relativen Seltenheit in unseren Aquarien zu vermuten wäre. Warum Killis nur von wenigen Aquarianern gepflegt werden, liegt wohl in erster Linie an ihrem schlechten Ruf. Denn Killifische gelten als "Killer", als kurzlebig, als unverträglich, als Futterspezialisten, usw. Diese Vorurteile werden leider nur allzuoft "bestätigt", was zum größten Teil auf Hälterungsfehler zurückzuführen sein dürfte, die wiederum ihren Ursprung in Pauschalisierungen haben. Denn die beliebte Verallgemeinerung, alle Killifische seien Weichwasserfische, bräuchten saures Wasser und liebten niedrige Temperaturen, kann bei der Aquarienpflege fatale Folgen haben. Die nachfolgenden Beispiele zeigen, daß Killifische sehr differenzierte Lebensweisen und Lebensansprüche entwickelt haben, die bei der Aquarienhaltung zu beachten sind (was, nebenbei gesagt, auch für alle anderen Fische gelten sollte).

Daß der Name Killifische nicht von "Killer" kommt, ist eigentlich schon ein alter Hut (nachzulesen bei HELLNER, SEEGERS und WILDEKAMP). Aber es gibt Arten, die nach menschlichen (!) Maßstäben "Killer" sind, nämlich die Fischfresser. Das Paradebeispiel dafür ist *Cynolebias prognathus* (siehe nächster Band), der sich in seinem natürlichen Lebensraum in Uruguay fast ausschließlich von anderen Killifischen der Arten *Cynopoecilus melanotaenia* und *Cynolebias adloffi* ernährt. Selbst Jungfische dieser Art fressen vom Schlupf an nicht anderes als andere Jungfische. Dazu bringen frischgeschlüpfte *C. prognatus* die besten Voraussetzungen mit:

Fast ein Drittel ihrer Gesamtlänge von 18 bis 20 cm entfällt, wie auch bei den ausgewachsenen Fischen, auf den Kopf! Damit sind die Jungfische dieser Art die größten unter den bisher bekannten Killifischen.

Zugegeben, *C. prognathus* ist das Extrem, aber auch von anderen südamerikanischen Saisonfischen sind Lebensgemeinschaften bekannt, die darauf beruhen, daß die kleinste Art von der größeren und die größere von der größten Art gefressen wird.

Dies macht auch Sinn, denn als annuelle Fische, die in periodisch austrocknenden Gewässern leben, haben diese Killifische relativ wenig Freßfeinde, wenn man von Vögeln, Wasserschildkröten und Schlangen einmal absieht, die verhältnismäßig unbedeutend sind. Von solchen "Nahrungsketten" sind bereits mehrere nachgewiesen: zum Beispiel für *Leptolebias minimus - Cynolebias constanciae - C. whitei* bei Cabo Frio (nicht Rio de Janeiro) und für *C. magnificus - C. flavicaudatus - C. albipunctatus* bei Itacarambi (Rio Sao Francisco). Alle diese Arten sind echte Saisonfische und damit auch kurzlebig. Kaum ein Fisch einer solchen Art wird älter als ein Jahr. Damit sind diese Arten jedoch wahre Methusalems im Vergleich zu *Pronothobranchius kiyawensis*, einem Killifisch aus der Sahel- und Küstensavanne Afrikas. Bietet man *P. kiyawensis* die Lebensbedingungen, wie sie etwa für die Accra Plains in Ghana beschrieben sind, läuft sein Lebenszyklus folgendermaßen ab: Nach dem Schlüpfen dauert es nur 10 Tage, bis sich die Jungfische ausfärben. Nach insgesamt 14 Tagen beginnt das Ablaichen, mit knapp vier Wochen sind die Fische auf dem Höhepunkt ihrer Vitalität und nach spätestens vier Monaten sterben sie an Vergreisung! Wie gesagt, bei natürlichen Bedingungen, und das heißt: ca. 30° C Wassertemperatur, täglich dreimalige Fütterung und 95 % Wasserwechsel. Der Grund für diese extreme Kurzlebigkeit ist offensichtlich, denn in den Accra Plains sind zwei Regen- und Trockenperioden innerhalb eines Jahres die Regel. Es kann aber auch nur je eine geben. Deshalb können die Jungfische bereits nach sechs Wochen "Trockenzeit" schlüpfen, wenn der Laichtorf bei knapp über 40° C gelagert wird. Bei 25° C dauert es dann schon sechs Monate. Diese Killifische sind eben perfekt an ihren Lebensraum angepaßt. Übrigens sind Temperaturen von um die 40° C für die Laichentwicklung von Saisonfischen durchaus natürlich. Schließlich lebt der Beutelmull, ein fast unbehaartes, staatenbildendes Nagetier, in der tansanischen Küstenebene bei konstant 32° C. Und das 50 cm unter dem Savannenboden. Aber so tief taucht kein Saisonfisch beim Ablaichen in den Boden ab.

Es gibt auch Killifische, die sich an sehr konstante Biotope angepaßt haben. Diese Arten zeigen, wie alt Killifische werden können. Einige kleine *Aphyosemion*-Arten aus den Gebirgsregenwäldern Äquatorialafrikas leben in relativ kühlen, langsam fließenden Bächen mit sehr weichem und saurem Wasser. Die Schwankungen der Wasserwerte und Temperaturen sind in diesen Biotopen nur gering, und vor dem Gefressenwerden schützt man sich als kleiner Fisch am besten, indem man sich so wenig wie möglich bewegt.

Im Januar 1986 unternahmen zwei begeisterte Killifischliebhaber, WAGNER und WENDEL, eine Fangreise nach Nordgabun und brachten von dort unter anderem fast ausgewachsene Exemplare der Arten *Aphyosemion mimbon* und *A. cameronense* mit. Das allein wäre so bemerkenswert nicht, fahren doch immer wieder Aquarianer in diese Region. Aber daß über sieben Jahre nach so einer Reise noch mehrere der Wildfänge am Leben waren und erfolgreich züchteten, ist absolut außergewöhnlich. Und es beweist, daß viele Killifische "uralt" werden können, wenn man sie entsprechend pflegt. Bei Peter WAGNER schwammen die Wildfänge einzeln in kleinen Aquarien mit weichem, leicht saurem Wasser, bei gleichmäßigen Temperaturen von 20 - 23° C. Außerdem wurden sie nur sparsam gefüttert. Offensichtlich ist so ein ruhiges Dasein ohne Streß, wie etwa innerartliche Aggression und Futterneid, für diese Arten optimal. Werden diese Bedingungen nur annähernd geboten, liegt die durchschnittliche Lebenserwartung bei immerhin gut drei Jahren. Und so alt wird kein Schmetterlingsbuntbarsch - selbst bei bester Pflege.

Doch Killifische leben nicht nur im Süßwasser. Viele Arten haben sich an ein Leben in stark salzhaltigen Gewässern angepaßt, die zum Teil ein Mehrfaches der Dichte von Meerwasser aufweisen. Das Paradebeispiel dafür sind die Wüstenfische (*Cyprinodon* und einige andere Gattungen). Die wahren Meister im Überleben aber sind *Rivulus ocellatus* und *R. caudomarginatus*, zwei Bachlingsarten, die südlich von Rio de Janeiro bei Vila Geny in der Grota Funda leben, (die Namen "Vila Ginf" bzw. "Greta Funda" dürften auf

Übermittlungsfehler zurückzuführen sein). Die Grota Funda, der Name bedeutet "Weites Land", ist eine von Bergen umgebene Savannenlandschaft und liegt unmittelbar am Meer. Dort findet man die beiden Arten am Rand der Mangrovenzone der Lagoa da Tijuca. Abhängig von den Gezeiten sind diese Fische völlig unterschiedlichen Wasserbedingungen ausgesetzt. Während der Flut ist die Lagune mit Meerwasser überflutet, bei sinkendem Pegel und durch Verdunstung erhöht sich der Salzgehalt erheblich, und schließlich können starke Regenfälle bei Niedrigwasser zur völligen Aussüßung führen. Dementsprechend kraß sind auch die Schwankungen der übrigen Wasserwerte: pH-Werte von 6 bis über 9 und Wassertemperaturen von 18 - 40° C. Und das innerhalb weniger Stunden. Aber die Bachlinge kommen damit gut zurecht. Im Gegenteil: weil in der Erstbeschreibung von weichem, saurem Wasser berichtet wird, stirbt *R. caudomarginatus* im Aquarium immer wieder aus. Denn konstante Bedingungen, vor allem saures Wasser, bringen diese Art einfach um. Dies ist kein Vorwurf an den Erstbeschreiber, sondern zeigt, wie wenig aussagefähig Momentaufnahmen aus den Lebensräumen unserer Fische sein können. Es liegt auf der Hand, daß Fische, die solchen biologischen Belastungen ausgesetzt sind, nicht sehr alt werden. Zweieinhalb Jahre sind für solche Arten schon ein stolzes Alter.

Andere Killifisch-Arten wieder sind im Alter von zwei Jahren gerade einmal ausgewachsen. Die größte bekannte Rivulus-Art, *R. igneus* aus Französisch-Guyana, braucht selbst bei bester Fütterung so lange, um ihre maximale Länge von über 15 cm zu erreichen. Und dann sind diese Killifische auch in der Lage, ausgewachsene Exemplare ihrer Naturnahrung zu erbeuten: kleine *Rivulus*-Arten. Wildfänge von *R. igneus* spucken nach dem Fang mit einiger Regelmäßigkeit gefressene *R. agilae, R. geayi* und *R. xiphidius* aus. Um an diese Beute zu gelangen, springen diese Riesenbachlinge von Tümpel zu Tümpel und von Bach zu Bach. Dabei wird dieser Killifisch eigentlich viel zu groß für die Gewässer, in denen seine Beute lebt. Kleine *Rivulus*-Arten bewohnen bevorzugt Rinnsale mit einer dicken Fallaubschicht und nur wenigen Zentimetern Wasserstand. Darum verwundert es auch nicht, daß adulte *R. igneus* auch schon in Radspuren von Lastwagen gefangen worden sind. Eine solche Lebensweise erklärt aber, warum diese *Rivulus*-Arten in einem herkömmlichen Aquarium so scheu und empfindlich sind. Richtig gepflegt, werden kleine *Rivulus* gut zweieinhalb Jahre alt. *R. igneus* erreicht sogar ein Alter von über vier Jahren.

Eine ähnliche Anpassung wie *Rivulus igneus* zeigt *Moema piriana*, ein Bodenlaicher aus dem brasilianischen Bundesstaat Para. Diese Art wird noch größer als *R. igneus*. Aquarienexemplare können gute 18 cm erreichen. Auch diese Art ernährt sich in erster Linie von Fischen, hat aber als Saisonfisch nur wenig Zeit, die entsprechende Größe zu erreichen, um die natürlichen Futterfische zu erbeuten. In der Terra typica sind das fast ausschließlich *R. urophthalmus*, in einem benachbarten Waldbiotop hauptsächlich Spritzsalmler, die aus permanenten Gewässern zuwandern. Folglich wachsen junge *M. piriana* bei entsprechender Fütterung mehr als zügig. In acht Wochen werden ohne Probleme Größen von 10 cm und mehr erreicht. Das genügt zur Fortpflanzung, und das weitere Wachstum geht dann langsamer voran.

Bei allem, was hier ausgeführt wurde, darf eines nie vergessen werden: In Gefangenschaft können Killifische viel älter werden als in der freien Natur. Das ist schön für die Fische und den Aquarianer. Jedoch einer kurzlebigen Art durch niedrige Wassertemperaturen und sparsamer Fütterung zu einem unnatürlichen Alter verhelfen zu wollen, macht keinen Sinn. Solche Fische werden nie ihre volle Schönheit entfalten und mit der Zucht wird es auch nicht recht funktionieren. Vielmehr sollten wir bestrebt sein, unsere Aquarienfische bei naturnahen, möglichst optimalen Bedingungen zu pflegen. Zum Wohle der Fische und zu unserer Freude.

Steffen Hellner

Aplocheilichthys hutereaui   (BOULENGER, 1913)
Hutereaus Leuchtaugenfisch

Syn.: *Haplochilus hutereaui, Haplochilichthys hutereaui, Panchax hutereaui, Micropanchax baudoni, Aplocheilichthys baudoni, Aplocheilus chobensis, Aplocheilichthys chobensis, A.schalleri.*

Vork.: Afrika: Bäche, Flüsse, Ausstände und Sümpfe nördlich und südlich des zentralafrikanischen Regenwaldes im Einzug des Tschad-Sees, des Nil und des nördlichen und südlichen Zaire sowie des Sambesi im südwestlichen Sudan, im Tschad, in der Zentralafrikanischen Republik, Zaire, Sambia, Namibia, Angola, Botswana und Mosambik.

Ersteinf.: Spätestens im April 1972 durch SCHALLER von Macovane, Mosambik, wahrscheinlich aber bereits früher.

GU: Die ♂♂ sind gelbgrün gefärbt, auf dem Vorderkörper findet sich ein blauer Glanz. Jede Schuppe ist schwärzlich gerandet, so daß ein Netzmuster ent-

steht. Die weißlich gesäumte Dorsale und Anale weist jeweils in den hinteren bzw. körpernahen Abschnitten dunkle Querstreifen auf, die sich auch in der Basis der Kaudale wiederfinden. Die kleineren ♀♀ sind unscheinbar bräunlich, das Netzmuster ist nur schwach entwickelt, die Flossen sind durchsichtig.

Soz.V.: Friedliche Art, die truppweise lebt und genügend Raum benötigt.

Hält.B.: Die Pflege ist auch in nicht allzu großen Artenbecken möglich, in Gesellschaftsbecken nur zusammen mit kleineren Bodenfischen, sonst hängen die Leuchtaugenfische ständig unter der Wasseroberfläche. Die Wasserpflege ist wichtig, die Fische sind empfindlich gegen Verpilzungen.

ZU: Siehe *Aplocheilichthys nimbaensis.*

FU: K; Lebendfutter, auch Flockenfutter.

T: 22 - 30° C, **L**: 4 cm, **BL**: 60 cm, **WR**: m, o, **SG**: 3

Aplocheilichthys kassenjiensis   (AHL, 1924)
Lake Albert-Leuchtaugenfisch

Syn.: *Haplochilichthys atripinna, H. kassenjiensis, Aplocheilichthys kassenjiensis, Haplochilichthys mahagiensis, Aplocheilichthys mahagiensis.*

Vork.: Afrika, engerer Einzug des Lake Albert in Nordost-Zaire und Nordwest-Uganda, in Sumpfzonen des Sees.

Ersteinf.: 1988 durch WILDEKAMP und Mitreisende von Butiaba, Uganda.

GU: Während die ♂♂ eine blau reflektierende Grundfärbung mit teilweise gelblichen Flossen aufweisen, ist die Grundfärbung der kleineren ♀♀ deutlich blasser. Ihre abgerundeten Flossen sind transparent. Zwar konnten nur ♂♂ importiert werden, doch läßt sich die Beschreibung der ♀♀ von verwandten Arten ableiten.

Soz.V.: Wie bei der vorigen Art erläutert, leben die Fische gerne in Trupps.

Hält.B.: Aus den vorgenannten Gründen liegen nur wenige Erfahrungen vor, doch

dürfte die Pflege wie bei *A. vitschumbaensis* angegeben möglich sein. Das Wasser ist am Fundort alkalisch, stärker saure Werte sollten daher vermieden werden.

ZU: Da keine ♀♀ importiert werden konnten, lassen sich keine Erfahrungswerte angeben. Die Zucht dürfte aber der von anderen *Aplocheilichthys*-Arten entsprechen.

FU: K; Lebendfutter aller Art, auch Gefrierfutter und gelegentlich Flockenfutter.

Bes.: Die Einordnung des abgebildeten Fisches ist nicht ganz sicher. Enge Beziehungen bestehen zweifellos zu *Aplocheilichthys vitschumbaensis* vom Lake Edward und Lake George, auch ist die Identität des hier als Synonym angegebenen *A. mahagiensis* nicht geklärt, das Material ist zu ärmlich, so daß Neuaufsammlungen zur eindeutigen Identifizierung notwendig sind.

T: 22 - 26° C, **L**: 4,5 cm, **BL**: 60 cm, **WR**: m, o, **SG**: 3

Aplocheilichthys hutereaui, Maseke, Nordzaire

Aplocheilichthys kassenjiensis von Butiaba, Lake Albert, Uganda

Aplocheilichthys hutereaui, südl. Population, Mansa, Sambia

Aplocheilichthys sp. aff. *lamberti,* Guinea; Text Seite 350

Aplocheilichthys macrophthalmus hannerzi, Nigerdelta, Nigeria; Text Seite 350

Hypsopanchax platysternus ♀, Text Seite 360

Aplocheilichthys lamberti
Lamberts Leuchtaugenfisch

DAGET, 1962

Syn.: *Micropanchax lamberti, Aplocheilichthys spilauchen.*

Vork.: Afrika: Bäche und Flüsse in Oberguinea, Fouta Djalon, in den Einzügen des Bafing, Senegal-System, und des Gambia.

Ersteinf.: Unbekannt, spätestens 1988 durch BLEHER.

GU: Die ♂♂ sind blaugrün gefärbt mit blauen Reflexen auf den Seiten. Die Schuppen zeigen schmale dunkle Ränder, die zum oberen Kiemendeckel hin kräftiger werden. Zwischen den Augen verläuft ein dunkler Streifen über die Unterlippe. Die After- und Rückenflosse ist leicht gelblich und weist im hinteren Teil eine Andeutung dunkler Streifen auf, die parallel zur Flossenbasis laufen. Die ebenfalls gelbliche Schwanzflosse besitzt in der Basis dunkle Flecken. Die ♀♀ sind kleiner und unscheinbar blaugrünlich gefärbt, mit kleineren und weitgehend transparenten Flossen.

Soz.V.: Wie die meisten Leuchtaugenfische lebt auch diese Art gerne im Trupp, ohne jedoch ein richtiger Schwarmfisch zu sein.

Hält.B.: Die Pflege ist nicht so ganz einfach, ein Artenbecken ist anzuraten, eventuell eignen sich auch ruhige Bodenfische zur Vergesellschaftung. Das gut gefilterte Wasser sollte weich sein, der pH-Wert um 7 liegen, eher darüber. Die Fische wurden in der Natur in rasch fließenden Gewässern gefunden. Daher häufiger einen Wasserwechsel vornehmen, sonst treten leicht Verpilzungen auf. Eine dichte randliche Bepflanzung des Aquariums muß genügend Schwimmraum lassen. Die Fische springen gerne, eine Abdeckung ist unerläßlich.

ZU: Diesen Haftlaichern muß ein Wollmop oder ein entsprechendes Substrat geboten werden, wie dies für *A. nimbaensis* empfohlen wird. Siehe dort.

FU: K; Lebendfutter aller Art.

T: 22 - 28° C, L: 4,5 cm, **BL**: 60 cm, **WR**: m, o, **SG**: 2 - 3

Aplocheilichthys macrophthalmus hannerzi
Orangesaum-Leuchtaugenfisch

HUBER & SCHEEL, 1981

Syn.: *Aplocheilichthys hannerzi.*

Vork.: Afrika: Nigeria, Gewässer im Regenwald des Küsteneinzuges zwischen dem östlichen Nigerdelta und dem Cross River.

Ersteinf.: 1961 durch HANNERZ, Schweden.

GU: Die ♂♂ besitzen eine blaugraue Grundfärbung, die gelegentlich ins Grünliche spielt. Die unpaaren Flossen sind orangefarben gesäumt und deutlich ausgezogen. Im Gegensatz zur Nominatform *A. macrophthalmus macrophthalmus* ist die Kaudale bei *A. m. hannerzi* lanzettförmig gestaltet. Die ♀♀ tragen abgerundete Flossen und sind kleiner. Ihre Grundfärbung ist unscheinbarer, die orangefarbenen Flossensäume fehlen ihnen.

Soz.V.: Wie bei *Aplocheilichthys lamberti* angegeben.

Hält.B.: Siehe *A. lamberti*. Allgemein ist *A. m. hannerzi* nach bisheriger Erfahrung

schwierig zu pflegen und benötigt große Aufmerksamkeit. Das Wasser sollte gut gefiltert, weich und leicht sauer sein. Ein nicht zu großes Aquarium ist anzuraten, da die Fische sonst leicht verlorengehen.

ZU: Schwierig. Im Prinzip wie bei *A. nimbaensis*. Das Anfüttern der Jungtiere bereitet allerdings oft Probleme, weil sie sehr klein sind. *Artemia*-Nauplien sind meist zu groß, so daß sich das Zufüttern von Pantoffeltierchen empfiehlt. Die Jungfische schlüpfen nach 10 - 12 Tagen, ihr Wachstum ist nur langsam, meist bleiben sie kleiner als die Wildfänge.

FU: K; kleineres Lebendfutter.

Bes.: *A. m. hannerzi* ist möglicherweise eine gute Art, doch fehlen noch hinreichende Untersuchungen. SCHEEL kreuzte beide Formen miteinander und erhielt sterile F_1-Tiere, so daß eine genetische Separierung anzunehmen ist. Auch die Flossenformen beider Taxa sind deutlich unterschiedlich.

T: 23 - 28° C, L: 3,5 cm, **BL**: 50 cm, **WR**: m, o, **SG**: 3 - 4

Aplocheilichthys lamberti, Guinea; siehe auch Seite 348

Aplocheilichthys macrophthalmus hannerzi vom Nigerdelta, Nigeria

Aplocheilichthys myersi   POLL, 1952

Syn.: *Congopanchax myersi.*

Vork.: Afrika: Kleine Flüsse und Waldbäche rund um den Pool Malebo (Stanley Pool) im westlichen Zaire und südlichen Kongo.

Ersteinf.: Ca. 1950 nach Belgien.

GU: Die ♂♂ zeigen hellblaue bis grüne Reflektionsfarben mit Horizontalstreifen am Körper und haben lang ausgezogene gelbe unpaare Flossen. Die ♀♀ zeigen kaum Farbe und sind halb durchsichtig.

Soz.V.: Friedlicher, kleiner Schwarmfisch. Bevorzugt ein Aquarium mit viel Pflanzen, um sich bei Gefahr dahin zurückzuziehen.

Hält.B.: Als Aquariumfisch gut haltbar. Schwarmhaltung in Becken mit viel Pflanzen an der Rückseite und den Seiten, die jedoch auch freien Schwimmraum bieten. Ist gut mit anderen kleinen Fisch-arten zu vergesellschaften, z. B. Killifischen, kleinen Barben und Salmlern. Die Art bevorzugt nicht zu hartes, leicht saures Wasser. Zur Zucht ist derartiges Wasser unbedingt notwendig.

ZU: Im kleinen Schwarm im Zuchtbecken zu halten. Als Laichsubstrat ist ein Laichmop zu verwenden, von dem die ziemlich großen Eier täglich geerntet und in einer Schale gesammelt werden. Die Larven schlüpfen nach 12 - 14 Tagen. Die Jungen fressen gleich *Artemia*, wachsen jedoch recht langsam.

FU: Kleines Lebendfutter und geriebenes Flockenfutter.

Bes.: Anfang der 50er Jahre ab und zu in Aquarien zu finden, verschwand dann aber leider wieder. Ist aber 1992 erneut aus Zaire importiert worden, woraus sich ein neuer Aquariumstamm gebildet hat.

T: 21 - 24° C, **L**: 2,5 cm, **BL**: 50 cm, **WR**: m, o, **SG**: 3

Aplocheilichthys nimbaensis   (DAGET, 1948)
Nimba-Leuchtaugenfisch

Syn.: *Haplocheilichthys nimbaensis, Micropanchax nimbaensis, Aplocheilichthys macrurus.*

Vork.: Afrika: Bäche und Flüsse im Bergland des südöstlichen Oberguinea und des nordöstlichen Liberia, insbesondere in den Nimba-Bergen.

Ersteinf.: Im Januar 1956 durch LAMBERT aus Guinea nach Belgien, Ende 1971 durch ROLOFF von Salayio in Liberia.

GU: Diese Fische sind insgesamt eher unauffällig, dabei jedoch von gedrungenem Körperbau. Die ♂♂ haben eine silbrig-grünliche Färbung, auf den Schultern finden sich bläuliche Reflexe. Die Schuppen zeigen schmale dunkle Säume, so daß auf diese Weise eine dünne Netzzeichnung entsteht. Die Flossen sind schwach ausgezogen und leicht gelblich gefärbt. Bei den ♀♀ sind die Flossen kleiner und abgerundet, der Vorderkörper ist insgesamt voller.

Soz.V.: Die ♂♂ können untereinander streitlustig sein. Ansonsten entspricht es dem anderer Leuchtaugenfische.

Hält.B.: Die Pflege kann wie bei *A. lamberti* angegeben erfolgen, dabei ist ein alkalischer pH-Wert vorzuziehen.

ZU: Zur Zucht werden entweder 1 ♂ und einige ♀♀ oder ein kleiner Schwarm in ein entsprechend großes Zuchtbecken mit einwandfreiem Wasser gesetzt, das alkalisch sollte, aber zumindest nicht stark sauer. Dichtes Ablaichsubstrat schützt die ♀♀ vor den stark treibenden ♂♂. Die Art ist nicht sehr produktiv. Die Eier sollten abgelesen und getrennt zur Entwicklung gebracht werden, die etwa 2 Wochen dauert. Ein pilzhemmendes Mittel kann zugesetzt werden. Als erstes Futter *Artemia*-Nauplien bieten. Langsames Wachstum.

FU: K; vorwiegend Lebendfutter aller Art, aber auch anderes übliches Fischfutter.

T: 21 - 24° C, **L**: 4,5 cm, **BL**: 80 cm, **WR**: m, o, **SG**: 3

Aplocheilichthys myersi von Kinshasa, Zaire

Aplocheilichthys nimbaensis ♂, ♀ Seite 356

Fam.: Aplocheilichthyidae Leuchtaugenfische

Unterfam.: Aplocheilichthyinae

Aplocheilichthys scheeli

Scheels Leuchtaugenfisch

ROMAN, 1970

Syn.: *Aplocheilichthys macrophthalmus scheeli, Aplocheilichthys macrophthalmus, Micropanchax scheeli.*

Vork.: Afrika, von Südost-Nigeria über Kamerun bis Äquatorial-Guinea (Rio Muni), vorwiegend kleinere Urwaldgewässer des Küsteneinzuges von Lagos bis zum Rio Utonde und Rio Beni. Das Vorkommen des hier abgebildeten Stammes von Nigeria liegt weit nördlich des bisher bekannten Vorkommens der Art und vergrößert dieses erheblich.

Ersteinf.: Unbekannt.

GU: Die ♂♂ sind grauoliv, dabei leicht transparent. Die Schuppenränder markieren eine schmale Netzzeichnung. Ähnlich *A. macrophthalmus hannerzi* sind die Flossensäume orangegelb gefärbt. Unterschiede finden sich in der Form der Kaudale, die bei *A. m. hannerzi* lanzettförmig ist, bei *A. scheeli* spatenförmig. Wesentlichster Unterschied sind jedoch die fadenförmig verlängerten orangegelben Ventralen von *A. scheeli*, die bis zum Ende der Analen reichen. Die ♀♀

sind kleiner, unauffällig grauoliv gefärbt mit transparenten Flossen und ohne die ausgezogenen Ventralen.

Soz.V.: Friedlich, wie bei *A. lamberti* angegeben.

Hält.B.: Siehe *A. lamberti* und *A. macrophthalmus hannerzi*. Schwierig zu pflegender Fisch, der aus diesem Grunde keine weite Verbreitung in der Aquaristik erlangt hat, obgleich er sie verdient hätte. Die Hälterung sollte unbedingt im Artenbecken erfolgen.

ZU: Die Zuchtversuche waren bisher wenig erfolgreich, so daß die Tiere, wie oben erwähnt, keine weite Verbreitung in der Aquaristik erlangt haben. Zuchtversuche sollten sich an den Angaben bei *A. nimbaensis* und *A. macrophthalmus hannerzi* orientieren. Sehr weiches und saures Wasser ist notwendig.

FU: K; Lebendfutter.

Bes.: Diese Art ist mit *A. m. macrophthalmus, A. m. hannerzi* sowie *A. rancurei* sehr nahe verwandt.

T: 24 - 28° C, L: 3,5 cm, BL: 60 cm, WR: m, o, SG: 3 - 4

Aplocheilichthys schioetzi

Schioetz' Leuchtaugenfisch

SCHEEL, 1968

Syn.: *Micropanchax schioetzi, Haplochilus macrurus, Aplocheilichthys macrurus, Aplocheilichthys monikae, Aplocheilichthys terofali* .

Vork.: Afrika: Gewässer des Regenwaldes und der anschließenden Savanne von Ost-Liberia und Südost-Guinea über die zentrale Elfenbeinküste ostwärts bis zum Volta-Einzug in Ghana.

Ersteinf.: Im Mai 1961 durch SCHIOETZ von Kumasi, Ghana, nach Dänemark.

GU: Wie bei vergleichbaren Leuchtaugenfischen sind auch bei *A. schioetzi* die ♀♀ kleiner als die ♂♂. Letztere zeigen eine intensivere Körperfärbung und größere, etwas ausgezogene Flossen. Die Grundfärbung der ♂♂ von *A. schioetzi* ist silbrigblau, zum Hinterkörper und Rücken metallisch blau. Die Flossen sind leicht gelblich mit schmalem, orangefarbenem Saum. Die etwas dunkleren

Schuppenränder deuten ein Netzmuster an. Die kleineren ♀♀ sind blasser gefärbt. Ihre Flossen sind kleiner und transparent.

Soz.V.: Wie bei *A. nimbaensis*.

Hält.B.: Siehe *A. lamberti*. Beide Arten sind offensichtlich auch nahe miteinander verwandt.

ZU: Die Zucht kann wie bei *A. nimbaensis* erläutert erfolgen. *A. schioetzi* laicht auch erfolgreich in Torffasern ab. Versuche, den Torf feucht in Plastiktüten aufzuwahren, brachten ebenfalls Erfolg. Nach 14 Tagen wurde aufgegossen. Bei der Zeitigung der Eier in einer Schale kann man jedoch den Erfolg besser kontrollieren. Die Jungfische nahmen sogleich *Artemia salina*-Nauplien.

FU: K; verschiedenes Lebendfutter, auch Frost- und gelegentlich Trockenfutter.

T: 24 - 28° C, L: 4 cm, BL: 60 cm, WR: m, o, SG: 3

Aplocheilichthys scheeli ♂ von Lagos, Nigeria, Kuramo Waters, ♀ Seite 357

Aplocheilichthys schioetzi aus Ghana

Aplocheilichthys nimbaensis ♀, Selayea, N.W. Liberia; Text Seite 352

Aplocheilichthys vitschumbaensis ♀, Uganda; Text Seite 358

Aplocheilichthys scheeli ♀, Kurano Waters, Lagos, Nigeria; Text Seite 354

Aphyosemion mirabile intermittens; Text Seite 374

Aplocheilichthys vitschumbaensis
Vitschumba-Leuchtaugenfisch

(AHL, 1924)

Syn.: *Haplochilichthys vitschumbaensis, Haplochilichthys pfefferi, Aplocheilichthys pfefferi, Haplochilichthys eduardensis, Aplocheilichthys eduardensis.*

Vork.: Afrika: Nordost-Zaire und West-Uganda, Lake Edward und Lake George, Kazinga Kanal und Semliki. Auch im Lake Victoria und im Lake Kioga gibt es Populationen.

Ersteinf.: 1988 durch RENNINGER und SEEGERS vom Kazinga Kanal, Uganda.

GU: Die ♂♂ sind sehr variabel. Grundsätzlich sind sie größer als die ♀♀. Sie haben eine intensiv blaugrünmetallische Körperfärbung. Ihre Flossen sind orangefarben, tiefrot oder auch dunkelgrau bis schwärzlich. Die Flossen der ♀♀ sind abgerundet und transparent.

Soz.V.: An Ort und Stelle kommen die Fische in großen Mengen vor, doch sind es keine Schwarmfische. Sie bevorzugen vielmehr kleinere Trupps, wobei, wie dies auch schon für andere Leuchtaugenfische beschrieben wurde, jedes Tier einen gewissen Abstand zum Nachbarn einhält.

Hält.B.: Die heimischen Biotope haben einen hohen pH-Wert (bis pH 9). Es hat sich zwar gezeigt, daß dieser in Gefangenschaft nicht notwendig ist, doch sollte der pH-Wert nicht zu niedrig liegen. Leider blassen auch bei dieser Art die außerordentlich schönen Farben der Wildfänge in Gefangenschaft rasch aus, ohne daß die Gründe ausreichend bekannt wären. Bis auf die genannten Besonderheiten kann die Art wie bei *A. lamberti* angegeben gepflegt werden.

ZU: Siehe unter *A. nimbaensis.*

FU: K; vorwiegend Lebendfutter aller Art.

Bes.: Die verwandtschaftlichen Beziehungen dieser Art zu den vom Lake Albert beschriebenen Leuchtaugenfischen sind sehr unsicher.

T: 24 - 30° C, **L**: 6 cm, **BL**: 80 cm, **WR**: m, o, **SG**: 3

Aplocheilichthys sp. "Uvinza"
Uvinza-Leuchtaugenfisch

Syn.: Keine.

Vork.: Afrika: Tansania, Einzug des unteren Malagarasi bei Uvinza.

Ersteinf.: 1989 durch RENNINGER und SEEGERS.

GU: Die ♂♂ sind recht variabel. Dies bezieht sich bereits auf die Körperform, denn es gibt sehr hochgebaute ♂♂ und solche, die schlanker sind. In jedem Fall weisen die Schuppen dunkle Ränder auf, die Grundfarbe ist olivfarben mit silbrigem Glanz. Aber auch bezüglich der Farbe gibt es sehr unterschiedliche Tiere (Polychromatismus), so zeigen manche statt der geschilderten Färbung einen rötlichen Ton, ferner können sowohl hochrückige als auch schlanke Tiere einen kräftigen dunkelolivfarbenen Schulterfleck aufweisen. Die ♀♀ sind schwächer gefärbt und weisen kleinere Flossen auf. Bei ihnen ist der Körper voller, der Schwanzstiel dünner. Unterschiedliche Morphen wurden bei ihnen nicht festgestellt.

Soz.V.: Entspricht dem anderer Leuchtaugenfische.

Hält.B.: Ähnlich der von *A. lamberti*. Die Fische erwiesen sich als krankheitsanfällig, insbesondere gegenüber Fischtuberkulose und Verpilzungen. Gute Filterung und häufiger Teilwasserwechsel sind deshalb wichtig. Die Tiere brauchen genügend Schwimmraum, da sie zu den größer werdenden *Aplocheilichthys*-Arten gehören.

ZU: Dieser Leuchtaugenfisch ist einer der wenigen, bei denen die Nachzuchten mehr Rot aufwiesen als die Wildfänge. Die Zucht erwies sich als nicht schwierig und produktiv. Es wird an verschiedenem Substrat in für Haftlaicher typischer Weise abgelaicht. Man kann die Eier ablesen, man kann aber auch die Zuchttiere nach einer Woche umsetzen und die Jungfische im Zuchtbecken aufziehen. Es werden sogleich *Artemia* genommen.

FU: K; Lebendfutter.

T: 22 - 28° C, **L**: 4,5 cm, **BL**: 80 cm, **WR**: m, o, **SG**: 2 - 3

Aplocheilichthys vitschumbaensis ♂, Kazinga Kanal bei Mweya Lodge, Uganda; ♀ S. 356

Aplocheilichthys sp., Nyamgogo-River

Hypsopanchax modestus
Ruwenzori-Leuchtaugenfisch

(PAPPENHEIM & BOULENGER, 1914)

Syn.: *Haplochilus modestus, H.* (*Hypsopanchax*) *deprimozi, H. analis, Platypanchax modestus, Hypsopanchax deprimozi, Aplocheilichthys* (*Hypsopanchax*) *deprimozi, Aplocheilichthys analis.*

Vork.: Afrika, rasch fließende Flüsse und Bäche des oberen Nileinzuges in den Systemen des Lake Edward und Lake George sowie des Semliki in Nordost-Zaire und West-Uganda im Entwässerungssystem des Ruwenzori-Gebirges.

Ersteinf.: 1988 durch RENNINGER und SEEGERS aus Uganda.

GU: Die ♂♂ von *Hypsopanchax modestus* sind höher gebaut als die ♀♀, dies trifft besonders auf den Schwanzstiel zu. Ferner zeigen sie eine intensiv blaugrüne Körperfärbung mit orangefarbenen Flossen. Die kleineren ♀♀ haben demgegenüber einen volleren Vorderkörper und einen dünneren Schwanzstiel. Ihre

Färbung ist unscheinbar bläulichbraun, die Flossen sind nahezu transparent.

Soz.V.: Durchweg friedliche Art, die in Trupps lebt, wobei jedoch jedes Tier einen individuellen Freiraum benötigt, sonst kommt es zu Beißereien und Verletzungen. Die Tiere über längere Strecken deshalb nach Möglichkeit einzeln verpacken und transportieren. Andere Fische werden nicht behelligt.

Hält.B.: *Hypsopanchax modestus* sollten im größeren und gut bepflanzten Aquarium mit großem Schwimmraum gepflegt werden, dann zeigen sie ihre Schönheit. Das Wasser sollte weich sein und um pH 7 aufweisen. Die Art ist etwas empfindlich, daher ist ein Artbecken vorzuziehen.

ZU: Wie bei *H. platysternus* angegeben.

FU: K; nach Möglichkeit Lebendfutter.

T: 18 - 24° C, **L:** 5,5 cm, **BL:** 80 cm, **WR:** m, o, **SG:** 3

Hypsopanchax platysternus

(NICHOLS & GRISCOM, 1917)

Syn.: *Haplochilus platysternus, Haplochilus* (*Hypsopanchax*) *platysternus.*

Vork.: Afrika: Bäche und Flüsse des Regenwaldes im zentralen und östlichen Zaire-Becken in Zaire.

Ersteinf.: Ende der 50er Jahre durch BRICHARD.

GU: Die Grundfarbe der ♂♂ ist ein leuchtendes Hellblau, das zum Bauch hin weißlich, zum Rücken und Hinterkörper dunkler wird. Die Schuppenränder sind derart dunkel gerandet, daß auf dem Körper senkrechte Linien entstehen, die vorne leicht, hinten stärker V-förmig nach hinten abgeknickt sind. Die Flossen sind ebenfalls blau, dabei leicht transparent. Die kleineren ♀♀ sind nur schwach blau gefärbt, ihre Flossen sind transparent mit einem blauen Schimmer.

Soz.V.: Siehe *Hypsopanchax modestus.*

Hält.B.: Die Pflege von *Hypsopanchax platysternus* entspricht der von *H. modes-*

tus, doch sollte erstere Art etwas wärmer gepflegt werden.

ZU: Wie die vorige Art gehört auch *Hypsopanchax platysternus* zu den Haftlaichern. Zur Zucht kann man die Tiere in ein Aquarium setzen, das weiches, leicht saures Wasser und einen kleinen Innenfilter zur Wasserreinigung enthält. Ansonsten sollte ein Ablaichmop aus Kunstwolle vorhanden sein. Die Eier werden regelmäßig abgelesen und in einer Zuchtschale mit dem Wasser des Zuchtbeckens zur Entwicklung gebracht. Die nach etwa 12 - 14 Tagen schlüpfenden Jungfische fressen sogleich *Artemia*-Nauplien. Der Wasserpflege muß große Aufmerksamkeit geschenkt werden, die Tiere sind empfindlich.

FU: K; verschiedenstes Lebendfutter.

Bes.: Je nach Fundort gibt es wie bei der vorigen Art unterschiedlich hoch gebaute Tiere. Die mit hohem Körper kommen meist aus rasch fließenden Gewässern.

T: 22 - 25° C, **L:** 6 cm, **BL:** 80 cm, **WR:** m, o, **SG:** 3 - 4

Hypsopanchax modestus von Fort Portal, Uganda

Hypsopanchax platysternus ♂ von Kindu, Zaire, ♀ Seite 349

Hypsopanchax zebra
Zebra-Leuchtaugenfisch

(PELLEGRIN, 1929)

Syn.: *Haplochilus (Hypsopanchax) zebra.*

Vork.: Afrika: Gabun und Kongo, im Einzug der Oberläufe des Ogowe, Niari, Louesse und Kouilou.

Ersteinf.: 1978 durch BUYTAERT und WÄCHTERS aus dem Kongo, 1980 durch HOFMANN und PÜRZL aus Gabun.

GU: Während die ♂♂ - abhängig vom Biotop - meist eine sehr hohe Körperform entwickeln, sind die ♀♀ kleiner und schlanker, wobei der Schwanzstiel deutlicher vom fülligeren Vorderkörper abgesetzt ist. Die Färbung der ♂♂ ist leuchtender blau mit grünlichem Einschlag. Die Schuppenränder sind entlang der Körpermitte schwärzlich gerandet, so daß sich eine senkrechte Streifung ergibt, die vor dem Afterflossenansatz am kräftigsten ist. Die ♀♀ sind matter gefärbt mit transparenten Flossen und zeigen die Streifung schwächer.

Soz.V.: Wie bei *H. modestus.*

Hält.B.: Diese Art ist ähnlich *H. modestus* zu pflegen, doch ist sie empfindlicher, insbesondere gegenüber mangelnder Wasserqualität. Diese muß einwandfrei sein. Also sind gute Filterung und regelmäßiger (Teil)Wasserwechsel wichtig. *H. zebra* sollte entsprechend der Herkunft nicht bei zu hohen Temperaturen gepflegt werden, pH-Werte von etwas über 7 sind saurem Wasser vorzuziehen.

ZU: Ähnlich der von *H. platysternus*, wobei *H. zebra* als Bewohner höherer Regionen Temperaturen von unter 24° C bevorzugt und auch der pH-Wert höher liegen sollte.

FU: K; Lebendfutter aller Art.

Bes.: Die systematische Stellung von *H. zebra* zu *H. catenatus* einer- und *H. platysternus* andererseits ist unklar. RADDA & PÜRZL (1982) sehen *zebra* nur als Unterart zu *platysternus.*

T: 20 - 22° C, **L**: 5,5 cm, **BL**: 80 cm, **WR**: m, o, **SG**: 3

Plataplochilus cabindae
Cabinda-Leuchtaugenfisch

(BOULENGER, 1911)

Syn.: *Haplochilus cabindae, H. cabindae, Micropanchax cabindae, Aplocheilichthys cabindae, Procatopus cabindae, Aplocheilichthys micrurus, A. loemensis.*

Vork.: Afrika, rasch fließende Bäche und Flüsse im Regenwald und der anschließenden Savanne des Küsteneinzugs Zentralafrikas in Südwest-Gabun, Kongo, Cabinda und Zaire.

Ersteinf.: Unbekannt.

GU: Die ♂♂ sind langgestreckt und haben ausgezogene unpaare Flossen. Die Grundfärbung ist blaugrün bis bläulich. Unterhalb der Körpermitte ist der Hinterkörper dunkel blaugrau. Die Flossen zeigen die Körperfärbung. Die ♀♀ sind gedrungener, kleiner, und besitzen nicht ausgezogene, sondern abgerundete Flossen. Ihre Körperfärbung ist bläulich, die Flossen sind transparent.

Soz.V.: Die Fische leben gerne gesellig in Trupps, es sind aber keine Schwarmfische im engeren Sinne, denn sie benötigen einen individuellen Abstand zum Artgenossen. Werden die Tiere auf zu engem Raum gehalten, kann es besonders unter den ♂♂ leicht zu Beißereien und Verletzungen kommen.

Hält.B.: Vergleichbar in der Pflege von *Hypsopanchax modestus.* Ein Becken mit guter Filterung und guter Bepflanzung ist wesentlich.

ZU: Es handelt sich um Haftlaicher, die wie bei *Hypsopanchax platysternus* angegeben nachgezüchtet werden können. Zur Zucht ein ♂ mit mehreren ♀♀ ansetzen oder aber einen ganzen Schwarm entsprechend großem Becken.

FU: K; Lebendfutter.

Bes.: Keine.

T: 22 - 25° C, **L**: 4,5 cm, **BL**: 60 cm, **WR**: m, o, **SG**: 3 - 4

Hypsopanchax zebra, Kongo

Plataplochilus cabindae von Gamba, Südwest-Gabun

Aphyosemion ahli
Ahls Prachtkärpfling

MYERS, 1933

Syn.: Panchax (Aphyosemion) calliurus var. caeruleus, Aphyosemion calliurum ahli.

Vork.: Afrika: Küstenbereich des westlichen Zentralafrika vom Wouri River in Kamerun bis nach Äquatorial-Guinea (Rio Muni).

Ersteinf.: 1931 durch die "Platy-Tischrunde", Hamburg.

GU: Die ♂♂ sind farbig mit ausgezogenen Flossen, während die bräunlichen ♀♀ nur einige dunkel- bis rotbraune Punktreihen aufweisen, ihre Flossen sind abgerundet.

Soz.V.: Wie bei anderen kleinen Aphyosemion-Arten können die ♂♂ untereinander aggressiv sein. Anderen Fischen gegenüber ist A. ahli in der Regel friedlich.

Hält.B.: Zu empfehlen ist die Pflege in einem gut bepflanzten Aquarium. Die Einrichtung kann mit Moorkienholz dekorativ gestaltet werden, der Bodengrund sollte eher dunkel sein. Als Bewohner des Küsteneinzuges findet sich A. ahli in Gewässern mit höherer Temperatur von über 25° C, die Aquarienstämme lassen sich jedoch auch bei niedrigeren Temperaturen pflegen.

ZU: A. ahli kann man als Haftlaicher oder auch als Bodenlaicher mit Torfsubstrat züchten (siehe bei A. edeanum).

FU: K; in erster Linie Lebendfutter.

Bes.: Von A. ahli gibt es zahlreiche leicht abweichende Fundortformen.

T: 22 - 26° C, **L**: 5 cm, **BL**: 50 cm, **WR**: u, m, **SG**: 2

Aphyosemion cameronense haasi
Haas' Prachtkärpfling

RADDA & PÜRZL, 1976

Syn.: Aphyosemion haasi.

Vork.: Afrika: Nord-Gabun, Bergbach nördlich von Lalara, Ogowe-Einzug.

Ersteinf.: 1975 durch PÜRZL & RADDA nach Österreich.

GU: Die ♂♂ besitzen ausgezogene Flossen und sind insgesamt farbig, während die meist kleineren ♀♀ abgerundete Flossen aufweisen und eine graubräunliche Färbung zeigen.

Soz.V.: Für die Arten und Unterarten der A. cameronense-Gruppe ist wie für alle Aphyosemion-Arten typisch, daß sie vor allem untereinander vergleichsweise aggressiv sind. Das trifft besonders auf die ♂♂ zu. Deshalb sollten in einem Aquarium nicht zwei ♂♂ gepflegt werden, sondern entweder nur eines oder aber - in einem entsprechend großen Becken - viele. Auch nie zwei ♂♂ zusammen in einem Plastikbeutel transportieren!

Hält.B.: Alle Formen der A. cameronense-Gruppe haben sich als verhältnismäßig empfindliche Aquarienpfleglinge erwiesen, für die deshalb ein Artenbecken besonders zu empfehlen ist, auch wenn man sie sehr wohl mit anderen Fischen, z.B. Salmlern oder kleinen Barben, vergesellschaften kann. Dabei kann es sich um ein Becken handeln, das nach Art eines Urwaldbaches mit Pflanzen und dergleichen eingerichtet ist, es kann aber auch das typische "Killifisch-Becken" gewählt werden, bei dem ein Behälter von etwa 15 Litern Inhalt zur Hälfte mit Torffasern gefüllt wird. Diese dienen insbesondere den ♀♀ als Versteckmöglichkeit, hier laichen die Fische auch ab. Das Wasser sollte weich sein, der pH-Wert um 7 liegen. A. c. haasi ist die größte bekannte A. cameronense-Form.

ZU: Alle A. cameronense-Formen sollte man als Haftlaicher behandeln. Die Eier können abgesammelt werden, vielfach fressen die Eltern ihre Jungfische aber auch nicht, die dann nach dem Schlüpfen aus dem Zuchtbecken geschöpft werden.

FU: K; nach Möglichkeit nur Lebendfutter.

Bes.: Keine.

T: 20 - 23° C, **L**: 6,5 cm, **BL**: 60 cm, **WR**: u, m, o, **SG**: 3 - 4

Aphyosemion ahli von Mayukka, Kamerun

Aphyosemion cameronense aff. *haasi*

Aphyosemion cameronense halleri
Hallers Kamerun-Prachtkärpfling

RADDA & PÜRZL, 1976
Unterfam.: Aplocheilinae

Syn.: *Aphyosemion halleri.*

Vork.: Afrika, im Grenzbereich des südwestlichen Kamerun und anschließenden Nordwest-Gabun bei Ambam und Bikong.

Ersteinf.: 1975 durch HALLER, PÜRZL & RADDA.

GU: Siehe *A. c. haasi.*

Soz.V.: Entspricht den übrigen *A. cameronense*-Formen. Diese Unterart scheint die vergleichsweise am wenigsten aggressive zu sein, so daß sich mehrere ♂♂ gut in einem Aquarium gemeinsam pflegen lassen, doch muß dieses groß genug sein.

Hält.B.: Hier gelten die für *A. cameronense haasi* festgestellten Anmerkungen entsprechend. Diese Form eignet sich jedoch etwas besser für ein gut bepflanztes Gesellschaftsbecken, das mit etwas gedämpftem Licht gestaltet werden soll. Dann kommen die Farben der ♂♂ am besten zur Geltung. Ein dunkler Boden-grund erhöht diese Wirkung. Allerdings ist ein Torfgrund im Gesellschaftsbecken sehr problematisch, weil sich dann gehäuft Bodenverschlammung, anaerobe Zustände und Bakterienrasen einstellen.

ZU: Auch hier siehe *A. c. haasi. A. c. halleri* hat sich als eine der unkompliziertesten Formen aus der *A. cameronense*-Gruppe erwiesen und ist deshalb wohl auch am häufigsten in den Aquarien der Killifisch-Liebhaber zu finden, zudem er auch noch recht hübsch ist. Er gehört zu den kleineren Phänotypen der Artengruppe. Im bepflanzten Artenaquarium kommen von dieser Unterart gelegentlich Jungtiere auch ohne züchterische Bemühungen auf. Wenn die Elterntiere gut gefüttert werden, vergreifen sie sich vielfach nicht an ihren Eiern oder dem Nachwuchs.

FU: K; vorzugsweise Lebendfutter, nach Gewöhnung auch tiefgefrorenes Futter und gelegentlich selbst Rinderherz.

T: 20 - 25° C, **L**: 5 cm, **BL**: 50 cm, **WR**: u, m, **SG**: 2 - 3

Aphyosemion cameronense obscurum
Gepunkteter Kamerun-Prachtkärpfling

AHL, 1924
Unterfam.: Aplocheilinae

Syn.: *Panchax obscurus, Aphyosemion obscurum, Aphyosemion striatum.*

Vork.: Afrika, südwestliches Zentral-Kamerun in der Umgebung von Yaoundé im Einzug des Nyong River. Dort findet sich die Unterart in einem relativ begrenzten Gebiet in Regenwaldbächen.

Ersteinf.: Vermutlich 1913 nach Deutschland, 1933 in die USA (SCHEEL 1968), sicher jedoch 1966 durch SCHEEL nach Dänemark.

GU: Von den bräunlichen ♀♀, die nur einige dunkel- bis rotbraune Punktreihen aufweisen, lassen sich die farbigeren ♂♂ gut unterscheiden. Wie mehr oder weniger alle Mitglieder der *A. cameronense*-Artengruppe haben sie eine grünliche Grundfärbung, auf der sich längsgerichtete rote Punktreihen befinden. Auch bei dieser Unterart ist der typische rote Streifen entlang der Körperunterseite vorhanden.

Soz.V.: Siehe *A. cameronense haasi.*

Hält.B.: *Aphyosemion c. obscurum* gehört nach bisheriger Erfahrung zu den empfindlichsten Populationen der *A. cameronense*-Gruppe. Aus diesem Grund ist sie auch nicht sehr weit verbreitet. Die Pflege in einem Artbecken ist unbedingt anzuraten. Das kann in einem kleinen Aquarium geschehen, das vor allem mit Javamoos gut bepflanzt ist, erfolgreicher ist aber die Pflege in einem Aquarium, das etwa zur Hälfte mit Torffasern angefüllt ist, zwischen denen sich die Fische gerne verstecken. Wasser weich und leicht sauer (pH- Wert 6,0 - 6,5).

ZU: Die Jungtiere können aus dem oben beschriebenen Aquarium abgeschöpft und mit *Artemia*-Nauplien aufgezogen werden, erfolgversprechend ist aber nur der gezielte Zuchtansatz.

FU: K; wenn möglich Lebendfutter, ersatzweise tiefgefrorenes Futter.

T: 22 - 26° C, **L**: 4,5 cm, **BL**: 50 cm, **WR**: u, m, o, **SG**: 3 - 4

Aphyosemion cameronense halleri ♂ vom Typenfundort, siehe auch nächste Seite

Aphyosemion cameronense obscurum, siehe auch nächste Seite

Aphyosemion cameronense halleri ♂ , siehe Vorseite

Aphyosemion cameronense halleri ♂

Aphyosemion cameronense obscurum; Text Seite 366

Aphyosemion guignardi ♀; Text Seite 372

Aphyosemion chauchei
Chauches Prachtkärpfling

HUBER & SCHEEL, 1981
Unterfam.: Aplocheilinae

Syn.: *Aphyosemion* "COBWEST".

Vork.: Afrika: Regenwald des nördlichen Kongo und der nördlichen anschließenden Provinz Equateur in Zaire.

Ersteinf.: 1989 durch BLEHER von Equateur, Zaire.

GU: Die Schuppen der ansonsten einheitlich graubraunen ♀♀ zeigen dunkelbraunrote Ränder, die Flossen sind abgerundet. Die ♂♂ besitzen eine blaubraune Körperfärbung mit roten Punkten sowie blaurote ausgezogene Flossen.

Soz.V.: Untereinander verhalten sich vor allem die ♂♂ aggressiv, doch ist dieses Verhalten geringer als bei vielen anderen kleinen *Aphyosemion*-Arten ausgeprägt. Gegenüber anderen Fischen wie Salmlern, Barben oder Welsen gibt es keine Schwierigkeiten.

Hält.B.: Auch diese kleinen *Aphyosemion* lassen sich hervorragend in einem gut bepflanzten Schau-Aquarium pflegen. Das kann auch gemeinsam mit kleineren Salmlern, Barben oder anderen Fischen erfolgen. Ein Innenfilter ist anzuraten, das Licht sollte nur gedämpft einfallen können. Als Pflanzen sind *Anubias* zu empfehlen, wenn man stilgerecht bleiben möchte, hinsichtlich der äußeren Bedingungen eignen sich ansonsten Javamoos und Javafarn besonders gut. Insgesamt kann man das Aquarium als Urwaldbach gestalten, in derartigen Biotopen kommt *A. chauchei* auch vor. Das Wasser sollte eher weich sein und einen pH-Wert um 7 oder etwas darunter aufweisen.

ZU: Die Zucht kann als Haftlaicher (siehe *A. ahli*) oder Bodenlaicher (siehe *A. edeanum*) erfolgen, sie ist aber nach bisherigen Erfahrungen nicht sonderlich produktiv.

FU: K; in erster Linie Lebendfutter.

Bes.: Diese Art ist mit *A. christyi* sehr nahe verwandt.

T: 22 - 26° C, **L**: 4,5 cm, **BL**: 50 cm, **WR**: u, m, **SG**: 3

Aphyosemion (Kathetys) dargei
Mbam-Prachtkärpfling

AMIET, 1987
Unterfam.: Aplocheilinae

Syn.: *Aphyosemion bualanum* "Mbam".

Vork.: Afrika, zentrales Süd-Kamerun, System des Sanaga, insbesondere unterer Mbam- und Ndjim River-Einzug.

Ersteinf.: In den 70er Jahren (1974?).

GU: Die einheitlich graubraunen ♀♀ zeigen auf den Flanken einige dunkle Punkte, die ♂♂ sind dagegen sehr farbig und besitzen ausgezogene Flossen.

Soz.V.: *A. dargei* weist das für die Arten der Untergattung *Kathetys* typische Verhalten auf: Insbesondere die ♂♂ sind untereinander gelegentlich recht aggressiv, anderen Fischen gegenüber sind sie jedoch meist friedlich.

Hält.B.: Für diese hübschen Fische ist die Pflege in einem auch optisch ansprechend eingerichteten, kleinen bis mittelgroßen Aquarium mit guter Bepflanzung und Dekoration mit Torffasern und Moorkienholz besonders empfehlenswert. Ein Innenfilter vervollständigt die Einrichtung. Gedämpftes Licht bringt die Farben zur Geltung. Eine Vergesellschaftung mit kleinen Salmlern oder Barben ist möglich.

ZU: Zur Zucht setzt man ein ♂ und mehrere ♀♀ in ein kleines Aquarium (10 - 15 Liter Inhalt). Das Wasser sollte weich bis mittelhart und leicht sauer sein. Zur Wasserreinigung dient ein kleiner Filter. Als Ablaichsubstrat Wollmop oder Javamoos bieten. Die Eier regelmäßig ablesen und in Zuchtschalen geben. Nach 2 Wochen schlüpfen die Jungfische, die sich mit *Artemia*-Nauplien anfüttern lassen. Als Ablaichsubstrat kann auch Torffaser geboten werden, ferner lassen sich die Fische auch als Bodenlaicher züchten, dann wird der Fasertorf für 4 Wochen "trocken" gelegt (= feucht in Plastiktüten aufbewahrt) und erst dann aufgegossen.

FU: K; Lebendfutter, aber auch Frost- und gelegentlich selbst Trockenfutter.

T: 20 - 24° C, **L**: 4,5 cm, **BL**: 50 cm, **WR**: u, m, **SG**: 2

Aphyosemion chauchei von Equateur, Zaire

Aphyosemion (Kathetys) dargei

Aphyosemion edeanum
Edea-Prachtkärpfling

AMIET, 1987
Unterfam.: Aplocheilinae

Syn.: *Aphyosemion calliurum.*

Vork.: Afrika: Küstenbereich Kameruns in der Umgebung von Edea zwischen dem Sanaga und dem Nyong River.

Ersteinf.: 1969 durch SCHEEL.

GU: Die ♀♀ haben eine graubraune Grundfärbung mit braunen Punkten auf dem Vorderkörper, die hinten in senkrechte Striche übergehen. Ihre Flossen sind abgerundet und transparent. Die bunten ♂♂ sind größer und tragen farbige und ausgezogene Flossen.

Soz.V.: Die Art zeigt das typische innerartliche Verhalten kleiner *Aphyosemion*-Arten. Besonders die ♂♂ sind untereinander aggressiv. Fische anderer Verwandtschaftsgruppen werden in der Regel nicht behelligt.

Hält.B.: Die Pflege und Halterung sollte wie bei *A. ahli* angegeben erfolgen, vorzugsweise also in einem kleineren und gut bepflanzten Aquarium mit etwas gedämpftem Licht.

ZU: Wie *A. ahli* kann auch diese Art als Haftlaicher (siehe *A. ahli*) oder als Bodenlaicher mit Torfsubstrat gezüchtet werden. Im letzteren Fall gibt man in ein kleineres Aquarium mit 1 ♂ und mehreren ♀♀ Torfgrund, besser aber noch Torffasern, in denen sich die ♀♀ vor dem stark treibenden ♂ verstecken können. Das Wasser sollte eher weich und leicht sauer sein. Nach 1 Woche den Torf herausnehmen, kurz etwas antrocknen und im Plastikbeutel 4 Wochen aufbewahren, anschließend mit kühlem Frischwasser aufgießen. Die geschlüpften Jungfische mit *Artemia*-Nauplien anfüttern. Man kann bei gut gefütterten Eltern die Eier aber auch im Zuchtbecken lassen und nur die Jungfische herausschöpfen.

FU: K; kleines Lebend- und Gefrierfutter.

Bes.: Es ist eine Frage des persönlichen Artenkonzeptes, ob die verschiedenen Populationen des *A. ahli*-Komplexes, zu dem auch diese Art gehört, als eigene Arten aufgefaßt werden.

T: 22 - 26° C, **L:** 5 cm, **BL:** 50 cm, **WR:** u, m, **SG:** 2

Aphyosemion (Roloffia) guignardi
Guignards Prachtkärpfling

(ROMAND, 1981)
Unterfam.: Aplocheilinae

Syn.: *Roloffia guignardi, R. banforensis, R. nigrifluvi, Aphyosemion nigrifluvi.*

Vork.: Afrika: Guinea, Flüsse Konkouré und Bafing. Oberer Comoé in Burkina Faso?

Ersteinf.: 1979 durch ROMAND und Mitreisende nach Frankreich.

GU: Die ♀♀ sind olivbräunlich mit rotbraunen Punkten auf den Körperseiten. Demgegenüber zeigen die ♂♂ eine grüne Körperfärbung, die zum Rücken in Braun übergeht. Darüber finden sich dunkelrote Punkte, in der Kaudale und Anale auch ebensolche Längsstreifen. Alle Flossen sind größer als die der ♀♀.

Soz.V.: Wie bei allen kleineren *Aphyosemion*-Arten leben auch diese Tiere eher einzelgängerisch, auch hier sind vor allem die ♂♂ untereinander aggressiv, kaum jedoch gegenüber Fischen anderer Gattungen.

Hält.B.: Die Fische sollten in weichem bis höchstens mittelhartem Wasser gepflegt werden, bei einem pH-Wert um 7, eher leicht darüber. Die Pflege kann in einem eingerichteten Aquarium mit Pflanzen und Bodengrund erfolgen, oder aber in einem Becken, das nur Fasertorf enthält. Darin können sich die ♀♀ vor den ♂♂ verstecken, und an den Torffasern wird auch abgelaicht. Die Tiere springen gerne, daher Deckscheibe nicht vergessen!

ZU: Entweder als Haft- oder besser noch als Bodenlaicher zur Zucht ansetzen. Siehe hierzu bei *Aphyosemion edeanum*.

FU: K; möglichst Lebendfutter aller Art, notfalls tiefgefrorenes Futter.

Bes.: ETZEL & BERKENKAMP sind der Ansicht, daß *Roloffia banforensis* SEEGERS, 1982 (s. Bd. 3: 460-461), und *Aphyosemion nigrifluvi* ROMAND, 1982 Synonyme zu *A. guignardi* sind.

T: 22 - 26° C, **L:** 5 cm, **BL:** 60 cm, **WR:** u, m, **SG:** 2

Aphyosemion edeanum ♂, Edea Jaounde, Kamerun

Aphyosemion (Roloffia) guignardi ♂ von Sougouéta, Guinea

Aphyosemion heinemanni
Heinemanns Prachtkärpfling

BERKENKAMP, 1983
Unterfam.: Aplocheilinae

Syn.: Keine.

Vork.: Afrika: Westkamerun in der Umgebung von Song Mahi am Übergang der Küstenebene in das zentrale Hochland.

Ersteinf.: 1979 durch HEINEMANN.

GU: Wie bei *A. ahli* und *A. edeanum* angegeben, mit denen die Art sehr nahe verwandt ist.

Soz.V.: Gattungstypisch sind die Tiere eher solitär lebend und gegeneinander etwas aggressiv, insbesondere die ♂♂.

Hält.B.: Die Pflege von *A. heinemanni* entspricht der von *A. ahli*, die Fische lassen sich gut in einem attraktiv bepflanzten Gesellschaftsaquarium mit nicht zu hartem Wasser im neutralen pH-Wert pflegen. Bei etwas gedämpftem Licht kommen die Farben besser zur Geltung. Vorzugspflanzen für solche Verhältnisse sind Javafarn und Javamoos.

ZU: Zur Zucht läßt sich *A. heinemanni* wahlweise entweder wie ein Haftlaicher oder wie ein Bodenlaicher ansetzen. Als günstiger ist vielleicht die erstere Methode anzusehen. Dabei wird ein Wollmop oder auch Torffaser als Ablaichmaterial geboten, wovon die Eier regelmäßig abgelesen werden können. So ist zugleich eine bessere Kontrolle möglich. Die abgelesenen Eier kommen in eine Zuchtschale, wo nach gut 14 Tagen die Jungfische schlüpfen. Diese sind recht groß und sogleich mit *Artemia*-Nauplien zu ernähren.

FU: K; in erster Linie Lebendfutter.

Bes.: In der Erstbeschreibung ordnete BERKENKAMP diese Form aufgrund der senkrechten Streifung auf dem Hinterkörper in die nähere Verwandtschaft von *A. exiguum*. Dies ist jedoch ganz sicher nicht richtig, denn *A. heinemanni* gehört unzweifelhaft in die *A. calliurum*-Gruppe und dort in die unmittelbare Verwandtschaft von *A. ahli*. Von dieser nominellen Art sind mehrere Formen mit senkrechter Streifung auf dem Hinterkörper bekannt.

T: 22 - 26° C, **L**: 4,5 cm, **BL**: 50 cm, **WR**: u, m, **SG**: 2

Aphyosemion mirabile intermittens
Berg-Wunderkärpfling

RADDA, 1974
Unterfam.: Aplocheilinae

Syn.: *Aphyosemion mirabile traudeae*, "Intermittens-Populationen", *Aphyosemion intermittens*.

Vork.: Afrika: Westkamerun, Einzug des oberen Cross River.

Ersteinf.: Februar 1971 durch RADDA.

GU: In der *Aphyosemion mirabile moense*-Gruppe sind die bräunlichen ♀♀ untereinander kaum zu unterscheiden, sehr wohl aber von den ♂♂. Letztere sind sehr bunt, worauf auch der Name Bezug nimmt.

Soz.V.: Als besonders bunte Fische sind auch bei dieser Form die ♂♂ untereinander sehr aggressiv. Gegenüber nicht laichbereiten ♀♀ gilt entsprechendes, und es sollten immer mehrere ♀♀ zusammen mit einem ♂ gepflegt werden, nur in großen Aquarien können es auch mehrere ♂♂ sein. Fische anderer Verwandtschaftsgruppen werden hingegen kaum beachtet.

Hält.B.: Pflege wie bei *A. ahli*, doch sind die Berg-Wunderkärpflinge robuster und wehrhafter, das Aquarium sollte deshalb größer sein. Becken gut bepflanzen und Moorkienholz verwenden, um Versteckmöglichkeiten für die ♀♀ zu schaffen. Wasser bis mittelhart, den Fundorten entsprechend pH 6 bis neutral, über Torf filtern. Nicht zu helle Beleuchtung.

ZU: Am besten im Langzeitansatz in einem 50 cm-Aquarium als Bodenlaicher über einer Torfschicht ansetzen. Wasser nach einer Woche entfernen, Torf auf Zeitungspapier kurz antrocknen. Im Plastikbeutel (Beschriftung!) aufbewahren und nach 3 - 4 Wochen Lagerzeit (nicht zu kalt) mit mäßig temperiertem Wasser aufgießen. Die geschlüpften Jungfische nehmen sogleich *Artemia*-Nauplien.

FU: K; vor allem kräftiges Lebendfutter, aber auch Frostfutter und Rinderherz.

Bes.: Diese Form dürfte ein Synonym zu *A. moense* darstellen. Näheres siehe dort.

T: 22 - 26° C, **L**: 6,5 cm, **BL**: 60 cm, **WR**: u, m, **SG**: 2

Aphyosemion heinemanni ♂ von Song Mahi, Kamerun

Aphyosemion mirabile intermittens ♂, siehe auch Seite 357

Aphyosemion mirabile moense
Berg-Wunderkärpfling

RADDA, 1970

Syn.: *Aphyosemion moense.*

Vork.: Afrika: Westkamerun, Einzug im Regenwald des Mo River und des oberen Cross-Systems.

Ersteinf.: Februar 1971 durch RADDA.

GU: Auf braunem Grund, der an Rücken und Bauch sichtbar wird, zeigen die ♂ ♂ auf den Flanken ein buntes Muster aus roten und blauen Flecken, das auf die leicht ausgezogenen Flossen übergreift. Die unpaaren Flossen besitzen breite gelbe Säume, die zum Körper hin oft in Blauweiß übergehen. Die ♀ ♀ sind bräunlich mit einigen roten Punkten auf Körper und Flossen.

Soz.V.: Siehe *A. m. intermittens.*

Hält.B.: Die Pflege sollte wie unter *A. m. intermittens* geschildert erfolgen.

ZU: Als Bodenlaicher im Langzeitansatz, wie bei *A. m. intermittens* angegeben.

FU: K; in erster Linie kräftiges Lebendfutter aller Art, aber auch anderes Futter wie Frostfutter und Rinderherz. Vorsicht mit *Tubifex!*

Bes.: Es besteht zwischenzeitlich weitgehend Einigkeit darüber, daß es sich bei der *A. mirabile*-Gruppe wohl um zwei Arten handelt: *A. mirabile* s.s. und *A. moense* (siehe auch AMIET 1987, SCHEEL 1990), wobei große Zweifel bestehen, ob die als Unterarten zu *A. mirabile* beschriebenen Formen *traudeae* und *intermittens* tatsächlich Unterartstatus verdienen, oder ob es einfach Fundortvarianten von *A. moense* sind. Sie kreuzen sich problemlos untereinander und es scheint fraglich, ob die in der Aquaristik gepflegten Stämme überhaupt noch den reinen Ausgangsformen entsprechen. Auch neuere Aufsammlungen erbrachten Phänotypen, die naheliegen, daß es sich nur um verschiedene Fundortvarianten mit mal mehr, mal weniger roten oder blauen Punkten handelt.

T: 22 - 26° C, L: 6,5 cm, BL: 60 cm, WR: u, m, SG: 2

Aphyosemion ogoense ottogartneri
Gartners Prachtkärpfling

RADDA, 1980

Syn.: *Aphyosemion lujae, A.striatum, A. striatum sangmelinense, A. ogoense, A. ottogartneri.*

Vork.: Afrika: Fließgewässer der Feuchtsavanne des Bembe-Hochlandes im Süd-Kongo in den oberen Einzügen der Flüsse Lefini, Djoue und Bouenza.

Ersteinf.: 1961 durch BRICHARD in die USA, von dort anschließend durch LA CORTE und SCHEEL nach Dänemark und auch Deutschland.

GU: Auch bei dieser Unterart sind die ♀ ♀ braun mit rotbraunen Punkten auf den Flanken. Die abgerundeten Flossen sind bis auf rote Punkte transparent. Die ♂ ♂ zeigen eine bauchwärts gelbe, zum Rücken olivgrüne Färbung, die Seiten sind oft bläulich. Darüber erstrecken sich längsgerichtete rote Punktreihen. Die Flossen sind nur mäßig ausgezogen.

Soz.V.: Siehe die Unterarten von *Aphyosemion cameronense.*

Hält.B.: Diese Unterart wird schon mehr als 30 Jahre im Aquarium gepflegt, wenn auch zeitweilig unter dem Namen *A. lujae*. Dies zeigt, daß *A. ogoense ottogartneri* ein nicht sehr schwierig zu pflegender Prachtkärpfling ist. In einem gut bepflanzten Aquarium des "Holländischen Typs" kommen die Fische farblich am besten zur Geltung. Wasser weich, leicht sauer und nicht zu warm.

ZU: Obgleich auch die Zucht als Bodenlaicher möglich ist, also über Torfgrund, ist diese Form doch eher ein Haftlaicher (siehe *A. ahli*).

FU: K; Lebendfutter aller Art.

Bes.: Keine.

T: 18 - 24° C, L: 4,5 cm, BL: 50 cm, WR: u, m, SG: 2

Aphyosemion mirabile moense

Aphyosemion ogoense ottogartneri, Aquarienstamm von Lutete, Kongo

Aphyosemion (Roloffia) petersi
Peters Prachtkärpfling

(SAUVAGE, 1882)

Syn.: *Haplochilus petersi, H. petersii, Epiplatys sexfasciatus petersii, Panchax petersii, Aphyosemion petersi, Aphyosemion petersii, Epiplatys petersii, Roloffia petersii, Roloffia petersi, Aphyosemion (Callopanchax) petersi, Aphyosemion pulchripinnis.*

Vork.: Südwestliches Ghana, südliche Elfenbeinküste.

Ersteinf.: November 1952 durch SHELJUSZKO.

GU: Wie bei allen *Aphyosemion*-Arten sind die ♂♂ wesentlich intensiver gefärbt als die ♀♀, die am gesamten Körper einheitlich graubraun mit rotbraunen Tüpfeln sind und transparente Flossen haben.

Soz.V.: Sehr friedliche, ruhige Art. Kaum für eine Vergesellschaftung geeignet, wenn, dann mit kleinen Leuchtaugenfischen, wie *Aplocheilichthys normanni*, Hechtlingen wie *Epiplatys bifasciatus* oder kleinen Barben aus dem gleichen Lebensraum.

Hält.B.: Wie für *A. geryi, A. bertholdi* und andere kleine Arten der ehemaligen Gattung *Roloffia* beschrieben. Alle diese Ar-

ten werden aber oftmals zu kühl gehalten, was auf eine Pauschalisierung zurückzuführen ist, wonach kleine *Aphyosemion* kühlere Temperaturen benötigen. Dies gilt aber in erster Linie nur für Arten aus Hochlandgebieten in Gabun und Kamerun. Unter 22° C sollte die Hälterungstemperatur für *A. petersi* nicht sinken.

ZU: Haftlaicher, der wie für *A. geryi* beschrieben gezüchtet werden kann. Nur ist *A. petersi* vergleichsweise unproduktiv.

FU: K; jedes Lebendfutter, auch gefroren. Gefriergetrocknetes oder Trockenfutter nur sparsam. Im Wachstum auch *Tubifex.*

Bes.: *A. petersi* zeigt unterschiedliche Farbmorphen. Die gelbe und grüne Variante werden an der Terra Typica Banco, Ghana, sowie in Abidjan, Elfenbeinküste, jeweils syntop gefunden. Eine abweichende blaue Fundortvariante, die eine Zeitlang in Frankreich gepflegt wurde, soll von der südwestlichen Elfenbeinküste stammen.

T: 22 - 26° C, L: ♂ 5,5 cm, ♀ **5 cm**, BL: ab 30 cm (ein Paar), **WR**: u, m, SG: 2 - 3

Aphyosemion (Roloffia) petersi, Banco Nationalpark Abidjan, Elfenbeinküste

Ngabu, westliches Afrika

Aphyosemion poliaki
Poliaks Prachtkärpfling

AMIET, 1991
Unterfam.: Aplocheilinae

Syn.: Keine.

Vork.: Afrika: Kamerun, Bergbäche an der Ostflanke des Mount Cameroon reliktartig zwischen 250 und 600 m Seehöhe, etwa zwischen den Ortschaften Buea, Tiko und Muyuka.

Ersteinf.: Nicht genau bekannt, vermutlich in den 70er Jahren durch RADDA.

GU: Diese Form gehört in die *Chromaphyosemion*-Gruppe innerhalb der Gattung, bei der allgemein die ♂♂ recht bunt sind und lang ausgezogene unpaare Flossen haben. Die einfacher gefärbten ♀♀ zeigen solche Verlängerungen der Flossen nicht, dafür weisen sie meist zwei Längsstreifen auf, die bei den ♂♂ nur unregelmäßig und entsprechend ihrer Stimmung hervortreten.

Soz.V.: Wie bei allen *Chromaphyosemion*-Formen sind die ♂♂ innerartlich recht aggressiv. Gattungsfremde Fische werden jedoch nur wenig behelligt.

Hält.B.: Die *Chromaphyosemion*-Arten

bzw. -formen sind auch im Gesellschaftsaquarium gut zu halten, wenn es einigen Ansprüchen genügt. Es darf kein Artensammelsurium enthalten, sondern nur wenige, nicht zu große Arten, ferner sollte es gut bepflanzt sein, z.B. mit *Anubias* oder *Bolbitis*, und an der Oberfläche Pflanzen in Form von Schwimmpflanzen oder langen Trieben aufweisen.

ZU: Diese Form sollte vorzugsweise als Haftlaicher nachgezüchtet werden, d.h. man liest die am Laichsubstrat (Wollmop, Perlongespinst, Pflanzen) abgegebenen Eier ab und bringt sie in einer Zuchtschale in ca. 14 Tagen zur Entwicklung. Die Zucht als Bodenlaicher (Torffasern verwenden) ist auch möglich, Lagerzeit 2 - 3 Wochen.

FU: K; Lebendfutter aller Art, Frostfutter.

Bes.: Ob diese Art valid ist, ist Auffassungssache, *A. volcanum* und *A. splendopleure* sind offensichtlich nahe verwandt.

T: 20 - 24° C, **L:** 5,5 cm, **BL:** 60 cm, **WR:** u, m, **SG:** 2

Aphyosemion schioetzi
Schioetz' Prachtkärpfling

HUBER & SCHEEL, 1981
Unterfam.: Aplocheilinae

Syn.: *Aphyosemion christyi.*

Vork.: Afrika: Regenwald des zentralen und östlichen Kongo und des westlichen Zaire in den Einzügen des Flusses Zaire und v.a. der westlichen Zuflüsse Djoué, Alima, Lefini, und Likouala Mossako.

Ersteinf.: 1960 durch BRICHARD in die USA, wo die Art als *A. christyi* verbreitet wurde, dann nach Europa.

GU: Die ♀♀ haben rote Punkte. Die abgerundeten Flossen sind weitgehend transparent, können jedoch auch rötliche Punkte aufweisen. Die bunten ♂♂ zeigen auf einer blaubraunen Körperfärbung Längsreihen roter Punkte. Die ausgezogenen Flossen sind rot gesäumt, es folgt ein oberer und unterer gelber Streifen. Die Brustflossen sind außen leuchtend gelb. Mit dieser Färbung steht die Art zwischen *A. elegans* und *A. cognatum*.

Soz.V.: *A. schioetzi* lebt eher solitär. Die ♂♂ sind etwas aggressiv und liefern sich oft Rangordnungskämpfe.

Hält.B.: Die Pflege von *A. schioetzi* sollte wie bei *A. chauchei* angegeben erfolgen. Allgemein ist *A. schioetzi* nach bisheriger Erfahrung weniger empfindlich als *A. chauchei.*

ZU: Wenn *A. schioetzi* auch als Bodenlaicher (s. *A. edeanum*) nachgezüchtet werden kann, so hat sich doch das Ablesen der Eier vom Substrat (Wollmop) als günstiger und produktiver erwiesen. Die Eier in Kulturschalen überführen, wo sie nach etwa 2 Wochen schlüpfen. Das erste Futter können *Artemia*-Nauplien sein.

FU: K; Lebendfutter.

Bes.: Diese Art ist mit *A. cognatum* und *A. elegans* sehr nahe verwandt, bei größeren Aufsammlungen wird die Artabgrenzung möglicherweise unscharf.

T: 22 - 26° C, **L:** 4,5 cm, **BL:** 50 cm, **WR:** u, m, **SG:** 2

Aphyosemion poliaki ♂, Monea, West-Kamerun

Aphyosemion schioetzi ♂

Epiplatys biafranus ♀, Text Siete 384

Epiplatys sp. aff. *boulengeri*

Epiplatys phoeniceps ♀, Epoma, Kongo; Text Seite 394

Nothobranchius steinforti ♀, Kimamba, Tansania; Text Seite 408

Epiplatys biafranus
Biafra-Hechtling

RADDA, 1970
Unterfam.: Aplocheilinae

Syn.: *Aplocheilus biafranus.*

Vork.: Afrika, kleinere Gewässer im Regenwald Südost-Nigerias zwischen den Unterläufen der Flüsse Niger und Cross.

Ersteinf.: 1962 als Einzeltier durch CLAUSEN nach Dänemark, 1967 durch LITSCHAUER als kommerzieller Aquarienfisch-Import von Port Harcourt nach Wien.

GU: ♀♀ von *E. biafranus* sind insgesamt kleiner als ♂♂, ihre Farben matter und die Flossen kürzer und kleiner.

Soz.V.: Wie fast alle Hechtlinge leben auch die Tiere dieser Art ungesellig und eher solitär. Dabei sind insbesondere die ♂♂ untereinander und gegenüber anderen Hechtlingen streitsüchtig. Diese Streitsucht dient meist nur dazu, eine Rangordnung herzustellen, Beschädigungskämpfe sind selten. Fische anderer Verwandtschaftsgruppen werden meist wenig beachtet.

Hält.B.: Alle Hechtlinge lassen sich in voll eingerichteten und gut bepflanzten Aquarien, besonders auch in sogenannten "Holländischen Aquarien" sehr gut pflegen, wo sie meist mehr oder weniger, seltener ausschließlich, die oberen Zonen bewohnen. Die Pflanzen sollten an einigen Stellen die Wasseroberfläche erreichen (z.B. *Vallisneria*), oder es sollten Schwimmpflanzen (z.B. Hornfarn) vorhanden sein, zwischen die sich die Fische zurückziehen können. Die Hechtlinge springen gerne, eine Abdeckung ist daher wichtig. Das Wasser sollte weich bis mittelhart sein und leicht saure pH-Werte aufweisen. *E. biafranus* ist bezüglich der Pflege insofern eine Ausnahme, weil die Art empfindlich ist, daher ist hier ein Artbecken anzuraten.

ZU: Wie bei *E. fasciolatus* angegeben, braucht jedoch große Aufmerksamkeit.

FU: K; Lebendfutter, gerne *Drosophila*.

T: 21 - 25° C, **L:** 5 cm, **BL:** 80 cm, **WR:** m, o, **SG:** 3

Epiplatys boulengeri
Boulengers Hechtling

(PELLEGRIN, 1926)
Unterfam.: Aplocheilinae

Syn.: *Panchax boulengeri*, *Aplocheilus boulengeri*, *Epiplatys phoeniceps* (partim).

Vork.: Afrika: Regenwald des westlichen Zaire- und des östlichen Ogowe-Einzuges von West-Zaire über Kongo bis Südostgabun. Die Art ist nur schlecht definiert und daher das genaue Verbreitungsgebiet unklar.

Ersteinf.: Unbekannt. Spätestens (?) 1978 durch HUBER.

GU: Die kleineren ♀♀ haben einen volleren Vorderkörper und einen schlankeren Schwanzstiel. Die Färbung ist schwächer, insbesondere die senkrechten Streifen und die Intensität der roten Punkte, die die ♂♂ auf jeder Schuppe tragen. Dabei ist jedoch zu bedenken, daß die senkrechten dunklen Streifen stimmungsbedingt vor allem bei den ♂♂ auch beim gleichen Tier einmal sehr intensiv vorhanden sein, dann nahezu völlig fehlen können. Außerdem kann in der unteren Körperhälfte, ebenfalls stimmungsab-

hängig, ein dunkles Längsband auftreten, das vielleicht den Übergang zu *E. nigricans* andeutet.

Soz.V.: Siehe *Epiplatys biafranus*.

Hält.B.: Siehe *Epiplatys biafranus*. *E. boulengeri* ist jedoch nicht so empfindlich und läßt sich gut mit anderen Fischen vergesellschaften, etwa kleinen (!) Salmlern oder Barben.

ZU: Haftlaicher. Zur Zucht setze man 1 ♂ und mehrere ♀♀ am besten in ein kleineres Aquarium mit Torffasern, die unter die Deckscheibe geklemmt sind und so von oben in das Becken hängen. Darin verstecken sich die Tiere gerne, vor allem die ♀♀. Die Eier entwickeln sich in 12 - 14 Tagen.

FU: K; Lebendfutter.

Bes.: Diese nominelle Art (?) wird von vielen Autoren, und das vermutlich berechtigt, als Synonym zu *E. multifasciatus* betrachtet (POLL 1952, WILDEKAMP et al. in CLOFFA 2, 1986).

T: 24 - 28° C, **L:** 5,5 cm, **BL:** 80 cm, **WR:** m, o, **SG:** 3

Epiplatys biafranus ♂, Isiokpo, Nigeria; ♀ Seite 382

Epiplatys boulengeri ♂, "CHP 82/16", Kongo

Epiplatys chaperi chaperi
Goldküsten-Hechtling

(SAUVAGE, 1882)
Unterfam.: Aplocheilinae

Syn.: *Haplochilus chaperi*, *Panchax chaperi*, *Aplocheilus chaperi*, *Epiplatys etzeli*.

Vork.: Afrika, südliche und zentrale Elfenbeinküste, südliches Ghana und südliches Togo. Bäche und andere Gewässer des Regenwaldes und der angrenzenden Savanne.

Ersteinf.: Der erste Import dieser Art läßt sich nicht mehr eindeutig identifizieren, weil sie mit *E. dageti* und *E. sexfasciatus* verwechselt wurde. Vermutlich wurde dieser Fisch aber schon sehr früh als Aquarienfisch importiert, wahrscheinlich unter dem Namen *Haplochilus sexfasciatus*, spätestens aber zu Beginn der 60er Jahre.

GU: Die ♀♀ haben einen volleren Vorderkörper, sie sind farbschwächer und weisen kleinere und weitgehend transparente Flossen auf.

Soz.V.: Siehe *Epiplatys biafranus*.

Hält.B.: Siehe *Epiplatys biafranus*. Diese Art ist jedoch sehr leicht zu pflegen.

ZU: Siehe *Epiplatys fasciolatus*. Die Zucht ist nicht schwierig. In einem gut bepflanzten Gesellschaftsbecken mit einer dichten Schwimmpflanzendecke kommen immer wieder Jungtiere ohne züchterische Bemühungen auf, sofern der Besatz nicht zu stark ist.

FU: K; Lebendfutter aller Art.

Bes.: Von dieser Art gibt es die Unterarten *E. c. spillmanni* ARNOULT, 1960 und *E. c. schreiberi* BERKENKAMP, 1975. *Siehe* Aquarien Atlas 2, S. 644. *E. sheljuzhkoi* POLL, 1953 wird von vielen Autoren ebenfalls als Unterart zu *E. chaperi* angesehen. RADDA in RADDA & PÜRZL (1987) und SCHEEL (1990) betrachten *E. etzeli* als Synonym zu *E. chaperi*, ROMAND in LÉVÊQUE, PAUGY & TEUGELS (1992: 631) als valid.

T: 24 - 28° C, **L**: 6,5 cm, **BL**: 80 cm, **WR**: m, o, **SG**: 2

Epiplatys fasciolatus fasciolatus
Querstreifen-Hechtling

(GÜNTHER, 1866)
Unterfam.: Aplocheilinae

Syn.: *Haplochilus fasciolatus*, *Panchax fasciolatus*, *Aplocheilus fasciolatus*, *Epiplatys dorsalis*, *Epiplatys sexfasciatus leonensis*, *Epiplatys matlocki*, *Epiplatys zimiensis*.

Vork.: Afrika: Gewässer des Regenwaldes und der anschließenden Savannen West-Afrikas von Guinea Bissau bis südliches Liberia.

Ersteinf.: Im April 1911 durch SIGGELKOW.

GU: Auch bei dieser Art sind die ♀♀ kleiner, haben abgerundete Flossen und sind auch wesentlich einfacher gefärbt.

Soz.V.: Wie bei *E. biafranus* angegeben.

Hält.B.: Siehe *E. biafranus*. *E. fasciolatus* wird jedoch deutlich größer, daher ist auch ein größeres Aquarium notwendig.

ZU: *Epiplatys fasciolatus* gehört wie alle Hechtlinge zu den Haftlaichern. Zwar kommen auch im nicht zu stark besetzten und dicht bepflanzten Gesellschaftsaquarium ohne weiteres Zutun immer wieder Jungfische auf, es kann aber nur ein gezielter Zuchtansatz zu ausreichendem Erfolg führen. Dazu wird ein Paar, besser noch ein Trio (1♂, 2 ♀♀), zur Zucht in einem Aquarium angesetzt, das mit einem Wollmop, Laichfasern oder Javamoos als Ablaichsubstrat ausgestattet ist. Ein kleiner Filter oder Belüftung vervollständigen die Einrichtung, eine Deckscheibe ist unerläßlich. Wasserwerte: weich bis mittelhart, leicht sauer, 26 - 28° C. Die abgegebenen Eier werden abgelesen und in Kulturschalen überführt, wo sie nach etwa 2 Wochen schlüpfen. Als erstes Futter dienen *Artemia*-Nauplien.

FU: K; kräftiges Lebendfutter.

Bes.: Es wurden zahlreiche Unterarten von *Epiplatys fasciolatus* beschrieben, zum Teil ursprünglich als selbständige Arten, doch ist deren Gültigkeit höchst fraglich. Siehe hierzu auch die nächste Form sowie AQUARIEN ATLAS 1, S. 560, und AQUARIEN ATLAS 3, S. 500.

T: 24 - 28° C, **L**: bis 9,5 cm, **BL**: 80 cm, **WR**: m, o, **SG**: 2

Epiplatys chaperi chaperi aus Ghana

Epiplatys fasciolatus fasciolatus von Bahama, Sierra Leone

Epiplatys fasciolatus zimiensis
Zimi-Hechtling

BERKENKAMP, 1977
Unterfam.: Aplocheilinae

Syn.: *Epiplatys zimiensis*, *Aplocheilus zimiensis*.

Vork.: Afrika: Südost-Sierra Leone, Umgebung der Ortschaft Zimi.

Ersteinf.: 1968 durch LITSCHAUER aus Sierra Leone nach Österreich, wenig später von dort unter der Bezeichnung "Goldfasciolatus" nach Deutschland.

GU: Wie bei *E. fasciolatus fasciolatus*.

Soz.V.: Siehe *E. biafranus*.

Hält.B.: Siehe *E. biafranus*.

ZU: Die Zucht entspricht der Nominatform *Epiplatys fasciolatus fasciolatus*.

FU: K; Lebendfutter aller Art.

Bes.: Von BERKENKAMP & ETZEL wurden eine ganze Reihe von Hechtlingen, vor allem aus Sierra Leone und Liberia, beschrieben, die die ganze Variationsbreite zwischen *E. fasciolatus* einerseits und *E. olbrechtsi* auf der anderen Seite

umfassen, zum Teil als selbständige Arten, die heute noch allenfalls als Unterarten betrachtet werden, zum Teil auch bereits als Unterarten. Arten sind das alles sicher nicht; ob man sie als Unterarten oder einfach nur als Fundortformen auffassen will, hängt von der persönlichen Einstellung ab. Die als *E. zimiensis* beschriebene Form wird eindeutig von den meisten Autoren als reines Synonym zu *E. fasciolatus* betrachtet (WILDEKAMP et al. in CLOFFA 2, 1986: 251, RADDA & PÜRZL 1987: 13, SCHEEL 1990: 367; ROMAND in LÉVÊQUE, PAUGY & TEUGELS 1992: 636). Hier wird sie (mit Bedenken) als Unterart genannt, um die Populationscharakteristiken vorzustellen, damit in der praktischen Aquaristik die Zimi-Population weniger häufig mit anderen Populationen vermischt wird.

T: 24 - 28° C, **L**: 7 cm, **BL**: 80 cm, **WR**: m, o, **SG**: 2

Epiplatys hildegardae
Hildegards Hechtling

BERKENKAMP, 1983
Unterfam.: Aplocheilinae

Syn.: *Epiplatys olbrechtsi*, *Aplocheilus hildegardae*.

Vork.: Afrika: Südost-Guinea und anschließendes Nordost-Liberia in der weiteren Umgebung von Nzérékoré.

Ersteinf.: 1988 durch BLEHER und Mitreisende.

GU: Die unauffälliger gefärbten ♀♀ sind weniger bunt, vor allem bei ihnen ist die schöne blaue Färbung der ♂♂ nicht so intensiv, ebenso sind die roten Punkte farbschwächer und kleiner. Die Flossen sind abgerundet.

Soz.V.: Wie bei *E. biafranus* angegeben.

Hält.B.: *Epiplatys hildegardae* ist eine besonders hübsche Hechtlingsart. Leider erwies sie sich in der Pflege nicht so einfach wie andere Arten Westafrikas. Das Warum ist nicht zufriedenstellend geklärt. Trotz ihrer farblichen Attraktivität konnte die Art jedenfalls keine weite Ver-

breitung finden. Insgesamt sollten diese Tiere jedoch wie bei *E. biafranus* beschrieben gepflegt werden. Möglicherweise ist auch für diesen Fisch ein Artenbecken dem Gemeinschaftsaquarium vorzuziehen.

ZU: Die Zucht ist bereits erfolgt, erwies sich allerdings als nicht sehr produktiv und etwas schwierig. Auch hier ist die Ursache nicht eindeutig. Grundsätzlich können die Fische wie bei *E. fasciolatus* angegeben zur Zucht angesetzt werden.

FU: K; Lebendfutter aller Art, auch Frostfutter wird genommen.

Bes.: Geraume Zeit ist über die Identität dieser Art gerätselt worden. Die Aufsammlungen von BLEHER und Mitreisenden haben gezeigt, daß es sich um eine sehr schöne und eigenständige Art handelt, die möglicherweise zwischen der *E. chaperi*- und der *E. fasciolatus*-/ *E. olbrechtsi*-Gruppe überleitet.

T: 22 - 26° C, **L**: 9 cm, **BL**: 80 cm, **WR**: m, o, **SG**: 3

Epiplatys fasciolatus zimiensis ♂

Epiplatys hildegardae ♂

Epiplatys longiventralis   (BOULENGER, 1911)

Syn.: *Haplochilus longiventralis, Panchax longiventralis, Aplocheilus longiventralis, Haplochilus spilargyreius.*

Vork.: Afrika: Nigeria und Ost-Togo, Gewässer des Niger-Deltas.

Ersteinf.: 1905 durch SCHROOT von Wari, Nigermündung.

GU: Die kleineren ♀♀ haben stärker abgerundete Flossen, sind farbschwächer.

Soz.V.: Siehe *Epiplatys biafranus.*

Hält.B.: Wie bei *Epiplatys biafranus* geschildert. Auch *E. longiventralis* ist eine nicht ganz so einfache Art, für die ein Artenbecken zu empfehlen ist.

ZU: Die Zucht sollte wie bei *E. fasciolatus* angegeben erfolgen. Diese Art scheint auch besonders gerne (?) Torffasern als Ablaichsubstrat anzunehmen, die unter die Deckscheibe geklemmt werden und in das Aquarium hängen. Auch daraus

können die Eier ohne größere Schwierigkeiten abgelesen und in Brutschalen zur Entwicklung gebracht werden.

FU: K; Lebendfutter aller Art.

Bes.: Diese Art ist sehr leicht mit *E. sexfasciatus* zu verwechseln, und zumindest in Gefangenschaft kreuzen sich beide Arten auch und bringen lebensfähige Nachkommen hervor. Beide Formen sollten deshalb auf keinen Fall im gleichen Becken gepflegt werden. In der Natur kommen beide syntop, also am gleichen Fundort gemeinsam vor. Über Naturbastarde wurde bisher nichts berichtet, vielleicht wurden sie auch bisher nur nicht erkannt. Diese Problematik weist deutlich darauf hin, daß es nicht so einfach ist, Artenbestimmungen nur anhand von Kreuzungsversuchen vorzunehmen. Sonst müßte *E. longiventralis* als eigenständige Art eingezogen werden.

T: 22 - 28° C, **L**: 6 cm, **BL**: 80 cm, **WR**: m, o, **SG**: 3

Epiplatys multifasciatus
Vielstreifen-Hechtling   (BOULENGER, 1913)

Syn.: *Haplochilus multifasciatus, Panchax multifasciatus, Aplocheilus multifasciatus, Epiplatys sexfasciatus multifasciatus, Haplochilus boulengeri.*

Vork.: Afrika: Regenwald des zentralen Zaire und des nördlichen und östlichen Kongo im Einzug des Zaire-Flusses.

Ersteinf.: Unbekannt. Spätestens Ende der 50er/Anfang der 60er Jahre durch BRICHARD in die USA und nach Europa. Das vermutlich erste Bild von FOERSCH, das wahrscheinlich diese Art zeigt, findet sich in Aquarien-Terrarien 8 (5):132, 1961.

GU: Die Geschlechtsunterschiede sind nicht immer sehr deutlich. Gut gepflegte ♀♀ haben einen volleren Vorderkörper und schlankeren Schwanzstiel. Sie sind unter vergleichbaren Lebensumständen kleiner als die ♂♂ und weniger farbig. Die Flossen sind ebenfalls kleiner.

Soz.V.: Wie bei *E. biafranus* angegeben.

Hält.B.: Die Pflege entspricht *E. biafranus*. Auch bei *E. multifasciatus* handelt es sich um eine etwas empfindliche Art, die Aufmerksamkeit benötigt.

ZU: Wie bei *Epiplatys fasciolatus* angegeben. Auch hier hat sich die Verwendung von Torffasern bewährt, wie es für *E. longiventralis* erwähnt wurde.

FU: K; verschiedenstes Lebendfutter, gelegentlich wird auch Frostfutter genommen.

Bes.: *Epiplatys multifasciatus* ist zur Zeit nicht sehr gut definiert, insbesondere nicht in der Abgrenzung zu benachbarten Formen wie *E. boulengeri, E. phoeniceps,* usw.

T: 22 - 26° C, **L**: 5 cm, **BL**: 60 cm, **WR**: m, o, **SG**: 2 - 3

Epiplatys longiventralis von Orashi, östliches Nigerdelta

Epiplatys multifasciatus von Masekpe, Equateur, Zaire

Epiplatys olbrechtsi olbrechtsi
Olbrechts Hechtling

POLL, 1941
Unterfam.: Aplocheilinae

Syn.: *Aplocheilus olbrechtsi*, *Epiplatys fasciolatus olbrechtsi*, *Epiplatys fasciolatus puetzi*, *Epiplatys azureus*.

Vork.: Afrika, verschiedenste Gewässer Westafrikas vom Regenwaldbereich Zentral- und Ost-Liberias nordostwärts bis in die randlichen Savannenzonen der zentralen Elfenbeinküste im Bandama-Einzug.

Ersteinf.: 1971 durch ROLOFF aus Liberia.

GU: Die Flossen der kleineren ♀♀ sind abgerundet, diese Tiere sind außerdem nicht so farbig wie die ♂♂.

Soz.V.: Siehe *Epiplatys biafranus*.

Hält.B.: Hier gelten die gleichen Angaben wie für *E. biafranus*. Da es sich um relativ robuste Fische handelt, ist die Pflege im Gemeinschaftsaquarium gemein-

sam mit Salmlern und Barben entsprechender Größe sehr gut möglich. Arten bzw. Populationen aus der *E. olbrechtsi-/E. fasciolatus*-Gruppe sollten nicht gemeinsam gepflegt werden, da es sonst zu unkontrollierten Kreuzungen kommen kann.

ZU: Siehe unter *Epiplatys fasciolatus*, mit dem *E. olbrechtsi* auch sehr nahe verwandt ist.

FU: K; Lebendfutter aller Art.

Bes.: Alle Populationen der *Epiplatys fasciolatus-/E. olbrechtsi*-Gruppe sind nahe miteinander verwandt, so daß SCHEEL (1990: 298) *olbrechtsi* nur als Unterart von *E. fasciolatus* verstanden wissen möchte. Siehe in diesem Zusammenhang auch die folgende Form sowie die Anmerkung bei *E. fasciolatus zimiensis*.

T: 22 - 28° C, **L**: 8 cm, **BL**: 80 cm, **WR**: m, o, **SG**: 2

Epiplatys olbrechtsi azureus
Blauer Olbrechts-Hechtling

BERKENKAMP & ETZEL, 1983
Unterfam.: Aplocheilinae

Syn.: *Epiplatys azureus*, *Aplocheilus azureus*.

Vork.: Afrika: Zentral-Liberia, Umgebung von Tapeta.

Ersteinf.: 1978 durch ETZEL.

GU: Die ♀♀ sind mehr oder weniger einheitlich bräunlich mit blauem Glanz. Die bei den ♂♂ kräftig rotbraune Punktierung der Schuppen ist bei den ♀♀ schwächer ausgeprägt. Auch die schöne Flossenfärbung der ♂♂ fehlt den ♀♀ weitgehend, abgesehen davon sind sie kleiner.

Soz.V.: Wie bei *E. biafranus* angegeben.

Hält.B.: Siehe *E. biafranus* und die Anmerkungen bei *E. olbrechtsi olbrechtsi*.

ZU: Die Zucht kann wie bei *E. fasciolatus* angegeben erfolgen.

FU: K; Lebendfutter verschiedenster Art, auch tiefgefrorenes Futter.

Bes.: Es wurde schon unter *E. fasciolatus zimiensis* angemerkt, daß von BERKENKAMP bzw. BERKENKAMP & ETZEL eine

Anzahl verschiedener Hechtlinge beschrieben wurde, die alle dem *Epiplatys fasciolatus-/E. olbrechtsi*-Formenkreis zuzuordnen sind. Diese Formen umfassen die gesamte (?) Bandbreite zwischen beiden nominellen Arten und stellen mehrheitlich Synonyme zu diesen beiden dar, allenfalls sind es Unterarten (siehe auch die publizierten Kreuzungsschemata). Gleichzeitig wird die nahe Verwandtschaft beider deutlich. So wird auch der als *E. azureus* beschriebene Fisch nicht als eigenständige Art anerkannt, sondern zumeist als Synonym zu *E. olbrechtsi* betrachtet (WILDEKAMP et al. in CLOFFA, 2: 245, ROMAND in LÉVÊQUE, PAUGY, TEUGELS 1992:637), höchstens als Unterart zu *E. olbrechtsi* (RADDA & PÜRZL 1987: 15). ROMAND (s.o.) sieht auch in der als *Epiplatys fasciolatus puetzi* BERKENKAMP & ETZEL, 1985 beschriebenen Form (s. AQUARIEN ATLAS 3, S. 500) ein simples Synonym zu *E. olbrechtsi* und bestätigt damit den im AQUARIEN ATLAS geäußerten Verdacht einer Fehlbestimmung.

T: 22 - 28° C, **L**: 8 cm, **BL**: 80 cm, **WR**: m, o, **SG**: 2

Epiplatys olbrechtsi olbrechtsi, Nordost-Liberia

Epiplatys olbrechtsi azureus von der Terra typica, Yreah (RL 56)

Epiplatys olbrechtsi kassiapleuensis
Kassiapleu-Hechtling

BERKENKAMP & ETZEL, 1977

Syn.: *Epiplatys kassiapleuensis*.

Vork.: Afrika, westliche Elfenbeinküste in der Umgebung von Man.

Ersteinf.: Januar 1974 durch ETZEL.

GU: Wie bei *E. olbrechtsi olbrechtsi* und *E. o. azureus* angegeben.

Soz.V.: Siehe *Epiplatys biafranus*.

Hält.B.: Diese Form von *E. olbrechtsi* ist wie dort und unter *E. biafranus* geschildert zu pflegen.

ZU: Die Zucht entspricht der von *Epiplatys fasciolatus*, siehe dort.

FU: K; Lebendfutter aller Art.

Bes.: Der von BERKENKAMP & ETZEL, 1977 beschriebene Fisch wurde schon von diesen Autoren selbst 1983 nur noch als Unterart zu *E. olbrechtsi* eingestuft. Diese Einschätzung wird von einigen Autoren geteilt, andere sehen in *kassiapleuensis* ein simples Synonym zu *E. olbrechtsi*. Siehe auch die Anmerkung zu *E. o. azureus*.

T: 22 - 28° C, **L**: 8 cm, **BL**: 80 cm, **WR**: m, o, **SG**: 2

Epiplatys phoeniceps
Schönkopfhechtling

HUBER, 1980

Syn.: *Aplocheilus phoeniceps*.

Vork.: Afrika: Regenwald des östlichen Kongo im Einzug des Sanaga.

Ersteinf.: Juli 1978 durch HUBER nach Frankreich.

GU: Die ♂♂ weisen einen stark rot gefleckten Kopf auf. Ihre Flossen sind gelblich und schwarz gesäumt. 7 schwärzliche Querbinden ziehen sich über den Körper, der von ebenfalls 7 Längsreihen roter Punkte überzogen wird. Die kleineren ♀♀ sind matter gefärbt. Ihre Flossen sind nicht so groß.

Soz.V.: Wie bei *E. biafranus* angegeben leben die Tiere eher solitär. Die ♂♂ können untereinander und gegenüber ♀♀, besonders wenn diese nicht laichbereit sind, recht aggressiv sein.

Hält.B.: Die Pflege entspricht der von *E. biafranus*. Wie *E. multifasciatus*, mit dem *E. phoeniceps* nahe verwandt ist, ist auch diese Art etwas empfindlich, so daß besondere Aufmerksamkeit notwendig ist. Ein Artenbecken ist zu empfehlen.

ZU: Die Zucht kann so erfolgen, wie es bei *Epiplatys fasciolatus* angegeben wurde. Als erfolgreich hat sich auch das Angebot von Torffasern erwiesen.

FU: K; Lebendfutter der verschiedensten Art, das jedoch nicht zu groß sein sollte.

Bes.: Diese Art ist mit *E. multifasciatus* sehr nahe verwandt, ebenso mit *E. mesogramma*. Die meristischen (Schuppenzahlen, Flossenstrahlen) und morphometrischen (Körperproportionen) Werte sind nahezu identisch. HUBER sieht wesentliche Unterschiede in der Kopfzeichnung und in der Anzahl der Längslinien roter Punkte auf dem Körper (nach HUBER 5 bei *E. multifasciatus* gegenüber 7 bei *E. phoeniceps*). Es bleibt abzuwarten, ob diese Unterschiede auch Bestand haben werden, wenn mehr Populationen bekannt werden.

T: 22 - 28° C, **L**: 6 cm, **BL**: 60 cm, **WR**: o, u, **SG**: 2 - 3

Epiplatys olbrechtsi kassiapleuensis von Kassiapleu

Epiplatys phoeniceps ♂, Epoma, Kongo; ♀ Seite 383

Epiplatys sexfasciatus togolensis
Togo-Sechsbandhechtling

LOISELLE, 1970
Unterfam.: Aplocheilinae

Syn.: Keine.

Vork.: Afrika: Fließgewässer und ruhige Buchten von Flüssen im Küsteneinzug Westafrikas von Togo über Benin bis nach Südnigeria.

Ersteinf.: Unbekannt. Spätestens 1967 (?) durch CLAUSEN.

GU: Auch bei dieser Unterart sind die ♀♀ kleiner als die ♂♂ und zeigen eine unscheinbarere Färbung. Die ♂♂ sind in Abhängigkeit von der jeweiligen Population recht variabel. Die meisten Tiere sind von blaugrünem Gesamteindruck, auf den Schuppen befinden sich dabei rotbraune Punkte, die etwa 7 Längsreihen bilden. Es gibt aber auch Populationen, bei denen der Gesamteindruck eher rötlich ist. Dort sind auch die Flossenränder rot, insbesondere die der After- und Schwanzflosse.

Soz.V.: Siehe *Epiplatys biafranus*. Die Tiere sind groß, und so kann es in einem neu eingerichteten Aquarium durchaus zu heftigen Auseinandersetzungen der ♂♂ untereinander kommen. Ist eine Rangordnung hergestellt oder sind die Reviere aufgeteilt, gibt es meist keine Probleme mehr.

Hält.B.: Im Grunde sollten diese Hechtlinge wie bei *E. biafranus* angegeben gepflegt werden. Dabei ist *E. s. togolensis* ein robusterer Fisch, dessen Hälterung in der Regel weniger Probleme aufweist, weil die Fische auch ungünstigere Verhältnisse tolerieren.

ZU: Vergleichbar der von *Epiplatys fasciolatus*. Beide Formen sind ähnlich robust und im Grunde problemlos nicht nur in der Pflege, sondern auch in der Zucht. Die Eier sollten aus dem Ablaichsubstrat abgelesen und in Zuchtschalen zur Entwicklung gebracht werden. Temperaturabhängig dauert diese etwa 12 - 14 Tage.

FU: K; Lebendfutter aller Art.

T: 22 - 28° C, **L**: 8 cm, **BL**: 80 cm, **WR**: m, o, **SG**: 2

Epiplatys sheljuzhkoi
Sheljuzhkos Hechtling

POLL, 1953
Unterfam.: Aplocheilinae

Syn.: *Epiplatys chaperi sheljuzhkoi*, *Aplocheilus chaperi sheljuzhkoi*, *Epiplatys macrostigma*.

Vork.: Afrika: Regenwald des zentralen und östlichen Kongo und des westlichen Zaire in den Einzügen des Flusses Zaire und vor allem der westlichen Zuflüsse Djoué, Alima, Lefini, und Likouala Mossako.

Ersteinf.: 1952 durch WERNER.

GU: Die im allgemeinen größeren ♂♂ haben eine braungrüne Grundfärbung. Jede Schuppe ist mit einem rotbraunen kräftigen Punkt versehen, so daß sich insgesamt etwa 6 Längsreihen solcher Punkte über den Körper ziehen. Die ♂♂ zeigen relativ selten - in Abhängigkeit von ihrer Stimmung - etwa 4 - 5 schräge dunkle Querbinden, die vom Bauch bis etwa zur Körpermitte reichen. Die Flossen sind vergrößert, die Schwanzflosse etwa spatenförmig. Bei den insgesamt kleineren ♀♀ sind die Flossen nicht so großflächig wie bei den ♂♂. Sie sind farbschwächer und lassen die schrägen Querstreifen fast immer erkennen.

Soz.V.: Wie bei *E. biafranus* angegeben. Diese Art ist allerdings deutlich robuster, die ♂♂ sind auch in ihrem Verhalten untereinander aggressiver.

Hält.B.: Siehe *E. biafranus*. Diese Art läßt sich gut im Gesellschaftsbecken pflegen, doch sollte sie nicht mit zu lebhaften Fischen vergesellschaftet werden, da die Tiere dann dazu neigen, sich in dunkle Ecken unter der Wasseroberfläche zurückzuziehen. Kleincichliden, wie *Pelvicachromis*-Arten, sind zur Vergesellschaftung dagegen gut geeignet, da sie sich mehr in Bodennähe aufhalten und auch nicht zu lebhaft sind.

ZU: Wie bei *E. fasciolatus* erläutert.

FU: K; Lebendfutter.

Bes.: Verschiedene Autoren sehen *sheljuzhkoi* als Unterart zu *E. chaperi* an, andere nicht.

T: 24 - 28° C, **L**: 6 cm, **BL**: 60 cm, **WR**: m, o, **SG**: 2

Epiplatys sexfasciatus togolensis von Igolo, Benin

Epiplatys sheljuzhkoi

Epiplatys spilargyreius

(DUMÉRIL, 1861)
Unterfam.: Aplocheilinae

Syn.: *Poecilia spilargyreia*, *Aplocheilus spilargyreia*, *Haplochilus spilargyreia*, *Panchax spilargyreius*, *Haplochilus infrafasciatus* (teilweise), *Haplochilus senegalensis*, *Haplochilus marnoi*, *Haplochilus senegalensis* var. *acuticaudata*, *Panchax grahami* var. *decemfasciata*.

Vork.: Afrika, südlicher Sahelgürtel in der Guinea- und Sudan-Savanne vom Senegal-Einzug im Westen bis zum Nil-Einzug im Osten. Südwärts findet sich die Art im Zaire-System bis zum Pool Malebo in Zaire.

Ersteinf.: Nicht sicher bekannt. Wahrscheinlich im Frühjahr 1910.

GU: Die ♂♂ von *Epiplatys spilargyreius* weisen auf den Körperflanken 10 - 12 je nach Population unterschiedlich breite Querbänder auf. Dabei kann die Körperfärbung eher rötlich oder eher grünlich sein. Die Querbänder sind bräunlich. Unterhalb der Körpermitte findet sich oft ein stimmungsabhängiger Längsstreifen. Die ♀♀ sind kleiner und haben abgerundete Flossen, ihre Färbung ist matter, insbesondere in den Flossen.

Soz.V.: Siehe *Epiplatys biafranus*.

Hält.B.: Als Bewohner häufig offener Savannengewässer liebt die Art höhere Temperaturen. Zur Pflege eignen sich am besten Aquarien ab 60 cm Länge. Die Vergesellschaftung mit anderen Fischen ist möglich, auch die mit *Epiplatys bifasciatus*, wenn das Becken nicht zu klein ist. Beide Arten finden sich auch in der Natur oft gemeinsam.

ZU: Wie bei *E. fasciolatus* angegeben sollte diesen Haftlaichern ein Wollmop oder ähnliches zum Ablaichen geboten und die Eier getrennt zum Schlüpfen gebracht werden.

FU: K; Lebendfutter aller Art.

Bes.: Keine.

T: 24 - 30° C, **L**: 5 cm, **BL**: 60 cm, **WR**: m, o, **SG**: 2

Epiplatys sp. "Lac Fwa"
Fwa-Hechtling

Unterfam.: Aplocheilinae

Syn.: Keine.

Vork.: Afrika: Zaire, kleinere Gewässer im Einzug des Lac Fwa, östlich von Luluabourg, Sankuru-Einzug, Kasai-System.

Ersteinf.: Frühjahr 1989 durch BLEHER.

GU: Die ♂♂ haben eine gelbbraune Grundfarbe. Jede Schuppe trägt einen dunkelroten Punkt. Diese Punkte werden vom Rücken bis unterhalb der Körperseiten zunehmend größer. Die Flossen sind gelblich mit roten Punkten und Strichen in Richtung der Flossenstrahlen. Die Kaudale ist unten und in der Mitte ausgezogen. Oft wird in der unteren Körperhälfte ein dunkler Längsstreifen gezeigt. Die ♀♀ sind wesentlich matter getönt und von bräunlicher Grundfärbung. Die Punkte auf den Körperseiten sind bei ihnen nur matt. Die kleineren Flossen sind abgerundet.

Soz.V.: Siehe *Epiplatys grahami*.

Hält.B.: Die Fische benötigen kein sehr großes Aquarium, doch sollte man sie vorzugsweise in einem Artenbecken pflegen. Sie sind etwas empfindlicher als die großen Arten der *E. fasciolatus*- oder *E. sexfasciatus*-Artengruppen und entsprechen in ihren Anforderungen in etwa dem verwandten *E. multifasciatus*. Eine Schwimmpflanzendecke schafft etwas gedämpftes Licht, so daß auch die Farben gut zur Geltung kommen. Das Wasser sollte weich und leicht sauer sein.

ZU: Im Grunde wie bei *E. fasciolatus* angegeben, denn auch diese Form ist ein Haftlaicher. Nach etwa 14 Tagen schlüpfen die Jungfische. Insgesamt hat sich dieser Hechtling in der Zucht als nicht sehr schwierig erwiesen.

FU: K; nicht zu großes Lebendfutter aller Art. Auch Frostfutter wird genommen.

Bes.: *Epiplatys* sp. "Lac Fwa" gehört sicher in die nähere Verwandtschaft von *E. chevalieri* innerhalb der *E. multifasciatus*-Gruppe. Eine genaue verwandtschaftliche Einordnung ist bisher noch nicht abschließend erfolgt.

T: 22 - 28° C, **L**: 5 cm, **BL**: 60 cm, **WR**: m, o, **SG**: 2

Epiplatys spilargyreius ♂ von Bwian, Gambia; ♀ Seite 400

Epiplatys sp. "Lake Fwa", Zaire

Epiplatys spilargyreius ♀, Text Seite 398

Epiplatys spilargyreius ♂, Fufora, Ostnigeria, vergleiche mit ♂ Seite 399

Aphyosemion cameronense "Garu", vergleiche mit Seite 367

Cyprinodon variegatus ovinus ♀, New Jersey, Text Seite 438

Episemion callipteron
Schönflossen-Hechtling

RADDA & PÜRZL, 1987

Syn.: *Epiplatys* (*Episemion*) *callipteron*, *Aplocheilus callipteron*.

Vork.: Afrika: Nord-Gabun und eventuell auch angrenzendes Rio Muni bzw. Äquatorial-Guinea, im Einzugsbereich des Okano, Ogowe-System, und des Rio Benito.

Ersteinf.: Anfang 1986 durch WAGNER & WINDEL

GU: Die ♂♂ sind rötlichbraun, zum Rükken hin etwas dunkler. Entlang der Körpermitte erstreckt sich von der Maulspitze bis in die Schwanzwurzel ein undeutlich abgegrenzter weinroter Längsstreifen, der nach hinten breiter wird. Die gleiche Farbe findet sich auch in den unpaaren Flossen und am Rand der Bauchflossen. Die unpaaren Flossen sind überdies hinten ausgezogen, die Kaudale jeweils oben und unten, die Färbung ist weinrot, wie die des Körperlängsstreifens, die Kaudale ist jedoch mit zahlreichen hellen Punkten versehen. Die kleineren ♀♀ haben nahezu transparente Flossen, die abgerundet sind. Das weinrote Längsband ist auch bei ihnen vorhanden, doch ist es schmaler und von einem darüberliegenden goldfarbenen Band begleitet.

Soz.V.: Vergleichbar dem kleiner *Epiplatys*-Arten oder dem von *Diapteron*-Arten. Die ♂♂ sind untereinander recht aggressiv, gelegentlich auch gegenüber den ♀♀.

Hält.B.: Dieser kleine Fisch ist zu empfindlich, um ihn im Gesellschaftsbecken zu pflegen, hier ist ein Artenbecken angebracht. Am Fundort der Fische war völlig weiches (1° dGH) und saures Wasser (pH-Wert 5,4) zu finden, in ähnlicher Weise sollte für die Pflege weiches und saures Wasser Verwendung finden. Das Licht sollte gedämpft sein.

ZU: Die Zucht dieses bemerkenswerten Fisches hat sich als schwierig und wenig produktiv erwiesen und ist nur etwas für erfahrenere Spezialisten. Die Tiere wurden als Haftlaicher vermehrt, wobei die Eier aus dem Substrat, vorzugsweise Fasertorf, abgelesen und in Zuchtschalen aufbewahrt wurden; sie sind aber auch den Bodenlaichern vergleichbar, indem der Eitorf 14 Tage nur feucht in Plastiktüten aufbewahrt und dann aufgegossen wurde. Es ist schwierig, das geeignete Erstfutter für die Jungfische zu finden, da *Artemia*-Nauplien manchmal zu groß sind.

FU: K; ausschließlich kleineres Lebendfutter.

Bes.: *Episemion callipteron* ist in seiner verwandtschaftlichen und taxonomischen Stellung sehr problematisch. Dies wird bereits von den Autoren der Erstbeschreibung berechtigt herausgestellt. Leider aber konnten sie sich im Lauf der Arbeit über die eindeutige Einordnung nicht entscheiden und verursachten so nomenklatorische Probleme. So ist der Fisch in der Überschrift als *Episemion callipteron* zitiert, wodurch *Episemion* eindeutig als Gattung festgelegt wird. Im Text (S. 19) ist *Episemion* dann als Untergattung der Gattung *Epiplatys* zugeordnet. Hier soll der ersten Einordnung des Fisches durch RADDA & PÜRZL gefolgt werden, da eine endgültige Einordnung, die in der Erstbeschreibung angekündigt wird (S. 18), bisher noch nicht erfolgte, was hoffentlich noch einmal der Fall sein wird.

T: 20 - 24° C, **L**: 4 cm, **BL**: 60 cm, **WR**: m, o, **SG**: 3

Episemion callipteron ♂, Stamm vom Typusfundort

Episemion callipteron ♀, Stamm vom Typusfundort

Foerschichthys flavipinnis
Gelbflossiger Prachtkärpfling

(MEINKEN, 1932)

Syn.: *Aplocheilichthys flavipinnis*, *"Aphyosemion"* *flavipinnis*.

Vork.: Afrika: Regenwaldbäche des westafrikanischen Küstenbereiches von Südostghana über Südtogo, Südbenin und Südwestnigeria bis zum Nigerdelta.

Ersteinf.: 1929.

GU: Die ♂♂ haben eine gleichmäßig hellbräunliche Körperfärbung, ihre Flossen sind gelblich, manchmal auch rötlich. Die unpaaren Flossen zeigen gelegentlich einen sehr schmalen weißen Saum. Die ♀♀ sind kleiner. Die Grundfarbe entspricht der der ♂♂, die Flossen sind allerdings kleiner, abgerundet und transparent.

Soz.V.: Durchweg friedliche Art, obgleich auch hier die ♂♂ untereinander Rangordnungsstreitigkeiten austragen und nicht laichbereiten ♀♀ gegenüber auch nicht immer friedlich sind.

Hält.B.: Nach bisheriger Erfahrung sind die Fische sehr empfindlich. Sie benötigen deshalb ein eigenes Artbecken, das dafür wiederum nicht so sehr groß zu sein braucht. Das Wasser sollte nur geringe Härte aufweisen und sauer sein (pH-Wert 6,5). Ein kleiner Filter hält das Wasser klar. Eine gute Bepflanzung, zum Beispiel mit Javafarn, ist angebracht. Dennoch muß auch genügend Schwimmraum vorhanden sein.

ZU: Dieser Fisch ist in der Zucht nicht ganz einfach. Es handelt sich um einen Haftlaicher. Man kann die Eier ablesen, doch hat es sich auch bewährt, die Eier im Becken zu belassen und die geschlüpften Jungfische mit einem Löffel abzuschöpfen oder mit einem Luftschlauch abzupipettieren und in ein kleines Aufzuchtbecken zu überführen. Die Eientwicklung dauert etwa 12 - 14 Tage. Oft sind *Artemia*-Nauplien zu groß für die Jungfische, es empfiehlt sich dann, Pantoffeltierchen zuzufüttern. Wenn man die Elterntiere und nicht die Jungfische umsetzt, finden letztere in dem eingerichteten Zuchtbecken oft genügend Kleinstlebewesen, so daß sie die ersten Tage, bis sie *Artemia* bewältigen können, besser überstehen.

FU: K; kleineres Lebendfutter aller Art.

Bes.: Die systematische Einordnung dieses kleinen Fisches hat erhebliches Kopfzerbrechen bereitet und ist möglicherweise auch heute noch nicht ganz zufriedenstellend gelöst. MEINKEN beschrieb die neue Art, nachdem er sie zuvor für einen *"Panchax"* gehalten hatte, also einen Hechtling, als *Aplocheilichthys*-Art, ordnete sie somit den Leuchtaugenfischen zu. Erst 1968 äußerte SCHEEL an dieser Zuordnung Zweifel und befand, daß der "Gelbflossige Leuchtaugenfisch" MEINKENS kein Leuchtaugenfisch sei, sondern ein Hechtlingsverwandter. Dies resultierte schließlich in der Beschreibung einer eigenständigen Gattung, die SCHEEL & ROMAND den Hechtlingsverwandten zuordneten, den Aplocheilidae also.

T: 23 - 28° C, L: 3,5 cm, **BL:** 60 cm, **WR:** u, m, o, **SG:** 3

Foerschichthys flavipinnis, ♂ unten, ♀ oben

Foerschichthys flavipinnis ♂, von Lukodga, Nigeria

Nothobranchius fasciatus
Gestreifter Prachtgrundkärpfling

WILDEKAMP & HAAS, 1992
Unterfam.: Aplocheilinae

Syn.: *Nothobranchius* sp. "Goba B", *Nothobranchius* sp. aff. *microlepis* "Goba".

Vork.: Afrika: Süd-Somalia, Umgebung von Goba in Saisongewässern des Lach Badana-Einzuges und im Desdech Uama-System im unteren Juba-(Giuba) Einzug.

Ersteinf.: 1983 durch WILDEKAMP in die Niederlande.

GU: Die Art ist ihrem nächsten Verwandten, *N. microlepis*, sehr ähnlich, entsprechend unterscheiden sich auch die Geschlechter. Die Gesamtgröße der ♀♀ ist geringer als die gleichaltriger ♂♂, ihre Afterflosse ist größer, die übrigen Flossen sind kleiner als die der ♂♂. Im Gegensatz zu *N. microlepis* besitzen die ♀♀ von *N. fasciatus* auf grauolivfarbenem Grund schwärzliche kleine Flecken. Die ♂♂ zeigen auf dem Hinterkörper auf hellgrauem Grund dunkelgraue Streifen, die teilweise ineinanderfließen.

Soz.V.: Vor allem die ♂♂ der Art sind untereinander, aber auch gegenüber nicht laichbereiten ♀♀ aggressiv. Fische anderer Verwandtschaftsgruppen werden weniger beachtet, aber auch hier ist die Aggressivität von *N. fasciatus* zu beachten.

Hält.B.: *N. fasciatus* ist nicht in die Aquaristik gelangt, da es nicht möglich war, einen entsprechenden Stamm aufzubauen. Sofern sie einmal wieder verfügbar sein sollten, ist es ratsam, diese Fische nur im Artbecken zu pflegen. Sie benötigen kräftiges Lebendfutter und wachsen nicht nur rasch, sie sind auch relativ kurzlebig. Wasser leicht alkalisch und weich bis mittelhart.

ZU: Wie alle *Nothobranchius*-Arten ist auch *N. fasciatus* ein Bodenlaicher und entsprechend seinem bevorzugten Biotop ein Saisonfisch. Zur Zucht siehe *N. kuhntae*.

FU: K; kräftiges Lebendfutter aller Art.

T: 24 - 30° C, **L:** 7 cm, **BL:** 80 cm, **WR:** u, m, **SG:** 3

Nothobranchius kuhntae
Kuhnts Prachtgrundkärpfling

(AHL, 1926)
Unterfam.: Aplocheilinae

Syn.: *Fundulus kuhntae, Adiniops kuhntae, Nothobranchius (Adiniops) kuhntae, Nothobranchius orthonotus, Nothobranchius melanospilus, Nothobranchius* cf. *orthonotus, Nothobranchius* sp. "Liwonde, U 10", *Nothobranchius mayeri*.

Vork.: Ostafrika: Mosambik und Malawi, Saisontümpel im Einzugsbereich des unteren Sambesi einschließlich des Shire River, südwärts bis zum Pungwe-System.

Ersteinf.: 1925 durch KUHNT, Vereinigte Zierfischzüchtereien Berlin-Rahnsdorf.

GU: ♀♀ mit braunem Körper und weitgehend transparenten Flossen. Auf dem Hinterkörper findet sich ein Muster dunkelbrauner kleiner Punkte, die nach AHL auch fehlen können. Die ♀♀ sind insgesamt kleiner als die ♂♂, ihre Flossen sind bis auf die vorne längere Afterflosse kleiner. Die ♂♂ sind farbiger. Je nach Fundortform können insbesondere die Flossen weinrot bis braun sein.

Soz.V.: Solitär lebende Fische. Vor allem die ♂♂ sind untereinander und gegenüber den ♀♀ etwas aggressiv.

Hält.B.: Zu empfehlen ist ein Artenbecken mit Torfgrund. Zur Dekoration lassen sich Javafarn oder -moos auf Wurzeln oder auch Steine aufbinden.

ZU: Als Saisonfische und Dauerlaicher kann man das oben beschriebene Bekken auch zur Zucht verwenden. Dazu wird der Torf wöchentlich durch neuen (vorher auskochen) ersetzt und der alte Torf mit den darin enthaltenen Eiern etwas angetrocknet, z.B. auf Zeitungspapier. Dann den Torf in einer Plastiktüte fortlegen, je wärmer er aufbewahrt wird, um so rascher muß er ab etwa frühestens 6 - 8 Wochen aufgegossen werden. Die Jungtiere fressen sogleich *Artemia*-Nauplien.

FU: K; Lebendfutter, auch Frostfutter.

T: 24 - 28° C, **L:** 6,5 cm, **BL:** 80 cm, **WR:** u, m, **SG:** 2

Nothobranchius fasciatus

Nothobranchius kuhntae des 1958 von ROLOFF bei Beira gesammelten Stammes

Nothobranchius ocellatus
Augenfleck-Prachtgrundkärpfling

Syn.: *Paranthobranchius ocellatus.*

Vork.: Östliches Tansania, Wami River-Einzugsgebiet.

Ersteinf.: 1984.

GU: ♂♂ farbiger und ohne Augenfleck (Ocellus), Körper mit blau reflektierenden Schuppen, Kopf mit braunroter Flekkenzeichnung. ♀ graubraun mit wenigen blauen Glanzschuppen und Augenfleck in der Schwanzflosse.

Soz.V.: Extrem aggressive und unverträgliche, räuberische Art. Ausgesprochener Fischfresser. Einzelhaltung ist dringend angeraten. Nur zur Zucht paarweise halten (Kurzansätze).

Hält.B.: Artaquarium mit dünner Sandschicht oder gut gewässertem Weißtorf. Keine besondere Einrichtung erforderlich. Versteckmöglichkeiten bieten, z. B. durch Pflanzen, Wurzelholz, usw.

ZU: Schwierig. Im Prinzip wie bei *N. melanospilus* beschrieben. Kurzansätze von wenigen Stunden, weil das aggressive ♂ sonst leicht das ♀ tötet. Als Laichsubstrat kommt nur gut gewässerter Weißtorf in Frage. Stark saurer Torf ist ungeeignet. Inkubationszeit ca. 2 - 3 Monate bei ca. 28° C. Das Problem ist die Aufzucht: Die Jungfische sind ausgesprochen kannibalisch und darum nach dem Schlupf baldmöglichst zu trennen. Aufzucht ohne Probleme, sofern ausreichend Nahrung geboten wird. Schnelles Wachstum.

FU: K; ideal sind lebende Fische, bevorzugt die anderer *Nothobranchius*-Arten. Aber auch Lebendfutter, wie Wasserflöhe, *Tubifex*, Mückenlarven, Schwimmkäferlarven, usw. wird angenommen. Hoher Nahrungsbedarf. Ohne entsprechendes Lebendfutter ist *N. ocellatus* nicht erfolgreich zu pflegen.

Bes.: Die Untergattung *Paranothobranchius* wurde durch WILDEKAMP (1992) eingezogen, weil der Untergattungstypus *P. ocellatur* als von PARENTI (1981) für die Gattung *Nothobranchius* angegebenen Charakteristika aufweist.

T: 24 - 30° C, L: bis 10 cm, **BL:** 50 cm, **WR:** u, m, **SG:** 4

Nothobranchius steinforti
Steinforts Prachtgrundkärpfling

Syn.: Keine.

Vork.: Afrika: Tansania, in Überschwemmungs- und Saisontümpeln des Mkata- und des unteren Mukondokwa-Flusses, Wami-System. Bisher ist die Art nur vom Typenfundort, 8 km von Kimamba am Weg nach Morogoro, gefunden wurden.

Ersteinf.: Im Juni 1976 durch VAN HAARLEM, LOURENS, PAP, STEINFORT & WILDEKAMP in die Niederlande.

GU: Die ♀♀ sind olivgrau und ohne ein Zeichnungsmuster. Ihre Flossen sind weitgehend transparent. Demgegenüber sind die ♂♂ farbiger. Der Körper ist blaugrün, zum Bauch hin weißlich, zum Rücken hin braun. Die Schuppen sind rotbraun gerandet, wodurch sich ein Netzmuster ergibt. Dorsale und Anale sind hellorange bis bronzefarben, die Anale dabei deutlich leuchtender und heller. In beiden Flossen finden sich darüber dicht rotbraune Punkte. Die Schwanzflosse ist in der äußeren Hälfte orangerot, am Rand schwarz. Zur Wurzel hin geht das Orangerot in grünbräunliche Töne über.

Soz.V.: Solitär lebender Fisch. Die ♂♂ sind untereinander und gegenüber den ♀♀ oft aggressiv.

Hält.B.: Wie für die übrigen *Nothobranchius*-Arten ist ein Artbecken zu empfehlen. Die Einrichtung kann wie bei *N. kuhntae* oder *N.* sp. "Ruvuma" erfolgen. *N. steinforti* scheint eine etwas empfindlichere Art zu sein. Wasser nicht zu hart mit einem schwach sauren oder leicht alkalischen pH-Wert.

ZU: Zur Zucht wird auch bei diesem Prachtgrundkärpfling ein für Bodenlaicher charakteristisches Becken eingerichtet, also eine Torfschicht auf dem Bodengrund eingebracht. Der Zuchtansatz erfolgt wie bei *N. kuhntae* angegeben. Beim Eintüten des Torfes nicht vergessen, die Daten aufzuschreiben!

FU: K; Lebendfutter.

T: 24 - 28° C, L: 5 cm, **BL:** 60 cm, **WR:** u, m, **SG:** 2 - 3

Nothobranchius ocellatus

Nothobranchius steinforti

Nothobranchius sp. "Lake Victoria"
Viktoria-Prachtgrundkärpfling

Syn.: *Nothobranchius* sp. "Ahero", *Nothobranchius* sp. "Odienya", *Nothobranchius* sp. "K 86/9", *Nothobranchius* sp. "Mugeta".

Vork.: Afrika: Kenia und Tansania, Saisontümpel im westlichen und südwestlichen Einzug des Lake Victoria.

Ersteinf.: Im Juni 1985 durch DE RHAM in die Schweiz.

GU: Die ♀♀ sind gleichmäßig hellbraun, ohne jede Körperzeichnung. Ihre Flossen sind nahezu transparent. Demgegenüber haben die ♂♂ eine hellblaue Körperfärbung, die zum Bauch hin weißlich wird. Auf den Flanken und vor allem am Hinterkörper und zum Rücken hin sind die Schuppen an ihren Hinterrändern stark dunkelrot gesäumt, so daß bei manchen Tieren dunkelrote Schräglinien entstehen, die zum Kopf und Rücken sowie Schwanzstiel flächendeckend werden. Die Kaudale ist dunkelrot, die Dorsale auf blauem Grund dicht mit dunkelroten Stri-

Unterfam.: Aplocheilinae

chen und Makeln in Längsrichtung versehen. Je nach Population ist - ähnlich wie bei *N*. sp. "Usangu Flats" - die Afterflosse auf innen blauem und außen gelbem Grund dunkelrot gepunktet und mit Längsstrichen versehen oder diese Farben bilden auf der Flosse Längsbinden.

Soz.V.: Wie bei den übrigen *Nothobranchius*-Arten können die ♂♂ recht aggressiv sein.

Hält.B.: Siehe insbesondere *Nothobranchius kuhntae* und *N*. sp. "Ruvuma". *N*. sp. "Lake Victoria" ist eine relativ kleinbleibende Art, daher sind nicht so sehr große Behälter zur Pflege notwendig.

ZU: Wie die übrigen *Nothobranchius*-Arten ist auch *N*. sp. "Lake Victoria" ein Saisonfisch und Bodenlaicher, der wie bei *N*. sp. "Ruvuma" angegeben, gezüchtet werden kann.

FU: K; Lebendfutter aller Art, das jedoch nicht zu grob sein sollte.

T: 24 - 28° C, L: 4 cm, BL: 50 cm, WR: u, m, SG: 2 - 3

Nothobranchius willerti
Mnanzini-Prachtgrundkärpfling

Syn.: *Nothobranchius* sp. "Mnanzini".

Vork.: Afrika: Kenia, Einzug des unteren Tana River. Die bisherigen Fundorte liegen mehrheitlich in der Umgebung des Dorfes Mnanzini.

Ersteinf.: 1985 durch WILLERT und LANGNICKEL.

GU: Die ♀♀ sind hellbraun ohne intensivere Farbgebung. Auf dem Hinterkörper können die Schuppen ganz schmal etwas dunkler gerandet sein und so schwach erkennbare V-förmige Binden bilden. Die Flossen sind transparent. Die ♂♂ haben eine hell blaugrüne Grundfarbe, die zum Bauch hin weißlich wird. Die Schuppen sind rot gerandet, so daß ein Netzmuster entsteht, das zum Hinterkörper hin kräftiger wird. Afterflosse und Kaudale sind dunkel orangerot, häufig mit etwas heller orangefarbenem Saum. Die Dorsale ist blaugrün mit kräftigen orangeroten Flecken und Punkten, sowie einem ebensolchen Saum. Die Ventralen sind orangefarben.

WILDEKAMP, 1992
Unterfam.: Aplocheilinae

Soz.V.: Diese Art verhält sich entsprechend den anderen Arten der Gattung.

Hält.B.: Im Prinzip wie für die anderen Arten der Gattung angegeben. Da *N. willerti* jedoch zu den kleineren Formen gehört, ist sie etwas empfindlicher. Vor allem scheint nicht zu großes Lebendfutter von Bedeutung zu sein. Selbst ausgewachsene Tiere nehmen gerne Nauplien von *Artemia salina*.

ZU: Auch hier handelt es sich um einen Saisonfisch und Bodenlaicher. Die Zucht kann also so erfolgen, wie es für *N. kuhntae* beschrieben wurde. Sie ist allerdings nicht ganz so einfach, da entsprechend der geringen Größe der Eltern auch die Jungfische nach dem Schlupf sehr klein sind und kleines Futter benötigen.

FU: K; kleineres Lebendfutter.

Bes.: WILDEKAMP (1992) stellt die Art in die Untergattung *Aphyobranchius*. Daran gibt es jedoch wegen der Dorsalenstellung Zweifel.

T: 24 - 28° C, L: 4 cm, BL: 50 cm, WR: u, m, SG: 3

Nothobranchius sp. "Lake Victoria" von Mugeba, Nord-Tansania

Nothobranchius willerti "Mnanzini", Kenia

Nothobranchius symoensi
Symoens Prachtgrundkärpfling

WILDEKAMP, 1978
Unterfam.: Aplocheilinae

Syn.: *Nothobranchius brieni.*

Vork.: Afrika: Zaire, Shaba, Saisongewässer im Einzug des Luapula und des Malinde River in Zaire und des Luapula- und Bangweulu-Systems, Sambia.

Ersteinf.: 1992.

GU: Die ♀♀ zeigen wie bei den meisten Arten der Gattung nur eine braunolive Grundfarbe mit transparenten Flossen, die bis auf die tiefer gestaltete Afterflosse kleiner als bei den ♂♂ sind. Letztere sind bunt und ähnlich wie bei *N. kafuensis* gefärbt. Ihre Schuppenränder sind rotbraun gerandet und bilden so eine unregelmäßige Netzzeichnung über einer blaugrünen Körpergrundfärbung. Auf den Körperseiten finden sich rotbraune Flecken, die zu Querbändern zusammenlaufen können. Diese Färbung greift auch etwas dunkler und marmoriert auf die unpaaren Flossen über, die weißblaue Ränder zeigen.

Soz.V.: Die ♂♂ sind aggressiv, vor allem untereinander, aber auch gegenüber den ♀♀, vor allem wenn sie nicht laichbereit sind.

Hält.B.: Nicht zu kühl halten. Bisher wird die Art nicht sehr häufig gepflegt.

ZU: Auch hier handelt es sich um bodenlaichende Saisonfische. Eitorf nicht bei zu niedrigen Temperaturen aufbewahren.

FU: K; vor allem jegliches Lebendfutter, weiterhin Frostfutter, nach Gewöhnung auch Rinderherz.

Bes.: Die Verwandtschaftsbeziehungen zu *N. kafuensis* scheinen sehr eng zu sein und sind noch nicht ganz zufriedenstellend geklärt (die Art wurde bisher nicht im AQUARIEN ATLAS vorgestellt).

T: 24 - 28° C, **L**: 4,5 cm, **BL**: 60 cm, **WR**: u, m, **SG**: 2

Nothobranchius sp. "Uganda"
Uganda-Prachtgrundkärpfling

Unterfam.: Aplocheilinae

Syn.: Keine.

Vork.: Afrika: Saisongewässer des westlichen Uganda im Seengebiet zwischen Viktoria-, Albert- und Kioga-See, möglicherweise auch noch weiter nilabwärts.

Ersteinf.: 1988 durch RENNINGER und SEEGERS nach Deutschland, kurz darauf durch WILDEKAMP nach Holland.

GU: Während die kleineren ♀♀ gleichmäßig graubraun sind, mit weitgehend transparenten Flossen, sind die ♂♂ je nach Fundort sehr variabel. Im Grunde entsprechen sie dabei zwei Farbphasen: einer roten und einer blauen. Die Grundfarbe ist stets hellblau, diese Farbe erstreckt sich auch auf die Dorsale und Anale. Bei der roten Form ist die Kaudale rot gefärbt und die Körperschuppen sind rotbraun gesäumt. Diese Säume werden zum Rücken und Kopf hin breiter. Bei der blauen Form ist die Kaudale gelborange, die Schuppenränder sind kaum gesäumt.

Soz.V.: Wie bei anderen Arten der Gattung sind die ♂♂ oft streitsüchtig und

auch gegenüber den ♀♀ häufig aggressiv. Daher die Tiere stets einzeln verpackt transportieren, vor allem über längere Strecken.

Hält.B.: Die Pflege dieser Formengruppe gestaltet sich nicht anders als bei den meisten anderen Arten der Gattung. Viele *Nothobranchius*-Arten werden im Vergleich zu den Befunden am Biotop zu kühl gehalten.

ZU: Saisonfisch und Bodenlaicher. Auch für diese Art gilt wie bei allen *Nothobranchius*, daß der Torf während der Entwicklungszeit der Eier nicht zu kühl gelagert wird, es sollten um 25° C und mehr sein.

FU: K; Lebendfutter aller Art, nach Gewöhnung auch Tiefkühlfutter.

Bes.: Es sind von dieser Art mehrere Populationen in die Aquaristik gelangt, die stets nur mit der entsprechenden Fundortbezeichnung weitergegeben werden sollten.

T: 24 - 28° C, **L**: 5 cm, **BL**: 60 cm, **WR**: u, m, **SG**: 2

Nothobranchius symoensi, Samfya - Kapalala Road, Nord-Sambia

Nothobranchius sp. "Uganda", "Rot"

Aphanius anatoliae splendens
Glänzender Anatolienkärpfling

(KOSSWIG & SÖZER, 1945)

Syn.: *Anatolichthys splendens*, *A. splendens saldae*, *Kosswigichthys splendens*, *K. splendens splendens*, *K. splendens saldae*.

Vork.: *A. a. splendens* kommt im Südwesten der Türkei im anatolischen Hochland in den Seen Gölçük, westlich der Stadt Isparta, und Salda, westlich von Yesilova, vor.

Ersteinf.: In den 40er Jahren durch Mitarbeiter des Zool. Instituts Hamburg.

GU: Die ♂♂ sind silbrig mit 8 - 10 senkrechten dunklen bis schwärzlichen Streifen. Anale und Dorsale sind dunkel gerandet, die Kaudale senkrecht dunkel gestreift. Die ♀♀ zeigen dagegen eine silbrig-bräunliche Grundfärbung mit dunklen Flecken entlang der Längsachse, ihre Flossen sind transparent.

Soz.V.: Die Fische leben bevorzugt im Trupp und sind gegenüber anderen Fischen friedlich. Brutpflege oder -fürsorge wird nicht betrieben.

Hält.B.: Auch wenn diese Form im Zoologischen Institut Hamburg erfolgreich gepflegt und auch gezüchtet wurde, gelang dies in der Aquaristik nicht, obgleich bisher einige wenige Importe auf privater Basis erfolgten. Die Nachzucht scheiterte offensichtlich an den besonderen Wasserbedingungen, an die die Tiere angepaßt sind. Wie alle Anatolienkärpflinge sollten die Fische im Winter kühl gehalten werden, bis etwa 4° C. Die Sommer-/Winterunterschiede sind in der Türkei sehr stark.

ZU: Schwierig, bisher nur unter Laborbedingungen unter Berücksichtigung der speziellen Bedürfnisse bezüglich der Wasserzusammensetzung gelungen.

FU: O; kleineres Lebendfutter aller Art, auch Flockenfutter wird ab und zu genommen.

Bes.: Keine.

T: 16 - 24° C, im Winter deutlich niedriger, **L**: 5,5 cm, **BL**: 40 - 60 cm, **WR**: o, m, u, **SG**: 4

Aphanius anatoliae sureyanus
Burdur-Anatolienkärpfling

(NEU, 1937)

Syn.: *Cyprinodon sureyanus*, *Aphanius sureyanus*, *Aphanius burduricus*, *Anatolichthys burdurensis*, *Aphanius anatoliae transgrediens*, *Kosswigichthys burdurensis*, *Aphanius anatoliae burduricus*.

Vork.: Burdur-See und seine Zuflüsse sowie einige umgebende Seen im südlichen Zentralanatolien der Türkei.

Ersteinf.: Ende der 40er Jahre durch Mitarbeiter des Zoologischen Instituts Hamburg.

GU: Ähnlich wie bei den schlankeren *A. a. splendens* sind auch bei dieser sehr variablen Unterart die ♂♂ auf silbrigem Grund senkrecht schwärzlich gestreift, während die ♀♀ auf silbrigbräunlichem Grund dunkle Punkte entlang der Körpermitte zeigen.

Soz.V.: Das Sozialverhalten entspricht dem der übrigen Unterarten von *Aphanius anatoliae*, siehe *A. a. splendens*.

Hält.B.: Auch *A. a. sureyanus* wurde mehrfach von Aquarianern aus der Türkei eingeführt, jedoch nie über längere Zeit erfolgreich gepflegt. Insgesamt ist die Haltung im Aquarium nicht schwierig, da die Fische in der Natur in sehr unterschiedlichen Gewässern zu finden sind, sowohl in salzreichem als auch in weniger salzhaltigem Wasser. Vermutlich ist das fehlende Interesse der Hauptgrund für die Tatsache, daß kein dauerhafter Aquarienstamm vorhanden ist.

ZU: Die Fische laichen an Algen und Pflanzen ab, die Larven schlüpfen nach 12 - 14 Tagen und können mit *Artemia*-Nauplien angefüttert werden.

FU: O; bevorzugt werden Insektenlarven und dergleichen genommen, gerne auch *Artemia*.

Bes.: Entsprechend den unterschiedlichen Wasserverhältnissen der Lebensräume variieren die Populationen sehr stark, so gibt es neben normal beschuppten Tieren solche, denen die Schuppen weitgehend fehlen.

T: 16 - 24° C, im Winter deutlich niedriger, **L**: 5,5 cm, **BL**: 60 - 80 cm, **WR**: o, m, u, **SG**: 4

Aphanius anatoliae splendens ♂

Aphanius anatoliae sureyanus ♂, ♀ Seite 420

Aphanius anatoliae transgrediens
Acigöl-Anatolienkärpfling

(ERMIN, 1946)

Syn.: *Turkichthys transgrediens*, *Anatolichthys transgrediens*, *Aphanius anatoliae transgrediens*, *Kosswigichthys transgrediens*.

Vork.: *A. a. transgrediens* umfaßt eine Population des Anatolienkärpflings, die im Südwesten der Türkei im anatolischen Hochland im Aci-See (Aci Göl) und in ihm zufließenden Quellgewässern zu finden ist.

Ersteinf.: In den 50er Jahren durch Mitarbeiter des Zoologischen Instituts Hamburg.

GU: Auch bei diesem *Aphanius* sind die ♂♂ silbriggrau und weisen dunkle senkrechte Querbinden auf. Die ♀♀ besitzen demgegenüber ein dunkles Fleckenmuster auf graubraunem Grund. Interessant ist die Variabilität dieser Fische. Nicht nur die Form und Anzahl der senkrechten dunklen Streifen der ♂♂ ist sehr unterschiedlich, sehr unterschiedlich ist auch die Beschuppung. So gibt es Tiere, deren Schuppenkleid bis auf Reste zurückgebildet ist, ferner normal beschuppte, schließlich Übergänge zwischen beiden Extremen.

Soz.V.: Entspricht dem der anderen Anatolienkärpflinge. Die Fische sind sozial und kommen vor allem in ihrer Jugend in der Natur bei entsprechendem Wasserstand des Aci Göl in großen Schwärmen vor. Im Alter werden sie zunehmend territorial. Eine Paarbindung findet nicht statt, vielmehr laicht jedes ♂ mit jedem laichbereiten ♀ ab, das sein Territorium aufsucht.

Hält.B.: Für diese Unterart von *Aphanius anatoliae* gilt wie für *A. a. splendens*, daß sie bereits wiederholt importiert wurde,

es jedoch nicht gelang, in der Aquaristik einen Stamm aufzubauen. Die Gründe dafür sind unbekannt. Sollten erneut Tiere importiert werden können, so ist für ihre Pflege hartes Wasser mit einem 10 %igen Seesalzzusatz anzuraten. In der Natur kommen die Fische in Quellen und geeigneten Feuchtbereichen um den Aci Göl herum vor, in denen das Wasser chemisch sehr unterschiedlich ist. In feuchten und regenreichen Jahren füllt sich der Aci Göl soweit mit Süßwasser auf, daß in ihm Jungfischschwärme umherziehen und dabei auch andere Quellzuflüsse aufsuchen können. Nahm man zunächst an, daß die Quellpopulationen jeweils auf einen Ort beschränkt seien und daß in der dort jeweils geringen Populationsgröße die Schuppenreduktion diverser Formen begründet sei, so ließ sich diese Erklärung aufgrund der geschilderten Beobachtungen nicht mehr aufrecht erhalten. Es zeigte sich später, daß das Zusammenwirken bestimmter Gene die unterschiedlich ausgeprägte Schuppenreduktion verursacht. Auch die Fische dieser Form sind Allesfresser, bei denen Algen als Zusatzkost eine bedeutsame Rolle spielen.

ZU: Entspricht der anderer *Aphanius*-Arten. Da die Form nur vereinzelt importiert und nicht verbreitet wurde - möglicherweise wurden auch die bereits importierten Fische nicht zur Vermehrung gebracht -, liegen keine populationsspezifischen Erfahrungen vor.

FU: O; verschiedenstes Lebendfutter, auch Frost- und Flockenfutter, Algen.

Bes.: Vom Aussterben bedroht.

T: 16 - 24° C, im Winter deutlich niedriger, **L**: 5 cm, **BL**: 60 - 80 cm, **WR**: o, m, u, **SG**: 4

Aphanius anatoliae transgrediens ♂, im Hintergrund ♀

Aphanius anatoliae transgrediens ♂

Aphanius chantrei
Östlicher Anatolienkärpfling

(GAILLARD, 1895)
Unterfam.: Aphaniinae

Syn.: *Cyprinodon chantrei, Aphanius sophiae.*

Vork.: Osten des zentralanatolischen Hochlandes im Einzugsbereich der Flüsse Kizilirmak und Seyhan Nehri.

Ersteinf.: In den 50er Jahren durch Mitarbeiter des Zoologischen Instituts Hamburg.

GU: Wie bei allen anatolischen *Aphanius*-Arten sind die ♂♂ silbrig, zum Rükken hin dunkler, mit 8 - 12 senkrechten grauen bis schwärzlichen Streifen. Anale und Dorsale sind ganz oder unvollständig dunkel gestreift, die Kaudale zeigt senkrechte Streifen. Die ♀♀ besitzen eine silbrig-olivfarbene Tönung mit mehr oder weniger dunklen Flecken auf den Flanken, ihre Flossen sind transparent.

Soz.V.: Ähnlich dem anderer Anatolienkärpflinge. Manchmal können die Fische, insbesondere die ♂♂, gegenüber Artgenossen, seltener auch gegenüber anderen Mitbewohnern, ruppig und aggressiv sein.

Hält.B.: Im Grunde ist die Pflege im nicht zu kleinen Aquarium ohne größere Schwierigkeiten möglich. Wasser nicht zu weich und alkalisch, Versteckmöglichkeiten für die ♀♀ vorsehen. Auch hier sollten die Fische im Winter kühl gehalten werden, bis etwa 4° C.

ZU: Gut möglich und nicht allzu schwierig. Gut gefütterte Tiere werden in ein eher flaches und gut beleuchtetes Aquarium mit Fadenalgen oder einem ähnlichen Ablaichsubstrat (Wollmop) eingesetzt. Die Eier kann man ablesen und in Zuchtschalen in 12 - 14 Tagen zur Entwicklung bringen. Zum Anfüttern sind *Artemia*-Nauplien zu empfehlen.

FU: O; jegliches Lebendfutter. Flockenfutter wird oft akzeptiert, reicht zum Gedeihen der Tiere, vor allem bei Nachzuchtabsichten, jedoch nicht aus.

T: 16 - 24° C, im Winter deutlich niedriger, **L**: 6,5 cm, **BL**: 80 cm, **WR**: o, m, u, **SG**: 2

Aphanius dispar richardsoni
Jordan-Perlmutterkärpfling

BOULENGER, 1907)
Unterfam.: Aphaniinae

Syn.: *Cyprinodon richardsoni, C. hammonis, C. dispar, Aphaniops richardsoni.*

Vork.: Verschiedene Quellen im unteren Jordantal und um das Tote Meer in Israel und Jordanien.

Ersteinf.: Unbekannt, einige wenige Male durch Israelreisende.

GU: Die ♂♂ sind auf silbrigem Grund netz- oder wurmartig olivbräunlich gemustert, ihre Kaudale ist senkrecht gestreift, die Anale gelblich mit Andeutungen von Streifen. Demgegenüber zeigen die ♀♀ eine schwache Zeichnung auf silbrigbräunlichem Grund fast nur auf dem Hinterkörper.

Soz.V.: Die ♂♂ können untereinander aggressiv sein, die Aquarien sollten deshalb nicht zu klein sein. Das Verhalten gegenüber anderen Fischen ist unbekannt, die Tiere sollten nur im Artbecken gepflegt werden.

Hält.B.: Die Fische kommen in Quellen vor, die meist mit dem Toten Meer in Verbindung stehen. Dadurch ergibt sich ein Konzentrationsgradient. Die Fische finden sich in den salzärmeren Abschnitten. Im Aquarium ist die Wasserzusammensetzung daher nicht so entscheidend, es muß jedoch alkalisch sein und eine gewisse Härte aufweisen. Ein Salzzusatz ist vorteilhaft. Dieser Fisch ist deshalb nur etwas für das Artenbecken. Eine gute Beleuchtung und Fadenalgenwachstum sind von Vorteil.

ZU: Siehe *Aphanius chantrei*. Die Eientwicklung dauert 12 - 14 Tage, langsames Wachstum.

FU: O; vor allem Lebendfutter, seltener Flockenfutter.

Bes.: Es werden verschiedene Theorien diskutiert, wie die Jordantal-Population an ihren Verbreitungsort gelangte. Am wahrscheinlichsten ist eine frühere Verbindung in Totem und Rotem Meer.

T: 15 - 24° C, **L**: 6 cm, **BL**: 80 cm, **WR**: o, m, u, **SG**: 3

Aphanius chantrei ♂ von Karpuzatan N Kaiseri, Türkei, ♀ übernächste Seite

Aphanius dispar richardsoni ♂ von Ein Fashka, Jordanien, ♀ übernächste Seite

Aphanius adopus ♂, Algerien

Aphianus anatoliae sureyanus ♀, Burdur Gölü, Türkei; Text Seite 414

Aphanius chantrei ♀

Aphianus dispar richardsoni ♀

Cyprinodon alvarezi
El Potosí-Wüstenkärpfling

MILLER, 1976
Unterfam.: Cyprinodontinae

Syn.: Keine.

Vork.: Mittelamerika: Mexiko, reliktartiges Vorkommen in einem Quellteich bei El Potosí, Nuevo León, 18 km nördlich der Straßenkreuzung der Highways 31 und 57 und 3,5 km östlich des Highway 57.

Ersteinf.: Vermutlich Anfang der 80er Jahre durch HNILICKA, spätestens im April 1983 durch SEEGERS und STAECK.

GU: Die ♂♂ sind blau mit schwarzem Kaudalrand. Die ♀♀ sind einfacher gefärbt mit dunklem Fleck in der hinteren Dorsale, wie er für die ♀♀ vieler Wüstenkärpflinge typisch ist.

Soz.V.: Die ♂♂ sind revierbildend und balzen die ins Revier schwimmenden ♀♀ an. In den beengten Aquarienverhältnissen müssen die ♀♀ ständig im Revier der ♂♂ bleiben, so daß diese Laichbereitschaft der ♀♀ annehmen und sie stark bedrängen. Daher Versteckmöglichkeiten bieten.

Hält.B.: *Cyprinodon alvarezi* ist wie die

meisten Wüstenkärpflinge zu pflegen. Ein Artbecken ist zu empfehlen, doch können auch einige Fische anderer Arten vorhanden sein, etwa Lebendgebärende. Das Aquarium darf nicht zu klein sein, besonders in der Grundfläche, da die Fische Reviere bilden und diese verteidigen. Die Beckenhöhe ist nebensächlich. Ein Sandboden entspricht den natürlichen Verhältnissen. Die Bepflanzung randlich einsetzen. Wasser eher mittelhart bis hart und alkalisch (pH-Wert 7,5 - 8,0). Die Temperatur braucht zur Pflege nur bei etwa 20° C liegen, zur Zucht sollte sie höher sein.

ZU: Siehe *Cyprinodon bovinus*.

FU: O; es wird Lebendfutter aller Art gefressen, wichtig ist wie bei allen Wüstenkärpflingen pflanzliche Kost in Form von Algen. Gefrierfutter und Flokkenfutter wird ebenfalls genommen.

Bes.: Geschützte Art.

T: 18 - 22° C, L: 6,5 cm, BL: 80 cm, **WR:** u, m, SG: 3

Cyprinodon beltrani
Chichancanab-Kärpfling

ALVAREZ, 1949
Unterfam.: Cyprinodontinae

Syn.: Keine.

Vork.: Mittelamerika: Mexiko, endemisch in der Laguna Chichancanab im Bundesstaat Quintana Roo auf der Halbinsel Yucatán.

Ersteinf.: Unbekannt.

GU: Die ♂♂ zeigen eine dunkelblaue Färbung des Körpers und der unteren Flossen sowie der basalen Dorsale. Der Rücken glänzt metallisch. Die obere Hälfte der Dorsale ist gelblichweiß. Gelblich ist auch der Schwanzstiel und die Kaudale. Die ♀♀ zeigen dunkle Flecken auf den Körperseiten, das schöne Gelb der ♂♂ fehlt ihnen.

Soz.V.: Wie bei *Cyprinodon alvarezi*.

Hält.B.: Siehe *Cyprinodon alvarezi*. Allerdings braucht *C. beltrani* zum Wohlbefinden höhere Temperaturen, siehe unten. Leider hat sich dieser schöne Kärpfling nicht lange in den Aquarien halten können.

ZU: Bezüglich der Zucht von *C. beltrani* liegen keine Erfahrungen vor. Vermutlich kann sie so erfolgen, wie es für *C. bovinus* geschildert wird. Allerdings muß die Temperatur bei ca. 30° C liegen, wie es im heimischen Biotop zwischen Mai und August zu messen ist.

FU: O; Lebendfutter und pflanzliche Stoffe wie Algen und dergleichen, auch Kunstfutter.

Bes.: Diese Art ist neben weiteren 4 Formen, die alle endemisch in der Laguna Chichancanab leben, die häufigste und macht bis zu 85 % aller gefangenen Individuen aus. Offensichtlich hat dort eine adaptive Radiation stattgefunden, d.h. eine Anpassung an unterschiedliche Biotope. Vermutlich leiten sich alle diese Arten vom *C. variegatus*-Formenkreis her, dessen Vertreter auch die Küste Yucatáns besiedeln.

Bes.: Geschützte Art.

T: 27 - 32° C, L: 4,5 cm, BL: 80 cm, **WR:** u, m, SG: 3

Cyprinodon alvarezi ♂ von El Potosí, Mexiko

Cyprinodon beltrani ♂ von der Laguna Chichancanab, Yucatán, Mexiko

Cyprinodon bondi   MYERS, 1935
                                          Unterfam.: Cyprinodontinae

Syn.: *Cyprinodon variegatus bondi.*

Vork.: Mittelamerika: Westindische Inseln, Haiti, Étang Saumâtre.

Ersteinf.: Unbekannt.

GU: Die ♂♂ sind auf dem Rücken oliv-braun mit blauem Glanz, der auf den Schultern intensiv reflektiert. Bauchwärts hellt die Färbung auf. Über den Körper ziehen sich dunkle Querbinden, ähnlich wie dies bei *C. variegatus* zu finden ist. Die ♀♀ sind kleiner, weniger farbinten-siv, und in der hinteren Dorsale weisen sie einen dunklen Fleck auf.

Soz.V.: Wie bei *C. alvarezi* angegeben.

Hält.B.: Ökologisch ist diese Art mit *Cyprinodon variegatus*-Formen zu ver-gleichen. Diese Edelsteinkärpflinge fin-den sich von reinem Süßwasser bis hin zu hypersalinem Salzwasser. Für die Pfle-ge bedeutet dies, daß *C. bondi* in einem Artbecken gepflegt werden muß. Ein Salz-zusatz von 1 - 2 Teelöffeln auf 10 Liter

Wasser ist zu empfehlen, bei Kenntnis des Herkunftsortes auch entsprechend mehr.

ZU: Obgleich die Fische zwischen Stei-nen oder im Kiesfilter des Aquariums ablaichen können, sind es keine Bo-den-, sondern Haftlaicher. Wollmop oder Perlongespinst eignen sich als Ablaich-substrat. Dies sollte so reichhaltig be-messen sein, daß sich die ♀♀ vor den treibenden ♂♂ verstecken können.

FU: O; Lebendfutter aller Art, Algen.

Bes.: *Cyprinodon bondi* wurde zunächst als eigenständige Art beschrieben. Wäh-rend HUBBS & MILLER 1942, noch der Ansicht waren, daß der Fisch *C. variega-tus* sehr nahe stehe und eventuell eine Unterart hierzu sei, sah MILLER (1962), *C. bondi* "... stand out sharply from the *C. variegatus* complex". RADDA (1974) ord-nete die Form dagegen als Unterart *C. v. bondi* ein. Mehrheitlich sieht man diesen Fisch jedoch als selbständige Art an.

T: 20 - 28° C, **L**: 8 cm, **BL**: 100 cm, **WR**: u, m, o, **SG**: 3

Cyprinodon bovinus   BAIRD & GIRARD, 1853
Leon Creek-Wüstenkärpfling   Unterfam.: Cyprinodontinae

Syn.: Keine.

Vork.: Nordamerika: USA, Texas, Rio Pecos-Einzug. Die Population des Typen-fundortes ist ausgestorben, die Art konn-te jedoch im unteren Leon Creek und in der Diamond Y Spring, Pecos County, Texas, wieder aufgefunden werden, etwa 15 km unterhalb des Typenfundortes und im gleichen Wassereinzugssystem.

Ersteinf.: Unbekannt.

GU: Die Grundfarbe der ♂♂ ist dunkel-grau mit blauem Schimmer in der Nacken-region. Auf dem Körper finden sich dunk-le Flecken in der Längsachse, eine Quer-bänderung ist nur sehr schwach erkenn-bar. Die Kaudale ist am Ende schwarz gerandet, die Ventralen sind ebenso wie die Pectoralen und die Kaudale inner-halb des schwarzen Randes gelblich. Die ♀♀ sind stärker gefleckt und gemu-stert, dabei dunkelgrau oberhalb und weißlich unterhalb der Körpermitte. Im hinteren Dorsalbereich ist der typische schwärzliche Fleck erkennbar.

Soz.V.: Siehe *C. alvarezi.*

Hält.B.: Wie für *C. alvarezi* angegeben.

ZU: Zur Zucht ist ein großes Aquarium notwendig, am besten setzt man dort nur 1 ♂ mit mehreren ♀♀ ein. Ein Salzzusatz ist empfehlenswert (1 Teelöffel auf 10 Liter Wasser). Als Ablaichsubstrat dient ein Wollmop oder Perlongespinst, auch lebende Fadenalgen, die den natürlichen Verhältnissen entsprechen. Die Fische sind manchmal arge Laichräuber. Des-halb sollten die Eier regelmäßig abgele-sen und in einem kleinen Becken ge-trennt zur Entwicklung gebracht werden. Die Jungfische können nach dem Schlüp-fen sogleich *Artemia*-Nauplien bewälti-gen. Sie wachsen nicht sehr schnell.

FU: O; Lebendfutter, pflanzliche Stoffe in Form von Algen sind unbedingt notwen-dig.

Bes.: Diese Art vermittelt zwischen der *C. variegatus*-Gruppe der Küste und den mexikanisch-texanischen Inlandformen.

T: 10 - 28° C, **L**: 5 cm, **BL**: 80 cm, **WR**: u, m, o, **SG**: 3

Cyprinodon bondi ♂, Etang Saumâtre, Haiti, ♀ übernächste Seite

Cyprinodon bovinus ♂, Leon Creek, Fort Stockton, Texas

Crenichthys baileyi ♀, Pederson Warm Spring, Nevada; Text Seite 444

Cyprinodon eximius ♀, San Diego, New Mexiko; Text Seite 428

Cyprinodon bondi ♀, Text Seite 424

Cyprinodon pecosensis ♀, Lazy Lagoon, Bottomless Lake, Roswell State Park, USA;
Text Seite 436

Cyprinodon eximius
Conchos-Wüstenkärpfling

GIRARD, 1860
Unterfam.: Cyprinodontinae

Syn.: Keine.

Vork.: Nordamerika: Mexiko, Rio Conchos-Becken, Rio Sauz und Rio Grande östlich von Val Verde, Nordmexiko und Texas, USA.

Ersteinf.: Unbekannt.

GU: Die ♂♂ sind blaugrau gefärbt, vor allem auf dem Hinterkörper finden sich senkrechte Binden von olivgrüner Tönung. Ausgefärbte ♂♂ zeigen einen schwarzen Saum in der Kaudale, dem ein helles Band vorangeht. Schwärzliche Flecken im körpernahen Abschnitt der Kaudale sind meistens unregelmäßig angeordnet, können aber auch drei senkrechte Reihen bilden. Die Dorsale geschlechtsreifer ♂♂ ist gelb bis gelborange. Die ♀♀ sind grauoliv mit dunklerer Fleckung, die Dorsale zeigt in ihrem hinteren Bereich einen schwarzen Fleck.

Soz.V.: Die ♂♂ bilden Reviere, wie dies bereits für *C. alvarezi* erläutert wurde.

Hält.B.: Wie bei *Cyprinodon alvarezi* angegeben. In der Natur kommen die Tiere in einer Vielzahl sehr unterschiedlicher Biotope vor, die sich nicht nur im Salz- bzw. Mineralgehalt des Wassers unterscheiden, sondern auch bezüglich der Temperatur. Entsprechend sollten die Tiere in hartem und alkalischem Wasser gepflegt werden und auch im Winter niedrigere Temperaturen erhalten.

ZU: Zur Zucht siehe *Cyprinodon bovinus*.

FU: O; unterschiedliches Lebendfutter, ferner Flockenfutter und Algen.

Bes.: *Cyprinodon eximius* ist die zuerst beschriebene Art, die einem ganzen Komplex von 8 Formen den Namen gab, die sich in Quellen und ihren Abflüssen im Norden Mexikos und Süden der USA finden. Diese Quellen sind bezüglich ihrer Wasserzusammensetzung und Temperatur sehr unterschiedlich.

T: 15 - 25° C und darüber bzw. darunter, **L:** 4,5 cm, **BL:** 80 cm, **WR:** u, m, **SG:** 3

Cyprinodon fontinalis
Guzmán-Wüstenkärpfling

SMITH & MILLER, 1980
Unterfam.: Cyprinodontinae

Syn.: Keine.

Vork.: Nordamerika: Nordmexiko, 5 Hauptquellen und ihre Abflüsse in der Umgebung von Ejido Rancho Nuevo, Bolsón de los Muertos, im Guzmán-Becken, Chihuahua.

Ersteinf.: Im April 1989 durch HUIE, PITCAIRN, RIECK & STOWELL an mehreren Fundorten in Nordmexiko gesammelt und zur DKG-Ausstellung im Mai 1989 nach Deutschland geschickt.

GU: Die ♂♂ sind graublau, zum Bauch hin heller. Die Schulter bzw. der Nacken glänzt reflektierend blau. Auf den Körperseiten finden sich schwach ausgeprägte dunkelgraue Bänder. Die Kaudale ist schwarz gesäumt, körperwärts befindet sich ein schmales blauweißes Band, die Flossenfläche ist hellblau-transparent. Die Dorsale ist vorne gelb, nach hinten zu geht dies in blau über. Auch die Anale ist ähnlich gefärbt. Alle ♀♀ zeigen die gattungstypische dunkle Marmorierung auf dem Körper sowie den dunklen

Dorsalfleck.

Soz.V.: Wie bei *C. alvarezi* angegeben, mit dem *C. fontinalis* auch nahe verwandt ist.

Hält.B.: Die Pflege von *C. fontinalis* kann wie bei *C. alvarezi* geschildert erfolgen. Dabei hat sich gezeigt, daß der enge Temperaturbereich der Fundortquellen nicht eingehalten werden muß, die Fische lassen sich auch bei niedrigeren Temperaturen problemlos pflegen. Wichtig erscheint es, Fadenalgen anzubieten, die nicht nur zum Teil gefressen werden, in denen vielmehr auch abgelaicht wird.

ZU: Zur Zucht sollte die Temperatur etwa 26 - 27° C betragen, wie sie am Fundort der Fische anzutreffen ist. Ansonsten entspricht die Zucht der von *C. bovinus*.

FU: O; Lebendfutter und Algen, auch Flockenfutter wird genommen.

Bes.: *C. fontinalis* ist eine von bisher 8 Arten, die in den *C. eximius*-Komplex eingeordnet werden.

T: 24 - 28° C, **L:** 5,5 cm, **BL:** 80 cm, **WR:** u, m, **SG:** 3

Cyprinodon eximius ♂, San Diego, Nord-Mexiko, ♀ Seite 426

Cyprinodon fontinalis ♂, Ojo del Apache, 25 km WNW Villa Ahumeda, Chihuahua

Cyprinodon macularius eremus
Quitobaquito-Wüstenkärpfling

MILLER & FUIMAN, 1987
Unterfam.: Cyprinodontinae

Syn.: Keine.

Vork.: Nordamerika: USA, Arizona, Quitobaquito Springs im Organ Pipe Cactus Nationalpark.

Ersteinf.: Im Herbst 1987 durch ETZEL.

GU: Wie bei allen Formen von *C. macularius* haben auch bei dieser Unterart die ♂♂ eine mehr oder weniger leuchtend blaue Grundfärbung, die Schwanzflosse oder zumindest die Schwanzwurzel sind gelb. Die ♀♀ sind in der Färbung blaugrau mit bräunlicher Marmorierung und zeigen in der hinteren Dorsale den schwarzen *Cyprinodon*-Fleck.

Soz.V.: Wie bei *Cyprinodon alvarezi* dargestellt.

Hält.B.: Auch dieser Wüstenkärpfling kann wie bei *Cyprinodon alvarezi* angegeben gepflegt werden. Der pH-Wert sollte im alkalischen Bereich liegen, am Fundort beträgt er um 7,8, die Wassertemperatur maß ETZEL im September mit 24° C bei 39° C Lufttemperatur. Wichtig scheinen bei allen *Cyprinodon*-Arten die Fadenalgen zu sein, die besonders an den Quellbiotopen der Wüstenkärpflinge immer zu finden sind und einen wichtigen Nahrungsanteil ausmachen. Möglicherweise sind sie auch für die Ausfärbung von Bedeutung. In Gefangenschaft verblaßt der gelbe Schwanz der ♂♂ aller *C. macularius* oft und macht einem schmutzigen Blaugrau Platz.

ZU: Die Zucht dieses Wüstenkärpflings entspricht der von *C. bovinus*.

FU: O; verschiedenes Lebendfutter, ferner Algen, aber auch Trockenfutter.

Bes.: Es wurde beobachtet, daß bei einigen Populationen von *C. macularius* die Tiere bei zu hohen Temperaturen zwischen dem Mulm am Gewässergrund eine Art "Sommerschlaf" hielten, ihre Aktivität also einschränkten.

T: 18 - 24° C, im Winter auch darunter, **L**: 5,5 cm, **BL**: 80 cm, **WR**: u, m, **SG**: 2 - 3

Cyprinodon nevadensis amargosae
Amargosa-Wüstenkärpfling

MILLER, 1948
Unterfam.: Cyprinodontinae

Syn.: Keine.

Vork.: Nordamerika: USA, Kalifornien, Amargosa River und Death Valley nordwestlich von Saratoga Springs.

Ersteinf.: Unbekannt.

GU: Bei dieser Unterart des Nevada-Wüstenkärpflings sind die ♂♂ kräftig blau, an der Schulter intensiv reflektierend, häufig zeigt sich ein silbriger Glanz. Blau sind auch die unpaaren Flossen, die Kaudale ist dabei leicht transparent. Die Hinterränder der Flossen haben oft dünne schwarze Säume, insbesondere die Schwanzflosse. Der Schwanzstiel ist heller blau und über den Hinterkörper ziehen sich schwach dunklere Streifen. Die ♀♀ sind bräunlich, zum Bauch hin heller, sie haben auf den Körperseiten undeutliche Flecken und zeigen in der hinteren Dorsale einen schwärzlichen Fleck, der jedoch nicht immer sehr intensiv ist.

Soz.V.: Wie bei *Cyprinodon alvarezi*.

Hält.B.: *Cyprinodon amargosae* ist nicht sehr problematisch in der Pflege. Die Temperatur ist dabei von untergeordneter Bedeutung, denn in der Natur wurden im Laufe eines Tages Temperaturunterschiede von mehr als 15° C festgestellt, im Laufe des Jahres reicht sie von der Frostgrenze im Winter bis zu über 40° C im Sommer. Sollen die Tiere jedoch agil sein, so müssen die Temperaturen über 25° C betragen, doch sollte diese im Winter auf um 20° C oder tiefer abgesenkt werden. Ansonsten ist die Pflege wie bei *C. alvarezi* angegeben.

ZU: Zur Zucht sind 24 - 28° C am günstigsten, Versuche zeigten, daß dann die schlüpfenden Larven am längsten sind, ihre Entwicklungszeit beträgt 4 - 5 Tage.

FU: O; Lebendfutter und Algen.

Bes.: *C. n. amargosae* ist eine von insgesamt 6 Unterarten des Nevada-Wüstenfisches.

T: 10 - 26° C, oft mehr, aber auch darunter, **L**: 4,5 cm, **BL**: 80 cm, **WR**: u, m, **SG**: 2 - 3

Cyprinodon macularius eremus ♂, von Quitobaquito, Arizona, USA

Cyprinodon nevadensis amargosae, links ♂, rechts ♀

Fam.: Cyprinodontidae

Cyprinodon nevadensis mionectes   MILLER, 1948
Ash Meadows-Wüstenkärpfling

Syn.: Keine.

Vork.: Nordamerika: USA, Nevada, Nye County, Ash Meadows.

Ersteinf.: Unbekannt.

GU: Die Tiere dieser Unterart entsprechen weitgehend der vorgenannten. Doch sind die ♂♂ kürzer und höher, haben einen etwas längeren Kopf und weniger Schuppen und Flossenstrahlen im Populationsdurchschnitt. Auch hier sind die ♂♂ kräftig blau, die ♀♀ bräunlich mit dem charakteristischen Dorsalfleck.

Soz.V.: Wie bei *Cyprinodon alvarezi*.

Hält.B.: Die Pflege dieser Unterart entspricht der von *C. n. amargosae* bzw. *C. alvarezi*. Die Quelltöpfe, in denen *C. n. mionectes* vorkommt, sind allerdings in ihrem Temperaturgang nicht so extrem wie die Verhältnisse im Amargosa River, dort wurden vielmehr in allen etwa 8 Quel-

len, in denen die Fische heute noch vorkommen, zwischen 24 und 30° C gemessen, und dies während des ganzen Jahres. Diese Wüstenkärpflings-Population kann daher bei entsprechend mehr oder weniger gleichbleibenden Temperaturen gepflegt werden.

ZU: Siehe bei *C. bovinus*.

FU: O; jegliches Lebendfutter geeigneter Größe sowie Algen.

Bes.: Der Ash Meadows-Wüstenkärpfling ist neben der Nominatform und der Unterart *C. n. amargosae* die in ihrem Bestand zur Zeit am wenigsten gefährdete Form. Dies kann sich jedoch unter Umständen rasch ändern, denn die intensive Entnahme von Wasser zu Bewässerungszwecken sowie das Einsetzen faunenfremder Fische hat bereits einige Populationen des Ash Meadows-Wüstenkärpflings ausgelöscht.

T: 24 - 30° C, L: 5,5 cm, **BL:** 80 cm, **WR:** u, m, **SG:** 2 - 3

Cyprinodon nevadensis pectoralis   MILLER, 1948
Warm Springs-Wüstenkärpfling

Syn.: Keine.

Vork.: Nordamerika: USA, Nevada, Nye County, Ash Meadows.

Ersteinf.: Unbekannt.

GU: Die Unterschiede in den Geschlechtern sind die gleichen wie bei den anderen Nevada-Wüstenkärpflingen. Bei dieser Unterart sind die ♂♂ durch eine breite olivfarbene, in der Balz bei Wildtieren auch gelbliche Region vor der Dorsale gekennzeichnet, die ♀♀ haben wieder den *Cyprinodon*-Fleck in der Dorsale.

Soz.V.: Wie bei *C. alvarezi* erläutert.

Hält.B.: Diese Population kommt zwar in 7 Quellen vor, doch liegen diese alle dicht beieinander und sind deshalb annähernd gleich warm, nämlich zwischen 30 und 33° C während des gesamten Jahres. Eine so hohe Temperatur hat

sich für die Pflege der Wüstenkärpflinge als nicht unbedingt notwendig erwiesen, doch können die Temperaturen relativ gleichbleibend sein, eine Winterruhe ist nicht notwendig.

ZU: Die Zucht entspricht der von *Cyprinodon bovinus*.

FU: O; Lebendfutter, Algen, auch Flockenfutter wird genommen.

Bes.: Obgleich die Unterart in mehreren Quellen vorkommt, gilt sie als im Bestand gefährdet, denn diese Quellen sind recht klein und die Gefahr des Austrocknens durch Grundwasserabsenkungen für Bewässerungszwecke ist sehr groß. Ein ehemaliges Habitat von *C. n. pectoralis* ist bereits trockengefallen und die Population dort erloschen.

T: 25 - 30° C, L: 5,5 cm, **BL:** 80 cm, **WR:** u, m, **SG:** 2 - 3

Cyprinodon nevadensis mionectes ♂ von Point of Rock Spring, Nevada, USA

Cyprinodon nevadensis pectoralis ♂

Cyprinodon nevadensis amargosae ♂, Death Valley, Amargosa River

Cyprinodon pachycephalus ♂, Baños de San Diego, Mexiko

Cyprinodon pachycephalus ♂ von Baños de San Diego, Chihuahua, Mexiko

Cyprinodon pachycephalus
San Diego-Wüstenkärpfling

MINCKLEY & MINCKLEY, 1986

Syn.: Keine.

Vork.: Nordamerika: Nordmexiko, Quelltöpfe und ihre Abflüsse in der Umgebung von San Diego, Chihuahua.

Ersteinf.: Unbekannt.

GU: Wie bei den meisten Wüstenkärpflingen sind die ♂♂ blau, in der Kaudale haben sie einen schwarzen Saum, dem körperwärts ein blauweißer Streifen folgt. Die Dorsale ist bei balzenden ♂♂ gelb. Auf dem Hinterkörper sind senkrechte dunkel blaugraue Streifen deutlich. Die kleineren ♀♀ zeigen eine eher blaugraue Färbung, in der Dorsale tragen auch sie den *Cyprinodon*-Fleck.

Soz.V.: Entsprechend dem von *Cyprinodon alvarezi.*

Hält.B.: Wie für *Cyprinodon alvarezi* angegeben. In der Natur wurden die Fische in Thermalquellen von gleichmäßig 43,8 ° C gefunden. Damit dürfte *C. pachycephalus* derjenige Knochenfisch sein, der die höchsten Temperaturen erträgt, bei denen eine sich regelmäßig fortpflanzende Fischpopulation gefunden wurde. In Gefangenschaft sind diese hohen Temperaturen für die Pflege und Nachzucht im Aquarium nicht unbedingt notwendig. Der namengebende große Kopf dieser Art ist eine Anpassung an die Sauerstoffarmut in den Thermalquellen. Im gleichen Biotop wurden Süßwasserschnecken gefunden; Magenuntersuchungen an den Fischen zeigten, daß diese Süßwasserschnecken einen beachtlichen Nahrungsanteil ausmachen. Ferner hat diese *Cyprinodon*-Art sehr breite und pflastersteinartige Schlundzähne. Bei den Cichliden des Viktoriasees zum Beispiel sind solche Schlundzähne bei Molluskenfressern die Regel, möglicherweise liegt bei *C. pachycephalus* eine vergleichbare Anpassung vor. Für eine erfolgreiche Aquarienhaltung sind Schnecken keine notwendige Bedingung.

ZU: Siehe bei *Cyprinodon bovinus.*

FU: O; Lebendfutter, aber auch Flockenfutter. Wichtig sind zusätzlich Algen.

T: 24 - 28° C, **L:** 5,5 cm, **BL:** 80 cm, **WR:** u, m, **SG:** 2 - 3

Cyprinodon pecosensis
Pecos River-Wüstenkärpfling

ECHELLE & ECHELLE, 1978
Unterfam.: Cyprinodontinae

Syn.: Keine.

Vork.: Nordamerika: USA, Texas und New Mexico, Wasserlöcher und Quellen sowie Wüstenbäche im System des Pecos River von Chaves County, New Mexico, bis zur Mündung des Independence Creek, 42 km SO Sheffield, Terrell County, Texas.

Ersteinf.: Unbekannt.

GU: *Cyprinodon pecosensis* ist mit *C. bovinus* nahe verwandt und das Aussehen ist sehr ähnlich. Auch bei *C. pecosensis* sind die ♂ ♂ blaugrau oder blauoliv und besonders bei der Balz im Nakkenbereich intensiv stahlblau. Die schwarze Randung der hinteren Kaudale ist ebenfalls vorhanden. Die ♀ ♀ lassen sich an ihrer dunklen Fleckung auf braunem Grund und dem schwarzen Dorsalfleck erkennen.

Soz.V.: Siehe *Cyprinodon alvarezi*.

Hält.B.: Die Pflege von *C. pecosensis* ist nicht sonderlich schwierig und kann wie

bei *C. alvarezi* erfolgen. Auch wenn zu empfehlen ist, so ist hartes Wasser für einen optimalen Halterungserfolg möglicherweise doch weniger notwendig als ein hoher pH-Wert von um oder über 8. Aber auch ein niedrigerer pH-Wert kann z.B. durch andere optimale Pflegebedingungen ausgeglichen werden, etwa durch das Futter.

ZU: Diese Art ist wie bei *Cyprinodon bovinus* angegeben nachzuzüchten. Die ökologischen Gegebenheiten entsprechen sich, denn *C. pecosensis* wie auch *C. bovinus* leben im Rio Pecos-Einzug und damit im gleichen ökologischen Raum, in dem große Temperaturunterschiede sowohl im Tages- als auch im Jahresrhythmus auftreten. Eine Temperaturabsenkung im Winter dürfte sich daher positiv auf den Zuchterfolg auswirken, Erfahrungen liegen dazu allerdings kaum vor.

FU: O; sowohl Lebendfutter als auch Algen und selbst Flockenfutter.

T: 10 - 28° C, **L:** 5,5 cm, **BL:** 80 cm, **WR:** u, m, **SG:** 2 - 3

Cyprinodon rubrofluviatilis
Red River-Wüstenkärpfling

FOWLER, 1916
Unterfam.: Cyprinodontinae

Syn.: Keine.

Vork.: Nordamerika: USA, Oklahoma und Texas, Zuflüsse im Einzug des Brazos River- und des Red River-Systems.

Ersteinf.: 1976 durch SCHREIBER.

GU: Die ♂ ♂ von *C. rubrofluviatilis* sind bläulichbraun, die ♀ ♀ dunkel marmoriert auf braunem Grund und in der Dorsale mit einem schwärzlichen Fleck versehen.

Soz.V.: Das Sozialverhalten entspricht dem von *Cyprinodon alvarezi*.

Hält.B.: Die Hälterung kann wie bei *C. alvarezi* angegeben erfolgen. Zu beachten ist jedoch, daß *C. rubrofluviatilis* größeren Temperaturunterschieden ausgesetzt ist als der in einem Quellgebiet mit relativ gleichbleibenden Temperaturen lebende *C. alvarezi*. Dies erleichtert zwar die Pflege von *C. rubrofluviatilis*, andererseits könnte eine Temperaturabsenkung im Winter für den Haltungserfolg möglicherweise wichtig sein. Eindeutige Untersuchungen fehlen hierzu bisher, doch gibt es Hinweise. Untersuchungen

im Red River-System zeigten, daß *Cyprinodon* nur oder vorzugsweise dort vorkamen, wo extreme oder doch starke Temperaturunterschiede auftraten. *C. rubrofluviatilis* wurde ferner bei Temperaturen zwischen 4 und 39° C in Aktivität angetroffen, bei 12,8 bis 33,9° C pflanzten sich die Fische erfolgreich fort (ECHELLE, HUBBS & ECHELLE 1972). Temperaturunterschiede scheinen also wichtig zu sein.

ZU: Wie bei *C. bovinus* angegeben.

FU: O; Lebendfutter aller Art, daneben Algen und auch Flockenfutter.

Bes.: MILLER (in NAIMAN & SOLTZ 1981) sieht die Arten *C. bovinus*, *C. pecosensis* und *C. rubrofluviatilis* als am nächsten miteinander verwandt an, über deren Status zueinander man streiten könne. Sicher ist nach bisheriger Kenntnis, daß diese Gruppe sich von der *C. variegatus*-Gruppe des ostwärts gelegenen Küsteneinzuges ableitet, denn mit *C. variegatus* wurden erfolgreich Kreuzungen erzielt.

T: 10 - 30° C, zeitweise auch mehr oder weniger, **L:** 5 cm, **BL:** 80 cm, **WR:** u, m, **SG:** 2 - 3

Cyprinodon pecosensis ♂, Bottomless Lake, Roswell, New Mexico; ♀ Seite 427

Cyprinodon rubrofluviatilis ♂ vom Red River

Cyprinodon salinus salinus
Salt Creek-Wüstenfisch

MILLER, 1943
Unterfam.: Cyprinodontinae

Syn.: *Cyprinodon salinus.*

Vork.: Nordamerika: USA, Californien, Inyo County, Salt Creek im nördlichen Abschnitt des Death Valley.

Ersteinf.: Unbekannt.

GU: *C. salinus* sind im Vergleich zu den anderen Populationen des Death Valley sehr langgestreckt. Die ♂♂ haben eine türkisblaue Färbung mit silbrigem Glanz und dunkelgrauen senkrechten Streifen auf dem Hinterkörper. Die ♀♀ sind bräunlich mit silbrigem Glanz und dunklen Flecken auf den Körperseiten.

Soz.V.: Wie bei *C. alvarezi* angegeben.

Hält.B.: Der Salt Creek, in dem *C. salinus* vorkommt, ist nach SOLTZ & NAIMAN (1978) der unwirtlichste Biotop des gesamten Systems, da dort die Temperaturunterschiede sehr groß sind, vor allem aber die Salinität an vielen Stellen das Mehrfache der Seesalzkonzentration erreicht. Im Quellbereich ist das Wasser

dagegen trinkbar. Die Unterschiede sind also groß. Aus diesem Grund ist es auch nicht möglich, etwa das "natürliche" Wasser nachzugestalten. Die Fische sollten vielmehr in eher hartem Wasser mit hohem pH-Wert gepflegt werden, die Temperaturen sollten im Sommer eher hoch sein, im Winter ist eine Ruhezeit bei niedrigen Temperaturen wahrscheinlich von Vorteil. Es gibt sehr erfolgreiche Versuche, im Sommer Wüstenfische auch bei uns im Freilandteich zu pflegen. Dies ist bei Arten aus Warmwasserquellen problematisch, nicht jedoch bei *C. salinus*.

ZU: Die Zucht dieses Death Valley-Wüstenfisches entspricht der von *C. bovinus*. Die Temperaturen sollten nicht zu niedrig liegen, etwa um 26 - 30° C. Die am Fundort hohe Salinität ist für den Zuchterfolg nicht unbedingt notwendig, doch ist ein Salzzusatz anzuraten. Der pH-Wert darf nicht zu niedrig liegen.

FU: K; Lebendfutter aller Art.

T: 15 - 30° C, auch darunter und darüber, **L**: 4,5 cm, **BL**: 80 cm, **WR**: u, m, **SG**: 2 - 3

Cyprinodon variegatus ovinus
Nördlicher Edelsteinkärpfling

(MITCHILL, 1815)
Unterfam.: Cyprinodontinae

Syn.: *Esox ovinus, Cyprinodon ovinus, Lebias ovinus.*

Vork.: Nordamerika: USA, Ostküste vom Süßwasser bis in reines Meerwasser, auch hypersaline Gewässer. Diese Unterart ist die nördlichste von *Cyprinodon variegatus*, die vor allem im Bereich der Neuenglandstaaten zu finden ist, südwärts etwa bis Carolina.

Ersteinf.: 1905 von MATTE als *Cyprinodon variegatus* var. *gibbosus*, allerdings ist die Herkunft jener Tiere nicht ganz gesichert, es ist daher fraglich, ob diese Unterart oder die Nominatform importiert wurde.

GU: Die ♂♂ sind silbergrau bis oliv oder leicht bläulich, darüber erstrecken sich breite dunkle Querbinden. Kehle, Brust und Vorderbauch sind rötlich. Die Schulter zeigt besonders bei balzenden ♂♂ ein leuchtendes, metallisches Blau. Die Kaudale ist schwarz gesäumt, gelegentlich auch die Dorsale. Die ♀♀ sind

unscheinbarer bräunlich mit einer dunkler Fleckung. In der Dorsale besitzen sie einen schwarzen Fleck.

Soz.V.: Wie bei *C. alvarezi* angegeben. Die ♂♂ benötigen große Reviere und sind gegeneinander oft recht aggressiv.

Hält.B.: Siehe *C. alvarezi*. Für die hier vorgestellte Art bzw. Unterart ist ein Salzzusatz besonders zu empfehlen, der je nach Herkunft der Fische auch etwas kräftiger ausfallen kann. Schon deshalb ist ein Artenbecken anzuraten.

ZU: Diese entspricht im Prinzip der von *C. bovinus*.

FU: O; neben Lebendfutter auch Algen.

Bes.: Entlang der Ostküste Nordamerikas und im Bereich der Westindischen Inseln wurden mehrere Formen beschrieben, die nahe verwandt sind und zumeist als Unterarten von *C. variegatus* betrachtet werden.

T: 10 - 22° C, **L**: 6 cm, **BL**: 80 cm, **WR**: u, m, **SG**: 2 - 3

Cyprinodon salinus salinus ♂ vom Salt Creek, Death Valley, Kalifornien

Cyprinodon variegatus ovinus ♂ von Cattus Island, New Jersey, USA; ♀ Seite 401

Fundulus escambiae
Escambia River-Fundulus

(BOLLMAN, 1887)

Syn.: *Zygonectes escambiae , Zygonectes notti, Fundulus guttatus, Fundulus dispar, Fundulus notti.*

Vork.: Nordamerika, südliche USA, Nord-Florida, vom Perdido River-Einzug in Alabama und Florida ostwärts bis zum Suwannee River in Florida.

Ersteinf.: Unbekannt.

GU: Siehe Abbildung. Die Grundfarbe beider Geschlechter ist silbrig-oliv, zum Rücken hin dunkler. Am Kopf befindet sich eine dunkle Maske um und unterhalb der Augen, der Kiemendeckel ist durchscheinend rot. Über den Körper erstrecken sich 8 - 10 Längsreihen dunkelolivfarbener Punkte, die beim ♀ zu dünnen Linien zusammenlaufen. Die ♂♂ haben auf dem Hinterkörper senkrechte olivfarbene dünne Bänder, die zum Vorderkörper hin nur noch die obere Körperhälfte einnehmen.

Soz.V.: Erfahrungen mit dieser Art fehlen bisher in ausreichendem Maße. Von den anderen Arten der *Fundulus nottii*-Gruppe, zu der *F. escambiae* gehört, zu schließen, sind die Fische durchweg friedlich. Sie drohen sich untereinander gelegentlich mit gespreizten Flossen an, vermutlich zur Feststellung der Rangordnung.

Hält.B.: *F. escambiae* sollte in einem gut eingerichteten, pflanzenreichen Aquarium gepflegt werden. Wenn dieses etwas dunkel gestaltet ist, leuchten die roten Kiemendeckel besonders intensiv. Wasser nicht zu hart und eher leicht sauer, gut filtern. Temperaturen besser nicht zu hoch.

ZU: Diese Art ist vermutlich noch nicht gezüchtet worden.

FU: K; Lebendfutter aller Art.

T: 15 - 25° C, **L:** 6 cm, **BL:** 80 cm, **WR:** m, o, **SG:** 3

Fundulus grandissimus
Großer Yucatán-Fundulus

HUBBS, 1936

Syn.: *Fundulus grandis.*

Vork.: Mittelamerika: Mexiko, Halbinsel Yucatán, La Cienaga bei Progreso.

Ersteinf.: 1992 in die Niederlande.

GU: Bei dieser *Fundulus*-Art unterscheiden sich die Geschlechter in der Größe, unter vergleichbaren Bedingungen aufgewachsen, werden die ♀♀ größer. Ihr Vorderleib ist voller. Die Grundfärbung beider Geschlechter ist silbrig-oliv, darüber werden senkrechte Streifen vor allem auf dem Hinterleib deutlich. Diese sind bei den insgesamt etwas helleren ♀♀ dunkler. Über den ganzen Körper sind Glanzpunkte verteilt, die bei den ♂♂ intensiver leuchten.

Soz.V.: Unbekannt. Von der nächstverwandten Art, *F. grandis*, her zu schließen könnten sich die ♂♂ von *F. grandissimus* den ♀♀ gegenüber recht ruppig benehmen, doch müßte dies in der Praxis untersucht werden. Entsprechend

dem Aussehen der Fische und ihrer Größe leben sie räuberisch.

Hält.B.: Die Fische gelangten einmal in die Niederlande, von einer gelungenen Pflege oder gar Nachzucht war nichts zu hören. Wahrscheinlich haben sie doch zu große Ansprüche an die Wasserverhältnisse und werden für die Pflege im Aquarium auch zu groß. In der Natur sollen sie im Bereich zwischen reinem Süßwasser und dem Meer, vorzugsweise aber im Brackwasser, leben.

ZU: Erfahrungen liegen bisher nicht vor, wahrscheinlich wurde die Art bisher noch nicht in Gefangenschaft nachgezüchtet.

FU: K; Lebendfutter.

Bes.: Die Art wurde bei ihrer Entdeckung zur Jahrhundertwende zunächst für *F. grandis* gehalten, doch kommt *F. grandis* in Mexiko südwärts nur bis etwa Veracruz vor.

T: 25 - 35° C, **L:** 18 cm, **BL:** 100 cm, **WR:** m, o, **SG:** 3 - 4

Fundulus escambiae, Mc Bride Slough, Wakulla County, Nordflorida, ♂ oben, unten ♀

Fundulus grandissimus von Progreso, Yucatán

Fundulus heteroclitus
Killifisch

(LINNAEUS, 1766)
Unterfam.: Fundulinae

Syn.: *Cobitis heteroclita, C. macrolepidota, Poecilia coenicola, P. fasciata, Hydrargyra swampina, Esox pisculentus, E. pisciculus, Hydrargyra nigrofasciata, H. ornata, Fundulus fasciatus, F. viridescens, F. zebra, F. fonticola, F.nisorius, F. vinctus, F. heteroclitus badius, F. antillarum.*

Vork.: Nordamerika: USA und Kanada, Ostküsteneinzug von Neufundland südwärts bis zum Matanzas River in Florida. Weiter nach Süden ist *F. grandis* verbreitet.

Ersteinf.: Um 1905 bis 1908. Das genaue Datum läßt sich nicht feststellen, da die Art mehrfach mit anderen verwechselt wurde.

GU: Die ♂♂ sind farbintensiver und zeigen breite olivfarbene Streifen auf graugrünem Grund, der mit silbrig glänzenden Schuppen überzogen ist. Die Afterflosse ist häufig gelblich. Bei den farbschwächeren ♀♀ sind die Flossen transparenter und die senkrechten Streifen schmaler und dunkler. In der Dorsale findet sich am Hinterrand oft ein mehr oder weniger deutlicher (Augen)fleck.

Soz.V.: Friedliche Art, die gerne im Trupp schwimmt, doch kein Schwarmfisch ist. Manche Tiere können im Aquarium etwas zänkisch sein.

Hält.B.: Obgleich diese Art in den unsäglichsten Biotopen im Bereich zwischen reinem Süß- und reinem Seewasser vorkommt, die bezüglich Salinität und Temperatur eine große Toleranzbreite von den Bewohnern erfordern, ist es dennoch nicht einfach, die Fische dauerhaft erfolgreich zu pflegen. Die genauen Gründe sind unbekannt, liegen aber möglicherweise in einer zu großen Gleichförmigkeit der gebotenen Bedingungen. Eine Pflege im Gartenteich ist im Sommer oft erfolgreicher als die Haltung im Aquarium. Ein großes Aquarium ist vorteilhaft, Salz kann dem eher harten und vor allem alkalischen Wasser zugesetzt werden.

ZU: Zur Zucht sollten die Fische ein Artenbecken erhalten, das mit einem Wollmop als Ablaichsubstrat ausgestattet ist, Fadenalgenbüschel oder feinfiedrige Pflanzen werden auch akzeptiert. Die Tiere laichen meist problemlos ab, doch sind es starke Laichräuber. Die Eier müssen daher abgelesen und in Zuchtschalen zur Entwicklung gebracht werden. Die Aufzucht der Jungtiere ist nicht schwierig, da sie sogleich nach dem Schlüpfen *Artemia*-Nauplien, dann größeres Futter nehmen.

FU: K, O; jedes gebotene Fischfutter geeigneter Größe, vor allem Lebendfutter aller Art, aber auch Algen, etc.

T: 10 - 24° C, **L**: 13 cm, **BL**: 80 cm, **WR**: u, m, o, **SG**: 3

Fundulus sciadicus
Rückenstrich-Fundulus

COPE, 1865
Unterfam.: Fundulinae

Syn.: *Haplochilus floripinnis, Zygonectes lineatus, Zygonectes macdonaldi.*

Vork.: Nordamerika: USA, in zwei Verbreitungsgebieten in Nebraska und angrenzenden Bereichen, ferner im südlichen Missouri und südlich angrenzenden Gebieten.

Ersteinf.: Unbekannt.

GU: Die ♂♂ sind blaugrün, zum Rücken hin oliv. Auf der Rückenmittellinie erstreckt sich ein heller Streifen. Schöne Tiere können rötliche Schuppenränder zeigen. Alle unpaaren Flossen sind rötlich, zum Rand hin intensiver. Die ♀♀ sind ähnlich gefärbt, jedoch deutlich matter, insbesondere in der Flossenfärbung.

Soz.V.: Siehe *Fundulus heteroclitus.* Allgemein friedlich, laichbereite ♂♂ treiben die ♀♀ jedoch manchmal sehr stark und können diese beschädigen. Daher ein ♂ mit mehreren ♀♀ vergesellschaften oder viele Tiere in einem entsprechend großen Becken.

Hält.B.: Wie bei *F. heteroclitus* angegeben, jedoch braucht diese Art als Fisch der Binnengewässer keinen Salzzusatz.

ZU: Siehe *F. heteroclitus.*

FU: K; Lebendfutter.

T: 5 - 22° C, **L**: 7 cm, **BL**: 100 cm, **WR**: m, o, **SG**: 2 - 3

Fundulus heteroclitus ♂

Fundulus sciadicus

Fundulus seminolis
Seminolen-Fundulus

GIRARD, 1860
Unterfam.: Fundulinae

Syn.: *Zygonectes seminolis*.

Vork.: Nordamerika: Florida, südlich des New River.

Ersteinf.: Unbekannt.

GU: Die ♂ ♂ von *Fundulus seminolis* zeigen olivgrüne, metallisch glänzende Seiten. Die Schuppen sind schwach dunkel gerandet. Zur Fortpflanzungszeit ist die Afterflosse rötlich, die Dorsale und Kaudale zeigen dunkelbraune Wellenlinien, Anale und Bauchflossen sind dann schwarz gerandet. Die einfacher gefärbten ♀ ♀ zeigen 15 - 20 senkrechte dünne Querbinden.

Soz.V.: Trotz der Größe weitgehend friedlicher Fisch, der vorzugsweise in Trupps vorkommt.

Hält.B.: Während *Fundulus*-Arten in der Natur gewöhnlich die obere Wasserschicht der Gewässer besiedeln und dieses Verhalten im großen Aquarium zeigen, verhält sich *Fundulus seminolis* merkwürdigerweise anders. Diese Art lebt in der Natur in Bächen, Flüssen und Seen in Bodennähe oder in der mittleren Wasserschicht. Dieses Verhalten weisen die Tiere auch im Aquarium auf.

ZU: *Fundulus seminolis* gelangte nur sehr sporadisch und vereinzelt nach Deutschland, Zuchterfahrungen liegen deshalb bisher nicht vor. Vermutlich ist sie vergleichbar mit der von *F. diaphanus*. Diese letztere Art ist besser im Gartenteich zur Nachzucht zu bringen als in einem Zimmeraquarium. Das dürfte auch für *F. seminolis* gelten. In der Natur laichen die Fische die gesamte warme Jahreszeit über, bevorzugt jedoch im April/Mai.

FU: K; Lebendfutter aller Art.

Bes.: Diese Art wird zusammen mit *Fundulus diaphanus* (s. AQUARIEN ATLAS, Bd. 2, S. 656) und *F. waccamensis* in eine gemeinsame Untergattung *Fontinus* gestellt.

T: 5 - 24° C, **L**: 15 cm, **BL**: 100 cm, **WR**: u, m, **SG**: 3

Crenichthys baileyi baileyi
White River-Quellkärpfling

(GILBERT, 1893)
Unterfam.: Fundulinae

Syn.: *Cyprinodon macularius baileyi*, *Cyprinodon baileyi*.

Vork.: Nordamerika: USA, Nevada, endemisch im Head Pool von Ash Springs im Pahranagat Valley, Lincoln County.

Ersteinf.: Anfang der 80er Jahre durch die Am. Killifish Ass., später durch BITTER.

GU: Die Geschlechter sind sich - je nach Stimmung der Fische - oft sehr ähnlich. Grundsätzlich sind die ♀ ♀ im Vorderkörper voller als die ♂ ♂. Ihre Flossen sind meist kleinflächiger und immer bräunlich-transparent. Die Afterflosse ist tiefer als beim ♂. Entlang der Körpermittellinie erstreckt sich ein unterbrochenes Längsband, doch kann dieses, je nach Stimmung, auch bei den ♂ ♂ auftreten. Oft wird dieses Längsband von einem zweiten Band begleitet, das aus lockerer verteilten Flecken besteht und sich von der Schwanzwurzelunterkante nach vorne erstreckt, jedoch etwa in der Körpermitte langsam ausläuft. Bei der Balz und beim Ablaichen treten zu beiden Seiten des dann dunkler werdenden Rückens je ein hellgoldfarbenes Band auf, das beim ♀ nur angedeutet ist, sich beim ♂ dagegen längs des gesamten Rückens bis zum Schwanz erstreckt.

Soz.V.: Auch innerartlich recht friedliche Fische, die nur selten zur Revierbildung neigen.

Hält.B.: Problemlos zu pflegender Fisch. Der Fundort dieser Nominatform weist eine Temperatur von 36 - 39° C auf, das Wasser ist hart und alkalisch (pH-Wert 8). Die Fische finden sich vor allem im abfließenden Bach bei etwas niedrigeren Temperaturen. Aquarienerfahrungen (s. auch LOISELLE 1981) haben gezeigt, daß Temperaturen von 25 - 29° C am geeignetsten sind, obgleich vorübergehend auch tiefere vertragen werden. Hartes Wasser ist zu empfehlen.

ZU: Siehe *C. b. grandis*.

FU: O; Lebend- und Flockenfutter, auch Algen.

T: 26 - 30° C, **L**: 5,5 cm, **BL**: 80 cm, **WR**: u, m, **SG**: 2 - 3

Fundulus seminolis, oben ♂

Crenichthys baileyi baileyi ♂, Ash Springs, Oberlauf, Nevada

Crenichthys baileyi grandis
Großer Quellkärpfling

WILLIAMS & WILDE, 1981
Unterfam.: Empetrichthyinae

Syn.: Keine.

Vork.: Nordamerika: USA, Nevada, Pahranagat Valley, Lincoln County. Ursprünglich endemisch in Hiko Spring (1967 dort durch das Aussetzen bzw. Einwandern ortsfremder Fische ausgerottet) und Crystal Spring, eine im abführenden Bach von Ash Springs vorkommende Population soll ebenfalls eher zu *C. b. grandis* zählen als zur im Oberlauf dieses Gewässers isoliert lebenden Population von *C. b. bailey*.

Ersteinf.: Nicht genau bekannt, vermutlich durch BITTER.

GU: Wie bei der Nominatform *C. b. bailey*.

Soz.V.: Wie alle Quellkärpflinge ist auch diese Unterart durchweg friedlich.

Hält.B.: Crystal Spring ist mit 26 - 27° C nicht so warm wie andere Quellen des White River-Tales, in dem die Quellkärpflinge vorkommen. Im Aquarium kann für diese Form die Pflegetemperatur entsprechend tiefer liegen. Aquarienhaltung wie bei der vorigen Nominatform.

ZU: Auch die Zucht der Quellkärpflinge hat sich als nicht schwierig erwiesen. Diese kann im Artenbecken erfolgen. An das Ablaichmedium werden keine großen Ansprüche gestellt. Zu empfehlen ist ein Wollmop, von dem die Eier abgelesen werden können. Doch laichten die Tiere selbst zwischen dem Kies des Aquarienbodens ab. Bei 25° C schlüpfen die Jungfische nach etwa 10 Tagen. Sie nehmen sofort Nauplien von *Artemia*.

FU: O; vor allem Lebendfutter aller Art, problemlos auch verschiedenstes Kunstfutter wie Flockenfutter und dergleichen. Algen scheinen nicht unwichtig zu sein.

Bes.: Außer durch ihre Größe unterscheidet sich diese Unterart durch eine intensive Gelbfärbung von den übrigen Formen.

T: 26 - 30° C, **L:** 7,5 cm, **BL:** 80 cm, **WR:** u, m, **SG:** 2 - 3

Crenichthys baileyi moapae
Moapa-Quellkärpfling

WILLIAMS & WILDE, 1981
Unterfam.: Empetrichthyinae

Syn.: Keine.

Vork.: Nordamerika: USA, Nevada, endemisch in Quellzuflüssen des Moapa River im unteren White River-Tal.

Ersteinf.: Nicht genau bekannt, vermutlich durch BITTER.

GU: Die Geschlechtsunterschiede entsprechen der Nominatform *Crenichthys b. baileyi*.

Soz.V.: Friedliche Art, wie bei *C. b. baileyi* angegeben.

Hält.B.: Die Pflege entspricht der von *Crenichthys b. baileyi*, siehe dort. Hinzuzufügen wäre, daß die meisten *Crenichthys*-Biotope gar nicht oder nur wenig beschattet sind und sich dort deshalb viele Algen finden, von denen die Fische zu einem erheblichen Teil leben, da in den warmen Quellen die sonstigen Kleinorganismen naturgemäß weniger vorhanden sind. Der Fischdarm ist dem angepaßt und sehr lang und aufgerollt. Im Aquarium läßt sich der ökologische Faktor Licht durch eine starke Beleuchtung ersetzen.

ZU: Siehe *C. b. grandis*.

FU: O; außer Lebendfutter verschiedenster Art wird auch Frost- und Trockenfutter genommen, zusätzlich sollten Algen gereicht werden.

Bes.: *Crenichthys b. moapae* ist von den übrigen Unterarten nur durch eine Kombination von Körpermerkmalen zu trennen, von der Nominatform *C. b. baileyi* durch eine im Durchschnitt höhere Anzahl von Flossenstrahlen in der Afterflosse. Hier ist allerdings festzustellen, daß alle Körperwerte, wie Maße und auch Zählwerte, selbst die Färbung, bei Nachzuchten außerordentlich variabel sind. *C. b. moapae* ist trotz des Einsetzens verschiedener ortsfremder Fischarten offensichtlich noch in mehreren Quellen und Quellzuflüssen des Moapa River verbreitet und daher nicht unmittelbar vom Aussterben bedroht.

T: 26 - 30° C, **L:** 5,5 cm, **BL:** 80 cm, **WR:** u, m, **SG:** 2 - 3

Crenichthys baileyi grandis, Ash Springs, Abfluß, Nevada

Crenichthys baileyi moapae ♂, Pedersons Warm Spring, Nevada

Syn.: Keine.

Vork.: Nordamerika: USA, Nevada, Nye County, endemisch in drei Thermalquellen des mittleren White River-Einzuges: Mormon Spring, Hot Creek Spring und Moon River Spring, nach heftigen Regenfällen gelegentlich auch im Adams-McGill-Reservoir.

Ersteinf.: Nicht genau bekannt, vermutlich durch BITTER.

GU: Wie Nominatform *C. b. baileyi.*

Soz.V.: Auch diese Form ist friedlich, wie bei *C. b. baileyi* erläutert.

Hält.B.: Mormon Spring, der Typusfundort von *C. b. thermophilus,* ist nach WILLIAMS & WILDE (1981) die wärmste (37° C) und sauerstoffärmste (0,7 ppm O$_2$) der von Fischen bewohnten Thermalquellen des White River-Systems, und es kommen dort auch nur die Quellkärpflinge dort vor. Es hat sich aber gezeigt, daß weder die hohen Temperaturen noch der Sauerstoffmangel für die Pflege im Aquarium anzustrebende Werte sind. Die Fische kommen bei diesen Werten nur deshalb vor, weil die Quellkärpflinge sie noch tolerieren können, die übrigen einheimischen und ausgesetzten Fische des Systems aber nicht. Die Quellkärpflinge konnten bisher in dieser einzigartigen ökologischen Nische überleben und dem Konkurrenzdruck ausweichen. Im Aquarium sollten die für *C. b. baileyi* getroffenen Angaben beachtet werden, ferner die bei *C. b. moapae* hinzugefügten Bemerkungen.

ZU: Wie bei *C. b. grandis.*

FU: O; außer Lebendfutter auch Frost- und Trockenfutter sowie Algen.

Bes.: *C. b. thermophilus* weist im Vergleich zu den anderen Formen der Art zurückgestellte Dorsalen und Analen, ferner eine längere Schnauze auf.

T: 26 - 30° C, **L:** 5,5 cm, **BL:** 80 cm, **WR:** u, m, **SG:** 2 - 3

Syn.: Keine.

Vork.: Nordamerika: USA, Nevada, Nye County, isolierte Thermalquellen bei Duckwater und Lockes Ranch im Railroad Valley, ferner eine ausgesetzte Population bei Sodaville, SW Mineral County, Nevada.

Ersteinf.: Unbekannt.

GU: Die Geschlechtsunterschiede sind ähnlich wie bei *C. baileyi.* Die ♂♂ von *C. nevadensis* zeigen jedoch mehr Schwarz in den unpaaren Flossen, dies fehlt den ♀♀.

Soz.V.: Friedliche Art, in ihrem Sozialverhalten mit *C. baileyi* zu vergleichen.

Hält.B.: Die in der Natur bevorzugten hohen Temperaturen haben sich nicht als begrenzender Faktor für eine erfolgreiche Pflege dieser Art herausgestellt, sie läßt sich auch bei niedrigeren Wärmegraden halten. Da das Wasser dennoch nicht zu kühl sein sollte und damit an der Obergrenze der Toleranz anderer Fische liegt, sollte ein Artenbecken eingerichtet werden, zumal das Wasser auch möglichst hart sein und einen hohen pH-Wert um 8 aufweisen sollte. Da die Fische sich zu einem erheblichen Teil von pflanzlichen Stoffen, vor allem Algen, ernähren, ist auch für diese Art eine entsprechend helle Beleuchtung angebracht. In Anpassung an die pflanzliche Ernährungsweise ist auch hier ein langer Darm vorhanden. Diese richtige Ernährung scheint für die erfolgreiche Pflege noch wichtiger zu sein als die Wassertemperatur.

ZU: Die Zucht entspricht der von *Crenichthys baileyi* (siehe *C. b. grandis,* S. 446).

FU: O; Lebendfutter und ein deutlicher Anteil pflanzlicher Bestandteile, vor allem Algen. Auch Frostfutter wird gerne genommen, ferner Trockenfutter. Dieses sollte einen hohen Gehalt pflanzlicher Stoffe aufweisen.

Bes.: Wie es für Arten verschiedener Gattungen typisch ist, die in isolierten Wüstenquellen leben (*Aphanius, Cyprinodon, Empetrichthys*), besitzen alle *Crenichthys*-Arten keine Bauchflossen.

T: 26 - 30° C, **L:** 6 cm, **BL:** 80 cm, **WR:** u, m, **SG:** 2 - 3

Crenichthys baileyi thermophilus, Hot Creek, Nevada

Crenichthys nevadae ♂, Lockes Spring, Nevada

Die Familie Rivulidae, Bachlinge, wird im nächsten Band ausführlich behandelt

Cynolebias costai ♂ (kein Text)

Xiphophorus clemenciae ♂, Band 2, Seite 758

Fam.: Goodeidae

Unterfam.: Goodeinae

Allodontichthys hubbsi
Hubbs Hochlandkärpfling

MILLER & UYENO, 1980

Syn.: Keine.

Vork.: Rio Tuxpan-Drainage, Jalisco, Mexiko.

Ersteinf.: 1989 durch SCHINDLER.

GU: ♂ mit Andropodium, groß ausgebildeter Rückenflosse und intensiver Körperfärbung.

Soz.V.: *Allodontichthys hubbsi* ist wie alle Vertreter der Gattung in seinem Verhalten innerartlich und gegen Beckenmitinsassen sehr aggressiv. Die paarweise am Bodengrund lebende Art läßt sich mit mindestens gleich langen aggressiven *Poeciliiden*, wie *Brachyrhaphis*, und aggressiven Klein-Cichliden erfolgreich vergesellschaften. Allerdings sollte die besprochene Art wegen ihrer Seltenheit im Artbecken gehältert werden.

Hält.B.: Bei zu warmer Haltung ist der Kärpfling sehr empfindlich gegen Sauerstoffmangel. Gut belüftetes, klares und nicht zu warmes Wasser sind Bedingung für eine erfolgreiche Pflege und nicht zuletzt für die Zucht. Für ausreichend Versteckmöglichkeiten ist zu sorgen. Als Bodenbelag sind faustgroße Geröllbrock-ken, abwechselnd mit Sandzonen, zu empfehlen. Wasser: pH-Wert 7,0 - 7,7; Härte 5 bis 20° dGH.

ZU: Die Zucht ist nicht sehr produktiv. Es werden durchschnittlich nach 60 Tagen selten mehr als 10 ca. 2 cm lange Jungfische vom Muttertier abgesetzt. Die Alttiere stellen den Jungfischen stark nach (Kannibalismus). Abhilfe schafft meistens das Separieren eines trächtigen ♀ in ein geräumiges, dicht bepflanztes Becken. Das Umsetzen sollte mindestens 14 Tage vor dem Wurfdatum stattfinden. Nach der Geburt wird das Muttertier von den Neugeborenen getrennt.

FU: O, K; Allesfresser, jedoch wird Lebendfutter bzw. Fleischnahrung wie gefrorene Mückenlarven und Rinderherz gegenüber Flockenfutter bevorzugt. Für die erfolgreiche Zucht ist Fleischkost unabdingbar (besonders Mückenlarven).

Bes.: Alle *Allodontichthys*-Mitglieder sind schlechte Schwimmer. Ihr Schwimmverhalten erinnert an jenes der Grundeln.

T: 21 - 25° C, **L:** 6 cm; **BL:** 100 cm, **WR:** u, **SG:** 3

Allodontichthys polylepis
Vielschuppen-Hochlandkärpfling

RAUCHENBERGER, 1988

Syn.: Keine.

Vork.: Oberläufe des Rio Ameca, Jalisco, Mexiko.

Ersteinf.: 1986 durch RADDA und HOFMANN nach Österreich und Deutschland importiert.

GU: ♂ mit Andropodium, groß ausgebildeter Rückenflosse und intensiverer Körperfärbung.

Soz.V.: Diese Kärpflingsart ist gegenüber Beckenmitinsassen aggressiv. Die Vergesellschaftung ist prinzipiell mit min-destens gleich langen und aggressiven Fischen möglich. Wegen der Seltenheit der Art ist jedoch ein Artbecken zu empfehlen.

Hält. B.: Sauerstoffreiches und nicht zu warmes Wasser sind von Vorteil. Das Aquarium sollte geräumig, dicht bepflanzt und mit ausreichend Versteckmöglichkeiten versehen sein. Als Bodenbelag sind faustgroße Geröllbrocken sehr gut geeignet. Wasser: pH-Wert 7,0 - 7,7; Härte 5 - 20° dGH.

Fortsetzung übernächste Seite

Allodontichthys hubbsi ♂

Allodontichthys polylepis ♂, ♀ Seite 455

Fam.: Goodeidae

Fortsetzung von *Allodontichthys polylepis*

ZU: Die Nachkommenzahlen sind bei *A. polylepis* mit durchschnittlich 10 etwa 2 cm langen Jungfischen pro Wurf wie bei allen Arten des Genus ebenfalls gering. Trächtige ♀♀ sind spätestens 14 Tage vor dem Wurfdatum in separate Zuchtbehälter zu überführen, ansonsten besteht die Gefahr, daß die Geburt zu früh eingeleitet wird (Verwerfen). Wegen des Kannibalismus der Art sollten die Neugeborenen vom Muttertier isoliert werden. Die erfolgreiche Zucht setzt eine ausgewogene Nahrung (siehe FU) voraus.

FU: O, K; Allesfresser, bevorzugt jedoch Fleischnahrung; gerne gefressen werden Rinderherz und Rote Mückenlarven sowie Lebendfutter jeder Art.

Bes.: Wie alle Arten innerhalb der Gattung weist auch der Vielschuppen-Hochlandkärpfling ein grundelartiges Schwimmverhalten auf.

T: 21 - 25° C, **L:** 7 cm, **BL:** 100 cm, **WR:** u, **SG:** 3

Allodontichthys zonistius
Colima-Hochlandkärpfling

(HUBBS, 1932)

Syn.: *Zoogoneticus zonistius, Alloophorus zonistius.*

Vork.: Oberläufe des Rio Armeria (Rio Colima) sowie westliche Nebenarme des Rio Coahuayana-Systems; Colima; Jalisco, Mexico.

Ersteinf.: 1984 durch RADDA und Mitarbeiter nach Österreich und Deutschland importiert.

GU: ♂ mit Andropodium, groß ausgebildeter Rückenflosse und intensiverer Körperfärbung.

Soz.V.: Im Vergleich zu anderen *Allodontichthys*-Arten scheint der Colima-Hochlandkärpfling am aggressivsten zu sein. Nicht selten werden selbst die arteigenen ♀♀ von den ♂♂ totgebissen. Die ♂♂ sind untereinander ebenfalls sehr bissig. Die Vergesellschaftung mit anderen robusten Fischen ist möglich. Bisse von *Allodontichthys* hinterlassen im Flossenbehang geschädigter Fische quadratische Lücken.

Hält.B.: Klares und gut durchlüftetes Wasser ist für die erfolgreiche Hälterung von Vorteil. Das Aquarium sollte mit zahlreichen Verstecken, wie Höhlen sowie mit Geröllboden, Wurzelwerk und dichter Bodenbepflanzung ausgestattet sein. Wasser: pH-Wert 7,0 - 7,7; Härte 5 - 20° dGH.

ZU: In der Zucht ist *A. zonistius* wie auch *A. tamazulae* im Vergleich zu *A. hubbsi* und *A. polylepis* einfacher. Allerdings muß beim Separieren der ♀♀ die gleiche Sorgfalt gelten wie bei den zuvor besprochenen Arten. Nach durchschnittlich 60 Tagen Tragzeit werden im Intervall bis zu 15, bereits 2 cm lange Neugeborene abgesetzt. Nach der Geburt ist das Muttertier von den Jungfischen zu trennen (Kannibalismus).

FU: K, O; Allesfresser, Flockenfutter, Frostfutter und Lebendfutter jeder Art bis Stubenfliegengröße.

Bes.: Grundelartiges Schwimmverhalten.

T: 21 - 25° C, **L:** 7 cm, **BL:** 100 cm, **WR:** u, **SG:** 2

Allodontichthys polylepis ♀

Allodontichthys zonistius ♂, ♀ Seite 474

Alloophorus regalis
Zwerg-Hochlandkärpfling

(ALVAREZ, 1959)

Syn.: *Neoophorus regalis.*

Vork.: Los Reyes, Presa de Cotija, Michoacan, Mexico.

Ersteinf.: Im Jahre 1982 durch RADDA nach Österreich importiert. Ein Import nach Deutschland ist bislang noch nicht erfolgt.

GU: Im Vergleich zu den weiblichen Tieren besitzen die ♂♂ ein Andropodium und zeigen eine intensivere Körperfärbung.

Soz.V.: Über die Vergesellschaftung der Art ist wenig bekannt. Im Vergleich zu *Alloophorus robustus* ist *A. regalis*, was die innerartliche Aggression anbelangt, friedvoller. Wegen der Seltenheit der Fische ist ein Artbecken angemessen.

Hält.B.: Geräumiges Aquarium, mäßige Beleuchtungsstärke, starke Filterung und regelmäßiger wöchentlicher Wasserwechsel dienen dem Wohlbefinden der

Art. Dunkler Bodengrund und reichlich bepflanzte Hintergrund-Zonen mit kräftigen Pflanzen (*Anubias, Vallisneria*). Wasser: pH-Wert 7,0-7,6; Härte 5 - 20° dGH.

ZU: Die Zucht des Kärpflings ist bislang noch nicht gelungen, da die Importtiere wahrscheinlich für die Fortpflanzung bereits zu alt waren. Viele Goodeidae-Vertreter haben eine Lebenserwartung von über 10 Jahren. Die Fortpflanzungszeit ist für die ♀♀ gewöhnlich nach etwa 5 Jahren abgeschlossen. Es wird angenommen, daß die Zucht von *A. regalis* vergleichbar mit der von *A. robustus* ist.

FU: O, K; Allesfresser, bevorzugt werden Rote Mückenlarven, Rinderherz, *Tubifex* und Bachflohkrebse.

Bes.: *Alloophorus regalis* ist eine vom Aussterben bedrohte Art, die wahrscheinlich in die Gattung *Allotoca (Neoophorus)* gehört.

T: 21 - 25° C, **L:** 8 cm; **BL:** 100 cm, **WR:** m u, **SG:** 2

Alloophorus robustus
Bulldoggen-Hochlandkärpfling

(BEAN, 1893)

Syn.: *Fundulus robustus, Fundulus parvipinnis, Zoogoneticus robustus, Zoogoneticus maculatus.*

Vork.: Rio Lerma-Becken, Jalisco, Mexiko.

Ersteinf.: 1984 durch WIRTH, ALLSPACH, MEYER & MEYER nach Deutschland importiert; in späteren Jahren mehrmals nach England und Deutschland.

GU: ♂ mit Andropodium und intensiver gefärbt.

Soz.V.: Der robuste und mäßig aggressive Kärpfling ist für die Vergesellschaftung mit anderen Goodeiden nur bedingt geeignet. Die ♂♂ sind untereinander sehr rauflustig.

Hält.B.: Nach Angaben von GEORG, Wuppertal, sind für die erfolgreiche Pflege und Zucht der Tiere geräumige Becken mit mindestens 400 Liter Fassungsvermögen, starke Filterung und ein wöchentlicher Wasserwechsel Vorausset-

zung. *Anubias* sind für die Aquariumbepflanzung geeignet.

ZU: *Alloophorus robustus* ist erst in den letzten Jahren erfolgreich im Aquarium vermehrt worden. Im Vergleich zu anderen Goodeidae-Vertretern pflanzen sich die Tiere relativ spät, durchschnittlich nach eineinhalb Jahren, fort. Die Tragzeit der ♀♀ beträgt in den bislang beobachteten Fällen im Intervall 60 Tage. Meist werden 15 - 25 ca. 1,5 - 2 cm lange Jungfische abgesetzt. Bei sehr guter Fütterung stellt das Muttertier den Neugeborenen nur selten nach; sonst jedoch Kannibalismus!

FU: O, K; Allesfresser, vor allem Lebendfutter, insbesondere Bachflohkrebse, kleine Würmer, Rote Mückenlarven und kleine Garnelen.

Bes.: Sehr selten. Die Art läßt sich in den Sommermonaten ausgezeichnet im Gartenteich halten.

T: 21 - 25° C, **L:** 12 cm, **BL:** 150 cm, **WR:** u m, **SG:** 2

Alloophorus regalis ♂

Alloophorus robustus ♀

Fam.: Goodeidae

Allotoca (Neoophorus) diazi (MEEK, 1902)
Diaz' Hochlandkärpfling

Syn.: *Neoophorus diazi, Zoogoneticus miniatus.*

Vork.: Quellbereiche von kleinen Flüssen, Teichen und Seen, Michoacan, Mexiko.

Ersteinf.: 1984 durch WIRTH, ALLSPACH, MEYER und MEYER nach Deutschland importiert.

GU: ♂♂ mit Andropodium, groß ausgeprägter Rückenflosse und intensiver in den Körperfarben.

Soz.V.: Der Kärpfling ist friedlich. Nur selten werden kleine Rangordnungskämpfe bei rivalisierenden ♂♂ beobachtet. Im Verhalten ist die Art den beiden Geschwisterarten A. *meeki* und A. *catarinae* sehr ähnlich.

Hält.B.: Wegen der Behäbigkeit der Fische ist von einer Vergesellschaftung mit anderen friedlichen Begleitfischen abzuraten. Der Diaz-Hochlandkärpfling gedeiht im Gruppenverband am besten. Schwache Filterung, frisches, sauerstoffreiches Wasser und dichte Bepflanzung sind dem Wohlbefinden der Art dienlich. Wasser: pH-Wert 6,8 - 7,4; Härte 5 - 10° dGH.

ZU: Die Zucht des besprochenen Kärpflings gelingt am besten paarweise. Das Zuchtbecken sollte ausreichend mit feinfiedrigen Pflanzen und Wurzelwerk oder Gesteinsplatten dekoriert sein. Als Bodengrund ist Sand sehr gut geeignet. Bei optimalen Bedingungen werden im allgemeinen im Intervall von 55 Tagen ca. 20 etwa 1 cm lange Jungfische vom ♀ abgesetzt. Bei guter Fütterung konnte bei dem Hochlandkärpfling bislang noch kein Kannibalismus nachgewiesen werden. Die Jungfische sind ihrerseits nach durchschnittlich 6 Monaten geschlechtsreif.

FU: O; Allesfresser. Flockenfutter, Mückenlarven, vorzugsweise *Artemia* und kleine Würmer (Grindal, *Tubifex*).

Bes.: Keine.

T: 23 - 27° C, **L**: 10 cm, **BL**: 80 cm; m, (u), **SG**: 3.

Allotoca (Neoophorus) goslinei SMITH & MILLER, 1987
Goslines Hochlandkärpfling

Syn.: Keine.

Vork.: Rio Potrero Grande, Rio Ameca, Rio Ameca Becken, Jalisco, Mexiko.

Ersteinf.: 1983 durch RADDA nach Österreich, 1989 durch SCHINDLER nach Deutschland.

GU: ♂♂ mit Andropodium, großausgebildeter Rückenflosse und intensiveren Körperfarbmustern.

Soz.V.: Friedliche und scheue Art, die nicht im Gesellschaftsbecken gepflegt werden kann. Im Vergleich zu den beiden Geschwister-Arten, A. *maculata* und A. *dugesii,* in seiner Fortbewegung noch behäbiger.

Hält.B.: Am besten in kleinen Gruppen im Artenbecken bei mäßiger Beleuchtung und dichter Bepflanzung. Schwache Filterung über Stein oder Kohle, frisches, sauerstoffreiches Wasser (Wasserwechsel wöchentlich bis 2/3 Inhalt). Die Fische sind gegen Temperatursturz und abrupte chemische Änderung der Wasserverhältnisse sehr empfindlich. Wasser: pH-Wert 7,0 - 7,6; Härte 5 - 20° dGH.

Fortsetzung übernächste Seite

Allotoca diazi ♀

Allotoca goslinei ♂

Fam.: Goodeidae

Fortsetzung von *Allotoca goslinei*

ZU: Die Zucht gelingt am besten paarweise in kleinen Aquarien (30 - 40 Liter) mit ausreichend feinfiedriger Bepflanzung und intensiver Fütterung mit *Artemia*. Im Intervall von 55 Tagen werden in den bislang beobachteten Fällen bis zu 20 ca. 1 cm lange Jungfische vom Muttertier abgesetzt. Bei sehr guter Fütterung ist der Kannibalismus der Art stark eingeschränkt.

FU: O; Allesfresser; Flockenfutter, Mükkenlarven, vorzugsweise *Artemia*.

Bes.: *Allotoca goslinei* ist vom Aussterben bedroht.

T: 24 - 28° C, **L:** 6 cm, **BL:** 60 cm, **WR:** u, (m), **SG:** 3

Allotoca (Allotoca) maculata
Magdalena-Hochlandkärpfling

SMITH & MILLER, 1980

Syn.: Keine.

Vork.: Laguna de Santa Magdalena und Hacienda San Sebastian, Etzatlan, Magdalena-Becken, Jalisco.

Ersteinf.: 1991 durch DIBBLE und LAMBERT nach England und Deutschland importiert.

GU: ♂♂ mit Andropodium und größer ausgebildeter Rückenflosse; ♀♀ mit dunkelblau gefärbtem Bauchbereich.

Soz.V.: Behäbige Fische, leicht aggressiv, vor allem gegen Artgenossen. Der Kärpfling könnte zwar gut mit gleichlangen robusten Fischen, wie Kleincichliden, vergesellschaftet werden, jedoch ist ein Artbecken wegen der Seltenheit der Tiere am besten geeignet.

Hält.B.: In kleinen Formationen im Artbecken bei schwacher Beleuchtung. Das Aquarium sollte gut gefiltert und durchlüftet sein. Auf einen regelmäßigen Wasserwechsel (wöchentlich die Hälfte) ist zu achten. Die Fische sind wie alle *Allo-*toca-Arten gegen einen abrupten Temperatursturz sehr empfindlich. Wasser: pH-Wert 7,0 - 7,7; Härte 5 - 20° dGH.

ZU: Die erfolgreiche Zucht des Magdalena-*Allotoca* ist mehrfach gelungen und gleicht der von *Allotoca dugesii*. Die Tiere zeigen bei sehr guter Fütterung mit Fleischnahrung nur selten Kannibalismus. Ein Umsetzen von trächtigen ♀♀ kann 14 Tage vor der Geburt in separate, dicht bepflanzte Aquarien erfolgen. Nach durchschnittlich 55 Tagen werden bis zu 25 etwa 1 cm lange Jungfische geboren. Die Geschlechtsreife setzt mit etwa 6 Monaten ein.

FU: O, K; Allesfresser, der jedoch Fleischnahrung bevorzugt. Gut geeignet sind Rinderherz, *Tubifex* und kleine Krebstiere.

Bes.: Vom Aussterben bedrohte Art; von der Typuslokalität Laguna de Santa Magdalena bereits ausgestorben.

T: 22 - 26° C, **L:** 4 cm, **BL:** 60 cm, **WR:** u (m), **SG:** 3

Bergbach am Monte Colimai, Mexiko, Biotop von *Ilodontichthys*

Allotoca maculata ♀

Fam.: Goodeidae
Unterfam.: Empetrichthyinae

Empetrichthys* latos latos
Pahrump-Hochlandkärpfling

MILLER, 1948

Syn.: Keine.

Vork.: Pahrump-Valley, Nevada, USA.

Ersteinf.: 1990 durch WILDEKAMP nach Holland importiert.

GU: ♀♀ sind besonders während der Paarungszeiten kräftiger im Leibesumfang und haben eine plumpe Körpergestalt. ♂♂ sind während der Balz dunkel getönt und erscheinen bisweilen völlig schwarz.

Soz.V.: Prinzipiell friedliche Fische. ♂♂ verhalten sich gegeneinander aggressiv und bilden Reviere. Die Fische sind sehr scheu.

Hält.B.: Die Art benötigt auch im Aquarium ausreichend freien Schwimmraum. Der Bodengrund kann mit einer Sandschicht bedeckt sein. Als Beckenbepflanzung sind feinfiedrige Pflanzenarten besonders gut geeignet. Die Tiere werden am besten im arteigenen Aquarium gepflegt. Die Fische sind wärmebedürftig. Ein Salzzusatz zum Aquarienwasser ist nicht erforderlich, kann aber in manchen Fällen für das Wohlbefinden der Fische nützlich sein. Wasser: pH-Wert 7,4 - 8,4; Härte 7 - 30° dGH.

ZU: Die Zucht der genannten Art ist mit jener von Crenichthys baileyi vergleichbar. Als Laichsubstrat sind dichte Algenpolster besonders gut geeignet. E. latos latos wird am besten paarweise in ein Zuchtbecken überführt. Die Alttiere werden nach der Eiablage aus dem Zuchtbehältnis genommen. Die Jungfische können anfangs mit Infusorien und nach 1 - 2 Wochen mit sehr kleinen Krebstieren und feinem Flockenfutter gut ernährt werden.

FU: K; kleines Lebendfutter, Mückenlarven, Insektenlarven und Krebstiere.

Bes.: Die Art umfaßt insgesamt drei Unterarten, wovon E. latos pahrump und E. latos concavus bereits ausgestorben sind. Die Nominatform selbst ist vom Aussterben bedroht.
* In jüngeren wissenschaftlichen Schriften wird die Gattung Empetrichthys zusammen mit Cyprinodon und anderen Kärpflings-Gattungen wiederum zu Cyprinodontidae gestellt.

T: 20 - 25° C, L: 2,5 - 3,5 cm, BL: 50 cm, WR: o, m, SG: 2

Empetrichthys latos latos

Biotop von *Empetrichthys latos latos*, Corncreek Pool, Nevada, USA

Fam.: Goodeidae

Goodea gracilis   HUBBS & TURNER, 1939
Schlanker Schwarzflossen-Hochlandkärpfling

Syn.: *Goodea caliente, Goodea calientis, Goodea atripinnis* (teilweise).

Vork.: Rio Santa Maria, San Luis Potosí; Rio San Juan del Rio, Queretaro; Mexiko.

Ersteinf.: Nicht genau bekannt.

GU: ♂♂ mit Andropodium und in den Körperabmessungen wesentlich kleiner als die ♀♀.

Soz.V.: Der Kärpfling kann trotz seines bulligen äußeren Erscheinungsbildes als recht friedliche Art betrachtet werden und ist aus diesem Grunde sehr gut mit anderen Fischen zu vergesellschaften.

Hält.B.: Die Fische können wie die Nominatform als sehr anspruchslos in der Pflege gelten. Die Aquariumbepflanzung sollte sich hauptsächlich aus nicht zu feinfiedrigen Arten zusammensetzen; geeignet sind vor allem *Anubias* und Vallisnerien. Wasser: pH-Wert 7,0 - 7,7; Härte bis 20° dGH.

ZU: Die Zucht ist relativ einfach. Nach durchschnittlich 55 Tagen werden bis zu 50 bereits 1,5 cm lange Jungfische von den ♀♀ abgesetzt. Bei guter Fütterung bleiben die Neugeborenen von den Alttieren unbehelligt. Die Geschlechtsreife ist nach etwa 6 Monaten zu erwarten.

FU: O; Allesfresser; Flockenfutter, Gefrierfutter, Lebendfutter. Gut geeignet sind kleine Würmer und Rinderherz.

Bes.: Siehe auch Aquarien Atlas Band 3 bei *Goodea atripinnis*, S. 588.

T: 21 - 27° C, **L**: ♂ 8 cm, ♀ 12 cm, **BL**: 100 cm, **WR**: u (m), **SG**: 2 (1).

Hubbsina turneri   DE BUEN, 1941
Turners Hochlandkärpfling

Syn.: Keine.

Vork.: In den letzten Jahren konnte die Art lediglich in einer Lagune bei Zacapu, Mexiko, nachgewiesen werden. Nach Literaturangaben in Fluß- und Teichbereichen in den Staaten Michoacan und Guanajuata, Mexiko, verbreitet.

Ersteinf.: 1988 durch SCHINDLER nach Deutschland und durch LAMBERT nach England importiert.

GU: ♂♂ mit Andropodium, breit ausgebildeter Rückenflosse, dunkle und intensive Körperfärbung.

Soz.V.: Friedliche Fische mit langsamen Schwimmbewegungen. Die männlichen Tiere sind revierbildend. Wegen der Besonderheit und Behäbigkeit des Kärpflings ist die Pflege nur im Artenbecken möglich.

Hält.B.: Sauerstoffreiches und sauberes Wasser, Bodengrund aus feinem Sand, möglichst dichte, feinfiedrige Bepflanzung, mäßige Filterung und ein regelmäßiger Wasserwechsel sind die Grundbedingungen für eine erfolgreiche Pflege dieser Kärpflingsart. Wasser: pH-Wert 7,0 - 7,5; Härte bis 15° dGH.

ZU: Die Zucht ist in den bislang beobachteten Fällen sehr schwierig. Im allgemeinen werden nach einer Tragzeit von 55 Tagen bis zu 15 ca. 7 mm lange Jungfische abgesetzt, die nur langsam heranwachsen und sehr krankheitsanfällig sind. Bisher konnte die Art in kaum mehr als zwei Generationenfolgen zur Fortpflanzung gebracht werden.

FU: O; mäßig Flockenfutter; am besten geeignet ist kleines Lebendfutter; kleine

Fortsetzung übernächste Seite

Goodea gracilis ♂, ♀ Seite 475

Hubbsina turneri ♀

Fam.: Goodeidae

Fortsetzung von *Hubbsina turneri*

Mückenlarven werden ebenfalls gerne gefressen.

Bes.: Die Art ist vom Aussterben bedroht. *Hubbsina* zeigt, wie die Vertreter der Gattung *Girardinichthys,* eine lange, ausgezogene, rautenförmige Rückenflosse. Die Form der Afterflosse ist jedoch eher mit der von anderen Goodeidae-Gattungen vergleichbar.

T: 23 - 26° C, **L**: 6 cm, **BL**: 60 cm, **WR**: u (m), **SG**: 3

Ilyodon furcidens "amecae"
Ameca-Leopard-Hochlandkärpfling

KINGSTON, 1979

Syn.: *Ilyodon amecae.*

Vork.: Rio Ameca-Becken, Jalisco, Mexiko.

Ersteinf.: 1984 durch RADDA nach Österreich und Deutschland importiert.

GU: ♂♂ mit Andropodium und groß ausgebildeter Rückenflosse; Körperfarben intensiver als bei den ♀♀.

Soz.V.: Eine Vergesellschaftung mit anderen, gleich langen, friedlichen Fischen sollte nur bei ausreichender Aquariengröße (200 Liter) erfolgen. Der Ameca-Leopard-Hochlandkärpfling kann sich - wie auch die Nominatform - gut gegenüber kleinen Cichliden behaupten.

Hält.B.: Für den Ameca-Leopard-Hochlandkärpfling wird, wie für die Nominatform, ein geräumiges Aquarium mit mindestens 100 Liter Wasserfassungsvermögen empfohlen. An die Wasserqualität und Dekoration des Beckens werden von den Tieren keine Ansprüche gestellt.

Dennoch sollte die Wasserqualität gut sein und ein regelmäßiger Wechsel erfolgen. Wasser: pH-Wert 6,6 - 7,8; Härte 5 - 40° dGH.

ZU: Von den ♀♀ werden durchschnittlich alle 55 Tage bis zu 50 ca. 1 cm lange,Jungfische abgesetzt. Die Neugeborenen tragen am 1. und 2. Tag nach ihrer Geburt lange Trophotaenien am hinteren Bauchbereich. Bei guter und ausreichender Fütterung wird den Jungfischen von den Alttieren nicht nachgestellt. Die Fische sind gegen Krankheitsbefall relativ unempfindlich.

FU: O; Allesfresser, besonders gerne wird Flockenfutter mit Pflanzenanteil genommen. Sämtliche Algenarten werden im Aquarium von dem Kärpfling gierig gefressen. Auch Lebendfutter, Frostfutter aller Art und Rinderherz sind den Tieren bekömmlich.

Bes.: Dies ist ein nomen nudum. Die Beschreibung wurde nie veröffentlicht, sondern befindet sich in einer unveröffentlichten, nach amerikanischem Recht ungültigen Doktorarbeit.

T: 24 - 28° C, **L**: ♂ 8 cm, ♀ 10 cm, **BL**: 100 cm, **WR**: u, m (o), **SG**: 1

Ilyodon furcidens "amecae" ♂

Ilyodon furcidens "amecae" ♀

Fam.: Goodeidae

Skiffia francesae
Frances' Hochlandkärpfling

KINGSTON, 1978

Syn.: Keine.

Vork.: Rio Teuchitlan-Becken, Jalisco, Mexiko.

Ersteinf.: 1982 durch MEYER nach Deutschland importiert.

GU: ♂♂ mit Andropodium, groß ausgebildeter Rückenflosse mit 5 stark verkürzten vorderen Strahlen, intensive dunkle Körperfärbung.

Soz.V.: Die Frances' *Skiffia* ist in ihrem Verhalten gegenüber artfremden Beckenmitinsassen friedlich. Innerartlich sind die ♂♂ vor allem gegen nicht paarungsbereite ♀♀ aggressiv. Wegen seiner Seltenheit sollte der Kärpfling im Artenbecken gepflegt werden.

Hält.B.: Über Stein gefiltertes, sauerstoffreiches und sauberes Wasser. Das Aquarium sollte gut bepflanzt und mit Versteckmöglichkeiten ausgestattet werden. Die Aquarium-Beleuchtung darf nicht zu stark sein. Kein Salzzusatz zum Aquarienwasser!

ZU: Die Zucht von Frances' Kärpfling ist in den meisten Fällen sehr einfach. Im Intervall von ca. 40 - 55 Tagen werden bis zu 25 bereits 1 cm lange Jungfische von den weiblichen Tieren abgesetzt. Die ♀♀ erscheinen 4 - 5 Tage vor dem Wurfdatum, wie bei fast allen *Goodeidae*-Arten, mit eckigem, stark angeschwollenem Bauchumfang. Trächtige ♀♀ können etwa 14 Tage vor dem Wurfdatum in ein separates Becken überführt werden, wo sie bei sehr guter Fütterung den Jungfischen nicht nachstellen.

FU: O; Allesfresser; Flockenfutter, Rinderherz, kleine Mückenlarven, *Artemia*.

Bes.: Vom Aussterben bedrohte Art. *Skiffia francesae* galt lange Zeit in der Natur als ausgestorbene Art. Nach jüngsten Untersuchungen ist der Kärpfling in natürlichen Breiten vereinzelt wieder nachgewiesen worden.

T: 21 - 27° C, **L**: 6 cm, **BL**: 80 cm, **WR**: o m u, **SG**: 3

Skiffia lermae
Lerma-Hochlandkärpfling

MEEK, 1912

Syn.: *Goodea lermae*.

Vork.: Quellbereiche kleiner Flüsse, Teichregionen und Seen, Michoacan, Mexiko.

Ersteinf.: 1982 durch RADDA nach Österreich und Deutschland importiert.

GU: ♂♂ mit Andropodium, die 5 ersten Strahlen der Rückenflosse sind stark verkürzt, hinterer Teil der Rückenflosse groß ausgeprägt, gelbe und blaue Körperfarben (in der Paarungszeit), Flossen gelb getönt.

Soz.V.: Sehr friedliche Fische, die wegen ihrer Empfindlichkeit gegen Krankheitsbefall nicht mit anderen Fischarten vergesellschaftet werden sollen. Wie bei

allen *Skiffia*-Arten zeigt auch *S. lermae* ein Balzverhalten; ♂♂ mit Balztanz.

Hält.B.: Sauberes, sauerstoffreiches und gut gefiltertes Wasser sind Voraussetzung für die erfolgreiche Halterung der Art. Nach Möglichkeit sollte das Aquarium gut bepflanzt sein. Ein leichter Salzzusatz zum Aquarienwasser (2 gehäufte Eßlöffel auf 100 Liter) kann dem Wohlbefinden der Kärpflingsart förderlich sein.

ZU: Im Vergleich zu vielen anderen Goodeidae-Vertretern ist die Zucht von *Skiffia lermae* schwierig. Die ersten Importe sind bereits nach kurzer Zeit wie-

Fortsetzung übernächste Seite

Skiffia francesae ♂ (unten) und ♀

Skiffia lermae ♂ (links) und ♀

Fortsetzung von *Skiffia lermae*

der aus den Aquarien der Liebhaber verschwunden. Erst jüngste Importe brachten vitalere Tiere in die Aquaristik; vor allem eine etwas abweichende Form von Zacapu ließ sich bisher gut vermehren. Im allgemeinen werden nach 50 - 60 Tagen ca. 25 etwa 1 cm lange Jungfische vom Muttertier abgesetzt. Nur selten konnte ein leichter Kannibalismus bei den Tieren beobachtet werden.

FU: O; Allesfresser, bevorzugt wird allerdings kleines Lebendfutter, ideal sind *Artemia*-Nauplien.

Bes.: Keine.

T: 21 - 28° C, **L:** 5 cm, **BL:** 60 cm, **WR:** u (m) **SG:** 3

Skiffia multipunctata
Vielpunkt-Hochlandkärpfling

(PELLEGRIN, 1901)

Syn.: *Xenendum multipunctatum, Goodea multipunctata, Ollentodon multipunctatus, Skiffia punctatus.*

Vork.: Rio Lerma-Becken, Michoacan, Jalisco, Mexiko.

Ersteinf.: Wahrscheinlich durch WAITZE 1939 nach Deutschland, 1990 durch LAMBERT nach England, 1991 nach Deutschland importiert.

GU: ♂♂ mit Andropodium, groß ausgebildeter Rückenflosse mit 5 verkürzten vorderen Strahlen, intensive Körperzeichnung.

Soz.V.: Relativ friedliche Kärpflinge, die gut mit anderen Fischen vergesellschaftet werden können. Der Vielpunkt-Kärpfling ist jedoch sehr selten in seiner natürlichen Verbreitung und sollte deshalb im Artenbecken gepflegt werden.

Hält.B.: Im Vergleich zu *Skiffia lermae* ist der Vielpunkt-Kärpfling nicht so empfindlich gegen Krankheitsbefall. Trotzdem sollten den Fischen sauberes Wasser (leichte Filterung) und ein gut bepflanztes Aquarium geboten werden. Kein Salzzusatz zum Aquarienwasser!

ZU: Auch die Zucht ist bei *S. multipunctata* wesentlich einfacher und produktiver als bei *S. lermae*. Im Intervall von 50 bis 55 Tagen werden bis 30 ca. 1,2 cm lange Jungfische vom Muttertier abgesetzt. Die Jungtiere tragen die ersten 12 bis 36 Stunden nach der Geburt sehr lange Trophotaenien (Nabelschnur). Bei guter Fütterung konnte bei den Tieren bislang noch kein Kannibalismus beobachtet werden.

FU: O; Allesfresser; Flockenfutter, Frostfutter wie auch kleines Lebendfutter wird gerne und in großen Mengen genommen.

Bes.: In der aquaristischen und wissenschaftlichen Literatur ist der Vielpunkt-Kärpfling oft mit dem Lermae-Hochlandkärpfling verwechselt worden. *Skiffia multipunctata* ist vom Aussterben bedroht.

T: 21 - 28° C, **L:** 6 cm, **BL:** 60 cm, **WR:** u. (m) **SG:** 2

Skiffia lermae ♂ (ungefleckt)

Skiffia multipunctata ♂ (gefleckt)

Zoogoneticus cf. *quitzeoensis*
Weißsaum-Hochlandkärpfling

Syn.: *Platypoecilus quitzeoensis*.

Vork.: Lago Chapala, Jalisco, Mexiko.

Ersteinf.: 1990 durch LAMBERT nach England, 1991 nach Deutschland importiert.

GU: ♂♂ mit Andropodium, groß ausgeprägter Rückenflosse, Rücken- und Afterflosse weiß gerandet, Schwanzflosse mit gelborangenem Band, Körperfarben intensiv.

Soz.V.: Wie der Goldsaum-Hochlandkärpfling ist auch die hier beschriebene Form friedlich und für die Vergesellschaftung mit gleich langen oder kleineren friedlichen Fischen durchweg geeignet. Wegen seiner Seltenheit sollte der Weißsaum-Hochlandkärpfling jedoch im Artbecken gehältert werden.

Hält.B.: Die Tiere sind bei zu kalter Hälterung gegen Krankheitsbefall sehr empfindlich. Das Aquarienwasser sollte stets sauber und gut durchlüftet sein (schwache Filterung). Eine dichte, feinfiedrige Bepflanzung ist dem Wohlbefinden der Fische förderlich.

ZU: Bei guten Hälterungsbedingungen setzen die ♀♀ im Intervall von 55 - 60 Tagen bis zu 25 ca. 1 cm lange Jungfische ab. Nur in wenigen Fällen konnte bisher ein Kannibalismus bei dem Weißsaum-Hochlandkärpfling nachgewiesen werden. Die Geschlechtsreife tritt im Durchschnitt nach 6 Monaten ein.

FU: O; Flockenfutter und kleines Lebendfutter, wie *Artemia*.

Bes.: Die beschriebene Form, die vor allem in der Färbung von der Nominatform abweicht, konnte bislang nur an einer einzigen Sammelstelle vom Lake Chapala nachgewiesen werden, wo sie mit dem Goldsaum-Hochlandkärpfling syntop lebt. Von beiden Formen konnten bislang noch keine Mischlinge gefunden werden. Der Weißsaum-Hochlandkärpfling ist eine Seltenheit und wahrscheinlich vom Aussterben bedroht.

T: 25 - 28° C, L: 6 cm, BL: 60 cm, WR: m (o), SG: 2

Zoogoneticus quitzeoensis ♂ (Nominatform)

Zoogoneticus cf. *quitzeoensis* ♂

Zoogoneticus cf. *quitzeoensis* ♀

Allodontichthys zonistius ♀, Text Seite 452

Allotoca goslinei, Text Seite 458

Goodea gracilis ♂, Text Seite 464

Skiffia multipunctata ♂ (ungefleckt), Text Seite 470

Fam.: Poeciliidae

Belonesox belizanus maxillosus
Gelber Hechtkärpfling

HUBBS, 1936

Syn.: *Belonesox belizanus* (teilweise).

Vork.: Küstengewässer und Brackwasserzonen, Yucatán Peninsula, Mexiko.

Ersteinf.: Nicht genau nachweisbar, jedoch 1991 durch BRECHT nach Deutschland importiert.

GU: ♂♂ mit Gonopodium; Brust- und Bauchbereich während der Balz intensiv gelb gefärbt.

Soz.V.: Ein Räuber, der versteckt auf seine Beute lauert. Die Vergesellschaftung mit gleich langen Fischen ist sehr gut möglich.

Hält.B.: Durchlüftetes, schwach gefiltertes, sauerstoffreiches Wasser. Die Bepflanzung sollte nicht allzu dicht sein, da die Fische besonders im Freiraum auf Beute lauern. Ein Salzzusatz zum Aquarienwasser ist dem Wohlbefinden der Tiere förderlich. Die zugegebene Salzmenge kann je nach Einrichtung des Aquariums erfolgen. Die Fische lassen sich vollständig an Meerwasser gewöhnen. Wasser: pH-Wert 7 - 8,5; Härte mindestens 5° dGH.

ZU: Je nach Fütterung und Temperatur des Aquarienwassers werden im Intervall von durchschnittlich 60 Tagen zwischen 20 und 100 ca. 3 cm lange Jungfische vom ♀ abgesetzt. Die Neugeborenen bleiben gewöhnlich in den ersten Stunden nach der Geburt vom Muttertier unbehelligt.

FU: K; neugeborene Hechtkärpflinge kann man ausgezeichnet mit *Artemia* füttern. Die Nauplien werden noch von 4 Wochen alten Jungfischen aufgenommen. Ab dem Alter von 14 Tagen bis 4 Wochen sollten bereits lebende Fische als Futter gereicht werden. Von der Fütterung mit Mückenlarven ist abzuraten, da der Darmtrakt der Tiere auf diese Kost für längere Zeit nicht eingestellt ist. Die Fütterung mit Mückenlarven führt bei *Belonesox* zwangsläufig zum Tode. Ältere Tiere sind reine Fleischfresser.

Bes.: Art mit besonders langem schnabelförmigen Maul bzw. stark verlängerten Kiefern. Der Unterartenstatus ist umstritten.

T: 24 - 28° C, **L**: ♀ 20 cm, ♂ 11 cm, **BL**: 100 cm, **WR**: o (m), **SG**: 2 - 4 (K)

Brachyrhaphis cascajalensis
Cascajal-Kärpfling

(MEEK & HILDEBRAND, 1913)

Syn.: *Gambusia cascajalensis*.

Vork.: Atlantische Gewässer vom Süden Costa Ricas bis San Blas, Panama.

Ersteinf.: 1980 durch RADDA nach Österreich und Deutschland importiert.

GU: ♂♂ mit Gonopodium; ♂♂ intensiver gefärbt und schlanker im Körperbau als die ♀♀.

Soz.V.: Wie alle Vertreter der Gattung *Brachyrhaphis* sind diese Tiere in ihrem Verhalten gegenüber Beckenmitinsassen leicht aggressiv. In seltenen Fällen kommt es zu Flossenbeissereien. Von der Ver-

gesellschaftung mit kleinen Friedfischen ist abzuraten.

Hält.B.: Sauerstoffreiches, gut über Kohle oder Stein gefiltertes, sauberes Wasser. Der Bodengrund kann feinsandig oder mit Kies bedeckt sein; mäßige Rand- und Hintergrundbepflanzung, jedoch dichte schwimmende Pflanzendecke.

ZU: Die Zucht des Cascajal-Kärpflings ist bei einem vitalen Zuchtstamm nicht sonderlich schwierig. Je nach Fütterung

Fortsetzung übernächste Seite

Belonesox belizanus maxillosus ♂ und ♀ (oben)

Brachyrhaphis cascajalensis ♂, ♀ Seite 512

Fortsetzung von *Brachyrhaphis cascajalensis*

und Temperatur werden im Intervall von 28 Tagen zwischen 15 und 40 ca. 7 mm lange Jungfische vom Muttertier abgesetzt. Ein Kannibalismus ist bei den Tieren stark ausgeprägt und nur bei sehr guter und ständiger Fütterung etwas einzudämmen. Abhilfe schafft auch das Absetzen von einzelnen trächtigen ♀♀ in separate Becken mit Laichkasten oder starker Bepflanzung.

FU: O, K; Allesfresser, Trockenfutter, Rinderherz, Mückenlarven, bevorzugt werden kleine Krebstiere.

Bes.: Die Tragzeit von durchschnittlich 28 Tagen ist im Vergleich zu anderen *Brachyrhaphis*-Arten sehr kurz.

T: 24 - 28° C, **L:** ♀ 7 cm, ♂ 4 cm, **BL:** 100 cm, **WR:** o, m, **SG:** 2

Brachyrhaphis cf. *episcopi*
Falscher Bischofskärpfling

(STEINDACHNER, 1878)

Syn.: *Gambusia episcopi, Priapichthys episcopi, Gambusia latipunctata.*

Vork.: Atlantische und pazifische Gewässer des mittleren Panama, El Valle.

Ersteinf.: 1987 durch FROMM nach England und Deutschland importiert.

GU: ♂♂ mit Gonopodium und wesentlich kleiner in den Körperabmessungen.

Soz.V.: Im Vergleich zur Nominatform ist die besprochene Kärpflingsform wesentlich aggressiver. Die ♀♀ verhalten sich gegenüber Beckenmitinsassen, nicht aber gegen die arteigenen ♂♂, sehr bissig. Von der Vergesellschaftung mit Friedfischen ist abzuraten. Die ♂♂ von *Brachyrhaphis* cf. *episcopi* zeigen ein Nipp-Beiß-Verhalten an der Bauch- und Genitalregion der ♀♀ während der Balz.

Hält.B.: Regelmäßige Wasserwechsel (wöchentlich halber Beckeninhalt) und Sonnenlicht sind für das Wohlbefinden der Art sehr förderlich. Die Filterung kann

über Kohle oder Stein erfolgen. Gute Beleuchtung und ein gesunder Pflanzenwuchs sind wichtige Faktoren für die erfolgreiche Haltung der Kärpflinge. Wasser: pH-Wert 7,0 - 7,5; Härte 10 - 20° dGH.

ZU: Die Tiere sind sehr anfällig gegen Krankheiten. Die Zuchtbecken sollten nach Möglichkeit steril sein. Auf Bodengrund und Dekoration sollte verzichtet werden; gut durchlüftetes und schwach gefiltertes Aquarienwasser sowie eine schwimmende Pflanzenart (*Ceratophyllum* oder Javafarn) sind optimal. Die weiblichen Tiere sind bei schlechter Fütterung sehr kannibalisch.

FU: K, O; Allesfresser, der jedoch Lebendfutter bevorzugt; Mückenlarven, *Tubifex* und kleine Krebstiere.

Bes.: Einzigartiges Balzverhalten der männlichen Tiere innerhalb der Gattung *Brachyrhaphis*.

T: 23 - 27° C, **L:** ♀ 7 cm, ♂ 4 cm, **BL:** 80 cm, **WR:** m (o), **SG:** 2

Brachyrhaphis cf. *episcopi* ♂

Brachyrhaphis cf. *episcopi* ♀

Fam.: Poeciliidae

Carlhubbsia stuarti
Stuarts Kärpfling

ROSEN & BAILEY, 1959

Syn.: Keine.

Vork.: Rio Polochic-System, Lake Izabal, Rio Dulce, Guatemala.

Ersteinf.: 1977 durch SCHLOSSER nach Österreich und Deutschland importiert.

GU: ♂♂ mit langem Gonopodium.

Soz.V.: Friedliche Kärpflinge, die sich mit anderen Fischen sehr gut vergesellschaften lassen. In natürlichen Breiten lebt die Art zusammen mit *Gambusia luma*, *Poecilia butleri*, *Belonesox belizanus* und verschiedenen *Cichlasoma*-Arten.

Hält.B.: Die Fische bevorzugen leicht bewegtes, sauerstoffreiches und sauberes Wasser. Eine optimale Filterung mit regelmäßigem Wasserwechsel wird empfohlen. Eine dichte Bepflanzung im Aquarium entspricht den natürlichen Verhältnissen. Im Rio Dulce hält sich Stuarts Kärpfling unter einer dichten *Ceratophyllum*- und *Vallisneria*-Pflanzendecke auf.

ZU: Bei dichter Bepflanzung des Aquariums braucht man für die Zucht keine separaten Becken herzurichten. Nach durchschnittlich 28 Tagen werden vom ♀ zwischen 10 und 50 etwa 6 - 8 mm lange Jungfische abgesetzt. Den Neugeborenen wird bei ausreichender Fütterung nur selten von den Alttieren nachgestellt. Die Geschlechtsreife der Art folgt im allgemeinen zwischen dem 3. und 4. Monat.

FU: O; Allesfresser; Flockenfutter, Mückenlarven, Rinderherz, *Tubifex*, Grindal und *Artemia* - Nauplien.

Bes.: Keine.

T: 23 - 27° C, **L:** ♀ 5 cm, ♂ 4 cm, **BL:** 60 cm, **WR:** m (u), **SG:** 2

Gambusia alvarezi
Alvarezkärpfling

HUBBS & SPRINGER, 1957

Syn.: *Gambusia gaigei*.

Vork.: Nur von der Typuslokalität, Ojo San Gregorio, Chihuahua, Mexiko, bekannt.

Ersteinf.: 1984 durch WIRTH, ALLSPACH, MEYER & MEYER nach Deutschland importiert.

GU: ♂♂ schlanker und am Gonopodium deutlich erkennbar.

Soz.V.: Leicht aggressive Art, die oftmals gleich langen und kleineren Fischen die Flossen beschädigt. Aus diesem Grund und nicht zuletzt wegen seines besonderen Status (vom Aussterben bedroht) sollte *G. alvarezi* im Artbecken gepflegt werden.

Hält.B.: Wie das natürliche Biotop sollte auch das Aquarium dicht mit *Ceratophyllum* und *Ludwigia* bewachsen sein. Für eine gute Wasserqualität und ausreichend Licht ist Sorge zu tragen. Eine leichte Filterung ist von Vorteil. Wasser: pH-Wert 7,5; Härte 10 - 15° dGH.

ZU: Die Trächtigkeitsdauer beträgt im Intervall durchschnittlich 38 Tage. Ein Wurf umfaßt selten mehr als 20 - 25 Neugeborene (meistens weniger). Die Elterntiere verhalten sich stark kannibalisch - besonders dann, wenn zu wenig Fleischnahrung gereicht wird. In den bislang beobachteten Fällen werden wesentlich

Fortsetzung übernächste Seite

Carlhubbsia stuarti ♂ unten links, ♀ oben

Gambusia alvarezi ♂

Fam.: Poeciliidae

Fortsetzung von *Gambusia alvarezi*

mehr weibliche Tiere geboren (Verhältnis 7:3). Die Zucht ist im dicht bepflanzten Artbecken am erfolgreichsten.

FU: O, K; Allesfresser, der jedoch Fleischnahrung wie Mückenlarven oder Rinderherz bevorzugt.

Bes.: Die Tiere sind vom Aussterben bedroht. Der Lebensraum von *G. alvarezi* umfaßt lediglich ein Areal von 5 x 3 Meter, das sich in Privatbesitz befindet.

T: 24 - 28° C, **L:** ♀ 4 cm, ♂ 3 cm, **BL:** 60 cm, **WR:** u, (m), **SG:** 3

Gambusia aurata
Limonen-Kärpfling

MILLER & MINCKLEY, 1970

Syn.: *Gambusia myersi* (teilweise).

Vork.: Rio Mante System, Tamaulipas, Mexiko.

Ersteinf.: 1979 durch RADDA nach Deutschland und Österreich importiert.

GU: ♂♂ mit Gonopodium und kürzeren Körperabmessungen.

Soz.V.: Der Kärpfling ist leicht aggressiv und zerzaust unter Umständen artfremden Beckeninsassen den Flossenbehang.

Hält.B.: Die Pflege dieser Art ist relativ einfach. Die Wasserqualität sollte dennoch gut sein; leichte Filterung über Kohle oder Stein und eine dichte Bepflanzung mit *Ceratophyllum* und *Ludwigia* erhöhen das Wohlbefinden der besprochenen Fischart. Wegen seiner Seltenheit und Aggressivität sollte der Limo-nen-Kärpfling im Artenbecken gepflegt werden.

ZU: Bei guter, abwechslungsreicher Fütterung werden vom ♀ durchschnittlich nach einer Tragzeit von 4 - 5 Wochen 15 - 30 etwa 6 - 8 mm lange Jungfische abgesetzt. Die Alttiere stellen nur bei sehr guter Fütterung den Neugeborenen nicht nach; es wird empfohlen, trächtige ♀♀ in gut bepflanzten Zuchtbehältern zu isolieren.

FU: O, K; Allesfresser; Flockenfutter, Lebendfutter aller Art, Frostfutter, gefriergetrocknetes Futter, Rinderherz.

Bes.: In natürlichen Breiten sehr selten, wahrscheinlich vom Aussterben bedrohte Kärpflingsart; hybridisiert in der Natur mit *Gambusia affinis*.

T: 24 - 28° C, **L:** ♀ 4 cm, ♂ 3 cm, **BL:** 80 cm, **WR:** m (o), **SG:** 3

Gambusia eurystoma
Breitmaul-Kärpfling

MILLER, 1975

Syn.: Keine.

Vork.: Das Vorkommen der Art ist auf schwefelhaltige Quellen des Arroyo del Azufre, Tabasco, Mexiko, beschränkt.

Ersteinf.: 1980 durch FRITSCHER, RADDA, VOGEL und MEYER nach Deutschland und Österreich importiert.

GU: ♂♂ mit Gonopodium und schlankerem Körperbau.

Soz.V.: Im Aquarium ist die Breitmaul-Gambusie gegenüber artfremden gleich langen Fischen leicht aggressiv.

Hält.B.: Schon wegen der Seltenheit sollte *Gambusia eurystoma* im Artenbecken gehalten werden. Die Fische sind sehr empfindlich gegen Krankheitsbefall, vor allem gegen Außenparasiten. Sauberes Wasser mit leichter Rivanolkonzentration;

Fortsetzung übernächste Seite

Gambusia aurata ♂

Gambusia aurata ♀

Fortsetzung von *Gambusia eurystoma*

ohne Filterung, jedoch gut durchlüften. Als Dekoration eignet sich Gestein oder Wurzelwerk. Nach Möglichkeit sollte auf eine Bepflanzung und auf Bodengrund verzichtet werden. Wasser: pH-Wert 7,2 bis 7,8; Härte 5 - 20° dGH.

ZU: Selten werden mehr als 4 Jungfische vom ♀ abgesetzt. Die Tragzeit beträgt durchschnittlich 5 Wochen. Die Neugeborenen der Breitmaul-Gambusie sind etwa 8 mm lang und in den ersten Stunden nach der Geburt sehr unbeholfen. Bei ausreichender und abwechslungsreicher Fütterung wird den Jungfischen von den Alttieren nicht nachgestellt. Wie die Elterntiere sind die Jungfische ebenfalls sehr empfindlich gegen Krankheitsbefall.

FU: O, K; Allesfresser; Lebendfutter aller Art, bevorzugt wurden *Tubifex* und *Artemia;* Flockenfutter und Gefrierfutter wird ebenfalls gerne genommen.

Bes.: Eine Besonderheit ist die geringe Anzahl der Neugeborenen; sehr selten bei Poeciliiden.

T: 24 - 29° C, L: ♀ 3.5 cm, ♂ 2.5 cm, BL: 40 cm, **WR:** m, o, **SG:** 3

Gambusia hispaniolae
Rotflossen-Kärpfling

FINK, 1971

Syn.: *Gambusia dominicensis* (teilweise).

Vork.: Haiti und westlicher Teil der Dominikanischen Republik; Hispaniola.

Ersteinf.: 1912 durch KROPAC nach Deutschland importiert.

GU: ♂♂ mit Gonopodium und rot gefärbten, unpaaren Flossen; Körperbau schlank und kürzer in seinen Abmessungen.

Soz.V.: Eine aggressive *Gambusia*-Art, die nur mit größeren Fischen vergesellschaftet werden kann.

Hält.B.: Geräumige, dicht bepflanzte Becken mit guter Filterung und regelmäßigem Wasserwechsel sind dem Wohlbefinden der Art sehr förderlich. Der Rotflossen-Kärpfling ist gegen Pilzbefall sehr anfällig; Abhilfe ohne Medikamente schafft gewöhnlich sehr sauberes und gut temperiertes Wasser: pH-Wert 7,0 - 8,0; Härte 10 - 30° dGH.

ZU: Nach durchschnittlich 5 Wochen Tragzeit werden vom weiblichen Tier zwischen 10 und 40 ca. 7 - 10 mm lange Jungfische abgesetzt. Die Alttiere stellen den Neugeborenen stark nach. Aus gegebenem Grund wird ein Absetzen des Muttertieres empfohlen; außerdem ein großer Laichkasten oder ein dicht bepflanztes separates Becken. Die Geschlechtsreife kann in den bisher beobachteten Fällen zwischen dem 5. und 6. Monat erwartet werden.

FU: K, O; Allesfresser, Lebendfutter aller Art, Rinderherz, Frostfutter, gelegentlich Flockenfutter.

Bes.: In natürlichen Breiten wird *Gambusia hispaniolae* stellenweise im hypersalinen Wasser zusammen mit *Cichlasoma haitiensis* vorgefunden.

T: 23 - 27° C, L: ♀ 6 cm, ♂ 4 cm; BL: 100 cm, **WR:** o (m), **SG:** 2

Gambusia eurystoma ♂

Gambusia hispaniolae ♂

Fam.: Poeciliidae

Gambusia hurtadoi
Dolores-Kärpfling

HUBBS & SPRINGER, 1957

Syn.: *Gambusia gaigei*.

Vork.: Nur von einem Quellbereich des Rio Conchos-Systems, Chihuahua, Mexiko, bekannt.

Ersteinf.: 1984 durch WIRTH, ALLSPACH, MEYER und MEYER nach Deutschland importiert.

GU: ♂♂ mit Gonopodium und kürzer in den Körperabmessungen.

Soz.V.: Der Dolores-Kärpfling ist eng mit *Gambusia alvarezi* verwandt und in seinem Verhalten sehr ähnlich. Gegenüber artfremden Fischen ist *Gambusia hurtadoi* aggressiv. Wegen seines besonderen Status - der Dolores-Kärpfling ist vom Aussterben bedroht - sollte der Kärpfling im Artenbecken gepflegt werden, damit reinrassige Nachzuchten weiter verbreitet werden können.

Hält.B.: Dicht bepflanztes Becken mit sauerstoffreichem Wasser, Bodengrund aus Sand, Dekoration mit Wurzelwerk

und ausreichend Licht (am besten Sonnenlicht) entsprechen den natürlichen Gegebenheiten. Wasser: pH-Wert 7,5; Härte 10 - 15° dGH.

ZU: Selbst bei optimaler Fütterung ist die Kärpflingsart noch stark kannibalisch, Abhilfe schafft ein Separieren von trächtigen ♀♀ in sehr dicht bepflanzte Becken. Im Vergleich zu *Gambusia alvarezi* werden wesentlich mehr männliche Tiere im Intervall von 38 Tagen geboren. Neugeborene haben eine Körperlänge von 6 - 8 mm. Die Wurfanzahl umfaßt im Durchschnitt 20 Jungfische.

FU: O, K; Allesfresser; Lebendfutter aller Art, Frostfutter, Rinderherz, *Artemia*-Nauplien, Flockenfutter.

Bes.: Die *Gambusia*-Art ist vom Aussterben bedroht und lebt in natürlichen Breiten mit der ebenfalls vom Aussterben bedrohten *Cyprinodon macrolepis* zusammen.

T: 24 - 28° C, **L**: ♀ 3,5 cm, ♂ 2,5 cm, **BL**: 60 cm, **WR**: m, u, **SG**: 3

Gambusia longispinis
Cuatro-Cienegas-Kärpfling

Syn.: Keine.

Vork.: Lediglich von Cuatro Cienegas, Coahuila, Mexiko, bekannt.

Ersteinf.: 1987 durch MARTINSEN, MÜLLER und MEYER nach Deutschland importiert.

GU: ♂♂ mit Gonopodium, kürzeren Körperabmessungen und schlankerem Körperbau.

Soz.V.: Leicht aggressive Fische, die am erfolgreichsten im arteigenen Aquarium gepflegt werden. Die Cuatro-Cienegas-Gambusie hält sich im natürlichen Le-

bensraum in kleinen Gruppen zwischen dichtem Pflanzenwuchs an der Wasseroberfläche auf. In der Natur lebt *Gambusia longispinis* mit *Gambusia marshi* zusammen.

Hält.B.: Dicht bepflanztes Aquarium mit starker Beleuchtung (am besten Sonnenlicht-Einstrahlung) und sauerstoffreiches Wasser fördern das Wohlbefinden der Kärpflingsart. Das Aquarienwasser sollte nicht oder nur sehr mäßig bewegt sein; auch im Heimatbiotop wird

Fortsetzung Seite 490

Gambusia hurtadoi ♂, ♀ Seite 489

Gambusia longispinis ♂, ♀ Seite 489

Gambusia alvarezi ♀, Text Seite 480

Gambusia hispaniolae ♀, Text Seite 484

Gambusia hurtadoi ♀, Text Seite 486

Gambusia longispinis ♀, Text Seite 486

Fam.: Poeciliidae

Fortsetzung von *Gambusia longispinis*

Gambusia longispinis im stehenden Wasser angetroffen. Wasser: pH-Wert 7,2 - 7,6; Härte 10 - 25° dGH.

ZU: Die ♀ ♀ sind bereits nach dem 3. bis 4. Monat geschlechtsreif und werfen nach durchschnittlich 35 Tagen zwischen 10 und 30 ca. 7 mm lange Jungfische, die sich nach der Geburt bereits sehr schnell fortbewegen können. Auch bei guter Fütterung wird den Neugeborenen von den Alttieren nachgestellt. Es empfiehlt sich, trächtige ♀ ♀ in sehr dicht bepflanzte Aquarien zu separieren.

FU: O, K; Allesfresser; vor allem *Artemia*-Nauplien und Mückenlarven aller Art, vereinzelt Flockenfutter.

Bes.: Die Art ist vom Aussterben bedroht.

T: 23 - 28° C, **L:** ♀ 4 cm, ♂ 2 cm, **BL:** 60 cm, **WR:** o (m), **SG:** 2

Gambusia luma
Blauspiegel-Kärpfling

ROSEN & BAILEY, 1963

Syn.: Keine.

Vork.: Hauptsächlich der Karibik-Küste nahe Gewässer in Belize, Honduras und Guatemala.

Ersteinf.: 1991 durch MEYER nach Deutschland importiert.

GU: ♂ ♂ mit Gonopodium, flachem Körperbau und während der Balz mit intensiveren Körperfarben.

Soz.V.: Die Tiere sind mäßig aggressiv gegenüber Beckeninsassen. Im Artenbecken ist *Gambusia luma* sehr scheu und schreckhaft (Vorsicht, guter Springer !). Die Vergesellschaftung mit Friedfischen wie *Poecilia velifera*, *Xiphophorus helleri* oder Klein-Cichliden mindert die Schreckhaftigkeit der *Gambusia*-Art. Der Blauspiegel-Kärpfling hält sich im natürlichen Biotop wie auch im Aquarium in kleinen Gruppen an der Wasseroberfläche auf.

Hält.B.: Gute Filterung über Kohle oder Stein, leicht bewegtes, sauerstoffreiches und sauberes Wasser sind für die erfolgreiche Pflege des Kärpflings Grundbedingung. Eine Hintergrundbepflanzung gibt den Fischen eine gute Deckung und läßt im Vordergrund ausreichend Schwimmraum offen. Wasser: pH-Wert 7,2 - 7,8; Härte 10 - 25° dGH.

ZU: Nach einer Tragzeit von durchschnittlich 34 Tagen wird vom ♀ ein Wurf zwischen 10 und 25 etwa 6 - 8 mm langen Jungfischen abgesetzt. Die Neugeborenen sind in den ersten Stunden nach der Geburt noch sehr langsam in ihren Schwimmbewegungen und deshalb oft Opfer der Alttiere. Bei guter Fütterung ist *Gambusia luma* nach dem 4. bis 5. Monat geschlechtsreif.

FU: O, K; Allesfresser; Lebendfutter aller Art, hauptsächlich Mückenlarven und *Artemia*-Nauplien.

Bes.: Keine.

T: 22 - 27° C, **L:** ♀ 6 cm, ♂ 4 cm, **BL:** 100 cm, **WR:** o, **SG:** 3

Gambusia luma ♂

Gambusia luma ♀

Fam.: Poeciliidae

Gambusia senilis
Conchos-Kärpfling

GIRARD, 1859

Syn.: *Gambusia nobilis, Zygonectes senilis.*

Vork.: Rio Conchos-System, Chihuahua, Durango, Mexiko; Texas, USA.

Ersteinf.: 1984 durch WIRTH, ALLSPACH, MEYER & MEYER nach Deutschland importiert.

GU: ♂♂ mit Gonopodium, schlankem Körperbau, Dorsale und Kaudale leicht gelb getönt, Dorsale schwarz gerandet.

Soz.V.: Der Conchos-Kärpfling ist eine mäßig aggressive Kärpflingsart, die man am besten im Artenbecken pflegt. Ab einer Beckengröße von mindestens 400 Litern ist eine Vergesellschaftung mit anderen Friedfischen gut möglich.

Hält.B.: Ein dunkler Bodengrund aus Lavagestein oder einem Kies-Sand-Gemisch und eine dichte Rand- und Hintergrundbepflanzung mit *Ceratophyllum* dienen dem Wohlbefinden der Art. Die Art ist nicht besonders wärmebedürftig und verträgt, ohne Schaden zu nehmen, noch Temperaturen von 10° C. Die Fische bevorzugen klares Wasser mit leichter Strömung und intensive Sonneneinstrahlung. Wasser: pH-Wert 7,0 - 7,8; Härte: 5 - 30° dGH.

ZU: Die Art neigt selbst bei optimaler Fütterung zum Kannibalismus. Trächtige ♀♀ sollten kurz vor der Geburt in sehr dicht bepflanzte separate Becken umgesetzt werden. Nach einer Tragzeit von 38 Tagen werden zwischen 10 und 30 ca. 7 mm lange Jungfische abgesetzt. Jungfische sind gut mit *Artemia*-Nauplien und Flockenfutter aufzuziehen. Die Geschlechtsreife ist bei sehr guter Pflege zwischen dem 4. und 5. Monat zu erwarten.

FU: O, K; Allesfresser; bevorzugt Rote Mückenlarven, *Artemia*-Nauplien und *Tubifex*, Flockenfutter wird in kleinen Mengen ebenfalls genommen.

Bes.: Die Art ist eng mit *Gambusia alvarezi, Gambusia hurtadoi* und *Gambusia gaigei* verwandt.

T: 21 - 25° C, **L**: ♀ 5,5 cm, ♂ 3 cm, **BL**: 80 cm, **WR**: u, o, m, **SG**: 2

Gambusia speciosa
Blaugelber-Kärpfling

GIRARD, 1853

Syn.: *Gambusia affinis* (teilweise).

Vork.: Südliches Texas, USA; nördliches Mexiko.

Ersteinf.: Nicht genau bekannt; jedoch von WIRTH, ALLSPACH, MEYER und MEYER 1984 nach Deutschland importiert.

GU: ♂♂ mit Gonopodium, schlankem Körperbau und kürzeren Körperabmessungen.

Soz.V.: Die Tiere können, trotz leichter Aggressivität, in großen Aquarien mit Friedfischen vergesellschaftet werden.

Hält.B.: In der Pflege ist *Gambusia speciosa*, wie auch die eng verwandte *Gambusia affinis*, eine dankbare Kärpflingsart, die keine besonderen Ansprüche an das Aquarienwasser, die Temperatur und die Lichtverhältnisse stellt. Trotzdem sollte den Fischen frisches und sauerstoffreiches Wasser geboten werden.

ZU: Die Zucht des Kärpflings ist relativ einfach und bei guter Fütterung werden alle 4 - 5 Wochen zwischen 10 und 50 ca. 7 mm lange Jungfische von den ♀♀ abgesetzt. Ein Absetzen der trächtigen

Fortsetzung übernächste Seite

Gambusia senilis ♂, ♀ Seite 512

Gambusia speciosa ♂

Fortsetzung von *Gambusia speciosa*

♀♀ in separate Becken ist wegen der enorm hohen Produktivität der Art kaum nötig. Ein Kannibalismus konnte bei optimaler Fütterung nur selten nachgewiesen werden. Die Tiere werden etwas später geschlechtsreif als *Gambusia affinis*.

FU: K, O; Allesfresser; bevorzugt werden Mückenlarven, *Tubifex*, Grindalwürmer und *Artemia*-Nauplien; gerne genommen werden auch Flockenfutter, Rinderherz und Wasserflöhe.

Bes.: Die Art wurde noch bis vor kurzem als Synonym zu *Gambusia affinis* angesehen. Durch RAUCHENBERGER (1989) erhielt das Taxon wieder den Status einer eigenständigen Art.

T: 23 - 28° C, **L:** ♀ 5 cm, ♂ 3 cm, **BL:** 60 cm, **WR:** m (o), **SG:** 1

Gambusia wrayi
Jamaika-Kärpfling

REGAN, 1913

Syn.: *Gambusia gracilior*.

Vork.: Jamaika.

Ersteinf.: Erstmals 1933 nach Deutschland.

GU: ♂♂ mit Gonopodium, kürzeren Körperabmessungen und mit schlankem Körperbau.

Soz.V.: Aggressive Kärpflingsart, die jedoch gut mit größeren Welsarten, Kleincichliden, Schmerlen und anderen ähnlichen Fischarten vergesellschaftet werden kann.

Hält.B.: Gut gefiltertes, sauerstoffreiches und sauberes Wasser und eine dichte Bepflanzung sind für eine erfolgreiche Pflege der Art Grundbedingung. *Gambusia wrayi* kann auch erfolgreich im Brackwasser gepflegt werden. Inwieweit die Fische auch an Seewasser gewöhnt

werden können, ist noch nicht bekannt geworden.

ZU: Die Zucht gelingt am besten im Artenbecken, das üppig mit Javamoos bewachsen ist. Bei optimaler Fütterung wird den Neugeborenen von den Alttieren nur selten nachgestellt. Die Tragzeit beträgt durchschnittlich 5 Wochen. Je nach Alter und Körperlänge des Muttertieres werden zwischen 10 und 40 etwa 6 - 9 mm lange Jungfische abgesetzt. Die Geschlechtsreife des Jamaika-Kärpflings kann in den meisten Fällen zwischen dem 4. und 5. Monat beobachtet werden.

FU: O, K; Allesfresser; Lebendfutter aller Art, Flockenfutter, Rinderherz, Frostfutter.

Bes.: Keine.

T: 23 - 28° C, **L:** ♀ 6 cm, ♂ 4 cm, **BL:** 80 cm, **WR:** m (u), **SG:** 2

Gambusia speciosa ♀

Gambusia wrayi ♂ (unten) und ♀

Fam.: Poeciliidae

Girardinus denticulatus
Graublauer Kärpfling

GARMAN, 1895

Syn.: *Dactylophallus ramsdeni, Dactylophallus denticulatus.*

Vork.: Zentral- und Ost-Kuba.

Ersteinf.: 1986 durch RADDA, SPÄTH, HOFMANN & MEYER nach Deutschland und Österreich importiert.

GU: ♂♂ mit Gonopodium, kürzeren Körperabmessungen und flachem Körperbau.

Soz.V.: Die Kärpflingsart kann durchweg als sehr friedlich bezeichnet werden und stellt selbst bei schlechter Fütterung ihren Nachkommen nur sehr selten nach. Der Kärpfling kann erfolgreich mit anderen Friedfischen, auch mit sehr kleinen, vergesellschaftet werden.

Hält.B.: Die Art kann schon in einem kleinen Aquarium erfolgreich gehältert werden. Der Aquarienhintergrund kann dicht bepflanzt sein, während im Vordergrund für ausreichend Schwimmraum gesorgt werden muß. Gegen Salzzusatz sind die Kärpflinge sehr empfindlich; dagegen wird weiches bis mittelhartes, klares und sauerstoffreiches Wasser bevorzugt.

Wasser: pH-Wert 6,8 - 7,5; Härte 5 - 10° dGH.

ZU: Die Zucht ist bei guter Fütterung und Pflege nicht sonderlich schwierig. Nach einer Tragzeit von durchschnittlich 4 Wochen werden zwischen 12 und 30 ca. 8 mm lange Jungfische abgesetzt. Die Zucht gelingt ohne Probleme im Gesellschaftsaquarium. Im allgemeinen wird die Geschlechtsreife von *Girardinus denticulatus* zwischen dem 4. und 5. Lebensmonat beobachtet.

FU: O; Allesfresser, bevorzugt Pflanzenfutter, *Artemia*-Nauplien, kleine Mückenlarven und Grindalwürmer.

Bes.: Trotz engster verwandtschaftlicher Beziehungen lebt *Girardinus denticulatus* gewöhnlich mit *Girardinus falcatus* und *Girardinus metallicus*, ohne bisherigen Nachweis einer Hybridisation, auf engstem Raum in natürlichen Breiten zusammen. Im Aquarium lassen sich die genannten Arten verbastardieren. Die Nachkommen sind ihrerseits wiederum fruchtbar.

T: 22 - 28° C, L: ♀ 6 cm, ♂ 4 cm, BL: 60 cm, WR: m (u), SG: 2

Heterandria anzuetoi
Variabler Heterandria

ROSEN & BAILEY, 1979

Syn.: *Pseudoxiphophorus anzuetoi.*

Vork.: Rio Motagua-Becken; Guatemala; Honduras; Rio Lempa-Becken.

Ersteinf.: Nicht bekannt geworden.

GU: ♂♂ mit Gonopodium und kürzeren Körperabmessungen.

Soz.V.: Eine relativ ruhige Kärpflingsart, die durchaus für das Gesellschaftsaquarium geeignet ist. Es sollte jedoch darauf geachtet werden, das die Bekkeninsassen eine Körperlänge von 4 cm nicht unterschreiten, da *H. anzuetoi* leicht räuberisch veranlagt ist.

Hält.B.: Frisches, gut gefiltertes und sauerstoffreiches Wasser wird von dem Kärpfling bevorzugt. Der rückwärtige Aquarienbereich sollte reichlich bepflanzt werden, während der Vordergrund ausreichend Schwimmraum bieten sollte. Für eine ausreichende Beleuchtungsstärke ist Sorge zu tragen. Wasser: pH-Wert 7,0 - 7,6; Härte: 5 - 15° dGH.

ZU: Die Zucht der Tiere ist in den bislang beobachteten Fällen nicht sonderlich produktiv; selten werden mehr als 20 be-

Fortsetzung übernächste Seite

Girardinus denticulatus ♂

Heterandria anzuetoi ♀

Fam.: Poeciliidae

Fortsetzung von *Heterandria anzuetoi*

reits 1 cm lange Jungfische vom weiblichen Tier abgesetzt. Die Art stellt, wie auch *Heterandria bimaculata*, den Neugeborenen selbst bei optimaler Fütterung stark nach (Kannibalismus). Aus diesem Grund sollte ein sogenanntes Ablaichbecken mit sehr dichter Javamoos-Bepflanzung aufgestellt werden. Die Fische erlangen in der Regel im 5. bis 6. Monat die Geschlechtsreife. Die Trächtigkeitsdauer konnte bislang noch nicht exakt ermittelt werden, dürfte aber wie bei *Heterandria bimaculatata* und *Heterandria jonesi* etwa 6 Wochen betragen.

FU: O, K; die Fische sind Allesfresser, wobei Lebendfutter aller Art eindeutig bevorzugt genommen wird. In den Wintermonaten kann Frostfutter und Rinderherz gereicht werden.

Bes.: Ist anhand seiner Körperfarben nur sehr schwer von *Heterandria bimaculata* zu unterscheiden.

T: 21 - 26° C, **L:** ♀ 7 cm, ♂ 6 cm, **BL:** 100 cm, **WR:** o, (m), **SG:** 2

Heterophallus milleri
Millers Kärpfling

RADDA, 1987

Syn.: Keine.

Vork.: Rio Teapa- und Rio Tacotalpa-Systeme, Tabasco, Mexiko.

Ersteinf.: 1979 durch RADDA nach Österreich und 1980 durch VOGEL, MÜLLER und MEYER nach Deutschland importiert.

GU: ♂ ♂ mit Gonopodium, kürzeren Körperabmessungen und flachem Körperbau.

Soz.V.: Relativ friedvolle Kärpflingsart, die gut mit anderen zierlichen und kleineren Fischarten, die vor allem die untere oder mittlere Aquariumregion beleben, vergesellschaftet werden kann. Millers Kärpfling zeigt ein interessantes und komplexes Balzverhalten.

Hält.B.: Schwach gefiltertes, frisches und sauerstoffreiches Wasser sind für die erfolgreiche Haltung der Kärpflings Art sehr wichtig. Das Aquarium sollte im Oberflächenbereich den Tieren ausreichend Schwimmraum bieten. Werden die Tiere im Artenbecken gepflegt, ist ein flaches und tiefes Aquarium von Vorteil. Wasser: pH-Wert 7,0 - 7,5; Härte: 5 - 10° dGH.

ZU: Zwar ist die Zucht gegenüber den zwei weiteren *Heterophallus*-Arten, nämlich *H. rachowi* und *H. echeagarayi*, wesentlich einfacher, doch auch für *H. milleri* ist einiger Zuchtaufwand notwendig. Bei optimaler Fütterung wird den gegen Wasserwechsel sehr empfindlichen und zierlichen Neugeborenen von den Alltieren kaum nachgestellt. Die Aufzucht der Jungtiere sollte jedoch in separaten Aufzuchtbecken erfolgen, da die Fische sehr langsame und auch schlechte Fresser sind. Erst bei einer Anzahl von über 10 Tieren und bei sehr sauberem Wasser nehmen die Jungfische genügend Futter auf. Nach einer sehr kurzen Tragzeit von 19 - 21 Tagen werden vom Muttertier zwischen 4 und 25 ca. 6 mm lange Jungfische abgesetzt. Die Geschlechtsreife ist gewöhnlich zwischen dem 4. und 5. Monat zu erwarten.

FU: O, K; Allesfresser; jedoch werden kleine Krebstiere wie *Artemia*-Nauplien und kleine Schwarze Mückenlarven gegenüber anderen Futtersorten bevorzugt. Jungfische nehmen als Abwechslung auch gerne kleingeriebenes Flokkenfutter.

Bes.: RAUCHENBERGER (1989) führt die Gattung *Heterophallus* lediglich als Untergattung zu *Gambusia*.

T: 23 - 28° C, **L:** ♀ 5 cm, ♂ 3,5 cm, **BL:** 100 cm, **WR:** o, **SG:** 3

Heterophallus milleri ♂

Heterophallus milleri ♀

Fam.: Poeciliidae

Limia dominicensis
Haiti-Limia
(VALENCIENNES, 1846)

Syn.: *Poecilia dominicensis.*

Vork.: Tiburon und SW Haiti, Hispaniola.
In der Erstbeschreibung von VALEN-
CIENNES (1846) wird Saint-Domingue
als Typuslokalität angegeben. Mit Saint-
Domingue wird nicht, wie angenommen,
die heutige Hauptstadt der Dominikanischen Republik, Santo Domingo, bezeichnet, sondern wie für 1846 üblich der heute westliche Inselteil von Hispaniola, nämlich Haiti.

Ersteinf.: Erstmals 1989 durch DIBBLE
nach England und Deutschland importiert.

GU: ♂♂ mit Gonopodium, flachem Körperbau und intensiven Körperfarben.

Soz.V.: Eine friedliche Kärpflingsart, die
man sehr gut mit anderen Friedfischen
vergesellschaften kann. Imponierende
männliche Tiere der Haiti-Limia haben
die Eigenart, sich untereinander für die
Gunst der ♀♀ zu bedrohen und zu jagen, so daß sich bei nur 2 oder 3 ♂♂ im
kleinen Aquarium (bis 40 Liter) die schwä-
cheren Tiere versteckt in den Ecken, an
der Wasseroberfläche oder am Boden
aufhalten.

Hält.B.: Schwach gefiltertes Aquarienwasser bei dichter Bepflanzung und viel
Licht, am besten Sonnenlicht, läßt die

Haiti-Limia in seinen schönsten Farben
erscheinen. Die Kärpflingsart kann gut
an Brackwasser gewöhnt werden und
liebt auch sonst einen Salzzusatz zum
Aquarienwasser (3 gehäufte Teelöffel auf
50 Liter).

ZU: Die Zucht der Art ist nicht sehr schwierig. Bei hoher Wassertemperatur, Salzzusatz, guten Lichtverhältnissen und
optimaler Fütterung werden durchschnittlich alle 6 Wochen zwischen 15 und 40
etwa 8 mm lange Jungfische vom Muttertier abgesetzt. Die Alttiere stellen den
Neugeborenen nur selten nach. Die Geschlechtsreife kann zwischen dem 4. und
6. Monat beobachtet werden.

FU: O; Allesfresser, nimmt gerne Flokkenfutter mit Pflanzenanteil, Lebendfutter aller Art und Frostfutter. *Limia dominicensis* gilt als guter Algenvertilger.

Bes.: Bis vor kurzem wurde eine falsche
Art, nämlich *Limia tridens*, unter der Art-
bezeichnung *Limia dominicensis* geführt.
Erst jüngste Importe von DIBBLE mach-
ten deutlich, daß die bislang in der Aquaristik als *Limia dominicensis* geführten
Fische der Art *Limia tridens* zuzurechnen
sind (siehe auch bei *Limia tridens,* Seite
506).

T: 24 - 29° C, L: ♀ 5 cm, ♂ 4 cm, BL: 100 cm, WR: m, SG: 2

Limia grossidens
Breitzahn-Limia
RIVAS, 1980

Syn.: Keine.

Vork.: Lake Miragoane, Haiti, Hispaniola.

Ersteinf.: 1991 durch MÖRSCHEL und
KRAUS nach Deutschland importiert.

GU: ♂♂ mit Gonopodium, intensiven Körperfarben und gedrungenem, hochrük-
kigen Körperbau.

Soz.V.: Die Breitzahn-Limia ist eine friedliche Kärpflingsart, die sehr gut mit anderen Friedfischen vergesellschaftet werden kann. Die männlichen Tiere sind untereinander oft sehr zänkisch. Damit sich
die Aggressionsauswirkungen mindern,
ist es am besten, mehrere ♂♂ mitein-

Fortsetzung übernächste Seite

Limia dominicensis ♂ , ♀ Seite 513

Limia grossidens ♂

Fam.: Poeciliidae

Fortsetzung von *Limia grossidens*

ander zu vergesellschaften; 6 ♂♂ und 10 ♀♀ sind ein gut ausgewogenes Verhältnis.

Hält.B.: Frisches, sauerstoffreiches und wohltemperiertes Aquarienwasser ist für das Wohlbefinden der Art ein wichtiger Hälterungsfaktor. Eine schwache Filterung über Kohle oder Stein und etwas Salzzusatz (2 gehäufte Teelöffel auf 25 Liter) zum Beckenwasser dienen der erfolgreichen Pflege der Fische. Das Becken sollte mit ausreichend Licht versorgt werden. Die Bepflanzung kann sich aus feinfiedrigen Arten zusammensetzen; für ausreichenden Schwimmraum ist im vorderen Teil des Aquariums Sorge zu tragen. Wasser: pH-Wert 7,2 - 7,8; Härte 10 bis 30° dGH.

ZU: Die Kärpflinge können paarweise oder im Verband (siehe **Soz.V.**) für die Zucht zusammengebracht werden. Nach durchschnittlich 6 Wochen werden vom Muttertier zwischen 10 und 40 ca. 1 cm lange Jungfische abgesetzt. Die Alttiere stellen den Neugeborenen bei ausreichender Fütterung nur selten nach. Die Geschlechtsreife der Breitzahn-Limia ist im allgemeinen zwischen dem 5. und 8. Monat zu beobachten.

FU: O; Allesfresser; Flockenfutter, Frostfutter und Lebendfutter aller Art.

Bes.: Die Kärpflinge hybridisieren in der Natur mit *Limia nigrofasciata*.

T: 24 - 29° C, **L**: ♀ 6 cm, ♂ 5 cm, **BL**: 100 cm, **WR**: m, **SG**: 2

Limia nigrofasciata *
Schwarzbinden-Kärpfling

REGAN, 1913

Syn.: *Limia arnoldi, Poecilia nigrofasciata*.

Vork.: Etang Saumatre und Lake Miragoane, Haiti, Hispaniola.

Ersteinf.: 1912 durch SIGGELKOW nach Deutschland importiert.

GU: ♂♂ mit Gonopodium und gedrungenem Körperbau. Die ♂♂ sind im paarungsfähigen Alter intensiver als die ♀♀ gefärbt. Ältere ♂♂ besitzen einen deutlich erkennbaren großen Buckel.

Soz.V.: *Limia nigrofasciata* ist ein friedvoller Fisch, den man sehr gut mit anderen Friedfischen vergesellschaften kann. Wie auch bei *Limia grossidens* sind erwachsene paarungsbereite ♂♂ untereinander sehr zänkisch.

Hält.B.: Der Schwarzbinden-Kärpfling ist eine relativ leicht zu pflegende Art, die jedoch an die Wasserqualität einige Ansprüche stellt. *Limia nigrofasciata* bevorzugt hartes und mineralreiches Wasser. Bei salzarmem Wasser ist es ratsam, 2 - 3 gehäufte Teelöffel Salz auf 25 Liter

Aquarienwasser zuzugeben. Eine dichte Bepflanzung, besonders mit Oberflächenpflanzen, sorgt für die notwendige Bakterienbeseitigung und bietet Schutz für die Jungfische. Wasser: pH-Wert 7,2 bis 7,7; Härte 10 - 30° dGH.

ZU: Bei ausreichender Fütterung und dichter Pflanzendecke stellen die Alttiere den Neugeborenen nicht nach. Im allgemeinen werden vom weiblichen Tier zwischen 10 und 60 ca. 8 mm lange Jungfische abgesetzt. Die Tragzeit beträgt durchschnittlich 6 Wochen. Zwischen dem 4. bis 8. Monat kann die Geschlechtsreife erwartet werden.

FU: O; Allesfresser, Flockenfutter mit Pflanzenanteil, Frostfutter und Lebendfutter aller Art.

Bes.: Alte männliche Tiere besitzen einen Buckel (siehe auch *Limia grossidens*).
* Als Hybride (*Limia nigrofasciata x Limia dominicensis*) wurde die Art bereits im Aquarien Atlas, Band 1, S. 596, vorgestellt.

T: 24 - 29° C, **L**: ♀ 8 cm, ♂ 7 cm, **BL**: 100 cm, **WR**: m, **SG**: 2

Limia nigrofasciata ♂

Limia nigrofasciata ♀

Fam.: Poeciliidae

Limia pauciradiata   RIVAS, 1980
Puerto Plata-Limia

Syn.: Keine.

Vork.: Nach Angaben von RIVAS (1980) lediglich auf die Typuslokalität, nämlich Grande Riviere, Haiti, beschränkt, jedoch von MEYER (mdl. Mitt.) auch in der weiteren Umgebung von Puerto Plata, in küstennahen Gewässern, Dominikanische Republik, verbreitet.

Ersteinf.: 1989 durch MÖRSCHEL nach Deutschland importiert.

GU: ♂♂ mit Gonopodium, kürzeren Körperabmessungen und flacherem Körperbau. Bei manchen Populationen erscheinen die dominanten ♂♂ mit orangefarbener Brust und orangenen unpaaren Flossen.

Soz.V.: Der Puerto Plata-Limia ist eine friedliche Kärpflingsart, die man sehr gut mit anderen Friedfischen vergesellschaften kann. Im Vergleich zu *Limia nigrofasciata* und *Limia grossidens* sind die ♂♂ von *Limia pauciradiata* weniger zänkisch.

Hält.B.: Gut über Kohle oder Stein gefiltertes, relativ hoch temperiertes Wasser und starke Beleuchtung sind für das Wohlbefinden der besprochenen *Limia*-Art

sehr förderlich. Die Kärpflinge sind sehr empfindlich gegen den Befall mit Außenparasiten. Ein Salzzusatz zum Aquarienwasser (2 gehäufte Teelöffel auf 25 Liter) ist bei mineralarmem Wasser sehr zu empfehlen. Wasser: pH-Wert 7,2 - 7,8; Härte 10 - 30° dGH.

ZU: Bei einer dichten Pflanzendecke mit Javamoos und anderen feinfiedrigen Pflanzen und ausreichender Fütterung stellt die Art ihren Neugeborenen nur sehr selten nach. Im allgemeinen werden alle 6 Wochen von den ♀♀ zwischen 10 und 60 ca. 8 mm lange Jungfische abgesetzt. Die Geschlechtsreife der Puerto Plata-Limia erfolgt im 4. bis 6. Monat.

FU: O; Allesfresser; bevorzugt werden Flockenfutter, Frostfutter und kleines Lebendfutter (*Artemia*-Nauplien oder ähnliches).

Bes.: Der Kärpfling ist eng mit *Limia tridens* und *Limia sulphurophila* verwandt und daher möglicherweise lediglich als Standortvariante der erstgenannten Art anzusehen.

T: 23 - 28° C, L: ♀ 6 cm, ♂ 4 cm, BL: 100 cm, WR: m (o), SG: 2

Limia pauciradiata ♂

Limia pauciradiata ♀

Fam.: Poeciliidae

Limia sulphurophila
Schwefelquellen-Limia

RIVAS, 1980

Syn.: Keine.

Vork.: Balneario La Zurza, Duverge, Dominikanische Republik, Hispaniola.

Ersteinf.: 1990 durch MÖRSCHEL und KRAUS nach Deutschland importiert.

GU: ♂♂ mit Gonopodium, flachem Körperbau und intensiveren Köperfarben.

Soz.V.: Sehr ruhige und scheue Kärpflingsart, die man gut mit anderen Friedfischen vergesellschaften kann. Am besten gruppenweise mit etwa 10 - 15 Tieren halten; bei paarweiser Hälterung legen die Tiere ihre Scheu nur sehr selten ab.

Hält.B.: Mittelhartes bis hartes, kohlegefiltertes Wasser dient den Ansprüchen der Schwefelquellen-Limia. Zur Bepflanzung des Aquariums eignen sich vor allem Javamoos, Javafarn und *Ceratophyllum*. Wasser: pH-Wert 7,0 - 7,7; Härte 10 - 30° dGH.

ZU: Bei dichter Bepflanzung, hoher Wassertemperatur und guter Fütterung werden im Durchschnitt alle 6 Wochen zwischen 10 und 30 ca. 8 mm lange Jungfische abgesetzt. Den Neugeborenen wird bei Futtermangel nachgestellt. Die Geschlechtsreife der Art kann meistens zwischen dem 5. und 7. Monat beobachtet werden.

FU: O; Allesfresser; bevorzugt werden Flockenfutter, Rote und Schwarze Mückenlarven und *Artemia*-Nauplien.

Bes.: Die Art lebt in natürlichen Breiten mit *Limia perugiae* zusammen. Siehe auch bei *Limia pauciradiata*.

T: 23 - 28° C, **L**: ♀ 5 cm, ♂ 4 cm, **BL**: 80 cm, **WR**: m (o), **SG**: 2

Limia tridens
Tiburon-Limia

HILGENDORF, 1889

Syn.: *Limia dominicensis* (Verwechslung), *Poecilia dominicensis* (Verwechslung), *Poecilia tridens*.

Vork.: Umgebung von Port au Prince und Tiburon Halbinsel, Haiti, Hispaniola.

Ersteinf.: Nicht genau zu ermitteln.

GU: ♂♂ mit Gonopodium, flachem Körperbau und intensiven Körperfarben.

Soz.V.: Sehr friedliche und ruhige kleine Kärpflingsart. Eine Vergesellschaftung mit anderen Friedfischen wird empfohlen.

Hält.B.: Gute Filterung über Kohle oder Kies und ein regelmäßiger (14tägiger) Wasserwechsel sind für die Tiburon-Limia optimale Wasserverhältnisse. Ein Salzzusatz (2 gehäufte Teelöffel auf 25 Liter) ist für das Wohlbefinden der besprochenen Fischart oft sehr förderlich.

ZU: Die Art kann paarweise oder in Gruppen leicht zur Fortpflanzung gebracht werden. Lediglich bei einer Wassertemperatur unter 20 ° C ist die Vermehrung von *Limia tridens* sehr stark eingeschränkt. Bei üppigem Pflanzenwuchs und abwechslungsreicher Kost stellt die Tiburon-Limia ihren Neugeborenen nicht nach. Die Tragzeit beträgt wie bei fast allen *Limia*-Vertretern durchschnittlich 6 Wochen. Die Geschlechtsreife wird in den bisher beobachteten Fällen mit 4 bis 5 Monaten erreicht.

FU: O; Allesfresser; Lebendfutter aller Art, Frost- und Flockenfutter.

Bes.: Bei *Limia rivasi* handelt es sich sehr wahrscheinlich um eine Ökoform von *Limia tridens*. Siehe auch bei *Limia pauciradiata* (Seite 504).

T: 24 - 29° C, **L**: ♀ 4 cm, ♂ 3 cm, **BL**: 80 cm, **WR**: m (o), **SG**: 2

Limia sulphurophila ♂

Limia tridens ♂ (unten) und ♀

Fam.: Poeciliidae

Limia cf. versicolor
Bunte Limia

(GÜNTHER, 1866)

Syn.: *Girardinus versicolor, Heterandria versicolor.*

Vork.: Dominikanische Republik, Hispaniola.

Ersteinf.: 1989 durch MEYER nach Deutschland importiert.

GU: ♂ ♂ mit Gonopodium, kürzeren Körperabmessungen, flachem Körperbau und kräftigen Körperfarben.

Soz.V.: Die lebendgebärende Kärpflingsart ist sehr friedlich in ihrem Verhalten und kann ohne Bedenken mit anderen Friedfischen vergesellschaftet werden.

Hält.B.: Dichte Rand- und Hintergrundbepflanzung des Aquariums, der Bodengrund aus einem Kies-Sand-Gemisch und eine Filterung über Stein oder Kohle sind die wichtigsten Faktoren für die optimale Hälterung der Art. Ein Salzzusatz zum Aquariumwasser ist, nach den Wasserwerten der Heimatgewässer des beschriebenen Kärpflings zu urteilen, nicht nötig. Wasser: pH-Wert 7,0 - 7,5; Härte 5 - 12° dGH.

ZU: Die Zucht ist bei der besprochenen Art, wie bei den meisten *Limia*-Vertretern, nicht sonderlich schwierig. Bei optimalen Halterungs- und Futterbedingungen werden regelmäßig alle 6 Wochen zwischen 10 und 35 etwa 8 mm lange Jungfische abgesetzt. Die Jungen wachsen schnell heran und können ihrerseits nach 4 Monaten geschlechtsreif sein. Bei dichter Bepflanzung des Zuchtbeckens wird den Neugeborenen kaum nachgestellt.

FU: O; Allesfresser; kleines Lebendfutter aller Art, Frostfutter, Flockenfutter mit Pflanzenanteilen.

Bes.: Möglicherweise handelt es sich bei der vorliegenden Population um eine unbeschriebene *Limia*-Art, während *Limia versicolor* weiterhin als Synonym zu *Limia zonata* gelten muß.

T: 22 - 27° C, **L**: ♀ 5 cm, ♂ 3,5 cm, **BL**: 80 cm, **WR**: m (o), **SG**: 2

Limia vittata *
Kuba-Limia

(GUICHENOT, 1853)

Syn.: *Poecilia vittata, Gambusia vittata, Limia cubensis, Poecilia cubensis, Limia pavonina.*

Vork.: Weit verbreitet in den Gewässern Kubas.

Ersteinf.: Nicht nachweisbar.

GU: ♂ ♂ mit Gonopodium, kürzeren Körperabmessungen, flachem Körperbau und intensiveren Körperfarben.

Soz.V.: Sehr friedliche und lebhafte Kärpflinge, die für eine Vergesellschaftung mit Friedfischen gut geeignet sind.

Hält.B.: Obwohl sich die Art auch bei schlechten Hälterungsbedingungen anscheinend noch wohlfühlt, sollte auf frisches und gefiltertes Aquarienwasser nicht verzichtet werden. Die Fische sind in natürlichen Breiten gewöhnlich intensiver Sonnenbestrahlung ausgesetzt (besonders die schwarz gescheckte Form); dieses sollte bei der Aquarienhaltung berücksichtigt werden.

Fortsetzung übernächste Seite

Limia cf. *versicolor* ♂, ♀ Seite 513

Limia vittata ♂, ♀ Seite 511

Fortsetzung von *Limia vittata*

ZU: Die Zucht der Kärpflinge ist sehr einfach. In regelmäßigen Abständen von 6 Wochen werden vom weiblichen Tier zwischen 10 und 60 etwa 8 mm lange Jungfische abgesetzt. Kannibalismus ist bei dieser Art nur sehr schwach ausgeprägt; denn selbst bei schlechter Fütterung wird den Neugeborenen nur sehr selten nachgestellt. Die Kuba-Limia erlangt durchschnittlich nach dem 5. Monat die Geschlechtsreife.

FU: O; Allesfresser; Flockenfutter und kleines Lebendfutter aller Art, Frostfutter.

Bes.: Es sind zwei Farbspielarten von *Limia vittata* bekannt, nämlich die sogenannte Normalform, die entlang der mittleren Körperseiten regelmäßig angeordnete dunkle Punktreihen aufweist, und die gescheckte Form, die auf dem Körper einschließlich Flossenbehang eine tiefschwarze Scheckung zeigt. Beide Varianten sind auch in der Natur verbreitet.
* Die gefleckte Form wurde im Aquarien Atlas, Band 1, Seite 604, vorgestellt.

T: 22 - 28° C, **L:** ♀ 10 cm, ♂ 6 cm, **BL:** 100 cm, **WR:** m, u, **SG:** 1

Micropoecilia bifurca
Kleiner Amazonen-Kärpfling

EIGENMANN, 1909

Syn.: Keine.

Vork.: Para, Brasilien.

Ersteinf.: 1910 erstmals durch MAYER nach Deutschland importiert.

GU: ♂♂ mit Gonopodium, kürzeren Körperabmessungen, flachem Körperbau und bunter Körperfärbung.

Soz.V.: *Micropoecilia bifurca* ist eine friedliche Fischart, die man wegen ihrer Seltenheit und schwierigen Züchtbarkeit im Artenbecken pflegen sollte. Die männlichen Tiere zeigen bei der Paarung ein sehr auffälliges Balzverhalten.

Hält.B.: Sauerstoffreiches und mäßig gefiltertes Aquarienwasser scheint dem Wohlbefinden der Art förderlich zu sein. Ein feinfiedriger Pflanzenwuchs bietet den Tieren die benötigte Deckung. Wasser: pH-Wert 7,0 - 7,5; Härte: 5 - 10° dGH.

ZU: Nach bisherigen Beobachtungen werden im 3- bis 4-tägigen Abstand zwischen 1 und 3 Jungfische abgesetzt. Die Jungtiere wachsen nur langsam heran und werden ihrerseits zwischen dem 5. und 6. Monat geschlechtsreif. Den Neugeborenen wird von den Alttieren nicht nachgestellt. Bislang gelingt nach spätestens der 3. Generation keine Weiterzucht mehr. Bereits die erste Nachzuchtgeneration hat gegenüber den Wildfängen an Vitalität eingebüßt.

FU: O; kleines Lebendfutter und Plankton, mäßig feines Flockenfutter.

Bes.: Die Art ist in der Natur selten und gilt bislang in der 3. Generation im Aquarium als nicht züchtbar.

T: 24 - 29° C, **L:** ♀ 4 cm, ♂ 2 cm, **BL:** 60 cm, **WR:** m (o), **SG:** 3

Limia vittata ♀, normale Färbung

Micropoecilia bifurca ♂, ♀ Seite 528

Brachyrhaphis cascajalensis ♀, Text Seite 476

Gambusia senilis ♀, Text Seite 492

Limia dominicensis ♀, Text Seite 500

Limia cf. *versicolor* ♀, Text Seite 508

Fam.: Poeciliidae

Neoheterandria elegans
Elegant-Kärpfling

HENN, 1916

Syn.: Keine.

Vork.: Rio Atrato-Becken, Kolumbien.

Ersteinf.: 1989 durch MÖRTH nach Österreich und Deutschland importiert.

GU: ♂♂ mit Gonopodium, kürzeren Körperabmessungen, flachem Körperbau und intensiveren Körperfarben.

Soz.V.: Im Gegensatz zu *Neoheterandria tridentiger* ist der Elegant-Kärpfling eine relativ friedliche, kleine Fischart. Von einer Vergesellschaftung mit anderen Fischen sollte wegen der Seltenheit der beschriebenen lebendgebärenden Kärpflingsart abgesehen werden.

Hält.B.: Die Art läßt sich schon in einem kleinen Aquarium von 30 - 40 Liter Fassungsvermögen gut pflegen. Auf sauberes und sauerstoffreiches Wasser sollte man achten. Eine Bepflanzung mit Java-moos und anderen feinfiedrigen Pflanzen gibt den etwas scheuen Fischen Deckung. Auf eine Filterung des Aquarienwassers kann bei ausreichender Bepflanzung verzichtet werden.

ZU: Die Zucht gelingt bei guter Pflege und optimaler Fütterung ohne Probleme. Die Jungtiere sind in den ersten Lebenstagen auf Plankton angewiesen. Trächtige ♀♀ setzen in einer 3- bis 4- wöchigen Wurfperiode alle 3 - 4 Tage zwischen 1 und 4 sehr kleine, etwa 2 bis 3 mm lange Jungfische ab. Die Alttiere stellen den Neugeborenen nur selten nach.

FU: O, K; Allesfresser; kleines Lebendfutter, vor allem *Artemia*-Nauplien, feingeriebenes Flockenfutter.

Bes.: Die Art ist in der Natur sehr selten.

T: 22 - 26° C, L: ♀ 3,5 cm, ♂ 2 cm, **BL:** 30 cm, **WR:** m, o, **SG:** 2

Phallichthys tico
Schwarzfleck-Kärpfling

BUSSING, 1963

Syn.: Keine.

Vork.: Rio Puerto Viejo und Rio San Luis, Rio San Juan-System, Costa Rica.

Ersteinf.: 1989 durch DIBBLE nach England und Deutschland importiert.

GU: ♂♂ mit Gonopodium, kürzeren Körperabmessungen und flachem Körperbau.

Soz.V.: *Phallichthys tico* ist eine sehr friedliche und zierliche Kärpflings-Art. Die Tiere können mit kleinen friedlichen Kärpflingen, Welsen, usw. vergesellschaftet werden. Wegen der Seltenheit der Fische ist eine Hälterung im Artenbecken zu empfehlen.

Hält.B.: Das Becken sollte gut durchlüftet und beleuchtet werden. Eine schwache Filterung über Kohle oder Stein und eine dichte, feinfiedrige Hintergrundbepflanzung dienen dem Wohlbefinden der Art. Von einer Salzzugabe zum Aquarienwasser ist abzuraten, da *Phallichthys tico* mineralarmes Wasser bevorzugt. Wasser: pH-Wert 7,0 - 7,5; Härte 3 - 10° dGH.

ZU: Die Zucht ist im Vergleich zu anderen lebendgebärenden *Poeciliiden* nicht ganz einfach. Nach bisherigen Beobachtungen werden wesentlich mehr ♀♀ als ♂♂ geboren. Die Jungfische sind gegenüber Krankheitserregern, haupt-

Fortsetzung übernächste Seite

Neoheterandria elegans ♂, ♀ Seite 528

Phallichthys tico ♂, ♀ Seite 517

Fortsetzung von *Phallichthys tico*

sächlich gegen Außenparasiten, sehr empfindlich. Nach einer Tragezeit von durchschnittlich 4 Wochen werden vom Muttertier zwischen 10 und 25 etwa 6 mm lange Jungfische abgesetzt. In den meisten Fällen wird den Neugeborenen von den Alttieren nicht nachgestellt. Die Geschlechtsreife ist nach 4 - 5 Lebensmonaten bei den meisten Tieren erreicht. Die derzeit im Aquarium gepflegte Population hat gegenüber den Ausgangstieren an Vitalität eingebüßt.

FU: O; Allesfresser, bevorzugt wird kleines Lebendfutter, vor allem *Artemia*-Nauplien; feines Flockenfutter und kleine Mückenlarven können ebenso gereicht werden.

Bes.: Bei *Phallichthys tico* handelt es sich um eine Reliktart, die nur sehr begrenzt in Costa Rica verbreitet ist.

T: 24 - 29° C, **L:** ♀ 4 cm, ♂ 2 cm, **BL:** 60 cm, **WR:** m (u), **SG:** 3

Phallotorynus jucundus
Paraná-Kärpfling

IHERING, 1930

Syn.: Keine.

Vork.: Rio Paraná-Becken, Paraguay; São Paulo; Brasilien

Ersteinf.: 1986 durch ETZEL und EHRICH nach Deutschland importiert.

GU: ♀♀ sind länger in den Körperabmessungen und vor allem während der Trächtigkeit fülliger im Leibesumfang. ♂♂ sind kräftiger als die ♀♀ gefärbt.

Soz.V.: *Phallotorynus jucundus* ist eine friedliche Fischart. Die Männchen verhalten sich untereinander etwas zänkisch.

Hält.B.: Die Art benötigt nicht allzuviel freien Schwimmraum und ist bereits mit kleinen Becken (30 - 50 Liter Wasserfassungsvermögen) zufrieden. Der Boden kann mit einer Sandschicht bedeckt sein. Als Beckenbepflanzung sind feinfiedrige Pflanzenarten gut geeignet, z.B. *Ceratophyllum*, *Riccia* und Javamoos. Die Tiere werden am besten im arteigenen Aquarium gepflegt. Wasser: pH-Wert 7,0 - 7,5; Härte 2 -15° dGH.

ZU: Die Zucht von *Phallotorynus jucundus* ist im Aquarium bereits gelungen, jedoch scheint die erfolgreiche Vermehrung dem Spezialisten vorbehalten zu sein. Wichtig ist anscheinend, daß die Tiere ganzjährig nicht zu warm gehältert werden; Temperaturen in den Wintermonaten sollten bei 19 - 21° C liegen. Das Wurfintervall liegt nach bisherigen Erfahrungen bei durchschnittlich 30 Tagen. Die ♀♀ setzen selten mehr als 6 - 10 ca. 8 mm lange Jungfische ab. Nach Angaben von HIERONIMUS ("DATZ", 12/88) stellen die Alttiere den Neugeborenen nach. Die Aufzucht der Jungfische ist mit *Artemia* und Flockenfutter problemlos.

FU: K; kleines Lebendfutter, Mückenlarven, Insektenlarven und Krebstiere.

Bes.: Einer der kleinsten lebendgebärenden Fische.

T: 20 - 25° C, **L:** ♂ 3 cm, ♀ 2 cm, **BL:** 50 cm, **WR:** o, m, **SG:** 2

Phallichthys tico ♀

Phallotorynus jucundus ♂

Phallotorynus jucundus ♀

Poecilia dominicensis
Dominika-Molly

(EVERMANN & CLARK, 1906)

Syn.: *Platypoecilus dominicensis, Poecilia montana, Mollienesia dominicensis.*

Vork.: Zentral-Haiti und Dominikanische Republik, Hispaniola.

Ersteinf.: 1978 durch LECHNER nach Österreich und Deutschland importiert.

GU: ♂♂ mit Gonopodium, kürzeren Körperabmessungen und intensiveren Körperfarben.

Soz.V.: Der Dominika-Molly ist eine friedliche Fischart. Die Fische sollten jedoch wegen ihrer Empfindlichkeit gegenüber einem Krankheitsbefall im Artenbecken gepflegt werden.

Hält.B.: Sehr sauberes, frisches und sauerstoffreiches Aquarienwasser. Die Filterung sollte über Kohle oder Kies erfolgen. Eine dichte Bepflanzung bietet den Fischen ausreichend Deckung im Aquarium. Ein Salzzusatz zum Aquarienwasser (2 gehäufte Teelöffel Salz auf 25 Liter) und eine starke Beleuchtung sind für das Wohlbefinden der Art sehr förderlich; als zusätzliche Lichtquelle hat sich Sonnenlicht als sehr vorteilhaft für das Gedeihen der Tiere erwiesen. Wasser: pH-Wert 7,0 - 7,8; Härte: 5 - 20° dGH.

ZU: Die Zucht der Kärpflinge ist nach bisherigen Erkenntnissen schwierig; bereits die 2. Nachzuchtgeneration büßte viel an Vitalität ein; zudem sind die Tiere gegen Außenparasiten und Bakterienbefall sehr anfällig. Wie bei den meisten *Mollienesia*-Vertretern werden nach einer Tragzeit von etwa 5 Wochen zwischen 10 und 40 etwa 8 mm lange Jungfische abgesetzt. Die Geschlechtsreife wird in den bisher beobachteten Fällen mit 5 - 6 Monaten erreicht. Die Alttiere stellen den Neugeborenen selbst bei ausreichender Ernährung stark nach.

FU: O; Allesfresser; kleines Lebendfutter aller Art, besonders *Artemia*-Nauplien, Frostfutter und mäßig Flockenfutter.

Bes.: Die Art wird in der Aquaristik-Literatur oft mit *Limia tridens* verwechselt, die vom Färbungsmuster ähnlich erscheint. Der Artname *dominicensis* wurde mittlerweile dreimal innerhalb der lebendgebärenden Poeciliiden vergeben, nämlich auch für *Limia dominicensis* und *Gambusia dominicensis*.

T: 21 - 25° C, **L**: ♀ 5 cm, ♂ 4 cm, **BL**: 80 cm, **WR**: m, **SG**: 3

Foto rechts unten:
Gebirgsbach nahe Jarabacoa, oberer Nebenfluß vom Rio Yaque del Norte: Breite 2 - 5 m, Tiefe 10 - 50 cm. Wasserwerte: Leitfähigkeit 170 - 180 µS, pH-Wert 7,7, KH = 8° KH, GH = 5° dGH. Begleitfische: *Cichlasoma haitiensis, Rivulus roloffi, Limia zonata, Poecilia hispaniolae* und *Peocilia elegans*. Vegetation: Gewässer stellenweise mit Algenpolstern.

Poecilia dominicensis ♂

Biotop von *Poecilia dominicensis* (Dominikanische Republik)

Fam.: Poeciliidae

Poecilia elegans
Blauband-Molly
(TREWAVAS, 1948)

Syn.: *Mollienisia elegans, Curtipenis elegans.*

Vork.: Nord-Drainage der Dominikanischen Republik, Hispaniola.

Ersteinf.: Erstmals 1978 durch LECHNER und Mitarbeiter nach Österreich und Deutschland importiert.

GU: ♂♂ mit Gonopodium und flachem Körperbau.

Soz.V.: Der Blauband-Molly ist eine relativ friedliche Poeciliiden-Art. Würde man nur auf die Verträglichkeit der Art gegenüber anderen Beckeninsassen achten, so könnte *Poecilia elegans* gut mit anderen Fischen vergesellschaftet werden. Der genannte Molly ist allerdings schwer züchtbar und in der Natur nicht allzu häufig, so daß eine Einzelhaltung des Kärpflings empfohlen werden muß.

Hält.B.: Nach bisherigen Erkenntnissen sollte das Aquarienwasser sehr sauerstoffreich und gut gefiltert sein. Die Wassertemperatur sollte nach Möglichkeit durchschnittlich 23° C betragen. Dichte Bepflanzung bietet den Jungfischen Schutz. Vom Absetzen der trächtigen ♀♀ in Ablaichkästen wird abgeraten, da die Tiere in kleinen Behältnissen sehr unruhig werden und gewöhnlich verwerfen. Wasser: pH-Wert 7,0 - 7,5; Härte 10 - 20° dGH.

ZU: Die Zucht von *Poecilia elegans* ist in den bisherigen Sammelzuchten nur selten in mehreren Generationsfolgen geglückt. In den bislang beobachteten Fällen wurden lediglich bis zu 10 ca. 1 cm lange Jungfische vom ♀♀ abgesetzt. Die Alttiere stellen trotz guter und abwechslungsreicher Fütterung den Jungfischen stark nach. Die Trächtigkeitsdauer liegt zwischen 6 und 7 Wochen.

FU: O, K; Allesfresser; Lebendfutter aller Art, Rinderherz, Frostfutter, mäßig Flockenfutter.

Bes.: Die Art wird als sehr ursprünglich bezeichnet.

T: 21 - 24° C, **L**: ♀ 6 cm, ♂ 5 cm, **BL**: 100 cm, **WR**: m (u), **SG**: 3

Poecilia gillii
Costa Rica-Molly, Gills Molly
(KNER & STEINDACHNER, 1863)

Syn.: *Xiphophorus gillii, Poecilia dovii, Platypoecilus mentalis, Platypoecilus tropicus, Poecilia tropica, Mollienesia sphenops tropica, Poecilia salvatoris, Poecilia tenuis, Poecilia spilonota, Platypoecilus spilonaotus, Poecilia caudata.*

Vork.: Gewässer der atlantischen und pazifischen Abdachung, von Guatemala bis Kolumbien.

Ersteinf.: 1986 durch DIBBLE nach England und Deutschland importiert.

GU: ♂♂ mit Gonopodium und intensiveren Körperfarben.

Soz.V.: Wie alle Molly-Vertreter ist auch der Costa Rica-Molly eine friedliche Fischart. Man kann die Art sehr gut mit anderen Fischen vergesellschaften.

Hält.B.: Geräumiges Aquarium mit Hintergrundbepflanzung, Filterung über Kohle oder Kies und gut temperiertes Aquarienwasser sind die wichtigsten Fakto-

Fortsetzung übernächste Seite

Poecilia elegans ♂

Poecilia gillii ♂

Fam.: Poeciliidae

Fortsetzung von *Poecilia gillii*

ren für eine optimale Hälterung der relativ körperlangen Molly-Art. Ein Salzzusatz zum Aquarienwasser (2 gehäufte Teelöffel auf 25 Liter) fördert bei mineralarmem Wasser das Wohlbefinden von *Poecilia gillii*. Wasser: pH-Wert 7,2 - 7,8; Gesamthärte 10 - 30° dGH.

ZU: *Poecilia gillii* ist eine leicht züchtbare Fischart. Nach durchschnittlich 6 Wochen werden vom weiblichen Tier zwischen 20 und 50 etwa 8 mm lange Jungfische abgesetzt. Die Elterntiere stellen bei guter Fütterung den Neugeborenen nur selten nach. Die Geschlechtsreife kann bei guter Pflege nach dem 4. bis 5. Monat beobachtet werden.

FU: O; Allesfresser; Flockenfutter mit Pflanzenanteilen, kleines Lebendfutter, Frostfutter.

Bes.: Keine.

T: 24 - 28° C, **L:** ♀ 10 cm, ♂ 6 cm, **BL:** 100 cm, **WR:** m (u, o), **SG:** 2

Poecilia heterandria
Venezuela-Molly

(REGAN, 1913)

Syn.: *Limia heterandria*.

Vork.: Küstengewässer von Zentralvenezuela.

Ersteinf.: 1908 durch SIGGELKOW nach Deutschland importiert.

GU: ♂♂ mit Gonopodium, schlankem Körperbau, kürzeren Körperabmessungen und intensiveren Körperzeichnungsmustern.

Soz.V.: Friedliche Poeciliiden-Art, die mit kleinen Friedfischen sehr gut vergesellschaftet werden kann. In kleinen Aquarien besteht die Gefahr, daß die ♂♂ die ♀♀ zu sehr treiben.

Hält.B.: Der Venezuela-Molly ist ein anspruchsloser Kärpfling. Die Wasserwerte sind anscheinend für das erfolgreiche Gedeihen der Art von untergeordneter Bedeutung. *Poecilia heterandria* fühlt sich in frischem und sauerstoffreichem Wasser am wohlsten. Der Hintergrund des Aquariums sollte dicht bepflanzt sein und der Vordergrund ausreichend Schwimmraum bieten.

ZU: Die Zucht der Fische gelingt ohne Probleme. Nach durchschnittlich 4 - 5 Wochen werden vom ♀♀ zwischen 15 und 40 etwa 7 mm lange Jungfische abgesetzt. Bei optimaler Fütterung stellen die Alttiere den Neugeborenen nur sehr selten nach. Die Geschlechtsreife der beschriebenen Kärpflinge wird gewöhnlich zwischen dem 4. und 5. Monat erreicht.

FU: O; Allesfresser; kleines Lebendfutter, Frost- und Flockenfutter.

Bes.: Keine.

T: 23 - 27° C, **L:** ♀ 4 cm, ♂ 2,5 cm, **BL:** 60 cm, **WR:** m, **SG:** 2

Poecilia gillii ♀, Costa Rica

Poecilia heterandria ♂, ♀ Seite 529

Fam.: Poeciliidae

Poecilia hispaniolana
Hispaniola-Molly

RIVAS, 1978

Syn.: *Mollienisia dominicensis* (teilweise), *Poecilia dominicensis* (teilweise).

Vork.: Hochland-Gewässer von Zentral-Hispaniola.

Ersteinf.: 1989 durch WEIL und MEYER nach Deutschland importiert.

GU: ♂♂ mit Gonopodium und intensiveren Körperfarben.

Soz.V.: Die friedlichen Fische leben in ihrem natürlichen Habitat in kleinen Verbänden von 10 - 30 Tieren, stellenweise zusammen mit *Cichlasoma haitiensis, Poecilia elegans, Poecilia dominicensis* und *Limia zonata*. Auch im Aquarium kann die Art mit anderen Fischarten sehr gut vergesellschaftet werden, jedoch ist der Molly in der Natur nicht allzu häufig, so daß eine Einzelhaltung der Art geeignet erscheint.

Hält.B.: Die Hälterungsbedingungen entsprechen jenen von *Poecilia dominicensis*. Allerdings ist *Poecilia hispaniolana* in der Haltung wesentlich unempfindlicher als ihre Schwester-Art *P. dominicensis*.

ZU: Nach durchschnittlich 5 Wochen werden vom Muttertier zwischen 10 und 30 etwa 8 mm lange Jungfische abgesetzt. Die Alttiere stellen den Neugeborenen bei Futtermangel stark nach. Die Geschlechtsreife konnte zwischen dem 5. und 6. Monat beobachtet werden.

FU: O; Allesfresser; Lebendfutter aller Art, Frostfutter und Flockenfutter mit Pflanzenanteil.

Bes.: Die Unterscheidung zwischen *Poecilia hispaniolana* und *Poecilia dominicensis* ist nicht ganz einfach, im erwachsenen Alter sind die ♂♂ von *Poecilia hispaniolana* jedoch bunter gefärbt und zeigen mehr Rottöne im unpaaren Flossenbehang. Die ♀♀ sind kaum zu unterscheiden, werden aber im Alter durchschnittlich korpulenter und länger in den Körperabmessungen.

T: 22 - 25° C, **L**: ♀ 6,5 cm, ♂ 4,5 cm, **BL**: 100 cm, **WR**: m, **SG**: 3

Poecilia maylandi
Vielstreifen-Molly, Maylands Molly

MEYER, 1983

Syn.: *Mollienesia sphenops pallida*.

Vork.: Rio Balsas-System, Guerrero, Mexiko.

Ersteinf.: 1983 durch MEYER nach Deutschland und durch GURTNER in die Schweiz importiert.

GU: ♂♂ mit Gonopodium, intensiveren Körperfarben und gepunkteter Rücken- und Schwanzflosse; adulte ♂♂ mit verlängerten Rückenflossenstrahlen.

Soz.V.: *Poecilia maylandi* ist eine friedliche Molly-Art, die man sehr gut mit anderen Fischen vergesellschaften kann. Im Heimatbiotop lebt der Vielstreifen-Molly stellenweise mit *Ilyodon lennoni, Poeciliopsisbalsas, Poecilia sphenops* und *Cichlasoma beani* zusammen.

Hält.B.: Gut temperiertes, frisches und sauerstoffreiches Aquarienwasser bei langsamer Filterung über Kohle oder Kies sind wichtige Faktoren für die erfolgreiche Hälterung der Kärpflingsart. Damit die Nachzuchten der besprochenen Fischart wieder die Länge der Wildfänge erreichen, werden große Behälter mit 300 bis 400 Liter Fassungsvermögen empfohlen. Wasser: pH-Wert 7,0 - 7,8; Härte 5 - 30° dGH.

Fortsetzung übernächste Seite

Poecilia hispaniolana ♂

Poecilia maylandi ♂, ♀ Seite 527

Fam.: Poeciliidae

Fortsetzung von *Poecilia maylandi*

ZU: Bei guter Fütterung werden nach durchschnittlich 6 Wochen Tragzeit von den trächtigen ♀♀ zwischen 25 und 60 etwa 8 bis 10 mm lange Jungfische abgesetzt. Bei dichter Bepflanzung finden die Neugeborenen ausreichend Schutz gegenüber den Alttieren und anderen Beckeninsassen. *Poecilia maylandi* erreicht die Geschlechtsreife in den meisten Fällen im 6. bis 7. Monat.

FU: O; Allesfresser; Flockenfutter mit Pflanzenanteilen, Mückenlarven, Lebendfutter aller Art.

Bes.: *Poecilia maylandi* ist eine der größten Arten innerhalb der kurzflossigen Molly-Vertreter. Adulte Alpha-♂♂ haben eine vergrößerte Rückenflosse.

T: 24 - 29° C, **L:** ♀ 12 cm, ♂ 11 cm, **BL:** 100 cm, **WR:** m, **SG:** 2

Poecilia cf. *mexicana* "Cavemolly" Höhlenmolly

STEINDACHNER, 1863

Syn.: Keine.

Vork.: Arroyo de Solpho, Höhle von Tapijulapa, Tabasco, Mexiko.

Ersteinf.: 1964 durch Mitarbeiter des Zoologischen Staatsinstituts Hamburg importiert.

GU: ♂♂ mit Gonopodium, kürzeren Körperabmessungen und flachem Körperbau; ♀♀ mit Genitalpapille nahe der Afterflosse.

Soz.V.: Der Höhlenmolly ist eine friedliche Fischart, die durchaus mit anderen Friedfischen vergesellschaftet werden kann. Wegen der Seltenheit und besonderen Hälterungsbedingungen der Kärpflinge empfiehlt sich allerdings ein Artenbecken.

Hält.B.: Leicht gefiltertes und sauerstoffreiches Aquarienwasser, abgedunkeltes Becken und ein Sand-/Geröll-Boden entsprechen den natürlichen Gegebenheiten der Art. Wasser: pH-Wert 7,0 - 7,5; Härte: 5 - 15° dGH.

ZU: Die Zucht gelingt meistens ohne Probleme. Im Vergleich zu dem nah verwandten *Poecilia mexicana* sind die Nachkommen des Höhlenmollys nicht so vital und bleiben auch im Wachstum etwas zurück. Nach durchschnittlich 5 Wochen werden vom Muttertier zwischen 10 und 25 etwa 8 mm lange Jungfische abgesetzt. Die Alttiere stellen bei guter Fütterung den Neugeborenen nicht nach. Die Geschlechtsreife kann gewöhnlich nach dem 6. Monat beobachtet werden.

FU: O; Allesfresser, hauptsächlich Frost- und Flockenfutter aller Art; die Jungfische bevorzugen *Artemia*-Nauplien.

Bes.: Die Tiere haben durch die Reduktion der Augen ein eingeschränktes Sehvermögen und werden deshalb auch als Blinder Molly bezeichnet. Einzig ist auch bei den ♀♀ die Ausprägung eines großen Genitalkissens. Der Höhlenmolly ist lediglich aus dem Kammersystem einer einzigen Höhle bekannt.

T: 22 - 28° C, **L:** ♀ 5 cm, ♂ 4 cm, **BL:** 80 cm, **WR:** u (m), **SG:** 2

Poecilia maylandi ♀, ♂ Seite 525

Poecilia cf. *mexicana*, "Cavemolly" (Höhlenmolly), ♂, ♀ Seite 529

Micropoecilia bifurca ♀, Text Seite 510

Neoheterandria elegans ♀, Text Seite 514

Poecilia heterandria ♀, Text Seite 522

Poecilia cf. *mericana*, "cavemolly" ♀, Text Seite 526

Fam.: Poeciliidae

Poecilia minor
Mini-Molly
(GARMAN, 1895)

Syn.: *Heterandria minor, Pamphorichthys minor.*

Vork.: Amazonasbecken und angrenzende Zonen, Brasilien.

Ersteinf.: Nicht nachweisbar.

GU: ♂♂ mit Gonopodium, kürzeren Körperabmessungen und gebänderter Rückenflosse.

Soz.V.: Die Art verhält sich im Aquarium gegenüber Beckeninsassen sehr friedlich. Allerdings sollte *Poecilia minor* wegen ihrer Empfindlichkeit im arteigenen Becken gehältert werden.

Hält.B.: Die kleinen Kärpflinge lieben frisches und sauerstoffreiches Wasser. Eine schwimmende Pflanzendecke bietet den Fischen Deckung und der Nachzucht Schutz. *Poecilia minor* bevorzugt starken Lichteinfall, am besten geeignet ist direktes Sonnenlicht. Von einer Filterung des Beckens kann wegen der Winzigkeit der Fische Abstand genommen werden. Ein kleines Aquarium ist für die Art besser geeignet als ein großes Becken, da die Fische auch bei der Futteraufnahme sehr träge sind.

ZU: Die Zucht der Kärpflinge ist bislang nur bis zur 3. Generation geglückt. Die Vitalität der Tiere ist innerhalb der 2. Generationenfolge stark herabgesetzt, so daß die Art an Krankheitsbefall und Schwäche im Aquarium ausstirbt.

FU: O; Allesfresser; kleines Lebendfutter, *Artemia*-Nauplien und feines Flockenfutter werden gerne genommen.

Bes.: Die Art läßt sich bislang im Aquarium nach der 2. Generationenfolge nicht weiter züchten.

T: 23 - 28° C, **L**: ♀ 2,5 cm, ♂ 1,5 cm, **BL**: 30 cm, **WR**: o (m), **SG**: 3

Poecilia parae
Para-Kärpfling
(EIGENMANN, 1894)

Syn.: *Poecilia vivipara parae, Micropoecilia parae, Acanthophacelus bifurcus, Micropoecilia bifurca, Acanthophacelus melanzonus, Poecilia melanzona, Micropoecilia melanzona.*

Vork.: Küstengewässer von Zentral-Britisch-Guyana bis zum Amazonas-Becken, Brasilien.

Ersteinf.: 1910 durch MAYER nach Deutschland importiert.

GU: ♂♂ mit Gonopodium, kürzeren Körperabmessungen, flachem Körperbau und mit farbigen Zeichnungsmustern entlang der Körperseiten und den unpaaren Flossen.

Soz.V.: *Poecilia parae* ist eine friedliche Kärpflingsart, die wegen der schwierigen Züchtbarkeit im Artenbecken gepflegt werden sollte. Im natürlichen Habitat wie auch im Aquarium hält sich die kleine Fischart überwiegend in kleinen Gruppen an der Wasseroberfläche auf.

Hält.B.: Gut durchlüftetes, sauerstoffreiches und mäßig gefiltertes Wasser. Die Wasseroberfläche sollte mit einer dichten Schwimmpflanzendecke bewachsen sein. An die Wasserbeschaffenheit selbst stellt der Para-Kärpfling keine besonderen Ansprüche. In der Natur wird die Art in Brackwasserzonen

Fortsetzung übernächste Seite

Poecilia minor ♂ und ♀ (oben)

Poecilia parae ♂

Fortsetzung von *Poecilia parae*

wie auch in reinem Süßwasser angetroffen.

ZU: Die Art galt bislang über mehrere Generationen hinaus als nicht züchtbar. Allerdings ist STEFAN, Wien, die Zucht von *Poecilia parae* in den letzten Jahren über die 3. Generation hinaus gelungen. Die Geschlechtsreife der ♀♀ des Para-Kärpflings ist in den bisher beobachteten Fällen im 8. Monat nachgewiesen worden, während die ♂♂ mit einem Alter von etwa 6 Monaten befruchtungsfähig sind. Die Wurfstärke der Art schwankt je nach Alter und Länge der ♀♀ zwischen 5 und 16, ca. 7 mm langen Jungfischen. Die Alttiere stellen bei guter Fütterung den Neugeborenen nicht nach.

FU: O; Allesfresser; bevorzugt wird kleines Lebendfutter, vor allem *Artemia*-Nauplien, mäßig feines Flockenfutter und kleine Mückenlarven.

Bes.: Wie die nahverwandten *Poecilia amazonica* ist *Poecilia parae* schwierig in der Vermehrung.

T: 24 - 28° C, **L:** ♀ 5 cm, ♂ 3 cm, **BL:** 80 cm, **WR:** o (m), **SG:** 3

Poecilia scalpridens
Meißelzahn-Kärpfling
(GARMAN, 1895)

Syn.: *Cnesterodon scalpridens, Pamphoria scalpridens.*

Vork.: Kleine Seitenbuchten des unteren und mittleren Amazonas, Brasilien.

Ersteinf.: Die Art konnte erstmals 1986 durch RADDA und FRITSCHER nach Österreich und Deutschland importiert werden.

GU: ♂♂ mit Gonopodium, kürzeren Körperabmessungen und schlankem, flachem Körperbau.

Soz.V.: *Poecilia scalpridens* ist eine friedliche Kärpflingsart, die in natürlichen Biotopen in kleinen Gruppen an der Wasseroberfläche lebt. Wegen der Kleinheit und schwierigen Züchtbarkeit der Fische ist ein Artenbecken zu empfehlen.

Hält.B.: Die Fische fühlen sich anscheinend in sauerstoffreichem Wasser am wohlsten. Gegen einen rapiden Wasserwechsel sind die Tiere allerdings sehr empfindlich. Eine dichte Pflanzendecke an der Wasseroberfläche, geeignet ist hauptsächlich *Ceratophyllum*, bietet dem kleinen Kärpfling Deckung.

ZU: *Poecilia scalpridens* ist bislang nur bis zur 2. Generation im Aquarium gezüchtet worden Die Tiere verloren zunehmend an Vitalität und stellten die Fortpflanzung gänzlich ein. Im allgemeinen werden zwischen 5 und 12 etwa 6 - 7 mm lange Jungfische im Intervall von 4 - 5 Wochen vom weiblichen Tier abgesetzt. Die Alttiere stellen bei guter Fütterung den Neugeboren nicht nach.

FU: O; Allesfresser; vor allem kleines Lebendfutter, geeignet sind *Artemia*-Nauplien; feines Trockenfutter wird nur mäßig genommen.

Bes.: Die Art ist wahrscheinlich als Synonym zu *P. minor* und *P. hasemani* zu betrachten: MEYER (1993).

T: 23 - 28° C, **L:** ♀ 3 cm, ♂ 2 cm, **BL:** 30 cm, **WR:** o (m), **SG:** 3

Poecilia parae ♀

Poecilia scalpridens ♀

Fam.: Poeciliidae

Poecilia sulphuraria (ALVAREZ, 1948)
Schwefel-Molly

Syn.: *Mollienisia sulphuraria.*

Vork.: Lediglich von einer Schwefelquelle, Baños del Azufre, Tabasco, Mexiko, bekannt.

Ersteinf.: Der Schwefel-Molly wurde erstmals 1979 durch RADDA nach Österreich und Deutschland importiert.

GU: ♂♂ mit Gonopodium, schlankem Körperbau und orange getönten unpaaren Flossen.

Soz.V.: Der Schwefel-Molly ist ein friedlicher Kärpfling, den man jedoch wegen seinen speziellen Hälterungsanforderungen nur sehr schwer vergesellschaften kann. Im natürlichen Biotop lebt die Art in großen Gruppen an der Wasseroberfläche zusammen mit *Gambusia eurystoma.*

Hält.B.: Die seltene Fischart ist im Vergleich zu *Gambusia eurystoma* noch empfindlicher gegenüber Außenparasitenbefall. Gute Hälterungserfolge wurden in sauberem und frischem Wasser mit leichter Rivanolkonzentration erzielt. Als Aquariendekoration eignen sich Moorkienholz und Geröllbrocken. Bei einer Zugabe von Rivanol zum Aquarienwasser (0,1 Gramm auf 200 Liter) muß auf eine Bepflanzung verzichtet werden. Der kleine Molly liebt intensive Beleuchtung, vor allem direkte Sonneneinstrahlung.

ZU: Nach einer durchschnittlichen Tragzeit von 4 - 5 Wochen werden von den weiblichen Tieren des Schwefel-Mollys zwischen 10 und 25 ca. 7 mm lange Jungfische abgesetzt. Die Tiere stellen ihren Neugeborenen nach, so daß ein Separieren der trächtigen ♀♀ in gesonderte Becken notwendig wird. Wie auch bei *Gambusia eurystoma* sind besonders die Jungfische gegenüber Krankheitsbefall sehr empfindlich.

FU: O; Allesfresser; Flockenfutter aller Art, kleines Lebendfutter, Frostfutter.

Bes.: Der Unterkiefer der Art ist im Vergleich zu anderen Molly-Vertretern verlängert und dient in sauerstoffarmen Gewässern als "Sauerstoffzufuhr-Schaufel" und vor allem für die optimale Nahrungsaufnahme an der Wasseroberfläche.

T: 24 - 28° C, **L:** ♀ 3,5 cm, ♂ 3 cm, **BL:** 60 cm, **WR:** o, **SG:** 3

Poecilia cf. *vivipara* BLOCH & SCHNEIDER, 1801
Hochrücken-Kärpfling

Syn.: *Poecilia surinamensis, Molinesia surinamensis, Molinesia surinamensis, Poecilia unimaculata, Neopoecilia holacanthus, Poecilia holacanthus.*

Vork.: Die fleckenlose, hochrückige Variante der Art ist anscheinend auf die Küstengewässer von Venezuela beschränkt.

Ersteinf.: Nicht genau nachweisbar, jedoch 1989 von BORK nach Deutschland importiert.

GU: ♂♂ mit Gonopodium, flachem Körperbau und intensivem Zeichnungsmuster der Rückenflosse.

Soz.V.: Friedliche Kärpflingsart, die gut mit anderen Friedfischen vergesellschaftet werden kann.

Fortsetzung übernächste Seite

Poecilia sulphuraria ♂

Poecilia cf. *vivipara* ♂

Fortsetzung von *Poecilia* cf. *vivipara*

Hält.B.: Die Fische sind sehr robust und relativ unempfindlich. Die Wasserwerte sind für das Wohlbefinden der Art von untergeordneter Bedeutung. Eine dichte Bepflanzung und eine intensive Beleuchtung, besonders Sonnenlicht, läßt die Fische in glänzenden Goldfarben erscheinen.

ZU: Die Zucht von *Poecilia* cf. *vivipara* ist, wie bei der Nominatform, nicht sehr schwierig. In regelmäßigen Abständen von etwa 5 Wochen werden vom ♀ zwischen 5 und 10 etwa 7 mm lange Jungfische abgesetzt. Die Geschlechtsreife der benannten Variante ist in den meisten Fällen im 6. bis 7. Monat zu beobachten.

FU: O; Allesfresser, Flockenfutter, kleines Lebendfutter aller Art, Frostfutter.

Bes.: Ob es sich bei *Poecilia* cf. *vivipara* um eine eigenständige Art handelt, konnte bislang noch nicht geklärt werden.

T: 23 - 27° C, **L**: ♀ 6 cm, ♂ 5 cm, **BL**: 80 cm, **WR**: m, o, **SG**: 2

Poeciliopsis balsas
Balsas-Kärpfling

HUBBS, 1926

Syn.: *Gambusia gracilis, Gambusia infans, Poeciliopsis anonas.*

Vork.: Rio Balsas-Becken, Mexiko.

Ersteinf.: 1979 durch HINZ und Mitarbeiter erstmals nach Deutschland importiert.

GU: ♂♂ mit Gonopodium und intensiven Körperfarben.

Soz.V.: Bei dem Balsas-Kärpfling handelt es sich um sehr friedvolle Fische, die man jedoch wegen ihrer schwierigen Züchtbarkeit am besten im Artenbecken pflegen sollte.

Hält.B.: Die Kärpflinge fühlen sich in frischem, sauerstoffreichem und leicht über Kies und Kohle gefiltertem Wasser am wohlsten. Feinfiedrige Pflanzen im Hintergrund, Sand- und Geröllboden und eine leichte Wasserbewegung entsprechen den natürlichen Verhältnissen der

Art. Wasser: pH-Wert 7,0 - 7,5; Härte 5 - 10° dGH.

ZU: Bislang ist die erfolgreiche Vermehrung der Art in mehreren aufeinander folgenden Generationen im Aquarium noch nicht geglückt. In den beobachteten Fällen gingen die Tiere an Schwäche und Krankheitsbefall ein. Unklar blieben auch bislang die Wurfstärke und das Brutintervall. Nach den vorliegenden Zuchtberichten werden nur selten mehr als 5 Jungfische pro Wurf vom Balsas-Kärpfling abgesetzt.

FU: O; Allesfresser; bevorzugt werden *Artemia*-Nauplien, kleine Mückenlarven, Mikrowürmer und mäßig feines Flockenfutter.

Bes.: Die Verwandtschaftsverhältnisse zu anderen *Poeciliopsis*-Arten sind bislang unklar.

T: 23 - 27° C, **L**: ♀ 6 cm, ♂ 3,5 cm, **BL**: 80 cm, **WR**: m, **SG**: 3

Poecilia cf. *vivipara* ♀

Poeciliopsis balsas ♂, ♀ Seite 552

Fam.: Poeciliidae

Poeciliopsis elongata
Grüner Kärpfling

(GÜNTHER, 1866)

Syn.: *Poecilia elongata, Mollienisia elongata, Poeciliopsis elongatus*.

Vork.: Gewässer der pazifischen Abdachung von Costa Rica bis Süd-Panama.

Ersteinf.: 1980 durch RADDA und Mitarbeiter nach Österreich und Deutschland importiert.

GU: ♂♂ mit Gonopodium, kürzeren Körperabmessungen und flachem Körperbau.

Soz.V.: *Poeciliopsis elongata* ist eine friedliche Kärpflingsart, die man sehr gut mit anderen Friedfischen vergesellschaften kann.

Hält.B.: Leicht bewegtes, sauerstoffreiches Aquarienwasser, dichte Hintergrundbepflanzung und ausreichend freier Schwimmraum an der Wasseroberfläche und in der mittleren Zone sind für das Gedeihen der Art von Bedeutung.

Die Filterung sollte über Kohle oder Kies erfolgen. Im natürlichen Biotop wird *Poeciliopsis elongata* oft in Mangroven-Sümpfen angetroffen. Ein Salzzusatz zum Aquarienwasser (2 gehäufte Teelöffel auf 10 Liter) kann für das Wohlbefinden der Kärpflinge dienlich sein. Wasser: pH-Wert 7,2 - 8,0; Härte 10 - 30° dGH.

ZU: Bislang ist die erfolgreiche Vermehrung der Art noch nicht über die 1. Nachzuchtgeneration hinaus geglückt. Die Ursachen dieses Mißerfolges sind noch unklar. Neue Importe müssen Aufschluß über die Zucht der Kärpflinge bringen.

FU: O; Allesfresser; Lebend- und Flockenfutter aller Art, Frostfutter.

Bes.: *Poeciliopsis elongata* ist eine der körperlängsten Arten innerhalb der Gattung.

T: 24 - 28° C, **L**: ♀ 10 cm, ♂ 8 cm, **BL**: 100 cm, **WR**: m, o, **SG**: 3

Poeciliopsis gracilis
Seitenfleck-Kärpfling

(HECKEL, 1848)

Syn.: *Xiphophorus gracilis, Girardinus pleurospilus, Priapichthys letonai*.

Vork.: Südliches Mexiko, Guatemala, El Salvador, Honduras.

Ersteinf.: 1913 erstmals durch RACHOW und MAYER nach Deutschland importiert.

GU: ♂♂ mit Gonopodium, kürzeren Körperabmessungen und flachem Körperbau.

Soz.V.: Sehr friedlicher Kärpfling, der gut mit anderen Fischen vergesellschaftet werden kann. Die Art lebt im natürlichen Verbreitungsgebiet in kleinen Gruppen zusammen und besiedelt hier die unterschiedlichsten Biotoptypen.

Hält. B.: Die genannte Kärpflingsart ist in der Natur in flachen, kristallklaren Flüssen, in trüben Teichregionen, in langsam oder schnell fließenden Bächen anzutreffen. Auch im Aquarium paßt sich die Art allen Gegebenheiten relativ gut an. Salzzugaben zum Aquarienwasser werden jedoch von *Poeciliopsis gracilis* nicht immer toleriert. Die Albino-Form von *Poeciliopsis gracilis* liebt gedämpftes Licht.

ZU: Der Seitenfleck-Kärpfling ist sehr einfach in der Zucht. In der Brutzeit werden durchschnittlich alle 4 Wochen zwischen 10 und 50 etwa 7 - 8 mm lange

Fortsetzung übernächste Seite

Poeciliopsis elongata ♂

Poeciliopsis gracilis ♂ und ♀ (unten)

Fam.: Poeciliidae

Fortsetzung von *Poeciliopsis gracilis*

Jungfische abgesetzt. Bei guter Fütterung stellen die Alttiere den Neugeborenen nicht nach. Die Kärpflinge werden nach 3 - 4 Monaten geschlechtsreif.

FU: O; Allesfresser; feines Flockenfutter, kleines Lebendfutter aller Art, Schwarze Mückenlarven, *Tubifex*, Grindal.

Bes.: Bislang wurden unter dem Namen *gracilis* 2 Arten geführt, nämlich der Seitenfleck-Kärpfling, *Poeciliopsis gracilis*, und der Schwarzstrichkärpfling, *Poeciliopsis lutzi. P. lutzi* hat ein 13tägiges Brutintervall, während *P. gracilis* nach durchschnittlich 4 Wochen Jungfische absetzt.

T: 24 - 28° C, **L:** ♀ 6 cm, ♂ 3,5 cm, **BL:** 80 cm, **WR:** m, o, **SG:** 1 - 2

Poeciliopsis infans
Hochland-Poeciliopsis

(WOOLMAN, 1894)

Syn.: *Gambusia infans, Leptorhaphis infans, Gambusia affinis* (Verwechslung), *Poeciliopsis porosus.*

Vork.: Rio Grande de Santiago-, Rio Lerma- und Ameca-Einzugsgebiet, Jalisco, Michoacan, Mexiko.

Ersteinf.: 1978 durch RADDA nach Österreich und Deutschland importiert.

GU: ♂♂ mit Gonopodium, flachem Körperbau, kürzeren Körperabmessungen; balzende ♂♂ mit schwarzer Körperfärbung und orange gezeichneten unpaaren Flossen.

Soz.V.: Der Hochland-*Poeciliopsis* ist in seinem Verhalten gegenüber Beckeninsassen sehr friedlich und kann bedenkenlos mit anderen kleinen Friedfischen vergesellschaftet werden. Die ♂♂ zeigen während der Brutphase einen Balztanz.

Hält. B.: In der Natur ist der Hochland-Poeciliopsis an keine speziellen Biotoptypen angepaßt. Es wird jedoch empfohlen, die Art in sauerstoffreichem, frischem und mäßig gefiltertem Aquarienwasser zu pflegen. An die Wasserwerte selbst werden keine besonderen Ansprüche gestellt, jedoch ist von Salzzugaben zum Aquarienwasser abzuraten. Ein üppiger Pflanzenwuchs ist dem Wohlbefinden der Art förderlich.

ZU: Die Zucht von *Poeciliopsis infans* ist nicht schwierig. Je nach Pflege und Wassertemperatur werden von den trächtigen ♀♀ alle 4 Wochen zwischen 10 und 25 etwa 7 mm lange Jungfische abgesetzt. Bei guter Fütterung stellen die erwachsenen Tiere den Neugeborenen nicht nach. Die Kärpflinge werden im allgemeinen nach 4 - 5 Monaten geschlechtsreif.

FU: O; Allesfresser; bevorzugt wird kleines Lebendfutter aller Art, feines Flockenfutter, Schwarze Mückenlarven.

Bes.: *Poeciliopsis infans-, Poeciliopsis monacha-* und *Poeciliopsis occidentalis-* ♂♂ zeigen sich während ihrer balzaktiven Zeit mit schwarz getönten Körperseiten.

T: 20 - 27° C, **L:** ♀ 5 cm, ♂ 3,5 cm, **BL:** 60 cm, **WR:** m, o, **SG:** 1 - 2

Poeciliopsis infans ♂

Poeciliopsis infans ♀

Fam.: Poeciliidae

Poeciliopsis lutzi   (MEEK, 1904)
Schwarzstrich-Kärpfling, Lutz' Kärpfling

Syn.: *Heterandria lutzi, Girardinus lutzi.*

Vork.: Rio Quiotepec, Cuicatlan, Oaxaca, Mexiko.

Ersteinf.: Nicht exakt nachweisbar.

GU: ♂♂ mit Gonopodium und kürzeren Körperabmessungen.

Soz.V.: Wie die eng verwandte Art *Poeciliopsis gracilis* ist auch der Schwarzstrich-Kärpfling eine sehr friedliche Fischart, die sehr gut mit anderen friedlichen Fischen vergesellschaftet werden kann. Bei *Poeciliopsis lutzi* kann ebenfalls ein schwarmähnliches Verhalten nachgewiesen werden.

Hält.B.: *Poeciliopsis lutzi* benötigt für sein Wohlbefinden gut gefiltertes, klares und sauerstoffreiches Wasser. Eine dichte Hintergrundbepflanzung bietet den Tieren Deckung. Im natürlichen Biotop besteht der Bodengrund aus einem Gemisch von Sand, Stein und Kies. Die Fische lieben intensives Licht, am besten Sonneneinstrahlung. Wasser: pH-Wert 7,0 - 7,7; Härte 5 - 15° dGH.

ZU: Die Kärpflinge sind in der Zucht sehr produktiv. In der Brutzeit werden alle 13 Tage zwischen 4 und 14 etwa 7 mm lange Jungfische vom ♀ abgesetzt. Die Tiere wachsen schnell heran und sind ihrerseits gewöhnlich nach 4 - 5 Monaten geschlechtsreif. Die Alttiere stellen bei ausreichender Fütterung den Neugeborenen nicht nach.

FU: O; Allesfresser; bevorzugt werden *Artemia* -Nauplien sowie Schwarze Mückenlarven, gerne gefressen wird auch feines Flockenfutter mit Pflanzenanteil.

Bes.: *Poeciliopsis lutzi* wurde bislang als ein Synonym zu *Poeciliopsis gracilis* geführt (siehe auch bei *Poeciliopsis gracilis*).

T: 24 - 28° C, L: ♀ 6 cm, ♂ 3,5 cm, **BL**: 80 cm, **WR**: m, o, **SG**: 2

Poeciliopsis paucimaculata   BUSSING, 1967
Gefleckter Poeciliopsis

Syn.: Keine.

Vork.: Rio General-System, Costa Rica.

Ersteinf.: 1980 durch RADDA und Mitarbeiter nach Österreich und Deutschland importiert.

GU: ♂♂ mit Gonopodium und kürzeren Körperabmessungen.

Soz.V.: Die Tiere verhalten sich gegenüber Beckeninsassen friedlich; wegen der schwierigen Zucht der Kärpflinge sollte einem Artenbecken Vorrang gegeben werden.

Hält.B.: In freier Natur besiedelt die Art kristallklare, sauerstoffreiche Gewässer. Die Bäche sind flach und der Bodengrund besteht aus Geröll. Das Gestein war nach Angaben von SCHULZ, Universität Mainz, mit Algenpolstern bewachsen. Die natürlichen Gegebenheiten geben für die Aquarienhaltung wertvolle Hinweise. Die Filterung sollte über Kies oder Kohle erfolgen. Ein natürlicher Lichteinfall könnte für das Gedeihen des Gefleckten Poeciliopsis sehr wichtig sein.

Fortsetzung übernächste Seite

Poeciliopsis lutzi ♂, ♀ Seite 553

Poeciliopsis paucimaculata ♂, ♀ Seite 545

Fam.: Poeciliidae

Fortsetzung von *Poeciliopsis paucimaculata*

ZU: Die Zucht der Kärpflinge scheint sehr schwierig zu sein. Nach Mitteilungen von SCHULZ (mdl. Mitteilung) konnten die Wildfänge nur vereinzelt zur Nachzucht gebracht werden. Die Wurfstärke eines ♀ umfaßte nicht mehr als 4 Tiere. Die Jungtiere erlangten anscheinend nicht die Geschlechtsreife. Neue Importe könnten vielleicht mehr Aufschluß bringen.

FU: O; Allesfresser; die Art bevorzugt Lebendfutter aller Art, Mückenlarven, Pflanzenfutter.

Bes.: Nach neuen Erkenntnissen wird *Poeciliopsis paucimaculata* wesentlich länger als bislang bekannt war (SCHULZ, mdl. Mitt.).

T: 24 - 27° C, **L:** ♀ 7 cm, ♂ 5 cm, **BL:** 80 cm, **WR:** m, (u), **SG:** 3

Poeciliopsis turneri
Apamila-Kärpfling

MILLER, 1975

Syn.: Keine.

Vork.: Rio Purificación-Becken, Jalisco, Mexiko.

Ersteinf.: 1986 durch RADDA und Mitarbeiter nach Österreich und Deutschland importiert.

GU: ♂ ♂ mit Gonopodium, flachem Körperbau und kürzeren Körperabmessungen.

Soz.V.: Der Apamila-Kärpfling ist ein friedlicher Kärpfling, der gut mit anderen Friedfischen vergesellschaftet werden kann. Wegen anscheinend schwieriger Züchtbarkeit sollte *Poeciliopsis turneri* im Artenbecken gepflegt werden.

Hält.B.: Die natürlichen Biotope der Art sind mit *Ceratophyllum* und grünen Algenpolstern bewachsen. Weiterhin benötigt der Apamila-Kärpfling sauerstoff-

reiches Wasser. Die Filterung sollte über Kies oder Kohle erfolgen. Der Bodengrund kann sich aus Kies, Sand und Geröllbrocken zusammensetzen. Wasser: pH-Wert 7,2 - 7,6; Härte 5 - 15° dGH.

ZU: Vom ♀ werden in den meisten Fällen 2 - 3 Jungfische (selten 4) abgesetzt. Die Neugeborenen sind mit durchschnittlich 1,5 cm Gesamtlänge sehr lang und werden mit einem nabelschnurartigen Anhang geboren. Bei guter Fütterung stellen die Alttiere den Jungfischen nicht nach. Bislang ist die Zucht von *Poeciliopsis turneri* über die 1. Generation hinaus noch nicht gelungen.

FU: O; Allesfresser; Flockenfutter, Lebendfutter aller Art, Frostfutter.

Bes.: Die Neugeborenen kommen mit einer Nährschnur (Follikel) zur Welt.

T: 24 - 28° C, **L:** ♀ 6 cm, ♂ 4 cm, **BL:** 80 cm, **WR:** m, **SG:** 3

Poeciliopsis paucimaculata ♀

Poeciliopsis turneri ♀

Priapella olmecae
Olmeken-Kärpfling

MEYER & PEREZ, 1990

Syn.: Keine.

Vork.: Los Tuxtlas-Drainage, Veracruz, Mexiko.

Ersteinf.: 1987 durch MÜLLER, MARTINSEN & MEYER nach Deutschland.

GU: ♂♂ mit Gonopodium, Schwanzstielbereich ventral mit breitem Kiel.

Soz.V.: *P. olmecae* lebt im natürlichen Biotop in ruhigen und tiefen Wasserzonen in Gruppen von ca. 20 Tieren zusammen. Die Jungtiere halten sich fern von den Alttieren in seichten, ruhigen Gewässerabschnitten gewöhnlich an der Wasseroberfläche auf. Die Art läßt sich mit gleich langen Friedfischen vergesellschaften.

Hält.B.: Frisches, sauerstoffreiches und gut gefiltertes Aquarienwasser sind für die erfolgreiche Hälterung Grundbedingung. In ihrer Heimat lebt die Kärpflingsart im kristallklaren und über Geröll und Sand fließenden Quellwasser. Wegen der Seltenheit der Fische wird ein Artenbecken empfohlen. Die Randzonen des Aquariums sollten mit feinfiedrigen Pflanzen dekoriert sein, während der vordere Beckenbereich viel freien Schwimmraum bieten sollte.

ZU: Wildfänge sind relativ vermehrungsfreudig, während die folgenden Generationen an Vitalität und Fruchtbarkeit bislang einbüßten. Nach bisherigen Beobachtungen werden im Intervall von 5 - 6 Wochen zwischen 8 und 25 etwa 8 mm lange Jungfische abgesetzt. Die Art stellt den Neugeborenen stark nach. Es ist ratsam, trächtige ♀♀ kurz vor dem Werfen in dicht bepflanzte separate Becken zu überführen. Nach der Geburt ist das Muttertier wieder in das Sammelzuchtbecken zurückzusetzen. Die Jungtiere sind nach ca. 6 Monaten fortpflanzungsfähig.

FU: O, K; Allesfresser; hauptsächlich jedoch Fleischnahrung, wie Mückenlarven, *Tubifex* und Rinderherz. Flockenfutter wird nur in sehr kleinen Mengen aufgenommen.

Bes.: Schwesterart der wahrscheinlich ausgestorbenen *Priapella bonita*; *Priapella olmecae* ist selten in seinem Vorkommen. Im Aquarium verliert die Art teilweise ihre natürliche Färbung, besonders die Orangetöne der unpaaren Flossen sind im Vergleich zur Wildpopulation nur schwach sichtbar.

T: 21 - 26° C, **L:** ♀ 6 cm, ♂ 5 cm, **BL:** 80 cm, **WR:** m, **SG:** 3

Typusfundort von *Priapella olmecae*: Rio de la Palma, Mexiko

Priapella olmecae ♂

Priapella olmecae ♀

Fam.: Poeciliidae

Priapichthys austrocolumbiana
Narino-Kärpfling

RADDA, 1987

Syn.: Keine.

Vork.: Narino, Kolumbien.

Ersteinf.: Durch RADDA und EBERLE nach Österreich, 1989 durch SCHMIDT nach Deutschland.

GU: ♂♂ mit Gonopodium, kürzeren Körperabmessungen und intensiver gefärbten Körperzeichnungsmustern.

Soz.V.: Die Art ist friedlich. Sie läßt sich mit kleinen, zierlichen anderen Kärpflingsarten, *Ancistrus*, kleinen Bärblingen oder vergleichbaren Fischen sehr gut vergesellschaften.

Hält.B.: Die Wasseroberfläche sollte stellenweise mit Schwimmpflanzen bedeckt sein. Das Wasser sollte sauerstoffreich sein. Eine mäßige Filterung über Kohle oder Kies ist zu empfehlen. Der Bodengrund kann sich aus Sand und Kies zusammensetzen. Wasser: pH-Wert 7,2 bis 7,7; Härte 5 - 20° dGH.

ZU: Die Zucht ist nicht ganz einfach, da die Jungfische sehr empfindlich gegen Krankheitserreger sind. Nach den bisherigen Beobachtungen werden von den weiblichen Tieren in 12 - 15tägigen Abständen zwischen 2 und 6 ca. 6 mm lange Jungfische abgesetzt. Die Fische werden zwischen dem 4. und 5. Lebensmonat geschlechtsreif. Bei ausreichender Fütterung stellen die Alttiere den Jungfischen nicht nach.

FU: O; Allesfresser; kleines Lebendfutter aller Art, bevorzugt werden *Artemia*-Nauplien; feines Flockenfutter wird ebenfalls gerne genommen.

Bes.: Die Art ist sehr nahe mit dem Formenkreis von *Priapichthys festae* verwandt. RADDA (1987) ordnet *Priapichthys austrocolumbiana* zur Gattung *Pseudopoecilia*.

T: 23 - 27° C, **L:** ♀ 3,5 cm, ♂ 2,5 cm, **BL:** 60 cm, **WR:** o, (m), **SG:** 2

Priapichthys darienensis
Darien-Kärpfling

(MEEK & HILDEBRAND, 1913)

Syn.: *Gambusia darienensis, Priapichthys dariensis, Darienichthys dariensis.*

Vork.: Pazifische küstennahe Gewässer von Ost-Panama.

Ersteinf.: 1980 von RADDA und Mitarbeitern nach Deutschland und Österreich importiert.

GU: ♂♂ mit Gonopodium, intensiveren Körperfarben und kürzeren Körperabmessungen.

Soz.V.: Der Darien-Kärpfling ist eine friedliche Fischart, die sehr gut mit anderen kleinen, zierlichen Friedfischen vergesellschaftet werden kann.

Hält.B.: Die Art ist empfindlich gegen Bakterien und Einzeller. Ein regelmäßiger wöchentlicher Wasserwechsel

schafft gewöhnlich Abhilfe. Eine Filterung über Kohle oder Kies wurde von den Tieren nicht vertragen. Prinzipiell liebt *P. darienensis* unbewegtes Wasser. Eine schwimmende Pflanzendecke bietet den Tieren Deckung. Wasser: pH-Wert 7,2 - 8,2; Härte 5 - 20° dGH.

ZU: Bislang ist die erfolgreiche Zucht über die 1. Nachzuchtgeneration hinaus noch nicht geglückt; ansonsten siehe bei *Priapichthys austrocolumbiana*.

FU: O; Allesfresser; kleines Lebendfutter aller Art, feingeriebenes Flockenfutter.

Bes.: RADDA (1985) stellt *P. darienensis* in die wieder neu errichtete Gattung *Pseudopoecilia*.

T: 24 - 28° C, **L:** ♀ 4 cm, ♂ 3 cm, **BL:** 60 cm, **WR:** o, m, **SG:** 3

Priapichthys austrocolumbiana ♂

Priapichthys darienensis ♂

Fam.: Poeciliidae

Xenodexia ctenolepis
Kammschuppen-Kärpfling

HUBBS, 1950

Syn.: Keine.

Vork.: Rio Xalbal und Rio Chixoy, El Quiche, Alta Verapaz, Guatemala.

Ersteinf.: 1989 über DIBBLE von amerikanischen Liebhabern nach England und Deutschland importiert.

GU: ♂♂ mit Gonopodium, rechte Pektoralflosse handähnlich strukturiert.

Soz.V.: Xenodexia ctenolepis ist eine friedliche Fischart, die man durchaus mit anderen Friedfischen vergesellschaften kann. Der Kärpfling sollte jedoch wegen seiner schwierigen Züchtbarkeit im Artenbecken gepflegt werden.

Hält.B.: Frisches und sauerstoffreiches Aquarienwasser, gute Filterung über Kohle oder Kies und ausreichend Licht (am besten mit Tages- und Sonnenlichteinfluß) entsprechen in etwa den natürlichen Gegebenheiten. Der Bodengrund kann sich, wie auch im natürlichen Biotop, aus Geröllbrocken, Kies und Sand zusammensetzen. Wasser: pH-Wert 7,2 bis 7,8; Härte 5 - 15° dGH.

ZU: Die Zucht des Kammschuppen-Kärpflings ist bislang in Europa noch nicht geglückt. Amerikanischen Züchtern gelang nur die Zucht bis zur 2. Nachzuchtgeneration.

FU: O; Allesfresser; kleines Lebendfutter aller Art, Flockenfutter, Frostfutter.

Bes.: Xenodexia ctenolepis ist eine sehr ursprüngliche lebendgebärende Fischart. Der Kärpfling wird als "lebendes Fossil" bezeichnet.

T: 21 - 26° C, **L**: 5 cm, **BL**: 80 cm, **WR**: m, (o), **SG**: 3

Xiphophorus alvarezi
Blauer Schwertträger

ROSEN, 1960

Syn.: Xiphophorus helleri alvarezi.

Vork.: Südliche Chiapas, Mexiko und Huehuetenango, El Quiche, Alta Verapaz, Guatemala.

Ersteinf.: 1987 durch SCHRÖDER nach Deutschland importiert.

GU: ♂♂ mit Gonopodium und Schwertfortsatz der unteren Schwanzflosse.

Soz.V.: Xiphophorus alvarezi eignet sich gut für die Vergesellschaftung mit anderen Friedfischen. Wie bei allen Schwertträgerarten sind auch bei dem Blauen Schwertträger die erwachsenen ♂♂ untereinander sehr aggressiv. Der Balztanz der ♂♂ scheint nach Aussagen von SCHRÖDER etwas langsamer als der von Xiphophorus helleri zu sein.

Hält.B.: Die Art bevorzugt klares und gut gefiltertes Aquarienwasser. Der Bodengrund sollte sich aus faustgroßen Geröllbrocken und Sand zusammensetzen. Für Versteckmöglichkeiten zwischen Steinen und anderem Dekorationsmaterial sollte wegen der Aggressivität der ♂♂ gesorgt werden. Wasser: pH-Wert 7,0 - 8,0; Härte 5 - 20° dGH.

ZU: Die Zucht von Xiphophorus alvarezi ist im Vergleich mit Xiphophorus helleri schwierig. Der Blaue Schwertträger ist nicht sehr fruchtbar. Bei den im Aquarium gehaltenen Tieren werden durchschnittlich im Intervall von 4 Wochen etwa 10 - 20 ca. 8 mm lange Jungfische abgesetzt. Die Neugeborenen sind in den ersten Stunden nach der Geburt nicht sehr vital. Gegen Bakterienbefall und besonders gegen Fischtuberkulose ist Xiphophorus alvarezi sehr anfällig.

FU: O; Allesfresser; Flockenfutter und Lebendfutter aller Art, Frostfutter.

Bes.: Die Art hybridisiert in der Natur mit Xiphophorus helleri. Vergleiche mit X. clemenciae, Foto Seite 451.

T: 23 - 27° C, **L**: ♂ 7 cm, ♀ 10 cm, **BL**: 100 cm, **WR**: u, m, (o), **SG**: 2

Xenodexia ctenolepis ♂

Xiphophorus alvarezi ♂

Xiphophorus continens
El Quince-Schwertträger

RAUCHENBERGER & KALLMAN, 1990

Syn.: Keine.

Vork.: Rio Ojo Frio, Rio Panuco-Drainage, San Luis Potosí, Mexiko.

Ersteinf.: 1989 durch SCHRÖDER nach Deutschland importiert

GU: ♂♂ mit einem Gonopodium und einem kurzen Fortsatz der unteren Kaudalflossenstrahlen (kleiner als 1 mm).

Soz.V.: Kleine, friedvolle Kärpflingsart, die man aufgrund ihres sozialen Verhaltens durchaus gut mit anderen Friedfischen vergesellschaften kann. Wegen seiner schwierigen Züchtbarkeit sollte der kleine Schwertträger jedoch im Artenbecken gepflegt werden.

Hält.B.: Leicht bewegtes, sauerstoffreiches, klares Wasser und dichte Bepflanzung entsprechen den natürlichen Gegebenheiten der Art. Der Aquarien-Bodengrund sollte aus faustgroßen Geröllbrocken und einem Sand-/Kies-Gemisch bestehen.

ZU: Die Zucht scheint nach den bisherigen Erfahrungen mit dem kleinen Schwertträger schwierig zu sein. Die Tiere, die derzeit im Aquarium gepflegt werden, sind sehr hinfällig. Die Fische sind anscheinend nicht so fruchtbar wie andere *Xiphophorus*-Arten. Ob die gemachten Erfahrungen mit dem El Quince-Schwertträger auf zu enge Inzucht zurückzuführen sind, müssen neue Importe bestätigen. Die Trächtigkeitsdauer der Art liegt bei etwa 4 Wochen. Bei guter Fütterung stellen die Alttiere den Neugeborenen nur selten nach.

FU: O; Allesfresser; kleines Lebendfutter aller Art, Flockenfutter, Frostfutter.

Bes.: Trotz seiner äußerlichen Ähnlichkeit mit *Xiphophorus pygmaeus* ist die erst vor kurzem beschriebene Art näher mit *Xiphophorus montezumae* und *X. nezahualcoyotl* verwandt. *X. continens* wird im natürlichen Habitat zusammen mit *X. montezumae* angetroffen.

T: 22 - 26° C, L: ♀ 5 cm, ♂ 3,5 cm, BL: 80 cm, **WR**: u, m, **SG**: 3

Poeciliopsis balsas ♀, Text Seite 536

Xiphophorus continens ♂

Poeciliopsis lutzi ♀, Text Seite 542

Xiphophorus maculatus
Platy

(GÜNTHER, 1866)

Syn.: *Platypoecilus maculatus, Poecilia maculata.*

Vork.: Vom Rio Jamapa-Becken, Veracruz, Mexiko, südwärts bis Guatemala, Belize und Honduras.

Ersteinf.: Nicht genau nachweisbar.

GU: ♂♂ mit einem Gonopodium.

Soz.V.: *Xiphophorus maculatus* ist eine sehr friedliche Kärpflingsart, die man sehr gut mit anderen Fischen vergesellschaften kann. Im Gegensatz zu den ♂♂ der großen Schwertträger-Arten sind *Xiphophorus maculatus*-♂♂ untereinander sehr verträglich. Auch im Balzverhalten ist *X. maculatus* wesentlich einfacher strukturiert als die Vertreter der Schwertträger.

Hält.B.: Der genannte Platy ist in seiner Pflege und Haltung sehr einfach; so werden weder an die Wasserqualität noch an die Dekoration des Aquariums Ansprüche gestellt.

ZU: Die Zucht von *Xiphophorus maculatus* ist im allgemeinen sehr einfach. Die Tiere sind gewöhnlich sehr fruchtbar und vital. Nach einer Tragzeit von durchschnittlich 24 Tagen werden vom weiblichen Tier zwischen 10 und 80 ca. 7 mm lange Jungfische abgesetzt. Die Fische wachsen sehr schnell heran und sind oft schon nach 3 - 4 Monaten fortpflanzungsfähig.

FU: O; Allesfresser; kleines Lebendfutter, Flockenfutter, Frostfutter.

Bes.: *Xiphophorus maculatus* ist in seinem Färbungsmuster die variabelste Art innerhalb der Gattung.

T: 24 - 28° C, **L:** ♀ 5 cm, ♂ 4 cm (meist jedoch kleiner), **BL:** 60 cm, **WR:** o, m, u, **SG:** 1

Xiphophorus maculatus ♂, Population Rio Jamapa, Mexiko

Xiphophorus maculatus ♂, Population Rio Papaloapan, Mexiko

Xiphophorus maculatus ♀, Population Rio Jamapa, Mexiko

Xiphophorus maculatus ♂, Rotaugen-Platy, Belize

Xiphophorus maculatus ♂, Wildform, Population Belize

Xiphophorus meyeri ♂ und ♀ (unten)

Xiphophorus meyeri
Muzquiz-Platy

SCHARTL & SCHRÖDER, 1988

Syn.: *Xiphophorus marmoratus*.

Vork.: Muzquiz, Coahuila, Mexiko.

Ersteinf.: 1982 durch WISCHNATH & MEYER nach Deutschland importiert.

GU: ♂♂ mit einem Gonopodium und kürzeren Körperabmessungen.

Soz.V.: Die friedlichen Kärpflinge sind gut mit anderen Fischen zu vergesellschaften.

Hält.B.: Der Muzquiz-Platy ist ein dankbarer Pflegling, der sich bereits in einem relativ kleinen Aquarium erfolgreich hältern läßt. Das Aquarienwasser sollte gut temperiert und sauerstoffreich sein. Der Bodengrund kann sich aus Sand und Kies zusammensetzen. Eine üppige Hintergrundbepflanzung gibt den Tieren Deckung. Wasser: pH-Wert 7,0 - 7,7; Härte 5 - 20° dGH.

ZU: Die Zucht ist ähnlich wie bei *X. couchianus* und *X. gordoni*. In der Brutzeit werden durchschnittlich alle 24 Tage zwischen 10 und 35 ca. 7 mm lange Jungfische vom weiblichen Tier abgesetzt. Die Fische wachsen schnell heran und sind ihrerseits bereits nach 3 - 4 Monaten geschlechtsreif. Bei guter und abwechslungsreicher Fütterung wird den Neugeborenen von den Alttieren nicht nachgestellt.

FU: O; Allesfresser, Lebendfutter aller Art, Flockenfutter, Frostfutter.

Bes.: Innerhalb der Gattung *Xiphophorus* ist die Art am weitesten im Norden von Mexiko verbreitet. Die Fische sind eng mit *Xiphophorus couchianus* und *Xiphophorus gordoni* verwandt.

T: 23 - 28° C, **L:** ♀ 4 cm, ♂ 3 cm, **BL:** 60 cm, **WR:** m, u, **SG:** 2

557

Xiphophorus multilineatus ♀

Xiphophorus multilineatus   RAUCHENBERGER, KALLMANN & MORIZOT, 1990
Gebänderter Schwertträger

Syn.: *Xiphophorus nigrensis* (teilweise).

Vork.: Rio Coy-System, Rio Panuco-Drainage, San Luis Potosí, Mexiko.

Ersteinf.: 1964 durch Mitarbeiter des Hamburger Staatsinstituts.

GU: ♂♂ sind mit einem Gonopodium und einem Schwert ausgestattet. Entlang der Körperseiten erstrecken sich durchschnittlich je 12 Querstreifen. Diese Bänderung ist bei den ♀♀ nicht zu sehen.

Soz.V.: Eine ruhige Kärpflingsart, die man gut mit anderen Friedfischen vergesellschaften kann. Die ♂♂ verhalten sich gegenüber gleichgeschlechtlichen Artgenossen aggressiv. Wegen seiner nicht einfachen Züchtbarkeit sollte die Schwertträgerart jedoch nach Möglichkeit im Artenbecken gepflegt werden.

Hält.B.: Leicht bewegtes, sauerstoffreiches Wasser. Der Bodengrund sollte aus faustgroßen Geröllbrocken und einem Sand/Kies-Gemisch bestehen. Eine dichte, bis zur Wasseroberfläche reichende Hintergrundbepflanzung des Beckens bietet den Nachkommen Schutz vor den Nachstellungen der Alttiere.

ZU: Die Zucht dieses Kärpflings ist nicht einfach. Es werden selten mehr als 15 Jungfische pro Wurf abgesetzt. Die Trächtigkeitsdauer der Art liegt bei etwa 4 Wochen. Bei guter Fütterung stellen die Alttiere den Neugeborenen nur selten nach. Im Vergleich zu der sehr eng verwandten Schwesterart *X. nigrensis* ist *X. multilineatus* im Aquarium nicht ganz so empfindlich gegenüber Krankheitsbefall.

FU: O; Allesfresser; kleines Lebendfutter aller Art, Flockenfutter, Frostfutter.

Bes.: Die Art bildet drei gut abgrenzbare Farbvarianten aus, wovon zwei Farbformen wesentlich kürzer in ihren Körperabmessungen bleiben. Es sind dies die metallisch blau glänzende Variante mit langem, geißelförmigem Schwert, und die gelbe Form mit kurzem Schwertfortsatz.

T: 22 - 26° C, **L:** ♀ 5 cm, ♂ 6 cm, **BL:** 80 cm, **WR:** m, u, **SG:** 3

Xiphophorus multilineatus (♂ mit langem Schwert), blau

Xiphophorus multilineatus (♂ mit kurzem Schwert), gelb

Xiphophorus nezahualcoyotl RAUCHENBERGER, KALLMAN & MORIZOT, 1990
Nördlicher Berg-Schwertträger

Syn.: *Xiphophorus montezumae monte-zumae, Xiphophorus montezumae* (teil-weise).

Vork.: Rio Panuco-Drainage, Rio Tamesi-Drainage, Mexiko.

Ersteinf.: Nicht genau nachweisbar, je-doch 1964 durch das Hamburger Staats-institut nach Deutschland importiert.

GU: ♂♂ mit Gonopodium, Schwertfort-satz der Kaudale und intensiverer Kör-perfärbung.

Soz.V.: Die Art kann gut mit anderen Fischen vergesellschaftet werden. ♂♂ von *X. nezahualcoyotl* sind wie bei allen größeren Schwertträgerarten gegenein-ander sehr aggressiv.

Hält.B.: Die Fische bevorzugen wie alle Mitglieder des *Xiphophorus montezu-mae*-Komplexes klares und sauerstoff-reiches Aquarienwasser. Der Boden-grund sollte sich aus faustgroßen Geröll-brocken und feinem Kies zusammenset-zen. Feinfiedrige Pflanzen sind für die genannten Fische nicht besonders gut geeignet; es empfehlen sich *Echinodo-rus* und *Anubias*.

ZU: Die Zucht der Art ist nicht sonderlich schwierig. Im allgemeinen werden alle 4 Wochen zwischen 10 und 40 etwa 7 mm lange Jungfische abgesetzt. Die Jung-tiere halten sich bevorzugt im Boden-bereich auf. Bei guter Fütterung stellen die Alttiere den Neugeborenen kaum nach. *X. nezahualcoyotl* wird zwischen dem 5. und 6. Monat geschlechtsreif.

FU: O; Allesfresser; bevorzugt werden Schwarze und Rote Mückenlarven, *Arte-mia*-Nauplien, *Tubifex* und Grindal-würmer; gerne genommen wird auch Flockenfutter mit Pflanzenanteilen.

Bes.: Die Art wurde 1990 durch RAU-CHENBERGER et al. von *Xiphophorus montezumae* abgespalten. *Xiphophorus nezahualcoyotl* ist der am weitesten nach Norden verbreitete Schwertträger.

T: 21 - 26° C, **L:** ♀ 7 cm, ♂ 6 cm, **BL:** 80 cm, **WR:** u, m, **SG:** 2

Marygold-Pinselschwanz-Platy ♂, Text Seite 562

Xiphophorus nezahualcoyotl ♂

Xiphophorus nezahualcoyotl ♀

Fam.: Poeciliidae

Xiphophorus variatus, Zuchtformen
Hawaii-Hochflosser-Variatus, Hawaii-Pinselschwanz-Variatus,
Marygold-Pinselschwanz-Variatus, Hawaii-Pinselhochflosser-Variatus

Syn.: Keine.

Vork.: Die Wildform von *X. variatus* ist entlang der atlantischen Abdachung vom Rio Soto La Marina-System, Tamaulipas bis zum Rio Nautla, Veracruz, Mexiko, verbreitet.

Ersteinf.: Die Zuchtform "Hawaii" ist erstmals in Deutschland entstanden. Der Züchter WROBEl hat den Hawaii-Variatus im Jahre 1933 durch MOMBOUR in der Aquaristik-Literatur vorstellen lassen. In den 60er Jahren ist der Hawaii-Hochflosser gezüchtet worden und in den darauffolgenden Jahren der Hawaii-Pinselschwanz-Platy. Im Jahre 1990 konnte WEBER durch planmäßige Kreuzung beide Flossentypen miteinander zum Pinselschwanzhochflosser kombinieren. Der Marygold-Variatus ist Anfang der 30er Jahre gezüchtet worden (Foto Seite 560).

GU: ♂ ♂ mit Gonopodium; Hochflosser: ♂ ♂ mit groß ausgebildeter Rückenflosse; bei den weiblichen Tieren ist die genannte Flosse wesentlich kleiner in ihren Abmessungen. Im Vergleich zum Normalflosser bzw. zur Wildform ist die Dorsale bei den ♂ ♂ etwa fünffach und beim ♀ zweifach verlängert. Pinselschwanz: Die Geschlechter sind am Grad der Verlängerung der mittleren Flossenstrahlen der Schwanzflosse nicht von einander zu unterscheiden. Pinselschwanzhochflosser: ♂ ♂ und ♀ ♀ sind anhand des Ausprägungsgrades der Rückenflosse (siehe Hochflosser) zu unterscheiden.

Soz.V.: Friedliche Kärpflinge, die man mit anderen Friedfischen gut vergesellschaften kann. Inwieweit die beschriebenen Zuchtformen ein anderes Verhalten als die Wildform von *Xiphophorus variatus* zeigen, ist bislang noch nicht untersucht worden.

Hält.B.: Mäßig gefiltertes, klares, frisches und sauerstoffreiches Wasser läßt die Farbenpracht der Fische am besten zur Geltung kommen. Eine dichte Aquarienbepflanzung mit feinfiedrigen *Ceratophyllum* o.ä. eignet sich besonders gut; ansonsten wie bei der Wildform (siehe AQUARIEN ATLAS, Band 2, Seite 782, und Lebendgebärende Zierfische, Mergus Verlag).

ZU: Die Zucht ist im Vergleich zur Wildform oder anderen *Xiphophorus variatus*-Zuchtformen nicht sonderlich produktiv. Nur in wenigen Zuchten werden von den ♀ ♀ mehr als 10 Jungfische abgesetzt. Bei guter Fütterung wird den Neugeborenen von den Alttieren nur sehr selten nachgestellt, und deshalb ist ein Umsetzen der trächtigen ♀ ♀ in separate Zuchtbecken nicht notwendig.

FU: O; Allesfresser; Flockenfutter, Frost- und Lebendfutter aller Art.

Bes.: Die Zuchtformen sind alle durch planmäßiges Einkreuzen von *Xiphophorus maculatus*- und *Xiphophorus helleri*-Genen entstanden.

T: 21 - 28° C, L: 6 cm, **BL**: 80 cm, **WR**: m (u), **SG**: 2

Hawaii-Hochflosser ♂

Hawaii-Pinselschwanzhochflosser ♂

Parosphromenus linkei, siehe Seite 572

Betta splendens, WF ♂, Khao Yai

Betta splendens, Zuchtformen

Betta splendens, Zuchtformen, siehe Band 1, Seite 632

Fam.: Belontiidae
Unterfam.: Macropodinae

Betta brownorum
WITTE & SCHMIDT, 1993

Syn.: *Betta sp. coccina.*

Vork.: Sarawak, Borneo.

Ersteinf.: 1988 durch KETTNER, KRUM-MENACHER & WITTE.

GU: Seitenfleck zwar bei beiden Geschlechtern vorhanden, beim ♂ aber stärker ausgeprägt.

Soz.V.: Territorialverhalten, Versteckmöglichkeiten schaffen!

Hält.B.: Siehe *Betta rutilans.*

ZU: Schaumnestbauer. Voraussetzung für die Zucht sind entsprechende Wasserbedingungen und Fütterung mit Lebendfutter. Junge schwimmen nach 4 - 5 Tagen frei und fressen neben feinem Tüm-pelfutter schon erstaunlich große Nahrung (*Artemia,* gesiebte Daphnien).

FU: K; feines Lebendfutter, *Artemia,* Frostfutter. Wenig Rote Mückenlarven.

Bes.: Die Form ähnelt *B. coccina* sehr und unterscheidet sich im wesentlichen durch die stärkere Ausprägung des Seitenflecks. Wie bei *B. rutilans* erwähnt, ist die Abgrenzung der untereinander sehr ähnlichen kleinen roten Arten nicht einfach. Es ist sinnvoller, zum Zweck der Abgrenzung ethologische und molekularbiologische Merkmale hinzuzuziehen als sich auf geringe morphologische Unterschiede zu verlassen. Bis dahin sollten die entsprechenden Formen nach ihrem Fundort bezeichnet werden.

T: 22 - 26° C, L: 5 cm, BL: 40 cm, WR: u, m, o, SG: 3

Betta rutilans
WITTE & KOTTELAT, 1991

Syn.: *Betta sp.* "Anjungan".

Vork.: West-Kalimantan, Borneo, zwischen Sungei Pinjuh und Anjungan.

Ersteinf.: 1990 durch BAER, LINKE & NEUGEBAUER.

GU: Geschlechter schlecht zu unterscheiden; geschlechtsreife ♀♀ am Laichansatz zu erkennen.

Soz.V.: Wie bei den meisten schaumnestbauenden Kampffischarten zeigen die ♂♂ ein ausgeprägtes Territorialverhalten. Dennoch ist es in einem größeren Aquarium möglich, eine Gruppe von Tieren zu halten, wenn man für ausreichende Versteckmöglichkeiten sorgt.

Hält.B.: LINKE stellte an einem Fundort der Art einen pH-Wert von 4,5 und eine Leitfähigkeit von 39 μS/cm sowie eine Temperatur von 27,6° C fest. Auch für die Pflege der Tiere im Aquarium muß man sich um weiches, saures Wasser bemühen. Es empfiehlt sich, als Bodengrund Fasertorf oder Eichen- bzw. Buchenblätter zu benutzen. Das Material bietet, wie auch Kokosnußschalen, Versteckmöglichkeiten für die Tiere. Paarweise Haltung in kleinen Aquarien. In größeren Aquarien wachsen auch Jungfische auf, die von ihren Eltern nicht gefressen werden.

ZU: Schaumnestbauer wie die übrigen kleinen roten *Betta*-Arten. Voraussetzung zur Zucht ist neben entsprechenden Pflegebedingungen eine gute Versorgung mit Lebendfutter. LINKE vermutete aufgrund von beobachteten Scheinpaarungen, daß es sich bei der Art um Maulbrüter handelt. Ansätze zur Maulbrutpflege finden sich jedoch auch bei anderen Kampffischarten aus der Verwandtschaft von *B. rutilans.* NEUGEBAUER konnte entsprechendes bei *B. tussyae* beobachten.

FU: K; feines Tümpelfutter, *Artemia;* Frostfutter. Zu häufige Fütterung von Roten Mückenlarven vermeiden.

Bes.: Die Gruppe der kleinen roten Kampffische, zu denen auch *Betta coccina, Betta tussyae* und *Betta brownorum,* gehören, läßt sich recht gut von anderen *Betta*-Arten unterscheiden. Untereinander ist jedoch die Abgrenzung der Arten um so schwieriger. Das Vorhandensein eines Seitenflecks (*B. rutilans* hat in beiden Geschlechtern keinen) spielt dabei eine Rolle, da dieses Zeichnungselement eine Rolle beim Balzverhalten spielen kann. Abgrenzungen aufgrund anderer Farbmerkmale (Bauchflossen) oder aufgrund der Größe sind unsicherer. So kann *B. rutilans,* dessen Standardlänge in der Erstbeschreibung mit 25 mm angegeben worden ist, durchaus eine Standardlänge von über 40 mm und eine Gesamtlänge von 50 mm erreichen.

T: 22 - 26° C, L: 5 cm, BL: 40 cm, WR: u, m, o, SG: 3

Betta brownorum

Betta rutilans von Anjungan

Betta simplex   KOTTELAT, 1994

Syn.: *Betta* sp. "Krabi".

Vork.: Umgebung von Krabi, Südthailand.

Ersteinf.: 1990 durch LINKE.

GU: ♂♂ farbiger, blauschwarze Säume an Schwanz- und Afterflosse, größerer Kopf (Maulbrüter!).

Soz.V.: In genügend großen Aquarien sowohl Artgenossen als auch anderen Fischen gegenüber verträglich.

Hält.B.: Im Gegensatz zu vielen anderen Kampffischen stammt *Betta simplex* nicht aus Gewässern mit extrem weichem und saurem Wasser. LINKE maß am Fundort einen Leitwert von 530 µS/cm, pH-Wert 7,0, 11° dGH, 11° KH, 26,9° C. Bemerkenswert ist, daß es sich bei den Härtebildnern nahezu ausschließlich um Karbonate handelt. Die Pflege dürfte in unbehandeltem Leitungswasser keine Probleme bereiten.

ZU: Bei *Betta simplex* handelt es sich wie bei der ähnlichen Art *Betta picta* um Maulbrüter im männlichen Geschlecht. Die Eier werden auf der Afterflosse des ♂ abgelegt und besamt, vom ♀ aufgenommen und dem ♂ zugespuckt. Nach ungefähr 12 Tagen entläßt das ♂ die Jungfische aus dem Maul, die bereits *Artemia*-Nauplien bewältigen. Obwohl die Tiere keine großen Ansprüche an die Haltung stellen, bereitet die regelmäßige Zucht Probleme. NEUGEBAUER vermutet, daß die im Herkunftsgebiet auftretenden saisonalen Klimaänderungen für die Vermehrung der Art eine Rolle spielen.

FU: K; Lebend-, Frost-, jedoch auch Flockenfutter.

Bes.: Die Form ähnelt der auf Java und Sumatra vorkommenden Art *Betta picta* sehr. Inwieweit man entsprechende Formen, die auf verschiedenen Inseln bzw. auf dem Festland vorkommen, als verschiedene Arten, Unterarten oder nur Rassen betrachten sollte, ist unter Taxonomen umstritten.

T: 22 - 26° C, **L**: 6 cm, **BL**: 50 cm, **WR**: alle, **SG**: 2

Betta simplex ♂

Betta simplex ♂

Betta simplex ♀

Fam.: Belontiidae
Unterfam.: Macropodinae

Betta foerschi "Nataisedawak"   VIERKE, 1979

Syn.: *Betta strohi.*

Vork.: Südwesten Zentral-Kalimantans, Borneo, bei Nataisedawak südlich von Sukamara.

Ersteinf.: 1990 durch BAER, LINKE & NEUGEBAUER.

GU: ♂♂ farbenprächtiger, ♀♀ zeigen häufig senkrechte Bänderung.

Soz.V.: Relativ aggressiv; Vergesellschaftung mehrerer ♂♂ nur in recht großen Aquarien möglich.

Hält.B.: Sehr weiches und saures Wasser ist Voraussetzung für die erfolgreiche Pflege. Boden aus Fasertorf, Eichen- oder Buchenblättern. Jedoch ist auch Filterung über Torfgranulat möglich. In hartem und neutralem bzw. alkalischem Wasser sind die Tiere krankheitsanfällig. Empfindlich gegen belastetes Wasser.

ZU: Maulbrüter. Die *Betta foerschi* ähnlichen Kampffische, zu denen die abgebildete Form gerechnet werden muß, zeichnen sich dadurch aus, daß sie wie Schaumnestbauer unter der Wasseroberfläche ablaichen und das ♀ eine längere Laichstarre als das ♂ hat. Die Eier werden dem ♂ nicht zugespuckt. Im Gegensatz zu den schaumnestbauenden Kampffischen behält das ♂ die Eier bis zum Freischwimmen der Jungen im Maul. Es wird über Maulbrutzeiten zwischen 6 und 12 Tagen berichtet. Die Jungen nehmen sofort *Artemia*- Nauplien an.

FU: K; Lebendfutter, Frostfutter.

Bes.: Die Gruppe der Kampffische um *Betta foerschi* zeichnet sich dadurch aus, daß bei der Fortpflanzung noch viele Verhaltenselemente ihrer schaumnestbauenden Vorfahren vorhanden sind. LINKE bezeichnet die abgebildete Form als *Betta strohi*. SCHALLER geht wiederum davon aus, daß es sich bei *B. strohi* um einen Schaumnestbauer, bei LINKES Tieren jedoch um einen Maulbrüter handelt. Inwieweit es sich bei der Beschreibung von *B. strohi* um ein Synonym zu *B. foerschi* handelt oder inwieweit die hier abgebildeten Tiere mit *B. strohi* identisch sind, ist im Moment völlig unklar. Die Tiere werden deswegen nur nach ihrem Fundort bezeichnet.

T: 22 - 26° C, **L**: 6 cm, **BL**: 50 cm, **WR**: alle, **SG**: 4

Betta foerschi "Tarantang"   VIERKE, 1978

Syn.: Keine.

Vork.: Südwesten Zentral-Kalimantans, Borneo, südlich von Sukamara bei Tarantang.

Ersteinf.: 1990 durch BAER, LINKE & NEUGEBAUER.

GU: Vermutlich wie bei *B.* sp. "Nataisedawak".

Soz.V.: Vermutlich wie bei obiger Art.

Hält.B.: LINKE gibt am Fundort einen Leitwert von nur 5 µS/cm, pH-Wert 4; Temperatur 25 und 25,3° C. an. Sonst Pflege wie bei *B. foerschi* "Nataisedawak".

ZU: Vermutlich wie andere Formen aus der Verwandtschaft von *Betta foerschi*.

FU: K; Lebend- und Frostfutter.

Bes.: Es wurde nur ein Einzeltier gefangen, bei dem es sich wahrscheinlich um ein Weibchen handelt. Kennzeichnend für diese Variante sind die dunklen Punkte auf den Flossen.

T: 22 - 26° C, **L**: 6 cm, **BL**: 50 cm, **WR**: alle, **SG**: 4

Betta foerschi "Nataisedawak" ♂

Betta foerschi "Tarantang" ♀

Parosphromenus anjunganensis

KOTTELAT, 1991

Syn.: *Parophromenus* sp. "Mandor"

Vork.: Fundort West-Kalimantan (Borneo); Einzugsgebiet des Kapuas zwischen Sungei Pinjuh und Anjungan; weiteres Verbreitungsgebiet unbekannt.

Ersteinf.: 1990 durch BAER, LINKE & NEUGEBAUER.

GU: ♂♂ sind kräftiger gefärbt; die Flossen, mit Ausnahme der Brustflossen, sind ziegelrot und haben einen schmalen blaugrünen Saum. ♀♀ unscheinbar.

Soz.V.: Untereinander verträglich, wenn durch Bepflanzung und Unterstände die Möglichkeit zur Bildung von kleinen Revieren geboten wird.

Hält.B.: LINKE maß am Fundort einen pH-Wert von 5,4 bei einer Leitfähigkeit von 22 µS/cm. Das Wasser zur Haltung sollte dementsprechend aus Regen- oder entsalztem Wasser mit wenig Leitungswasser gemischt werden. Filterung ist nicht nötig. Bodengrund aus Fasertorf oder Eichen- bzw. Buchenlaub. Obwohl in der Natur Wassertemperaturen von über 28° C gemessen wurden, empfiehlt es sich, wie bei allen *Parosphromenus*-Arten, die Temperatur im Aquarium nicht über 25° C steigen zu lassen. Schwimmpflanzen (bei den genannten Wasserwerten gedeihen *Ceratopteris*-Arten gut)

und Versteckmöglichkeiten in Form von Tontöpfen, Kokosnußschalen oder Kunststoffröhren bieten den Tieren Deckung. Paarweise Haltung in Aquarien von 40 cm Länge. Für Gruppen entsprechend größere Aquarien wählen. Dann ist eine Vergesellschaftung mit kleinen maulbrütenden Kampffischen oder Schokoladenguramis möglich.

ZU: DICKMANN (Der Makropode, Nov./Dez. 1994) beschreibt, daß *P. anjunganensis* im Gegensatz zu anderen Prachtguramis, die nur ein sehr dürftiges Schaumnest in engen Höhlen bauen, ein dickes, Zwei-Mark-Stück großes Nest in einem großen Blumentopf errichtet. Ungewöhnlich für *Parosphromenus*-Arten ist auch der Einbau von Pflanzenteilen. Aufzucht der Jungfische mit kleinstem Tümpelfutter und *Artemia*-Nauplien.

FU: K; feines Tümpelfutter und *Artemia*. Notfalls Frostfutter.

Bes.: Kommt in der Natur in gleichen Gewässern wie *P. ornaticauda* vor. Möglicherweise ist *P. anjunganensis* mehr zur Oberfläche orientiert. Eine Vergesellschaftung von Prachtgurami-Arten ist trotzdem, insbesondere wegen Verwechslungsgefahr bei den ♀♀, zu vermeiden.

T: 20 - 24° C, **L:** 4 cm, **BL:** 40 cm, **WR:** u, m, o, **SG:** 3 - 4

Parosphromenus linkei
Linkes Prachtgurami

KOTTELAT, 1991

Syn.: *Parophromenus* sp. "Pudukuali".

Vork.: Fundort im Südwesten Zentral-Kalimantans (Borneo), zwischen Sukamara und Pudukuali; weitere Verbreitung ungewiß.

Ersteinf.: 1990 durch BAER, LINKE & NEUGEBAUER:

GU: ♀♀ heller, Pigmentierung der Flossen schwächer.

Soz.V.: Wie *P. anjunganensis.*

Hält.B.: Am Fundort geringer Leitwert von nur 9 µS/cm bei 24° C. Haltung ähnlich wie bei *P. anjunganensis* angegeben.

ZU: KOPIC (Der Makropode, Nov./Dez. 1992) züchtete die Art in 40 cm langen Aquarien, die über einen mit Torfgranulat und Schaumstoff beschickten Kastenfilter gefiltert wurden. Der pH-Wert betrug 4,3, der Leitwert 75µS/cm, die Tem-

peratur 25° C. Halbe Blumentöpfe dienten als Laichhöhlen. Die Eier wurden nur in ein oder zwei Lagen Schaumblasen eingebettet. Der Schlupf erfolgte nach 3 Tagen, Freischwimmen der Jungen nach weiteren 6 Tagen. Im Gegensatz zu anderen Prachtguramis nehmen die Jungen nach dem Aufzehren des Dottersacks noch nicht die waagerechte Schwimmhaltung ein. Es sind nicht mehr als 40 oder 50 Jungfische zu erwarten. Aufzucht mit feinstem Tümpelfutter und *Artemia.*

FU: K; feines Lebendfutter, *Artemia,* notfalls Frostfutter.

Bes.: Die Fische erinnern mit ihren verlängerten Schwanzflossenstrahlen an *P. filamentosus,* lassen sich jedoch anhand des Doppelflecks auf der Seite gut von dieser Art unterscheiden.

T: 20 - 24° C, **L:** 4 cm, **BL:** 40 cm, **WR:** m, u, **SG:** 3 - 4

Parosphromenus anjunganensis ♂

Parosphromenus linkei ♂

Parosphronemus ornaticauda KOTTELAT, 1991

Syn.: *Parophronemus* sp. "Anjungan"

Vork.: siehe *P. anjunganensis.*

Ersteinf.: 1990 durch BAER, LINKE & NEUGEBAUER.

GU: Geschlechter schwer zu unterscheiden, die ♂ ♂ sind etwas farbiger.

Soz.V.: ♂ ♂ untereinander relativ aggressiv. Versteckmöglichkeiten bieten.

Hält.B.: Weiches, saures (pH-Wert 4 - 5) Wasser. Ähnlich *P. anjunganensis,* mit dem die Art auch im gleichen Gewässer vorkommt.

ZU: KOPIC (Der Makropode, Juli/Aug. 1992) beschreibt die Zucht bei einem pH-Wert von 4,5, einem Leitwert von 85 μS/cm und einer Temperatur von 26° C. Im Gegensatz zu anderen *Parosphromenus*-Arten stimmen die Geschlechter während der Laichphase in der Färbung fast überein. Die obere Körperhälfte wird dabei rehbraun, die untere samtschwarz. Wie die meisten Prachtguramis laichen die Fische in Höhlen ab; das ♀ ist nicht an der Brutpflege beteiligt. Der Schaumnestbau ist bei *P. ornaticauda* vollkommen reduziert. Es werden nur 20 - 40 Eier abgelaicht. Geringe Aufzuchterfolge deuten auf hohe Empfindlichkeit der Art hin.

FU: K; nur Lebendfutter!

Bes.: Empfindliche Art; als Einstieg in die *Parosphromenus*-Pflege nicht geeignet.

T: 20 - 25° C, **L:** 2,5 cm, **BL:** 40 cm, **WR:** u, m, **SG:** 4

Pterophyllum scalare, seit 85 Jahren immer noch einer der beliebtesten Aquarienfische!

Aequidens patricki

Syn.: Keine.

Vork.: Südamerika: Peru; Verbreitungsgebiet begrenzt auf kleine Zuflüsse zum Rio Aguaytia (westl. Zufluß des Ucayali) in der Nähe der gleichnamigen Stadt.

Ersteinf.: 1987 durch MINDE.

GU: Unpaare Flossen geschlechtsreifer ♀♀ besitzen viel Rot (bei ♂♂ und Jungtieren braunorange); Rücken- und Afterflosse der ♀♀ sind ebenfalls weit, aber konvexer und mehrzipfelig ausgezogen; ♂♂ mit grauem Dorsalsaum.

Soz.V.: Mitunter sehr scheu; eingewöhnte Tiere sind nicht selten aggressiv und können aufgrund ihrer Bezahnung unterlegenen Artgenossen und anderen Bekkeninsassen erhebliche Verletzungen zufügen.

Hält.B.: Stellt keine Ansprüche an die Wasserbeschaffenheit; Pflege in versteckreich eingerichteten Aquarien (Steine, Wurzeln, Pflanzen) mit größerer Grundfläche (120 x 50 cm).

ZU: Paarbildung nicht immer leicht (am besten aus Jungfischgruppe finden lassen); Zucht mit geeignetem Paar problemlos, Substratbrüter, Eltern pflegen intensiv, Aggressivität gegenüber Mitinsassen deutlich gesteigert.

FU: K, O; Lebendfutter, Jungfische, Frostfutter, Sticks, Flockenfutter: Allesfresser, der auf einseitige Ernährung empfindlich reagiert.

Bes.: Für die Gattung *Aequidens* ist der deutliche Geschlechtsdimorphismus bisher einzigartig (siehe GU).

T: 24° C, **L:** 17 cm, **BL:** ab 120 cm, **WR:** u, m, **SG:** 2 - 3

Apistogramma norberti
Norberts Buntbarsch

Syn.: Keine.

Vork.: Südamerika: Peru, Dept. Loreto: Rio Talinayo-Einzug.

Ersteinf.: 1990.

GU: ♂ farbiger; blau bis braun, in Demutshaltung mit einer schwarzblauen Längsbinde entlang der mittigen Seitenlinie; blaue Afterflosse, ♀ mit gelber Afterflosse. In Brutfärbung sieht das ♀ *A. nijsseni* sehr ähnlich.

Soz.V.: Recht friedliche Art, zur Laichzeit territorial.

Hält.B.: Haltung im Artbecken. Klares Wasser (Torffilterung und/oder ToruMin). Schwache Filterung. Aquarium mit gedämpftem Licht, evtl. Schwimmpflanzendecke. Die Tiere verstecken sich gern in Laub, was man im Aquarium schlecht bieten kann. Deshalb dichte Bepflanzung

im Hintergrund und an den Seiten. Kokosnußschale oder Blumentopf als Unterschlupf und Bruthöhle. Dekoration mit Wurzeln. Wasser weich; 0 - 4° dGH, pH-Wert 5,8 - 6,8 (5,9), KH 2 - 6°.

ZU: Bisher nicht beschrieben (?), dürfte aber wie viele *Apistogramma*-Arten ein Höhlenbrüter sein.

FU: K; Lebendfutter aller Art, besonders Krebschen (*Artemia*), Mückenlarven (zur Zucht Schwarze!), jedoch auch Flockenfutter. Sparsam füttern!

Bes.: Eine hübsche Art, die aufgrund des sehr eingegrenzten Vorkommensgebietes schwerlich in größeren Stückzahlen eingeführt werden kann. Eine Verwandtschaft zum Formenkreis *A. cacatuoides,* zu dem auch *A. nijsseni* und *A. payaminonis* gehören, wird vermutet.

T: 24° C, **L:** 7 cm, **BL:** ab 120 cm, **WR:** u, m, **SG:** 2 - 3

Aequidens patricki ♀

Apistogramma norberti

Aulonocara maylandi kandeensis　　　　　TAWIL & ALLGAYER, 1987
Blaue Orchideen-Aulonocara, Blaustirn-Kaiserbuntbarsch

Syn.: Keine.

Vork.: Afrika: Endemisch im Malawisee, bislang nur im Uferlitoral der kleinen Kande-Insel (Westküste, südlich von Nkhata Bay) nachgewiesen.

Ersteinf.: Unbekannt, wahrscheinlich Anfang der 80er Jahre.

GU: Ausgefärbte, erwachsene Exemplare zeigen einen ausgesprägten Geschlechtsdichromatismus, d.h. ♂♂ und ♀♀ sind völlig unterschiedlich gefärbt. Während die ♂♂ eine tiefschwarze Körpergrundfärbung und eine strahlend weiße Stirn und Rückenflosse aufweisen, sind die ♀♀ unscheinbar graubraun mit dunkleren Querstreifen. Jungtiere lassen sich nicht zuverlässig unterscheiden. Bei halbwüchsigen, noch unausgefärbten Exemplaren lassen sich die jungen ♂♂ am ehesten anhand der stärker ausgezogenen Rücken- und Afterflossen sowie an der Ausbildung der Geschlechtsöffnung erkennen.

Soz.V.: Im natürlichen Lebensraum lebt diese Art in etwa 5 - 10 m Tiefe in der Übergangszone von Fels zu Sand in großen Zahlen. Die ♂♂ bilden Reviere, die dicht aneinandergrenzen. Die ♀♀ und revierlose bzw. halbwüchsige ♂♂ leben in Gruppen in unmittelbarer Nähe zu den ♂♂-Revieren oder auf dem angrenzenden Sandgrund. Die revierbesitzenden ♂♂ zeigen ihre schönsten Farben und sind ständig damit beschäftigt, gegenüber den Nachbar-♂♂ zu imponieren und laichbereite ♀♀ zu umwerben. Im Vergleich zu anderen Malawisee-Cichliden ist diese Art jedoch nicht besonders durchsetzungsfähig und wird von größeren *"Haplochromis"* oder auch Mbunas häufig unterdrückt. Gegenüber anderen Fischen meist friedlich.

Hält.B.: Großfläche Aquarien mit grobem Sand oder feinem Kies als Untergrund. Letzterer wird nach der Fütterung nach Futterresten durchsucht, indem der Bodengrund portionsweise "durchgekaut" wird. Als Rückzugs- und Versteckmöglichkeit sollten einige Steinaufbauten eingebracht werden, mit denen man das Aquarium auch in Reviere für mehrere ♂♂ einteilen kann. Pflanzen kommen im natürlichen Lebensraum kaum vor, können aber in das Aquarium eingebracht werden, da sie von *A. m. kandeensis* im allgemeinen nicht ausgewühlt oder anderweitig beschädigt werden. Möglich ist die Pflege eines Pärchens oder eines ♂ mit mehreren ♀♀. Nach Aquarienbeobachtungen zeigen die ♂♂ nur dann ihre schöne kontrastreiche Färbung, wenn sie nicht durch stärkere Beckeninsassen unterdrückt werden und sich frei entfalten können. In einem ausreichend großen Aquarium (ab ca. 1,5 m Kantenlänge) lassen sich gut zwei ♂♂ mit einer kleinen Gruppe von ♀♀ pflegen. Sofern diese beiden ♂♂ etwa gleich groß bzw. stark sind, können sie jedes für sich ein Revier besetzten und sich gegen einen Nebenbuhler verteidigen. Die in den schönsten Farben imponierenden ♂♂ sind dann besonders eindrucksvoll. Der Wasserchemismus spielt im Rahmen der meisten Leitungswässer nur eine untergeordnete Rolle, sofern der pH-Wert im leicht alkalischen Bereich liegt (pH-Wert 7,5 - 8,3). Wichtig sind gute Filterung und regelmäßiger Teilwasserwechsel (etwa 20 % des Beckeninhaltes alle 2 - 3 Wochen).

ZU: Maulbrüter im weiblichen Gechlecht. Unter den o.g. Pflegebedingungen ist *A. m. kandeensis* leicht zu züchten. Laichbereite ♀♀, die sich am Laichansatz und der leicht hervortretenden Laichpapille erkennen lassen, gehen auf das Werben des ♂ ein und folgen ihm ins Zentrum des Reviers. Abgelaicht wird unter Drehbewegungen auf dem Untergrund, bei denen das ♀ die Eier sofort nach der Ablage ins Maul nimmt. Wahrscheinlich werden die Eier erst im Maul des ♀ befruchtet, indem das ♀ nach mehreren Umkreisungen mit den Eiern auch die Spermien aufnimmt. Nach dem Ablaichen zieht sich das ♀ zurück und nimmt keine oder nur vorsichtig kleinste Nahrungspartikel auf. Abhängig von der Wassertemperatur werden nach rund 3 Wochen die etwa 8 bis 10 mm großen, fertig entwickelten

Aulonocara maylandi kandeensis

Jungtiere aus dem Maul entlassen, die sofort z.B. frischgeschlüpfte *Artemia salina* oder entsprechend kleines Ersatzfutter (auch Trockenfutter) annehmen. Die Anzahl der zunächst unscheinbar wie das ♀ gefärbten Jungtiere schwankt je nach Größe des ♀ meist zwischen 20 und 40. Bei guter Ernährung sind die Jungtiere nach zwei Monaten etwa 4 - 5 cm groß. Nach etwa einem Jahr (Größe rund 8 - 10 cm) werden die Tiere geschlechtsreif und die ♂♂ färben sich um.

FU: K, O; Lebendfutter, Frostfutter und verschiedene Ersatzfuttersorten werden auch von Wildfängen sofort angenommen. Insektenlarven (Rote, Weiße und Schwarze Mückenlarven) sowie ausgewachsene *Artemia salina,* die im Handel als Frostfutter erhältlich sind, stellen in Verbindung mit Flockenfutter etwa eine ausreichende Grundlage zur Ernährung dieser Art dar. Wie viele andere *Aulonocara*-Arten auch, können Aquarienexemplare bei reichlicher Ernährung deutlich größer und im Körperbau kräftiger werden als Wildfänge.

Bes.: Neben *A. maylandi kandeensis* wird zur Zeit *A. maylandi maylandi* als zweite Unterart geführt. Die letztere Art läßt sich von *A. m. kandeensis* wie folgt unterscheiden: Die ♂♂ sind dunkelgrau mit gelber Stirn ("Schwefelkopf-Kaiserbuntbarsch"), die ♀ sind silbrig-grau und zeigen kein so ausgeprägtes Streifenmuster. Verschiedenlich sind Kreuzungen dieser Unterarten im Handel zu sehen. Die Mischlings-♂ sind schmutzig grauschwarz und tragen eine gelblichweiße Stirn (intermediäre Färbung). *A. maylandi maylandi* ist im Malawisee an wenigen Felsriffen nahe der Ostküste im Bereich südlich von Makanjila gerfunden worden, so daß die beiden Unterarten geographisch isoliert sind.

T: 24 - 26° C, L: 10 - 12 cm (15 cm), BL: ab 120 cm, WR: u, m, SG: 3

Aulonocara rostratum   TREWAVAS, 1935
Sandfarbener Kaiserbuntbarsch

Syn.: Keine.

Vork.: Afrika: Endemisch im Malawisee, dort anscheinend weite Verbreitung.

Ersteinf.: Ende der 80er Jahre.

GU: Ausgefärbte ♂♂ lassen sich leicht anhand ihrer bläulichen Grundfärbung und den zahlreichen Eiflecken in der Afterflosse erkennen. ♀♀ einfarbig graubraun mit angedeuteten Querstreifen. Halberwachsene ♂♂ lassen sich an der im Vergleich zu den ♀♀ stärker ausgezogenen Rücken- und Afterflosse, dem deutlichen Saum in der Rückenflosse sowie an der Form der Genitalpaille erkennen. Geschlechtsunterschiede bei Jungtieren sind nur schwer feststellbar.

Soz.V.: *A. rostratum* bewohnt sandige und gemischte Sand-/Felsuntergründe. Ausgewachsene ♂♂ verteidigen zumindest während der Laichzeit Reviere, in deren Zentren Gruben angelegt werden. ♀♀ und halbwüchsige Tiere trifft man einzeln oder in kleinen Gruppen an.

Hält.B.: Entsprechend der Größe von *A. rostratum* sind große freie Flächen mit einer dicken Schicht groben Sandes zu empfehlen. Für tragende ♀♀ und unterlegene Exemplare sollten Versteckmöglichkeiten eingebracht werden. Ein leistungsfähiges Filtersystem sowie ein regelmäßiger Teilwasserwechsel (etwa 20 - 30 % alle 2 Wochen) sind neben der Beckengröße wichtige Voraussetzungen für eine erfolgreiche dauerhafte Pflege. Wasserwerte wie bei allen Malawisee-Cichliden (pH-Wert 7,4 - 8,3, Gesamthärte 5 - 30° dGH). Robuste Pflanzen, möglichst im Hintergrund, damit sie von den ♂♂ bei der Anlage von Sandgruben nicht ausgegraben werden, können eingesetzt werden.

ZU: Maulbrüter im weiblichen Geschlecht. Die Zucht ist bereits mehrfach gelungen, so daß im Handel schon kostengünstige Nachzuchten angeboten werden. Das Ablaichen entspricht dem allgemein von Malawisee-Cichliden bekannten Schema. Nach rund 3 Wochen Tragezeit entlassen große ♀♀ bis über 100 etwa 10 mm große Jungtiere, die sofort Nahrung aufnehmen. Die weitere Aufzucht der Jungtiere ist einfach; fast jedes Futter wird angenommen.

FU: K, O; verschiedene Lebend- und Ersatzfuttersorten werden im allgemeinen sofort angenommen. Kräftiges Futter wird eindeutig bevorzugt.

Bes.: *A. rostratum* gehört zur ökologischen Gruppe der sogenannten "Sand-Aulonocara", deren Vertreter im Gegensatz zu den bislang überwiegend in der Aquaristik gepflegten "Fels-Aulonocara" vornehmlich sandige Bereiche bewohnen und deutlich größer werden. Als eine weitere Art dieser Gruppe ist *A. macrochir* TREWAVAS, 1935 beschrieben worden. Wahrscheinlich ist *A. macrochir* jedoch als artgleich mit *A. rostratum* einzuordnen.

T: 24 - 26° C, **L:** 20 - 25 cm, **BL:** ab 200 cm, **WR:** u, m, **SG:** 3 - 4

Aulonocara rostratum ♂

Aulonocara rostratum ♀

Buccochromis heterotaenia
Mehrfachstreifen-Buntbarsch

(TREWAVAS, 1935)

Syn.: *Cyrtocara heterotaenia, Haplochromis heterotaenia.*

Vork.: Afrika: Endemisch im Malawisee, dort anscheinend seeweite Verbreitung.

Ersteinf.: Unbekannt, vermutlich Ende der 70er Jahre.

GU: Ausgefärbte ♂♂ lassen sich leicht an ihrer bläulichen Grundfärbung und den ausgezogenen Rücken- und Afterflossen erkennen. ♀♀ und Jungtiere zeigen einen Diagonalstreifen vom vorderen Ansatz der Rückenflosse bis in die Schwanzflossenwurzel. Mitunter sind dunkle Querstreifen unterhalb des Diagonalstreifens sowie eine Fleckenreihe am Ansatz der Rückenflosse ausgebildet. Bei Jungtieren und halbwüchsigen Exemplaren sind Geschlechtsunterschiede nur schwer feststellbar.

Soz.V.: Im natürlichen Lebensraum findet man *B. heterotaenia* meist einzeln über felsigen Untergründen. Diese Art ist meist nicht standorttreu, sondern durchstreift auf der Suche nach Beutefischen ihren Lebensraum. Jüngere Exemplare schwimmen manchmal auch in kleinen Trupps. Die Paarbindung beschränkt sich auf die kurze Zeit des Ablaichens. ♂♂ sind während der Laichzeit territorial und verteidigen energisch ihre Reviere.

Hält.B.: Robuste Art, die aufgrund ihrer Größe, innerartlichen Aggressivität und ihres räuberischen Verhaltens nur in sehr großen Aquarien gepflegt werden sollte. Selbst halbwüchsige Tiere (ab 8 - 10 cm) verhalten sich untereinander aggressiv. An die Einrichtung werden vergleichsweise geringe Ansprüche gestellt, wichtiger ist viel freier Schwimmraum und Steinaufbauten als Rückzugsmöglichkeiten für unterlegene Exemplare. Eine Ver-

gesellschaftung sollte nur mit ebenso robusten, großen Cichliden erfolgen. Der Wasserchemismus spielt keine Rolle, sofern der pH-Wert zwischen etwa 7,3 und 8,3 liegt. Da es sich um gierige Fresser handelt, sind ein leistungsfähiges Filtersystem sowie ein häufiger Teilwasserwechsel (etwa 40% alle 14 Tage) zu empfehlen. Hartblättrige Pflanzen können zu Dekorationszwecken eingesetzt werden.

ZU: Maulbrüter im weiblichen Geschlecht. Die Zucht entspricht dem allgemein von Malawisee-Cichliden bekannten Schema. Die Tragzeit beträgt etwa 3 Wochen. Große ♀♀ können bis über 100 etwa 10 - 12 mm große Jungtiere freisetzen, die leicht mit Salinenkrebschen und feinem Flockenfutter aufzuziehen sind. Die Jungfische werden noch relativ lange vom ♀ betreut, d.h. nachts und bei (vermeintlicher) Gefahr wieder ins Maul aufgenommen.

FU: K, O; Raubfisch, der sich im natürlichen Lebensraum überwiegend von anderen Fischen ernährt. Wesentlich kleinere Beckeninsassen werden deshalb als Beute betrachtet. Im Aquarium wird jegliches Ersatzfutter gierig angenommen (z.B. Fischfleisch, Rinderherz, Würmer, Garnelen, Pellets, großes Flockenfutter und Futtertabletten).

Bes.: Von allen *Buccochromis*-Arten ist *B. heterotaenia* anscheinend am weitesten verbreitet, da man diese Art bei Unterwasserbeobachtungen am häufigsten antrifft.

T: 24 - 27° C, **L**: bis 35 cm, **BL**: ab 200 cm, **WR**: m, u, **SG**: 4

Buccochromis heterotaenia ♂

Buccochromis heterotaenia ♀

Fam.: Cichlidae

Benthochromis tricoti
(POLL, 1948)

Syn.: *Haplotaxodon tricoti.*

Vork.: Tanganjikasee, endemisch.

Ersteinf.: 1991 (?).

GU: Deutlicher Sexualdichromatismus. ♂♂ sehr schön gefärbt mit lang ausgezogenen Flossenspitzen. ♀♀ einfarbig grau.

Soz.V.: ♂♂ besetzen Laichreviere. Die Art kommt in der Natur in riesigen Schwärmen im offenen Wasser vor, ähnlich wie *Cyprichromis*-Arten.

Hält.B.: In möglichst großen Aquarien mit genügend freiem Schwimmraum und möglichst großen Gruppen halten. Einzeln und paarweise gehalten, sind die Tiere sehr schreckhaft und kümmern.

ZU: Zuchtberichte liegen noch nicht vor, obwohl die Nachzucht schon gelang. Die Art ist ein maternaler Maulbrüter. Es wurden ♀♀ mit 2 - 15 Jungen von bis zu 4 cm (?) Länge im Maul gefangen, die den Nachwuchs zum Teil erst in Deutschland ausspuckten (EYSEL 1992).

FU: Im See wurde beobachtet, daß die Tiere nach allem im Wasser schnappten. Was gefressen wurde, konnte nicht beobachtet werden. Bevorzugt gehen sie an schwebendes Futter (z. B. viele Frostfuttersorten, aber auch lebende Wasserflöhe und Weiße Mückenlarven).

Bes.: Die Art kommt nicht nur im Bereich von 15 m Wassertiefe vor, wo sie von Tauchern schon mehrmals im See beobachtet wurde, sondern sie wurde auch schon in 180 m Tiefe gefangen.

T: 23 - 25° C, **L**: 20 cm, **BL**: ab 100 cm, **WR**: u, m, **SG**: 4

Cardiopharynx schoutedeni
POLL, 1942

Syn.: *Cyathopharynx schoutedeni.*

Vork.: Afrika: Im gesamten Tanganjikasee (endemisch). Die Art wird vornehmlich im Litoral der Sand- und Übergangszonen zum Felsbereich in Tiefen zwischen 3 und 60 Meter angetroffen. Lebt auch über schlammigem Bodengrund.

Ersteinf.: Unbekannt. Die Art wurde nur ganz vereinzelt eingeführt.

GU: Balzende ♂♂ zeigen eine dunkle Kehlregion und schwarzgraue Bauchflossen. Auf den Körperseiten und in der Rückenflosse sind bläulich glänzende Farbzonen vorhanden. ♀♀ sind silbriggrau gefärbt. Die ♂♂ besitzen stärker ausgezogene Flossen und werden etwas größer. Die Art weist einen schwarzen Fleck in der Rückenflosse auf.

Soz.V.: Über die Art ist bislang nur wenig bekannt. Mit anderen Cichliden der Sandbodenzone läßt sich dieser Fisch anscheinend recht gut vergesellschaften.

Hält.B.: Große Aquarien sind anzuraten. Feiner Sand und genügend Schwimmraum sollten zur Verfügung stehen.

ZU: 25 - 28° C; Wasser mittelhart, 10 - 15° dGH und neutral bis leicht alkalisch; pH-Wert 7,0 - 8,5; Maulbrüter. Es liegen noch keine näheren Beobachtungen zur Zucht vor.

FU: K; Salinenkrebse, Wasserflöhe, Mückenlarven, Frost- und Flockenfutter.

Bes.: *Cardiopharynx schoutedeni* besitzt im vorderen Bereich der Rückenflosse einen auffallenden schwarzen Fleck.

T: 23 - 28° C, **L**: 16 cm, **BL**: 120 cm, **WR**: alle, **SG**: 3

Benthochromis tricoti ♂

Cardiopharynx schoutedeni

Fam.: Cichlidae

Chromidotilapia batesii "Eseka"

Syn.: Keine.

Vork.: Afrika: Kamerun im Einzugsbereich des Nyong, nahe der Stadt Eseka.

Ersteinf.: 1979 durch LINKE.

GU: Die ♀♀ bleiben kleiner und sind leicht an der Silberfärbung der Rückenflossenbasis zu erkennen.

Soz.V.: Revierbildende Art, die recht durchsetzungsfreudig ist. Pflanzenfreundlich und kaum grabend. Außerhalb der Fortpflanzungszeit friedlich. Während der Brutpflege sehr territorial.

Hält.B.: Gut bepflanzte Aquarien mit vielen Versteckmöglichkeiten für unterlegene Tiere.

ZU: Die Art ist larvophiler Maulbrüter, und bildet Paare. Die Tiere laichen in Höhlen und beide Partner wechseln sich bei der Brutpflege ab. Zur erfolgreichen Zucht ist weiches, leicht saures Wasser nötig und vor allem viel Ruhe. Die freischwimmenden Larven nehmen *Artemia*.

FU: K; Lebend-, Gefrier- und Flockenfutter.

Bes.: Vermutlich handelt es sich bei diesem Fisch um eine unbeschriebene Art, die nur mit *C. batesii* nahe verwandt ist.

T: 24 - 26° C, **L**: ♂ bis 12 cm, ♀ bis 10 cm, **BL**: 100 cm, **WR**: u, m, **SG**: 3 - 4

Chromidotilapia guentheri (SAUVAGE, 1882)

Syn.: *Chromidotilapia botsumtwensis, Pelmatochromis guentheri, Hemichromis voltae, H. tersquamatus, Pelmatochromis pellegrini, P. boulengeri, P. kingsleyae, P. belladorsalis.*

Vork.: Afrika: Vor allem in den kleinen Zuläufen des Bosumtwesee in Ghana, dort endemisch. Auch im See, aber seltener.

Ersteinf.: 1988 durch LINKE.

GU: Geschlechtsdimorphismus: ♂ größer. ♀ mit einem silbernem Band in der Rückenflosse und farbenprächtiger.

Soz.V.: Die Tiere bilden Paare und verteidigen heftig ein Territorium. Sie graben stark.

Hält.B.: Sandboden und reichlich Verstecke aus Wurzeln und Steinen. Pflanzen am besten in abgedeckten Töpfen.

ZU: Ovophiler Maulbrüter, wobei die Brutpflege dem ♂ obliegt. Die schwimmenden Jungfische werden von beiden Eltern geführt und bewacht. Bei Gefahr nehmen dann beide Eltern die Jungen ins Maul. Mittelhartes und neutrales bis basisches Wasser genügen zur Zucht.

FU: K; Lebendfutter aller Art, aber auch Gefrier- und Flockenfutter.

Bes.: Siehe auch Bd. 1, Seite 686.

T: 24 - 26° C, **L**: ca. 15 cm, **BL**: 100 cm, **WR**: u, m, **SG**: 2 - 3

Chromidotilapia batesii ♂, "Eseka"

Chromidotilapia guentheri ♂

Cichlasoma araguaiense

KULLANDER, 1983

Syn.: Keine. Fische dieser Art waren jedoch als *Chromis punctata*, *Acara tetramerus* und *Cichlasoma bimaculatum* hinterlegt.

Vork.: Südamerika: In den Systemen der südlichen Amazonas-Zuflüsse Araguaia (Artname), Tocantins und Xingú.

Ersteinf.: 1988 durch WERNER, ZUKKER, KRANZ und GOTTWALD.

GU: Leider gibt es keine deutlichen Geschlechtsunterschiede. Die ♀♀ bleiben aber etwas kleiner und haben nicht so lang ausgezogene Flossen wie die ♂♂, deren Stirnpartie (v. a. bei älteren Exemplaren) stärker gewölbt sein kann.

Soz.V.: Friedlich und ruhig, auch gegenüber Artgenossen nicht besonders aggressiv; jugendliche Exemplare sind lebhafter als ältere.

Hält.B.: Anpassungsfähige, robuste Art, die trotz des weichen Wassers im Araguaia-Einzug bei mittleren Wasserwerten (pH-Wert um 7, dGH bis 20°) leicht zu pflegen und zu züchten ist. Da die Fische nicht sehr bewegungsfreudig sind, kann

sie schon in kleineren Aquarien halten. Bepflanzung möglich.

ZU: Die Art gehört zu den Offenbrütern und ist recht fortpflanzungsfreudig. Die Laichkörner sind klein, die Eizahl ist hoch. Schon am 6. oder 7. Tag schwimmen die Kleinen frei. Ihre Aufzucht ist mit *Artemia*-Nauplien kein Problem. Die weitgehend gleichberechtigt pflegenden Alttiere sind einerseits verläßliche Brutpfleger, andererseits aber nicht übermäßig aggressiv oder gar beißwütig.

FU: K, O; genügsame Allesfresser, die man mit jedem gängigen Fischfutter füttern kann, wenn es nicht zu fein ist.

Bes.: Merkmale dieser Art sind drei Afterflossenstacheln, sechs Vertikalbinden und eine mäßig beschuppte Rückenflossenbasis. Der kräftige Wangenfleck ist dreieckig bis länglich und verläuft schräg nach hinten unten. Die Schwanzflosse ist (außer an der Basis) ungefleckt. Der Holotypus stammt aus einem Zufluß zum Rio das Mortes, woher auch die hier abgebildeten Fische stammen.

T: 23 - 27° C, L: ♂ bis 16 cm, ♀ etwas kleiner, BL: ab 80 cm, WR: m, u, SG: 1 - 2

Cichlasoma ("Herichthys"?) geddesi (?)

(REGAN, 1905)

Syn.: *Cichlasoma geddesi*, *Herichthys geddesi*, *Tanocichla geddesi*.

"Herichthys" geddesi wurde anhand von 6 kleinen Buntbarschen (Jungfischen!) von 45 - 65 mm Totallänge aus dem südlichen Mexiko beschrieben. Da kein genauer Fundort genannt ist, ist die Beschreibung weitgehend unbrauchbar. Die Flossenformel und die Zählwerte der Schuppen treffen auf viele Arten zu, die Form der Schwanzflosse konnte selbst

von REGAN nicht definiert werden, und die Angaben der Farbbeschreibung sind sehr allgemein. Selbst eine von REGAN später (1906 - 1908) veröffentlichte Zeichnung gibt keinen Aufschluß darüber, um welche Buntbarsche es sich handelt. Bei den in jüngster Vergangenheit in Frankreich, Belgien und Holland als *"H."* geddesi bezeichneten Buntbarschen handelt es sich um Bastarde oder Populationen falsch identifizierter Arten.

Cichlasoma araguaiense

Cichlasoma ("Herichthys"?) geddesi

"Cichlasoma" nanoluteus (ALLGAYER, 1994)

Syn.: *Archocentrus nanoluteus.*

Vork.: Mittelamerika: Panama: Im Rio Guabo, einem atlantischen Flüßchen des Guaromo-Einzugs im Boca del Toro-Bereich (zwischen den Ortschaften Fortuna und Chiriqui Grande) und mindestens einem anderen kleinen Zufluß desselben Systems, dem Rio Peje Bobo.

Ersteinf.: 1994 durch NOURISSAT.

GU: Die ♀♀ sind kleiner, fülliger und haben eine dunkle Zone in der Rückenflosse. Die Bauchpartie schillert stärker metallisch.

Soz.V.: Vergleichsweise friedlicher, zutraulicher Buntbarsch, der nur in der Fortpflanzungszeit ein aggressives Verhalten zeigt.

Hält.B.: Unempfindlicher, anpassungsfähiger Buntbarsch, der in einem mit Steinen und Wurzeln versteckreich eingerichteten Aquarium gepflegt werden sollte. Auf eine Bepflanzung mit härteren Gewächsen muß nicht verzichtet werden.

ZU: Die Art laicht in Höhlen, die Eier sind aber klein und transparent. Die direkte Brutpflege ist ausschließlich Sache des ♀. Die Larven schlüpfen bei Temperaturen um 26° C nach Ablauf von 3 Tagen und liegen zunächst am Höhlenboden. Weitere 4 Tage später schwimmen die Jungen auf. Sie werden von beiden Alttieren verteidigt und geführt.

FU: K, O; die Art nimmt jedes gängige Cichliden-Futter an (Flocken-, Preß- und Teichfutter, Mückenlarven, *Mysis*).

Bes.: Die Art erinnert sowohl an *"C." nigrofasciatum* als auch an *"C." septemfasciatum.*

T: 24 - 28° C, L: ♂ um 9 cm, ♀ kleiner, BL: 80 - 100 cm, WR: m, u, SG: 1

Archocentrus ("Cichlasoma") spinosissimus (VAILLANT & PELLEGRIN, 1902)

Syn.: *Heros (Cichlasoma) spinosissimus*, *Cichlasoma spinosissimum* var. *immaculata*, *C. spinosissimum* var. *immaculata* bzw. *C. immaculata.*

Vork.: Guatemala, im Einzugsbereich des Izabál-Sees, der hauptsächlich vom Rio Polochic gespeist wird und über den Rio Dulce in den Golf von Honduras entwässert.

Ersteinf.: Anfang der 90er Jahre nach Frankreich und durch VAN DE SANDE nach Holland.

GU: Auffällige Geschlechtsmerkmale sind nicht bekannt. Die ♀♀ sind kleiner, fülliger und haben kürzere Flossen.

Soz.V.: Vergleichsweise friedlicher, oft scheuer Buntbarsch, der sich gern zurückzieht. Das Aquarium sollte deshalb mit Steinen und Wurzeln, dem natürlichen Lebensraum entsprechend, aber auch mit submersen Pflanzen und Schwimmpflanzen eingerichtet werden.

Hält.B.: In den Heimatgewässern wurden Härtegrade zwischen 8 und 10 und meist hohe pH-Werte (über 7,5) gemessen. Sowohl holländische als auch französische Aquarianer, die die Art in Guatemala aufgespürt hatten, schilderten die Lebensräume dieser Fische als stehende oder schwach fließende Flachwasserbereiche mit schlammigem Grund, Falllaub und Wasserpflanzen oder Algen. Die wenigen Exemplare, die bislang gehalten wurden, erwiesen sich als hinfällig und starben nach Darm- oder Geschwürerkrankungen oder Flossenfäule.

ZU: Die Art hat in Holland bei VAN DE SANDE einmal in einer Höhle gelaicht. Die Jungfische starben größtenteils, als die Fütterung mit *Artemia*-Nauplien auf Hüpferlinge und Mückenlarven umgestellt wurde. Womöglich verhält sich die Art im Regelfall anders und laicht wie *"C." centrarchus* "offen", wenn auch an schrägen, vertikalen oder leicht überhängenden Flächen.

FU: K, O; die Art nimmt jedes gängige Cichlidenfutter (Flocken- und Preßfutter, zum Teil auf pflanzlicher Basis), Teichfutter, Mückenlarven, *Mysis*.

Bes.: Bei den als *Cichlasoma spinosissimum* var. *immaculata* bzw. *Cichlasoma immaculata* beschriebenen Fischen dürfte es sich um individuell abweichend gefärbte (weitgehend ungetüpfelte) *"A." spinosissimus* handeln.

T: 25 - 30° C, L: ♂ um 12 cm, ♀ kleiner, BL: 80 - 100 cm, WR: m, u, SG: 1 - 2

"Cichlasoma" nanoluteus

Archocentrus "Cichlasoma" spinosissimus

Syn.: Keine.

Vork.: Afrika: Endemisch im Malawisee. Bislang nur bei der Mbenji-Inselgruppe nachgewiesen.

Ersteinf.: Unbekannt, vermutlich Anfang der 80er Jahre.

GU: Ausgefärbte ♂♂ sind leicht an ihrer gelbblauen Färbung zu erkennen. ♀♀, Jungtiere und halbwüchsige ♂♂ sind silbriggrau bis bräunlich gefärbt und tragen ein Muster aus 3 Flecken.

Soz.V.: ♂♂ leben zumeist einzeln und territorial über gemischten Untergründen in der Nähe von Felsen. Zwischen Steinen oder am Fuß von Felsen werden Sandmulden ausgehoben, die das Zentrum des Reviers darstellen und in die die ♀♀ zum Ablaichen gelockt werden. ♀♀ und halbwüchsige Exemplare leben meist in Gruppen über den angrenzenden Sandflächen oder etwas oberhalb des Untergrundes im freien Wasser.

Hält.B.: Großflächige Aquarien mit grobem Sand oder feinem Kies als Untergrund. Einige Steinaufbauten sollten zur Gliederung und als Rückzugsmöglichkeiten eingebracht werden. Pflanzen können ebenfalls eingesetzt werden. Grundsätzlich sollte ein ♂ mit mehreren ♀♀ gepflegt werden. Empfehlenswert ist eine Vergesellschaftung mit anderen *Copadichromis*-Arten. Wasser: pH-Wert 7,3 - 8,4; 5 - 30° dGH.

ZU: Einfach. Maulbrüter im weiblichen Geschlecht. Nach einer Tragzeit von etwa 3 Wochen werden die fertig entwickelten Jungtiere aus dem Maul entlassen. Die weitere Aufzucht ist mit frischgeschlüpften *Artemia salina* und feinem Flockenfutter problemlos.

FU: K, O; im Freiwasser Plankton- und Kleintierfresser. Im Aquarium werden gängige Lebend-, Frost- und Flockenfuttersorten gerne angenommen.

Bes.: Eine sehr ähnlich gefärbte Art ist *C. borleyi*, AQUARIEN ATLAS, Bd. 2, Seite 894.

T: 24 - 27° C, **L**: 15 cm, **BL**: ab 120 cm, **WR**: u, m, **SG**: 2 - 3

Copadichromis jacksoni   (ILES, 1960)
Jacksons Malawibuntbarsch

Syn.: *Haplochromis jacksoni, Cyrtocara jacksoni.*

Vork.: Afrika: Malawisee (endemisch), seeweite Verbreitung, jedoch vor allem von Nkhata und Monkey Bay, Malawi, bekannt.

Ersteinf.: Nicht nachweisbar.

GU: Die ♂♂ sind während der Paarungszeit intensiv dunkelblau gefärbt; auffallend ist die weiß getönte Stirnpartie. Die ♀♀ sind silberfarben und tragen einen schwarzen Fleck im mittleren Körperbereich und einen zweiten Fleck im Schwanzwurzelbereich.

Soz.V.: Die Art ist territorial. Die Ablaichphase findet auf einem Steinplateau statt. Außerhalb der Brutzeit werden die Tiere im Malawisee in Gruppen im freiem Wasser angetroffen. *C. jacksoni* ist für die Vergesellschaftung im Aquarium mit anderen größeren Cichliden sehr gut geeignet.

Hält.B.: Steinaufbauten, Sandboden und freier Schwimmraum sind die wichtigsten Voraussetzungen für eine optimale Pflege dieser Art. Die Art läßt die Aquariumbepflanzung nach bisherigen Beobachtungen unbehelligt. Die Fische bevorzugen leicht bewegtes Wasser. Wasser: pH-Wert 7,4 - 8,4, Härte 7 - 30° dGH.

ZU: Die Zucht von *C. jacksoni* ist ähnlich der von *Aulonocara*-Arten.

FU: K; kleine Krebstiere; Flockenfutter mit Pflanzenanteilen.

Bes.: Die Art ist ähnlich gefärbt wie *Aulonocara kandeensis*. *C. jacksoni* kann auch leicht mit *C. cyaneus* verwechselt werden.

T: 23 - 27° C, **L**: 21 cm; **BL**: 150 cm, **WR**: m,u, **SG**: 2

Copadichromis mbenjii ♂

Copadichromis jacksoni ♂

Fam.: Cichlidae

Copadichromis verduyni   KONINGS, 1990

Syn.: Keine. Vor der Erstbeschreibung wurde diese Art als *"Haplochromis Borleyi Eastern"* in den Handel gebracht.

Vork.: Afrika: Endemisch im Malawisee. Dort bislang nur an der zu Malawi gehörenden Ostküste des Sees im Bereich vom Makanjila nachgewiesen. Ähnlich gefärbte Populationen, die wahrscheinlich geographische Rassen von *C. verduyni* darstellen, sind von der Nordostküste des Malawisees (Tansania) bekannt (SPREINAT 1994).

Ersteinf.: Unbekannt, vermutlich Anfang der 80er Jahre.

GU: Ausgefärbte, dominante ♂♂ wie auf der Abbildung. ♀♀ tragen auf silbriggrauem Grund drei schwarze Flecke. Jungtiere und nicht ausgefärbte ♂♂ zeigen Weibchenfärbung.

Soz.V.: Agamer Maulbrüter im weiblichen Geschlecht. Sexuell aktive ♂♂ leben territorial. Häufig findet man mehrere ♂♂ nebeneinander, so daß regelrechte Brutkolonien entstehen. Die Abstände der einzelnen ♂♂ betragen zwischen 1,5 und 2 Meter. ♀♀, revierlose ♂♂ sowie halbwüchsige Tiere leben meist in kleinen oder losen Verbänden über dem Untergrund.

Hält.B.: Es empfiehlt sich, eine Gruppe aus einem ♂ und mehreren ♀♀ zu pflegen. Zur Vergesellschaftung eignen sich am besten andere, nicht zu groß werdende und vor allem nur mäßig aggressive Arten aus dem Malawisee (z.B. andere *Copadichromis*- oder *Aulonocara*-Arten). Als Bodengrund sollte grober Sand oder feiner Kies Verwendung finden, da die ♂♂ zur Laichzeit kleine Gruben anlegen. Versteckmöglichkeiten sollten für unterlegene Tiere und tragende ♀♀ nicht fehlen. Wasserwerte wie für alle Malawisee-Cichliden: pH-Wert etwa 7,3 - 8,3, Härte zwischen 5 und 30° dGH. Ein regelmäßiger Teilwasserwechsel von etwa 30% des Beckeninhaltes in Abständen von 10 - 14 Tagen erhöht sichtlich das Wohlbefinden. Empfindlich gegen zu hohe Nitritkonzentrationen (> 0,1 mg/l).

ZU: Einfach. Maulbrüter im weiblichen Geschlecht. Das tragende ♀ sollte zur Aufzucht der Jungtiere vorsichtig aus dem Aquarium gefangen und in ein separates Becken umgesetzt werden, da es sonst vorkommen kann, daß die Eier schon während des Fangens oder im Netz ausgespuckt und nicht mehr aufgenommen werden. Um dieser Gefahr vorzubeugen, kann man das tragende ♀ etwa 18 Tage nach dem Ablaichen herausfangen. Sollten die Jungtiere dann ausgespuckt werden, sind sie bereits so weit entwickelt, daß sie auch ohne Hilfe des Muttertieres überleben. Üblicherweise werden je nach Wassertemperatur nach ungefähr 3 Wochen die Jungtiere das erste Mal aus dem Maul des ♀ entlassen. Die weitere Aufzucht ist einfach und entspricht der anderer Malawisee-Cichliden. Meist erlischt der Brutpflegetrieb des ♀ nach einigen Tagen, so daß die Brut nicht beachtet wird und man das ♀ entfernen kann. In einem Alter von 2 Monaten sind die Jungtiere etwa 4 - 5 cm groß. Die kleinen ♂ beginnen sich nach etwa einem Jahr umzufärben.

FU: K, O; im Freiwasser Plankton- und Kleintierfresser. Im Aquarium werden gängige Lebend-, Frost- und Flockenfutterpräparate sofort angenommen. Wildfänge sollten zunächst nur mäßig angefüttert werden.

Bes.: Keine.

T: 24 - 27° C, **L:** 15 cm, **BL:** ab 120 cm, **WR:** u, m, **SG:** 2 - 3

Copadichromis verduyni ♂

Copadichromis verduyni ♀

Fam.: Cichlidae

Crenicichla alta

EIGENMANN, 1912

Syn.: Crenicichla pterogramma, C. vaillanti.

Vork.: Südamerika: Britisch-Guyana (im unteren und oberen Essequibo River, Cuyuni, Potaro, Rupununi), Venezuela (Rio Cuyuni, Rio Caroni), Brasilien (Rio Branco, Rio Uatumá).

Ersteinf.: 1990 durch WERNER, BREIDOHR, ZUCKER, KRANZ und GOTTWALD.

GU: Die ♂♂ sind zumindest im Umfeld der vorderen Seitenlinie und in den senkrechten Flossen (vor allem in der Dorsale) schütter mit feinen weißlichen bis rotgoldenen Tüpfeln geschmückt. ♀♀ sind leicht an ihren auffälligen Flossensäumen zu erkennen.

Soz.V.: Untereinander und gegenüber anderen Hechtbuntbarschen aggressiv, gegenüber Großbuntbarschen anderer Gattungen indifferent.

Hält.B.: In Gewässern, die zum System des Rio Cuyuni gehören, wurden pH-Wert 6,2, 1,5° dGH, 2° KH und 29° C gemessen. Im Rio Caroni, der in seinem Unterlauf zum Guri-See gestaut ist, pH-Wert 5,2, 1° dGH, 1° KH und 29° C. Die robuste Art stellt aber auch zur Zucht keine Ansprüche an das Wasser. Das Aquarium muß geräumig und versteckreich eingerichtet sein.

ZU: Das ♀ leitet die Paarbildung ein, in dem es mit S-förmig gekrümmtem Körper vor einem ♂ balzt und den beigefarbenen Bauch präsentiert. Später balzen die Partner wechselseitig und spucken Sand und Kies aus einem Unterstand. Sie laichen an einer überhängenden Fläche (Höhlendecke). Das ♀ betreut die Eier und Larven, das ♂ sichert das Umfeld. Nach dem Freischwimmen der Jungen hält sich auch das ♂ bei seiner Familie auf.

FU: K; Garnelen, Mysis, Rinderherz, Fliegenmaden und jedes andere kräftige Futter. Muscheln werden nicht gern genommen.

Bes.: Bei C. alta ist der Schulterfleck nicht eingekerbt, sondern rund. Er befindet sich meist auf der Seitenlinie, seltener darunter. Hat man lebende Tiere vor sich, so ist die rotgoldene oder kupferne Farbe der Schulterfleckrandung ein gutes Erkennungsmerkmal. Es kommen mehr ♀♀ als ♂♂ vor.

T: 24 - 27° C, **L**: ♂ um 25 cm, ♀ etwas kleiner, **BL**: ab 150 cm, **WR**: u, **SG**: 1 - 2

Crenicichla cametana
Sterngucker-Hechtbuntbarsch

STEINDACHNER, 1911

Syn.: Crenicichla astroblepa.

Vork.: Südamerika: Brasilien, Rio Tocantins.

Ersteinf.: 1989 durch WERNER.

GU: Adulte ♀♀ mit rötlicher Bauchzone.

Soz.V.: Revierbildend und sehr aggressiv, vor allem untereinander und gegenüber Fischen mit ähnlicher Körperform. Raubfisch. Vergesellschaftung nur mit Fischen möglich, die nicht in das Beuteschema passen, d. h. eher hochrückige Großcichliden, Scheibensalmler, große Welse, usw.

Hält.B.: Gut strukturierte Beckeneinrichtung mit zahlreichen Versteckmöglichkeiten aus Wurzeln, Steinen und Pflanzen, um Revierabgrenzungen zu ermöglichen. Für die rheophile (strömungsliebende) Art mit stark bodenorientierter Lebensweise ist vor allem eine große Beckengrundfläche wichtig. Sand und feiner Kies als Bodengrund. Härte und pH-Wert von untergeordneter Bedeutung bei der Hälterung. Starke Wasserumwälzung, gute Filterung und zahlreiche Teilwasserwechsel, da die Art zum einen

Fortsetzung übernächste Seite

Crenicichla alta ♂

Crenicichla cametana ♂, subadult

Fortsetzung von *Crenicichla cametana*

aus schnell fließendem Wasser stammt und zum anderen ein starker Fresser ist.

ZU: Detaillierte Berichte liegen nicht vor. Weiches, leicht sauer reagierendes Wasser, starke Strömung und Temperaturschwankungen zur Imitation von Regen- und Trockenzeit könnten Zuchtversuche erleichtern. Vermutlich Höhlenbrüter mit Elternfamilie.

FU: K; größeres Lebend- und Gefrierfutter aller Art; Futterfische; Trockenfutter (Tabletten) sind nicht geeignet.

Bes.: Rheophile Art, die meist auf dem Boden "sitzt" oder etwas unbeholfen knapp über dem Bodengrund lauert. Stoßräuber. Die weit nach oben gerichteten Augen und das oberständige Maul sind Anpassungen an diese bodenorientierte Lebensweise. Der von PLOEG gewählte Name nimmt Bezug auf die Stellung der Augen.

T: 24 - 27° C, L: 25 cm, **BL**: 150 cm, **WR**: u, **SG**: 3

Crenicichla cincta   REGAN, 1905

Syn.: *Crenicichla brasiliensis* var. *fasciata*.

Vork.: Südamerika: Brasilien, Rio Amazonas, Rio Negro, Rio Purus, Rio Solimões; Peru, Rio Napo.

Ersteinf.: 1992 als Beifänge durch den Handel.

GU: Deutliche Geschlechtsunterschiede sind noch nicht bekannt.

Soz.V.: Untereinander und gegenüber anderen Hechtbuntbarschen, manchmal auch gegenüber Großbuntbarschen anderer Gattungen, aggressiv.

Hält.B.: Die Heimatgewässer sind leicht sauer und weisen so gut wie keine meßbare Härte auf. Was die Haltung angeht, stellt die Art jedoch keine Ansprüche an die Wasserbeschaffenheit. Die Pflege

dieser großen Fischfresser ist aber nur in sehr geräumigen Becken möglich - selbst Aquarien von 2 m Länge reichen auf Dauer nicht aus. Höhlen und lichte Unterstände sollten zahlreich vorhanden sein.

ZU: Bisher nicht bekannt; es dürfte sich aber (wie bei den anderen Arten dieses Formenkreises) um Höhlenbrüter handeln.

FU: K, O; Fische (gefrorene Stinte), Garnelen, *Mysis*, Rinderherz, Fliegenmaden und jedes andere kräftige Futter.

Bes.: Auf dem Markt von Iquitos nennt man die Fische "Añashúa". Der wissenschaftliche Artname bedeutet "gegürtelt" oder "geringelt".

T: 24 - 27° C, L: um 45 cm, ♀ nur geringfügig kleiner, **BL**: auf Dauer nur in Aquarien um 300 cm, **WR**: u, **SG**: 1 - 2

Crenicichla cametana ♀

Crenicichla cincta

Fam.: Cichlidae

Crenicichla compressiceps PLOEG, 1986

Syn.: Keine.

Vork.: Südamerika: Brasilien; endemisch im System des Rio Tocantins (u. a. bei Jatobal und Tucuruí) und Araguaia.

Ersteinf.: 1990 durch HARNOSS und MINDE.

GU: ♂♂ geringfügig größer, mit deutlich vertikal gebänderten gelben Rücken-, After- und Schwanzflossen; bei den ♀♀ sind die Flossen leicht orange gefärbt und nicht gebändert.

Soz.V.: Untereinander manchmal recht zänkisch; brutpflegende Tiere greifen sogar körperlich weit überlegene andere Buntbarsche an.

Hält.B.: Klarwasserbewohner. pH-Wert 5,5 - 7,2; Wasser möglichst weich (im natürlichen Lebensraum ist keine Härte meßbar). Pflege in versteckreich eingerichteten Aquarien (Steine, Wurzeln, Pflanzen) mit kleinen Höhlen, die nur durch enge Schlupflöcher zugänglich sind.

ZU: Bei dieser Art geht die Initiative zur Paarbildung von den ♂♂ aus, die auffälliger gefärbt sind und ein ♀ anbalzen. Die Fische sind Höhlenbrüter und vermehren sich auch in härterem Wasser (um 15° dGH).

FU: K, O; die auf kleine, wirbellose Futtertiere spezialisierten Fische nehmen im Aquarium jedes feinere Frostfutter (*Artemia*, Mückenlarven, *Mysis*), Teichfutter, Würmer und sogar Flockenfutter.

Bes.: Es kommen sowohl ♂♂ mit (Araguaia-Population) als auch ohne rote Flossensäume vor. Die Art unterscheidet sich durch ihre Färbung und durch den zusammengedrückten Kopf (auf den der wissenschaftliche Artname anspielt) mit der aus seitlicher Sicht spitzen, von oben gesehen abgerundeten Schnauze deutlich von den übrigen Zwerg-Hechtbuntbarschen.

T: 24 - 27° C, **L**: ♂ um 7 cm, ♀ kleiner, **BL**: ab 80 cm, **WR**: u, **SG**: 1 - 2

Crenicichla cyclostoma PLOEG, 1986

Syn.: Keine.

Vork.: Südamerika: Brasilien; lebt endemisch im System des Rio Tocantins vom Mündungsbereich des Araguaia stromab bis Tucuruí in strömungsreichen Geröllzonen.

Ersteinf.: 1989.

GU: ♂♂ größer mit weit ausgezogener Rückenflosse; ♀♀ in Balzstimmung schwarz mit leuchtend rotem, breitem Saum in den weichen Dorsalstrahlen.

Soz.V.: Innerartlich mäßig aggressiv, läßt sich mit anderen (auch kleineren) Buntbarschen problemlos vergesellschaften.

Hält.B.: Durch seine rückgebildete Schwimmblase führt *C. cyclostoma* eine streng bodengebundene Lebensweise.

Ihrer Herkunft aus den strömungsreichen Geröllzonen entsprechend, benötigt diese Art zu ihrem Wohlbefinden mit viel Schiefer und Steinen eingerichtete Aquarien, so daß sich die Fische jederzeit in Unterstände, Höhlen und enge Spalten zurückziehen können.

ZU: Wasser weich bis mittelhart. Initiative geht vom ♀ aus, das sich schwarz färbt und die Nähe des ♂ sucht. Höhlenbrüter, ♂ bewacht das Umfeld. Gelege offenbar nur klein, Jungfische recht groß. Beide Partner tragen nach dem Ablaichen Kontrastzeichnung: Unterseite weißlich, Oberseite hellbraun, entlang der Seitenlinie verlaufen kurze, breite schwarze Vertikalbinden (Beobachtung von MINDE).

Fortsetzung übernächste Seite

Crenicichla compressiceps ♂

Crenicichla cyclostoma ♂, siehe auch Seite 608

Fam.: Cichlidae

Fortsetzung von *Crenicichla cyclostoma*

FU: Obwohl *C. cyclostoma* nach der Kopf- und Kieferform zu urteilen ein Nahrungsspezialist sein muß, akzeptiert die Art im Aquarium Lebend-, Frost- und mit Einschränkung Kunstfutter.

Bes.: Die Art ist durch die rückgebildete Schwimmblase und dem seitlich stark komprimierten Körper gut an den Lebensraum im Geröll angepaßt. Sie teilt ihn mit drei weiteren *Crenicichla*-Arten teilt (*C. cametana, C. compressiceps, C. jegui*).

T: 24° C, **L:** etwa 15 cm, **BL:** 120 cm, **WR:** u, **SG:** 1 - 2

Crenicichla edithae   PLOEG, 1991

Syn.: Keine, die Art wurde früher zu *C. lepidota* gestellt.

Vork.: Südamerika: Südlich des Amazonas-Systems weit verbreitet , so etwa in Tocantins, Rio das Mortes, Rio Paraná, Madeira, Paraguai und Rio Grande do Sul.

Ersteinf.: 1988 durch WERNER, ZUKKER, WEBER und GOTTWALD.

GU: ♂♂ mit wenigen feinen goldenen Tüpfeln am Rande des Längsbandes und in den vertikalen Flossen. Der kleine Fleck auf der Schwanzwurzel ist golden eingerahmt. ♀♀ ohne Goldtüpfel, mit scharf abgegrenztem Längsband; Anale und Dorsale breit gesäumt. Obwohl zur "*Saxatilis*-Gruppe" gehörig, besitzen die ♀♀ keine Dorsalzeichnung aus Flecken, Streifen oder mehrfarbigem Saum. Zur Balzzeit ist ihr Bauch dunkelrot, später blaßrot; sie sind immer dunkler als die ♂♂. Unter den Jungfischen wachsen die ♀♀ schneller.

Soz.V.: Untereinander und gegenüber anderen *Crenicichla* aggressiv, gegenüber Großbuntbarschen anderer Gattungen indifferent.

Hält.B.: Sehr anpassungsfähige, robuste Art. Das Wasser sollte dennoch nicht zu hart sein, der pH-Wert sollte über 7 liegen. Das möglichst geräumige Aquarium muß mit Wurzeln, Steinen und robusten Pflanzen versteckreich eingerichtet werden.

ZU: Die Initiative zur Paarbildung geht vom ♀ aus, das vor einem ♂ balzt, indem es mit S-förmig gekrümmtem Körper den roten Bauch präsentiert. Später balzen die Partner wechselseitig und spucken Sand und Kies aus einem Unterstand. Sie laichen an einer überhängenden Fläche (Höhlendecke). Das ♀ betreut die Eier und die nach 4 Tagen schlüpfenden Larven; das ♂ sichert das Umfeld. Nun intensivieren sich alle dunklen Zeichnungselemente, vor allem beim ♀. Wenn die Jungfische am 9. Tag freischwimmen, führen sie beide Eltern gemeinsam.

FU: K; Garnelen, *Mysis*, Rinderherz, Fliegenmaden und jedes andere kräftige Futter. Muscheln werden nicht gern genommen.

Bes.: Typisches Zeichnungsmuster ist ein kräftiges, schwarzbraunes Längsband, das von der Oberlippe bis zum Ende der Schwanzflosse reicht. Es wird durch das Auge und hinter dem Kiemendeckel unterbrochen, wo sich ein großer, geringfügig mit Glanzschuppen durchbrochener Schulterfleck befindet, der nach hinten mit dem Längsband verschmilzt. Dieses ist nach unten gerade abgesetzt, während es nach oben in regelmäßigen Abständen Verdickungen aufweist, die die etwa 8 - 9 Rückenbinden andeuten, die nur bei Erregung hervortreten (in der Normalfärbung schwankt die Zahl der Verdickungen allerdings meist zwischen 4 und 6).

T: 24 - 27° C, **L:** ♂ bis mind. 22 cm, ♀ etwas kleiner, **BL:** ab 150 cm, **WR:** u, **SG:** 1 - 2

Crenicichla edithae ♀ und ♂ oben

Crenicichla edithae ♀

Fam.: Cichlidae

Crenicichla geayi   PELLEGRIN, 1903

Syn.: Keine; in der aquaristischen Literatur früher als "Neue Rheophile" bezeichnet.

Vork.: Südamerika: Venezuela (u. a. im Rio Orocopiche, Rio Aro, Rio Cuchivero) und Kolumbien im Orinoco-System.

Ersteinf.: 1987 durch den Handel.

GU: ♀ ♀ mit einem roten Streifen auf der Körperseite und mit breit rot und schwarz gestreifter Rückenflosse; ♂ ♂ am Bauch gelblich, am Rücken grünlich, ohne auffällige Farben - lediglich am oberen Rand des Kiemendeckels befindet sich (wie bei den ♀ ♀) ein roter Fleck.

Soz.V.: Zutrauliche und relativ friedliche Art, die andere Großbuntbarsche nicht behelligt.

Hält.B.: In nicht zu kleinen Aquarien mit großer Grundfläche und zahlreichen Verstecken in Form von Höhlen; Bepflanzung des Aquariums mit robusten Gewächsen möglich; die Wasserwerte (pH-Wert um 7, wenig Härtebildner) spielen eine untergeordnete Rolle, obwohl die Art in ihrem natürlichen Lebensraum in sehr weichem Wasser schwimmt.

ZU: Die Art wird mit knapp einem Jahr und Gesamtlängen von kaum 10 cm geschlechtsreif. Bei der Balz der ♀ ♀ leuchtet der gelbe Bauch wie ein Signalfleck aus dem ansonsten dunklen (graugrünen) Körper. Die Tiere laichen in Rückenlage an die Höhlendecke, wo sie mehrere Hundert längliche und undurchsichtige Eier mit einem Pol anheften. Bei pH-Werten um 7, um 10° dGH und etwa 27° C schlüpfen die Jungen am 4. bis 5. Tag und schwimmen weitere 5 - 6 Tage später frei. Während der Brutpflege nehmen die Alttiere eine unauffällige, düstere Tarnfärbung an.

FU: K; Garnelen, *Mysis*, Rinderherz, Fliegenmaden und jedes andere kräftige Futter. Mit etwas Geduld kann man die Tiere auch an Pellets/Sticks gewöhnen.

Bes.: Die Fische sind zwar durchaus in der Lage, im freien Wasser zu schwimmen, halten aber gern Bodenkontakt, indem sie den Hinterkörper absetzen. Dabei werden die Bauchflossen nicht zum Abstützen genutzt.

T: 24 - 27° C, **L**: um 20 cm, ♀ etwas kleiner, **BL**: ab 100 cm, **WR**: u, **SG**: 1 - 2

Crenicichla geayi (Paar mit Jungbrut), oben ♂

Crenicichla geayi ♀

Crenicichla regani

Syn.: Keine; Exemplare dieser Art wurden aber als *C. notophthalmus* oder *C. dorsocellata* hinterlegt.

Vork.: Südamerika: Im Amazonasbecken ausgesprochen weit verbreitet. Hinterlegtes Material stammt aus dem Amazonas und Madeira, Solimões, Maués, Trombetas, Tocantins, Araguaia, Capim, Coari, Japura, Nhamundá, Purus, Tapajos, Tefé und Uatumá.

Ersteinf.: 1988 durch WERNER, ZUKKER, WEBER und GOTTWALD; Einzeltiere wurden schon früher als Beifänge importiert.

GU: ♂♂ am Rücken braun bis grau, mit beigefarbenem Bauch und ockerfarbenen oder rotbraunen Flossen. Schwanzflosse gemustert. Anale und Dorsale ausgezogen, die ersten Stacheln der Rückenflosse im Unterschied zu ♂♂ von *C. notophthalmus* nicht verlängert. ♀♀ (von ein und demselben Fundort) mit einem bis drei weiß gerandeten Augenflecken oder mehreren schwarzen Flecken in der hinteren unteren, gelblichen Dorsale. Darüber ist die Rückenflosse orange, oberhalb davon schwarz, dann breit weiß und (hinten) fein schwarz gesäumt. Manchmal bilden die Flecke ein Zickzackmuster. Im Ausnahmefall ist die gesamte Rückenflosse unterhalb des Saumes schwarz. Bei allen ♀♀ sind die Rücken- und Afterflosse kurz. Die Schwanzflosse ist nicht gemustert.

Soz.V.: Gegenüber anderen kleineren Buntbarschen verträglich, arteigene ♂♂ bekämpfen sich verbissen.

Hält.B.: Klarwasserbewohner; pH-Wert um 5,5. Wasser möglichst weich (im natürlichen Lebensraum ist keine Härte meßbar). Pflege in versteckreich eingerichteten Aquarien (Steine, Wurzeln, Pflanzen) mit kleinen Höhlen.

ZU: Das ♀ balzt mit gekrümmtem Körper und gespannten Flossen, wobei es den beige- oder rosafarbenen Bauch vorstreckt, bis das ♂ die Werbung durch Flossenspreizen und Umschwimmen erwidert. Dann folgt wechselseitiges Führungsschwimmen zu einer Höhle, an deren Decke die Tiere laichen. Das ♀ bewacht die Eier und die bei 3° dGH, 6° KH, pH-Wert 7,2 und 25° C nach 3 Tagen schlüpfenden Larven. Nach weiteren 4 Tagen führen die Jungen ihre ersten reflexartigen Schwimmbewegungen aus. Sie fressen lebende *Artemia*-Nauplien (später *Cyclops*, Daphnien, Grindal) und sind nach 3 Monaten schon etwa 4 cm lang.

FU: K; feines Frostfutter (*Artemia*, Mückenlarven, *Mysis*), Teichfutter, Würmer.

Bes.: Die Art zeigt niemals Querbinden!

T: 24 - 27° C, **L**: ♂ bis 14 cm, ♀ kleiner, **BL**: ab 80 cm, **WR**: u, **SG**: 1 - 2

Crenicichla reticulata

Syn.: *Batrachops reticulatus, Crenicichla elegans, Batrachops punctulatus.*

Vork.: Südamerika: Brasilien, Rio Amazonas, Rio Solimões, Rio Uatumá, Rio Curuá-Una, Rio Trombetas, Rio Madeira, Rio Negro, Rio Branco, Rio Uraricoera, Rio Macajaí und wohl auch in Peru.

Ersteinf.: Nicht bekannt.

GU: Nicht sicher bekannt; wahrscheinlich besitzen die ♂♂ nur ein schwaches submarginales Band in der Rückenflosse, während bei den ♀♀ die im vorderen Bereich mehrfach gefleckte Rückenflosse und die Körperseiten deutlich rot gefärbt sind.

Soz.V.: Untereinander und gegenüber anderen Hechtbuntbarschen manchmal aggressiv, gegenüber Großbuntbarschen anderer Gattungen indifferent.

Hält.B.: Die Art lebt in meist klarem, oft schnell fließendem und weichem Wasser (um 1° dGH, kaum Leitfähigkeit) mit recht unterschiedlichen pH-Werten (5,5 - 7,5). Im Aquarium stellen die Fische aber keine besonderen Ansprüche an die Wasserbeschaffenheit. Sie halten sich gern am Boden im Schutz von Steinen und Wurzeln auf.

ZU: Bisher nicht bekannt; es dürfte sich aber (wie bei den anderen Arten dieses Formenkreises) um Höhlenbrüter handeln, die weißliche, polhängende Eier an eine überhängende Fläche heften.

FU: K, O; kleine Fische, Garnelen, *Mysis*, Rinderherz, Fliegenmaden und jedes andere kräftige Futter.

Bes.: Die Art unterscheidet sich optisch kaum von *C. semifasciata* und *C. stocki.*

T: 24 - 27° C, **L**: ♂ mind. 25 cm, ♀ etwas kleiner, **BL**: ab 150 cm, **WR**: u, **SG**: 1 - 2

Crenicichla regani ♂, ♀ Seite 609

Crenicichla reticulata ♀, subadult

Crenicichla semifasciata (HECKEL, 1840)

Syn.: *Batrachops semifasciatus, Crenicichla lacustris* var. *semifasciata, C. simoni, Boggiania ocellata, Batrachops ocellatus, Acharnes chacoensis, Crenicichla chacoensis, Cichla chacoensis.*

Vork.: Südamerika: Brasilien, System des Rio Paraguai u. a. im Rio Manso und Rio Miranda.

Ersteinf.: Nicht bekannt.

GU: ♀♀ mit einem von zwei dunklen Längsstreifen eingefaßten, leuchtend roten Band in der Rückenflosse und - zumindest zur Laichzeit - mit cremefarbener Bauchpartie, die von einer unregelmäßig begrenzten, roten Zone überlagert ist; ♂♂ bulliger, geringfügig größer.

Soz.V.: Zutrauliche und relativ friedliche Art, die andere Großbuntbarsche nicht behelligt.

Hält.B.: In geräumigen Aquarien mit zahlreichen Verstecken in Form von Höhlen und lichten Unterständen; Bepflanzung des Aquariums mit robusten Gewächsen möglich. Die Wasserwerte (pH-Wert um 7, wenig Härtebildner) spielen eine untergeordnete Rolle.

ZU: Die Art wird mit knapp einem Jahr geschlechtsreif. Schon ♂♂ von 12 und ♀♀ von etwa 10 cm können ein Revier besetzen und in einer vorgefundenen, ihren Bedürfnissen entsprechend erweiterten Höhle laichen. Wie bei den übrigen Arten dieses Formenkreises beginnt das prächtig gefärbte ♀ mit der Balz. Die Tiere laichen in Rückenlage an der Höhlendecke, wo sie mehrere längliche und undurchsichtige Eier mit einem Pol anheften. Bei pH-Werten um 7, um 10° dGH und etwa 27° C schlüpfen die Jungen am 4. Tag und schwimmen weitere 5 Tage später frei.

FU: K, O; kleine Fische, Garnelen, *Mysis*, Rinderherz, Fliegenmaden und jedes andere kräftige Futter. Mit etwas Geduld kann man die Tiere auch an Pellets/Sticks gewöhnen.

Bes.: Innerhalb eines Jahres wachsen die Tiere zügig bis auf etwa 14 cm Gesamtlänge heran; danach wachsen sie langsamer.

T: 24 - 27° C, **L**: um 25 cm, ♀ geringfügig kleiner, **BL**: 150 cm, **WR**: u, **SG**: 1 - 2

Crenicichla cyclostoma ♂, siehe Seite 600

Crenicichla semifasciata ♀

Crenicichla regani ♀, Text Seite 606

Fam.: Cichlidae

Crenicichla stocki
REGAN, 1905

Syn.: Keine. Die Art wurde früher zu *Crenicichla reticulata* gestellt.

Vork.: Südamerika: Brasilien, Rio Tocantins und Zuflüsse, Rio Cametá, Rio Arapari, Rio das Mortes, Rio Areões.

Ersteinf.: 1988 durch WERNER, BREIDOHR, ZUCKER, KRANZ und GOTTWALD.

GU: Nicht sicher bekannt; wahrscheinlich besitzen die ♂♂ keinen Fleck in der Rückenflosse, während bei den ♀♀ die Rotanteile in der Rückenflosse und auf den Körperseiten höher sind.

Soz.V.: Untereinander und gegenüber anderen Hechtbuntbarschen manchmal aggressiv, gegenüber Großcichliden anderer Gattungen indifferent.

Hält.B.: Im Araguaia-Einzug lebt die Art in relativ klarem, oft schnell fließendem und weichem Wasser (um 1° dGH, 45 - 80 μS) mit recht unterschiedlichen pH-Werten (5,5 - 7,5). Im Aquarium stellen die Fische aber keine besonderen Ansprüche an die Wasserbeschaffenheit. Die Fische halten sich gern am Boden im Schutz von Steinen und Wurzeln auf.

ZU: Bisher nicht bekannt; es dürfte sich aber (wie bei den anderen Arten dieses Formenkreises) um Höhlenbrüter handeln.

FU: K, O; kleine Fische, Garnelen, *Mysis*, Rinderherz, Fliegenmaden und jedes andere kräftige Futter.

Bes.: Die Art unterscheidet sich von *C. reticulata* vor allem durch die Position der Nasenlöcher (näher an der Lippenfalte als am Auge).

T: 24 - 27° C, **L:** um 25 cm, ♀ etwas kleiner, **BL:** 150 cm, **WR:** u, **SG:** 1 - 2

Crenicichla sveni
PLOEG, 1991

Syn.: Keine. Die Art wurde früher zu *C. lepidota* gestellt.

Vork.: Südamerika: Kolumbien im Rio Meta-Einzug (bei Villavicensio, Rio Manacacias, Rio Metica, Rio Humadea).

Ersteinf.: In den 80er Jahren durch den Handel.

GU: ♀♀ mit langer Folge runder, z. T. hell eingefaßter Flecke oder verschmolzener "Doppelflecke" in der Rückenflosse, die zudem dunkel gesäumt ist; Bauch beige bis altrosa; ♂ größer, mit lang ausgezogener After- und Rückenflosse.

Soz.V.: Untereinander und gegenüber anderen *Crenicichla* aggressiv, gegenüber Großbuntbarschen anderer Gattungen indifferent.

Hält.B.: Sehr anpassungsfähige, robuste Art; im heimatlichen Lebensraum sind stark abweichende pH-Werte (4,8 - 7,0) gemessen worden; das Wasser ist immer weich (2 - 3° KH, dGH kaum meßbar). Im Aquarium darf die Gesamthärte aber bis 20° dGH betragen. Das möglichst geräumige Aquarium muß mit Wurzeln, Steinen und robusten Pflanzen versteckreich eingerichtet sein.

ZU: Bei diesen sehr laichwilligen Fischen geht die Initiative zur Paarbildung vom ♀ aus, das vor einem ♂ balzt, indem es mit S-förmig gekrümmtem Körper den metallisch schillernden, nun leicht rot gefärbten Bauch präsentiert. Später balzen die Partner wechselseitig und spucken Sand und Kies aus einem Unterstand. Sie laichen an einer überhängenden Fläche (Höhlendecke). Das ♀ betreut die Eier und die nach 4 Tagen schlüpfenden Larven; das ♂ sichert das Umfeld. Wenn die Jungfische am 9. Tag freischwimmen, führen sie beide Eltern gemeinsam und zeigen ein charakteristisches Brutpflegekleid: Die Längsreihe der 9 oder

Fortsetzung übernächste Seite

Crenicichla stocki

Crenicichla sveni ♀

Fam.: Cichlidae

Fortsetzung von *Crenicichla sveni*

mehr großen Körperflecke, die im hinteren Bereich Doppelflecke sind, verbindet an ihrer Basis ein dunkles Band.

FU: K, O; Garnelen, *Mysis*, Rinderherz, Fliegenmaden und jedes andere kräftige Futter. Muscheln werden nicht gern genommen.

T: 24 - 27° C, **L:** ♂ um 25 cm (vielleicht um 30 cm), ♀ etwas kleiner, **BL:** ab 150 cm, **WR:** m, u, **SG:** 1 - 2

Bes.: Im Gegensatz zu *C. edithae* sind zwar die Körperflecken bei normal gefärbten und balzenden Tieren immer sichtbar, nicht aber das Körperlängsband.

Crenicichla vittata   HECKEL, 1840

Syn.: Keine.

Vork.: Südamerika: Brasilien, im Gebiet des oberen Rio Paraguay; in ihrer Heimat heißt die Art "Jacunda" oder "Joanna guensa".

Ersteinf.: Ende der 80er Jahre durch den Handel (Beifänge).

GU: ♂♂ größer; geschlechtsaktive (balzende, brutpflegende) ♀♀ zeigen in der Rückenflosse einen verwaschenen dunklen Fleck.

Soz.V.: Die Art verhält sich für Hechtbuntbarsche dieser Größenordnung ausgesprochen friedfertig, was auch für das Verhalten gegenüber Artgenossen gilt.

Hält.B.: Im Einzugsgebiet des oberen Rio Paraguay fließt das Wasser oft stark, ist (zumindest in unseren Sommermonaten) mit 21 - 25° C recht kühl und klar, von mäßiger Leitfähigkeit (dGH fast 0°, KH bis 8°), weist aber vergleichsweise hohe pH-Werte auf (bis 8,2). Der Gewässergrund ist durch grobes Felsgeröll strukturiert, die Ufer sind ausgespült. Überhängendes Gestein, Pflanzen und totes Holz bieten zahlreiche Versteckmöglichkeiten. Im Aquarium sollte man pro Tier mindestens einen geräumigen Unterstand mit Höhlencharakter anbieten.

ZU: Höhlenbrüter mit großen, polhängenden und weißlichgelben Eiern. Die Larven schlüpfen am 5. Tag und werden vom ♀ im Innenraum der Höhle versteckt. Je nach Temperatur schwimmen die mindestens 200 Jungfische am 9. bis 12. Tag frei. Von nun an gesellt sich auch der Vater zum Rest der Familie. Die Jungfische fressen *Artemia*-Nauplien, nach drei Tagen schon *Cyclops* und Grindal-Würmer. Trotzdem nutzen sie die Haut der Eltern (vor allem die des größeren ♂) als zusätzliche Nahrungsquelle, indem sie die Alttiere "beweiden" und sie unter Umständen derart belästigen, daß man Eltern und Jungfische trennen muß.

FU: K, O; Garnelen, *Mysis*, Rinderherz, Fliegenmaden und jedes andere kräftige Futter. Muscheln und Fische (tiefgefrorene Stinte) gelten als besondere Leckerbissen. Man kann die Art sogar an Pellets/Sticks gewöhnen.

Bes.: Ausgesprochen friedlich und laichwillig.

T: 24 - 27° C, **L:** ♂ über 30 cm, ♀ etwas kleiner, **BL:** ab 150 cm, besser aber 200 cm und länger, **WR:** u, **SG:** 1 - 2

Crenicichla vittata ♀

Crenicichla vittata ♀ mit Jungen, ♂ hat etwa diese Färbung

Syn.: Keine.

Vork.: Afrika: Endemisch im Tanganjikasee. Der Typusfundort liegt im Südwesten des Sees (Zaire), etwa 40 Kilometer südöstlich von Moba. Das bisher bekannte Verbreitungsgebiet erstreckt sich über 130 km Küstenlinie. Die Art lebt in unmittelbarer Nähe von Felsen, vorwiegend in Tiefen von mehr als 20 m.

Ersteinf.: 1991 durch BÜSCHER.

GU: Die Art ist sexualdimorph. ♂♂ mit gelber oder gelboranger Grundfärbung von Kopf und Körper und unregelmäßigen Längsreihen aus blauen Glanzpunkten auf dem gesamten Körper; Dorsale dunkelblau, Anale hellblau, auf beiden Flossen zahlreiche gelbe Tupfen; Kaudale stets dunkelblau. Grundfärbung der ♀♀ gelblich oder braunbeige; Dorsale und Anale wie Körper, mit zahlreichen gelben Tupfen, Kaudale gelblich oder bräunlich.

Soz.V.: *C. pavo* lebt am Typusfundort gemischt mit *C. aff. leptosoma* ("Jumbo") und *Paracryprichromis brieni*, ist innerhalb dieser Verbände aber weniger zahlreich und macht (tageszeitliche) vertikale Wanderungen der beiden anderen Arten nicht mit. Agamer Maulbrüter. Im Aquarium verteidigen die ♂♂ ein Laichterritorium. Ein gewählter Laichplatz wird über mehrere Monate benutzt. Maulbrütende ♀♀ suchen zeitweise kleine Höhlen auf, die auch gegenüber Artgenossinnen verteidigt werden. Die Vergesellschaftung mit anderen Fischen ist im allgemeinen problemlos; bodenorientierte Arten (Schneckencichliden, *Xenotilapia*) sollten jedoch bevorzugt werden.

Hält.B.: Gruppenhaltung, mindestens 5 Tiere. Einrichtung mit großflächigen Steinplatten in unterschiedlicher Neigung, Bodengrund feiner Sand. Die Tiere vergreifen sich nicht an Pflanzen (allenfalls in unmittelbarer Nähe des Laichsubstrates). Wasserhärte mittel bis hart (10 - 25° dGH); Wasserreaktion alkalisch, pH-Wert 7,5 - 9.0.

ZU: Im Unterschied zu den bisher bekannten *Cyprichromis*-Arten ist *C. pavo*

kein Freilaicher, sondern ein Substratlaicher. Die ♂♂ säubern das Substrat durch schnelles, bauchseitiges Abgleiten und starkes Fächeln mit den Brustflossen. Die ♀♀ werden durch Führungsschwimmen des ♂ (im Freiland über mehrere Meter) zum ausschließlich vom ♂ gewählten Laichplatz gelockt. Die Eier werden einzeln auf dem Substrat abgesetzt, vom ♂ besamt und dann vom ♀ ins Maul aufgenommen. ♀♀ nehmen erstmals 4 - 10 Tage (ausnahmweise bereits 1 Tag) nach dem Ablaichen vorsichtig Nahrung auf. Jungtiere werden 28 - 30 Tage nach dem Ablaichen (26 - 27° C) freigelassen; Totallänge etwa 20 mm. Die freischwimmenden Jungen fressen sofort *Artemia*-Nauplien.

FU: O; Untersuchungen des Darminhaltes im Freiland haben gezeigt, daß die Art (wie andere Cyprichromini) sowohl Copepoden als auch kugelförmige Grünalgen frißt. Im Aquarium nehmen die Tiere Lebendfutter aller Art (Wasserflöhe, Copepoden, Mückenlarven, Enchyträen) sowie Frostfutter, feingeschabtes Rinderherz und feingehackten Spinat. Cyprichromini sind von Natur aus "Dauerfresser", die den ganzen Tag über kleine Nahrungspartikel aufnehmen. Lebendes Zooplankton ist als Futter unübertroffen; als Ersatz ist neben dem erwähnten Futter die tägliche Gabe von *Artemia*-Nauplien zu empfehlen.

Bes.: Im Unterschied zu *C. leptosoma* und *C. microlepidotus*, deren ♂♂ am jeweiligen Fundort mit gelber oder blauer Schwanzflosse vorkommen, weist *C. pavo* keinen entsprechenden Polychromatismus auf; an allen Fundorten ist die Kaudale der ♂♂ ausschließlich blau gefärbt. Die Art unterscheidet sich von den beiden bisher bekannten *Cyprichromis*-Arten weiterhin durch Laichen auf einem Substrat, wie es bisher nur von *Paracyprichromis* bekannt war. Die beiden Gattungen sind durch grundsätzliche Unterschiede in der Gliederung der Wirbelsäule abgegrenzt; Polychromatismus der ♂♂ und Laichverhalten sind nicht gattungsspezifisch.

T: 24 - 28° C, **L**: 12 cm; **BL**: 100 cm, **WR**: m, **SG**: 3

Cyprichromis pavo ♂

Cyprichromis pavo ♀

Docimodus evelynae
Evelyns Buntbarsch

ECCLES & LEWIS, 1976

Syn.: Keine.

Vork.: Afrika: Malawisee (endemisch); im Malawisee wahrscheinlich weit verbreitet.

Ersteinf.: *Docimodus evelynae* ist bislang noch nicht nach Deutschland importiert worden.

GU: Weiblichen Tieren fehlt die schwarze vertikale Bänderzeichnung an den Flanken.

Soz.V.: Das Brutverhalten der Art ist noch nicht bekannt geworden. Nach Beobachtungen im natürlichen Biotop fungieren die Jungfische von *Docimodus evelynae* als Putzerfische. Die Hauptnahrung der Fische sind im juvenilen Stadium anscheinend Parasiten. Im Erwachsenenalter ernährt sich *D. evelynae* hauptsächlich von den Schuppen anderer Fische.

Hält.B.: Die Art lebt in der Natur in der Übergangszone oder direkt über Felsgebieten. Für *Docimodus evelynae* sollte, wie auch für die überwiegende Anzahl der meistens anderen Malawi-Cichliden, ein Becken mit Steinaufbauten und Sandboden eingerichtet werden. Die Einzelhaltung ist wohl für adulte *D. evelynae* am geeignetsten, da sich die Tiere von den Schuppen und Hautteilen anderer Fische ernähren. Wasser: pH-Wert 7,4 - 8,4, Härte 7 - 30° dGH.

ZU: *Docimodus evelynae* ist noch nicht im Aquarium gepflegt worden.

FU: K; es wird angenommen, daß sich die Art im Aquarium mit Insektenlarven und Krebstieren ernähren läßt.

Bes.: Im Farbmuster können Jungfische von *Docimodus evelynae* und *Docimodus johnstonii* nicht unterschieden werden.

T: 23 - 27° C, L: 30 cm; BL: 200 cm, **WR**: m, u, SG: 4 - 5

Exochochromis anagenys
Malawi-Hechtbuntbarsch

(Oliver, 1984)

Syn.: *Cyrtocara anagenys.*

Vork.: Afrika: Malawisee (endemisch, anscheinend seeweit verbreitet, gesicherte Fänge sind von Boadzulu Island, Monkey Bay, Thumbi Islands, Malawi, bekannt.

Ersteinf.: Unbekannt, nur gelegentliche Importe. 1990 wurden einige Tiere importiert.

GU: Die ♂ ♂ sind während der Paarungszeiten bläulich silbern gefärbt; ♀ ♀ silbriggelb.

Soz.V.: Das Brutverhalten der Art ist noch nicht beobachtet worden. Der maulbrütende Raubfisch wird oft als Einzelschwimmer im offenen Wasser über Sandboden oder Felsgestein angetroffen. Die Fische ernähren sich überwiegend von kleinen Mbuna-Arten.

Hält.B.: Die Art lebt in der Natur in der Übergangszone von Fels und Sand. *Exochochromis anagenys* benötigt viel freien Schwimmraum. Diese Art läßt sich mit gleich langen Fischen gut vergesellschaften. Wasser: pH-Wert 7,4 - 8,4, Härte 7 - 30° dGH.

ZU: Maulbrüter. Über eine gelungene Zucht ist noch nichts bekannt, wahrscheinlich wie bei anderen Malawi-Cichliden.

FU: K; kleine lebende Fische und kräftiges Frost- und Flockenfutter.

Bes.: Die genannte Art besitzt ein leicht unterständiges Maul.

T: 23 - 27° C, L: 30 cm; BL: 250 cm, **WR**: m, u, SG: 3 - 4

Docimodus evelynae ♂

Exochochromis anagenys

Genyochromis mento
Malawi-Schuppenfresser

BOULENGER, 1904

Syn.: Keine.

Vork.: Endemisch im Malawisee, seeweit an Felsküsten oder im Geröllbereich, meist dort, wo Mbunas zu finden sind.

Ersteinf.: Zu Beginn der 60er Jahre zunächst in die USA, dann auch nach Europa, möglicherweise auch immer wieder einmal unerkannt unter falschem Namen.

GU: Die ♂♂ sind intensiver gefärbt, doch sind die Unterschiede manchmal nur geringfügig.

Soz.V.: Leider ist dieser interessante Cichlide im Gemeinschaftsaquarium nicht zu pflegen. Er ernährt sich vorwiegend von Schuppen und Flossenstücken anderer Fische, die er diesen entreißt. Zwar fressen die Tiere auch andere Nahrung wie Lebendfutter und selbst Flockenfutter, doch entwickeln sie bei Anwesenheit anderer Fische sofort den Drang nach deren Schuppen. Da die Opfer im Aquarium nicht ausweichen können, werden sie immer wieder angefallen, so daß eine Vergesellschaftung - auch innerartlich - nicht möglich ist.

Hält.B.: Grundsätzlich kann die Hälterung dieser Art so erfolgen, wie sie für Mbunas charakteristisch ist. Dabei sollte der Hintergrund des Aquariums eine Felsenlandschaft aus zahlreichen Steinen darstellen, zwischen die sich auch die Malawi-Schuppenfresser gerne zurückziehen. Wasser mittelhart, pH-Wert leicht alkalisch.

ZU: In Gefangenschaft ist die Zucht wahrscheinlich aufgrund der schuppenfressenden Ernährungsweise noch nicht erfolgt, aus Freilandbeobachtungen ist jedoch bekannt, daß es sich um agame ovophile Maulbrüter im weiblichen Geschlecht handelt.

FU: K; Lebendfutter aller Art; auch gefrorenes und gefriergetrocknetes sowie Kunstfutter. Im Freiland vor allem Schuppen und Flossenstücke anderer Fische.

T: 24 - 28° C, **L:** 12 cm, **BL:** ab 100 cm, **WR:** u, m, **SG:** 3 - 4

Geophagus argyrostictus

KULLANDER, 1991

Syn.: Keine. Die Art war von GOSSE zu *G. surinamensis* gestellt worden; in der aquaristischen Literatur (STAWIKOWSKI) wurden die Fische als "Tränenstrich-Erdfresser" bezeichnet.

Vork.: Südamerika: Brasilien, oberer und unterer Xingú, Mündung des Rio Curuá.

Ersteinf.: 1990.

GU: ♂♂ größer, mit stärker ausgezogenen Flossen.

Soz.V.: Relativ friedlich und zurückhaltend, aber nicht scheu; brutpflegende Paare verteidigen ihr Revier und ihre Jungfische jedoch nachdrücklich.

Hält.B.: In ihrer Heimat hält sich die Art vor allem in felsigen Uferbereichen auf, die durch Steine und Sand charakterisiert sind. Das Wasser ist meist klar und weitgehend ohne Härtebildner. Im Aquarium sollte man neben Sandboden zahlreiche Steinaufbauten als Verstecke anbieten. Bei älteren und zu kühl gehaltenen Tieren bilden sich auf der Stirn kraterförmige Löcher, die sich bei häufigem Wasserwechsel und höheren Temperaturen aber wieder schließen.

ZU: Im Gegensatz zu den meisten bekannten *Geophagus* ist diese Art kein Maulbrüter, sondern ein Offenbrüter mit Elternfamilie. Die beiden Partner säubern ein Substrat, laichen ab und bewachen ihr Gelege gemeinsam. Nach dem Schlupf werden die noch schwimmunfähigen Larven in der Nähe des Laichsubstrats in von den Eltern gegrabene Gruben gebracht, wo sie bis zum Freischwimmen bleiben. Später werden sie von beiden Alttieren geführt.

FU: Flocken- und Preßfutter (Sticks), kleines Frost- und Lebendfutter, *Artemia*, *Mysis*, Mückenlarven.

Bes.: Der griechischstämmige Artname bezieht sich auf die Silberflecke am Vorderkörper.

T: 25 - 30° C, **L:** ♂ wenig über 15 cm, ♀ etwas kleiner, **BL:** ab 120 cm, **WR:** u, **SG:** 1 - 2

Genyochromis mento, Mbamba-Bay, Tansania

Geophagus argyrostictus

Geophagus pellegrini

REGAN, 1912

Syn.: Keine.

Vork.: Südamerika: Im westlichen Kolumbien (Chocó), Rio San Juán (Typuslokalität bei Tado), Rio Atrato und in anderen kleinen Flüssen, die in den Stillen Ozean münden.

Ersteinf.: 1991 durch STALSBERG und ANDERSON; 1992 durch WERNER, BREIDOHR, ZUCKER und KRANZ.

GU: ♂♂ größer, mit deutlichem Stirnbuckel und kräftig roten Flossen; ♀♀ insgesamt gelblich.

Soz.V.: Relativ friedlich und zurückhaltend; kann sich jedoch gegenüber Buntbarschen gleicher Größe durchsetzen.

Hält.B.: Es empfiehlt sich, eine Gruppe von 2 - 3 ♂♂ und 4 - 6 ♀♀ in einem geräumigen Aquarium mit Sandboden und Verstecken aus Wurzeln und Steinen zu pflegen. In Freiheit lebende Tiere bewohnen relativ stark fließende Gewässer mit Sandzonen, die von Geröllfeldern unterbrochen werden. Das Wasser ist recht klar, oft bernsteinfarben ("Schwarzwasser"; pH-Wert zwischen 5,5 und 6,0), also leicht sauer und immer weich (0° dGH, 2 - 3° KH).

ZU: Die Art gehört zu den leicht zu züchtenden ovophilen Maulbrütern mit Mutterfamilie. Das ♀ nimmt sofort die schubweise abgelegten Eier auf und erbrütet sie im Maul. Es dauert etwa 14 Tage, bis die Jungen zum ersten Mal das Maul verlassen. Die frei schwimmenden Jungfische werden nur während der ersten Tage bei Gefahr und zur Nacht ins Maul genommen (genauere Beobachtungen liegen noch nicht vor).

FU: K, O; Flocken- und Preßfutter (Sticks), Frost- und Lebendfutter, *Artemia*, *Mysis*, Mückenlarven.

Bes.: Keine.

T: 25 - 30° C, **L:** ♂ über 15 cm, ♀ etwas kleiner, **BL:** ab 100 cm, **WR:** u, **SG:** 1 - 2

Gephyrochromis lawsi

FRYER, 1957

Syn.: Keine.

Vork.: Auch diese Art ist für den Malawisee als endemisch anzusehen. Ökologisch betrachtet zählt sie zu den Mbunas, bevorzugt also die Felsküstenbereiche, doch finden sich gerade diese Fische vor allem im Übergangsbereich zu Sand- und Geröllküstenabschnitten, sind also nicht so eng an Felsen gebunden.

Ersteinf.: Unbekannt.

GU: Während die ♂♂ auf den Flanken kräftig blau getönt sind, ist dies bei den ♀♀ mehr ein mattes Braunblau. Allerdings sind die Unterschiede nicht immer sehr deutlich.

Soz.V.: Das Verhalten entspricht dem anderer Mbunas. Diese Art ist nicht besonders aggressiv und läßt sich daher gut mit anderen Mbunas gemeinsam pflegen. Es handelt sich um ovophile agame Maulbrüter im weiblichen Geschlecht.

Hält.B.: Das biotopgerechte Aquarium ist mit Steinaufbauten in Nachahmung der Felsenzonen des Malawisees ausgestattet. Pflanzen können verwendet werden. Das Wasser darf nicht zu mineralarm sein, der pH-Wert nicht zu niedrig liegen, etwa pH-Wert 7,0 - 8,5.

ZU: Da die Fische keine Paarbindung aufweisen, sollten pro ♂ mehrere ♀♀ gepflegt werden. Die ♀♀ ziehen sich nach dem Ablaichen mit ihrem gefüllten Kehlsack an ruhige Stellen zurück, die Jungen werden nach etwa 3 Wochen freigelassen. Sie sind bereits relativ groß und können problemlos mit *Artemia*-Nauplien angefüttert werden, fressen aber auch zerteiltes Flockenfutter. In unübersichtlich eingerichteten größeren Aquarien kommt ein Teil auch allein durch.

FU: K, O; vorzugsweise jegliches Lebendfutter, aber auch gefrorenes und gefriergetrocknetes Futter und Trockenfutter wie Flocken, Tabletten und dgl.

T: 24 - 28° C, **L:** 12 cm, **BL:** ab 100 cm, **WR:** u, m, **SG:** 2

Geophagus pellegrini ♂

Gephyrochromis sp. aff. *lawsi*, Mbamba-Bay, Tansania

Haplochromis (Haplochromis) limax
Roter Lake-Edward-Maulbrüter

TREWAVAS, 1933

Syn.: *Haplochromis elegans* (teilweise).

Vork.: Afrika: System der Seen Edward und George. Die Art wurde aus dem Lake Edward beschrieben, das abgebildete Tier stammt jedoch aus dem Lake George. Vermutlich kommt die Art im gesamten System vor, denn die Seen George und Edward sind über den Kazinga-Kanal miteinander verbunden.

Ersteinf.: April 1988 durch RENNINGER & SEEGERS vom Lake George, Uganda.

GU: Die ♂♂ zeigen stimmungsabhängig intensiv rote Körperseiten. Das Rot geht in der unteren Schwanzwurzel in ein Schwarzgrün über. 9 dunkle Binden ziehen sich besonders kräftig in Aggressionsstimmung senkrecht über den Körper. Kopf und Kehle sind blaugrün. Anale und Dorsale zeigen eine blaue Färbung, die Dorsale ist außen schwärzlich mit rotem Saum. Die Kaudale ist rot mit dunkleren Flossenmembranen zwischen den Strahlen. Die ♀♀ sind unscheinbar graugrün.

Soz.V.: Diese Art ist einerseits sehr scheu, andererseits sind die ♂♂ aber auch sehr aggressiv. Nach persönlichen Erfahrungen (L.S.) versteckten sich die ♂♂ häufig und führten aus diesem sicheren Ort heraus Attacken auf andere Cichliden aus, vor allem wurden Haplochrominen als Konkurrenten betrachtet. Die Fische sind agame Maulbrüter im weiblichen Geschlecht. Daher stets mehrere ♀♀ pflegen.

Hält.B.: In der Natur kommen die Fische offensichtlich im unmittelbaren Uferbereich zwischen Schilf und Papyrusbeständen vor. Im Aquarium sollten sie Versteckplätze erhalten, insbesondere die ♀♀. Das Wasser sollte warm und alkalisch sein, auch wenn die Fische bezüglich der Wasserwerte nicht empfindlich zu sein scheinen.

ZU: Wie bei den meisten Maulbrütern separiert man brutpflegende ♀♀ bis zum Freischwimmen der Jungfische.

FU: O, K; Lebend- und Flockenfutter.

T: 24 - 28° C, **L:** 12, **BL:** ab 100 cm, **WR:** u, m, o, **SG:** 3

Haplochromis (Astatotilapia) nyererei
Nyereres Viktoriabuntbarsch

WITTE-MAAS & WITTE, 1985

Syn.: *Haplochromis* "crimson".

Vork.: Afrika: Viktoriasee. Die typische Population wurde im Mwanza Gulf in Tansania gefangen, ihr entstammt auch das abgebildete Tier. Seither wurden jedoch auch Fische, die vermutlich dieser Art zuzuordnen sind, an anderen Stellen des Sees gefunden, z. B. in Kenia. Auch die Annahme, daß die Fische felsenreiche Regionen bevorzugen, muß wohl relativiert werden.

Ersteinf.: Durch HEST (*Haplochromis* Ecological Survey Team) von Mwanza, Tansania, nach Leiden, Niederlande.

GU: Die ♂♂ sind sehr farbig. Aktive ♂♂ zeigen eine schwarzgrüne bis schwarze Bauchunterseite, während der Bereich über der Körperlängsachse orange bis intensiv rot ist. Die Dorsale und Anale können ganz oder nur körpernah hellblau sein. Die Kaudale ist außen rot, innen oft schwarz. Zwischenzeitlich wur-

den auch abweichend gefärbte Populationen bekannt, die die Grenzen der Art aufweichen. Die ♀♀ sind unscheinbar graubraun gefärbt.

Soz.V.: Relativ aggressiver revierbildender Haplochromine mit einer deutlichen Rangordnung im Aquarium. Meist zeigt nur ein dominantes ♂ die intensive Färbung. Agamer Maulbrüter.

Hält.B.: Unübersichtlich eingerichtete große Aquarien sind von Vorteil, die den ♀♀, die in der Mehrzahl vorhanden sein müssen, genügend Versteckmöglichkeiten bieten. Wird die Rückwand durch einen Steinaufbau eingenommen wird, sind derartige Erfordernisse erfüllt. Wasser nicht zu hart, doch ist der Wasserchemismus nicht entscheidend.

ZU: Maulbrüter, eitragende ♀♀ bis zum Freilassen der Brut separieren.

FU: O, K; Lebend- und Flockenfutter.

T: 22 - 28° C, **L:** 10 cm, **BL:** ab mindestens 100 cm, **WR:** u, m, o, **SG:** 3

Haplochromis limax ♂, Lake George, Kasengi

Haplochromis nyererei ♂, Tansania

Hemichromis frempongi

LOISELLE, 1979

Syn.: Keine.

Vork.: Lake Bosumtwe in Ghana (endemisch).

Ersteinf.: Wahrscheinlich 1991 durch GUGGENBÜHL, LAMBOJ, MARTIN und REITMAYR.

GU: Nicht bekannt.

Soz.V.: Revierbildend, paarweise. *H. frempongi* ist wie die anderen beiden Arten der Fünffleck-*Hemichromis* sehr aggressiv und räuberisch. Offenbrüter, Elternfamilie.

Hält.B.: Große Aquarien mit vielen Verstecken. Bodengrund aus feinem Sand, Bepflanzung nicht erforderlich. Wasserhärte ist nebensächlich. Hohe innerartliche Aggressivität, Vergesellschaftung nur mit gleich großen, durchsetzungskräftigen Arten oder im Artbecken.

ZU: Bisher gibt es keine Berichte über eine gelungene Zucht im Aquarium; vermutlich aber ähnlich wie *H. fasciatus*. Große Aquarien und harmonisierende Partner sind als Grundvoraussetzungen zu betrachten.

FU: K, O; Allesfresser, vor allem Fleisch, kräftiges Lebendfutter (z. B. Fisch, Insekten, Insektenlarven, Krebstiere), Frostfutter, Pellets, Futtertabletten.

Bes.: Die Art unterscheidet sich von *H. fasciatus* und *H. elongatus* durch kleineren Augendurchmesser, die Form des unteren Pharynxknochens sowie die Anzahl der Zähne im Unterkiefer.

T: 24 - 27° C, L: 20 cm, BL: 100 cm, WR: u, m, SG: 4

Hemichromis guttatus

GÜNTHER, 1862

Syn.: Keine.

Vork.: Westafrika, von Senegal über Ghana und Nigeria bis Kamerun.

Ersteinf.: Unbekannt.

GU: ♀♀ etwas kleiner und rundlicher wirkend. Unpaare Flossen bei ♂♂ etwas größer entwickelt, ansonsten schwer unterscheidbar.

Soz.V.: Offenbrüter, revierbildend. Paarweise Haltung empfehlenswert. Am besten sollte sich ein Paar aus einer Gruppe Jungtiere selbst finden. Haltung, wenn nicht im Artbecken, mit gleich großen, ähnlich robusten Arten möglich. Die Art ist mäßig aggressiv. Bepflanzung mit großen Arten, z. B. *Echinodorus*, möglich. Kleine Pflanzen werden meist ausgegraben.

Hält.B.: Becken gut strukturieren und viele Versteckmöglichkeiten schaffen. Wasserwerte sind nebensächlich; gute Filterung und regelmäßiger Wasserwechsel aber wichtig. Die Art unterscheidet sich in der Haltung nicht von anderen Vertretern der Gattung.

ZU: Einfach, vorausgesetzt, das Paar harmoniert. Typischer Offenbrüter mit Elternfamilie. Das Gelege sowie die Brut werden sehr intensiv betreut, auch wesentlich größere Mitbewohner werden heftigst attackiert. Die Brutpflege wird 6 - 8 Wochen durchgeführt, dann sollten die Jungen entfernt werden, da sich die Eltern auf die nächste Brut vorbereiten und die Jungtiere verjagen.

FU: K, O; Allesfresser; Lebend-, Frost- und Flockenfutter jeder Art wird gerne angenommen.

Bes.: Dies ist der am häufigsten gepflegte Vertreter der Gattung. Er wird meist nicht unter dem richtigen Namen, sondern entweder als *H. bimaculatus* oder *H. lifalilli* angeboten.

T: 23 - 27° C, L: 10 cm, BL: 100 cm, WR: m, u, SG: 3

Hemichromis frempongi

Hemichromis guttatus

Herichthys pearsei (HUBBS, 1936)

Syn.: *Cichlasoma pearsei*.

Vork.: Mittelamerika: Mexiko (Rio Usumacinta-Einzug, im Rio Lacanjah besonders häufig; Rio Tulija, Rio Candelaria, Einzugsgebiet der Laguna de Términos, wo die Art "zacatera" = Grasfresser heißt) und Guatemala (ebenfalls im Usumacinta-Einzug in den Flüssen de la Pasión, Riachuelo San Martín, Subín, Pucté, Achtunia).

Ersteinf.: 1983 durch WERNER, STAWIKOWSKI und BREIDOHR.

GU: ♂♂ größer, mit stärkerem metallischem Glanz und wuchtigerem Kopf; ♀♀ schlichter (gelber) gefärbt.

Soz.V.: Ruhige Fische, die im Vergleich zu den nahe verwandten *Vieja* (auch untereinander) völlig friedfertig sind.

Hält.B.: Wasserwerte unwesentlich (im heimatlichen Lebensraum sehr unterschiedlich: pH-Wert 7,5 - 8,5; 3 - 69° dGH; 3 - 14° KH und 25 - 33° C); außer

großem Platzbedarf keine besonderen Ansprüche. Ein etwa 60 cm hohes Aquarium von 150 - 300 cm Kantenlänge sollte mit Steinen, vor allem mit vielen Wurzeln versteckreich eingerichtet werden.

ZU: Offenbrüter, die in der Natur wohl meist auf einer glatten Holzfläche ablaichen und die Larven nach dem Schlupf in einer Vertiefung im Holz (Astloch) unterbringen, bis sie am 8. oder 9. Tag nach der Eiablage freischwimmen.

FU: K, O; nimmt jedes kräftige Futter, doch sollte man häufiger Salat, Spinat, Rosenkohl, Erbsen, Wasserlinsen oder zumindest Flockenfutter auf pflanzlicher Basis reichen, da die natürliche Nahrung wahrscheinlich zum größten Teil aus Algen und höheren Pflanzen (auch Landpflanzen, die ins Wasser hängen) besteht.

Bes.: Nach Freilandbeobachtungen scheint sich die Art gern in tiefem Wasser aufzuhalten.

T: um 26 - 30° C, **L**: um 40 cm, **BL**: ab 150 cm, **WR**: u, m, **SG**: 1 - 2

Heros appendiculatus (CASTELNAU, 1855)

Syn.: *Chromis appendiculata, Uaru centrarchoides*; die Art wurde über lange Jahre hinweg als *Heros severus* (früher *Cichlasoma severum*) gestellt.

Vork.: Südamerika: Peru und angrenzendes Brasilien und Kolumbien; im Rio Ucayali und den Unterläufen des Rio Nanay, Rio Itaya, Rio Napo, Rio Ampiyacu und Rio Yavari (auch bei Letitia und Putumayo-Içá).

Ersteinf.: Ende der 80er Jahre durch WERNER.

GU: ♂♂ geringfügig größer, mit deutlichen Wurmlinien auf dem vorderen Kiemendeckel (unter dem Auge und zwischen Auge und Maul) und (am Rücken) getüpfelten Schuppen; ♀♀ insgesamt dunkler gefärbt.

Soz.V.: Für Buntbarsche dieser Größenordnung friedlich und ruhig; jugendliche Exemplare sind lebhafter (und hübscher gefärbt) als ältere.

Hält.B.: Anpassungsfähige, robuste Art, die bei mittleren Wasserwerten (pH-Wert um 7, dGH bis 20°) leicht zu pflegen ist.

Das Aquarium sollte mindestens 50 cm hoch sein und bis zur Wasseroberfläche mit Steinen, vor allem aber mit Wurzeln dekoriert werden. Obwohl die Art gelegentlich zarte Pflanzentriebe frißt, kann man robuste Pflanzen durchaus verwenden.

ZU: Offenbrüter, die über einen ausgedehnten Begegnungskonflikt (Maulzerren) zusammenfinden und an nahezu senkrechten Substraten (vor allem Wurzeln) laichen. Gelege umfangreich, Eier ausgesprochen klein und transparent; Schlupf der Larven bei 27° C nach etwa 72 Stunden. Die weitgehend gleichberechtigten Eltern hängen sie an Wurzeln auf oder spucken sie in vorgefundene Vertiefungen in Holzstücken oder Steinen. Fehlen diese, werden auch Sandgruben angelegt. Die Jungen schwimmen am 9. Tag frei.

FU: K, O; kräftiges Futter tierischer und pflanzlicher Basis (Frostfutter, Sticks).

Bes.: Die Art ist an der orangefarbenen Färbung der unteren senkrechten Flossen leicht zu erkennen.

T: 25 - 32° C, **L**: um 25 cm, **BL**: ab 100 cm, **WR**: alle, **SG**: 1 - 2

Herichthys pearsei ♂

Heros appendiculatus ♂

Fam.: Cichlidae

Labidochromis freibergi JOHNSON, 1974

Syn.: Keine. *Labidochromis freibergi* ist in der Aquaristik unter der Handelsbezeichnung *Labidochromis* "Erwarti" bekannt geworden.

Vork.: Afrika: Endemisch im Malawisee, dort bislang nur bei der Insel Likoma nachgewiesen.

Ersteinf.: Etwa Anfang der 70er Jahre.

GU: ♂♂ mit blauer Grundfärbung und kräftigeren Eiflecken auf der Afterflosse. ♀♀ eher mit grauer Grundfärbung. Allerdings können ältere ♀♀ ebenfalls ähnlich blau wie die ♂♂ gefärbt sein, so daß die Unterscheidung der Geschlechter schwierig ist. Mit etwas Übung lassen sich die Geschlechter an der Form und Ausbildung der Genitalpapillen erkennen. Jungtiere sind einfarbig graubraun und lassen sich nur schwer nach Geschlechtern unterscheiden.

Soz.V.: ♂♂ revierbildend. ♀♀ und Jungtiere findet man im natürlichen Lebensraum einzeln oder in kleinen Trupps zusammen, die den Felsaufwuchs gemeinsam nach Freßbarem inspizieren.

Hält.B.: Typischer Mbuna (Felsencichlide), der in einem durch zahlreiche Steinaufbauten gegliederten Aquarium leicht zu pflegen ist. Die Beschaffenheit des Bodengrundes ist von untergeordneter Bedeutung, dennoch sollte man hier entsprechend den Verhältnissen im natürlichen Lebensraum groben Sand oder feinen Kies verwenden. Pflanzen kommen im Lebensraum von *L. freibergi* nicht vor, können aber ohne weiteres eingesetzt werden. Aufgrund der geringen Größe dieses lebhaften Cichliden kann auch in kleineren Aquarien eine Gruppe, bestehend aus 2 - 3 ♂♂ und mehreren ♀♀, gepflegt werden. Um die Auswirkungen der innerartlichen Aggressivität, die in mehr oder weniger starker Ausprägung bei jeder Mbuna-Art vorhanden ist, abzuschwächen, empfiehlt es sich, diese Art mit anderen Mbunas zu vergesell-

schaften. Alternativ bietet sich eine Pflege im Artbecken an, wobei darauf zu achten ist, daß immer eine Gruppe von etwa 8 - 10 Exemplaren gehalten werden sollte, so daß sich die Aggressionen des stärksten ♂ auf mehrere Tiere verteilen. Wasserwerte wie bei allen Malawisee-Cichliden: pH-Wert 7,5 - 8,3; dGH etwa 5 - 30°. Kräftige Filterung und Teilwasserwechsel von etwa 10 - 20 % des Beckeninhalts in Abständen von ungefähr 2 Wochen tragen zum Wohlbefinden bei.

ZU: Einfach. Maulbrüter im weiblichen Geschlecht - wie fast alle Malawisee-Cichliden. Die Eiablage erfolgt im Zentrum des Männchenreviers auf oder vor einem Stein oder in einer kleinen Mulde unter einem Stein bzw. Höhle unter kreisenden Bewegungen ("Eifleckmethode"). Das ♀ wird nach dem Ablaichen vom ♂ vertrieben. Nach etwa 3 Wochen entläßt das ♀ ungefähr 20 - 30 Jungfische, die mit fast 10 mm Gesamtlänge schon recht groß sind und sofort alles fressen, was sie bewältigen können. Meist kümmert sich das Muttertier nicht mehr um die einmal freigesetzten Jungfische. Mit frischgeschlüpften *Artemia salina* in Kombination mit fein zerriebenem Trockenfutter lassen sich die Jungtiere leicht aufziehen. Die Geschlechtsreife tritt nach etwa einem knappen dreiviertel Jahr ein. Sofern man nicht die gesamte Brut aufziehen möchte, kann man das tragende ♀ im Gesellschaftsaquarium belassen. Solange man keine Raubfische mitpflegt, wird man kaum verhindern können, daß mehrere Generationen ohne weiteres Zutun aufwachsen. Wichtig ist hierbei allerdings eine ausreichende Beleuchtung, damit sich auf den Steinaufbauten ein Algenrasen bilden kann, der die Nahrungsgrundlage für die heranwachsenden Jungfische in den ersten Lebenswochen darstellt. Später erscheinen die Jungfische zunächst sehr vorsichtig, doch dann immer zielstrebiger zur allge-

Labidochromis freibergi ♂

meinen Fütterung, um kleine, herabfallende Brocken zu fressen.

FU: K, O; Allesfresser, den man mit gängigen Lebend-, Frost- und Trockenfuttersorten ernähren kann. Im natürlichen Lebensraum werden in erster Linie Insektenlarven und andere Wirbellose mit den leicht nach vorn gerichteten Zähnen aus dem Felsaufwuchs "herausgepickt". Aquarienbeobachtungen haben gezeigt, daß eine ballaststoffreiche Kost wichtig ist, da diese Art, wie die meisten Felsencichliden, bei zu reich- und fleischhaltiger Kost anfällig für schwerwiegende Störungen des Verdauungstraktes ist. Weiterhin ist hier anzumerken, daß zu reichhaltig ernährte Tiere wesentlich größer (bis über 12 cm) und kräftiger werden können als unter natürlichen Bedingungen aufgewachsene Exemplare, so daß manche Aquarientiere nur noch entfernt an die ehemaligen Wildfänge erinnern.

Bes.: Keine.

T: 24 - 26° C, L: 7 - 8 cm, BL: ab 80 cm, WR: alle, SG: 1 - 2

Fam.: Cichlidae

Lamprologus speciosus BÜSCHER, 1991
Weißgebänderter Tanganjikasee-Buntbarsch

Syn.: Keine.

Vork.: Afrika: Tanganjikasee (endemisch), Bwassa, Zaire, wahrscheinlich auch von Tansania nachgewiesen. Die Art lebt auf Sandboden mit leeren *Neothauma*-Schneckengehäusen.

Ersteinf.: 1986 durch LA ROSA nach Deutschland importiert.

GU: Die beiden Geschlechter sind im Färbungsmuster nicht zu unterscheiden. Die ♂♂ haben gewöhnlich etwas längere Körperabmessungen und sind schlanker gebaut.

Soz.V.: Die Art ist revierbildend. Sie lebt im natürlichen Habitat in unmittelbarer Nähe von leeren *Neothauma*-Schneckengehäusen, in die sie sich bei Gefahr sofort zurückzieht. *L. speciosus* eignet sich gut zur Vergesellschaftung mit anderen Klein-Cichliden.

Hält.B.: *Lamprologus speciosus* wird am besten in kleinen Verbänden von 2 ♂♂ und 4 ♀♀ gehalten. Der Aquariumboden sollte mit feinem Sand bedeckt sein. Leergehäuse von *Neothauma*-, Weinberg- oder ähnlichen Schnecken werden einzeln oder in Gruppen über den Sandboden verteilt. Pflanzen bleiben von dem Schneckenhaus-Cichliden unbehelligt.

Als zusätzliche Versteckmöglichkeiten, vor allem für die männlichen Tiere, dienen kleine Steinaufbauten. Wasser: pH-Wert 7,4 - 8,4, Härte 7 - 30° dGH.

ZU: Die Art laicht in Leergehäusen von Schnecken ab. Die Größe eines Schneckenhauses muß den Belangen der Tiere in etwa angepaßt sein. Ein 4 cm langes Tier benötigt ein Gehäuse mit 3,5 - 4,5 cm Ø. Die Larven sind bei einer Wassertemperatur von 27° C bereits nach 36 Stunden frei beweglich. Die ersten Jungtiere sind nach etwa 10 Tagen an der Gehäuseöffnung zu sehen. Die etwa 4 mm langen Jungfische lassen sich problemlos mit *Artemia*- Nauplien ernähren.

FU: K; überwiegend Lebendfutter: Mücken- und andere Insektenlarven und Kleinkrebse. Rinderherz und Flockenfutter wird ebenfalls von den Fischen gerne genommen.

Bes.: *L. speciosus* gleicht von der Gestalt her einer weiteren, in jüngster Zeit beschriebenen *Lamprologus*-Art, nämlich *L. meleagris* BÜSCHER, 1991 sowie *L. ocellatus*.

T: 23 - 27° C, L: 5 cm; BL: 60 cm, WR: m, u, SG: 2

Lamprologus speciosus ♂

Lamprologus speciosus ♀

Lamprologus signatus   POLL, 1952
Vielfachgebänderter Tanganjikasee-Buntbarsch

Syn.: *Neolamprologus signatus*.

Vork.: Afrika: Tanganjikasee: Gebiet von Moba (Zaire); Camerone Bay (Sambia).

Ersteinf.: Nicht bekannt.

GU: ♂ deutlich größer als ♀ und mit ausgeprägten Streifenzeichnungen auf Körper und Schwanzflosse sowie dunklen Flecken in der Rückenflosse. Diese Zeichnungsmuster sind beim ♀ nur sehr undeutlich vorhanden. Der Bauch der ♀♀ glänzt metallisch.

Soz.V.: Typischer Schneckencichlide. Revierbildend mit hoher, innerartlicher Aggressivität - aber auch gegenüber anderen, auch größeren Arten sehr durchsetzungsfähig. Haltung im Artbecken oder mit anderen Cichliden des Tanganjikasees.

Hält.B.: Wie bei allen Fischen aus dem Tanganjikasee. Bei entsprechenden Wasserwerten problemlos (10 - 12° dGH, pH-Wert 8). Schneckenhäuser als Versteck- und Brutplätze erforderlich. Feinsandiger Bodengrund. Becken gut strukturieren. Bepflanzung möglich. Aquarium nicht zu klein wählen.

ZU: Wie bei anderen Schneckencichliden des Tanganjikasees. Die Eier besitzen keine Klebfähigkeit. Gelege und Jungfischbetreuung obliegen dem ♀, das ♂ vergreift sich aber kaum an den Jungfischen. Vorsicht ist beim Zusammenführen der Partner geboten, da nur laichreife und -willige ♀♀ vom ♂ akzeptiert werden. Gelege - wie bei anderen Schneckencichliden - nicht groß; Jungfischaufzucht am besten mit *Artemia*.

FU: O; Lebend-, Frost- und Trockenfutter jeder Art wird - zumindest nach entsprechender Gewöhnung - angenommen.

Bes.: Die Art wurde an Tieren aus Moba beschrieben, sie wird erst seit etwa 1992 für die Aquaristik importiert, hat jedoch bereits aufgrund ihrer einfachen Zucht weite Verbreitung gefunden. Verwechslungen mit anderen Arten sind kaum möglich.

T: 24 - 28 °C, **L**: ♂ 6 cm, ♀ 4 cm, **BL**: 60 cm, **WR**: u, **SG**: 3

Lamprologus signatus ♂

Lamprologus signatus ♀

Fam.: Cichlidae

Lepidiolamprologus attenuatus
Einfleck-Tanganjikasee-Buntbarsch

(STEINDACHNER, 1909)

Syn.: *Lamprologus attenuatus, Lamprologus pleurostigma.*

Vork.: Afrika: Tanganjikasee (endemisch). Die Art wird prinzipiell in den Übergangszonen zwischen Geröll- und Sandboden im gesamten See nachgewiesen.

Ersteinf.: 1984 durch LA ROSA nach Deutschland importiert.

GU: Die beiden Geschlechter von *L. attenuatus* sind im Färbungsmuster nicht zu unterscheiden. Die ♂♂ haben im Vergleich zu den ♀♀ meistens längere Körperabmessungen und sind etwas schlanker gebaut.

Soz.V.: Die Art ist während der Brutzeit revierbildend und lebt paarweise. *Lepidiolamprologus attenuatus* ist räuberisch und wird als monogamer Versteckbrüter bezeichnet, der während der Fortpflanzungszeit eine Elternfamilie bildet. Das ♂ und das ♀ beschützen gemeinsam ihr Gelege und die Jungfische.

Hält.B.: Geröllbrocken und feiner Sand als Bodengrund sind eine ideale Einrichtung für die Art. Das Aquarium kann stellenweise mit robusten Pflanzen besetzt sein. Ein regelmäßiger wöchentlicher Wasserwechsel ist für die Gesunderhaltung der Tiere von Vorteil; Filterung über Kohle oder Kies. Wasser: pH-Wert 7,4 - 8,4, Härte 7 - 30° dGH.

ZU: Die Art laicht unterhalb von Steinen oder zwischen Anhäufungen von leeren Schneckengehäusen. Der Brutplatz wird von beiden Partnern bewacht. Ein Gelege umfaßt durchschnittlich 40 Eier, kann aber auch wesentlich größer sein. Die Jungfische lassen sich problemlos mit *Artemia* ernähren.

FU: K; überwiegend Lebendfutter: Mükken- und andere Insektenlarven sowie Krebstiere. Rinderherz und Flockenfutter werden ebenfalls von den Fischen gerne genommen.

Bes.: Die Art ist im natürlichen Biotop auf das Fressen von kleinen Fischen spezialisiert. *Lepidiolamprologus attenuatus* ist eine der kleinsten Arten innerhalb der Gattung. Im Färbungsmuster kann die genannte Art mit *Neolamprologus pleuromaculatus* verwechselt werden.

T: 23 - 27° C, L: 14 cm; BL: 80 cm, WR: m, u, SG: 2

Lepidiolamprologus kendalli
Kendalls Tanganjikasee-Buntbarsch

(POLL & STEWART, 1977)

Syn.: *Lamprologus kendalli.*

Vork.: Afrika: Tanganjikasee (endemisch), Mutondwe Island, Sambia. Die Art wird im Felslitoral nachgewiesen.

Ersteinf.: 1986 durch GRESHAKE nach Deutschland importiert.

GU: ♂♂ und ♀♀ sind im Farbkleid nicht zu unterscheiden. Die ♂♂ sind gewöhnlich etwas länger in den Körperabmessungen.

Soz.V.: Die Art ist revierbildend und lebt im Tanganjikasee paarweise in enger Bindung im Felsbiotop. *Lepidiolamprologus kendalli* lebt räuberisch. Der monogame Versteckbrüter bildet während der Fortpflanzungszeit eine Elternfamilie, wobei ♂ und ♀ gemeinsam ihr Gelege und die Jungfische beschützen. Die Vergesellschaftung der Art mit anderen Groß-Cichliden ist im Aquarium durchaus möglich.

Hält.B.: Ein Felsaufbau mit zahlreichen Höhlen und Spalten und feiner Sand als Bodengrund sind wichtige Vorausset-

Fortsetzung übernächste Seite

Lepidiolamprologus attenuatus

Lepidiolamprologus kendalli ♂

Fam.: Cichlidae

Fortsetzung von *Lepidiolamprologus kendalli*

zungen für eine erfolgreiche Pflege der Fische. Das Aquarium kann stellenweise mit robusten Pflanzen bepflanzt werden. Ein regelmäßiger wöchentlicher Wasserwechsel ist für die Gesunderhaltung der Tiere von Vorteil; Filterung über Kohle oder Kies. Wasser: ph-Wert 7,4 - 8,4, Härte 7 - 30° dGH.

ZU: *Lepidiolamprologus kendalli* laicht hauptsächlich in Höhlen. Die Bruthöhle wird von beiden Geschlechtern bewacht. Paarfindung am besten aus einer Kleingruppe von heranwachsenden Fischen. Von der Nachzucht der Fische ist noch wenig berichtet worden. Die Gelege sollen jedoch nicht mehr als 40 Eier umfassen. Die Jungfische lassen sich anscheinend problemlos mit *Artemia* ernähren.

FU: K; überwiegend Lebendfutter: Mükken- und andere Insektenlarven sowie Krebstiere. Rinderherz und Flockenfutter werden ebenfalls genommen.

Bes.: Im Färbungsmuster lassen sich zwischen *Lepidiolamprologus kendalli* und *Lepidiolamprologus nkambae* keine Unterschiede nachweisen. Die zuerst genannte Art besitzt kleine Schuppenreihen auf den Wangen, die bei *L. nkambae* fehlen.

T: 23 - 27° C, **L:** 16 cm; **BL:** 80 cm, **WR:** m, u, **SG:** 2

Lepidiolamprologus elongatus   (BOULENGER, 1898)

Syn.: *Lamprologus pleurostigma, L. elongatus*

Vork.: Afrika: Gesamter Tanganjikasee (endemisch). Die Art wird meistens in der Felsgeröllzone nachgewiesen.

Ersteinf.: Ein Import erfolgte wahrscheinlich 1958.

GU: ♂♂ und ♀♀ sind anhand ihres Färbungsmusters nicht voneinander zu unterscheiden. Die ♀♀ sind in ihren Körperabmessungen kleiner als die ♂♂.

Soz.V.: Die Tiere sind Einzelgänger und leben überwiegend im Felshabitat, wo sie Jagd auf andere Fische machen. Eine Vergesellschaftung der genannten Fischart kann nur mit gleich langen Cichliden empfohlen werden.

Hält.B.: *L. elongatus* muß ausreichend Schwimmraum geboten werden. Felsaufbauten mit zahlreichen Höhlen und Spalten sind Voraussetzung für eine artgerechte Haltung der Fische. Der Aquarienboden sollte mit feinem Sand und vereinzelt mit abgerundeten Steinen bedeckt sein. Der Aquarienhintergrund kann mit robusten Pflanzen besetzt werden. Die Filterung erfolgt am besten durch großvolumige Filter und Tonröhrchen als Filtermaterial. Wasser: pH-Wert 7,4 - 8,4, Härte 7 - 30° dGH.

ZU: *Lepidiolamprologus elongatus* ist noch nicht im Aquarium nachgezüchtet worden. Siehe dazu Band 2, Seite 928. Die Art wurde wegen der neuen Fotos hier noch einmal vorgestellt.

FU: K; im natürlichen Biotop ernährt sich die Art, soweit bekannt ist, ausschließlich von kleinen Fischen. Es wird angenommen, daß *L. elongatus* im Aquarium auch Insektenlarven und Krebstiere annimmt.

Bes.: Keine.

Anm.: Foto rechts: *Lepidiolamprologus elongatus*-Gelege mit *Telmatochromis*-Spezies als Laichräuber.

T: 23 - 27° C, **L:** 30 cm; **BL:** 150 cm, **WR:** m, u, SG: 2

Lepidiolamprologus elongatus

Gelege von *Lepidiolamprologus elongatus* mit Laichräubern

Chromidotilapia cavalliensis (THYS & LOISELLE, 1971)

Syn.: *Nanochromis cavalliensis, Limbochromis cavalliensis.*

Vork.: Afrika: Elfenbeinküste im Cavally-River.

Ersteinf.: 1988 durch FREYHOF und LAMBOJ.

GU: ♀♀ mit silberner Basis der Rückenflosse.

Soz.V.: Paarbildender, relativ zurückhaltender Cichlide, der viel gräbt.

Hält.B.: Sandboden und reichlich Verstecke aus Wurzeln und Steinen. Pflege besser in weichem, neutralen Wasser.

ZU: Ovophiler, paternaler Maulbrüter. Wenn die Jungfische freischwimmen, beteiligen sich beide Eltern an der Pflege. Nur einmal bei LAMBOJ, Österreich, gelungen.

FU: K; alle gängigen Futtersorten.

Bes.: Steht *Chromidotilapia guentheri* sehr nahe.

Anm.: Nach jüngsten Erkenntnissen muß die genannte Art in die Gattung *Chromidotilapia* gestellt werden.

T: 24 - 26° C, L: ca. 12 cm, BL: 150 cm, WR: u, m, SG: 4

Microdontochromis tenuidentatus (POLL, 1951)

Syn.: *Xenotilapia tenuidentata.*

Vork.: Tanganjikasee, Westküste (Zaire).

Ersteinf.: Nicht bekannt.

GU: Unbekannt.

Soz.V.: Nichts Näheres bekannt, möglicherweise ähnlich den *Xenotilapia*-Arten. Vermutlich Maulbrüter.

Hält.B.: Geräumiges Becken mit Strukturen aus Holz oder Steinen im Randbereich. Feinen Sandboden anbieten. Wasser mittelhart mit leicht alkalischem pH-Wert.

ZU: Keine Angaben bekannt; in Gefangenschaft wahrscheinlich noch nicht gelungen.

FU: O; vor allem kleines Lebendfutter, z.B. *Artemia* oder *Cyclops*.

Bes.: Die Art besitzt ein extrem vorstülpbares Maul, und sie lebt in der Natur vor allem von Kleinstorganismen: Insektenlarven, Kleinkrebse, einzellige Algen, Fadenalgen.

T: 24 - 28° C, L: 8 cm, BL: 80 cm, WR: u, SG: 3

Chromidotilapia cavalliensis

Microdontochromis tenuidentatus

Fam.: Cichlidae

Mylochromis anaphyrmus

(BURGESS & AXELROD, 1973)

Syn.: *Haplochromis anaphyrmus, Maravichromis anaphyrmus.*

Vork.: Afrika: Malawisee (endemisch), Nkhota Kota und im südlichen Teil des Malawisee, Malawi.

Ersteinf.: Unbekannt, vermutlich Anfang der 90er Jahre.

GU: ♂♂ mit blauen Körperfarben, dunklen Ventralen und schwarzer Afterflosse. Die ♀♀ sind silbrig grau gefärbt und zeigen eine deutlich sichtbare schwarze Schrägbänderung entlang der oberen Körperhälfte.

Soz.V.: Das Brutverhalten der *Mylochromis*-Art konnte im Heimatbiotop von DIECKHOFF beobachtet werden. Die ♂♂ schaufeln mit dem Maul eine Mulde in den Sandboden. Die Mulde selbst ist nun Revier und Laichplatz. Weibliche Tiere werden von dem sich zitternd bewegenden ♂ angelockt. Die Ablaichphase erfolgt nach der Eifleckmethode. Bei Gefahr flüchtet *Mylochromis anaphyrmus*

im natürlichen Biotop ins freie Wasser. Die Art verhält sich stark territorial.

Hält.B.: Die Art lebt im natürlichen Habitat über Sandboden. Im Aquarium sollte den Fischen genügend freier Schwimmraum über feinem Sandboden angeboten werden. Als Versteckmöglichkeit für die Fische ist ein Steinaufbau geeignet. *M. anaphyrmus* ist sehr sauerstoffbedürftig. Nach bisherigen Beobachtungen bleibt eine eventuell vorhandene Bekkenbepflanzung unbehelligt. Wasser: pH-Wert 7,4 - 8,4, Härte 7 - 30° dGH.

ZU: Wie bei anderen *Mylochromis*-Arten.

FU: K; in der Natur ernährt sich die Art hauptsächlich von kleinen Schnecken. Im Aquarium werden kleine Insektenlarven, Rinderherz und Krebstiere angenommen.

Bes.: Keine.

T: 23 - 27° C, **L**: 23 cm; **BL**: 200 cm, **WR**: m, u, **SG**: 2 - 3

Nannacara hoehnei

RIBEIRO, 1918

Syn.: "*Aequidens*" *hoehnei.*

Vork.: Südamerika: Brasilien; Zuflüsse und Seen im Stromgebiet des Rio Araguaia im Bundesstaat Mato Grosso (z. B. Lago Azul bei Primavera).

Ersteinf.: 1988 durch MINDE.

GU: ♂♂ werden deutlich größer, haben in der Rückenflosse zahlreiche parallel nach hinten oben verlaufende hellblaue Linien.

Soz.V.: Nur in der Laichzeit (besonders) gegen Artgenossen aggressiv.

Hält.B.: Stellt keine Ansprüche an die Wasserbeschaffenheit; liebt gute Bepflanzung (bis zur Oberfläche) mit Versteckplätzen.

ZU: Auch im harten Wasser (20° dGH) möglich; Substratbrüter; laicht auf Steinen, an Wurzeln und Wasserpflanzen gern versteckt ab. Gelege sind klein. Aufzucht der Jungen mit *Artemia*-Nauplien problemlos.

FU: K, O; *N. hoehnei* nimmt im Aquarium jedes Futter (Lebend-, Frost- und Flokkenfutter) an, das er bewältigen kann.

Bes.: Der Gattungsstatus dieser Art gilt auf Grund der äußerst knappen Erstbeschreibung RIBEIROS als nicht gesichert (KULLANDER 1989).

T: 24° C, **L**: 10 cm, **BL**: 80 cm, **WR**: u, m, **SG**: 1 - 2

Mylochromis anaphyrmus ♂

Nannacara hoehnei ♂

Fam.: Cichlidae

Neolamprologus bifasciatus BÜSCHER, 1993

Syn.: Keine.

Vork.: Afrika: Tanganjikasee (endemisch). Die Art wurde anhand von Tieren aus dem Südwesten des Sees (Zaire) beschrieben; sie kommt aber wahrscheinlich auch in Tansania und Sambia vor. Sie lebt an den Fundorten in Zaire ausnahmslos erst ab 30 Meter Wassertiefe in Felshabitaten, deren Struktur äußerst variabel ist. *N. bifasciatus* hält sich in unmittelbarer Nähe von Kleinhöhlen auf.

Ersteinf.: 1989 durch BÜSCHER.

GU: Äußerlich mit Sicherheit nur an der Form der Genitalpapille unterscheidbar (Lupe). Die ♂♂ werden im Aquarium deutlich größer; ältere Tiere entwickeln einen leichten Stirnbuckel. Beide Geschlechter weisen eine eingebuchtete Schwanzflosse auf.

Soz.V.: Die innerartliche Aggressivität gegenüber nicht bekannten Tieren ist relativ stark, so daß auch die willkürliche Zusammenstellung eines Paares Schwierigkeiten bereiten kann. Empfehlenswert ist das Aufziehen von halbwüchsigen Tieren, so daß sich harmonisierende Paare bilden können. Die Art ist revierbildend; das Territorium wird auch zwischen den einzelnen Brutzyklen verteidigt. Die Vergesellschaftung mit artfremden Fischen ist aber durchaus möglich, da das eigentliche Territorium relativ klein ist (20 - 40 cm Ø). Monogame Höhlenbrüter mit relativ starker Paarbindung; Vater-Mutter-Familie. Im natürlichen Lebensraum wurde eine relativ große Individualdistanz zu Artgenossen beobachtet.

Hält.B.: Bodengrund aus Sand mit Steinaufbauten, die das Freilegen von Brut-höhlen ermöglichen. Die Tiere vergreifen sich nicht an Pflanzen. Wasserhärte mittel bis hart (10 - 25° dGH); Wasserreaktion alkalisch, pH-Wert 7,5 - 9,0.

ZU: Die Tiere laichen im allgemeinen an der Höhlendecke, in umgestülpten Blumentöpfen auf senkrechten Wänden. Die Gelege sind für die Körpergröße dieser Art relativ klein (25 bis etwa 40 Eier). Schlupf der Larven nach etwa 48 Stunden (bei 25° C). Die freischwimmenden Jungen fressen sofort *Artemia*-Nauplien. Gelege, Larven und Jungfische werden nach bisheriger Kenntnis ausschließlich vom ♀ betreut. Die Jungen leben (bei entsprechender Struktur der Bruthöhle) relativ lange verborgen; sie werden auch nach erneutem Ablaichen der Eltern in einer Größe von über 4 cm im engeren Brutbereich geduldet.

FU: K; Magen-Darm-Untersuchungen im Freiland haben gezeigt, daß die Art sich hauptsächlich von Copepoden und Insektenlarven ernährt. Im Aquarium nehmen die Tiere Lebendfutter aller Art (Wasserflöhe, Copepoden, Mückenlarven, kleine Regenwürmer, Enchyträen) sowie Frostfutter und feingeschabtes Rinderherz.

Bes.: *N. bifasciatus* besitzt zwei für die Gattung ungewöhnliche Merkmale: das Zeichnungsmuster mit den beiden scharf abgesetzten Längsstreifen auf Kopf und Körper sowie eine bei erwachsenen Tieren relativ stark eingebuchtete Schwanzflosse, die jedoch niemals Filamente ausbildet.

T: 24 - 28° C, **L**: 10 cm, **BL**: 100 cm, **WR**: u, **SG**: 3

Neolamprologus bifasciatus ♂

Neolamprologus bifasciatus ♀, Unterwasseraufnahme

Fam.: Cichlidae

Neolamprologus leloupi
Leloup Tanganjikasee-Buntbarsch (POLL, 1948)

Syn.: *Lamprologus leloupi*.

Vork.: Afrika: Tanganjikasee (endemisch), Zaire, Sambia, Tansania. Die Art wird hauptsächlich in der Geröllzone nachgewiesen.

Ersteinf.: 1987 erstmals durch DIECK-HOFF nach Deutschland importiert.

GU: ♂♂ und ♀♀ sind anhand der Körperfarben und Flossenform nicht zu unterscheiden. Die ♂♂ sind etwas schlanker gebaut.

Soz.V.: Die Art bildet unter Aquarienbedingungen feste Paare. Der monogame Versteckbrüter beschützt mit beiden Elternteilen das Gelege und die Jungfische. *Neolamprologus leloupi* ist eine relativ friedliche Fischart, die gut mit anderen Aquarienfischen vergesellschaftet werden kann.

Hält.B.: Kleine Steinaufbauten, Geröllbrocken und feiner Sand als Bodengrund sind für die besprochene Art ein geeigneter Lebensraum. Obwohl im natürlichen Habitat von *Neolamprologus leloupi* keine höheren Pflanzen vorkommen, können die Aquarienrückseite oder sonstige ausgewählte Bereiche bepflanzt werden. Ein regelmäßiger wöchentlicher Teilwasserwechsel ist für das Wohlbefinden und die Gesunderhaltung der Fische wichtig. Wasser: pH-Wert 7,4 - 8,4, Härte 7 - 30° dGH.

ZU: *Neolamprologus leloupi* laicht überwiegend zwischen Geröll oder Felsgestein. Ein Gelege kann durchschnittlich 30 Eier umfassen. Die Larven schlüpfen, wie nahezu bei allen *Neolamprologus*-Arten, je nach Wassertemperatur nach 48 - 60 Stunden. Die Brut schwimmt gewöhnlich nach 8 Tagen frei. Die Jung- und Alttiere lassen sich während der Aufzucht gut mit *Artemia*-Nauplien ernähren.

FU: K; überwiegend kleines Lebendfutter: Mücken- und andere Insektenlarven sowie Kleinkrebse. Auch feingeriebenes Flockenfutter wird von den Jungfischen angenommen.

Bes.: *N. leloupi* ist nahe verwandt mit *N. caudopunctatus* und wird häufig mit dieser Art verwechselt.

T: 23 - 27° C, **L**: 6 cm; **BL**: 80 cm, **WR**: m, u, **SG**: 2

Neolamprologus marunguensis
Blauaugen-Tanganjikasee-Buntbarsch BÜSCHER, 1989

Syn.: *Lamprologus crassus*.

Vork.: Afrika: Tanganjikasee (endemisch), bisher nur von der zairischen Küste (südlich von Kapampa) bekannt. Die Art wird prinzipiell in der Geröllzone aufgefunden.

Ersteinf.: 1988 durch BÜSCHER.

GU: ♂♂ und ♀♀ sind anhand der Körperfarben und Flossenform nicht zu unterscheiden. Die ♂♂ haben gewöhnlich längere Körperabmessungen und sind etwas schlanker gebaut.

Soz.V.: Die Art bildet unter Aquarienbedingungen eine feste Paarbindung und wird als monogamer Höhlenbrüter bezeichnet. ♂ und ♀ beschützen gemeinsam Gelege und Jungfische. *Neolamprologus marunguensis* kann mit anderen Cichliden-Arten vergesellschaftet werden.

Hält.B.: Geröllbrocken und feiner Sand als Bodengrund sind ein idealer Lebensraum für *Neolamprologus marunguensis*. Pflanzen im Aquarium bleiben von dieser Art unbehelligt. Ein regelmäßiger wöchentlicher Wasserwechsel ist für das Wohlbefinden der Fische von Wichtigkeit. Wasser: pH-Wert 7,4 - 8,4, Härte 7 - 30° dGH.

Fortsetzung übernächste Seite

Neolamprologus leloupi ♂

Neolamprologus marunguensis ♂

Fortsetzung von *Neolamprologus marunguensis*

ZU: *Neolamprologus marunguensis* laicht überwiegend unterhalb von Steinen oder seltener zwischen Felsgestein. Das Gelege kann durchschnittlich 40 Eier umfassen. Die Larven schlüpfen je nach Wassertemperatur nach 48 - 60 Stunden. Die Brut schwimmt gewöhnlich nach 7 - 8 Tagen frei. Der Brutplatz wird von beiden Partnern bewacht. Die Jungfische leben großteils versteckt zwischen Geröll. Eine Ernährung mit *Artemia*-Nauplien ist zu empfehlen.

FU: K; überwiegend Lebendfutter: Mükken- und andere Insektenlarven sowie Kleinkrebse.

Bes.: Die beschriebene Art gleicht äußerlich *Neolamprologus brichardi* und *Neolamprologus pulcher*. In der jüngsten Aquarienliteratur wird die abgebildete *N. marunguensis*-Variante als "*N. falcicula*" bezeichnet. *N. falcicula* (BRICHARD, 1989) ist jedoch eine eigenständige Art.

T: 23 - 27° C, **L:** 7 cm, **BL:** 80 cm, **WR:** m, u, **SG:** 2

Neolamprologus mondabu
Mondabu-Tanganjikasee-Buntbarsch
(nach einheimischer Bezeichnung)

(BOULENGER, 1906)

Syn.: *Lamprologus mondabu.*

Vork.: Afrika: Tanganjikasee (endemisch), Zaire, Tansania, Sambia. Die Art wird hauptsächlich in den Sand- und Geröllzonen nachgewiesen.

Ersteinf.: 1988 durch MALTAVI nach Deutschland importiert.

GU: ♂♂ und ♀♀ sind gleich gefärbt. Die ♂♂ haben längere Körperabmessungen als die ♀♀.

Soz.V.: Die als Einzelschwimmer bekannte *Neolamprologus*-Art, *N. mondabu*, ist monogamer Versteckbrüter, der seine Eier in der Übergangszone zwischen Sand und Geröll unter einem Steinbrocken ablegt. Beide Geschlechter bewachen das Gelege und beschützen die Brut. *N. mondabu* kann im Aquarium mit gleich langen Cichliden- und Wels-Arten vergesellschaftet werden.

Hält.B.: *N. mondabu* bevorzugt auch im Aquarium Sand- und Geröllboden. Vorhandene Steinaufbauten werden meistens als Versteckmöglichkeit genutzt. Das Becken kann vor allem im Hintergrund sporadisch mit Pflanzen besetzt werden. Die Art liebt frisches und sauerstoffreiches Wasser. Wasser: pH-Wert 7,4 - 8,4, Härte 7 - 30° dGH.

ZU: Der genannte Cichlide ist im Aquarium schon öfter gezüchtet worden. Die

Eier werden vom weiblichen Tier auf einer Steinunterseite angebracht und nach jedem Eiablagezyklus vom ♂ befruchtet. Die Larven schlüpfen bei einer Wassertemperatur von 27° C nach durchschnittlich 48 Stunden. Nach 6 bis 7 Tagen schwimmen die ersten Jungfische frei, die sofort *Artemia*-Nauplien als erste Nahrung aufnehmen können. Die Jungfische werden etwa 4 - 6 Wochen von den Alttieren beschützt.

FU: K; im natürlichen Habitat lebt die Art von Fischeiern oder -larven sowie von kleinen Schnecken und anderen Wirbellosen. Im Aquarium werden außer Mückenlarven kleine Krebstiere, Rinderherz und Flockenfutter genommen.

Bes.: *N. mondabu* wird häufig mit *N. modestus* verwechselt. Beide Arten sind im Färbungsmuster gut zu unterscheiden. *N. modestus* hat eine schwarze oder dunkelblaue Körpergrundfärbung, während *N. mondabu* braun gefärbt ist. Die Kaudale der zuletzt genannten Art ist gelb oder orange gepunktet und gelb gesäumt, die von *N. modestus* ist einfarbig schwarz oder dunkelblau. Ein wichtiges Unterscheidungsmerkmal ist die Form der Kaudale, die bei *N. mondabu* eingebuchtet ist und Filamente tragen kann. Die Kaudale von *N. modestus* ist dagegen gerundet.

T: 23 - 27° C, **L:** 8 cm, **BL:** 80 cm, **WR:** m, u, **SG:** 2

Neolamprologus marunguensis (Unterwasseraufnahme)

Neolamprologus mondabu

Neolamprologus niger

(POLL, 1956)

Syn.: *Lamprologus niger.*

Vork.: Tanganjikasee, Zaire, Tansania, Sambia.

Ersteinf.: Nicht bekannt.

GU: ♀ meist etwas kleiner; bei Laichreife ist eine kleine, aber deutlich breitstumpfe Genitalpapille erkennbar, während die des ♂ spitz ist (mit einer Lupe erkennbar).

Soz.V.: Revierbildender, monogamer Höhlenbrüter. Die Art ist nicht sehr aggressiv, kann gut vergesellschaftet werden, auch gegenüber kleineren Arten friedlich.

Hält.B.: Typisches Tanganjikasee-Becken mit ca. 10 - 12° dGH und einem pH-Wert von 8. Da die Art in der Natur sehr stark an Felsstrukturen und Höhlen gebunden ist, sollte auch das Aquarium mit Stein- oder Holzaufbauten eingerichtet sein. Feinsandiger Bodengrund; Bepflanzung möglich. Haltung im Art- oder Gesellschaftsbecken.

ZU: Wie bei *N. leleupi leleupi* (siehe Bd. 1, Seite 734) oder *N. leleupi longior* (siehe Bd. 2, Seite 932) angegeben.

FU: O; Lebendfutter wird bevorzugt, jedoch auch Frost- oder Trockenfutter werden angenommen.

Bes.: Die Tiere können einen altersbedingten Farbwechsel zeigen: Jungtiere sind in den ersten Lebenswochen von gelber Körperfarbe, die mit dem Alter in dunkelbraun übergehen kann (je nach geografischer Herkunft). Die Art ist in der Aquaristik nicht weit verbreitet und wird auch nur selten importiert.

T: 24 - 28° C, L: 9 cm, BL: 80 cm, WR: m, u, SG: 3

Neolamprologus nigriventris

BÜSCHER, 1992

Syn.: Keine.

Vork.: Afrika: Tanganjikasee (endemisch). Das Verbreitungsgebiet erstreckt sich nach bisheriger Kenntnis über einen relativ kleinen Küstenabschnitt von ungefähr 40 km Länge; etwa von der Ortschaft Kapampa (90 km südöstlich von Moba, Zaire) bis zur Mündung des Lunangwa. An allen Fundorten kommt die Art erst ab 15 m Wassertiefe vor. Die Habitate bestehen aus Sandflächen mit isoliert liegenden Gruppen von grobem Felsbruch oder großen Felsbrocken. *N. nigriventris* lebt extrem bodenorientiert.

Ersteinf.: 1989 durch BÜSCHER.

GU: Äußerlich nur an der Form der Genitalpapille erkennbar (Lupe). Im Aquarium werden die ♂♂ etwas größer.

Soz.V.: Die innerartliche Aggressivität ist bereits bei Jungtieren relativ stark ausgeprägt. Schwierigkeiten bei der willkürlichen Zusammenstellung eines Paares sind durch gemeinsames Aufwachsen von einigen Jungfischen und Paarbildung 'auf natürliche Art' vermeidbar. Die Art ist revierbildend; das Territorium wird auch zwischen einzelnen Brutzyklen verteidigt. Die Vergesellschaftung mit artfremden Fischen ist durchaus möglich, allerdings sollte man für kleine Aquarien Arten wählen, die nicht um Bruthöhlen konkurrieren. Monogamer Höhlenbrüter mit relativ starker Paarbindung; Vater-Mutter-Familie. Territorien im natürlichen Lebensraum umfassen Felsgruppierungen, die sich über eine Länge von 1 - 3 m erstrecken können. Im Freiland wurden noch relativ große Jungfische (etwa 4 cm) im Zentrum solcher Territorien beobachtet; im Aquarium besteht die Tendenz, bereits kleinere Junge aus dem Territorium zu vertreiben (abhängig von den Hälterungsbedingungen).

Hält.B.: Bodengrund aus feinem, hellem Sand mit Steinaufbauten, die das Freilegen von Bruthöhlen ermöglichen. Die Tie-

Fortsetzung übernächste Seite

Neolamprologus niger ♂

Neolamprologus nigriventris ♂ , ♀ Seite 651

re vergreifen sich nicht an Pflanzen. Wasserhärte mittel bis hart (10 - 25° dGH); Wasserreaktion alkalisch, ph-Wert 7,5 - 9,0.

ZU: Die Tiere laichen im allgemeinen an der Höhlendecke, aber auch an senkrechten Wänden (umgestülpte Blumentöpfe). Ein Gelege kann etwa 100 Eier umfassen. Schlupf der Larven nach etwa 48 Stunden (bei 25° C). Die freischwimmenden Jungen fressen sofort *Artemia*-Nauplien. Die Brutpflege erfolgt ausschließlich durch das ♀. Jungfische sind zunächst gelblich oder gelborange gefärbt mit zwei dunklen Längsstreifen auf dem Körper. Im Alter von 4 - 6 Monaten erfolgt eine Umfärbung mit der charakteristischen Schwarzfärbung des Bauches und der hellen Färbung der oberen Körperhälfte.

FU: O; Untersuchungen des Verdauungstraktes im Freiland haben gezeigt, daß die Art sich vorwiegend von Copepoden und Insektenlarven ernährt. Daneben wurden auch Schneckenteile und Fadenalgen gefunden. Im Aquarium nehmen die Tiere Lebendfutter jeglicher Art (Wasserflöhe, Copepoden, Mückenlarven, kleine Regenwürmer, Enchyträen) sowie Frostfutter und feingeschabtes Rinderherz.

Bes.: *N. nigriventris* (erwachsene Tiere) besitzt im natürlichen Lebensraum eine ungewöhnliche Färbung aus heller oberer Körperhälfte und scharf abgegrenzter schwarzer Bauchregion. Die Tiere sind dadurch beim Überschwimmen des ungeschützten hellen Untergrundes farblich hervorragend angepaßt. Die im Aquarium auftretende Schwarzfärbung des gesamten Körpers (einschließlich sämtlicher Flossen) konnte in der Natur niemals beobachtet werden, ebensowenig ein Farbmuster, das aus 7 - 9 unscharfen dunklen Querstreifen auf hellem Körper besteht oder ein Netzmuster, das durch dunkle Umrandung der großen Körperschuppen hervorgerufen wird. Verschiedene Körpermerkmale sowie eine fast identische Färbung der Jungen weisen auf eine nahe Verwandschaft mit *N. pectoralis* hin, dessen Verbreitungsgebiet sich nördlich und südlich von *N. nigriventris* erstreckt. Beide Arten haben wahrscheinlich ähnliche ökologische Ansprüche und leben streng getrennt (allopatrisch).

T: 24 - 28° C, L: ♂ 12 cm, ♀ 10 cm, BL: 100 cm, WR: u, SG: 3

Neolamprologus pectoralis   BÜSCHER, 1991

Syn.: Keine.

Vork.: Afrika: Tanganjikasee (endemisch). Die Art wurde anhand von Tieren aus dem Südwesten des Sees (Zaire) beschrieben. Bis jetzt sind lediglich 2 kleine Verbreitungsgebiete bekannt: eins erstreckt sich etwa 40 km südöstlich von Moba bis in die Gegend von Kapampa, das andere liegt südlich der Lunangwa-Mündung. An allen Fundorten kommt die Art erst ab 15 Meter Wassertiefe vor. Die Habitate sind variabel, sie bestehen aus im Sand isoliert liegenden Gruppen aus Felsbruch oder großen gerundeten Felsen, aber auch aus gewachsenen, zerklüfteten Felsen. *N. pectoralis* wählt als Bruthöhle flache Hohlräume mit niedriger Öffnung, die waagerecht oder leicht schräg orientiert sind und in der Tiefe Ausdehnungen von über 60 cm erreichen können. Senkrechte Spalten werden gemieden.

Ersteinf.: 1990 durch BÜSCHER.

GU: Äußerlich nur an der Form der Genitalpapille erkennbar (Lupe). Im Aquarium werden die ♂♂ etwas größer.

Soz.V.: Die innerartliche Aggressivität ist relativ schwach ausgeprägt, eine willkürliche Zusammenstellung eines Paares kann jedoch problematisch sein. Gewisse Störungen (z. B. intensiver Wasserwechsel) können zum Bruch der Paarbindung mit starker Aggression führen. Die Art ist revierbildend; das Territorium wird auch zwischen einzelnen Brutzyklen verteidigt. Monogamer Höhlenbrüter mit relativ starker Paarbindung. Vater-Mutter-Familie mit Tendenz zur Elternfamilie. Im Freiland wurden Jungfische (von etwa 4 cm) im Zentrum von Territorien beobachtet; im Aquarium werden Junge aus verschiedenen Bruten und über 6 cm Körperlänge im näheren Brutbereich toleriert. Eine Vergesellschaftung mit anderen

Fortsetzung übernächste Seite

Neolamprologus nigriventris ♀ (Unterwasseraufnahme)

Neolamprologus pectoralis

deren Fischen, bevorzugt mit Arten, die sich in höheren Wasserschichten aufhalten und nicht um Bruthöhlen konkurrieren, ist möglich.

Hält.B.: Einrichtung des Beckens den natürlichen Habitaten entsprechend, mit Bodengrund aus feinem Sand und Aufbauten aus waagerecht liegenden Steinplatten (auch in mehreren Etagen), die das Freilegen von flachen Bruthöhlen ermöglichen. Die Tiere vergreifen sich nicht an Pflanzen. Wasserhärte mittel bis hart (10 - 25° dGH); Wasserreaktion alkalisch, pH-Wert 7,5 - 9,0.

ZU: Die Tiere laichen an der Höhlendecke. Trotz der Größe der Fische sind die Gelege relativ klein (weniger als 40 Eier). Das Schlüpfen der Larven erfolgt nach etwa 48 Stunden (bei 25° C). Die freischwimmenden Jungen fressen sofort *Artemia*-Nauplien. Das ♀ übernimmt die Pflege von Gelege und Larven, toleriert jedoch das ♂ auch in unmittelbarer Nähe der Brut. Jungfische sind zunächst gelblich oder gelborange gefärbt mit einem dunklen Längsstreifen auf der Körpermitte und einem blasseren im oberen Rückenbereich. Im Alter von 4 - 8 Monaten erfolgt eine Differenzierung der beiden Farbmorphen (gelb und braunschwarz).

FU: O; Untersuchungen des Verdauungstraktes im Freiland haben gezeigt, daß die Art sich vorwiegend von Copepoden, Insektenlarven und Garnelen ernährt. Daneben wurden auch regelmäßig Bruchstücke von kleinen Schnecken sowie Pflanzengewebe gefunden. Im Aquarium fressen die Tiere Lebendfutter aller Art (Wasserflöhe, Copepoden, Mückenlarven, kleine Regenwürmer, Enchyträen) sowie Frostfutter, feingeschabtes Rinderherz und Spinat.

Bes.: *N. pectoralis* kommt unabhängig vom Geschlecht an sämtlichen Fundorten in 2 Farbmorphen vor. Die häufigere Morphe ist braun bis braunschwarz gefärbt, reingelbe Tiere sind wesentlich seltener. Auffallend sind die außergewöhnlich großen, nichttransparenten, stark gefärbten Brustflossen, die bis zu 110 % der Kopflänge erreichen können. Auf dieses Merkmal bezieht sich auch der Artname. *N. pectoralis* besitzt als weitere morphologische Eigenschaft im ventralen Ast der Seitenlinie (der sogenannten unteren Seitenlinie) Schuppenkanäle bis in die Nähe des Kiemendeckels. Verschiedene Körpermerkmale sowie eine fast identische Färbung der Jungen weisen auf eine Verwandtschaft mit *N. nigriventris* hin, dessen Verbreitungsgebiet von *N. pectoralis* eingeschlossen ist. Beide Arten haben ähnliche ökologische Ansprüche und leben nach bisheriger Kenntnis streng getrennt (allopatrisch).

T: 24 - 28° C, L: ♂ 14 cm, ♀ 12 cm, BL: 100 cm, WR: u, SG: 3

Neolamprologus sexfasciatus Gelbe Form   (TREWAVAS & POLL, 1952)

Syn.: *Lamprologus sexfasciatus*.

Vork.: Tanganjikasee, südliche Hälfte der tansanischen Küste.

Ersteinf.: Nicht bekannt.

GU: ♀ etwas kleiner als ♂, sonst keine Unterschiede erkennbar.

Soz.V.: Revierbildende Art mit hoher innerartlicher Aggressivität. Vergesellschaftung mit anderen, etwa gleich groß werdenden Cichliden des Tanganjika-Sees möglich. Höhlenbrüter mit Elternfamilie.

Hält.B.: Aquarium mit Steinaufbauten gut strukturieren. Viele Höhlen oder ähnliches als Verstecke anbieten. Pflanzen sind nicht erforderlich. Bodengrund aus feinem Sand. Sind die Tiere eingewöhnt, sind sie durchaus lebhaft und oft im freien Schwimmraum zu sehen. Wasser mittelhart und leicht alkalisch.

ZU: Wie bei der Normalform, siehe Bd. 2, Seite 946, angegeben.

FU: O; Futter jeglicher Art. Im Freiland besteht ein guter Teil der Nahrung aus Mollusken (Schnecken).

Bes.: Außer dieser Farbvariante und der Normalform ist seit einiger Zeit eine Varietät von der Küste Zaires bekannt, die bei weißblau gefärbtem Körper eine gelbe Rückenflosse besitzt.

T: 24 - 28° C, L: 15 cm, BL: 100 cm, WR: m, u, SG: 3

Neolamprologus pectoralis, Dorsalansicht, man beachte die schwarzen Brustflossen

Neolamprologus sexfasciatus

Fam.: Cichlidae

Neolamprologus similis BÜSCHER, 1992
Breitstreifen-Tanganjikasee-Buntbarsch

Syn.: Keine.

Vork.: Afrika: Tanganjikasee (endemisch), Zaire, Sambia, Tansania. Die Art wird in der Felszone nachgewiesen. Sie lebt in Tiefen ab etwa 30 Meter.

Ersteinf.: 1990 durch MALTAVI nach Deutschland importiert.

GU: ♂♂ und ♀♀ sind gleich gefärbt. Die ♂♂ haben etwas längere Körperabmessungen als die weiblichen Tiere.

Soz.V.: Die Art ist territorial und lebt in kleinen Gruppen zwischen Geröll und Sand. Nach bisherigen Beobachtungen lebt die Art monogam. Es konnten Elternfamilien mit mehreren Jungfisch-Generationen in Gruppenverbänden beobachtet werden.

Hält.B.: Für *Neolamprologus similis* sollten im Aquarium terrassenförmige Steinaufbauten mit zahlreichen kleinen Höhlen und Sandflächen angelegt werden. Der Hintergrund kann je nach Bedarf mit Pflanzen besetzt werden. Die beschriebene Art bevorzugt leicht bewegtes und klares Wasser. Wasser: pH-Wert 7,4 - 8,4, Härte 7 - 30° dGH.

ZU: Von Nachzuchten im Aquarium ist noch nicht berichtet worden. In der Natur laicht die Art in kleinen Höhlen im Felshabitat.

FU: K; überwiegend kleines Lebendfutter: Insektenlarven und Kleinkrebse.

Bes.: *Neolamprologus similis* kann im Färbungsmuster leicht mit dem Schneckenhausbrüter *Neolamprologus multifasciatus* verwechselt werden. Die letztgenannte Art zeigt jedoch wesentlich schmalere dunkle Vertikalstreifen, und es sind keine Streifen im Nackenbereich und auf dem Kiemendeckel ausgebildet.

T: 23 - 28° C, **L:** 5 cm, **BL:** 60 cm, **WR:** m, u, **SG:** 2

Neolamprologus splendens BRICHARD, 1989

Syn.: *Lamprologus splendens*.

Vork.: Afrika: Tanganjikasee (endemisch). Das Verbreitungsgebiet liegt im Südwesten des Sees (Zaire); der Typusfundort ist Zongwe, etwa 55 km südöstlich von Moba. Die Tiefenverbreitung reicht von etwa 2 bis mindestens 40 Metern.

Ersteinf.: Nach 1988 als "new black brichardi".

GU: Nur an der Genitalpapille sicher erkennbar; die ♂♂ werden im Aquarium etwas größer.

Soz.V.: Revierbildend. Die Art zeigt im Aquarium eine größere innerartliche Aggressivität als *N. brichardi* oder *N. gracilis*; die Toleranz gegenüber Jungfischen aus verschiedenen Bruten im Brutterritorium der Eltern ist weniger ausgeprägt. Das Verhalten beruht möglicherweise auf höheren Ansprüchen an die "Qualität" des Territoriums, die im Aquarium oftmals nur bedingt erfüllt werden.

Hält.B.: Bodengrund aus feinem Sand mit Steinaufbauten, die das Anlegen oder Erweitern von Höhlen ermöglichen. Die Art vergreift sich nicht an Pflanzen. Wasserhärte mittel bis hart (10 - 25° dGH); Wasserreaktion alkalisch, pH-Wert 7,5 - 9,0.

ZU: Hälterung und Zucht sind im Gesellschaftsaquarium möglich; Höhlenbrüter. Aufzucht der Jungen vom Zeitpunkt des Freischwimmens an mit *Artemia*-Nauplien oder zerriebenem Trockenfutter.

FU: O; nach Untersuchungen des Magen-Darm-Traktes im Freiland ernährt

Fortsetzung übernächste Seite

Neolamprologus similis ♀

Neolamprologus splendens

Fortsetzung von *Neolamprologus splendens*

sich *N. splendens* von Copepoden, Insektenlarven, Muschelkrebsen sowie zu einem beträchtlichen Teil (50 - 90 % des Magen-Darm-Inhaltes bei einzelnen untersuchten Tieren) auch von pflanzlicher Nahrung (Kieselalgen, verschiedene Fadenalgen, Teile von höheren Pflanzen). Im Aquarium wird Lebendfutter jeglicher Art gefressen (Wasserflöhe, Copepoden, Mückenlarven, Enchyträen) sowie Frostfutter, feingeschabtes Rinderherz und Trockenfutter. Entsprechend dem natürlichen Nahrungsspektrum sollte unbedingt auch pflanzliche Nahrung zur Verfügung stehen (Algen, feingehackter Spinat).

Bes.: *N. splendens* besitzt an allen Fundorten leuchtend blaue Säume im Weichstrahlenbereich von Rücken- und Afterflosse, in der Schwanzflosse sowie an der Vorderkante der Bauchflossen. Die Art gleicht auf den ersten Blick auffallend *N. brichardi,* sie läßt sich jedoch äußerlich gut durch das Zeichnungsmuster des Kiemendeckels unterscheiden: Bei *N. splendens* verläuft der schwarze Streifen hinter dem Auge schräg über den Vorderkiemendeckel bis in den schwarzen Rand des Kiemendeckels und bildet somit ein V. Ein weiteres Unterscheidungsmerkmal ist die größere relative Kopflänge. Jungtiere zeigen ein aufgelöstes Muster aus 5 - 6 Querstreifen, die *N. brichardi* niemals zeigt. Dieses Merkmal weist zusammen mit der Kiemendeckelzeichnung auf eine nähere Verwandtschaft mit den ähnlich gezeichneten *N. savoryi* hin. Die Art lebt an einigen Fundorten sympatrisch mit *N. savoryi* und *N. gracilis*, kommt aber nach den bisherigen Beobachtungen nicht zusammen mit *N. brichardi* vor. Sie lebt in ihren natürlichen Habitaten in Fels-Sand-Übergangsgebieten (ähnlich wie *N. brichardi*).

T: 24 - 28° C, **L**: 8 cm, **BL**: 100 cm, **WR**: u, **SG**: 2

Cape Tembwe, Felsküste am Tanganjikasee, Zaire

Petrotilapia genalutea ♀, Text Seite 672

Petrotilapia sp. cf. *genalutea* ♀ in Brutfärbung

Ophthalmotilapia ventralis (BOULENGER, 1898)
Fadenmaulbrüter, Farbform "Gold"

Syn.: *Paratilapia ventralis, Ophthalmochromis ventralis, O. ventralis ventralis.*

Vork.: Afrika: Tanganjikasee (endemisch). Die Art ist über den südlichen Teil des Sees verbreitet, sie kommt in zahlreichen Farbvarianten vor. Die Farbform "Gold" stammt von der Südwestküste (Zaire). Sie hat ein Verbreitungsgebiet von ca. 40 km, das sich von Kapampa bis zur Mündung des Lunangwa erstreckt. Die Tiefenverbreitung liegt im Bereich zwischen einem und fünf bis acht Metern.

Ersteinf.: 1988 durch BÜSCHER.

GU: ♂♂ (wie bei allen Farbformen) mit extrem langen Bauchflossen, deren zweilappige Enden verbreitert sind und nach Größe und Färbung Eiattrappen darstellen. Rücken- und Afterflosse laufen spitz aus, die äußeren Strahlen der Schwanzflosse sind fadenförmig verlängert. Im Unterschied zu den Rassen mit blauer Grundfärbung, deren ♀♀ silbriggrau gefärbt sind, haben die ♀♀ der Farbform "Gold" eine leichte goldgelbe Färbung des Körpers und der unpaaren Flossen.

Soz.V.: Die ♂♂ sind territorial; sie besetzen einen erhöht liegenden Stein oder Felsblock, dessen Fläche auch leicht geneigt sein kann, als Laichplatz. Im Freiland können in Habitaten mit entsprechender Struktur die Revierzentren mehrerer ♂♂ lediglich einen Meter auseinanderliegen (diese Minimaldistanz wird aber auch nicht mehr unterschritten; andererseits ist die Ausdehnung des Territoriums zum offenen Wasser hin auch nicht beschränkt. Die ♀♀ sind nicht territorial, sie vagabundieren oder halten sich in lockeren Gruppen außerhalb der ♂♂-Territorien auf.

Hält.B.: Bodengrund aus feinkörnigem Sand (Flußsand) mit erhöht liegenden flachen Steinen oder Steinplatten als Laichplatz (zur Gewichtsverminderung Steinplatten auf Blumentöpfe legen). Ein ♂ sollte mit mehreren ♀♀ gepflegt werden. Da die Tiere sich nicht an Pflanzen vergreifen, ist eine lockere Pflanzengruppe am Rand eines Territoriums als

"Rückzugsgebiet" besonders für maulbrütende ♀♀ empfehlenswert. Wasserhärte mittel bis hart (10 - 25° dGH); Wasserreaktion alkalisch, pH-Wert 7,5 - 9,0.

ZU: Maternaler Maulbrüter; ♀♀ (laichbereit) schwimmen gezielt zum Laichplatz eines ♂ oder werden vom ♂ angeschwommen, angebalzt und zum Laichplatz gelockt. Das Ablaichen im Aquarium erfolgt auf erhöht liegenden Steinflächen oder in einer vom ♂ im Sand angelegten flachen Mulde. ♀♀ können etwa ab Tag 5 nach dem Laichen (Zeitpunkt des Schlüpfens) vorsichtig Nahrung aufnehmen.

FU: O; in der Natur ernährt sich die Art von Copepoden, Muschelkrebsen, Insektenlarven, Detritus, Fadenalgen, auch von planktonischen Cyanobakterien (*Anabaena*). Auffallend ist stets ein hoher Anteil von feinem Sand im Magen-Darm-Trakt. Ernährung im Aquarium mit Lebendfutter aller Art (Wasserflöhe, Copepoden, Mückenlarven, Enchyträen, *Artemia*-Nauplien) sowie Frostfutter, feingeschabtem Rinderherz, feingehacktem Spinat. Außer Spinat sollte keine Futtersorte als Alleinfutter bis zur Sättigung gegeben werden. Algen im Aquarium sind vorteilhaft, sie werden als "Zwischenmahlzeit" abgeweidet. Feinster Sand (Schluff) wird beim Fressen vom Boden mit aufgenommen und dürfte wie in der Natur einem physiologischen Bedürfnis entsprechen.

Bes.: Nördlich von Zongwe sind Kopf und Brust-Bauchregion der ♂♂ schwarz gefärbt und der Körper ist hellblau. Zwischen Zongwe und Kapampa gehen die schwarzen Körperpartien in Gold über (auch im hinteren Bereich der unpaaren Flossen). Weiter südlich tritt die Variante auf mit gleichmäßiger Goldfärbung des Körpers und der unpaaren Flossen sowie hellblaumetallischem Glanz auf Kopf und im vorderen Bereich der Rückenflosse. Südlich des Lunangwa treten ♂♂ mit dunkelblauem Körper auf, deren Verbreitungsgebiet sich bis nach Sambia erstreckt (Cape Chipimbi). Siehe auch Bd. 1, Seite 746, und Bd. 3, Seite 824.

T: 24 - 28° C, **L**: ♂ 12 cm, ♀ 10 cm, **BL**: 140 cm, **WR**: u, m, **SG**: 3

Ophthalmotilapia ventralis "Gold"

Ophthalmotilapia ventralis (Chimba)

Oreochromis esculentus (GRAHAM, 1928)

Syn.: *Tilapia esculenta*.

Vork.: Ostafrika im Viktoriasee. Weiterhin in den Seen Nubugabo, Kioga und Kwania. Selten in Flüssen, so im Victoria-Nil und im Malawi-Fluß.

Ersteinf.: Nicht bekannt.

GU: *O. esculentus* gehört zu den "Geißeltilapien". Bei diesen Arten bildet die Genitalpapille der ♀♀ ein auffälliges Anhängsel. Ansonsten sind die ♂♂ auffälliger gefärbt als die ♀♀.

Soz.V.: Trotz der Größe handelt es sich um eine relativ friedliche Art. Wühlt stark und frißt Pflanzen. Die ♂♂ errichten zum Ablaichen Reviere.

Hält.B.: Sehr große Aquarien mit viel freiem Schwimmraum für diese sehr aktive Art. Feiner Bodengrund und Versteckmöglichkeiten für unterlegene Tiere. Dieser Fisch ist unempfindlich gegen verschiedene Wasserzusammensetzungen.

ZU: Agamer, maternaler Maulbrüter. Das ♀ brütet ca. 21 Tage. Die Jungfische werden nach dem Entlassen noch bei Gefahr und über Nacht ins Maul aufgenommen. Die Zucht ist in großen Becken problemlos.

FU: O; gieriger Allesfresser. Lebend-, Frost- und Flockenfutter.

Bes.: Keine.

T: 24 - 26° C, **L**: 40 cm, **BL**: 200 cm, **WR**: m, **SG**: 2 - 3

Oreochromis niloticus eduardianus (BOULENGER, 1912)
Lake Eduard-Nilbuntbarsch

Syn.: *Tilapia esduardiana, T. nilotica eduardiana, T. regani, T. nilotica regani, T. inducta*.

Vork.: Afrika. Endemisch in den Seen des zentralafrikanischen Grabenbruchs, vom Tanganjikasee nordwärts über den Kivusee, das Lake George- und Lake Edward-System in Westuganda bzw. Nordostzaire, bis zum Albertsee.

Ersteinf.: Möglicherweise erstmals 1988 lebend durch RENNINGER & SEEGERS.

GU: Nicht immer leicht erkennbar. Die ♂♂ haben mehrheitlich größere Flossen und eine Genitalpapille, die ♀♀ sind häufig etwas dicker.

Soz.V.: Mäßig aggressive Unterart, die jedoch aufgrund ihrer Größe nur sehr bedingt im Aquarium zu pflegen ist. Vor allem die ♂♂ sind revierbildend und bauen eine Grube, zu der die ♀♀ gelockt werden. Dort wird abgelaicht. Die maulbrütenden ♀♀ ziehen sich zurück. Es

handelt sich also um ovophile Maulbrüter mit Mutterfamilie.

Hält.B.: Ein großes Aquarium wird mit Sand und Kies eingerichtet. Steine bieten Rückzugsmöglichkeiten für die ♀♀. Pflanzen können nicht eingesetzt werden, sie werden gefressen. Die Wasserwerte sind von untergeordneter Bedeutung, der pH-Wert sollte jedoch im alkalischen Bereich liegen. Eine kräftige Filterung ist erforderlich.

ZU: Die Zucht ist problemlos möglich. Während der Laichzeit können die ♂♂ jedoch recht aggressiv werden und die ♀♀ stark bedrängen. Die nach 3 - 4 Wochen freigelassenen Jungfische sind schon recht groß und mit Lebend- und Flockenfutter aufzuziehen.

FU: O; sowohl Lebend- als auch Flockenfutter aller Art, auch gröberes Futter und vor allem pflanzliche Nahrung.

Bes.: Keine.

T: 24 - 28° C, **L**: 30 cm, **BL**: ab 150 cm, **WR**: u, m, o, **SG**: 2

Oreochromis esculentus, Kenia

Oreochromis niloticus eduardianus, Mweya Lodge, Uganda

Otopharynx lithobates (OLIVER, 1989)

Syn.: *Cyrtocara lithobates*. Vor der Erstbeschreibung ist diese Art im Handel als "*Haplochromis* Sulphur Head" oder "*Aristochromis lombardoi*" angesprochen worden.

Vork.: Afrika: Endemisch im Malawisee. Dort offenbar auf den südlichen Teil des Sees beschränkt. Bislang bekannte Fundstellen liegen an der Küste von Cape Maclear bis etwa Monkey Bay sowie bei Chinyamwezi Island.

Ersteinf.: Vermutlich Ende der 70er oder Anfang der 80er Jahre.

GU: Wie bei vielen Malawisee-Cichliden sind geschlechtsreife und dominante ♂♂ an ihrer Blaufärbung leicht zu erkennen. ♀♀, halbwüchsige ♂♂ und Jungtiere sind dagegen grau bis bräunlich und tragen 3 Körperflecken.

Soz.V.: Agamer Maulbrüter im weiblichen Geschlecht. Die Paarbindung ist auf die Zeit des Ablaichens beschränkt. Unter natürlichen Bedingungen sind nur die ♂♂ standorttreu und revierbildend. ♀♀ und Jungtiere leben einzeln über felsigem Untergrund.

Hält.B.: Vergleichsweise friedfertige Art mit nur gering ausgeprägter innerartlicher Aggressivität, die sich gut mit anderen Malawisee-Cichliden vergesellschaften läßt. Sonst vergl. *Copadichromis verduyni*.

ZU: Einfach. Das Ablaichen entspricht dem von den meisten Malawisee-Cichliden gewohnten Schema. Je nach Größe des Muttertieres werden nach etwa 3 Wochen 30 - 60 Jungtiere aus dem Maul entlassen.

FU: K; Allesfresser. Jede Art von Lebend-, Frost- und Flockenfutter.

Bes.: Im natürlichen Lebensraum bevorzugt *O. lithobates* größere Wassertiefen (20 m und tiefer). ♂♂ beziehen ihre Reviere zumeist in höhlenartigen Unterständen oder zwischen Steinspalten. Es gibt ♂♂ mit gelber und weißer Stirnblesse. Manche ♂♂ zeigen keine Stirnblesse.

T: 24 - 27° C, **L**: 15 cm, **BL**: ab 120 cm, **WR**: m, u, **SG**: 2

Parananochromis gabonicus (TREWAVAS, 1975)

Syn.: *Nanochromis gabonicus*.

Vork.: Westafrika im System des Abanga, Okano und Ntem nach Norden, möglicherweise bis zum Lukunje verbreitet.

Ersteinf.: 1986 durch NUMRICH und LANDSBERG.

GU: Deutlicher Geschlechtsdimorphismus; die ♂♂ sind größer und anders gefärbt; die ♀♀ zeigen in den Hartstrahlen der Rückenflosse ein silbrig glänzendes Band.

Soz.V.: Revierbildend; die Art ist verhältnismäßig scheu und friedlich. Untereinander können die Tiere recht aggressiv sein. Die Art vergreift sich nicht an Pflanzen.

Hält.B.: Reich strukturiertes Becken mit vielen Verstecken und Pflanzen. Das Wasser sollte sauber und leicht sauer bis neutral und weich bis mittelhart sein. Nicht mit rauhbeinigen Cichliden vergesellschaften. Feiner Kies ist als Bodengrund für die etwas grabende Art ideal.

ZU: Am besten wird dieser paarbildende, substratlaichende Höhlenbrüter im Artbecken gezüchtet. Sehr weiches, leicht saures Wasser ist für eine erfolgreiche Entwicklung der Eier notwendig. Das ♀ bleibt in der Höhle und pflegt die Eier und Larven. Nach ca. 10 Tagen schwimmen die Jungen frei und werden dann von beiden Eltern gepflegt.

FU: K; am besten Lebend- und Frostfutter. Auch Flockenfutter wird genommen. Vorsicht mit *Tubifex*.

Bes.: Keine.

T: 24 - 26° C, **L**: ca. 12 cm, **BL**: 100 cm, **WR**: u, m, **SG**: 3

Otopharynx lithobates ♂

Parananochromis gabonicus

Fam.: Cichlidae

Parananochromis sp. "Belinga"

Syn.: Keine, da unbeschriebene Art.

Vork.: Afrika: Ivindo-System in Gabun in der Umgebung von Belinga. Möglicherweise aber bis in das südliche Kamerun verbreitet.

Ersteinf.: 1987 durch NUMRICH, WUNDERLICH und LANDSBERG.

GU: Deutlicher Geschlechtsdimorphismus. ♂ größer mit gebänderter Schwanzflosse. ♀ kleiner mit silbernem Band in der Basis der Rückenflosse und ungebänderter Schwanzflosse.

Soz.V.: Friedliche, recht scheue Art, die nur gegenüber Artgenossen aggressiv werden kann. Wühlt kaum und vergreift sich nicht an Pflanzen.

Hält.B.: Reich strukturierte Becken mit feinem Kies oder Sand, vielen Pflanzen und Verstecken. Nicht mit rauhbeinigen Cichliden vergesellschaften.

ZU: Am besten züchtet man diesen Höhlenbrüter im Artbecken in saurem und weichem Wasser. Das ♀ bleibt in der Höhle und pflegt Eier und Larven. Nach 10 Tagen schwimmen die Jungfische frei und werden von beiden Eltern gepflegt. Die Tiere haben nur wenige Junge und viele Bruten gehen verloren. Etwas bessere Ergebnisse hat man, wenn man die Höhlen klein wählt und den Eingang so gestaltet, daß nur das ♀ hineinpaßt. Das ♂ befruchtet die Eier dann von außen.

FU: K; Lebend- und Frostfutter. Vorsicht mit *Tubifex*. Mit Flockenfutter gedeihen die Tiere schlecht.

Bes.: Sehr schöne, aber recht anspruchsvolle Art.

T: 24 - 25° C, **L**: ca. 10 cm, **BL**: 60 cm, **WR**: u, m, **SG**: 3 - 4 (C)

Paraneetroplus gibbiceps (Foto Seite 667)
Grüner Strömungsbuntbarsch

(STEINDACHNER, 1864)

Syn.: *Heros gibbiceps, Cichlasoma teapae.*

Vork.: Südmexiko; oberer Grijalva-Einzug (Rio Teapa bei Teapa im mexikanischen Bundesstaat Tabasco, Rio Pichucalco, Rio de la Sierra, Rio Blanco.

Ersteinf.: 1987 durch WERNER, STAWIKOWSKI, SOSNA und KRANZ.

GU: Deutliche äußere Geschlechtsunterschiede gibt es nicht. Die ♂♂ werden größer und entwickeln eine steilere Stirnpartie; die ♀♀ sind dezenter gefärbt.

Soz.V.: Lebhafte Art, bei der schon Jungtiere kleine Territorien verteidigen und sich untereinander verjagen und verfolgen. Erwachsene Tiere sind manchmal sehr scheu, vermögen sich aber gegen andere Großcichliden durchaus zu behaupten.

Hält.B.: Für die Pflege eignen sich langgestreckte Aquarien mit kräftiger Wasserumwälzung und starker Oberflächenbewegung. Boden und Rückwand sollten mit Geröll versteckreich eingerichtet sein. Auf Pflanzen muß man nicht verzichten. Der pH-Wert sollte sich um 7,8 bewegen, die Härte zwischen 5 und 15° dGH schwanken. Wildfänge und Nachzuchten erwiesen sich als hinfällig, wuchsen langsam, waren scheu, reagierten empfindlich auf belastetes Wasser, starben an Darmerkrankungen oder bekamen kleinere Geschwüre, die mit unterschiedlichen Mitteln behandelt werden konnten, oft aber erneut auftraten. Häufiger Teilwasserwechsel scheint die wichtigste Voraussetzung zu sein, um die Fische gesund zu erhalten.

Fortsetzung und Fotos
übernächste Seite

Parananochromis sp. "Belinga" ♂

Parananochromis sp. "Belinga" ♀

Fortsetzung von *Paraneetroplus gibbiceps*

ZU: Offenbrüter, der vergleichsweise große Eier laicht und schon während des Ablaichens, vor allem aber während der weiteren Brutpflege, extrem aufhellt. Gleichzeitig verdichten sich die dunklen Zeichnungselemente zu lackschwarzen Flecken. Wie bei *P. bulleri* ist auch die Kopfunterseite schwarz gefärbt.

FU: K, O; im Aquarium gehaltene Tiere nehmen jedes gängige Futter, doch soll-te man vor allem leicht verdauliche Kost bieten: Flockenfutter (auch auf pflanzlicher Basis), Teichfutter, Insektenlarven, *Mysis*.

Bes.: In Mexiko heißt die Art trotz der blauen Färbung "Corrientero verde" (Grüner Strömungsbuntbarsch).

T: 24 - 30° C, L: ♂ bis 30 cm, ♀ etwas kleiner, BL: mind. 150 cm, WR: u, SG: 3

Paraneetroplus nebulifer
Chonga-Buntbarsch, Nebelbuntbarsch

(GÜNTHER, 1860)

Syn.: *Chromis nebulifera, Heros nebulifer, Theraps nebulifer, Cichlasoma eigenmanni.*

Vork.: Südmexiko; im oberen Papaloapán-Einzug; östliche Tieflandflüsse des Isthmus von Tehuantepec.

Ersteinf.: 1991 durch WERNER, BREIDOHR und GARBE.

GU: Deutliche äußere Geschlechtsunterschiede gibt es nicht. Die ♂♂ werden größer und entwickeln eine steilere Stirnpartie; die ♀♀ sind dezenter gefärbt.

Soz.V.: Schwimmfreudige Fische, die sich untereinander gerne jagen und bei der Annäherung unbekannter Betrachter Hals über Kopf in der Dekoration verschwinden. Gegenüber anderen Buntbarschen gleicher Größenordnung setzten sie sich aber sehr wohl durch.

Hält.B.: Fließwasserbewohner, der nur in großen, langgestreckten Aquarien mit kräftiger Wasserumwälzung und starker Oberflächenbewegung gehalten werden sollte. Boden und Rückwand sollten mit Geröll versteckreich gestattet sein. Be-pflanzung ist möglich. Der schnell fließende Rio Dos Caños, der etwa 40 Kilometer vom Catemacosee entfernt ist und aus dem alle in Deutschland verfügbaren Tiere stammen, ist heute überdüngt, leicht eingetrübt und stellenweise voller schleimiger Algen. Man mißt pH-Werte von 7 - 8. Härtegrade von 4 - 8° dGH/KH und Temperaturen von 25 - 28° C.

ZU: Offenbrüter, der in der Strömung laicht und während der Brutpflege ein Farbmuster aus metallisch grünen und schwarzen Zonen und Flecken zeigt, die in scharfem Kontrast zu der fast weißen Grundfärbung stehen. Wie bei den anderen *Paraneetroplus* ist die Kopfunterseite schwarz gefärbt.

FU: Im Aquarium gehaltene Tiere nehmen jedes gängige Futter, doch sollte man vor allem leicht verdauliche Kost bieten: Flockenfutter (auch auf pflanzlicher Basis), Teichfutter, Insektenlarven, *Mysis*.

Bes.: Am Rio Dos Caños in Mexiko nennt man die Art "Chonga".

T: 24 - 28° C, L: ♂ über 30 cm, ♀ etwas kleiner, BL: mind. 150 cm, WR: u, SG: 4 (G)

Paraneetroplus gibbiceps ♂

Paraneetroplus nebulifer ♂

Paraneetroplus omonti ALLGAYER, 1988

Syn.: Keine.

Vork.: Südmexiko: Oberer Tulija-Einzug (Rio Tulija, Rio Chamula, Rio Bascan).

Ersteinf.: 1987 durch WERNER, STAWI-KOWSKI, SOSNA & KRANZ.

GU: Deutliche äußere Geschlechtsmerkmale gibt es nicht. Die ♂♂ werden größer und entwickeln eine steilere Stirnpartie. Ihre Flossen können kräftig rot gefärbt sein, bei den ♀♀ sind sie blasser.

Soz.V.: Lebhafte, schwimmfreudige Buntbarsche, die schon als Jungtiere kleine Territorien verteidigen und sich untereinander verjagen und verfolgen. Erwachsene Tiere sind manchmal sehr scheu, vermögen sich aber gegen andere Groß-Cichliden durchaus zu behaupten.

Hält.B.: Für die Pflege eignen sich langgestreckte Aquarien mit kräftiger Wasserumwälzung und starker Oberflächenbewegung. Boden und Rückwand sollten mit Geröll versteckreich gestaltet sein. Auf Pflanzen muß man nicht verzichten. Im natürlichen Lebensraum liegt der pH-Wert bei 5,9 - 8,4, die Karbonathärte bei 24° KH, die Gesamthärte bei 12 - 25° dGH. In der Trockenzeit bewegt sich die Wassertemperatur um 27° C. Wildfänge und Nachzuchten erwiesen sich als hin-

fällig, wuchsen langsam, waren scheu, reagierten empfindlich auf belastetes Wasser, starben an Darmerkrankungen oder bekamen kleinere Geschwüre, die mit unterschiedlichen Mitteln behandelt werden konnten, oft aber erneut auftraten. Häufiger Teilwasserwechsel scheint die wichtigste Voraussetzung zu sein, um die Fische gesund zu erhalten.

ZU: Auch dieser *Paraneetroplus* ist ein Offenbrüter, der recht große Eier laicht und während des Ablaichens und der weiteren Brutpflege eine leuchtend gelbe Färbung zeigt. Gleichzeitig verdichten sich die dunklen Zeichnungselemente zu lackschwarzen Flecken. Wie bei *P. bulleri* ist die Kopfunterseite schwarz gefärbt.

FU: K, O; im Aquarium gehaltene Tiere nehmen jedes gängige Futter, doch sollte man vor allem leicht verdauliche Kost bieten: Flockenfutter (auch auf pflanzlicher Basis), Teichfutter, Insektenlarven, *Mysis*.

Bes.: Noch immer ist nicht klar, ob *P. omonti* eventuell zu *P. gibbiceps* gestellt werden muß. Die so benannten Fische sind allerdings blaugrün, während *P. omonti* eine gelbe Grundfärbung hat.

T: 24 - 30° C, **L:** ♂ bis 30 cm, ♀ etwas kleiner, **BL:** mindestens 150 cm, **WR:** u, **SG:** 4

Paratilapia polleni BLEEKER, 1868
Madagaskar-Glitterbuntbarsch, Pollenbuntbarsch

Syn.: *Paracara typus, Paratilapia bleekeri.*

Vork.: Madagaskar, endemisch, weit verbreitet, aber nur in den Kanälen an der Ostküste (Pangala) relativ häufig. Als genauer Fundort ist Foulpointe, 60 km nördlich von Tana (nördlich von Tamatave) bekannt, wo die Art nur wenige hundert Meter vom Meer entfernt vorkommt. Die Fische scheinen durch ausgesetzte afrikanische Tilapien und asiatische Schlangenkopffische in ihrem natürlichen Bestand ernsthaft gefährdet zu sein.

Ersteinf.: Ende der 80er Jahre durch französische Aquarianer (bei der Suche nach

P. polleni wurde der 29jährige Franzose DEFOND im Februar 1989 auf Madagaskar von einem Krokodil gefressen).

GU: Deutliche äußere Geschlechtsmerkmale gibt es nicht. Die ♂♂ werden jedoch größer.

Soz.V.: Ruhige Fische, die meist dunkle Standorte in der Nähe der Wasseroberfläche aufsuchen und sich auch gern verbergen. Die ♂♂ sind untereinander recht aggressiv.

Hält.B.: Die Art soll in ihrer Heimat bei unterschiedlichsten Bedingungen ange-

Fortsetzung übernächste Seite

Paraneetroplus omonti ♂

Paratilapia polleni ♂

Fam.: Cichlidae

Fortsetzung von *Paratilapia polleni*

troffen worden sein. Sie lebt in Gewässern der Hochplateaus bis in Höhenlagen um 1500 m, wo sie "Marakely" (= "schwarzer Fisch" oder "kleine Tüpfel") und, im Südosten der Insel, "Fiamanga" (= "blau gefleckt") heißt, vor allem aber im Küstenbereich, wo man sie "Fony" nennt. Man fand sie in Brackwasser ebenso wie in extrem weichem und saurem (pH-Wert 5) Schwarzwasser. Je nach Jahreszeit ist das Wasser kühl (um 15° C) bis sehr warm (um 30° C).

ZU: Die monogame Art legt im Sandboden Gruben an. Die winzig kleinen, 1000 bis 5000 Eier kleben wie eine gelbliche oder grünliche "Traube" zusammen. Das

♀ dominiert bei der direkten Brutpflege. Bei 27° C schlüpfen die Larven schon nach 48 Stunden und schwimmen weitere 4 Tage später frei. Die Jungen sind ausgesprochen klein, bewältigen aber vom ersten Tag an *Artemia*-Nauplien.

FU: K, O; freßgierige Art, die jedes gängige Futter (Garnelen, *Mysis*, Muschelfleisch, Rinderherz) nimmt.

Bes.: Laut LOISELLE & STIASSNY (1994) soll es sich bei dem nach Europa eingeführten, groß getüpfelten *Paratilapia* um *P. bleekeri,* bei den in den USA verbreiteten fein getüpfelten *Paratilapia* um *P. polleni* handeln.

T: 24 - 28° C, **L:** ♂ um 25 cm, ♀ kleiner, **BL:** mind. 150 cm, **WR:** u, m, o, **SG: 3**

Petrochromis fasciolatus
Gebänderter Petrochromis-Buntbarsch

BOULENGER, 1914

Syn.: *Petrochromis fasciatus*.

Vork.: Afrika: im gesamten Tanganjikasee (endemisch). Die Art wird überwiegend in der Geröll- und Felszone nachgewiesen.

Ersteinf.: Nicht nachweisbar, jedoch mehrfach in den letzten Jahren nach Deutschland importiert worden.

GU: Die Geschlechter sind anhand ihres Farbkleides kaum zu unterscheiden. Balzaktive ♂ ♂ sind gewöhnlich intensiv blaugrau oder grüngrau getönt, wobei das vertikale Streifenmuster leicht verblaßt.

Soz.V.: Die Tiere leben in den Brutzeiten oft vereinzelt im Felshabitat. Nicht selten wird *P. fasciolatus* in Verbänden von mehr als 40 Exemplaren über Fels oder Geröll beobachtet. Im Aquarium verhält sich die Art aggressiv. Es wird empfohlen, die Fische in Gesellschaft mit gleich langen und robusten Cichliden-Arten zu pflegen.

Hält.B.: Zahlreiche Felsaufbauten mit Höhlen und Spalten. Der Aquarienboden sollte mit feinem Sand und Geröll-

brocken bedeckt sein. Die Tiere werden prinzipiell als Pflanzenzerstörer angesehen. *Petrochromis fasciolatus* liebt leicht bewegtes, sauerstoffreiches und klares Wasser. Wasser: pH-Wert 7,4 - 8,4, Härte 7 - 30° dGH.

ZU: Die Zucht von *Petrochromis fasciolatus* ist ähnlich der von *Petrochromis orthognathus*. Die Eiablage von *P. fasciolatus* erfolgt meistens zwischen den Geröllablagerungen. Die Entwicklungszeit der Larven beträgt bei einer Wassertemperatur von 27° C etwa 4 Wochen. Die Jungfische werden von den Elterntieren nach dem Freischwimmen bis zu 4 Wochen betreut. Die Brut ist sehr anfällig gegen Bakterienbefall.

FU: O; Mückenlarven, Krebstiere und vor allem Pflanzenkost; gebrühter Salat und Spinat. Eingewöhnte Tiere nehmen auch gerne Flockenfutter.

Bes.: Keine.

T: 23 - 27° C, **L:** 16 cm, **BL:** 150 cm, **WR:** m, u, **SG: 3**

Lunangwa-Süd, Tanganjikasee

Petrochromis fasciolatus

Fam.: Cichlidae

Petrochromis orthognathus
MATTHES, 1959

Syn.: Keine.

Vork.: Afrika: Tanganjikasee (endemisch), Zaire, Burundi, Tansania. Die vorgestellte Farbform stammt von der zentralen Westküste (Zaire), etwa 400 km südlich vom Typusfundort. Die Art lebt in der Felszone.

Ersteinf.: Unbekannt.

GU: ♂♂ besitzen einige Eiflecken im hinteren Bereich der Afterflosse.

Soz.V.: Die ♂♂ von *P. orthognathus* beanspruchen im natürlichen Lebensraum ein Großterritorium, in dem sich kleine Weibchen-Territorien befinden, und aus dem männliche Artgenossen vertrieben werden. Innerhalb dieses Territoriums befindet sich ein Nahrungsterritorium, das gegen Nahrungskonkurrenten (auch andere Arten) verteidigt wird, sowie ein relativ kleiner Laichplatz. Die Größe der Territorien steht im Zusammenhang mit der Größe ihrer Besitzer; sie ist jedoch auch von der Wassertiefe abhängig, in der die Fische leben (in größerer Tiefe ist weniger Nahrung vorhanden, die Reviere sind entsprechend größer). Die Territorien umfassen immer mehrere Quadratmeter! Aufgrund dieser räumlichen Ansprüche sollte die Art nur mit entsprechend robusten Fischen vergesellschaftet werden.

Hält.B.: Felsaufbauten mit Höhlen und Spalten sowie grobem Sand als Bodengrund. Wasserhärte mittel bis hart (10 - 25° dGH); Wasserreaktion alkalisch, pH-Wert 7,5 - 9.

ZU: Die Art laicht auf geputzten Steinen. Die Eier werden vom ♀ sofort ins Maul aufgenommen; die Befruchtung erfolgt nach Aufnahme von Sperma durch Schnappen nach den vom ♂ präsentierten Eiflecken der Afterflosse im Maul des ♀. Ein Gelege kann bis zu 30 Eier umfassen. Die Maulbrutpflege erfolgt ausschließlich durch das ♀. Nach dem erstmaligen Freilassen der Jungfische kann sich eine mehrwöchige Betreuung durch das ♀ anschließen.

FU: *P. orthognathus* ernährt sich in der Natur nahezu ausschließlich von Aufwuchs (Diatomeen, Fadenalgen, einzellige Grünalgen). Beim Abweiden werden aber auch Muschelkrebse aufgenommen, daneben große Mengen an feinem Sand. Dementsprechend sollte ballastreiches Futter mit hohem Anteil pflanzlicher Stoffe (Salat, Spinat, zerschnittene Fadenalgen) gegeben werden, daneben auch Mückenlarven, Kleinkrebse (Copepoden) und Trockenfutter (Flocken/Sticks).

Bes.: Im Unterschied zu den meisten anderen *Petrochromis*-Arten sind bei *P. orthognathus* die Zähne bei geschlossenem Maul praktisch nicht sichtbar. Die Art ist relativ nahe mit *P. famula* verwandt.

T: 23 - 27° C, **L**: 14 cm, **BL**: 150 cm, **WR**: m, u, **SG**: 3

Petrotilapia genalutea
MARSH, 1983
Gelbbrauner Petrotilapia

Syn.: Keine.

Vork.: Afrika: Malawisee (endemisch); Westküste: von Chemwezi bis etwa Ruarwe, Ostküste: Makanjila.

Ersteinf.: Unbekannt, nur gelegentliche Importe.

GU: Die ♂♂ zeigen sich mit gelbbrauner Kehle und unterer Kopfregion und blaugrau gefärbtem Rumpf; ♀♀ mit graugelber oder gelber Körperfärbung und zwei unregelmäßig schwarz gezeichne-

Fortsetzung   übernächste Seite

Petrochromis orthognathus

Petrotilapia genalutea ♂, ♀ Seite 657

ten Horizontalbänderungen entlang der Körperseiten.

Soz.V.: Die Art verteidigt während der Brutzeiten ein Revier im Felsbiotop. Das Ablaichen erfolgt unterhalb von Steinen oder in Höhlen. ♂♂ und ♀♀ werden in der Natur in großen Gruppen angetroffen. Die Vergesellschaftung der Tiere im Aquarium mit anderen Groß-Cichliden ist möglich.

Hält.B.: *Petrotilapia genalutea* ist im natürlichen Habitat ein Bewohner von Felsregionen. Im Aquarium sollten aus diesem Grund zahlreiche Steinaufbauten mit Höhlen eingebracht werden. Der Boden wird am besten mit einer dicken, groben Sandschicht bedeckt. Von einer Aquarienbepflanzung sollte Abstand genommen werden, da die Fische selbst hartblättrige Pflanzen nicht unbehelligt lassen. Wie alle *Petrotilapia*-Arten ist auch *P. genalutea* ein guter Fresser. Demzufolge ist ein regelmäßiger wöchentlicher Teilwasserwechsel erforderlich. Wasser: pH-Wert 7,4 - 8,4, Härte 7 - 30° dGH.

ZU: Die genannte Maulbrüter-Art laicht im Aquarium wie auch in der Natur bevorzugt in Höhlen. Der Ablaichzyklus erfolgt nach der Eifleckmethode. Bei guter und abwechslungsreicher Fütterung setzt ein laichreifes ♀ durchschnittlich 50, im Ø ca. 1,2 mm große gelbe Eier ab. Nach 3 - 4 Wochen werden die Jungtiere vom ♀ aus dem Maul entlassen. Nachdem die Brut freischwimmt, sollte das Muttertier von den Jungfischen getrennt werden.

FU: K; vor allem Lebendfutter: Mückenlarven, Insektenlarven und Krebstiere. Flockenfutter, gebrühter Salat und Spinat werden gleichfalls gerne genommen.

Bes.: Im Vergleich zu den Vertretern der Gattung *Pseudotropheus* besitzen die Gattungsmitglieder von *Petrotilapia* eine hochspezialisierte Kieferbezahnung. Die krallenförmig und dreizackig gekronten Zähne sind sehr lang und ungewöhnlich zahlreich im Ober- und Unterkiefer angeordnet.

T: 23 - 27° C, **L**: 15 - 16 cm, **BL**: 200 cm, **WR**: m, u, **SG**: 3

Platytaeniodus degeni   BOULENGER, 1906

Syn.: *Astatotilapia jeanneli, Haplochromis jeanneli, Haplochromis* spp. "CH 6", *Haplochromis macrops* (partim).

Vork.: Viktoriasee (endemisch).

Ersteinf.: ♂ durch HEST-Team, Leiden, Holland, und Weitergabe von Nachzuchten an Liebhaber.

GU: Deutlicher Geschlechtsdichromatismus. ♀♀ sind unscheinbar grau gefärbt. Verwechslungsmöglichkeit mit unterlegenen ♂♂.

Soz.V.: Im Vergleich zu anderen Viktoria-Cichliden handelt es sich um eine gemäßigt unverträgliche Art. In einem 400-l-Aquarium konnten immerhin mehrere ♂♂ derselben Art gehalten werden, die allerdings vom Alpha-♂ tyrannisiert wurden. ♂♂ anderer Arten wurden weniger belästigt.

Hält.B.: In möglichst großen Aquarien

mit reichlich Versteckmöglichkeiten in Form von Pflanzen und Steinaufbauten mit möglichst anders aussehenden Fischen, z. B. Barben, Salmlern, Regenbogenfischen. Quirlige Arten verhindern, daß *P. degeni* sich bei der geringsten Annäherung an das Aquarium sofort versteckt.

ZU: Möglich, aber aus unerfindlichen Gründen schwieriger als bei den meisten anderen Arten aus dem See. ♀ ist Maulbrüter.

FU: K; im See Schneckenfresser. Im Aquarium jede gängige Ersatznahrung.

Bes.: Die Art ist an der Maulform mit den typischen Lippen relativ gut von anderen, farblich ähnlichen Arten zu unterscheiden. Die Art wird bisher, auch nach der Nilbarsch-Katastrophe, noch gelegentlich gefangen.

T: 24 - 26° C, **L**: 15 cm, **BL**: 100 cm, **WR**: m, u, **SG**: 3 - 4

Platytaeniodus degeni ♂

Platytaeniodus degeni ♀

Fam.: Cichlidae

Pseudotropheus barlowi

MACKAYE & STAUFFER, 1986

Syn.: Keine. Vor der wissenschaftlichen Erstbeschreibung kam diese Art unter der irreführenden Bezeichnung *Pseudotropheus "fuscoides"* in den Handel.

Vork.: Afrika: Malawisee (endemisch). Belegte Fundorte liegen im südlichen Teil des Malawisees: Mbenji-Inselgruppe, Maleri-Inselgruppe, Ch(n)dunga Rocks (nahe Chipoka), Nkudzi, Eccles und Mazinzi Riff sowie die Insel Thumbi West bei Cape Maclear.

Ersteinf.: Genaues Datum unbekannt, vermutlich Mitte bis Ende der 70er Jahre.

GU: ♂ mit leuchtend gelber Grundfärbung, ♀ einfarbig graubraun. Jungtiere weisen die Färbung der ♀♀ auf.

Soz.V.: Agamer Maulbrüter. ♂♂ zeigen ausgeprägtes Revierverhalten unter natürlichen Bedingungen.

Hält.B.: Großflächiges Aquarium, das mit einer mindestens 8 cm starken Schicht aus grobem Sand versehen sein sollte. Entsprechend dem natürlichen Lebensraum empfiehlt sich die weitere Gestaltung des Aquariums mit einigen Steinaufbauten, die auch unterlegenen Tieren Rückzugsmöglichkeiten bieten sollten. Zur weiteren Untergliederung des Bekkens können auch hartblättrige Pflanzen eingesetzt werden. *P. barlowi*-♂♂ verteidigen ihre Reviere mit Nachdruck, so daß zur Abschwächung bzw. besseren Verteilung der Aggressionen eine Vergesellschaftung mit anderen Felsencichliden sinnvoll ist. Die Wasserwerte sind von untergeordneter Bedeutung.

ZU: Einfach. Maulbrüter im weiblichen Geschlecht. Das Ablaichen erfolgt in der vom ♂ ausgehobenen Grube nach der Eifleckmethode. Abhängig von der Wassertemperatur entläßt das ♀ nach etwa 3 - 4 Wochen 20 - 40 entwickelte Jungtiere, die sofort frischgeschlüpfte Salinenkrebschen und feines Flockenfutter fressen. Das Muttertier kann zu diesem Zeitpunkt von den Jungtieren getrennt werden.

FU: K, O; im Freiland in erster Linie Aufwuchsfresser. Im Aquarium Allesfresser, bei dem auf ballaststoffreiche Kost geachtet werden sollte.

Bes.: Keine.

T: 24 - 26° C, **L**: 9 - 11 (15) cm; **BL**: ab 150 cm, **WR**: m,u, **SG**: 3

Pseudotropheus flavus

STAUFFER, 1988

Syn.: Keine.

Vork.: Afrika: Malawisee (endemisch), bisher nur bei Chinyankwazi Island, Malawi, nachgewiesen worden.

Ersteinf.: 1983 durch GRESHAKE nach Deutschland importiert.

GU: Die ♂♂ sind auffallend mit gelben und braunen Körperbänderungen gezeichnet. Die Schwanz- und Rückenflosse sind schwarz und gelb getönt. Die ♀♀ sind wie die ♂♂ gefärbt, jedoch nicht so intensiv.

Soz.V.: *Pseudotropheus flavus* bewohnt im Heimatbiotop in großen Stückzahlen die Felszone. Die fortpflanzungswilligen männlichen Tiere verteidigen zwischen den Felsen kleine Reviere, die als Laichplatz dienen. Eine Vergesellschaftung der Tiere im Aquarium ist mit anderen Cichliden gut möglich.

Hält.B.: Bei der Hälterung der Fische ist besonders auf die Aquarieneinrichtung zu achten. Sehr wichtig ist ein Aufbau mit Steinen; geeignet ist vor allem Lavagestein. Der Aquarienboden sollte mit feinem Sand bedeckt sein. Falls eine Bepflanzung des Aquariums vorgenommen

Fortsetzung übernächste Seite

Pseudotropheus barlowi ♂

Pseudotropheus flavus ♂

Fortsetzung von *Pseudotropheus flavus*

wird, sollte diese aus besonders hartblättrigen Arten bestehen, geeignet erscheinen *Anubias* und *Vallisneria*. Die
Tiere sind auf sauerstoffreiches Wasser
angewiesen. Aus diesem Grund sollte
ein wöchentlicher Wasserwechsel (halber Beckeninhalt) vorgenommen werden.
Wasser: pH-Wert 7,4 - 8,4, Härte 7 - 30°
dGH.

ZU: Der genannte Maulbrüter ist nicht
ganz so vermehrungsfreudig wie die verschiedenen Arten aus der *P. zebra*-Grup-
pe. Bei guter Fütterung und optimalen
Hälterungsbedingungen werden von den

♀♀ etwa 20 - 30 ca. 10 mm lange Jungfische pro Brut freigesetzt. Zur Zucht
können mehrere ♀♀ mit einem ♂ ge-
paart werden.

FU: K; Mückenlarven, Insektenlarven,
Krebstiere und Flockenfutter werden von
den Fischen gerne genommen.

Bes.: *P. flavus* gehört zur *P. elongatus*-
Artengruppe. Zur Zeit wird diese Art nicht
mehr importiert, da das Verbreitungsgebiet in die Grenzen des UW-National-
parks fällt, in dem keine Fische für den
Zierfischexport gefangen werden dürfen. Dementsprechend selten ist diese
Art im Aquarium anzutreffen.

T: 23 - 27° C, **L:** 9 cm; **BL:** 120 cm, **WR:** m, u, **SG:** 2

Pseudotropheus saulosi
KONINGS, 1990

Syn.: Keine.

Vork.: Afrika: Malawisee (endemisch),
Taiwan Reef, Chisumulu Island, Malawi.

Ersteinf.: Anfang der 90er Jahre.

GU: Die ♂♂ können während der Brutphase entlang der Bauchregion intensiv
schwarz gefärbt sein. Die breite Vertikal-
streifung der Flanken ist dann des öfte-
ren vollkommen durch ein kräftiges Blau
überdeckt. Die ♀♀ sind intensiv gelborange gefärbt.

Soz.V.: Die Art ist stark territorial. Der
Ablaichzyklus erfolgt gewöhnlich zwischen dem Felsgestein. ♂♂ und ♀♀
werden in der Natur in einem Verband
angetroffen. Die Vergesellschaftung der
Tiere im Aquarium ist mit anderen robusten Cichliden möglich.

Hält.B.: In ihrem Habitat sind die Tiere auf
das Vorhandensein von Felsgestein angewiesen, dem sollte auch im Aquarium
entsprochen werden. Der Bodengrund
sollte aus feinem Sand bestehen. Die
Beckenbepflanzung kann sich aus un-
empfindlichen, hartblättrigen Pflanzen-
Arten zusammensetzen. *Pseudotrophe-*

us saulosi stellt zwar an die Wasserbeschaffenheit keine Ansprüche, ist aber
auf einen ausreichenden Sauerstoffgehalt
des Wasser angewiesen. Wasser: pH-
Wert 7,4 - 8,4, Härte 7 - 30° dGH.

ZU: Der genannte Maulbrüter ist relativ
einfach zu züchten. Bei optimaler Fütterung setzt ein laichreifes ♀ durchschnittlich 30 Jungfische ab. Noch bevor das ♀
die ca. 10 mm langen Fische ins Becken
entläßt, sollte es in ein separates Becken
überführt werden. Nachdem die Brut frei
schwimmt, ist das Muttertier von den
Jungfischen zu trennen. Bei der Zucht ist
es von Vorteil, mehrere ♀♀ mit einem ♂
zu pflegen.

FU: K; vor allem Lebendfutter: Mückenlarven, Insektenlarven und Krebstiere.
Flockenfutter wird ebenfalls von den Fischen genommen.

Bes.: Die Art gehört mit 7 cm Gesamtlänge zu den kleinsten *Pseudotropheus*-
Arten. Wie viele Mbunas kann auch diese
Art bei reichlicher Fütterung allerdings
10 cm und größer werden.

T: 23 - 27° C, **L:** 7 cm; **BL:** 120 cm, **WR:** m, u, **SG:** 2

Pseudotropheus saulosi ♂

Pseudotropheus saulosi ♀

Fam.: Cichlidae

Sarotherodon caudomarginatus (BOULENGER, 1916)

Syn.: *Tilapia caudomarginata*.

Vork.: Westafrika. Küstenflüsse von Guinea bis zum St. Pauls River (Liberia).

Ersteinf.: 1988 durch FREYHOF.

GU: Äußere Geschlechtsunterschiede sind nicht bekannt. Vermutlich lassen die Tiere sich aber anhand der Geschlechtspapille unterscheiden.

Soz.V.: Die Tiere bilden keine Reviere und sind gegenüber anderen Fischen friedlich. Untereinander können sie sich in zu kleinen Aquarien bis zum Tode bekriegen.

Hält.B.: Möglichst große Aquarien mit viel freiem Schwimmraum. Sandboden und einige große Steine sind als Einrichtung ausreichend. Die Tiere wühlen nicht und fressen keine Pflanzen.

ZU: Bisher ist nichts über eine erfolgreiche Zucht bekannt. Die Tiere sind vermutlich ovophile Maulbrüter ohne feste Paarbindung. Näheres ist nicht bekannt.

FU: O; nimmt alle gängigen Futterarten.

Bes.: Keine.

T: 24 - 26° C, L: 30 cm, BL: 200 cm, WR: m, SG: 2 - 3

Sarotherodon galileus sanagaensis (VAN DEN AUDENAERDE, 1966)

Syn.: *Tilapia sanagaensis*.

Vork.: Afrika: Nur vom Sanaga-Fluß in Kamerun bekannt.

Ersteinf.: 1990 durch ZEISS und FREYHOF.

GU: Schwer festzustellen. Genitalpapille beim ♂ spitz, beim ♀ rund und stumpf.

Soz.V.: Lebt in lockeren Verbänden im Freiwasser. Wühlt nicht und zerstört keine Pflanzen. In zu kleinen Aquarien sehr aggressiv gegenüber Artgenossen.

Hält.B.: Große Aquarien mit viel Schwimmraum anbieten. An die Wasserbeschaffenheit werden keine besonderen Ansprüche gestellt. Nicht mit wesentlich größeren und aggressiven Cichliden vergesellschaften. Tiere im Trupp von 5 - 10 Fischen halten.

ZU: Bisher liegen keine Daten über die Fortpflanzung vor. Die Art ist wahrscheinlich ein ovophiler Maulbrüter mit kurzer Paarbildung zum Ablaichen. Welcher Partner bzw. ob beide Geschlechter brüten, ist nicht bekannt.

FU: O; nimmt alle gängigen Futterarten.

Bes.: Die Unterart unterscheidet sich von eingeführten *S. galileus galileus* aus dem Tschad-Bassin durch ihre Färbung.

T: 24 - 26° C, L: 25 cm, BL: 200 cm, WR: m, SG: 2

Sarotherodon caudomarginatus

Sarotherodon galileus sanagaensis

Fam.: Cichlidae

Sarotherodon lohbergeri (HOLLY, 1930)

Syn.: Tilapia lohbergeri.

Vork.: Afrika: Endemisch im Lake Barombi Mbo und Kumba Stream in Westkamerun.

Ersteinf.: Nicht bekannt.

GU: ♂♂ zumeist etwas größer als ♀♀ und auch etwas kräftiger gefärbt.

Soz.V.: Ovophiler Maulbrüter mit Resten einer Paarbindung. In der Natur zumeist in Trupps oder kleinen Schwärmen anzutreffen.

Hält.B.: Die Art ist sehr schwimmfreudig und sollte daher nicht in zu kleinen Becken gepflegt werden. S. lohbergeri viel freien Schwimmraum, aber auch ausreichend Versteckmöglichkeiten anbieten. Vergesellschaftung mit gleich großen Cichliden möglich. Wasserwerte ohne große Bedeutung, die Art ist diesbezüglich sehr tolerant.

ZU: Ovophiler Maulbrüter, bei dem beide Geschlechter die Brutpflege durchführen. Vor und einige Zeit nach dem Ablaichen sind Ansätze von Paarbindung zu erkennen. Gelege werden erst dann ins Maul aufgenommen, wenn sie vollständig abgelegt worden sind. Jungfischaufzucht problemlos.

FU: H, O; in der Natur Aufwuchsfresser; im Aquarium werden jedoch fast alle üblichen Futtersorten angenommen.

Bes.: Keine.

T: 25 - 27° C, **L:** ca. 18 cm, **BL:** ab 150 cm, **WR:** alle, **SG:** 2 - 3

Sarotherodon melanotheron heudelotii (DUMÉRIL, 1859)

Syn.: Tilapia heudelotii, Tilapia multifasciata macrostoma, Tilapia rangii.

Vork.: Afrika: Von Senegal bis Guinea in Westafrika. Verbreitet in Küstennähe in etwas brackigem Wasser.

Ersteinf.: Nicht bekannt.

GU: Schwer festzustellen. Geschlechtspapille beim ♂ spitz, beim ♀ stumpf und rundlich.

Soz.V.: Die Tiere leben in lockeren Verbänden, aus denen sich Paare absondern, um kurzzeitig ein Revier zu verteidigen und zu laichen. Die Art ist nicht aggressiv, wenn das Becken groß genug ist. In zu kleinen Aquarien bekämpfen sich die Tiere dagegen bis zum Tod. Wühlt nicht und frißt allerhöchstens sehr weiche Pflanzen.

Hält.B.: Große Aquarien mit sehr viel Schwimmraum für die sehr lebhafte Art. Salzzusatz ist nicht nötig, aber hartes, alkalisches Wasser. Von einer Vergesellschaftung mit aggressiven Arten ist abzuraten.

ZU: Überwiegend paternaler, ovophiler Maulbrüter ohne feste Paarbindung. Nach mehrtägiger Balz in der Gruppe laicht das Paar. Hiernach hat das ♀ kein Interesse mehr am ♂. Das ♂ bebrütet die Eier und Larven ca. 14 Tage lang. Die Jungfische werden nicht mehr vom ♂ betreut. Sie suchen auch nicht die Nähe des ♂. Die ♂ verlieren meist die Brut, wenn man sie aus dem Aquarium fängt. So ist es am einfachsten, die ♂♂ nach 10 - 12 Tagen zu fangen und die ausgespuckten Jungfische aufzuziehen.

FU: O; nimmt alle gängigen Futterarten an. Vorsicht mit Frostfutter und Tubifex.

Bes.: Keine.

T: 24 - 26° C, **L:** 20 cm, **BL:** 180 cm, **WR:** m, **SG:** 2

Sarotherodon lohbergeri

Sarotherodon melanotheron heudelotii

Sarotherodon melanotheron leonensis

(VAN DEN AUDENAERDE, 1971)

Syn.: *Tilapia leonensis*.

Vork.: Afrika: Von Guinea bis Liberia in küstennahen Gewässern. In Brackwasser sehr häufig.

Ersteinf.: Nicht bekannt.

GU: Schwer festzustellen. Geschlechtspapille beim ♂ spitz, beim ♀ rund und stumpf.

Soz.V.: Wühlt nicht und frißt keine Pflanzen. Verhalten wie bei *S. m. heudelotii* angegeben. Auch diese Art ist in zu kleinen Becken sehr aggressiv gegenüber Artgenossen.

Hält.B.: Große Aquarien mit sehr viel Schwimmraum. Salzzusatz ist nicht nötig. Brütende Tiere brauchen genügend Möglichkeiten, sich zurückzuziehen. Wenn die Gruppe nicht harmoniert, wird die Brut meist nicht ausgetragen.

ZU: Überwiegend päternaler, ovophiler Maulbrüter ohne feste Paarbindung, wie auch die anderen Unterarten. Ansonsten verläuft die Zucht wie bei *S. m. heudelotii* angegeben.

FU: O; nimmt alle gängigen Futterarten. Vorsicht mit Frostfutter und *Tubifex*.

Bes.: Keine.

T: 24 - 26° C, L: 20 cm, BL: 180 cm, WR: m, SG: 2

Sarotherodon tournieri tournieri

(DAGET, 1964)

Syn.: *Tilapia tournieri*.

Vork.: Afrika: Cavally-River an der Elfenbeinküste.

Ersteinf.: Noch nicht eingeführt.

GU: Nicht bekannt. Vermutlich wie bei allen *Sarotherodon* schwer zu erkennen.

Soz.V.: Nicht bekannt.

Hält.B.: Vermutlich große Aquarien mit wenig Pflanzen und viel Schwimmraum. Nach den Wasserwerten am Fundort sind keine besonderen Ansprüche zu erwarten.

ZU: Nicht gelungen. Vermutlich ovophiler Maulbrüter, der keine Paare bildet.

FU: O; nimmt vermutlich alle gängigen Futterarten.

Bes.: Neben der Nominatform ist noch eine weitere Unterart, *S. t. liberiensis* (VAN DEN AUDENAERDE, 1971), beschrieben worden. Diese kommt in Liberia und in Grenzflüssen zur Elfenbeinküste vor.

T: 24 - 26° C, L: ca. 25 cm, BL: 200 cm, WR: m, SG: 3

Sarotherodon melanotheron leonensis

Sarotherodon tournieri tournieri

Fam.: Cichlidae

Schwetzochromis neodon
POLL, 1948

Syn.: *Neochromis neodon.*

Vork.: Afrika: Zaire, Quellgebiete und obere Bereiche des Lac Fwa.

Ersteinf.: 1990 durch BLEHER.

GU: ♂♂ mit großen, deutlichen Eiflecken in der Anale.

Soz.V.: In der Natur schwarmbildend, im Aquarium Haltung eines ♂ mit mehreren ♀♀ empfehlenswert. Vergesellschaftung mit robusten Arten möglich. Agamer Maulbrüter.

Hält.B.: Bewegungsfreudige Art, die viel Schwimmraum benötigt. Becken gut strukturieren, um für unterlegene Tiere Verstecke zu bieten. Hartes bis mittelhartes Wasser, pH-Wert neutral. Bepflanzung mit robusten Pflanzen möglich. Aufgrund der hohen innerartlichen Aggressivität nur sehr große Aquarien anbieten.

ZU: Unterscheidet sich nicht von anderen agamen Maulbrütern aus der *Haplochromis*-Verwandtschaft. Die Art ist ovophiler Maulbrüter mit Mutterfamilie. Die Jungfische werden nach ca. 3 Wochen aus dem Maul des ♀ entlassen. Die Aufzucht der Jungen ist problemlos, jedoch ist zu beachten, daß die Jungfische bereits ab ca. 3 cm Größe untereinander sehr aggressiv werden, was dann zur Aufzucht große Becken bedingt.

FU: O; ballaststoffreiche Nahrung mit Grünanteil jeglicher Art wird angenommen. Von Wurmfutter ist abzuraten.

Bes.: Die Art ist als mäßig rheophil zu betrachten und erinnert in ihren Verhaltensweisen an Vertreter aus den Gattungen der Grundel-Cichliden des Tanganjikasees.

T: ca. 25° C, **L**: 12 cm, **BL**: 150 cm, **WR**: m, u, **SG**: 3

Schwetzochromis stormsi
(BOULENGER, 1902)

Syn.: *Haplochromis polyacanthus, Tilapia stormsii, Rheohaplochromis polyacanthus, Orthochromis polyacanthus.*

Vork.: Afrika: Mittlerer und oberer Zaire-Fluß.

Ersteinf.: Unbekannt.

GU: Am einfachsten anhand der Genitalöffnung möglich. ♂ kräftiger, vor allem massigerer Kopf.

Soz.V.: Aggressive Art, die weiche Pflanzen frißt, aber kaum gräbt. Dominante ♂♂ können ihre Artgenossen stundenlang treiben.

Hält.B.: Große Becken. An den Wasserchemismus werden geringe Ansprüche gestellt. Viele Versteckmöglichkeiten für brütende ♀♀ und unterlegene Tiere bieten.

ZU: Maternaler Maulbrüter, der leicht zu züchten ist. Ablaichen erfolgt unter kreisenden Bewegungen nach *Haplochromis*-Muster, obwohl die ♂♂ keine Eiattrappen tragen.

FU: H; Vegetarier, der sehr stark zur Verfettung neigt. Tiere sterben dann schnell. Sehr vorsichtig füttern!

Bes.: Interessanter Stromschnellencichlide aus Westafrika.

T: 25 - 26° C, **L**: ca. 15 cm, **BL**: 150 cm, **WR**: u, **SG**: 4 (da sie leicht verfetten; bei normaler Fütterung kaum zu pflegen)

Schwetzochromis neodon

Schwetzochromis stormsi ♂

Fam.: Cichlidae

Thoracochromis demeusii (BOULENGER, 1899)

Syn.: *Paratilapia demeusii, Cyphotilapia demeusii, Haplochromis demeusii.*

Vork.: Afrika: Unterer Zaire.

Ersteinf.: Nicht bekannt.

GU: ♂♂ mit deutlicheren Eiflecken und stärkerem Höcker.

Soz.V.: Sehr aggressive Art, die vor allem ihre Artgenossen ständig jagt.

Hält.B.: Braucht sehr große Becken. Viel Schwimmraum ist ebenso wichtig wie genügend Rückzugsmöglichkeiten für unterlegene Tiere. Stellt an den Wasserchemismus keine besonderen Ansprüche.

ZU: Maternaler Maulbrüter, der wie alle *Haplochromis*-Verwandten leicht züchtet. Keine besonderen Ansprüche.

FU: K; nimmt alle gängigen Futterarten.

Bes.: Keine.

T: 24 - 26° C, L: ca. 12 cm, BL: 250 cm, WR: m, SG: 3

Thorichthys callolepis (REGAN, 1904)

Syn.: *Heros callolepis, Cichlasoma callolepis.*

Vork.: Südmexiko; lebt endemisch im oberen Coatzacoalcos-Einzug (Rio Almoloya, womöglich auch in anderen kleinen Gewässern). Das Verbreitungsgebiet dieser Art ist sehr begrenzt. Um so erschreckender sind Meldungen, daß auch in diesem Bereich die Wasserverschmutzung bedrohliche Formen annimmt (GARBE, VAN HEUSDEN, KEIJMAN).

Ersteinf.: 1987 durch WERNER, STAWIKOWSKI, SOSNA und KRANZ.

GU: ♂♂ größer, meist heller gefärbt, mit lang ausgezogener Rücken- und Afterflosse; die Rückenflossenzeichnung ist bei beiden Geschlechtern gleich (♀ ohne Rückenflossenfleck!).

Soz.V.: In kleinen Aquarien ab 70 cm Kantenlänge; die empfindlichen, oft scheuen Fische vergreifen sich nicht an den Pflanzen, graben kaum und zeigen sich nur dann angriffslustig, wenn sie ihre Brut verteidigen.

Hält.B.: Die oberen Coatzacoalcos-Zuflüsse sind klar, mit steinigem Grund und wechselndem Gefälle. Im Almoloya mißt man zur Trockenzeit pH-Werte um 7,9, eine Gesamthärte von 16° dGH und eine Karbonathärte von 12° KH. Die Wassertemperatur bewegt sich um 27° C. Im Aquarium sterben die Fische häufig an Darmerkrankungen.

ZU: Offenbrüter, die nur kleine Reviere besetzen und willig laichen, solange sie gesund sind.

FU: K; Flocken- und Frostfutter (*Mysis*, Weiße und Schwarze Mückenlarven, *Artemia*, Sticks).

Bes.: Als wichtigste Merkmale sind der gestreckte, mit sechs Querbinden gezeichnete Körper, die geringe Größe, sieben Analstacheln, vergleichsweise kurze Brustflossen und die Tatsache zu nennen, daß dieser zierlichen Art der für die *Thorichthys* ansonsten charakteristische Kiemendeckelfleck fast immer fehlt. Typisch sind auch die Längsreihen orangefarbener Tüpfel am Unterkörper (vom Kiemendeckel zur Schwanzflossenbasis) und die "halbkreisförmige" schwache Tüpfelung unter dem Auge.

T: 25 - 28° C, L: ♂ bis 12 cm, ♀ kleiner, BL: ab 80 cm, WR: u, m, SG: 3

Thoracochromis demeusii ♂

Thorichthys callolepis ♂

Tilapia bemini

VAN DEN AUDENAERE, 1972

Syn.: Keine.

Vork.: Afrika: Lake Bemin in West-Kamerun; wahrscheinlich dort endemisch.

Ersteinf.: Vermutlich 1991 durch SCHLIEWEN.

GU: ♂♂ größer als ♀♀, ansonsten Geschlechter gleich aussehend.

Soz.V.: Jungtiere schwarmbildend, adulte Tiere paarweise; monogamer Versteckbrüter mit Elternfamilie; revierbildend.

Hält.B.: Große Becken mit feinsandigem Bodengrund; Einrichtung durch Stein- und Felsaufbauten schaffen. Die Tiere graben gerne und legen in der Brutzeit große Nestgebiete mit Tunneln an. Vergesellschaftung mit gleich großen Arten vermutlich möglich.

ZU: Über Aquarienzuchten liegen noch keine Angaben vor. In der Natur wird die direkte Brutpflege durch ♀♀ durchgeführt, ♂♂ sichern die Randgebiete des Territoriums. Die Jungen bleiben in dichtem Schwarm zusammen und werden von beiden Eltern betreut.

FU: H; in der Natur überwiegend Pflanzenfresser, daher ballaststoffreiche Kost anbieten.

Bes.: Die Art besitzt als auffälliges Merkmal eine (besonders bei jüngeren Tieren) markant verdickte Unterlippe.

T: 27° C, **L**: 20 cm, **BL**: 150 cm, **WR**: m, u, **SG**: 2 - 3

Tilapia brevimanus

BOULENGER, 1911

Syn.: *Tilapia sauvagei*.

Vork.: Westafrikanische Küstenflüsse von Guinea-Bissau bis Ostliberia (Cess River).

Ersteinf.: 1988 durch FREYHOF.

GU: ♂♂ größer und stärkere Flossen. Unterscheidung am einfachsten durch Geschlechtspapille, die beim ♂ spitz, beim ♀ rund und stumpf ist.

Soz.V.: Revierbildende, sehr streitsüchtige Art, die in kleinen Becken andere Fische, einschließlich Artgenossen, bis zum Tode bekämpft.

Hält.B.: Große Becken mit vielen Versteckmöglichkeiten für unterlegene Tiere. Kiesboden und reichlich Schwimmraum sind von Vorteil. Pflanzen werden

gefressen. An die chemische Wasserbeschaffenheit werden keine besonderen Ansprüche gestellt.

ZU: Die Paare dieses Substratlaichers bilden sich am besten in großen Gesellschaftsbecken. Man sollte sie dann vorsichtig von den anderen Fischen trennen. Sie laichen bevorzugt in geräumigen Höhlen. Die Brut wird heftig verteidigt und ca. 2 Monate lang von den Eltern gepflegt.

FU: H, O; Pflanzenfresser, der aber alle gängigen Futtersorten nimmt.

Bes.: Jungtiere quergebändert; adulte mit zwei Längsstreifen.

T: 24 - 26° C, **L**: 25 cm, **BL**: 200 cm, **WR**: m, **SG**: 2 - 3

Tilapia bemini

Tilapia brevimanus

Fam.: Cichlidae

Tilapia cessiana
VAN DEN AUDENAERDE, 1968

Syn.: Keine.

Vork.: Afrika: Endemisch im Cess River, dem Grenzfluß zwischen Liberia und der Elfenbeinküste.

Ersteinf.: 1988 durch FREYHOF.

GU: Geschlechter sind sich sehr ähnlich. Die ♂♂ werden etwas massiger und größer.

Soz.V.: Sehr aggressive Art, die nur in sehr großen Aquarien zu pflegen ist. Jungtiere sind friedlich. Die Fische wühlen stark und fressen Pflanzen aller Art.

Hält.B.: Nur sehr geräumige Becken mit vielen Versteckmöglichkeiten. Keine Bepflanzung. An die Wasserbedingungen werden keine besonderen Ansprüche gestellt. Vergesellschaftung mit gleich großen Cichliden.

ZU: Paarbildender Offenbrüter. Die Paarbildung benötigt viel Ruhe und die Tiere laichen im Gesellschaftsbecken kaum ab. Die Brut wird intensiv betreut und verteidigt.

FU: H; nimmt alle gängigen Futtersorten. Pflanzenfresser!

Bes.: Keine.

T: 24 - 26° C, **L:** 35 cm, **BL:** 200 cm, **WR:** m, **SG:** 2

Tilapia dageti
VAN DEN AUDENAERDE, 1971

Syn.: Keine. In weiten Teilen seines Verbreitungsgebietes als *Tilapia melanopleura* geführt.

Vork.: Afrika: Systeme des Niger und Benne, Tschad-Einzug, Volta sowie Sassandra und Bandama in Westafrika.

Ersteinf.: ?

GU: Die Tiere sind schwer zu unterscheiden. ♂♂ sind größer, langgestreckter und tragen längere After- und Rückenflossen. ♀♀ sind kleiner und fülliger.

Soz.V.: Revierbildende Art, die sich auch gegen gleich große Cichliden gut durchsetzen kann. Außerhalb der Laichzeit friedlich. Während der Laichzeit recht aggressiv.

Hält.B.: Geräumige Becken ohne Bepflanzung. Die Tiere wühlen stark und fressen Pflanzen. Auch harte Pflanzen werden nach und nach zugrunde gerichtet. Einrichtung deshalb mit Steinen und Wurzeln. Viele Versteckmöglichkeiten bieten, aber auch großen Schwimmraum.

ZU: Paarbildender Offenbrüter, der gerne hinter Steinplatten oder ähnlichen Versteckmöglichkeiten laicht. Die Tiere verteidigen ihre Brut heftig. Keine besonderen Ansprüche an die Wasserbeschaffenheit.

FU: H; nimmt alle gängigen Futtermittel. Pflanzenfresser!

Bes.: Keine.

T: 24 - 28° C, **L:** 30 cm, **BL:** 200 cm, **WR:** m, **SG:** 2

Tilapia cessiana

Tilapia dageti, Nigeria

Tilapia kottae

LÖNNBERG, 1904

Syn.: Keine.

Vork.: Afrika: Endemisch im Lake Barombi Kotto in Westkamerun.

Ersteinf.: Nicht bekannt.

GU: Außerhalb der Laichzeit nicht leicht zu erkennen. ♀♀ sind etwas fülliger als die größeren ♂♂.

Soz.V.: Revierbildend während der Laichzeit, dann aggressiv gegenüber Artgenossen und artfremden Fischen. Die Art wühlt stark und frißt Pflanzen.

Hält.B.: Geräumige Becken mit vielen Verstecken und reichlich Schwimmraum. Keine Pflanzen einbringen. An die Wasserbedingungen werden keine besonderen Ansprüche gestellt, nur nicht in weichem und saurem Wasser halten.

ZU: Die Zucht ist leicht. Wasserwerte spielen nur eine untergeordnete Rolle. Paarbildender Offenbrüter. In der Brutvorbereitung sind die Tiere sehr unverträglich. Sie verteidigen ihre Brut heftig gegen alle anderen Fische.

FU: O, H; Flocken-, Frost- und Lebendfutter. Viel Pflanzennahrung erhöht die Farbkraft.

Bes.: Sehr attraktive, kleinere Art, die meist unter 20 cm bleibt.

T: 24 - 26° C, **L**: 25 cm, **BL**: 150 cm, **WR**: m, **SG**: 2

Tilapia louka

VAN DEN AUDENAERDE, 1969

Syn.: Keine; möglicherweise wurde die Art aber verschiedentlich mit *Tilapia guineensis* verwechselt.

Vork.: Westafrika: Sierra Leone (Meli, Sewa), Guinea (Kolente, Koliagbe/Samou), Elfenbeinküste.

Ersteinf.: 1988 durch FREYHOF.

GU: Die Geschlechter sind im Jugendstadium nur schwer zu unterscheiden. Die ♂♂ werden geringfügig größer als die ♀♀ und entwickeln eine leicht eingebuchtete Nasenpartie. Bei den ♀♀ ist die Rotfärbung im Kehlbereich kräftiger.

Soz.V.: Untereinander streitbare Tilapien, die man am besten in einer Gruppe aufzieht, damit sich die Aggressionen verteilen. Zur Laichzeit sind die temperamentvollen Buntbarsche äußerst territorial und aggressiv.

Hält.B.: Die Art stellt keine besonderen Ansprüche. In ihrem natürlichen Verbreitungsgebiet besiedelt sie sowohl die Ober- und Mittelläufe der Flüsse als auch deren brackige Mündungen und Lagunen. Pflege in großflächigen Aquarien mit feinem Kies- oder Sandboden, lichten Verstecken aus Steinen und Wurzeln und einigen flachen Laichsteinen.

ZU: Offenbrüter, die kräftig graben und riesige Gelege absetzen; Eier klein und transparent. Alttiere erweisen sich als verläßliche Brutpfleger, die auch größere potentielle Bruträuber kompromißlos vertreiben. Aufzucht der Jungfische problemlos.

FU: O, H; Allesfresser, denen man vor allem pflanzliche Kost bieten sollte: Salat, Spinat, Rosenkohl, Erbsen (gefrostet oder überbrüht), Wasserlinsen, Rinderherz, Garnelen, *Mysis*, Mückenlarven, Flocken- und Preßfutter (vor allem auf pflanzlicher Basis).

Bes.: Die Art gehört in die Untergattung *Coptodon*.

T: 26 - 30° C, **L**: um 25 cm, **BL**: mind. 150 cm, **WR**: u, **SG**: 1 - 2

Tilapia kottae ♂

Tilapia louka ♂

Fam.: Cichlidae

Tilapia nyongana

VAN DEN AUDENAERDE, 1971

Syn.: Keine.

Vork.: Afrika: Im Nyong- und Dja-Fluß in Südkamerun.

Ersteinf.: Noch nicht eingeführt.

GU: Vermutlich ähnlich *T. louka* und *T. guineensis*.

Soz.V.: Vermutlich ähnlich *T. louka*.

Hält.B.: Große, geräumige Becken mit viel Schwimmraum. Wühlt und frißt vermutlich Pflanzen.

ZU: Nicht bekannt. Höchstwahrscheinlich paarbildender Offenbrüter. Tiere kommen in sehr weichem und saurem Wasser vor.

FU: O; dürfte wohl alle Futterarten nehmen.

Bes.: Keine.

T: 24 - 26° C, L: 30 cm, **BL**: 200 cm, **WR**: m, **SG**: 4 (G)

Tilapia tholloni

(SAUVAGE, 1884)

Syn.: *Chromis tholloni, Chromis ogowensis*.

Vork.: Afrika: Vom Ogowe in Gabun bis zum unteren Zaire.

Ersteinf.: Nicht bekannt.

GU: Geschlechter sehr ähnlich. Unterscheidung am einfachsten anhand der Genitalpapille möglich. Beim ♂ spitz, beim ♀ dagegen stumpf und rundlich.

Soz.V.: Revierbildend während der Laichzeit. Dann sehr aggressiv untereinander und gegen andere Fische. Die Art wühlt stark und frißt auch härtere Pflanzen.

Hält.B.: Viel Freiraum zum Schwimmen lassen. Ansonsten Standardeinrichtung

mit reichlich Verstecken für unterlegene Tiere. Wasserwerte im normalen Bereich sind ausreichend.

ZU: Zucht am sinnvollsten im Artbecken, in dem nur das Paar dieses paarbildenden Substratbrüters gepflegt wird. Der Laich und die Jungfische werden heftig verteidigt. Besondere Wasserwerte werden zur Zucht nicht benötigt. Es ist manchmal nicht einfach, harmonierende Paare zusammenzustellen. Eine Trennscheibe kann hier sehr hilfreich sein.

FU: H, O; nimmt alle gängigen Futterarten. Pflanzenfresser.

Bes.: Keine.

T: 24 - 26° C, L: 30 cm, **BL**: 150 cm, **WR**: m, **SG**: 2

Tilapia nyongana

Tilapia tholloni

Tilapia walteri VAN DEN AUDENAERDE, 1968

Syn.: Keine.

Vork.: Afrika: Cavally und Cess River in Westafrika.

Ersteinf.: 1988 durch FREYHOF.

GU: ♂ größer und stärker beflosst; ♀ fülliger. Geschlechtsunterschiede nicht leicht festzustellen.

Soz.V.: Für einen Groß-Cichliden relativ friedliche, ruhige Art, die aber zur Laichzeit sehr heftig wühlt.

Hält.B.: Große Aquarien mit sehr hohem Kiesgrund. Genügend Versteckmöglichkeiten, aber auch Schwimmraum anbieten. Die Art ist in ihrer Heimat ein Bewohner der großen Flüsse mit starken jahreszeitlichen Wasserstandsschwankungen.

ZU: Braucht zur Paarbildung viel Ruhe. Substratbrüter, der gerne große Trichter von ca. 100 cm Durchmesser gräbt. Die Brut wird gegen andere Fische aggressiv verteidigt.

FU: H, O; Pflanzenfresser, der aber alle gängigen Futterarten nimmt.

Bes.: Wenig farbenfrohe Art.

T: 24 - 26° C, **L**: 30 cm, **BL**: 150 cm, **WR**: m, **SG**: 2

Tomocichla underwoodi REGAN, 1908

Syn.: *Heros tuba, Astronotus tuba, Cichlasoma tuba, Herichthys underwoodi, Paraneetroplus tuba, Neetroplus tuba.*

Vork.: Mittelamerika: Flüsse der atlantischen Abhänge vom Rio Escondido in Nicaragua über Costa Rica bis zum Rio Cricamola in Panama.

Ersteinf.: 1982 durch SCHULZ, später durch WEBER bzw. SOSNA und Begleiter.

GU: Bei der Balz werden Kopf und Körper (einschließlich Kehle und Bauch) des größeren ♂ dunkel und die Körperbinden sind nur noch verwaschen sichtbar. Die ♀♀ sind dagegen nur am Rücken dunkel, am Bauch und im Kehlbereich jedoch hell, und sie tragen scharf abgegrenzte Binden auf den Körperseiten, die hell (cremefarben) unterlegt sind. Dazwischen befinden sich rostrote Punkte. Über die Stirn zieht sich eine breite helle Binde, während eine Art dunkle "Maske" über die Nase bis hinter das Auge reicht.

Soz.V.: Lebhafte Fische, die sich häufig untereinander jagen, aber nur selten gegenseitig verletzen. Erwachsene Tiere sind oft scheu, vermögen sich aber gegen andere Großcichliden durchaus zu behaupten.

Hält.B.: Lebt in steinigen, schnell fließenden (manchmal reißenden) Klarwasserflüssen, auch in tieferem Wasser. Wasser meist weich, fast ohne Karbonathärte (pH-Wert 6,8 - 8,0; 2 - 7° dGH und 28° C). Zur Pflege dieser Schwimmtorpedos eignen sich langgestreckte Aquarien mit kräftiger Wasserumwälzung und Strömung. Boden und Rückwand sollten mit Geröll versteckreich gestaltet sein. Auf Pflanzen muß man nicht verzichten. Die Art stellt hohe Ansprüche an die Wasserqualität (häufiger Teilwasserwechsel erforderlich) und reagiert empfindlich auf Medikamente.

ZU: Offenbrüter, der vergleichsweise große Eier laicht und seine Larven in Gruben oder Höhlen unterbringt.

FU: H; für *T. underwoodi* ist nachgewiesen, daß die Art in beträchtlichem Maße von Baumblättern, Algen und ins Wasser gefallenen Früchten ernährt. Im Aquarium gehaltene Tiere nehmen jedes gängige Futter, doch sollte man vor allem leicht verdauliche und pflanzliche Nahrung bieten: Flockenfutter und Sticks (auch auf pflanzlicher Basis), Salat, Rosenkohl, Erbsen (gefrostet oder überbrüht), Teichfutter, Insektenlarven, *Mysis*.

Bes.: Keine.

T: 24 - 30° C, **L**: ♂ über 30 cm, ♀ etwas kleiner, **BL**: mind. 150 cm, **WR**: u, **SG**: 3

Tilapia walteri

Tomocichla underwoodi ♀

Tylochromis leonensis

Syn.: Keine.

Vork.: Afrika: Küstenflüsse Westafrikas in Sierra Leone und im westlichen Liberia.

Ersteinf.: 1988 durch FREYHOF.

GU: Nicht bekannt. Vermutlich anhand der Genitalpapille möglich.

Soz.V.: Tiere leben in Trupps über Feinsubstrat. Ruhige, in großen Becken friedliche Art, gelegentlich etwas schreckhaft. Sollte nicht mit robusten Buntbarschen vergesellschaftet werden. In zu kleinen Becken bekämpfen die Tiere sich bis zum Tode.

Hält.B.: Große Aquarien mit sehr viel Schwimmraum und Sandflächen. Sehr gute Wasserpflege. An die Wasserchemie werden keine besonderen Ansprüche gestellt, Hälterung jedoch am besten in neutralem, mittelhartem Wasser.

ZU: Bisher nicht gelungen. Es handelt sich um einen ovophilen Maulbrüter. Nähere Angaben liegen bisher nicht vor.

FU: K; nimmt alle gängigen Futterarten, ist aber empfindlich gegenüber Frostfutter und *Tubifex*.

Bes.: Interessanter Cichlide, über den noch erhebliche Wissenslücken bestehen.

T: 24 - 26° C, **L:** 30 cm, **BL:** 200 cm, **WR:** u, m, **SG:** 3

Tyrannochromis macrostoma
Schwarzbauch Malawisee-Buntbarsch

Syn.: *Cyrtocara macrostoma, Haplochromis macrostoma*.

Vork.: Afrika: Malawisee (endemisch), Monkey Bay, Malawi, jedoch im gesamten Seebereich verbreitet.

Ersteinf.: 1988 durch MALTAVI nach Deutschland importiert, vermutlich schon ab 1980.

GU: Die Körperfärbung der ♂♂ ist bläulichgrau bis braun, bei gelber Bauchseite. Balzende ♂♂ sind intensiv blau gefärbt, und die gelbe Bauchregion kann dunkel getönt sein. Die ♀♀ sind grausilbern und zeigen entlang der Körperseiten ein schwarzes Fleckenmuster.

Soz.V.: Die Art lebt im Malawisee meistens in der Felszone, wo die männlichen Tiere ihre ausgesuchten Laichplätze vor Eindringlingen verteidigen. Die Brut wird von dem Muttertier im Felsbiotop längere Zeit geführt. Da es sich bei *Tyrannochromis macrostoma* um einen Raubfisch handelt, kann die Art nur mit Großcichliden vergesellschaftet werden.

Hält.B.: Zahlreiche Steinaufbauten mit Spalten und Höhlen, feiner Sand als Bodengrund und genügend freier Schwimmraum bieten eine der Natur ähnliche Umgebung für die genannte Fischart. Die hinteren und seitlichen Bereiche des Aquariums können mit robusten Pflanzen-Arten versehen werden. *Tyran-nochromis*-Vertreter sind stark sauerstoffbedürftig. Ein regelmäßiger wöchentlicher Teilwasserwechsel und eine gute Filterung fördern die Gesunderhaltung der maulbrütenden Art. Wasser: pH-Wert 7,4 - 8,4, Härte 7 - 30° dGH.

ZU: Verhältnismäßig einfach, sofern man den Platzbedürfnissen dieser vergleichsweise großen Art gerecht wird. Nach dem Ablaichen sollte das tragende ♀ in ein separates Aquarium überführt werden, damit es vor den Nachstellungen des ♂ sicher ist. *T. macrostoma*-♀♀ pflegen ihre Brut nach dem ersten Freisetzen der Jungtiere noch relativ lange. Im natürlichen Lebensraum ist dies eindrucksvoll zu beobachten, wenn ein ♀ seine gut 2 cm langen (und dementsprechend alten) Jungtiere auf einem Felsen zum Fressen entlassen hat und diese Stelle heftig gegen jeden Eindringling verteidigt. Die Aufzucht der Jungtiere ist einfach, da sie sofort alle Futtersorten annehmen.

FU: K; Lebendfutter: Vor allem Fischnahrung, auch Insektenlarven und Würmer. Großflocken, Futterpellets und -sticks.

Bes.: Obwohl die Art ein sehr weites Maul hat, werden im Vergleich zur Gattung *Rhamphochromis* wesentlich kleinere Fische als Beutetiere genutzt. Ein ausfindig gemachter Beutefisch wird von *T. macrostoma* in Seitenlage "angepirscht".

T: 23 - 27° C, **L:** 30 cm; **BL:** 180 cm, **WR:** m, u, **SG:** 3 (G)

Tylochromis leonensis

Tyrannochromis macrostoma ♂

Vieja argentea

ALLGAYER, 1991

Syn.: Keine.

Vork.: Atlantische Seite von Südmexiko und Guatemala (Usumacinta-Einzug: Rio Salinas, Rio San Roman/Typuslokalität, Rio San Pedro, Rio Subin; Tonala-System: Rio Tancochapa, Rio Playas; Rio Tulija; Laguna Miramar). Die Art scheint nirgends häufig zu sein.

Ersteinf.: 1989 (in geringen Stückzahlen) durch WERNER, BREIDOHR und KRANZ.

GU: ♂♂ größer, im Alter mit vorgewölbter Stirnpartie; ♀♀ in Balz- oder Laichstimmung zeigen einen deutlichen schwarzen Fleck in der Rückenflosse, der aber verblassen kann.

Soz.V.: Im Vergleich zu anderen *Vieja* friedliche und zurückhaltende Buntbarsche, die zwar temperamentvolle Schwimmer sind und sich untereinander jagen, aber kein besonders aggressives Verhalten zeigen.

Hält.B.: In Freiheit kommt die Art in Klar- und in Weißwasser vor. Sie lebt fast ausschließlich in größeren Flüssen. Da die ökologischen Bedingungen in der Heimat dieser Fische je nach Örtlichkeit und Jahreszeit recht unterschiedlich sind, dürfen die Wasserwerte innerhalb bestimmter Bereiche schwanken. Empfehlenswert ist vergleichsweise hartes Wasser mit einer Leitfähigkeit von 900 - 1500 µS, hohem pH-Wert (am besten zwischen 7,5 - 8,0) und im Jahresverlauf allmählich wechselnden Temperaturen von 24 - 30° C. Häufiger Wasserwechsel und eine versteckreiche Einrichtung mit Steinen und Wurzeln sind empfehlenswert.

ZU: Die Art gehört mit Sicherheit zu den Offenbrütern, doch ist die Zucht im Aquarium noch nicht gelungen.

FU: O; nach Magenuntersuchungen ernährt sich die Art von Algen und Pflanzen, Insekten, Mollusken, Krebstieren (Garnelen) und Detritus. Von den Fischern wird sie mit gequollenem Mais geködert, weshalb man sie am Rio Salinas und am Rio San Roman "Pozolera" (Maismehlfresser) nennt. Am Rio San Pedro nennt man sie "China". Im Aquarium nehmen die Fische jedes kräftige Cichlidenfutter (*Mysis*, Garnelen, Muschelfleisch, Pellets, etc.).

Bes.: Körperbau und Färbung erinnern stark an *Vieja regani* (MILLER, 1974) aus dem oberen Coatzacoalcos-Einzug.

T: um 27° C, L: bis etwa 27 cm, **BL**: ab 150 cm, **WR**: u, m, **SG**: 1 - 2

Vieja heterospilus
Pozolera-Buntbarsch

(HUBBS, 1936)

Syn.: *Cichlasoma heterospilus*.

Vork.: Mittelamerika: Mexiko (Rio Usumacinta-Einzug, Rio Candelaria, Rio Chumpán; Einzugsgebiet der Laguna de Términos, wo die Art "copetona" heißt, während man sie am Rio San Pedro "pozolera" = Maismehlfresser nennt, weil man sie mit Teigkügelchen ködern kann); Guatemala (ebenfalls im Usumacinta-Einzug in den Flüssen Rio de la Pasión, Riachuelo San Martín, Subín, Pucté, Achtunia und in der Laguna San Juan Acúl). In Guatemala heißt die Art "Colorado" (der/die Bunte).

Ersteinf.: 1987 durch WERNER, STAWIKOWSKI, SOSNA und KRANZ.

GU: ♂♂ größer, ♀♀ manchmal mit verwaschener dunkler Zone in der Rückenflosse.

Fortsetzung übernächste Seite

Vieja argentea ♀

Vieja heterospilus

Fam.: Cichlidae

Fortsetzung von *Vieja heterospilus*

Soz.V.: Bewegungsfreudige Fische, die sich gern jagen, im Vergleich zu den übrigen Arten ihres Formenkreises aber nicht sonderlich aggressiv sind.

Hält.B.: Wasserwerte unwesentlich (im heimatlichen Lebensraum sehr unterschiedlich: pH-Wert 7,5 - 8,5; 3 - 69° dGH; 3 - 14 ° KH und 25 - 33 ° C); keine besonderen Ansprüche. Ein Aquarium von 130 - 150 cm Kantenlänge mit möglichst großer Grundfläche sollte versteckreich eingerichtet werden (Steine, Wurzeln).

ZU: Offenbrüter, der umfangreiche Gelege mit großen, transparenten Eiern produziert, die vor allem das ♀ bei engem Körperkontakt ständig befächelt und belutscht. Dabei wird es gelegentlich vom ♂ abgelöst, das ansonsten das Umfeld sichert. Nach dem Schlupf werden die Larven in einer Grube oder zwischen Steinen untergebracht, bis sie am 8. oder 9. Tag nach der Eiablage frei schwimmen. Die eigentlichen Farben der Alttiere sind zu diesem Zeitpunkt schon längst verblaßt und haben einer kontrastreichen Zeichnung Platz gemacht, die an die Brutpflegefärbung von *V. maculicauda* erinnert.

FU: H, O; nimmt jedes kräftige Futter, doch sollte man häufiger Salat, Wasserlinsen oder zumindest Flockenfutter auf pflanzlicher Basis reichen, da die natürliche Nahrung in wahrscheinlich nicht unerheblichem Maße aus Algen und höheren Wasserpflanzen besteht.

Bes.: Ist verschiedentlich mit *V. maculicauda* verwechselt worden, weil männliche Tiere bläulich sind, vor allem an Rücken- und Afterflosse, und eine rötliche Kehle haben. Arttypisch sind eine goldene Grundfärbung mit schwarzen Tüpfeln, eine blaugrüne Afterflosse und eine gelbliche, teilweise bläulich schimmernde Schwanzflosse, (bei erwachsenen *V. maculicauda* ist die Schwanzflosse rot).

T: um 27° C, **L:** bis etwa 22 cm, **BL:** ab 150 cm, **WR:** u, m, **SG:** 1 - 2

Fortsetzung von *Vieja melanurus*

FU: Allesfresser, die auf jeden Fall auch pflanzliche Nahrung brauchen (Salat, Spinat, gefrosteten Rosenkohl, Flocken- und Preßfutter auf pflanzlicher Basis). Tierisches Futter (*Mysis*, Garnelen, Muschelfleisch, Rinderherz etc.) wird ebenfalls gierig gefressen.

Bes.: Körperbau und Färbung erinnern stark an *Vieja synspilum* (HUBBS, 1935) aus dem Usumacinta-Einzug.

T: um 27° C, **L:** bis etwa 35 cm, **BL:** ab 150 cm, **WR:** u, m, **SG:** 1 - 2

Vieja melanurus (GÜNTHER, 1862)

Syn.: *Heros melanurus, Heros melano-pogon, Cichlasoma melanurum, Paratheraps melanurus*.

Vork.: Wahrscheinlich kommt die Art nirgends sympatrisch mit *V. synspilum* vor, sondern lebt nur im Petén-See (12 - 15 ° dGH; 4 - 6 ° KH; pH-Wert 8; 30 - 34 ° C) und seiner näheren Umgebung (u. a. in der Laguna Sacpuy).

Ersteinf.: 1988 (in geringen Stückzahlen) durch GARBE.

GU: ♂♂ größer, im Alter mit vorgewölbter Stirnpartie. Bei geschlechtsreifen ♀♀ ist der Brustbereich schwärzlich überrußt. Beide Geschlechter besitzen immer eine flächig schwarze Bauchzone und eine dunkel gefärbte Afterflosse, worauf GÜNTHERS Artname anspielt: *melanurus* bedeutet "mit schwarzem Schwanz".

Soz.V.: *Vieja melanurus* ist ein lebhafter und schwimmfreudiger Buntbarsch, der ähnlich aggressiv ist wie die anderen Arten seines Formenkreises und vor allem schwächere Artgenossen unterdrückt oder verbeißt.

Hält.B.: Territoriale Art, die viel Platz beansprucht und am besten in Aquarien von zwei Metern Kantenlänge und mehr gepflegt werden sollte, die versteckreich (Steine, Wurzeln) eingerichtet sind. Es empfiehlt sich, ein ♂ mit mehreren ♀♀ (und anderen Großbuntbarschen, etwa irgendwelchen *Guapotes*) zu vergesellschaften, damit sich die Aggressionen verteilen.

ZU: Offenbrüter, die leider nicht willig laichen. Viele Paare finden sich zusammen, verteidigen ein Revier und putzen ständig, ohne schließlich abzulaichen. Am willigsten vermehren sich gerade geschlechtsreif gewordene Tiere.

Fortsetzung Seite 704

Fam.: Cichlidae

Xenotilapia papilio   BÜSCHER, 1990

Syn.: Keine.

Vork.: Afrika: Tanganjikasee (endemisch). Der Typusfundort liegt im Südwesten des Sees (Zaire), etwa 40 km südöstlich von Moba. Die Art lebt in Felshabitaten, die größere, mehr oder weniger waagerechte Flächen aufweisen und häufig mit Ablagerungen von feinem Sand und Detritus bedeckt sind; Tiefenverbreitung 3 (selten) bis über 50 Meter.

Ersteinf.: 1989 durch BÜSCHER.

GU: Äußerlich nicht sichtbar (außer Genitalpapille).

Soz.V.: Ausgeprägte Paarbindung, die zumindest im Aquarium lange vor dem erstmaligen Ablaichen eingegangen wird und auch zwischen einzelnen Brutzyklen erhalten bleibt. Andererseits können "Paarbrüche" mit starker innerartlicher Aggression auftreten. Revierbildend; im Freiland wird ein Territorium auch von nicht brutpflegenden Paaren verteidigt. Zuerst maternaler Maulbrüter mit anschließender biparentaler Maulbrutpflege. Jungtiere schwimmen in kleinen Gruppen von 4 - 10 Individuen (Freiland). Eine Vergesellschaftung mit anderen Cichliden aus dem Tanganjikasee ist im allgemeinen problemlos.

Hält.B.: Bodengrund aus feinem Sand (Flußsand) mit einigen größeren abgeflachten Steinen. Die Tiere vergreifen sich nicht an Pflanzen. Wasserhärte mittel bis hart (10 - 25° dGH); Wasserreaktion alkalisch, pH-Wert 7,5 - 9,0.

ZU: Ablaichen auf flachen Steinen oder auf Sand vor Steinkanten. Hochdifferenzierte biparentale Maulbrutpflege: Erbrüten der Eier und Pflege der Larven durch das ♀ (4 - 12 Tage), Übergabe der Larven an das ♂ für 1 - 9 Tage, gleichzeitige Maulbrutpflege von ♂ und ♀ (11. bis 31. Tag), erstes Freilassen der Jungen 13. bis 16. Tag, letzte Wiederaufnahme (durch ♂ oder ♀) 28 bis 32 Tage nach dem Laichen (alle Angaben für 25 - 28° C Wassertemperatur). Eine Futteraufnahme durch das ♀ ist bereits ab dem zweiten Tag nach dem Laichen möglich.

FU: O; Freilanduntersuchungen haben gezeigt, daß die Art sich vorwiegend von Muschelkrebsen, Copepoden, Insektenlarven und Garnelen sowie von faden- und kugelförmigen Grünalgen ernährt. Hoher Anteil an feinen Sandpartikeln im Magen-Darm-Trakt. Ernährung im Aquarium mit Lebendfutter aller Art (Wasserflöhe, Copepoden, Mückenlarven, Enchyträen) sowie mit Frostfutter, feingeschabtem Rinderherz und feingehacktem Spinat. Die Tiere durchkauen gern feinkörnigen Bodengrund (Flußsand), das Futter wird jedoch auch aus dem freien Wasserraum aufgenommen.

Bes.: Die Art kommt in Zaire in mehreren Farbvarianten vor. Bei den in Sambia vorkommenden *Xenotilapia* sp. "sunflower" könnte es sich ebenfalls um eine Farbvariante oder um eine sehr nahe verwandte Art handeln. *X. papilio* ist nicht so schreckhaft wie die auf offenen Sandflächen lebenden *Xenotilapia*-Arten. Sie reagiert jedoch empfindlich (auch Todesfälle) auf Streß beim Fangen im Aquarium. Empfehlenswert ist daher der Fang von schlafenden Tieren.

T: 24 - 28° C, **L**: 9 cm, **BL**: 100 cm, **WR**: u, **SG**: 3

Xenotilapia papilio (Unterwasseraufnahme)

Xenotilapia papilio

Ambassis sp. cf. *gymnocephalus,* Vietnam; siehe Seite 711

Glasbarsche *Chanda ranga* (Band 1, Seite 800)

Chanda wolffi, "Disco rot"; derartig verunstaltete Tiere ...

Chanda wolffi, "Disco gelb"; ... sollte man dem Handel nicht abnehmen

Ambassis gymnocephalus, Osttansania

Ambassis gymnocephalus*
Commersons Glasbarsch, Glatzkopf

(LACEPÈDE, 1802)

Syn.: *Prioidichthys gymnocephalus, Lutjanus gymnocephalus, Chanda commersoni, Ambassis safgha.*

Vork.: Ostküste Afrikas: Tansania; Indien, Neuguinea und Nordaustralien.

Ersteinf.: 1912.

GU: Ältere ♂ ♂ haben schwarze Schwanz- und Rückenflossenspitzen, ♀ ♀ nicht. Bei den älteren ♀ ♀ erkennt man den Laich gut in der Bauchhöhle.

Soz.V.: Im allgemeinen ein friedlicher Schwarmfisch. Nicht mit kleinen Fischen vergesellschaften. Neon = Futter! Schützenfische, Argusfische, Grundeln usw. sind gute Gesellschafter dieser Brackwasserfische.

Hält.B.: Größere Tiere bevorzugen eher Meerwasser als Süßwasser. Die Haltung in Süßwasser ist bei jüngeren Tieren je-

doch monatelang möglich - ebenso in Meerwasser. Beim Wechsel von Meer- zu Süßwasser saugt man Meerwasser mit der Reinigung ab und füllt mit reinem Süßwasser auf. Die Bepflanzung leidet dadurch. Dekoration daher mit Steinen und Wurzeln, evtl. Plastikpflanzen. pH-Wert 7,5 - 8,2. Hartes Wasser!

ZU: Freilaicher im Meerwasser, die Eier sind pelagisch. S. Band 2, Seite 1020.

FU: K; Lebendfutter aller Art, sofern passender Größe. Manchmal werden Pellets im Herabsinken angenommen.

Bes.: Die Art wurde bereits als *Chanda commersoni* in Band 2, Seite 1020, vorgestellt.
* *gymnocephalus* = mit schuppenlosem Kopf.

T: 22 - 28° C, L: 10 cm, BL: 80 cm, WR: m, alle, SG: 3 - 4

Parambassis confinis
Sepik-Olivenbarsch*

(WEBER, 1913)

Syn.: *Ambassis confinis.*

Vork.: Sepikfluß in Neuguinea. Endemisch.

Ersteinf.: Bisher nicht eingeführt.

GU: ♀ zur Laichzeit voller. ♂ mit silberolivfarbigem Schimmer, d.h. kräftiger gefärbt.

Soz.V.: Meist friedliche Art. Wegen der Seltenheit in der Natur sollte sie nicht gehalten werden.

Hält.B.: Süß- bis Brackwasser. 1 % Salzzugabe. pH-Wert 7,5 - 8,5 (8,0). Kaum Bepflanzung, aber einige Versteckmöglichkeiten bieten.

ZU: Nur im Meerwasser.

FU: K, O; fast alles Lebendfutter, jedoch auch Futterpellets und großes Flockenfutter, gefrorenes Naturfutter.

Bes.: * Sepik = Fluß im südlichen Neuguinea; Olivenbarsch aus dem Englischen: "olive perchlet" (nach MUNRO). Diese "Glasbarsche" sind nicht durchsichtig, wohl aber häufig olivgrün oder mit einem Schimmer davon.

T: 22 - 28° C, **L:** 12 cm, **BL:** 150 cm, **WR:** alle, **SG:** 4

Parambassis gulliveri
Butterbrassen, Riesenglasbarsch

(CASTELNAU, 1878)

Syn.: *Chanda gulliveri, Acanthoperca gulliveri, Ambassis gigas.*

Vork.: Südl. Neuguinea, nördl. Australien, küstennahe Süßwasserflüsse.

Ersteinf.: Nicht bekannt, sicher jedoch 1992 nach Deutschland.

GU: ♂ farbiger und schlanker.

Soz.V.: Räuber, nur als Jungfisch sehr ausdauernd im Aquarium. Nur mit kräftigen Welsen, Cichliden, Schützenfischen, usw. vergesellschaften. Einzeln oder in kleiner Gruppe.

Hält.B.: Großbecken mit Steinaufbauten und viel Schwimmraum.

ZU: Wahrscheinlich nur in Brackwasser. Die Art hat pelagische Eier. Keine Brutpflege.

FU: K; alle tierische Nahrung, besonders Fische.

Bes.: Mit zunehmendem Alter dunkeln die Flossen, und es entwickelt sich ein schwarzer Fleck auf den Kiemendeckeln. Die prächtige Art bleibt dem Spezialisten und den öffentlichen Schauaquarien vorbehalten.

T: 23 - 28° C, **L:** 28 cm, **BL:** 200 cm, **WR:** alle, **SG:** 4 (G, K)

Parambassis confinis, Sepik-River

Parambassis gulliveri

Tetracentrum apogonoides
Tetrabarsch

MACLEAY, 1884

Syn.: *Negambassis apogonoides, Xenambassis lalokiensis.*

Vork.: Südöstliches Papua, Neuguinea, in der Umgebung von Port Moresby (Brown R., Goldie R., Laloki R., Kemp Welsh R.). In Flachlandbereichen bis in Höhen von 540 m auf dem Sogeri-Plateau (Sirinumu-Reservoir).

Ersteinf.: 1988 durch BLEHER.

GU: Nicht beschrieben; ♂♂ zeitweilig dunkler als die ♀♀.

Soz.V.: Lebhafte Schwimmer, die im Pulk durch die mittlere Wasserzone streifen. Futter wird aus dem freien Wasser aufgeschnappt oder mit einem schnellen Satz von der Wasseroberfläche erbeutet, aber auch vom Boden aufgenommen. Fortpflanzungsbereite ♂♂ verlassen den Trupp und besetzen bestimmte Standorte in Pflanzenbüscheln, wobei sie eine dunkle Grundfärbung anlegen. ♀♀, die sich den ♂♂ nähern, werden mit Maulstößen, die sich gegen die Bauchpartie richten, durch die Pflanzen getrieben. Eier konnten im Anschluß an diese Bewegungen aber nicht entdeckt werden.

Hält.B.: Geräumige Süßwasseraquarien mit stellenweise dichter Bepflanzung und freiem Schwimmraum.

ZU: Noch nicht gelungen.

FU: K; kleines Lebend- und Frostfutter (Mückenlarven, kleine Garnelen).

Bes.: *T. apogonoides* unterscheidet sich von den anderen beiden Vertretern der Gattung durch das Vorhandensein von 4 (gegenüber 3) Stachel in der Afterflosse. Der zweite Stachel ist der kräftigste und längste.

T: 23 - 28° C, **L**: 18 cm, **BL**: 120 cm, **WR**: m, u, **SG**: 3

Tetracentrum apogonoides

Tetracentrum apogonoides ♂

Tetracentrum apogonoides ♀

Tetracentrum caudovittatus   (NORMAN, 1935)
Kokoda* -Olivenbarsch

Syn.: *Synechopterus caudovittatus.*

Vork.: Neuguinea im Süßwasser.

Ersteinf.: Bisher nicht eingeführt.

GU: Siehe *Parambassis confinis.*

Soz.V.: Siehe *Parambassis confinis.*

Hält.B.: Wie *Parambassis confinis*, lebt jedoch im Süßwasser.

ZU: Zum Laichen gehen die Tiere ins Meer. Die Eier sind pelagisch.

FU: K; hauptsächlich Lebendfutter.

Bes.: * Ort in Neuguinea, 400 m über NN.

T: 22 - 26° C, **L**: 9 cm, **BL**: 100 cm, **WR**: alle, **SG**: 3

Tetracentrum honessi   (NORMAN, 1935)
Honess' Olivenbarsch

Syn.: *Xenambassis honessi.*

Vork.: Neuguinea bei Buna, im Süßwasser.

Ersteinf.: Bisher nicht eingeführt.

GU: Keine äußeren bekannt.

Soz.V.: Siehe *Parambassis confinis.*

Hält.B.: Siehe *Parambassis confinis.*

ZU: Wahrscheinlich geht auch diese Art zum Ablaichen ins Meer. Es ist bei uns nichts bekannt.

FU: K, O; Allesfresser, keine Pflanzen.

Bes.: Keine.

T: 22 - 26° C, **L**: 8,5 cm, **BL**: 100 cm, **WR**: alle, **SG**: 3

Tetracentrum caudovittatus

Tetracentrum honessi

Fam.: Aphredoderidae

Aphredoderus sayanus
Piratenbarsch

MACLEAY, 1884

Syn.: Keine.

Vork.: USA: Von Minnesota bis Texas; zentrales Mississippibecken bis New York.

Ersteinf.: Anfang der 90er Jahre, zunächst nach Holland.

GU: Außerhalb der Laichzeit schwer erkennbar.

Soz.V.: Räuber; Artbecken.

Hält.B.: Kiesbodengrund, kräftige Bepflanzung und Filterung. Kühle Überwinterung.

ZU: Es wird ein Nest gebaut, das die Eltern bewachen. In Europa noch nicht nachgezogen (?).

FU: K; Räuber; jede Lebendnahrung, die erbeutet werden kann.

Bes.: Monotypisch. Je nach Herkunft ist die Seitenlinie unterschiedlich entwickelt. Bei Tieren aus dem Mittelwesten ist sie nur leicht oder teilweise ausgeprägt. Tiere der Atlantikküste zeigen eine wesentlich deutlichere Seitenlinie. Vorsicht: Die Tiere dürfen nicht in Freigewässer gelangen. Sie könnten unsere heimische Fischfauna stark schädigen! Gartenteichhaltung ist möglich, aber nicht angeraten. Käfer- und Libellenlarven können sich dann kaum entwickeln.

T: 5 - 26° C, **L**: 13 cm, **BL**: 120 cm, **WR**: alle, **SG**: 3 - 4 (K)

Aphredoderus sayanus

Aphredoderus sayanus

Aphredoderus sayanus, Lake Bradford, Tallahassee, Nordflorida

Acantharchus pomotis
Schlamm-Sonnenbarsch

(BAIRD, 1855)

Syn.: *Centrarchus pomotis, Ambloplites pomotis.*

Vork.: USA: Von New York bis Süd-Carolina.

Ersteinf.: Nicht bekannt; ca. 1990 nach Holland.

GU: ♂ zumindest zur Laichzeit kräftiger metallisch gefärbt.

Soz.V.: Kleiner Räuber, der mit Fischen ähnlicher Größe jedoch vergesellschaftet werden kann.

Hält.B.: Becken mit sandigem Bodengrund, Wurzeln als Unterstand. Nicht zu heller Standort, sonst bleiben die Tiere scheu. Wasser mittelhart bis hart (10 - 25° dGH), pH-Wert 6,8 - 7,8.

ZU: Aufgrund mangelnder Einfuhr bisher in Europa nicht nachgezogen. Die relative Unscheinbarkeit verlockt dazu wohl auch nicht. Die Zucht dürfte wie bei anderen Sonnenbarschen ablaufen.

FU: K; allerlei Lebendfutter, jedoch auch Futterpellets und Futterflocken (nach Gewöhnung).

Bes.: Keine.

T: 10 - 22° C, **L**: 15 cm, **BL**: 120 cm, **WR**: m, u, **SG**: 2 - 3

Lepomis humilis
Orangeflecken-Sonnenbarsch

(GIRARD, 1857)

Syn.: *Bryttus humilis, Allotis humilis.*

Vork.: Kanada, USA: Norddakota bis westl. Ohio und Südtexas bis Nordalabama.

Ersteinf.: Nicht bekannt; jedoch ca. 1990.

GU: ♂ farbiger und insgesamt dunkler als ♀.

Soz.V.: Recht friedliche Art, wobei 2 ♂ ♂ während der Laichzeit gegeneinander sehr aggressiv sind. Artbecken oder Vergesellschaftung mit anderen Kaltwasserarten.

Hält.B.: Nicht zu heller Standort. Sand und Kiesbodenflächen. Dekoration mit Steinen, Wurzeln und härteren Pflanzen.

ZU: Es wird eine Nestmulde gebaut, in die ein oder mehrere ♀ ♀ ablaichen. Das ♂ bewacht Eier und Larven.

FU: K, O; Allesfresser (keine Pflanzen), jedes Lebendfutter passender Größe, Flockenfutter, Pellets, tiefgefrorenes und gefriergetrocknetes Naturfutter.

Bes.: Selten eingeführte Art, die wegen ihrer geringen Größe gut für Kaltwasseraquarien und kleine Teiche geeignet ist.

T: 10 - 28° C, **L**: 10 cm, **BL**: 100 cm, **WR**: alle, **SG**: 2

Acantharchus pomotis

Lepomis humilis

Elassoma zonatum   JORDAN, 1878
Gebänderter Zwergbarsch

Syn.: Keine.

Vork.: USA: Südillinois bis Texas und Georgia, Nordflorida (oberes Foto).

Ersteinf.: Unbekannt.

GU: ♂♂ farbiger und etwas größer als ♀♀. Beide Fotos zeigen ♂♂ in verschiedenem Lichteinfall.

Soz.V.: Recht friedliche Art, auch den eigenen Jungen wird nicht nachgestellt. Wegen erstrebenswerter Nachzucht ist ein Artbecken zu empfehlen.

Hält.B.: Gut für das unbeheizte Aquarium geeignet. Gut bepflanzte Becken, bei nicht zu heller Beleuchtung. Regelmäßiger Wasserwechsel, alle 2 - 4 Wochen ca. ein Drittel des Beckeninhaltes, sorgt für Wohlbefinden. Wasser: Härte 10 - 20° dGH, pH-Wert 6,5 - 7,5, jedoch nicht zu starke Schwankungen.

ZU: Es wird zwischen Pflanzen und Steinen abgelaicht. Die Eltern bewachen die Jungtiere nicht, fressen diese jedoch auch nicht (außer "versehentlich"). Ein Zuchtbericht liegt uns nicht vor.

FU: K, O; Allesfresser. Zur Zucht jedoch Lebendfutter, besonders Mückenlarven. *Cyclops*, Daphnien, Flockenfutter, FD-Menü.

Bes.: Hübsche Art, die in ihrer Farbigkeit den bekannten Schwarzen Zwergbarsch *Elassoma evergladei* noch übertrifft.

T: 10 - 25° C, **L:** 3,8 cm, **BL:** 60 cm, **WR:** alle, **SG:** 2 - 3

Chaenobryttus gulosus, siehe Bd. 1, Seite 792

Elassoma zonatum ♂

Elassoma zonatum ♂

Centropomus (Platycephalus) indicus

JORDAN, 1878

Indischer Flachkopf, Schaufelkopf*, Indianischer Teufel**   Unterfam: Centropominae

Syn.: *Cottus insidiator, Callionymus indicus, Cottus spatula, Platycephalus insidiator, Batrachus indicus, Platycephalus spatula, Calliomorus Indicus, Cottus madagascariensis, Calliomorus chaca, Platycephalus endrachtensis, Platycephalus chacca.*

Vork.: Küstengewässer Indiens, Madagaskar. Die Jungfische gehen ins Süßwasser.

Ersteinf.: Selten lebend eingeführt. Zuletzt ca. 1990 nach Holland.

GU: Nicht bekannt.

Soz.V.: Räuber! Für Aquarienhaltung nicht geeignet. Gräbt sich wie Rochen und Plattfische gerne ein, um auf Beute zu lauern.

Hält.B.: Jungtiere bis 20 cm Länge, je nach Herkunft, lassen sich in Süßwasser halten. Mit zunehmender Größe ist Salzzugabe (gutes Meersalz) erforderlich. Zunächst etwa 1 %, später bis 3 %. Kräftige Filterung. Kiesiger bis felsiger Bodengrund. Eine Sanddecke zum Eingraben.

ZU: Es werden pelagische Eier nur im Meer abgelegt. Sie messen 0,88 x 0,91 mm, und die Larven schlüpfen bereits nach 24 Stunden (bei 24° C).

FU: K; Allesfresser, besonders Fische.

Bes.: Wie man aus der Synonymie dieser Gattung ersieht, wurde sie früher zunächst zu den Groppen, dann zu den Welsen und erst später zu den Barschen gezählt. * (nach BLOCH), ** (nach MÜLLER). Ventralflossen fehlen der Art.

T: 22 - 28° C, **L**: 45 cm, **BL**: 200 cm, **WR**: u, **SG**: 4 (G)

Lates angustifrons

BOULENGER, 1906

Schmalstirn-Riesenbarsch   Unterfam.: Latinae

Syn.: *Luciolates stappersii.*

Vork.: Afrika: Tanganjikasee (endemisch).

Ersteinf.: Noch nicht nach Europa eingeführt, in die USA in den 80er Jahren.

GU: ♀ deutlich fülliger, was man bei kleinen Exemplaren noch nicht sehen kann.

Soz.V.: Räuber! Hände weg! Unverträglich gegenüber Artgenossen und anderen Fischen. Die Jungtiere leben im Uferhabitat. Ab 18 cm Länge gehen sie ins tiefe Wasser.

Hält.B.: Kiesiger Bodengrund, Steinspalten und Wurzeln als Versteck. Wasser hart bis sehr hart: 20 - 40° dGH, pH-Wert 7,5 - 8,2. Bepflanzung evtl. in Töpfen. Nicht zu hell beleuchten. Nur als Jungfisch für Haltung im Aquarium geeignet.

ZU: Möglicherweise wird im Schwarm oder mehrere ♂ ♂ mit einem ♀ abgelaicht. Die Eier sind pelagisch. Zucht im Aquarium nicht möglich.

FU: K; Allesfresser, am liebsten lebende Fische.

Bes.: Die größte der *Lates*-Arten. Geschätzter Speisefisch, kräftiger Kämpfer an der Angel (gamefish). Den Groupern (Zackenbarschen) im Meer sehr ähnlich.

T: 22 - 28° C, **L**: 2 m, **BL**: 200 cm, **WR**: alle, **SG**: 4 (G)

Platycephalus indicus

Lates angustifrons, Jungtier

Etheostoma maculatum   KIRTLAND, 1840
Nadelstich-Riesenbarsch

Syn.: *Nothonotus maculatus.*

Vork.: USA: Ohio und Indiana bis Nord-
alabama, Kentucky, Tennessee in den
Flüssen Wabash, Ohio, Cumberland und
Tennessee.

Ersteinf.: Anfang der 90er Jahre durch
WILDEKAMP.

GU: ♂ kräftiger gefärbt und mit größeren
Brust- und Bauchflossen; zur Laichzeit
mit Laichausschlag.

Soz.V.: Friedliche Art für paarweise oder
Gruppenhaltung. Das etwas größere Maul
läßt auf eine leicht räuberische Ernährungsweise schließen.

Hält.B.: Wie die anderen Arten der Gattung.

ZU: Wie die anderen Arten der Gattung.

FU: K; Insekten und deren Larven, Krebschen, Jungbrut und Laich.

Bes.: Es gibt noch eine andere Art, *Ha-
dropterus notogrammus*, die irrtümlich
E. maculatum genannt wurde (COPE
1870). Diese sieht ganz ähnlich aus wie
Percina sciera. Heute heißt sie *Percina
notogramma* (RANEY & HUBBS, 1948).

T: 10 - 24° C, **L**: 6,5 cm, **BL**: 60 cm, **WR**: u, **SG**: 2 - 3

Etheostoma microperca*   JORDAN & GILBERT, 1888
Minispringbarsch

Syn.: *Microperca punctulata***

Vork.: USA: Südostmanitoba, Zuflüsse
der Großen Seen bis Kentucky und Oklahoma.

Ersteinf.: Anfang der 90er Jahre durch
WILDEKAMP.

GU: ♂♂ etwas kräftiger gefärbt als ♀♀.
Mit der Lupe kann man beim ♀ die gat-
tungstypischen Häkchen auf größeren
Schuppen erkennen.

Soz.V.: Sehr friedliche Art. Zart und scheu.
Vergesellschaftung nur mit Artgenossen.
Die ♂♂ werden zur Laichzeit wohl revier-
verteidigend sein.

Hält.B.: Das Vorkommen in klaren, schnell
fließenden Bächen sollte auch für die
Haltung im Aquarium Beachtung finden.
Sauerstoffreiches Wasser mit Strömung.

Eine Bepflanzung ist nicht erforderlich,
aber auch nicht schädlich. Wasser: pH-
Wert 7,0 - 7,8; Härte bis 15° dGH.

ZU: Nicht bekannt; dürfte aber wie bei
anderen *Etheostoma* im Aquarium möglich sein.

FU: K; feinstes Lebendfutter; *Artemia*,
ausgesiebte junge Schwarze Mückenlarven, Mikro etc.

Bes.: Die Bauchflossen sind sehr lang.
* Wahrscheinlich muß die Art *Etheosto-
ma punctulata* (PUTNAM, 1863) heißen.
** Bei einigen Autoren gilt *Microperca*
als Untergattung zu einigen *Etheostoma*-
Arten. *Microperca* hat im Unterschied zu
Etheostoma kaum eine oder keine Sei-
tenlinie.

T: 10 - 22° C, **L**: 3,5 cm, **BL**: 40 cm, **WR**: u, **SG**: 3

Etheostoma maculatum

Etheostoma microperca

Etheostoma olmstedi
Mosaik-Springbarsch

STORER, 1851

Syn.: *Boleo nigrum olmstedi, Etheostoma nigrum olmstedi.*

Vork.: USA: Lake Ontario bis Massachusetts und bis Süd-Carolina. Östlich der Alleghanies.

Ersteinf.: Bisher nicht eingeführt (?).

GU: ♂♂ farbiger als ♀♀. ♂ hat einen Laichausschlag am Bauch und unteren Körper. Beim ♀ ist die Genitalpapille länger als beim ♂. Nach dem Ablaichen schrumpft sie wieder.

Soz.V.: Friedlich. ♂♂ revierbildend. Artbecken wird empfohlen.

Hält.B.: Wie die anderer Springbarsche - etwas anspruchsloser.

ZU: Ähnlich der anderer Springbarsche.

FU: K; feines Lebendfutter.

Bes.: Der Laichausschlag soll offenbar bei der Umklammerung des ♀ behilflich sein, um ein Abgleiten zu vermeiden. Zu der Gattung werden heute über 230 Arten und Unterarten geführt! Aus dem Englischen "Tessellated Darter".

T: 10 - 24° C, **L**: 5 cm, **BL**: 60 cm, **WR**: u, **SG**: 1 - 2

Etheostoma tetrazonum
Vierbinden-Springbarsch

(HUBBS & BLACK, 1940)

Syn.: *Poecilichthys tetrazonus, Etheostoma uramidea, Poecilichthys variatus.*

Vork.: USA: Missouri (Staat) im Ningua- und Gasconade-Fluß; Oklahoma.

Ersteinf.: Bisher nur durch Einzelreisende erfolgt. Der kommerzielle Export aus USA lohnt nicht und unterliegt strengen Naturschutzbestimmungen.

GU: ♂ farbiger als ♀.

Soz.V.: Am besten in kleinen Artbecken halten. Zur Laichzeit verteidigen die ♂♂ ihr Revier. Vergesellschaftung mit größeren Tieren läßt die Art kümmern, weil sie nicht ans Futter kommt und ständig zurückgezogen leben muß. Zudem kreuzen sich einige Arten leicht.

Hält.B.: Sand-/Kiesboden mit Hintergrundbepflanzung: Klares, sauerstofffreiches Wasser mit Strömung. Wasser: pH-Wert 6,5 - 7,5; Härte 10 - 20° dGH. Bekken mit nicht zu hellem Standort.

ZU: Gelaicht wird über Kiesboden, gelegentlich auch zwischen Algenpolstern. Die Eier sind klebrig. Ein ♀ laicht zuweilen mit mehreren ♂♂. Auch an der Unterseite größerer Kieselsteine wird abgelaicht.

FU: K; Daphnien und Mückenlarven, auch gefroren, *Artemia*.

Bes.: Einer der am prächtigsten gefärbten amerikanischen Fische, der tropischen Arten kaum nachsteht. Lit.: HUBBS & BLACK, University of Michigan Press, 1940.

T: 10 - 24° C, **L**: 6 cm, **BL**: 60 cm, **WR**: u, **SG**: 2 - 3

Etheostoma olmstedi

Etheostoma tetrazonum

Gymnocephalus acerina
Don-Kaulbarsch

(GULDENSTÄDT, 1775)

Syn.: *Perca acerina, Acerina acerina, Acerina rossica, Perca tanaicensis.*

Vork.: Nördliche Zuflüsse des Schwarzen Meeres: Dnjestr und Don, zuweilen im Kuban-Flußdelta.

Ersteinf.: Bisher noch nicht nach Westeuropa eingeführt (?).

GU: Nicht bekannt.

Soz.V.: Gesellig lebender Bodenfisch, der gegenüber anderen, gleich großen Fischen meist friedlich ist. Die Art frißt allerdings kleinere Fische.

Hält.B.: Süßwasser, selten auch im Küstenbereich des Schwarzen Meeres: Brack- bis Salzwasser.

ZU: Im Aquarium noch nicht erfolgt (?).

FU: K; bodenlebende Insektenlarven, Würmer, Laich, selten auch Flockenfutter und Pellets.

Bes.: Wegen möglicher Faunenverfälschung sollte die Art nicht eingeführt. werden.

T: 10 - 24° C (Kaltwasserfisch), **L**: 12 - 15, bis 21 cm, **BL**: 120 cm, **WR**: u, **SG**: 3

Gymnocephalus baloni *
Balons Kaulbarsch **

HOLCIK & HENSEL, 1974

Syn.: Keine.

Vork.: Europa: Unteres Donaubecken.

Ersteinf.: Bisher nicht bekannt.

GU: Bisher nicht beschrieben.

Soz.V.: Recht friedliche Fische für ein Artenbecken. Gesellig, jedoch scheu.

Hält.B.: Starke Strömung. Steine- und Felsspalten als Deckung. Becken gut abdecken. Hintergrund und Seitenscheiben gut bepflanzen. Wasser: pH-Wert 6,8 - 7,8; Härte 10 - 20° dGH.

ZU: Bisher liegen keine Berichte vor. Laicht wahrscheinlich zwischen Steinspalten.

FU: K, O; Lebendfutter aller Art, jedoch auch Futtertabletten und -pellets. Flockenfutter wird selten genommen.

Bes.: Kleinster der Kaulbarsche. Geschützte Art. Nur für wissenschaftlich orientierte Schauaquarien empfehlenswert. Die Art wurde bis zur Entdeckung wahrscheinlich als Jungfisch anderer Barsche betrachtet.
* Der Artstatus ist umstritten, da es meristische Überschneidungen zu *Gymnocephalus cernuus* gibt.
** Benannt nach BALON, einem der bekanntesten tschechischen Ichthyologen. Lebt seit etwa 30 Jahren in Kanada und lehrt als Professor an der University of Quelph in Ontario.

T: 10 - 20° C (Kaltwasserfisch), **L**: 12 cm, **BL**: 100 cm, **WR**: u, **SG**: 3

Gymnocephalus acerina

Gymnocephalus baloni

Percina sciera   (SWAIN, 1883)
Rauchspringbarsch

Syn.: *Hadroterus sciera, H. scierus.*

Vork.: USA: Indiana, Texas bis zum Golf von Mexiko. Flüsse und Bäche mit Strömung und Stromschnellen.

Ersteinf.: Bisher nur in wenigen Exemplaren eingeführt. Zuletzt 1990 nach Holland.

GU: ♂ kräftiger gefärbt und mit Laichausschlag. ♀ tragen an einigen großen Körperschuppen winzige Häkchen.

Soz.V.: Friedliche Art. Zur Laichzeit grenzen die ♂♂ ihre Reviere ab und vertreiben Artgenossen.

Hält.B.: Die Art dürfte die kräftigste unter den Springbarschen sein. Sie braucht viel Sauerstoff. Dichte Hintergrundbepflanzung, vorn Kies und Geröllboden. Wasser weich bis mittelhart (8 - 18° dGH), auch darüber; pH- Wert 6,8 - 7,8. Regelmäßiger Wasserwechsel, alle 2 Wochen 1/3 des Beckeninhaltes.

ZU: Wie bei den anderen Springbarschen.

FU: K; feines Lebendfutter aller Art.

Bes.: Für diese Gruppe ("darter") eine recht ansprechende Art. Sieht ganz ähnlich aus wie *Percina notogramma*. Letztere kommt jedoch weit östlicher in den Küstenstaaten vor.

T: 10 - 24° C, **L**: 13 cm, **BL**: 100 cm, **WR**: u, m, **SG**: 2 - 3

aus RANEY & HUBBS (1948)

Percina sciera

Romanichthys valsanicola
Groppenbarsch   DUMITRESCU, BANARESCU & STOICA, 1957

Syn.: Keine.

Vork.: Europa: Rumänien in den Flüssen Vilsan und Riul (nördl. Einzugsgebiet der Donau).

Ersteinf.: Bisher nach Deutschland nur in wenigen Exemplaren eingeführt.

GU: Nicht bekannt. ♀ zur Laichzeit sicher dicker als ♂.

Soz.V.: Wegen der Seltenheit ist ein Artbecken mit einer kleinen Gruppe von 5 - 7 Tieren zu empfehlen.

Hält.B.: Kühles, sauerstoffreiches Wasser. Kiesbodengrund. Einige größere Kiesel als Standplätze. Versteckmöglichkeiten zwischen Steinspalten oder Moorkienholzwurzeln bieten.

ZU: Über die Eiablage im Aquarium berichten erstmals RIEHL & BLESS (1995). In einem 4 m langen, 50 cm breiten und 30 cm tiefen Strömungsbecken wurden 7 Tiere gehalten (3 ♂ ♂, 4 ♀ ♀). Der Bodengrund bestand aus feinem Kies, zwischen den die Eier abgesetzt wurden. Da sich die Eier nicht entwickelten, waren sie wahrscheinlich nicht befruchtet.

FU: K; Mückenlarven, Fischeier und -larven, Kleinkrebse (*Artemia*), etc.

Bes.: Wurde erst 1957 als einer der letzten europäischen Süßwasserfische entdeckt. Sehr ähnlich der Groppe *Cottus gobio* (AQUARIEN ATLAS Bd. 3, S. 947).

T: 10 - 20° C (Kaltwasserfisch), **L:** ca. 12 cm, **BL:** 80 cm, **WR:** u, **SG:** 4

Stizostedion volgensis   (GMELIN, 1788)
Wolgazander, Steinschill

Syn.: *Perca volgensis, Lucioperca volgensis, Sander volgensis, Schilus pallasi.*

Vork.: Größere Flüsse um das nördliche Schwarze Meer. In der Donau bis Wien.

Ersteinf.: Europäische Art.

GU: Äußerlich außerhalb der Laichzeit schwer unterscheidbar.

Soz.V.: Lebt in Gruppen oder einzeln. Kann mit größeren Fischen gehalten werden. Räuber. Liebt die Ruhe.

Hält.B.: Kies und Kiesel als Bodengrund. Verstecke anbieten. Die Art scheint trübes Wasser zu lieben. Da dies im Aquarium nicht gewünscht wird, ist das Becken evtl. mit Schwimmpflanzendecke (Dämmerlicht) einzurichten. Wasser: 10 - 25 ° dGH, pH-Wert 7,2 - 8,0.

ZU: Bei 12 - 15° C wird im April/Mai zwischen Steinen und Pflanzen gelaicht. Nach 3 - 4 Jahren geschlechtsreif.

FU: K; hauptsächlich kleine Fische. Jungtiere nehmen jegliches Lebend- und auch gefrorenes Futter im Herabsinken.

Bes.: Die Art ist schlanker und kleiner als der Zander (Aquarien Atlas 3, S. 922). Sie wandert selten ins Brack- oder Meerwasser.

T: 8 - 22° C (Kaltwasserfisch), **L:** 35 cm, **BL:** 120 cm, **WR:** m, u, **SG:** 4 (G, K)

Romanichthys valsanicola

Stizostedion volgensis

Zingel streber   SIEBOLD, 1863
Streber

Syn.: Keine.

Vork.: Donau mit ihren meist nördlichen Nebenflüssen. Besonders in flachem, stark fließendem Wasser, unterhalb der Quellregionen.

Ersteinf.: Einheimische Art.

GU: Die Geschlechter sind außerhalb der Laichzeit nicht zu unterscheiden. Dann sind die ♀♀ voller. Von *Zingel asper* (Frankreich) ist bekannt, daß die ♂♂ längere paarige Flossen und eine längere Anale haben als die ♀♀. Außerdem tragen die ♂♂ an Kopf und Körper einen weißen, knötchenartigen Ausschlag. Ob diese Merkmale auch für *Zingel streber* und *Zingel zingel* zutreffen, konnte nicht geklärt werden. *Zingel asper* kommt nur im Rhonedelta vor.

Soz.V.: Wahrscheinlich revierverteidigend. Nachtaktiv. Kleiner Räuber. Einzel- oder paarweise Haltung. Nicht mit nachtaktiven Welsen vergesellschaften.

Hält. B.: Abgedunkeltes Becken mit Steinen und Wurzeln. Höhlenverstecke bieten. Sand- oder Kiesgrund. Kräftige Filterung mit Strömung. Sauerstoffbedürftige Art. Transportempfindlich.

ZU: Es liegen uns keine Angaben vor. Wegen der nächtlichen Lebensweise sind auch Naturbeobachtungen sehr unwahrscheinlich. Der Laich wird nicht wie beim Barsch in Schnüren abgelegt.

FU: K; Insektenlarven, kleine Fische, Laich, Schnecken, *Gammarus*, Asseln (?). Kaum Trockenfutterpellets

Bes.: Geschützte Art! Die nah verwandte Art *Zingel zingel* wurde bereits in Bd. 3, Seite 924, vorgestellt. Vom Streber gibt es zwei Unterarten: *Zingel streber balcanicus* und *Z. streber nerensis* NALBANT, 1979 vom Nerafluß, Rumänien.

T: 5 - 20° C (Kaltwasserfisch), **L:** 20 cm, **BL:** 100 cm, **WR:** u, **SG:** 3

Die Donau, Biotop von Zingel und Streber. Im Vordergrund *Ranunculus fluitans,* der Flutende Hahnenfuß.

Neopomacentrus taeniurus
Süßwasser-Demoiselle

(BLEEKER, 1856)

Syn.: *Pomacentrus taeniurus*.

Vork.: Westlicher Indischer Ozean von Mosambik nordwärts und ostwärts bis zu den Riukiu-Inseln (Japan) und nach Neuguinea und zum nördlichen Australien sowie zu den Salomonen und den Neuen Hebriden (Vanuatu); in diversen Brackwasserhabitaten; in der Nähe der Mündung kleiner Flüsse, in Ästuarien, Mangrovengebieten oder in Häfen mit Süßwasserzufluß; dringt in den unteren, nur wenige Kilometer vom Meer entfernten Süßwasserbereich von Flüssen ein.

Ersteinf.: 1991.

GU: ♂♂ mit längeren hinteren Strahlen in der Dorsale und Anale und länger ausgezogenen Kaudalrandstrahlen.

Soz.V.: Territorialer Fisch, der sich im Aquarium gern in Hohlräumen unter oder zwischen Steinen versteckt hält oder in der unmittelbaren Umgebung solcher Verstecke umherschwimmt und seinen Standort vehement gegenüber Artgenossen und anderen Fischen verteidigt.

Hält.B.: Haltung im Brackwasseraquarium bei - am besten schwankender - mittlerer bis niedriger Salinität (1 bis ca. 10 Promille); vorübergehend kann das Wasser auch ganz ausgesüßt werden. Wenn zahlreiche Versteckmöglichkeiten (Steinauf-bauten im hinteren Bereich, weitere Höhlen an anderen Stellen) vorhanden sind, lassen sich mehrere Tiere ungeachtet ihrer innerartlichen Aggressivität gut zusammen pflegen (z.B. 3 - 4 Fische auf einer Grundfläche von 60 x 60 cm).

ZU: Verstecklaicher; das ♂ wählt eine flache Höhle im Bodenbereich, die es weiter durch Abtransport von Sediment vertieft. Die Eier werden nach kurzer Balz an der Höhlendecke abgesetzt (Größe 0,67 - 0,73 x 0,33 - 0,36 mm, Anzahl um 1800 pro Gelege) und vom ♂ bewacht und befächelt. Bei den bisher beobachteten Laichabgaben, die in Brackwasser niedriger Salinität erfolgten (1 - 5 Promille), entwickelten sich die Eier nicht. (HORSTHEMKE, Das Aquarium, 279/1982, S. 9 - 12).

FU: K, O; kleines Lebend- und Frostfutter (Mückenlarven, *Mysis*) wird aus dem freien Wasser und vom Boden aufgenommen; adulte Tiere fressen auch kleine Planktonorganismen (z.B. *Artemia*-Nauplien).

Bes.: *N. taeniurus* zeichnet sich gegenüber anderen Riffbarschen mit ähnlicher Färbung dadurch aus, daß die Schwanzflosse oben und unten jeweils einen breiten dunklen Rand aufweist und nur in der Mitte gelb ist.

T: 23 - 28° C, **L**: 9 cm, **BL**: 80 cm, **WR**: u, m, **SG**: 3

Stegastes otophorus
Süßwasser-Georg

(POEY, 1860)

Syn.: *Pomacentrus otophorus*.

Vork.: Kuba (Typenfundort); südliche und nördliche Karibik in 0 - 10 m Tiefe.

Ersteinf.: Wahrscheinlich nach Europa noch nicht eingeführt - oder unter anderem Namen.

GU: Keine äußeren erkennbar.

Soz.V.: Nur Jungtiere bis etwa 8 cm Länge sind einigermaßen verträglich. Alttiere sollten nur in Meerwasserbecken gepflegt werden. Vergesellschaftung mit anderen Brackwasserfischen.

Hält.B.: Hauptsächlich Brackwasserart, die in Mangrovensümpfen lebt. Wasser:
Härte 15 - 40° dGH, pH-Wert 7,5 - 8,3. Salzzugabe: 10 - 30 g/l.

ZU: Es wird im Meer abgelaicht. Vorwiegend in verschiedenen Höhlen und Schneckenhäusern. Das ♂ betreibt Brutpflege. Nach dem Schlüpfen leben die Larven einige Wochen pelagisch. Sie wandern dann häufig ins Süßwasser.

FU: O; Allesfresser. Flockenfutter, *Artemia*, Mückenlarven, Würmer, Krebschen, Muschelfleisch. Die Ernährung bereitet keine Schwierigkeiten.

Bes.: Jungtiere sind sehr hübsch gefärbt. Alttiere zeigen sich schwarzgrau mit gelben Flossen.

T: 21 - 28° C, **L**: 14 cm, **BL**: 120 cm, **WR**: alle, **SG**: 3

Neopomacentrus taeniurus ♂

Stegastes otophorus

Vespicula depressifrons   (RICHARDSON, 1848)
                                              Unterfam: Tetraroginae

Syn.: *Apistes depressifrons, Prosopoda-sys depressifrons, Apistus binotopterus, Apistus plagiometopon.*

Vork.: Indonesien (Straße von Madura und Sumatra) und Philippinen bis Neuguinea; im Meer und in Ästuarien; dringt auch in reines Süßwasser vor.

Ersteinf.: Ca. 1982.

GU: Keine sicheren Geschlechtsunterschiede bekannt.

Soz.V.: Vorwiegend im Bodenbereich lebender, zeitweilig aber auch im mittleren bis oberen Beckenraum schwimmender Fisch. Jungfische (im Zierfischhandel erscheinen gewöhnlich um 3 - 4 cm lange Tiere) sind lebhaft und schwimmen häufig im freien Wasser umher, adulte Tiere führen ein eher verstecktes Leben. Räuberische Art, die kräftige Beuteobjekte verschlingen kann; gegenüber Fischen, die nicht als Futter in Frage kommen, und gegenüber Artgenossen vollkommen friedlich. Vor allem junge Tiere sind recht gesellig und versammeln sich in geräumigen Aquarien oft an einer Stelle.

Hält.B.: Brackwasseraquarium (Salzgehalt um 3 Promille ist ausreichend, die Salinität sollte aber besser schwanken). Das Becken sollte einige Versteckmöglichkeiten bieten (z.B. geräumige Steinhöhlen oder Baumwurzeln). Vergesellschaftung ist möglich mit Fischen, die nicht viel kleiner als die Skorpionfische sind und nicht als Beute in Betracht kommen. In Gesellschaft lebhafter Fische kommt *Vespicula* andererseits leicht bei der Fütterung zu kurz. Haltung am besten in einer Gruppe von ca. 6 - 8 oder mehr Tieren.

ZU: *V. depressifrons* laichte einige Male in einem Brackwasseraquarium ab (bei einer Salinität um 8 Promille). Die Eier sind pelagisch.

FU: K; die Skorpionfische reagieren anfangs oft nur auf lebende Beute, die sie vom Boden und aus dem freien Wasser aufschnappen. Totes Futter zur Gewöhnung evtl. in den Strom eines Motorfilters geben, so daß es ein Stück durch das Becken treibt. Jungfische fressen z. B. Weiße Mückenlarven, *Mysis* oder Chironomidenlarven; adulte Tiere benötigen kräftiges Futter (Garnelen).

Bes.: Die Art wird im Handel oft fälschlich unter der Bezeichnung *Notesthes robusta* angeboten; sie unterscheidet sich von diesem australischen Vertreter der Familie *Tetrarogidae* durch die nach vorn versetzten ersten drei Dorsalstacheln, die eine separate Flosse bilden. Die Stacheln der vertikalen Flossen tragen bei *Vespicula* ebenso wie bei anderen Skorpionfischen Giftdrüsen. Die Fische "häuten" sich von Zeit zu Zeit.

T: 22 - 28° C, L: 10 cm, **BL**: 80 cm, **WR**: u (m), **SG**: 3

Vespicula depressifrons, atypische Färbung

Vespicula depressifrons

Siniperca kawamebari   (TEMMINCK & SCHLEGEL, 1842)
Japanischer Auchabarsch, Süßwasser Zackenbarsch

Syn.: *Serranus kawamebari, Bryttosus kawamebari, Coreoperca kawamebari.*

Vork.: Japan, Südkorea.

Ersteinf.: ? durch SCHULZ.

GU: ♂ deutlich größer mit kräftiger rot gefärbter Basale und Anale.

Soz.V.: Ausgeprägte innerartliche Aggressivität.

Hält.B.: Nur in großen Aquarien mit mindestens 200 - 500 l und teilweise dichter Bepflanzung.

ZU: Nähere Angaben liegen noch nicht vor.

FU: K; Fische, Wasserinsekten, Würmer, Fliegenmaden, Fischfleisch.

Bes.: Kaltwasserfisch, der auch im Gartenteich gepflegt werden kann.

T: 10 - 23° C, **L:** 13 cm, **BL:** 200 cm, **WR:** m, **SG:** 3

Campylomormyrus alces, siehe Seite 802

Anguilla japonica
Asiatischer Aal

TEMMINCK & SCHLEGEL, 1846

Syn.: Sehr ähnlich zu *A. anguillaris,* Synonyme zu *A. japonica* sind uns nicht bekannt.

Vork.: Asiatische Flüsse, die in den Pazifischen Ozean münden, westliche USA, Japan, China.

Ersteinf.: Bisher nicht nach Westeuropa eingeführt. Im Aquarium Moskau (Foto) wurde die Art bereits gepflegt.

GU: ! ! sind größer als ♀♀ .

Soz.V.: Nachtaktiver Räuber. Einzelhaltung oder mit Exemplaren der gleichen Art. Vergesellschaftung ist auch mit anderen, größeren Fischen möglich.

Hält.B.: Wie nachstehende Art.

ZU: Im Alter von 7 - 10 Jahren wandern die Aale ins Meer zurück, um in den Tiefen des Pazifischen Ozeans abzulaichen. Danach sterben sie. Die Eier haben einen Durchmesser von 1,05 mm ± 0,15 mm.

FU: K; Allesfresser. Wasserinsekten und deren Larven, Würmer, Muscheln, Krebse, Fische. Futterpellets. Jungtiere nehmen auch Moostierchen und Algen.

Bes.: Fast alle Aale gelten als gute (fette) Speisefische (22 - 31 % Fett!). Aale wandern auch durch feuchte Wiesen über Land. Jungaale, etwa bleistiftlang und -dick, umgehen Wasserfälle und Stromschnellen außerhalb des Fließwassers.

T: 4 - 27° C, **L:** ! 120 cm, ♀ 60 cm, **BL:** 150 cm, **WR:** u, **SG:** 1 - 4 (G, K)

Anguilla rostrata
Amerikanischer Aal

(LE SUEUR, 1817)

Syn.: *Anguilla chrysypa, A. bostoniensis, A. vulgaris* var. *rostrata.* Lange Zeit galten beide Aalarten, *A. anguilla* und *A. rostrata,* als eine Art.

Vork.: Küstenflüsse des östlichen Amerikas und Kanadas. Westindische Inseln (Kuba etc.).

Ersteinf.: Bisher nicht nach Europa eingeführt.

GU: ! ! sind größer als ♀♀ , sonst äußerlich nicht unterscheidbar.

Soz.V.: Untereinander kann man mehrere Aale gut vergesellschaften, jedoch nicht mit anderen Tieren. Räuber! Nachtaktiv.

Hält.B.: Im Aquarium sind nur Jungtiere haltbar. Becken sehr gut abdecken, die Tiere versuchen zu fliehen, wenn ihnen das Notquartier nicht behagt. Kräftige Filterung und regelmäßiger Wasserwechsel. Wegen der zu erwartenden Länge sollte man diese Art, außer zu Beobachtungszwecken, nicht zu Hause pflegen! Versteckmöglichkeiten anbieten. Der minimalste Sauerstoffbedarf dieser Art liegt bei 2,3 mg/l O_2 bei 21° C.

ZU: Die Zug- und Wanderbewegungen sind wie beim europäischen Aal - auf der Landkarte gesehen -, nur spiegelverkehrt. Die amerikanische Art laicht ebenfalls im Sargassomeer (Karibik). Große ! ! können bis über 10 Mio. Eier produzieren!

FU: K, O; Allesfresser von Aas bis zu lebenden Fischen, Mäusen und Fröschen.

Bes.: Der amerikanische (atlantische) Aal unterscheidet sich vom europäischen durch das Vorhandensein von Haemoglobin-Polymorphismus. Der europäische Aal ist monomorph (SICK et. al. 1967). Ebenso bestehen Unterschiede in der DNS (AVISE et. al. 1986).

T: 4 - 25° C, **L:** ! 120 cm und darüber, ♀ 60 cm **BL:** 150 cm, **WR:** u, **SG:** 1 - 4 (G, K)

Anguilla japonica

Anguilla rostrata

Renkenei , 1 Woche

Renkeneier, 18 Tage

Maräne, *Coregonus* sp.

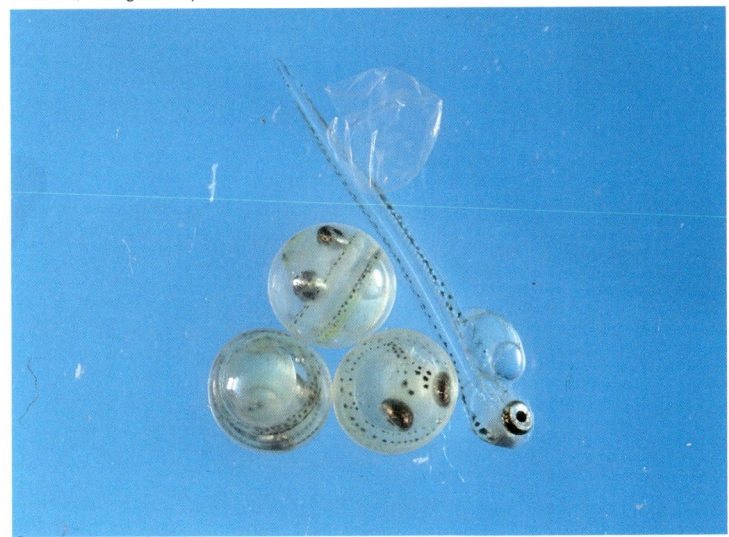

Renkeneier und Larve, 5 Wochen

Coregonus sp.
Renken, Maränen, Schnäpel

Syn.: Keine.

Vork.: Nördliches Asien und Europa, Rußland, in den größeren Flüssen; Arktis.

Ersteinf.: Europäische Arten; die asiatischen Arten wurden bisher nicht eingeführt.

GU: Nicht bekannt.

Soz.V.: Friedliche, gesellige Tiere

Hält.B.: Sauerstoffreiches, gekühltes Wasser, nitrat-/nitritfrei. Kräftige Filterung und Belüftung.

ZU: Abgelaicht wird über flachen Sand- und Kiesbänken. Die Jungfische bleiben etwa ein Jahr in den Flüssen. Die Eltern ziehen zurück in die Flußmündungen. Einige Arten werden durch künstliche Aufzucht erhalten.

FU: K; Kleintierfresser, besonders Plankton, wie Daphnien, *Cyclops,* Kleinkrebse. Es wird jedoch auch Nahrung vom Boden aufgenommen. Größere Tiere nehmen auch kleine Fische.

Bes.: Speisefische, zur Aquarienhaltung ungeeignet. Früher, als es noch saubere Flüsse gab, zogen Renken rhein- und elbeaufwärts zum Laichen.

T: 4 - 18° C, **L:** 15 - 85 cm, je nach Art, **BL:** 300 cm, **WR:** alle, **SG:** 4

Coregonus pidschian SMITT, 1886; 25 - 52 cm

Coregonus muksun (PALLAS, 1776); bis 75 cm

Coregonus albula pereslavicus BORISOV, 1924; bis 34 cm

Coregonus sardinella VALENCIENNES, 1848; 15 - 33 cm

Bunaka gyrinoides

(BLEEKER, 1853)
Unterfam.: Eleotridinae

Syn.: *Eleotris gyrinoides, Eleotris canarensis, Guavina gyrinoides, Bunaka pinguis, Lizettea pelewensis, Bunaka sticta.*

Vork.: Indowestpazifische Region von Sri Lanka bis zu den Philippinen, zum nördlichen Australien und zu den Karolinen; in Ästuarien und Flußunterläufen; auf Neuguinea bevorzugt in Regenwaldflüssen mit weichem Schlammgrund.

Ersteinf.: Nicht bekannt.

GU: Unbekannt.

Soz.V.: Versteckt lebende, meist im Bodenbereich sich aufhaltende Schläfergrundel, die Beuteobjekte mit einem schnellen Vorstoß ergreift, ansonsten aber meist reglos auf der Stelle sitzt. Aggressiv gegenüber Artgenossen und anderen Fischen, die in die Nähe ihres Verstecks kommen.

Hält.B.: Süßwasseraquarium mit stellenweise dichter Bepflanzung (Schwimmpflanzendecke) und Versteckplätzen unter Steinen oder Baumwurzeln. Haltung in weichem oder hartem Wasser möglich. Zur Vergesellschaftung mit der räuberischen Art eignen sich frei schwimmende, nicht territoriale Fische ähnlicher Größe.

ZU: Über die Fortpflanzungsbiologie liegen keine Informationen vor. Es dürfte sich um eine diadrome Art handeln.

FU: K; kräftiges lebendes oder totes tierisches Futter (für Jungtiere und halbwüchsige Exemplare Mückenlarven, *Mysis* und ähnliches; für adulte Tiere Garnelen, Fische, Fisch- und Krebsfleisch).

Bes.: *B. gyrinoides* ist eine wenig bekannte Art mit unsicherer Synonymie.

T: 22 - 28° C, **L**: 40 cm, **BL**: 100 cm, **WR**: u, **SG**: 3

Butis amboinensis

(BLEEKER, 1853)
Unterfam.: Butiinae

Syn.: *Eleotris amboinensis, Butis leucurus.*

Vork.: Indien bis zu den Riukiu-Inseln, Philippinen, Salomonen, nach Indonesien und Neuguinea; in Ästuarien und brakkigen Mangrovengebieten, örtlich aber auch weit landeinwärts vordringend; im Sepik auf Neuguinea bis 390 km oberhalb der Mündung.

Ersteinf.: Nicht bekannt.

GU: ?? mit längerer, flacherer, spitz zulaufender Urogenitalpapille und längeren hinteren Strahlen in der zweiten Rückenflosse und der Afterflosse.

Soz.V.: Versteckliebende Schläfergrundel, die sich im Freiland, z.B. zwischen Mangrovenwurzeln oder Wasserpflanzen aufhält. Die spitzköpfigen *Butis*-Arten

(siehe auch Bd. 2, Seite 1063, Bd. 3, Seite 954, 958) sitzen oft an Hölzern oder anderen Objekten, wobei sie, je nach deren Lage, eine vertikale oder sogar umgedrehte Position mit dem Bauch nach oben einnehmen; sie schwimmen auch in dieser Haltung im Wasser umher.

Hält.B.: Aquarium mit zahlreichen Versteckmöglichkeiten (z. B. mit Hornfarn bewachsene, ausladende Baumwurzeln). Haltung am besten im Artbecken, da die lauernden Räuber in Gesellschaft flinker Fresser leicht zu kurz kommen.

ZU: Unbekannt.

FU: K; im Freiland Insekten, Krabben und Garnelen; im Aquarium kräftiges lebendes oder totes tierisches Futter.

T: 22 - 28° C, **L**: 13 cm, **BL**: 100 cm, **WR**: u, m, o, **SG**: 3

---

* Die Familie Eleotridae wurde der Familie Gobiidae zugeordnet. Einige Gattungen gehören jetzt in die Unterfamilie Eleotridinae. Die Unterfamilie Butiinae bleibt bestehen.

Bunaka gyrinoides

Butis amboinensis

Eleotris amblyopsis (COPE, 1870)

Syn.: *Culius amblyopsis, Eleotris isthmensis.*

Vork.: Atlantische Seite Amerikas von Surinam bis Costa Rica; in brackigen Ästuarien und angrenzenden Süßwasserbereichen.

Ersteinf.: 1986 durch BLEHER.

GU: ♀♀ mit flacherer und mehr zugespitzter Genitalpapille; hintere Strahlen der zweiten Rückenflosse, Afterflosse und der Ventrale beim ♀ länger.

Soz.V.: Solitär lebende, räuberische Art; aggressiv gegenüber Artgenossen und anderen Fischen; hält sich im Aquarium gern versteckt. In kahlen Aquarien bodenorientiert; in gut bepflanzten und mit einer Schwimmpflanzendecke ausgestatteten Behältern dagegen in allen Wasserschichten anzutreffen.

Hält.B.: Geräumige Aquarien mit zahlreichen Verstecken unter Steinen bzw. in Steinaufbauten, unter Baumwurzeln oder in dichten Pflanzengruppen. Haltung am besten im Artenbecken. Schwach salzhaltiges, zeitweilig auch ganz ausgesüßtes Wasser ist für die Pflege ausreichend. Die euryhaline Art verträgt krasse Dichte-Schwankungen und eine Salinität bis 30 Promille.

ZU: Unbekannt. Eier und Larven wahrscheinlich ähnlich wie bei anderen Vertretern der Gattung (Eier extrem winzig; Larven um 1 mm, planktonisch).

FU: K, O; kräftiges, lebendes oder totes tierisches Futter. Die Art ist in der Lage, Fische von fast ihrer eigenen Länge zu verschlingen. Im Freiland nimmt die Schläfergrundel in nennenswertem Umfang auch pflanzliches Material auf.

Bes.: *E. amblyopsis* unterscheidet sich von anderen westatlantischen Vertretern der Gattung *Eleotris* durch die größeren Schuppen (L1 44-54).

T: 23 - 28° C, **L**: 10 cm, **BL**: 100 cm, **WR**: u (m, o), **SG**: 3

Eleotris pisonis (GMELIN, 1788)

Syn.: *Gobius pisonis, G. amorea, Eleotris gyrinus, Culius perniger, C. belizanus.*

Vork.: Atlantikküste Amerikas und Golf von Mexiko von South Carolina (USA) bis Brasilien, Bermuda, Bahamas und Westindische Inseln. Lebt vor allem in schwach brackigen Zonen von Ästuarien und in küstennahem Süßwasser.

Ersteinf.: 1912.

GU: Unbekannt.

Soz.V.: Unbekannt.

Hält.B.: Geräumiges Süß- oder Brackwasseraquarium mit Verstecken aus Steinen, Kienhölzern und Pflanzengruppen.

ZU: Die Larven durchlaufen in Freiheit ein pelagisches Stadium im Meer; gegen Ende der Larvenphase wandern sie in großen Massen in die Flußmündungen ein. Die Larven sind sehr klein. Zucht im Aquarium anscheinend noch nicht geglückt, vielleicht möglich.

FU: O; in Freiheit erweist sich die Art als Allesfresser, die sowohl Pflanzen (z.B. Wurzeln von Wasserhyazinthen) als auch kleine Wirbellose und Fische nimmt. Im Aquarium kräftiges Lebend- und Frostfutter.

Bes.: Die Gattung *Eleotris* kennzeichnet sich durch einen nach unten gerichteten Stachel am Vordeckel-Hinterrand, der bei lebenden Tieren aber kaum zu erkennen ist. Die zahlreichen bekannten Arten der weltweit verbreiteten Gattung sehen sich zum Teil sehr ähnlich.

T: 20 - 27° C, **L**: 20 cm, **BL**: 100 cm, **WR**: u, m, **SG**: 3

Eleotris amblyopsis

Eleotris pisonis

Hypseleotris tohizonae   (STEINDACHNER, 1881)
Unterfam.: Eleotridinae

Syn.: *Eleotris tohizonae, E. pectoralis.*

Vork.: Madagaskar, im Süßwasser.

Ersteinf.: Unbekannt.

GU: ♀♀ mit längeren hinteren Strahlen in der zweiten Dorsale und Anale. ♀♀ goldgelb mit bräunlichen Sprenkeln; Dorsale, Anale und Ventralen gelblich. Zweite Dorsale mit schwarzen und weißen Flekken; Ventralen und Anale im äußeren Bereich schwarz, Flossensaum weiß. Ein schwarzer vertikaler Balken liegt auf und oberhalb der Pectoralbasis. ♂♂ gelboliv, Flossen ungemustert. (ARNOULT 1959).

Soz.V.: Es liegen keine konkreten Informationen vor.

Hält.B.: Haltung am besten in einer Gruppe in einem geräumigen Aquarium (z.B. 3♂♂ und 6 ♀♀, Aquarium 100 x 60 cm Grundfläche); hinteren Bereich des Bekkens gut bepflanzen (z. B. mit Wasserstern), in der vorderen Hälfte freien Schwimmraum lassen, evtl. mit Schwimmpflanzen abdecken. Als potentielle Laichplätze können außer den Pflanzen auch einige schräg an die hinteren Scheiben angelehnte große Steinplatten eingebracht werden. Wasserwerte ohne Bedeutung.

ZU: Nicht bekannt.

FU: K; kleines Lebend- und Tiefkühlfutter (Mückenlarven, Wasserflöhe, *Mysis*) sowie Flockenfutter.

Bes.: Keine.

T: 22 - 26 ° C, **L**: 10 cm, **BL**: 80 cm, **WR**: u, **SG**: 2

Kribia kribensis   (BOULENGER, 1907)
Unterfam.: Butiinae

Syn.: *Eleotris kribensis.*

Vork.: Westafrika: Guinea bis Zaire.

Ersteinf.: Nicht bekannt.

GU: Nicht bekannt.

Soz.V.: Solitär lebender Fisch, der gern in Pflanzendickichten "umherkriecht"; recht scheu und unter Umständen selten zu sehen. Aggressiv gegenüber Artgenossen und anderen kleinen Schläfergrundeln mit ähnlichem Aussehen.

Hält.B.: Süßwasseraquarium mit stellenweise dichter Bepflanzung und Verstekken unter oder zwischen Steinen sowie Baumwurzeln. Nicht zu helle Beleuchtung; Oberfläche evtl. mit Schwimmpflanzen abdecken.

ZU: Nicht bekannt.

FU: K; kleines lebendes und totes tierisches Futter (Mückenlarven, *Mysis* und ähnliches).

Bes.: Keine.

T: 22 - 28° C, **L**: 5,7 cm, **BL**: 60 cm, **WR**: u, **SG**: 3

Hypseleotris tohizonae

Kribia kribensis, östl. Nigerdelta

Kribia nana
Westafrikanische Zwerggrundel

(BOULENGER, 1901)
Unterfam.: Butiinae

Syn.: *Eleotris nanus, Eleotris chevalieri.*

Vork.: Westafrika: Nil, Tschadsee, Zaire-System.

Ersteinf.: 1986 durch FREYHOF.

GU: ? dunkler gefärbt mit deutlicher hellen Flossenrändern; ! fülliger und heller.

Soz.V.: Friedliche und ruhige Art, die im Fallaub lebt. Sollte nur mit kleinen und sehr friedlichen Fischen vergesellschaftet werden, da die Art sonst schnell "untergeht".

Hält.B.: Am besten im Artbecken in weichem und saurem Wasser. Reichlich Versteckmöglichkeiten und eine dichte Bepflanzung tragen ebenso zum Wohlbefinden bei wie eine Schicht Fallaub auf dem Boden.

ZU: Die Zucht gelang mehrfach in weichem (3° dGH) und saurem Wasser (pH-Wert 5,5 - 6,0). Die ?? besetzen kleine Höhlen, z.B. in Bambusröhren, und verteidigen diese gegen andere Fische. Hier wird auch abgelaicht. Das ? pflegt die Eier. Die Larven nehmen sofort *Artemia* und sind problemlos aufzuziehen.

FU: K; am besten Lebendfutter. Nimmt notfalls auch Frostfutter.

Bes.: Sehr schöne Art für den Freund von Zwergfischen. Echte Weichwasserart.

T: 24 - 26° C, **L:** 4 cm, **BL:** 40 cm, **WR:** u, **SG:** 3

Mogurnda kutubuensis
Kutubu-Schläfergrundel

ALLEN & HOESE, 1986
Unterfam: Eleotridinae

Syn.: Keine.

Vork.: Kutubusee im südlichen Hochland-Distrikt von Papua Neuguinea. Die Art kommt außer im See selbst auch im Soro River (der aus dem See herausfließt) und in einigen Zuflüssen des Soro River bis Pimaga, ungefähr 20 km westlich des Sees, vor. Im Kutubusee ist die Art einer der häufigsten Fische. Sie findet sich hier vor allem im flachen Uferbereich zwischen Pflanzen.

Ersteinf.: 1988 durch BLEHER.

GU: Die Geschlechter unterscheiden sich offenbar nur durch die Form der Urogenitalpapille, die im männlichen Geschlecht zugespitzt, flacher und länger ist als beim ! . Die Urogenitalpapillle des ! ist am Ende fransig.

Soz.V.: Frei schwimmende Schläfergrundel, die sich gern zwischen Pflanzen aufhält und hier oft ruhig auf der Stelle steht.

Während ein einzeln nach Deutschland gebrachtes Exemplar der "hellen Form" (s. **Bes.**), das in einem Gesellschaftsaquarium zusammen mit *M. spilota* und *M. variegata* gehalten wurde, kein aggressives Verhalten zeigte, waren vier in einem Artbecken gleicher Größe untergebrachte Tiere der "schwärzlichen Form" stets ziemlich aggressiv und recht lebhaft (siehe HORSTHEMKE, Das Aquarium 244, 1989, S. 602 - 607).

Hält.B.: Geräumiges Süßwasseraquarium mit stellenweise dichter Bepflanzung und freiem Schwimmraum. Das Wasser des Kutubusees ist klar und alkalisch (pH-Wert 7,8 - 8,3; T 24 - 26° C). Im Aquarium hält die Art in recht weichem Wasser (8° dGH) gut aus.

ZU: Nicht bekannt.

Fortsetzung übernächste Seite

Kribia nana, Shagamu, Nigeria

Mogurnda kutubuensis ♀

Fortsetzung von *Mogurnda kutubuensis*

FU: K; Lebend- und Frostfutter (Mücken-larven, andere Insektenlarven, Garne-len, Bachflohkrebse).

Bes.: Im Gegensatz zu den anderen en-demischen *Mogurnda*-Arten des Kutu-busees, die eine eigene Gruppe bilden, gehört *M. kutubuensis* in die nähere Ver-wandtschaft von *Mogurnda mogurnda*. Die Art unterscheidet sich von anderen Vertretern der *Mogurnda mogurnda*-Gruppe durch das Zeichnungsmuster: rote Tüpfel und regelmäßige dunkle Flan-kenflecken fehlen, statt dessen liegt auf den Flanken ein Netzwerk unregelmäßi-ger dunkler Flecken und Linien. Es exi-stieren zwei Farbformen: Die helle Form zeigt dunkelbraune bis ockerfarbene Bänder und Flecken auf gewöhnlich hell-grauem bis bräunlichem Grund und deut-lich gefleckte Flossen. Die schwärzliche Form zeigt schwarzbraune bis schwarze Markierungen auf meist glänzend blau-grünem Grund und dunkle Flossen, die mitunter die Fleckung kaum erkennen lassen.

T: 23 - 28° C, **L:** 11 cm, **BL:** 100 cm, **WR:** m (u, o,), **SG:** 3

Mogurnda nesolepis   (WEBER, 1908)
Gelbbauch-Schläfergrundel   Unterfam.: Eleotridinae

Syn.: *Odonteleotris nesolepis, Eleotris (Odonteleotris) nesolepis.*

Vork.: Nördliches Neuguinea in den Ein-zugsbereichen der Flüsse Markham, Gogol, Ramu, Sepik und Mamberamo sowie in zahlreichen kleineren, küsten-nahen Flußsystemen zwischen diesen großen Strömen. Die Art bewohnt kleine Zuflüsse in Regenwaldgebieten mit Kies-bis Schlammgrund; häufig in recht schnell fließenden Gewässern.

Ersteinf.: 1988 durch BLEHER.

GU: ♂♂ mit längeren hinteren Strahlen in der zweiten Dorsale und Anale und grö-ßerer Schwanzflosse; Urogenitalpapille länger, flacher und spitzer als beim ♀. Fortpflanzungsbereite ♀♀ mit kräftig gel-bem Bauch.

Soz.V.: Bodenorientierte, in beiden Ge-schlechtern territoriale Schläfergrundel; aggressiv gegenüber anderen kleinen Bodenbewohnern. Friedlich gegenüber frei schwimmenden Fischen mit abwei-chender Körpergestalt.

Hält.B.: Süßwasseraquarium mit zahlrei-chen Verstecken unter Steinen; Kamme-rung der Bodenfläche durch Baumwur-zeln oder Pflanzengruppen, um ständi-gen Sichtkontakt der Fische zu verhin-dern und Möglichkeiten zur Abgrenzung kleiner Reviere zu bieten. Die Art eignet sich für ein Gesellschaftsaquarium (z.B. mit Regenbogenfischen). Die Art hält gut in relativ weichem Wasser aus (um 8° dGH).

ZU: Eine Schläfergrundel mit direkter Ent-wicklung. Aus den ca. 40 - 80 an der Höhlendecke abgesetzten Eiern schlüp-fen bei 24° C nach 10 - 11 Tagen ca. 7 mm lange Jungfische, die sofort mit *Artemia*-Nauplien angefüttert werden können (s. HORSTHEMKE, Das Aquari-um 246, 1989; 748-754).

FU: K; kleines Lebend- und Tiefkühlfutter (Rote Mückenlarven, *Artemia* und ähn-liches).

Bes.: Die Art weicht von typischen *Mo-gurnda* durch einige morphologische Merkmale ab, so daß sie in eine separate Gattung zu stellen sein wird (s. ALLEN 1991).

T: 22 - 27° C, **L:** 5,6 cm, **BL:** 80 cm, **WR:** u, **SG:** 3

Mogurnda nesolepis ♂

Mogurnda nesolepis ♀

Mogurnda pulchra
Moresby-Tüpfelgrundel

HORSTHEMKE & STAECK, 1990

Syn.: Keine.

Vork.: Südöstliches Papua Neuguinea in der Umgebung von Port Moresby: Brown River; Laloki River; auch aus dem Purari-Delta bekannt; möglicherweise weiter verbreitet. In Tieflandflüssen und Sümpfen; auf dem Sogeri-Plateau (oberer Bereich des Laloki-Flußsystems) bis in Höhen um 500 m vorkommend. Vor allem in Uferzonen im Schutz überhängender Vegetation oder ins Wasser gefallener Äste und Zweige.

Ersteinf.: 1988 durch STAECK.

GU: ♂♂ mit etwas längeren hinteren Strahlen in der zweiten Dorsale und Anale; laichreife ♀♀ zeigen eine mehr oder weniger intensive Orangefärbung auf Bauch und Unterkante des Hinterkörpers. Urogenitalpapille des ♂ schlank und zugespitzt; Urogenitalpapille des ♀ gedrungener, dicker und am Ende fransig.

Soz.V.: Frei schwimmende Schläfergrundel, die gern im Schutz von Pflanzen ruhig auf der Stelle steht; versteckt sich zeitweilig auch in Höhlen unter Steinen. Gegenüber Artgenossen in geräumigen und unübersichtlich eingerichteten Aquarien relativ friedlich, aber um Aufrechterhaltung einer gewissen Individualdistanz bemüht.

Hält.B.: Süßwasseraquarium mit stellenweise dichter Bepflanzung; Grundfläche durch Pflanzengruppen, Baumwurzeln oder Steine gekammert, um ständigen Sichtkontakt der Fische zu verhindern. Die Art fand sich im natürlichen Habitat in weichem bis mittelhartem Wasser (1 - 12° dGH; 4 - 12° KH; pH-Wert 7,6; T um 26° C). Die Wasserhärte dürfte für die erfolgreiche Pflege im Aquarium keine besondere Rolle spielen. *M. pulchra* läßt sich mit friedlichen Fischen ähnlicher Größe (z.B. Regenbogenfischen) vergesellschaften.

ZU: Die Art laicht wie *M. mogurna* oder *M. adspersa* (s. Bd. 2, Seite 1070) auf offenem Substrat (breite Pflanzenblätter, Baumwurzeln, Steine) ab. Die Anzahl der Eier pro Gelege liegt bei 100 - 200, das einzelne Ei mißt nach Quellung der Eihülle 2,9 x 1,1 mm. Die Larven schlüpfen nach acht Tagen (bei 27° C), während das Gelege vom ♂ bewacht und befächelt wurde, mit einer Größe um 5 mm. Die frei schwimmenden Larven nehmen als Startfutter *Artemia*-Nauplien an und sind leicht aufzuziehen.

FU: K; Lebend- und Frostfutter (Mücken- und andere Insektenlarven; Garnelen, Bachflohkrebse).

Bes.: Die Moresby-Tüpfelgrundel unterscheidet sich von anderen Arten aus dem Umkreis von *Mogurnda mogurna* mit ähnlich großen Schuppen (L1 33 - 37) durch die geringe Anzahl an Praedorsalschuppen (14 - 18) und das Zeichnungsmuster, das von 8 - 10 eckigen, dunklen Flecken auf der Flankenmitte und mit ihnen verbundenen Bändern dominiert wird.

T: 23 - 28° C, **L**: 10 cm, **BL**: 100 cm, **WR**: m (u, o), **SG**: 3

Mogurnda pulchra ♂

Mogurnda pulchra ♀, Neuguinea

Mogurnda sp. "Papuan"
Gebänderte Tüpfelgrundel

Syn.: Noch unbeschriebene Art.

Vork.: Östliches Papua Neuguinea, beiderseits der zentralen Gebirgskette; auf der Nordseite bis in die Umgebung von Lae, auf der Südseite bis zum Laloki-Flußsystem in der Nähe von Port Moresby; in Tieflandflüssen und in Gebirgszonen bis ca. 500 m Höhe vorkommend; bevorzugt in Regenwaldflüssen auf Schlamm- oder Steingrund.

Ersteinf.: 1988 durch STAECK sowie durch BLEHER.

GU: ♂♂ mit längeren hinteren Strahlen in der zweiten Dorsale und Anale; Unterschiede in der Form der Genitalpapillen wie bei *Mogurnda nesolepis*.

Soz.V.: Wie bei *M. nesolepis* angegeben.

Hält.B.: Wie bei *M. nesolepis*.

ZU: Verstecktlaicher; als Brutplätze werden niedrige Höhlen unter Steinen im Bodenbereich gewählt, die vom ♂ z. T. noch weiter ausgetieft werden. Entwicklung direkt: Aus ca. 140 an der Höhlendecke abgesetzten Eiern schlüpfen nach ca. 14 bis 15 Tagen (T 23 - 24° C) mit einer Länge von knapp 8 mm fertig entwickelte Jungfische, die sofort mit *Artemia*-Nauplien angefüttert werden können. Bemerkenswert ist, daß die Embryonen bereits am 4. Tag nach der Eiablage mit den Schwänzen die Eihüllen durchbrechen, so daß ihre Hinterkörper frei ins Wasser hängen; der Embryo wird aber noch vom voluminösen Dottersack in der Eihülle festgehalten.

FU: Lebendes und totes tierisches Futter (Mückenlarven, Bachflohkrebse und ähnliches).

Bes.: Die noch unbeschriebene Art wird in dieselbe Gattung zu stellen sein wie *Mogurnda nesolepis*.

T: 22 - 27° C, **L**: 8 cm, **BL**: 80 cm, **WR**: u, **SG**: 3

Mogurnda spilota
Gefleckte Kutubu-Schläfergrundel

ALLEN & HOESE, 1986

Syn.: Keine.

Vork.: Kutubusee, Papua Neuguinea; endemisch. Die anscheinend seltene Art findet sich im flachen Uferbereich des Sees und im seenahen Bereich des Soro River zwischen dichter Vegetation.

Ersteinf.: 1988 durch BLEHER.

GU: Siehe bei *M. kutubuensis*.

Soz.V.: Freischwimmende Schläfergrundel, die meist ruhig zwischen Pflanzen steht oder gemächlich umherschwimmt. Ein einzeln importiertes Tier zeigte kein aggressives Benehmen gegenüber anderen *Mogurnda*-Arten aus dem Kutubusee.

Hält.B.: Siehe bei *M. kutubuensis*.

ZU: Unbekannt.

FU: Wie bei *M. kutubuensis* angegeben (Seite 756).

Bes.: *M. spilota* gehört in die Verwandtschaft von *M. variegata*. Sie unterscheidet sich von den anderen drei Arten dieser Gruppe durch das Zeichnungsmuster (eine Reihe großer Flecken auf dunklem Grund entlang der Flankenmitte, mitunter jeweils eine Reihe ähnlicher, kleinerer Flecken auf dem unteren und dem oberen Flankenbereich).

T: 23 - 28° C, **L**: 15 cm, **BL**: 100 cm, **WR**: m (u, o), **SG**: 3

Mogurnda sp. "Papuan"

Mogurnda spilota ♀

Mogurnda variegata
Gescheckte Kutubu-Schläfergrundel

NICHOLS, 1951
Unterfam.: Eleotridinae

Syn.: Keine.

Vork.: Endemisch im Kutubusee, Papua Neuguinea; vorwiegend in der flachen, pflanzenbestandenen Uferzone des Sees und im seenahen Bereich des Soro River.

Ersteinf.: 1988 durch BLEHER.

GU: Siehe bei *M. kutubuensis* (S. 756).

Soz.V.: Freischwimmende, ruhige Schläfergrundel, die sich gerne zwischen Pflanzen aufhält. Die wenigen bisher importierten Tiere zeigten im Aquarium kein aggressives Verhalten.

Hält.B.: Siehe bei *M. kutubuensis* (S. 756).

ZU: Unbekannt.

FU: Wie bei *M. kutubuensis* angegeben.

Bes.: Die *Mogurnda*-Arten aus dem Umkreis von *M. variegata* (*M. furva, M. spilota, M. variegata, M. vitta*; allesamt Endemiten des Kutubusees) unterscheiden sich von den Gattungsvertretern aus der *Mogurnda mogurnda*-Gruppe durch ihren abgeflachten, langschnäuzigen und ziemlich spitzen Kopf sowie durch den schlankeren Körper und durch die abweichende Körperfärbung (unregelmäßige dunkle Bänder und Flecken, ein Streifenmuster oder eine gleichförmig schwarze Färbung an Stelle regelmäßiger dunkler Flankenflecken und roter Tüpfel). *M. variegata* weicht von nahestehenden Arten durch ein Muster unregelmäßig angeordneter, miteinander verbundener Körperflecken, durch große dunkle Flecken auf der Kopfoberseite und durch die höhere Anzahl an Schuppen in der Körperquerseite ab (lat. 14 -15 gegenüber 12 -13).

T: 23 - 28° C, L: 15 cm, BL: 100 cm, WR: m (u, o), SG: 3

Oxyeleotris lineolata

(STEINDACHNER, 1867)
Unterfam.: Butiinae

Syn.: *Eleotris lineolatus.*

Vork.: Australien: vom Fritzroy River in Queensland entlang der nördlichen Bereiche des Kontinents bis zum Ord River in Westaustralien. Im Süßwasser von Flüssen, Bächen und Wasserlöchern.

Ersteinf.: 1992 durch BLEHER.

GU: Wie bei *Oxyeleotris urophthalmoides* angegeben.

Soz.V.: Wie bei *O. urophthalmoides*; halbwüchsige Exemplare sind aber relativ friedlich. Auf hellem Substrat sitzende Tiere zeigen einen aufgehellten Rückenbereich und kräftig abstechende, schwärzlich gefärbte Flankenmitten.

Hält.B.: Wie bei *O. urophthalmoides*.

ZU: Im Aquarium wohl noch nicht gelungen. Laicht im Freiland in der wärmeren Jahreszeit ab, wenn die Wassertemperatur auf 24° C ansteigt (Oktober bis Februar). Die aus bis zu 70000 Eiern bestehenden Gelege werden in Verstecken abgesetzt und vom ♂ bewacht und befächelt (Größe der Eier 2 - 2,5 x 1 mm). Die sofort schwimmenden Larven schlüpfen nach 5 - 7 Tagen.

FU: K; kräftiges Lebendfutter (Garnelen, kleine Fische, Insektenlarven).

Bes.: Die spitzköpfige Art unterscheidet sich von den meisten anderen australischen Gattungsvertretern durch die geringere Anzahl an Flossenstrahlen in der zweiten Rückenflosse (D VI-I 8-9 gegenüber D VI-I 10-14). Von einer sehr ähnlichen, noch unbeschriebenen australischen Art weicht sie durch das Fehlen dunkler Flecken in den Brust- und Bauchflossen und in der Afterflosse ab. Auf der Kaudalbasis liegt kein Augenfleck.

T: 20 - 28° C, L: 40 cm, BL: 200 cm, WR: u (m, o), SG: 3

Mogurnda variegata ♀

Oxyeleotris lineolata

Oxyeleotris urophthalmoides   (BLEEKER, 1853)

Syn.: *Eleotris urophthalmoides.*

Vork.: Sumatra; Borneo; Nias; nur im Süßwasser.

Ersteinf.: Taucht gelegentlich im Zierfischhandel auf.

GU: ♀♀ mit größerer, dickerer Urogenitalpapille; Genitalpapille des ♂ klein, flach und schmaler.

Soz.V.: Einzelgänger; aggressiv gegenüber Artgenossen und anderen Fischen. Die Grundeln halten sich gerne in Verstecken in Bodennähe (Steinhöhlen, Deckungen unter Baumwurzeln oder in Blätterhaufen) auf oder "schleichen" durch dichte Pflanzenbestände. In dicht bepflanzten Aquarien sind sie auch im mittleren und oberen Wasserraum anzutreffen. Wenn die Fische auf hellem Substrat sitzen, legen sie eine kontrastreiche Zeichnung an (heller, gebänderter Rükken, dunkle Seiten); aggressiv gestimmte Tiere mit breiten schwärzlichen Bändern und Flecken auf der mittleren und unteren Körperpartie.

Hält.B.: Geräumige Süßwasseraquarien mit stellenweise dichter Bepflanzung (auch Schwimmpflanzen), Verstecken unter Steinen oder in Steinaufbauten und zwischen Baumwurzeln. Gedämpfte Beleuchtung. Haltung der räuberischen Art am besten im Artenbecken.

ZU: Noch nicht gelungen.

FU: K; kräftige, lebende oder tote tierische Nahrung (Garnelen, kleine Fische).

Bes.: *Oxyeleotris urophthalmoides* unterscheidet sich von anderen Vertretern der Gattung durch einen stachelartigen Fortsatz am Vorderrand des äußeren Branchiostegalstrahls. Ein auffälliges Zeichnungsmerkmal ist ein Augenfleck auf der oberen Kaudalbasis. Die Schuppen sind klein (L.l. 60 - 70).

T: 23 - 28° C, **L**: 20 cm, **BL**: 120 cm, **WR**: u (m, o), **SG**: 3

Oxyeleotris urophthalmus   (BLEEKER, 1851)

Syn.: *Eleotris urophthalmus*, *Eleotris siamensis* (?), *Oxyeleotris siamensis* (?).

Vork.: Borneo; Malaiische Halbinsel; Thailand?; Sulawesi?; Neuguinea?; im Süßwasser.

Ersteinf.: ca. 1985.

GU: Wie bei *O. urophthalmoides* angegeben.

Soz.V.: Aggressiver Einzelgänger wie *Oxyeleotris urophthalmoides*; in gut bepflanzten Becken oft wenig bodenorientiert und viel in den oberen Wasserbereichen anzutreffen. Legt auf hellem Substrat keine kontrastierende Hell-Dunkel-Zeichnung an wie *O. urophthalmoi-des*. Aggressiv gestimmte Tiere zeigen ein schwärzliches Bändermuster mit weißlichen Zwischenräumen.

Hält.B.: Wie bei *O. urophthalmoides* angegeben.

ZU: Noch nicht gelungen.

FU: K; kräftiges Lebend- und Frostfutter (Garnelen, kleine Fische).

Bes.: Typisch für die Art ist der ziemlich schlanke Körper, die sehr kleine erste Rückenflosse und der Augenfleck auf der oberen Kaudalbasis. Die Schuppen sind kleiner als bei *O. urophthalmoides* (L.l. 85 -92).

T: 23 - 28° C, **L**: 28 cm, **BL**: 120 cm, **WR**: u (m, o), **SG**: 3

Oxyeleotris urophthalmoides

Oxyeleotris urophthalmus

Gaidropsarus mustellaris   (OKEN in CUVIER, 1817)
Seequappe

Syn.: *Gadus mustela, Mustela mustela.*

Vork.: Zuflüsse der Ostsee und des Atlantiks.

Ersteinf.: Einheimische Art.

GU: Es sind keine äußeren bekannt.

Soz.V.: Gegenüber Artgenossen friedlich. Zur Vergesellschaftung im Brack-Kaltwasserbecken nur mit größeren Fischen geeignet. Nachtaktiv.

Hält.B.: Eigentlich ein Meerwasserfisch, der sich jedoch gut in Brackwasser und als Jungfisch auch in reinem Süßwasser hält. Brackwasser mit einem Salzgehalt von ca. 1 % ist für die dauerhafte Pflege erforderlich. Kräftige Filterung. Verstekke bieten. Als Aquarienfisch nicht zu empfehlen.

ZU: Die Larven leben zunächst planktonisch in den Flußmündungen und Haffs der Ostsee, etc.

FU: K; Würmer, Muscheln, Seesterne, Krebse, kleine Fische.

Bes.: *Neuerdings werden die Quappen, z.B. *Lota lota* (Band 3, Seite 967), nicht mehr in die Familie Gadidae (Dorschfische) gestellt, sondern bilden eine eigene Familie Lotidae. Speisefisch; recht selten.

T: 5 - 18° C, **L**: 50 cm (- 80 cm), **BL**: 150 cm, **WR**: u, **SG**: 4 (G, K)

Galaxias zebratus
Kap-Galaxias

BOULENGER, 1912

Syn.: *Cobitis zebrata*, *Cobitis punctifer*, *Galaxias capensis*, *Galaxias punctifer*, *Galaxias dubius*, *Galaxias (Agalaxias) zebratus*, *Paragalaxias zebratus*, *Agalaxias zebratus*.

Vork.: Südafrika: Kap-Region, vom Olifant River ostwärts bis zum Kaaimans River, in dieser Region in Flüssen und Seen weit verbreitet. Es gibt gestreifte und auch gepunktete Ökotypen, was zur Beschreibung mehrerer Arten führte.

Ersteinf.: Unbekannt, spätestens 1988 durch BUSSE & RATTE.

GU: Unbekannt.

Soz.V.: *Galaxias zebratus* lebt in Gruppen oder kleinen Schwärmen. Die Fische sind untereinander problemlos verträglich und lassen sich auch mit entsprechenden anderen Fischen gut vergesellschaften.

Hält.B.: In der Natur kommen die Tiere in den verschiedensten Biotopen vor, wie rasch strömenden Fließgewässern, aber auch stehenden Gewässern, so daß die Pflege auch unter ungünstigen Umständen problemlos ist.

ZU: In der Natur laichen die Fische nach BARNARD (1948) das gesamte Jahr über. Laichwanderungen werden nicht durchgeführt. Im Aquarium ist die Art bisher wohl nur in Südafrika nachgezüchtet worden.

FU: O; Diese Fische fressen Lebend-, aber auch Flockenfutter. Sie sollen auch Fischbrut nicht verschmähen, auch nicht die eigene.

Bes.: Die Tatsache, daß Galaxiiden an den Südspitzen Südamerikas, Afrikas und Neuseelands sowie Australiens vorkommen, wird als Hinweis dafür angesehen, daß diese Bereiche früher zusammenhingen.

T: 18 - 24° C, L: 5,5 cm , BL: 80 - 100 cm, WR: u, m, o, SG: 2

Pungitius platygaster aralensis (KESSLER, 1877)
Ara-Stichling

Syn.: *Gasterosteus platygaster* var. *aralensis, Pygosteus platygaster aralensis.*

Vork.: Asien: Sowjetunion, an allen Küsten des Aralsees; weiterhin im Syr-Darya, Sarysa, im Delta des Amur-Darya, im Teniz-See und in der Nura.

Ersteinf.: Wahrscheinlich noch nicht eingeführt worden.

GU: Sexualdichromatismus; ♂♂ während der Laichzeit mit Hochzeitskleid.

Soz.V.: Die Tiere leben im Schwarm. Während der Laichzeit bilden die ♂♂ feste Reviere, die gegen andere ♂♂ verteidigt werden. Die ♂♂ sind polygam, 1 ♂ mit mehreren ♀♀ vergesellschaften. Das ♂ betreibt Brutpflege (Vaterfamilie).

Hält.B.: Pflege schon in kleinen Becken möglich. Bodengrund aus Sand; dichte Rand- und Hintergrundbepflanzung mit Kaltwasserarten. Versteckmöglichkeiten aus Wurzeln und Steinen bieten. Becken gut durchlüften.

ZU: Wir kennen keine Zuchterfolge im Aquarium. Zucht aber wahrscheinlich ähnlich der von *Pungitius pungitius*, unseres einheimischen Neunstacheligen Stichlings (vgl. Band 1, S. 834). Das Nest wird nicht auf dem Boden gebaut, sondern in einiger Entfernung vom Boden zwischen den Wasserpflanzen.

FU: K; Lebendfutter aller Art, hauptsächlich wirbellose Plankton- und Bodenorganismen.

Bes.: *Pungitius platygaster aralensis* unterscheidet sich von der Nominatform *P. platygaster platygaster* (KESSLER, 1859) durch die meist fehlenden Schilder auf dem Schwanzstiel (siehe Zeichnung) und die nicht oder nur leicht gesägten Ventralstacheln.

T: 4 - 20° C (Kaltwasserfisch), **L**: 5,3 cm, **BL**: 60 cm, **WR**: m, u, **SG**: 2

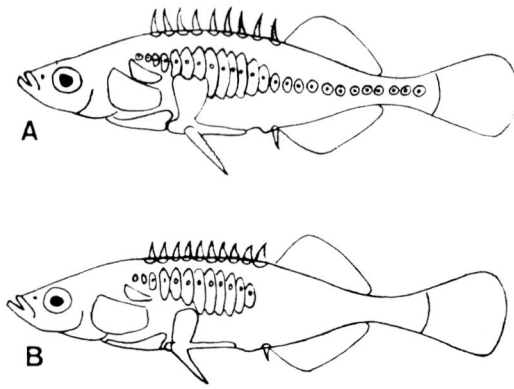

A *Pungitius platygaster platygaster*
B *Pungitius platygaster aralensis*

Zeichnung aus: PAEPKE (1983)

Pungitius platygaster aralensis

Amur-Darya-Fluß bei Tschardshou

Mugilogobius adeia   LARSON & KOTTELAT, 1992

Syn.: Keine.

Vork.: Matanosee, Sulawesi; an flachen Stränden mit kiesigem, z. T. laubbedecktem Substrat in 0,2 - 2 m tiefem Wasser; an einer Steilküste fand sie sich in tieferem Wasser unterhalb von 1,5 - 2 m; der Seeboden bestand hier vorwiegend aus großen Steinblöcken.

Ersteinf.: 1989 durch KOTTELAT und WERNER.

GU: ♂♂ mit schlanker, flacher, zum Ende hin sich verjüngender Urogenitalpapille; Genitalpapille des ♀ kurz und rundlich. ♂♂ besitzen längere hintere Strahlen in der zweiten Dorsale und Anale und einen höheren ersten Stachelstrahl in der ersten Dorsale; die Flossen sind dunkler; in der ersten Dorsale liegt eine weiße Markierung im rückwärtigen Teil, in der zweiten Dorsale ein breiter gelblicher Außensaum.

Soz.V.: Die Art hält sich im Matanosee häufig in leeren Schneckenhäusern (vor allem der Art *Brotia gemmifera*) und unter Steinen versteckt. Hält sich im Aquarium im Bodenbereich auf, schwimmt aber auch häufig frei im unteren bis mittleren Bereich. Besonders ♂♂ sind aggressiv gegenüber Artgenossen.

Hält.B.: Süßwasseraquarium mit Versteckplätzen unter und zwischen Steinen, in leeren Schneckenhäusern oder Plastikrohren (Länge ca. 7 - 10 cm, Durchmesser um 2 cm).

ZU: Verstecktlaicher; Eier und Larven entsprechen in ihrer Größe ungefähr denen von *Mugilogobius chulae* (siehe Bd. 3, S. 990). Aufzucht der planktonischen Larven noch nicht gelungen.

FU: K; kleines lebendes und totes tierisches Futter (Mückenlarven, *Mysis* u.ä.).

T: 22 - 28° C, **L**: 4,3 cm, **BL**: 80 cm, **WR**: u (m), **SG**: 3

Nematogobius maindroni   (KESSLER, 1874)

Syn.: *Gobius maindroni, G. mendroni.*

Vork.: Westafrika: Küstenflüsse und Brackwassergebiete vom Senegal bis Angola.

Ersteinf.: Unklar.

GU: Nicht bekannt.

Soz.V.: Friedliche Grundel, die weder wühlt noch Pflanzen beschädigt.

Hält.B.: Reich strukturierte Aquarieneinrichtung mit vielen Versteckmöglichkeiten. Salzzusatz nicht notwendig.

ZU: Über eine gelungene Zucht im Aquarium gibt es keine Angaben. Auch die Brutbiologie im Freiland ist unbekannt.

FU: K; Lebendfutter aller Art, auch Frostfutter.

Bes.: Keine.

T: 20 - 25° C, **L**: bis 8 cm, **BL**: 60 cm, **WR**: u, **SG**: 3

Mugilogobius adeia ♂

Nematogobius maindroni

Fam.: Gobiidae
Unterfam.: Gobiinae

Neogobius ratan ratan (NORDMANN, 1840)

Syn.: *Gobius ratan, G. trautvetteri* (partim), *G. cephalarges* var. *ratan, G. (Ponticola) ratan, G. (Ponticola) ratan ratan.*

Vork.: Nördliches Schwarzes Meer und Asowsches Meer; im Uferbereich auf Kies- oder Steingrund, typischerweise im mesohalinen Bereich (Salinität ca. 5 - 18 Promille).

Ersteinf.: Noch nicht eingeführt.

GU: ♂♂ in der Laichzeit schwarz, mitunter mit einem schmalen weißen Außensaum in der zweiten Dorsale.

Soz.V.: Bodenbewohnende Art; zumindest in der Laichzeit sind die ♂♂ territorial.

T: 4 - 20° C, **L**: 23 cm, **BL**: 150 cm, **WR**: u, **SG**: 3

Hält.B.: Brackwasseraquarium mit Steinhöhlen und anderen Verstecken.

ZU: Die Fortpflanzungssaison erstreckt sich an der bulgarischen Schwarzmeerküste von März bis Ende Mai; in dieser Zeit wird zweimal abgelaicht; die Eier werden unter und zwischen Steinen abgesetzt. Ihre Größe beträgt im Mittel 3,73 x 1,91 mm. Die Art wird im zweiten Lebensjahr geschlechtsreif.

FU: K; im Freiland ernährt sich *G. r. ratan* vorwiegend von Crustaceen und Fischen.

Bes.: Keine.

Neogobius ratan goebeli

Neogobius ratan ratan ♂

Neogobius ratan ratan ♀

Odontamblyopus rubicundus   (HAMILTON, 1822)
Aalgrundel

Syn.: *Gobioides rubicundus, Amblyopus rubicundus, Taenioides rubicundus, Amblyopus hermannianus, Amblyopus mayenna, Taenioides abbotti.*

Vork.: Indien (Bangladesh und Madras) bis Japan, China und Indonesien; bewohnt Schlammflächen an Flachküsten und in Ästuarien zwischen der Hoch- und Niedrigwassermarke, die bei Ebbe trockenfallen.

Ersteinf.: Um 1990.

GU: Urogenitalpapille des ♂ zugespitzt-spindelförmig; Urogenitalpapille des ♀ dick und rundlich.

Soz.V.: Die Art lebt solitär in selbst gegrabenen Bodengängen, die bis ca. 90 cm tief in den Schlamm oder sogar in festeren Lehmuntergrund hinabreichen können; der vertikale Wohntunnel ist über mehrere gebogene Gänge mit der Schlickoberfläche verbunden. Die Grundel gräbt sich in die Tiefe, indem sie Stücke aus dem Schlamm herausbeißt und sie wieder ausspuckt oder sie zerkleinert aus den Kiemenöffnungen entläßt. Sie entfernt lockeres Sediment auch mittels wedelnder Schwanzbewegungen aus dem Wohngang. An den Ausgängen der Tunnel setzt sich das heraustransportierte Material oft als kreisförmiger Wall ab, wodurch diese ein kraterförmiges Aussehen erhalten. Die Grundel verbringt die Niedrigwasserperiode in ihrem Bodengang, der noch Wasser enthält. Sie geht bei Hochwasser der Nahrungssuche nach. Die Tunneleingänge wirken wohl auch als Fallen, in denen beim Ablaufen des Wassers Beutetiere eingeschlossen werden.

Hält.B.: Die natürlichen Lebensbedingungen der Grundel lassen sich in "normalen" Heimaquarien kaum nachgestalten.

Ersatzweise kann man den Fischen flache, abgestützte Steine auf lockerem Substrat (Sand) bieten, unter denen sie sich verstecken und die sie weiter unterhöhlen. Der Import dieser Art und anderer indopazifischer Aalgrundeln mit entsprechender Lebensweise erscheint kaum sinnvoll.

ZU: Die Art wurde im Aquarium mittels Hormoninjektionen zum Ablaichen gebracht. Die Eier, die im Freiland in Bodengängen abgesetzt werden, messen 2,3-2,6 x 0,6 - 0,7 mm; bei ca. 28 - 29° C schlüpfen die 3,4 mm langen Larven nach 75 Stunden (DOTSU & TAKITA 1967). Die Larven leben planktonisch im Freiwasser von Ästuarien oder Küstenzonen. Mit einer Länge von 3 cm ist die Verwandlung zum Jungfisch weitgehend abgeschlossen. Mit einer Länge von 15 cm ist die Art geschlechtsreif.

FU: K; Jungtiere fressen Copepoden und kleine Garnelen; adulte Tiere nehmen Jungfische und diverse Wirbellose (z. B. Garnelen, Mollusken) auf.

Bes.: Die Brustflossenstrahlen von *O. rubicundus* sind - ausgenommen im unteren Flossenbereich - unverzweigt und nicht von einer Membran eingeschlossen. Die Art besitzt auffällig große, spitze Zähne, deren Funktion möglicherweise mit der grabenden Lebensweise in Verbindung steht. Die Augen sind stark zurückgebildet und kaum funktionstüchtig - eine·Spezialisierung, die mit dem Leben in Bodengängen und dem Vorkommen der Fische in schlammigem, trübem Wasser korrespondiert. Die Art besitzt die Fähigkeit zur direkten Luftatmung über die Kiemen bzw. über das vaskularisierte Epithel der Maul-, Schlund- und Kiemenhöhle.

T: 20 - 30° C, L: 33 cm, BL: 100 cm, **WR**: u, SG: 5

Odontamblyopus rubicundus

Redigobius chrysosoma, Bintuni River, ohne Text

Pomatoschistus marmoratus

(RISSO, 1810)

Syn.: *Gobius marmoratus, Gobius leopardinus, Gobius rhodopterus, Gobius ferrugineus, Gobius (Deltentosteus) leopardinus, Syrrhothonus charrieri, Pomatoschistus microps leopardinus, Gobius marmoratus forma reticulatus, Pomatoschistus (Iljinia) microps leopardinus.*

Vork.: Östlicher Atlantik (Südspanien); Mittelmeer; Schwarzes und Asowsches Meer; eingedrungen in den Suezkanal; eingeführt in den Qarun-See, Ägypten. Im inneren Küstenbereich an flachen Stellen mit Sandgrund bis 20 m Wassertiefe vorkommend, im Winter bis 60 - 70 m absteigend. Dringt in brackige und hypersaline Gewässer ein; häufig z. B. in der Lagune von Venedig.

Ersteinf.: Nicht bekannt.

GU: Adulte ♂♂ mit 4 vertikalen schwarzen Balken auf der Flanke, dunkler Brust und schwarzem Fleck im hinteren Abschnitt der ersten Dorsale; ♀ mit schwarzem Kinnfleck.

Soz.V.: Bodenlebende Grundel, in der Laichzeit territorial.

Hält.B.: Wie andere Brackwasserfische.

ZU: Die Fortpflanzungssaison erstreckt sich im Mittelmeer über Frühjahr und Sommer, im Schwarzen Meer dauert sie vom März bis zur Septembermitte; die Fische laichen wiederholt ab. 300 - 1200 1,0 x 0,6 mm lange Eier werden unter Steinen und an der Unterseite von Muschelschalen abgesetzt; die Larven durchlaufen ein planktonisches Stadium. Die Art wird nach einem Jahr geschlechtsreif und erreicht ein Alter von 2 Jahren.

FU: K, O; ernährt sich im Freiland von kleinen Crustaceen und von Chironomidenlarven.

Bes.: Keine.

T: 20 - 28° C, **L**: 6,5 cm, **BL**: 60 cm, **WR**: u, **SG**: 3

Pseudapocryptes lanceolatus
Lanzettgrundel

(BLOCH & SCHNEIDER, 1801)

Syn.: *Eleotris lanceolata, Gobius changua, Apocryptes dentatus, Apocryptes lanceolatus, Boleophthalmus taylori, Apocryptodon edwardi.*

Vork.: Koromandelküste Indiens über das Ganges-Brahmaputra-Delta bis Burma, Thailand, Vietnam (evtl. China), Kalimantan und Java; auf gezeitenbeeinflußten Schlammflächen und in zeitweilig austrocknenden Gezeitenteichen.

Ersteinf.: ca. 1959.

GU: Abgesehen von der Form der Urogenitalpapille sind keine Geschlechtsunterschiede bekannt.

Soz.V.: Bodenlebende Art; vor allem im männlichen Geschlecht territorial und aggressiv gegenüber Artgenossen.

Hält.B.: Die Art legt Bodengänge an, in denen sie sich bei Tidenniedrigwasser aufhält. In längere Zeit austrocknenden Springflutteichen treibt sie ihre Gänge bis in zwei Meter Tiefe voran, um an ihrem Grund in einer Art "Trockenschlaf", umgeben von einer "kleinen Pfütze schleimigen Wassers", bis zur nächsten Überflutung zu warten. Die Art bewegt sich Freilandbeobachtungen zufolge auch außerhalb des Wassers umher, ist dem Aufenthalt auf dem Land aber nicht so gut angepaßt wie die verwandten Glotzaugen (*Boleophthalmus*) und Schlammspringer (*Periophthalmus*). *P. lanceolatus* läßt sich in ständig wassergefüllten Aquarien (ohne Landteil) pflegen und hält hier dauerhaft aus; als Ersatz für die Bodengänge können den Fischen im Bodengrund versenkte Plastikröhren (z.B. PVC-Abflußrohre) angeboten werden. Das Wasser sollte zeitweilig mehr

Fortsetzung übernächste Seite

Pomatoschistus marmoratus

Pseudapocryptes lanceolatus, Bengalen, Indien

Fortsetzung von *Pseudapocryptes lanceolatus*

oder weniger stark aufgesalzen werden. Die natürlichen Lebensbedingungen der Art lassen sich im Heimaquarium allerdings kaum nachahmen (zitiert nach HORA 1937).

ZU: Im Aquarium noch nicht gelungen.

FU: K; Lebend- und Frostfutter.

Bes.: Die Art ist fakultativer Luftatmer, der bei Sauerstoffmangel im Wasser das Maul mit Luft füllt und dabei, an der Wasseroberfläche treibend, den Sauerstoff mittels des spezialisierten Gewebes in der Maul-, Schlund- und Kiemenhöhle absorbiert (vgl. WICKLER 1959, DATZ 12: 81-84).

T: 23 - 28° C, **L:** 22 cm, **BL:** 100 cm, **WR:** u, **SG:** 4

Redigobius bikolanus (HERRE, 1927)

Syn.: *Vaimosa bikolana, Vaimosa montalbani, Pseudogobius bikolanus, Stigmatogobius minutus, Stigmatogobius versicolor.*

Vork.: Indowestpazifische Region: von Südafrika (Coffee Bay) bis Japan (Honshu), zu den Marianen (Guam) und zum nordöstlichen Australien.

Ersteinf.: 1989 durch BLEHER.

GU: ♂ ♂ mit verlängerten hinteren Strahlen in der zweiten Dorsale und Anale sowie bis hinter die Augen zurückreichende Kiefer. Kopf und Körper sind zudem höher als beim ♀, das kleiner bleibt.

Soz.V.: Adulte ♂ ♂ sind im Aquarium ständig territorial; sie besetzen ein Versteck (z. B. eine niedrige Höhle unter einem auf dem Boden liegenden Stein) in Plastikrohren oder unter Blumentopfstücken und verteidigen den umliegenden Bereich gegenüber Artgenossen und anderen kleinen Fischen. Die ♀ ♀ sind nicht revierbildend. *R. bikolanus* besitzt ein gutes Schwimmvermögen, hält sich aber vorwiegend im Bodenbereich oder an geschützten Stellen im mittleren Wasserraum auf. Steht typischerweise mit schräg ausgerichtetem Körper (Kopf nach oben gerichtet) im Wasser.

Hält.B.: Haltung in Süß- oder Brackwasseraquarien. *R. bikolanus* hält auch in recht weichem Wasser (8° dGH) gut aus. Haltung im Artenbecken oder in Gesellschaft kleiner und ruhiger Fische. Das Aquarium sollte stellenweise dicht bepflanzt sein und als potentielle Laichverstecke Hohlräume unter Steinen oder anderen festen Objekten (bzw. Kunststoffröhren, die nicht viel höher als der Fischkörper sein sollten) enthalten.

ZU: Die Fortpflanzung im Aquarium wurde in Australien beobachtet. Die Fische setzten 1000 oder mehr Eier zwischen spätem Abend und frühem Morgen an der Decke einer Höhle ab. Der Schlupf erfolgte (bei nicht genannter Temperatur) nach 5 - 7 Tagen (LEGGETT & MERRICK 1987). Die frisch geschlüpfte Larve ist 1,9 mm lang; bei einer Länge von 2,2 mm zeigt sie eine auffällig dunkle Pigmentierung (DOTSU & ALLEN 1988). Die Aufzucht der planktonischen Larve, die wahrscheinlich ein marines Stadium durchläuft, ist im Aquarium noch nicht gelungen.

FU: Kleines Lebend- und Frostfutter (Mückenlarven, *Mysis*, Wasserflöhe, *Artemia*).

Bes.: Kennzeichnend für die Art, die ein für mehrere *Redigobius*-Arten typisches Zeichnungsmuster aufweist, ist ein kleiner dunkler Fleck, der sich von der Bauchseite in vertikaler Richtung bis in die Nähe der Urogenitalpapille erstreckt.

T: 21 - 28° C, **L:** 4,5 cm, **BL:** 60 cm, **WR:** u, m, **SG:** 3

Redigobius bikolanus ♂

Redigobius bikolanus ♀

Dermogenys viviparus (PETERS, 1865)
Luzon Halbschnäbler

Syn.: *Hemirhamphus viviparus, Rhamphodermogenys bakeri.*

Vork.: Samar, Luzon, Philippinen.

Ersteinf.: Nicht nachweisbar.

GU: ♂♂ mit zu einem Begattungsorgan modifizierter Afterflosse (Andropodium), kürzeren Körperabmessungen und intensiveren Körperfarben.

Soz.V.: *Dermogenys viviparus* ist eine sehr schnelle und lebhafte Halbschnäbler-Art, die sich im lockeren Verband meistens an der Wasseroberfläche aufhält. Männliche Tiere sind hauptsächlich während der Balz äußerst zänkisch untereinander. Eine Vergesellschaftung mit kleinen Friedfischen ist möglich.

Hält.B.: Sauerstoffreiches, über Kohle oder Kies gefiltertes Aquarienwasser und eine freie Schwimmzone an der Wasseroberfläche fördern die erfolgreiche Haltung der beschriebenen Halbschnäbler-Art. Das Aquarium sollte möglichst flach, jedoch tief und lang in seinen Abmessungen sein. Eine Schwimmpflanzendecke sorgt für den Schutz der Nachkommen und dient den Tieren als Versteckmöglichkeit.

ZU: Da *D. viviparus* seinem Nachwuchs selbst bei optimaler Fütterung noch stark nachstellt, empfiehlt es sich für die erfolgreiche Zucht, trächtige ♀♀ in flache und dicht mit Pflanzen besetzte Aquarien zu separieren. Die Trächtigkeitsdauer liegt bei etwa 6 Wochen. Ein Wurf kann bis zu 25 Nachkommen bringen.

FU: K, O; Lebendfutter aller Art, besonders gerne werden kleine Regenwürmer genommen; Frostfutter, hauptsächlich Rinderherz, mäßig Flockenfutter.

Bes.: *Dermogenys philippinus* ist möglicherweise ein Synonym zu *D. viviparus.*

T: 23 - 28° C, **L:** ♀ 8,5 cm, ♂ 6,5 cm, **BL:** 80 cm, **WR:** o, **SG:** 3

Zenarchopterus dispar (VALENCIENNES, 1846)
Halbschnabelhecht

Syn.: *Hemirhamphus dispar.*

Vork.: Fast in ganz Südostasien zu finden, so in Pakistan, Indien, Bangladesh, Malayische Halbinsel bis zu den Philippinen, Sri Lanka. Bevorzugt werden die Ästuarien besiedelt (Brackwasser), aber diese Art kommt auch in reinem Süßwasser vor.

Ersteinf.: Unbekannt, ca. 1985.

GU: ♂♂ mit deutlich verlängerter und umgeformter Afterflosse, die fiedrig endet, sowie leicht vergrößerter Rückenflosse.

Soz.V.: Relativ friedlicher Schwarmfisch, der vor allem nachts aktiv ist.

Hält.B.: Große Becken mit viel Oberfläche ohne Schwimmpflanzen. pH-Wert 7 - 8. Härte ab 10° dGH. Ein Salzzusatz ist empfehlenswert, besonders zur besseren Eingewöhnung. Die Art ist am besten im Artenbecken zu halten.

ZU: Allgemein ist diese Art als eierlegend bekannt. Nachweislich warf aber ein ♀ im Aquarium eine Woche nach dem Fang lebende Junge. Schon länger wird vermutet, daß es bei dieser Art zumindest fakultativ Lebendgebären gibt.

FU: K; die natürliche Nahrung besteht wahrscheinlich aus Insekten, deren Larven und anderem Anflug, aber auch kleinen Fischen, und wird ausschließlich von der Wasseroberfläche aufgenommen.

Bes.: Das Foto zeigt ein kurzflossiges ♀ in schlechtem Ernährungszustand, der für frisch importierte Exemplare leider üblich ist. Ein Fisch für Spezialisten.

T: 24 - 28° C, **L:** 15 cm, **BL:** ab 120 cm, **WR:** o, **SG:** 3 - 4

Dermogenys viviparus

Zenarchopterus dispar

Afromastacembelus frenatus   (BOULENGER, 1901)
Zügel-Stachelaal

Syn.: *Mastacembelus frenatus*.

Vork.: Afrika: Im Tanganjikasee (endemisch), Chimba, Sambia.

Ersteinf.: *Afromastacembelus frenatus* wurde bislang noch nicht nach Deutschland importiert.

GU: Es sind keine äußeren Erkennungsmerkmale für eine Geschlechterunterscheidung bekannt geworden.

Soz.V.: Die dämmerungs- bzw. nachtaktive Stachelaal-Art lebt räuberisch über Sandboden. Wie prinzipiell alle Vertreter der Gattung, so verhält sich auch *Afromastacembelus frenatus* aggressiv gegenüber Artgenossen und Gattungsmitgliedern. Inwieweit *A. frenatus* sich auch aggressiv gegen nicht aalähnliche Fische verhält, ist nicht bekannt.

Hält.B.: Wie *Afromastacembelus shiranus,* so lebt auch *A. frenatus* im natürlichen Habitat hauptsächlich über Sandboden. Deshalb sollte *A. frenatus* grober Sand als Bodengrund geboten werden. Kleine Steinaufbauten sorgen zusätzlich für Versteckmöglichkeiten. Pflanzen im Aquarium läßt diese Art unbehelligt. Leicht bewegtes, kräftig gefiltertes Wasser dient dem Wohlbefinden der Art. Wasser: pH-Wert 7,4 - 8,4, Härte 7 - 30° dGH.

ZU: Unbekannt. In Band 5 soll ein Zuchtbericht über Mastacembeliden erscheinen.

FU: K; überwiegend kleines Lebendfutter: Fische, Mückenlarven, Regenwürmer und Krebstiere.

Bes.: Keine.

T: 23 - 27° C, **L**: 25 cm; **BL**: 160 cm, **WR**: m, u, **SG**: 3

Caecomastacembelus cryptacanthus   (BOULENGER, 1901)

Syn.: *Mastacembelus cryptacanthus*.

Vork.: Afrika: Kamerun, Nigeria, Mittleres Zairebecken.

Ersteinf.: Zuletzt 1992 nach Holland.

GU: Nicht erkennbar.

Soz.V.: Wie vorige Art.

Hält.B.: Wie vorige Art.

ZU: Bisher nicht gelungen. Möglicherweise bauen die Tiere Nester aus Algen unter der Wasseroberfläche. Die Eier werden wie bei anderen *Mastacembelus*-Arten nicht bewacht.

FU: K; Würmer, Insektenlarven, kleine Fische, Futtertabletten.

Bes.: Sehr selten eingeführte Art, deren Name nicht eindeutig gesichert ist.

T: 24 - 30° C, **L**: 25 cm; **BL**: 160 cm, **WR**: m, u, **SG**: 3

Afromastacembelus frenatus, Tansania

Caecomastacembelus cryptacanthus

Aethiomastacembelus loennbergii   BOULENGER, 1898
Lönnbergs Stachelaal

Syn.: *Mastacembelus loennbergii, Mastacembelus cryptacanthus, Caecomastacembelus loennbergii.*

Vork.: Afrika: Tschad, Benue- und Nigerbecken.

Ersteinf.: 1913 durch "Aquarium Hamburg".

GU: Unbekannt.

Soz.V.: Recht friedliche, versteckt lebende Tiere, die jedoch nachts auch kleine Fische verspeisen. Aggressiv gegenüber Artgenossen. Einzelhaltung.

Hält.B.: Becken mit Sandboden und Höhle als Versteck. Bei gutem Wasser graben sich die Tiere in den Sand ein. Bei schlechtem Wasser kommen sie heraus und schwimmen unruhig umher. Wasserblüte wird schlecht oder gar nicht vertragen, (VOGT, "DATZ" 1957, S. 255). Die Tiere können "am lebendigen Leibe" im Boden verfaulen. Wasser: pH-Wert 6,8 - 7,8; Härte 10 - 25 dGH.

ZU: Bisher nicht gelungen.

FU: K; Würmer, Schnecken, Krebschen, kleine Garnelen und Fische. Gefrorene Rote Mückenlarven, *Tubifex*, Geteilte Tetratips.

Bes.: Der Fang im Aquarium ist schwierig. Oft muß man es mitsamt dem Bodengrund ausräumen. Bei sauerstoffarmem Wasser wird auf akzessorische Luftatmung übergegangen. Die Tiere steigen an die Oberfläche.

T: 25 - 30° C, **L**: 26 cm; **BL**: 80 cm, **WR**: u, **SG**: 3

Afromastacembelus shiranus   (GÜNTHER, 1896)
Shire-Stachelaal

Syn.: *Mastacembelus shiranus.*

Vork.: Afrika: Malawisee (endemisch), Nakantenga Inseln, Shire River, Malawi.

Ersteinf.: *Afromastacembelus shiranus* wurde bislang noch nicht nach Deutschland importiert.

GU: Es sind keine äußeren Erkennungsmerkmale der Art für eine Geschlechterunterscheidung bekannt geworden.

Soz.V.: Die Art ist dämmerungs- bzw. nachtaktiv, vereinzelt jedoch, vor allem bei Störungen, sind die Fische auch am Tage sichtbar. Die räuberisch lebende Stachelaal-Art wird im Erwachsenenalter im natürlichen Habitat nur einzeln vorgefunden. Es wird angenommen, daß sich *Afromastacembelus* in Gefangenschaft gegenüber anderen Mastacembeliden zänkisch verhält.

Hält.B.: Der beschriebene Stachelaal ist auf Sandboden angewiesen, da sich die Tiere mit Vorliebe im Sand vergraben, besonders in ihren Ruhezeiten. Die genannte Fischart hält sich in freier Natur bevorzugt im Fußbereich von Felsen auf. So sollte auch im Aquarium ein kleiner Felsaufbau nicht fehlen. Das Aquarium kann dicht mit Pflanzen im Hintergrundbereich besetzt sein. Eine geschlossene Abdeckung des Beckens ist wichtig, da die Tiere ansonsten mit Sicherheit aus dem Aquarium springen. Ein 14tägiger (hälftiger) Wasserwechsel und eine starke Filterung werden empfohlen. Wasser: pH-Wert 7,4 - 8,4, Härte 7 - 30° dGH.

ZU: Unbekannt.

FU: K; überwiegend kleines Lebendfutter: Fische, Insektenlarven, Regenwürmer und Krebstiere.

Bes.: Keine.

T: 23 - 27° C, **L**: 26 cm; **BL**: 160 cm, **WR**: m, u, **SG**: 3

Aethiomastacembelus loennbergii

Afromastacembelus shiranus

Melanotaenia irianjaja ♀, Text Seite 796

Melanotaenia irianjaja ♂, 67 mm SL, Kali Saru

Chilatherina bulolo (WHITLEY, 1938)
Bulolo-Regenbogenfisch

Syn.: *Centratherina bulolo.*

Vork.: Aus verstreuten Plätzen im Markham-(Erap Snake River und Bulolo River) und Ramu-(Whege River) Flußsystem. Vor allem in schnell fließendem Wasser in Stromschnellen oder auch unter Wasserfällen.

Ersteinf.: ca. 1990.

GU: ♂♂ hochrückiger mit leicht vergrößerter 2. Rücken- und Afterflosse, die mit einem dunkleren Streifen begrenzt sind. Das seitliche Band ist zu einigen undeutlichen Punkten aufgelöst. ♀♀ deutlich gestreckter und nahezu völlig silbrig.

Soz.V.: In kleinen Gruppen können einzelne Tiere sehr aggressiv sein, daher sollte mindestens ein Schwarm von sechs Tieren gehalten werden.

Hält.B.: Dem Vorkommen in sehr sauerstoffreichen Biotopen entsprechend sollte das Hälterungsbecken mit einem kräftigen Filter versehen sein. Ein dichter Pflanzenbestand in einem Teil des Beckens kann als Rückzugsbereich für verfolgte Exemplare dienen.

ZU: Wie bei allen Regenbogenfischen kann der Ansatz paarweise erfolgen. Im Zuchtbecken brauchen nur ein kräftiger Filter und ein Büschel Javamoos oder ein Ablaichmop zu sein, allerdings ist ein kleiner Steinaufbau mit einigen kleinen Höhlen oder einige großblättrige Pflanzen als Schutz unterlegener ♀♀ sinnvoll. Nach 6 Tagen Zuchtpaar oder Laichsubstrat entnehmen.

FU: O; Allesfresser, gelegentlich auch Wasserlinsen, vor allem aber Lebendfutter wie Wasserflöhe und Mückenlarven. Frischgeschlüpfte Jungfische mit feinstem Trockenfutter anfüttern.

Bes.: Selten gehaltener Regenbogenfisch, da es sich um den farblich vielleicht am wenigsten attraktiven Vertreter dieser Familie handelt.

T: 24 - 26° C, **L:** 8 cm, **BL:** 80 cm, **WR:** m, **SG:** 2

Chilatherina crassispinosa
Silberner Regenbogenfisch

(WEBER, 1913)

Syn.: *Rhombatractus crassispinosus, Centratherina bulolo.*

Vork.: Weit verbreitet im nördlichen Neuguinea vom Markham-System in der Nähe von Lae, Papua Neuguinea, bis zum Mamberamo in Irian Jaya. Kommt auch im Ramu und Sepik vor, ebenso in vielen kleineren Flüsse entlang der Nordküste.

Ersteinf.: ca. 1990.

GU: ♂♂ mit größeren Flossen, deutlich kräftiger in der Färbung, Rücken- und Afterflosse deutlich größer als beim ♀. Ein Balzstreifen von der Maulspitze zur 1. Rückenflosse kann beim Männchen wie eine Laterne an- und ausgeschaltet werden.

Soz.V.: Friedlicher Schwarmfisch, trotzdem sollten im Hälterungsbecken für unterlegene Tiere (♂ können bei der Balz ziemlich stürmisch sein) Pflanzen- oder Steinverstecke vorhanden sein. Nur kleineren Jungfischen wird nachgestellt.

Hält.B.: Nicht zu kleine Becken, ausreichend freier Schwimmraum. pH-Wert 6 - 8; Härte nicht unter 5 ° dGH, da sonst der pH-Wert zu stark schwanken kann.

ZU: Dauerlaicher, einfach wie bei den meisten anderen großen Regenbogenfischen. Im Zuchtbecken können Javamoos oder ein Ablaichmop als Laichsubstrat dienen. Die nach etwa 6 Tagen schlüpfenden Jungen brauchen sofort kleinstes Trockenfutter.

FU: O; allerdings wird meist nur Futter von der Oberfläche oder aus der oberen Beckenhälfte gefressen. Die gierigen Fresser dürfen nicht überfüttert werden, mindestens einmal wöchentlich einen Fastentag einlegen. Gelegentlich werden, wie von vielen anderen Regenbogenfischen, auch Wasserlinsen gefressen.

Bes.: Einer der am wenigsten stark gefärbten Regenbogenfische. Das Foto zeigt bereits die Prachtfärbung. In Normalfärbung erscheinen auch die Männchen silbrig, wie eigentlich die Weibchen immer.

T: 22 - 24° C, **L**: 9 cm, **BL**: 100 cm, **WR**: m, o, **SG**: 2

Glossolepis multisquamatus
Sepik-Regenbogenfisch

(WEBER & DE BEAUFORT, 1922)

Syn.: *Melanotaenia multisquamata, Melanotaenia kabia, Melanotaenia rosacea.*

Vork.: Weitverbreitet in den Überschwemmungsbereichen der großen Flüsse Mamberamo und Sepik River sowie des Taritatu und Ramu River. Bewohnt vor allem sumpfige Lagunenbereiche, Altarme und kleine Seitenkanäle der größeren Flüsse. Normalerweise im Bereich von Wasserpflanzen in mäßig trübem Wasser zu finden. Jungfische bilden über Ästen und Wurzelwerk kleine Schwärme.

Ersteinf.: ca. 1988.

GU: ♂♂ etwas größer und hochrückiger mit deutlich größerer zweiter Rücken- und vor allem Afterflosse. Die orangefarbene Körper- und Afterflossenfärbung ist deutlich intensiver als bei den ♀♀.

Soz.V.: Relativ friedlicher Schwarmfisch, der möglichst in kleinen Gruppen gehalten werden sollte. Bei der Balz können die ♂♂ allerdings etwas aggressiver werden, so daß Versteckmöglichkeiten im Haltungs- und Zuchtbecken unbedingt angeboten werden sollten.

Hält.B.: Möglichst große Becken, die über größere Bereiche dicht bepflanzt werden sollen. pH-Wert 6,0 - 7,5, Härte bis 15° dGH. Temperatur 25 - 29° C.

ZU: Einfach, Ansatz wie bei den anderen Regenbogenfischen in einem Zuchtbecken mit Ablaichgelegenheit.

FU: O; Allesfresser.

Bes.: Der einzige Regenbogenfisch, von dem bisher nachgewiesen wurde, daß er in den Überschwemmungsbereichen der Flüsse ablaicht und somit dadurch jahreszeitlichen Schwankungen im Ablaichverhalten unterliegt.

T: 24 - 30° C, **L**:♂ 13 cm, ♀ 10 cm, **BL**: 120 cm, **WR**: m, **SG**: 2

Chilatherina crassispinosa ♂

Glossolepis multisquamatus ♂

Glossolepis ramuensis
Ramu-Regenbogenfisch

ALLEN, 1985

Syn.: Keine.

Vork.: Bisher vor allem aus Nebenflüssen des Gogol River nahe Madang im nördlichen Papua Neuguinea gefunden, aber auch aus dem mittleren Ramu-System bekannt.

Ersteinf.: ca. 1988.

GU: ♂♂ hochrückiger, farblich deutlich kräftiger, mit größerer zweiter Rücken- und vor allem Afterflosse. Nur die ♂♂ zeigen die recht ansprechende Färbung aus zwei orangegelben Streifen und schwarzen Punkten im unteren Körperbereich oberhalb der Afterflosse.

Soz.V.: Friedlicher Schwarmfisch.

Hält.B.: Mittelgroße Becken mit einigen dichten Pflanzenbeständen, die aber ausreichend freien Schwimmraum lassen sollen. 24 - 27° C, pH-Wert 6,0 - 7,5. Die Becken sollten gut gefiltert sein, regelmäßiger Wasserwechsel ist anzuraten.

ZU: Einfach, wie bei den anderen Regenbogenfischen.

FU: O; Allesfresser, auch über einen längeren Zeitraum gut mit Trockenfutter zu ernähren.

Bes.: Keine

T: 24 - 27° C, **L:** 8 cm, **BL:** 80 cm, **WR:** m, **SG:** 1

Melanotaenia angfa
Yakati-Regenbogenfisch

ALLEN, 1990

Syn.: Keine.

Vork.: Nur von zwei Nebenflüssen des Yakati River in Irian Jaya, Neuguinea, bekannt. Der Yakati River liegt auf dem Isthmus, der das Festland von Neuguinea mit der Vogelkopfhalbinsel verbindet. Die beiden Nebenflüsse liegen mitten auf dem Isthmus auf Höhen von 200-400 m. Es handelt sich um typische Regenwaldflüsse.

Ersteinf.: Noch nicht erfolgt.

GU: Nicht bekannt, da bisher nur ♂♂ gefunden wurden. ♂♂ wahrscheinlich deutlich farbiger mit größeren und spitz zulaufenden Flossen.

Soz.V.: Unbekannt, sicherlich Schwarmfisch, aufgrund der Größe möglicherweise zur Laichzeit aggressiv.

Hält.B.: Große Aquarien mit guter Durchlüftung und kräftiger Filterung. pH-Wert 6,5 - 7,5, Temperatur 24 - 26° C. Viel Wasserwechsel.

ZU: Unbekannt, wahrscheinlich aber nicht schwieriger als bei den meisten anderen Regenbogenfischen dieser Gattung.

FU: O; wahrscheinlich Allesfresser.

Bes.: Diese Art wurde zu Ehren der Australian New Guinea Fish Association benannt, die sich ausschließlich mit den einheimischen Fischen Australiens und Neuguineas befaßt. Sehr ähnlich zu *M. herbertaxelrodi*.

T: 24 - 26° C, **L:** bis 13 cm, **BL:** 100 cm, **WR:** m, **SG:** 3

Glossolepis ramuensis ♂

Melanotaenia angfa ♂, Kali Kurumoi-Insel

Melanotaenia arfakensis
Arfak-Regenbogenfisch

ALLEN, 1990

Syn.: Keine.

Vork.: Bisher nur aus einigen Nebenflüssen des Prafi River-Systems aus der Nähe von Manokwari im nördlichen Teil der Vogelkopf-Halbinsel Neuguineas bekannt. Diese Flüsse liegen im Regenwald oder in der landwirtschaftlich bearbeiteten (Ölpalmenanpflanzung) flachen, alluvialen Ebene.

Ersteinf.: 1990.

GU: ♂♂ mit schwarz abgesetzten hinteren Flossen, Seitenband etwas deutlicher als bei den ♀♀, ansonsten sind vor allem nicht ausgewachsene Fische schwer zu unterscheiden.

Soz.V.: Friedlicher Schwarmfisch, der in Gruppen von mindestens 6 Tieren gehalten werden sollte.

Hält.B.: Klares, gut durchlüftetes Wasser in nicht zu kleinen Becken ist eine wesentliche Voraussetzung für das Wohlbefinden der Fische. pH-Wert 6,5 - 7,5 Temperatur 24 - 28° C. Neben einigen Pflanzengruppen muß ausreichend freier Schwimmraum bleiben.

ZU: Etwas schwieriger als bei den anderen Regenbogenfischen der Gattung, da die Geschlechter nicht leicht zu unterscheiden sind und ausreichend Jungfische angeschafft werden müssen, um auch beide Geschlechter zu haben. Die Eizahlen sind nicht sehr hoch.

FU: O; Allesfresser, gerne kleines und mittelgroßes Lebendfutter.

Bes.: Wie bei vielen der in den letzten Jahren neubeschriebenen Arten von Regenbogenfischen sind es auch hier Mitglieder der Internationalen Gesellschaft für Regenbogenfische (IRG) gewesen, die den Fisch (noch vor seiner Erstbeschreibung) hielten, züchteten und verbreiteten.

T: 24 - 28°C, L: 90 mm, **BL:** 100 cm, **WR:** m, **SG:** 2 - 3

Melanotaenia fredericki
Sorong-Regenbogenfisch

(FOWLER, 1939)

Syn.: Charisella fredericki.

Vork.: Bisher aus dem System des Samson River und Flüssen aus der Nähe von Sorong im Nordwesten der Vogelkopfhalbinsel (Irian Jaya, Neuguinea) bekannt.

Ersteinf.: 1990.

GU: ♂♂ zwar mit etwas vergrößerter zweiter Rücken- und Afterflosse, deren Spitzen sind aber, als Besonderheit bei den Regenbogenfischen, nicht sichtlich länger ausgezogen als bei den ♀♀. ♀♀ bei Wohlbefinden etwas weniger kräftig blau.

Soz.V.: Relativ friedlicher Schwarmfisch, nur bei der Balz etwas aggressiver gegenüber Artgenossen, daher einige Verstecke im Becken einrichten.

Hält.B.: Größeres Becken mit kräftiger Filterung und guter Durchlüftung. 24 - 28° C, pH-Wert 6,5 - 7,5. Neben einigen dichteren Pflanzenbeständen sollte ausreichend freier Schwimmraum vorhanden sein. Bei dunklem Bodengrund (Blähton) kommen die schönen Blautöne dieses Fisches besser zur Geltung.

ZU: Etwas weniger produktiv als die meisten anderen Regenbogenfische der Gattung, aber sonst nicht schwerer zu halten. Geschlechterwahl kann wegen der Ähnlichkeit gelegentlich schwieriger sein, dem kann man entgehen, indem man einen ganzen Schwarm ansetzt.

FU: O; Allesfresser, gerne Mückenlarven und Wasserflöhe.

Bes.: Dieser Fisch war nach FOWLERS Erstbeschreibung (anhand von Jungfischen) bis zur Wiederentdeckung im Jahre 1990 ein 'Rätselfisch', der lange als Synonym zu Melanotaenia goldiei galt. Wegen der nicht ausgezogenen Flossen der ♂♂ nimmt diese Art eine Sonderstellung in der Gattung Melanotaenia ein.

T: 24 - 28° C, L: 10 cm, **BL:** 100 cm, WR: m, **SG:** 2 - 3

Melanotaenia arfakensis

Melanotaenia fredericki

Melanotaenia irianjaya   ALLEN, 1985
Irian Jaya-Regenbogenfisch

Syn.: Keine.

Vork.: Weit verbreitet in den südlich fließenden Flußsystemen der Vogelkopf-Halbinsel, Irian Jaya, Neuguinea. Diese Art kommt auch auf einigen der vorgelagerten Inseln vor. In diesem Gebiet findet sich die Art in Regenwaldbächen und kleinen Flüssen.

Ersteinf.: 1991.

GU: ♂♂ etwas farbenprächtiger, mit größerer Rücken- und Afterflosse, die mit einer schmalen roten Kante versehen sind. Das dunkle seitliche Band ist mit einem deutlichen Blaustich versehen.

Soz.V.: Relativ friedlicher Vertreter, allerdings können ♂♂ bei der Balz gegenüber kleineren ♂♂ und den ♀♀ aggressiv werden. Es empfiehlt sich, nicht weniger als 6 Tiere zu halten und im Haltungs- und Zuchtbecken einige Verstecke vorzusehen.

Hält.B.: Große Becken mit klarem, gut gefiltertem Wasser. Einige Pflanzenbestände können als Versteck dienen, aber auch der freie Schwimmraum muß vorhanden sein. 23 - 26° C, pH-Wert 6 - 7, bis 15° dGH. Regelmäßiger Wasserwechsel erhöht das Wohlbefinden und führt zu besserer Färbung und besseren Zuchterfolgen.

ZU: Einfach, wie bei den meisten anderen Regenbogenfischen dieser Familie.

FU: O; Allesfresser, Jungfische sind mit feinstem Flockenfutter leicht aufzuziehen.

Bes.: Keine.

T: 23 - 26° C, **L:** bis 10 cm, im Aquarium meist kleiner, **BL:** 100 cm, **WR:** m, **SG:** 2

Melanotaenia praecox   (WEBER & DE BEAUFORT, 1922)
Diamant-Regenbogenfisch

Syn.: *Rhombatractus praecox, Nematocentris praecox,*

Vork.: Mamberamofluß in Irian Jaya (Neuguinea).

Ersteinf.: 1992 durch BLEHER.

GU: ♂ farbiger und größer.

Soz.V.: Flinker, friedlicher Schwarmfisch, für Gesellschaftsbecken geeignet.

Hält.B.: Wie andere *Melanotaenia*-Arten. Bevorzugt weiches Wasser.

ZU: Nur wenig schwieriger als bei den anderen Gattungsangehörigen. Weiches und leicht saures Wasser sind von Vorteil. Eingewöhnt ist diese Art leicht züchtbar.

FU: K, O; Flockenfutter, FD-Stoffe, *Artemia,* Frostfutter.

Bes.: Einer der prächtigsten Regenbogenfische.

T: 22 - 28° C, **L:** 6 cm, **BL:** 80 cm, **WR:** alle, **SG:** 2 - 3

Melanotaenia irianjaya ♂, ♀ Seite 788

Melanotaenia praecox ♂

Melanotaenia oktediensis
Oktedi-Regenbogenfisch

ALLEN & CROSS, 1980

Syn.: Keine.

Vork.: Nur vom Ok Tedi River und seinen Nebenflüssen im oberen System des Fly River im südlichen Papua Neuguinea bekannt. Die meisten der bisher gefundenen Exemplare wurden in Bächen in der Nähe von Tabubil, ungefähr 900 bis 950 km flußaufwärts, auf Höhen zwischen 300 und 500 m gefangen. Die Bäche dort sind klar oder leicht trüb.

Ersteinf.: ca. 1989.

GU: Schwer zu unterscheiden. Die ♀♀ sind schlanker, die zweite Rücken- und Afterflosse reicht nur bis in die Mitte des Schwanzstiels, während sie bei den ♂♂ bis ans Ende des Schwanzstiels reichen.

Erste Rückenflosse der ♂♂ spitz ausgezogen, die der ♀♀ gerundet.

Soz.V.: Friedlicher Schwarmfisch, der in kleinen Gruppen von mindestens sechs Tieren gehalten werden sollte.

Hält.B.: Nicht zu kleine Becken mit kräftiger Strömung und guter Belüftung verwenden. 23 - 26° C, pH-Wert 6,5 - 7,5.

ZU: Ist das Problem der Geschlechtswahl gelöst (am besten werden dazu erst nahezu ausgewachsene Tiere angesetzt), ist die Zucht nicht schwieriger als bei den anderen Gattungsangehörigen.

FU: O; Allesfresser.

Bes.: Keine.

T: 23 - 26° C, **L:** 11 cm, **BL:** 100 cm, **WR:** m, **SG:** 2 - 3

Melanotaenia papuae
Papua-Regenbogenfisch

ALLEN, 1981

Syn.: Keine.

Vork.: Bisher nur aus der Umgebung von Port Moresby, Papua Neuguinea, bekannt. Dort kommt die Art in einer Vielzahl von Flüssen in einem größeren Radius (ca. 35 km) um die Stadt vor. Meist handelt es sich um Regenwaldflüsse mit schlammigem oder kiesigem Bodengrund, das Wasser ist klar bis leicht trüb.

Ersteinf.: Möglicherweise noch nicht erfolgt (s. **Bes.**).

GU: ♂♂ etwas größer, mit spitz ausgezogener, leicht vergrößerter zweiter Rücken- und Afterflosse. ♀♀ etwas blasser.

Soz.V.: Friedlicher Schwarmfisch, auch in der Laichzeit überwiegend friedlich gegen Artgenossen.

Hält.B.: Becken mit einigen Pflanzenbeständen und genügend freiem Schwimm-

raum. Die Filterung sollte nicht zu einer starken Strömung führen, das mögen diese Regenbogenfische nicht besonders. Regelmäßiger Wasserwechsel erhöht das Wohlbefinden. Temperatur 24 - 30° C, pH-Wert 7 - 8,

ZU: Einfach, wie bei den meisten anderen Gattungsangehörigen.

FU: O; Allesfresser, gerne kleines Lebendfutter, gelegentlich Algen und Wasserlinsen.

Bes.: Unter dem Namen *M. papuae* wurde 1990 eine Regenbogenfischart eingeführt, bei der es sich möglicherweise um eine Fundortvariante handelt. Die Afterflosse ist rot, der Bereich über der Afterflosse in der unteren Körperhälfte manchmal vollständig schwarz.

T: 24 - 30° C, **L:** ♂ 7,5 cm, ♀ 7 cm, **BL:** 60 cm, **WR:** m, **SG:** 1 - 2

Melanotaenia praecox Seite 796

Melanotaenia oktediensis ♂

Melanotaenia papuae ♂

Melanotaenia sexlineata
Fly River-Regenbogenfisch

(MUNRO, 1964)

Syn.: *Nematocentrus sexlineatus.*

Vork.: Nur von einigen Stellen aus dem oberen Fly River-System bekannt, aus der Nähe von Kiunga, Papua Neuguinea. Dort werden kleine Regenwaldbäche bewohnt.

Ersteinf.: Nicht genau bekannt, ca. 1989.

GU: ♂♂ hochrückiger, mit deutlich kräftiger Gelbfärbung, die Flossen sind etwas stärker ausgezogen als bei den ♀♀, in guter Kondition befindliche ♀♀ haben auch einen dickeren, weißlichen Bauch (Laichansatz).

Soz.V.: Friedlicher Schwarmfisch.

Hält.B.: Mittelgroße Becken mit einigen dichten Pflanzenbeständen. 24 - 26° C, pH-Wert 7,0 - 7,5. Vor allem in nicht zu

hellen Becken mit dunklem Bodengrund kommen die goldgelben Töne deutlich besser zur Geltung.

ZU: Einfach, wie bei den meisten anderen Regenbogenfischen.

FU: O; Allesfresser.

Bes.: Früher wurde eine Variante von *Melanotaenia maccullochi* aus Papua Neuguinea bzw. der Nordspitze des Cape York (die sich durch weiß oder gelb gerandete Flossen von der Normalform unterscheidet) unter diesem Namen eingeführt (gelegentlich auch als *M. sexfasciata*), der echte *M. sexlineata* ist aber an seiner goldgelben Färbung leicht zu erkennen.

T: 24 - 26° C, **L**: 7 cm, **BL**: 80 cm, **WR**: m, **SG**: 2

Melanotaenia splendida australis
Westlicher Regenbogenfisch

(CASTELNAU, 1875)

Syn.: *Neoatherina australis, Melanotaenia solata.*

Vork.: Weitverbreitet im westlichen Bereich Australiens vom Adelaide River südlich von Darwin bis zum Ashburton River im Südwesten. Die *"solata"*-Variante kommt östlich von Darwin sowie auf zwei im Golf von Carpentaria gelegenen Inseln vor. Es werden nahezu alle möglichen Habitate mit nicht zu schnell fließendem Wasser und möglichst dichten Pflanzen- oder Algenbeständen besiedelt.

Ersteinf.: Unbekannt, wahrscheinlich schon in den 70er Jahren unerkannt eingeführt.

GU: ♂♂ größer, etwas farbiger, mit deutlich vergrößerten Rückenflossen und spitz zulaufender zweiter Rücken- und Afterflosse.

Soz.V.: Relativ friedlicher Schwarmfisch. Solange einige Verstecke für unterlegene Fische vorhanden sind, kommt es üblicherweise nicht zu Beschädigungen.

Hält.B.: Große Becken, in denen sich einige dichte Pflanzenbestände befinden

sollten. Temperatur 24 - 28° C, pH-Wert 6,5 - 8,0. Aufgrund des starken Stoffwechsels ist eine gute Filterung empfehlenswert.

ZU: Einfach, wie bei den meisten anderen Regenbogenfischen.

FU: O; Allesfresser, einen Teil der Nahrung sollten pflanzliche Bestandteile ausmachen (Trockenfutter auf Pflanzenbasis, Algen, Wasserlinsen, etc.)

Bes.: Aufgrund des großen Verbreitungsgebietes kommen einige Farbvarianten vor. Typisch für alle diese Varianten sind aber die beiden dünnen orangefarbenen Streifen, je einer ober- und einer unterhalb des dunklen Seitenbandes.
Bei den meisten der australischen Regenbogenfische, vor allen bei den aus dem Süden stammenden Varianten, hat sich eine zeitweise (etwa acht Wochen dauernde) Haltung bei niedrigeren Temperaturen (22° C) als positiv für die Lebenserwartung erwiesen. Auch eine geringere Krankheitsanfälligkeit konnte beobachtet werden.

T.: (22) 24 - 28° C, **L**: ♂ 10 cm, ♀ 9 cm, **BL**: 100 cm, **WR**: m, **SG**: 1

Melanotaenia sexlineata ♂

Melanotaenia splendida australis ♀, Australien

Brienomyrus (Brevimyrus) niger   (GÜNTHER, 1866)

Syn.: *Mormyrus niger, Marcusenius niger, Gnathonemus baudoni, Pollimyrus lhuysi, Mormyrus lhuysi.*

Vork.: Afrika: Zaire-Becken, Senegal, Gambia, Niger- und Volta-Gebiet, Tschad-Becken, Weißer Nil.

Ersteinf.: Nicht bekannt.

GU: Beim ♂ Basis der Afterflosse eingebuchtet; beim ♀ ist die Basis der Afterflosse gerade.

Soz.V.: Lebt in Schulen oder kleinen Schwärmen, nachtaktiv, versteckt sich tagsüber gern in Höhlen (Röhren ins Aquarium legen).

Hält.B.: Bodengrund aus feinstem Sand; Stellen aus Steinen und Wurzeln schaffen, die Schatten erzeugen. Die dämmerungs- und nachtaktiven Tiere brauchen solche Verstecke, um sich tagsüber verbergen zu können. Dichte Bepflanzung der Becken an den Rändern, freien Schwimmraum für die bewegungsfreudigen Tiere lassen. Möglichst weiches Wasser, aber nicht sehr empfindlich, verträgt auch saures Wasser: pH-Wert 5 und weniger.

ZU: Sehr schwierig. Voraussetzung ist die Veränderung von pH-Wert und Leitfähigkeit des Wassers, des Wasserstandes und eine Imitation von Regen (KIRSCHBAUM 1977).

FU: K; Lebendfutter wird bevorzugt. *Tubifex*, Chironomidenlarven, auch Wasserflöhe; nimmt aber auch Trockenfutter.

Bes.: Wie alle Mormyriden mit elektrischem Organ im Schwanzstiel.

T: 22 - 24° C (28°), **L**: 13 cm, **BL**: 100 cm, **WR**: alle, **SG**: 4

Campylomormyrus alces   (BOULENGER, 1929)

Syn.: *Gnathonemus alces.*

Vork.: Afrika: Zaire-Becken: Zaire und Angola.

Ersteinf.: Nicht bekannt.

GU: Afterflosse beim ? an der Basis eingebuchtet, beim ! gerade.

Soz.V.: Lebt in Trupps oder kleinen Schwärmen, nachtaktiv.

Hält.B.: Wie bei *Brienomyrus niger* angegeben. Möglichst weiches Wasser, aber nicht sehr empfindlich. Verträgt aber auch saures Wasser: pH-Wert 5 und weniger.

ZU: Sehr schwierig, wenn überhaupt schon geglückt. Voraussetzung ist die Veränderung von pH-Wert und Leitfähigkeit des Wassers, des Wasserstandes und eine Imitation von Regen.

FU: K; Lebendfutter bevorzugt. *Tubifex,* Chironomidenlarven, auch Wasserflöhe, nimmt aber auch Trockenfutter.

Bes.: Wie alle *Mormyriden* mit elektrischem Organ im Schwanzstiel.

T: 22 - 24° C (28°), **L**: bis 36 cm, **BL**: ab 120 cm, **WR**: u, m, **SG**: 4

Brienomyrus (*Brevimyrus*) *niger*, Nigeria

Campylomormyrus alces, Zaire. Siehe auch Seite 743

Campylomormyrus rhynchophorus   (BOULENGER, 1898)

Syn.: *Gnathonemus rhynchophorus, G. compressirostris*.

Vork.: Afrika: Zaire-Becken.

Ersteinf.: Nicht bekannt.

GU: Beim ♂ Basis der Afterflosse eingebuchtet, beim ♀ ist die Basis gerade.

Soz.V.: Lebt in Trupps oder kleinen Schwärmen, nachtaktiv, versteckt sich tagsüber gerne in Höhlen.

Hält.B.: Wie bei *Brienomyrus niger* angegeben. Möglichst weiches Wasser. Die Art ist aber nicht sehr empfindlich, sie verträgt auch saures Wasser: pH-Wert 5 und weniger.

ZU: Sehr schwierig, wenn überhaupt schon geglückt; Voraussetzung ist die Veränderung von pH-Wert und Leitfähigkeit des Wassers, des Wasserstandes und eine Imitation von Regen.

FU: K; Lebendfutter wird bevorzugt. *Tubifex*, Chironomidenlarven, auch Wasserflöhe; nimmt aber auch Trockenfutter.

Bes.: Wie alle Mormyriden mit elektrischem Organ im Schwanzstiel.

T: 22 - 24° C (28°), L: bis 22 cm, BL: ab 100 cm, WR: u, m, SG: 3 - 4

Campylomormyrus tamandua   (GÜNTHER, 1864)

Syn.: *Mormyrus tamandua, Campylomyrus tamandua, Gnathonemus tamandua*.

Vork.: Westafrika: Volta, Niger; Tschad-, Schari- und Zaire-Becken.

Ersteinf.: Nicht bekannt.

GU: Afterflosse beim ♂ an der Basis eingebuchtet, beim ♀ gerade.

Soz.V.: Lebt in Gruppen oder kleinen Schwärmen, nachtaktiv.

Hält.B.: Wie bei *Brienomyrus niger* angegeben. Möglichst weiches Wasser. Die Art ist nicht sehr empfindlich, verträgt auch saures Wasser: pH-Wert 5 und weniger.

ZU: Sehr schwierig, wenn überhaupt schon geglückt; Voraussetzung ist die Veränderung von pH-Wert und Leitfähigkeit des Wassers, des Wasserstandes und eine Imitation von Regen.

FU: K; Lebendfutter wird bevorzugt. *Tubifex*, Chironomidenlarven, auch Wasserflöhe; nimmt aber auch Trockenfutter.

Bes.: Wie alle Mormyriden mit elektrischem Organ im Schwanzstiel.

Die Art wurde bereits in Bd. 1, Seite 854, als *Gnathonemus tamandua* vorgestellt.

T: 22 - 24° C (28°), L: 43 cm, BL: ab 120 cm, WR: u, m, SG: 3 - 4

Campylomormyrus rhynchophorus, Zaire

Campylomormyrus tamandua, Kinshasa, Zaire

Hippotamyrus discorhynchus
(PETERS, 1852)

Syn.: *Mormyrus discorhynchus, Petrocephalus discorhynchus, Marcusenius discorhynchus, Cyphomyrus discorhynchus, Marcusenius tanganicanus, Marcusenius cubangoensis, Cyphomyrus cubangoensis.*

Vork.: Afrika: Oberes Zaire-Becken, Tanganjikasee, Malawisee, Sambesi, Cubango.

Ersteinf.: Nicht bekannt.

GU: Beim ♂ Basis der Afterflosse eingebuchtet, beim ♀ ist die Basis der Afterflosse gerade.

Soz.V.: Lebt in Trupps oder kleinen Schwärmen, nachtaktiv, versteckt sich tagsüber gerne in Höhlen, daher Röhren ins Aquarium legen.

Hält.B.: Wie bei *Brienomyrus niger* angegeben. Möglichst weiches Wasser. Die Art ist aber nicht empfindlich und verträgt auch saures Wasser: pH-Wert 5 und weniger.

ZU: Sehr schwierig, wenn überhaupt schon geglückt; Voraussetzung ist die Veränderung von pH-Wert und Leitfähigkeit des Wassers, des Wasserstandes und eine Imitation von Regen.

FU: K; Lebendfutter wird bevorzugt. *Tubifex*, Chironomidenlarven, auch Wasserflöhe; nimmt aber auch Trockenfutter.

Bes.: Wie alle Mormyriden mit elektrischem Organ im Schwanzstiel.

T: 22 - 24° C (28°), **L**: bis 30 cm, **BL**: ab 120 cm, **WR**: u, m, **SG**: 3 - 4

Hippotamyrus pictus
(MARCUSEN, 1864)

Syn.: *Petrocephalus pictus, Mormyrus pictus, Gnathonemus pictus.* Kann verwechselt werden mit *Hippotamyrus aequipinnis* oder *Hippotamyrus castor.*

Vork.: Afrika: Weißer Nil, Goldküste, Burkina Faso, Nigeria.

Ersteinf.: Nicht bekannt.

GU: Beim ♂ Basis der Afterflosse eingebuchtet, beim ♀ ist die Basis gerade.

Soz.V.: Lebt in Gruppen oder kleinen Schwärmen, nachtaktiv, versteckt sich gern in Höhlen, daher Röhren ins Aquarium legen.

Hält.B.: Wie bei *Brienomyrus niger* angegeben. Möglichst weiches Wasser. Die Art ist nicht sehr empfindlich, verträgt auch saures Wasser: pH-Wert 5 und weniger.

ZU: Sehr schwierig, wenn überhaupt schon gelungen; Voraussetzung ist die Veränderung von pH-Wert und Leitfähigkeit des Wassers, des Wasserstandes und eine Imitation von Regen.

FU: K; Lebendfutter wird bevorzugt. *Tubifex*, Chironomidenlarven, auch Wasserflöhe, nimmt aber auch Trockenfutter.

Bes.: Wie alle Mormyriden mit elektrischem Organ am Schwanzstiel.

T: 22 - 24° C (28°), **L**: 30 cm, **BL**: ab 120 cm, **WR**: u, m, **SG**: 3 - 4

Hippotamyrus discorhynchus

Hippotamyrus pictus, Nigeria

Hyperopisus bebe

(LACÉPÈDE, 1803)

Syn.: *Hyperopisus bebe bebe, H. dorsalis, H. bebe chariensis, H. bebe occidentalis, H. tenuicauda, H.occidentalis tenuicauda*. Die Art ist weit verbreitet in verschiedensten Gewässern, die Körperform variiert sehr stark, daher die zahlreichen Synonyme.

Vork.: Afrika: Nilbecken, einschließlich Albert- und Murchison-Nil, Margareten-See (Abayasee) und Ruspolisee, Äthiopien; Senegal und Volta-Gebiet, Tschad-Becken, Dahomey = Sahelo-Sudan-Bekken.

Ersteinf.: Nicht bekannt.

GU: ♂ mit schwach eingebuchteter Afterflosse.

Soz.V.: Lebt in Trupps oder kleinen Schwärmen. Färbung: dunkler Rücken, silbrige Flanken. Gegenfärbung läßt auf mehr tagaktive Lebensweise schließen.

Hält.B.: Wie bei *Brienomyrus niger* angegeben. Kommt in Flüssen und Seen vor, daher wohl nicht sehr anspruchsvoll bezüglich Wasserqualität. Weiches Wasser ist sicher ratsam.

ZU: Sehr schwierig, wenn überhaupt schon gelungen.

FU: K; Lebendfutter wird bevorzugt. Die Pflasterzähne auf Mund und Parasphenoid sprechen für Mollusken als Nahrung; Ostrakoden (Muschelkrebse?). Sonst *Tubifex*, Chironomidenlarven, auch Wasserflöhe, nimmt aber auch Trockenfutter.

Bes.: Wie alle Mormyriden mit elektrischem Organ im Schwanzstiel.

T: 22 - 24° C (28°), **L**: bis 51 cm, **BL**: ab 150 cm, **WR**: u, m, **SG**: 3 - 4

Isichthys henryi

GILL, 1863

Syn.: *Mormyrus cobitiformis*; aber auch *Mormyrops henryi, Mormyrus henryi*.

Vork.: Westafrika: Von Sierra Leone bis Nigeria, Kamerun und Gabun.

Ersteinf.: Nicht bekannt.

GU: Beim ♂ Basis der Afterflosse eingebuchtet, beim ♀ ist die Basis der Afterflosse gerade.

Soz.V.: Lebt versteckt unter den Uferbänken der Bäche und Flüsse, im Wurzelgewirr der Kräuter, Büsche, Bäume; nachtaktiv (Röhren ins Aquarium legen). Kann im Aquarium wochenlang in einer Ecke senkrecht schwimmen: Ersatz für Laichwanderung?

Hält.B.: Wie bei *Brienomyrus niger* angegeben. Möglichst weiches Wasser. Die Art ist aber nicht sehr empfindlich, verträgt auch saures Wasser: pH-Wert 5 und weniger.

ZU: Sehr schwierig, wenn überhaupt schon geglückt; Voraussetzung ist die Veränderung von pH-Wert und Leitfähigkeit des Wassers, des Wasserstandes und eine Imitation von Regen.

FU: K; Lebendfutter wird bevorzugt. *Tubifex*, Chironomidenlarven, auch Wasserflöhe; nimmt aber auch Trockenfutter.

Bes.: Wie alle Mormyriden mit elektrischem Organ im Schwanzstiel.

T: 22 - 24° C (28°), **L**: 29 cm, **BL**: ab 120 cm, **WR**: u, m, **SG**: 3 - 4

Hyperopisus bebe, Nigerdelta

Isichthys henryi

Marcusenius macrolepidotus   (PETERS, 1852)

Syn.: *Mormyrus macrolepidotus, Mormyrops macrolepidotus, Gnathonemus macrolepidotus, G. moeruensis, G. graeverti, Marcusenius macrolepidotus angolensis, Gnathonemus angolensis.*

Vork.: Afrika: Ghana, Zaire-Becken, Tansania, Kenia, Angola, Malawisee, Sambesi.

Ersteinf.: Nicht bekannt.

GU: Beim ♂ Basis der Afterflosse eingebuchtet, beim ♀ ist die Basis der Afterflosse gerade.

Soz.V.: Lebt in Trupps oder kleinen Schwärmen, nachtaktiv, versteckt sich gerne tagsüber in Höhlen.

Hält.B.: Wie bei *Brienomyrus niger* angegeben. Möglichst weiches Wasser. Die Art ist nicht sehr empfindlich, verträgt auch saures Wasser: pH-Wert 5 und weniger.

ZU: Sehr schwierig, wenn überhaupt schon gelungen; Voraussetzung ist die Veränderung von pH-Wert und Leitfähigkeit des Wassers, des Wasserstandes und eine Imitation von Regen.

FU: K; Lebendfutter wird bevorzugt. Tubifex, Chironomidenlarven, auch Wasserflöhe; nimmt aber auch Trockenfutter.

Bes.: Wie alle Mormyriden mit elektrischem Organ im Schwanzstiel.

T: 22 - 24° C (28°), **L**: bis 15 cm, **BL**: 100 cm, **WR**: u, m, **SG**: 3 - 4

Mormyrops (Mormyrops) anguilloides   (LINNAEUS, 1758)

Syn.: *Mormyrus anguilloides, M.dendera, M. herse, Mormyrops anguilloides voltae, Oxyrhynchus anguilloides, Mormyrops deliciosus, Mormyrus zambanenje, M. swanenburgi, Mormyrops longiceps, Mormyrops curviceps.*

Vork.: Afrika: Senegal, Gambia, Niger-, Volta-, Tschad-, Zaire- und Sambesi-Bekken, Tanganjikasee, Malawisee, Webi-Schebeli, Juba-Fluß.

Ersteinf.: Nicht bekannt.

GU: Beim ♂ Basis der Afterflosse eingebuchtet, beim ♀ ist die Basis der Afterflosse gerade.

Soz.V.: Als Raubfisch wohl mehr oder weniger Einzelgänger. Lebensweise kaum bekannt.

Hält.B.: Wie bei *Brienomyrus niger* angegeben. Möglichst weiches Wasser, ist aber nicht sehr empfindlich. In dem weiten Verbreitungsgebiet kommt die Art in den verschiedensten Gewässern vor, Weißwasser sowie Schwarzwasser.

ZU: Sehr schwierig, wenn überhaupt schon gelungen; Voraussetzung ist die Veränderung von pH-Wert und Leitfähigkeit des Wassers, des Wasserstandes und eine Imitation von Regen.

FU: K; Lebendfutter wird bevorzugt. Kleinere Exemplare *Tubifex*, Chironomidenlarven, Wasserflöhe, Fischbrut und Trockenfutter. Große Exemplare sind Raubfische.

Bes.: Wie alle Mormyriden mit elektrischem Organ im Schwanzstiel.

T: 22 - 24° C (28°), **L**: bis 150 cm!, **BL**: ab 300 cm, **WR**: u, m, **SG**: 3 - 4

Marcusenius macrolepidotus, Nigeria

Mormyrops (*Mormyrops*) *anguilloides*, Nigeria

Mormyrops (Mormyrops) curtus   BOULENGER, 1899

Syn.: Oxyrhynchus curtus.

Vork.: Afrika: Unterer Zaire, Zaire.

Ersteinf.: Nicht bekannt.

GU: Beim ♂ Basis der Afterflosse eingebuchtet, beim ♀ ist die Basis der Afterflosse gerade.

Soz.V.: Lebt in Gruppen oder kleinen Schwärmen, nachtaktiv, versteckt sich gerne tagsüber in Höhlen.

Hält.B.: Wie bei Brienomyrus niger angegeben. Möglichst weiches Wasser. Die Art ist nicht sehr empfindlich, verträgt auch saures Wasser: pH-Wert 5 und weniger.

ZU: Sehr schwierig, wenn überhaupt schon gelungen; Voraussetzung ist die Veränderung von pH-Wert und Leitfähigkeit des Wassers, des Wasserstandes und eine Imitation von Regen.

FU: K; Lebendfutter wird bevorzugt. Tubifex, Chironomidenlarven, Fischbrut, auch Wasserflöhe, nimmt aber auch Trockenfutter.

Bes.: Wie alle Mormyriden mit elektrischem Organ im Schwanzstiel.

T: 22 - 24° C (28°), **L**: 40 cm, **BL**: 150 cm, **WR**: u, m, **SG**: 3 - 4

Mormyrus bozasi   PELLEGRIN, 1903

Syn.: Keine.

Vork.: Afrika: Quelle-Fluß, Kongo-Republik.

Ersteinf.: Nicht bekannt.

GU: Beim ♂ Basis der Afterflosse eingebuchtet, sieht wie verkrüppelt aus; beim ♀ ist die Basis der Afterflosse gerade.

Soz.V.: Lebt in Trupps, nachtaktiv, versteckt sich tagsüber gerne in Höhlen (Röhren ins Aquarium legen).

Hält.B.: Wie bei Brienomyrus niger angegeben. Möglichst weiches Wasser, aber nicht sehr empfindlich, verträgt auch saures Wasser: pH-Wert 5 und weniger.

ZU: Sehr schwierig, wenn überhaupt geglückt; Voraussetzung ist die Veränderung von pH-Wert und Leitfähigkeit des Wassers, des Wasserstandes und eine Imitation von Regen (KIRSCHBAUM 1977).

FU: K; Lebendfutter wird bevorzugt. Tubifex, Chironomidenlarven, auch Wasserflöhe, nimmt aber auch Trockenfutter.

Bes.: Wie alle Mormyriden mit elektrischem Organ im Schwanzstiel. Entladungen, kurze Pulse, leicht hörbar zu machen, z. B. mit Taschenradio: einen Draht an Masse legen, einen anderen an den "Schleifer" des Lautstärkereglers, die andere Enden ins Aquarium tauchen. Die Entladungen beeinträchtigen andere Fischarten nicht!

T: 22 - 24 ° C (28°), **L**: 36 cm, **BL**: 120 cm, **WR**: u, m, **SG**: 3 - 4

Mormyrops (*Mormyrops*) *curtus,* Kinshasa, Zaire

Mormyrus bozasi

Mormyrus caballus

BOULENGER, 1898

Syn.: *Mormyrus curvifrons, M. bumbanus, M. caballus bumbanus, M. caballus lualabae, M. haberei, M. jae.*

Vork.: Afrika: Zaire-Becken: Zaire und Nebenflüsse, Kamerun, Angola.

Ersteinf.: Nicht bekannt.

GU: Beim ♂ Basis der Afterflosse eingebuchtet; beim ♀ ist die Basis der Afterflosse gerade.

Soz.V.: Lebt in Trupps, nachtaktiv, versteckt sich tagsüber gerne in Höhlen (Röhren ins Aquarium legen).

Hält.B.: Wie bei *Brienomyrus niger* angegeben. Möglichst weiches Wasser, aber nicht sehr empfindlich, verträgt auch saures Wasser: pH-Wert 5 und weniger.

ZU: Sehr schwierig, wenn überhaupt schon geglückt; Voraussetzung ist die Veränderung von pH-Wert und Leitfähigkeit des Wassers, des Wasserstandes und eine Imitation von Regen.

FU: K; Lebendfutter wird bevorzugt. *Tubifex*, Chironomidenlarven, auch Wasserflöhe, nimmt aber auch Trockenfutter.

Bes.: Wie alle Mormyriden mit elektrischem Organ im Schwanzstiel.

T: 22 - 24° C (28°), **L**: 50 cm, **BL**: ab 150 cm, **WR**: u, m, **SG**: 3 - 4

Mormyrus caschive

LINNAEUS, 1758

Syn.: *Mormyrus longipinnis, M. longirostris;* teilweise: *Mormyrus oxyrhynchus, M. hildebrandi, M. niloticus, M. geoffroy, M. jubelini.*

Vork.: Afrika: Nil und Nebenflüsse, Eduardsee, Georgesee, Albertsee, Albert- und Murchison-Nil, Senegal, Gambia, Niger-, Volta- und Tschad-Becken.

Ersteinf.: Nicht bekannt.

GU: Beim ♂ Basis der Afterflosse eingebuchtet; beim ♀ ist die Basis der Afterflosse gerade.

Soz.V.: Lebt in Trupps, nachtaktiv, versteckt sich tagsüber gerne in Höhlen (Röhren ins Aquarium legen).

Hält.B.: Wie bei *Brienomyrus niger* angegeben. Möglichst weiches Wasser, aber nicht sehr empfindlich, verträgt auch saures Wasser: pH-Wert 5 und weniger.

ZU: Sehr schwierig, wenn überhaupt schon geglückt; Voraussetzung ist die Veränderung von pH-Wert und Leitfähigkeit des Wassers, des Wasserstandes und eine Imitation von Regen.

FU: K; Lebendfutter wird bevorzugt. *Tubifex*, Chironomidenlarven, auch Wasserflöhe, nimmt aber auch Trockenfutter.

Bes.: Wie alle Mormyriden mit elektrischem Organ im Schwanzstiel.

T: 22 - 24° C (28°), **L**: 52 cm, **BL**: ab 150 cm, **WR**: u, m, **SG**: 3 - 4

Mormyrus caballus, Zaire

Mormyrus caschive, Nigeria

Mormyrus proboscirostris   BOULENGER, 1898

Syn.: *Mormyrus rume proboscirostris.*

Vork.: Afrika: Zaire, Oberer Zaire.

Ersteinf.: Nicht bekannt.

GU: Beim ♂ Basis der Afterflosse eingebuchtet; beim ♀ ist die Basis der Afterflosse gerade.

Soz.V.: Lebt in Trupps, nachtaktiv, versteckt sich tagsüber gerne in Höhlen (Röhren ins Aquarium legen).

Hält.B.: Möglichst weiches Wasser, aber nicht sehr empfindlich, verträgt auch saures Wasser: pH-Wert 5 und weniger.

ZU: Sehr schwierig, wenn überhaupt schon geglückt; Voraussetzung ist die Veränderung von pH-Wert und Leitfähigkeit des Wassers, des Wasserstandes und eine Imitation von Regen.

FU: K; Lebendfutter wird bevorzugt. *Tubifex*, Chironomidenlarven, auch Wasserflöhe, nimmt aber auch Trockenfutter.

Bes.: Wie alle Mormyriden mit elektrischem Organ im Schwanzstiel.

T: 22 - 24° C (28°), L: 57 cm, BL: 150 cm, WR: u, m, SG: 3 - 4

Petrocephalus christyi   BOULENGER, 1920

Syn.: Keine.

Vork.: Afrika: Zaire-Becken.

Ersteinf.: Nicht bekannt.

GU: Beim ♂ Basis der Afterflosse eingebuchtet; beim ♀ ist die Basis der Afterflosse gerade.

Soz.V.: Lebt in Trupps oder in kleinen Schwärmen. Die silbrige Färbung mit dunklem Rücken - Gegenfärbung - deutet auf mehr pelagische, tagaktive Lebensweise hin.

Hält.B.: Wie bei *Brienomyrus niger* angegeben. Möglichst weiches Wasser, aber nicht sehr empfindlich, verträgt auch saures Wasser: pH-Wert 5 und weniger.

ZU: Sehr schwierig, wenn überhaupt schon geglückt; Voraussetzung ist die Veränderung von pH-Wert und Leitfähigkeit des Wassers, des Wasserstandes und eine Imitation von Regen.

FU: K; Lebendfutter wird bevorzugt. Wasserflöhe, Weiße Mückenlarven, Chironomidenlarven, aber auch Trockenfutter.

Bes.: Wie alle Mormyriden mit elektrischem Organ im Schwanzstiel.
Petrocephalus-Arten haben am Kopf eine besonders dicke Epidermis, die durchscheinend ist; der Kopfumriß scheint doppelt zu sein. In ihr liegen die Sinnesorgane des "Elektrischen Sinnes" (Elektrorezeptoren). Bei vielen Arten, so auch bei *Petrocephalus christyi*, sind diese Rezeptoren über dem Auge, über der Kiemenöffnung und unter der Brustflosse zu "Rosetten" angeordnet.
Die Gattung *Petrocephalus* wird, auch noch nach anatomischen Eigenarten, zu einer eigenen Unterfamilie - Petrocephalinae - gestellt, die übrigen Gattungen bilden die Unterfamilie Mormyrinae (TAVERNE 1972).

T: 22 - 24° C (28°), L: 11 cm, BL: 100 cm, WR: u, m, SG: 3 - 4

Mormyrus proboscirostris

Petrocephalus christyi, Kinshasa, Zaire

Pollimyrus adspersus

(GÜNTHER, 1866)

Syn.: *Mormyrus adspersus, Marcusenius adspersus.*

Vork.: Afrika: Zaire-Becken, Kamerun, Nigeria.

Ersteinf.: Nicht bekannt.

GU: Beim ♂ Basis der Afterflosse eingebuchtet; beim ♀ ist die Basis der Afterflosse gerade.

Soz.V.: Lebt in Trupps oder kleinen Schwärmen. Die silbrige Färbung mit dunklem Rücken - Gegenfärbung - deutet auf mehr pelagische, tagaktive Lebensweise hin.

Hält.B.: Wie bei *Brienomyrus niger* angegeben. Möglichst weiches Wasser, aber nicht sehr empfindlich, verträgt auch saures Wasser: pH-Wert 5 und weniger.

ZU: Sehr schwierig, wenn überhaupt schon geglückt; Voraussetzung ist die Veränderung von pH-Wert und Leitfähigkeit des Wassers, des Wasserstandes und eine Imitation von Regen.

FU: K; Lebendfutter wird bevorzugt. Wasserflöhe, Chironomidenlarven, nimmt aber auch Trockenfutter.

Bes.: Wie alle Mormyriden mit elektrischem Organ im Schwanzstiel.

T: 22 - 24° C (28°), **L**: 8 cm, **BL**: 100 cm, **WR**: u, m, **SG**: 3 - 4

Pollimyrus isidori

(VALENCIENNES, 1846)

Syn.: *Mormyrus isidori, Petrocephalus isidori, Marcusenius gaillardi, M. rudebeckii, M. isidori isidori.*

Vork.: Afrika: Nil, Gambia, Mittlerer Niger, Volta- und Tschad-Becken, Küstenflüsse der Elfenbeinküste. Leicht damit verwechselbare Unterarten: Zaire-Becken, Kamerun, Nigeria.

Ersteinf.: Nicht bekannt.

GU: Beim ♂ Basis der Afterflosse eingebuchtet; beim ♀ ist die Basis der Afterflosse gerade.

Soz.V.: Lebt in Gruppen oder kleinen Schwärmen, nachtaktiv, versteckt sich gern in Höhlen (Röhren ins Aquarium legen).

Hält.B.: Wie bei *Brienomyrus niger* angegeben. Möglichst weiches Wasser, aber nicht sehr empfindlich, verträgt auch saures Wasser: pH-Wert 5 und weniger.

ZU: Sehr schwierig, wenn überhaupt schon geglückt; Voraussetzung ist die Veränderung von pH-Wert und Leitfähigkeit des Wassers, des Wasserstandes und eine Imitation von Regen.

FU: K; Lebendfutter wird bevorzugt. Wasserflöhe, Chironomidenlarven, nimmt aber auch Trockenfutter.

Bes.: Wie alle Mormyriden mit elektrischem Organ im Schwanzstiel.

T: 22 - 24° C (28°), **L**: 10 cm, **BL**: 100 cm, **WR**: u, m, **SG**: 3 - 4

Pollimyrus adspersus, Nigeria

Pollimyrus isidori, Ajegbende, Nigeria

Pseudomugil novaeguineae
Guinea-Blauauge

WEBER, 1908

Syn.: Keine.

Vork.: Bislang nur von wenigen Lokalitäten bekannt, da auch Schwärme dieses Blauauges scheinbar wandern und schwierig zu lokalisieren sind.

Ersteinf.: Nicht bekannt.

GU: ♂♂ mit spitz ausgezogenen, ♀♀ mit abgerundeten Flossen. ♂♂ in Balz- und Laichstimmung mit Rottönen in den hinteren Flossen.

Soz.V.: Friedlicher Schwarmfisch, der in Schwärmen von mindestens 10 Exemplaren gehalten werden sollte.

Hält.B.: Kleine bis mittelgroße Becken, am besten Artenbecken. Einige Stellen dicht bepflanzen. Bei starker Beleuchtung wird das Balzverhalten intensiviert. pH-Wert 6,5 - 8,0, Temperatur 26 - 30° C. Einige Schwimmpflanzen werden als Ablaichplätze angenommen.

ZU: Einfach. Die großen Eier brauchen bis über 14 Tage bis zum Schlupf, die großen Jungfische können leicht von der Wasseroberfläche abgelesen werden. Gelegentlich, bei einer ausreichenden Schwimmpflanzendecke, überleben einige der Jungfische auch im Hälterungsbecken.

FU: K, O; Allesfresser. Jungfische können mit frischgeschlüpften Artemia-Nauplien und feinstgeriebenem Flockenfutter aufgezogen werden.

Bes.: Die in letzter Zeit fälschlich unter dem Namen Pseudomugil novaeguineae (zusammen mit der dann meist ebenso bezeichneten Art P. gertrudae) eingeführten Fische waren P. tenellus.

T: 26 - 30° C, **L:** 3,5 cm, **BL:** 50 cm, **WR:** m, o, **SG:** 2 - 3

Pseudomugil paskai
Paska-Blauauge

ALLEN & IVANTSOFF, 1986

Syn.: Keine.

Vork.: Bisher nur aus einigen kleinen Bächen in der Nähe von Kiunga (Papua Neuguinea) bekannt, im oberen System des Fly-River, etwa 850 km vom Meer entfernt. Es handelt sich um typische Regenwaldbäche mit zahlreich vorhandenen Wasserpflanzen.

Ersteinf.: ca. 1991.

GU: ♂♂ mit deutlich länger ausgezogenen Rücken- sowie Brustflossen und spitz zulaufender zweiter Rücken- und Afterflosse. Die (dezenten) Farben sind beim ♀ etwas blasser.

Soz.V.: Friedlicher Schwarmfisch, der in Gruppen nicht unter 10 Tieren gehalten werden sollte.

Hält.B.: Kleine, gut durchlüftete Artenbecken. pH-Wert 6,5 - 7,5, Temperatur 22 - 26° C, bis 15° dGH. Einige Stellen sollten dicht mit feinfiedrigen Pflanzen besetzt sein.

ZU: Am besten im Hälterungsbecken. Etwa ein Drittel des Beckens sollte mit Schwimmpflanzen (mit feinfiedrigen Wurzeln) bedeckt sein. Die recht großen Eier brauchen bis über 14 Tage zum Schlupf, die frischgeschlüpften Jungfische können sofort frischgeschlüpfte Artemia-Nauplien fressen. Im Artenbecken können die Jungen täglich mit einem Löffel aus den Schwimmpflanzen herausgefangen und in ein separates Aufzuchtbecken überführt werden. Nicht sehr produktive Art.

FU: K, O; Allesfresser, gerne kleines Lebendfutter wie ausgesiebtes Tümpelfutter, Artemia-Nauplien.

Bes.: Etwas empfindlicher als die ähnlichen Arten P. gertrudae und P. tenellus. Evtl. mit P. gertrudae zu verwechseln, aber deutlich blasser.

T: 22 - 26° C, **L:** 3 cm, **BL:** 50 cm, **WR:** m, o, **SG:** 3 - 4

Pseudomugil novaeguineae

Pseudomugil paskai ♂

Salmo trutta x *Salvelinus fontinalis*
Tigerfisch

Syn.: Keine.

Vork.: Hybride, der gelegentlich im Lebensraum der Bachforelle nach Besatzmaßnahmen mit dem Bachsaibling auftritt.

Ersteinf.: Einheimische Kreuzung.

GU: ♂ mit kräftigem Unterkiefer und kleinem Laichhaken.

Soz.V.: Im Alter räuberischer Einzelgänger.

Hält.B.: Großräumige, kühle und gut belüftete Kaltwasseraquarien mit Versteckmöglichkeiten unter großen Steinen, Wurzeln und Quellmoosbüschen.

ZU: Unfruchtbare Kreuzung aus *Salmo trutta* x *Salvelinus fontinalis* oder *Salvelinus fontinalis* x *Salmo trutta*, die jeweils für eine Generation auch im Freiland entsteht, da Laichtermin und Laichritual bei beiden Arten nahezu identisch sind.

FU: K; große Wasserinsekten, Würmer und Kleinfische.

Bes.: Speisefisch.

T: 5 - 15° C, **L:** max. 50 cm, **BL:** 150 cm, **WR:** u, **SG:** 3

Plagioscion squamosissimus
Süßwasser-Umberfisch

(HECKEL, 1840)
Unterfam.: Sciaeninae

Syn.: *Scianema squamosissima, Sciane-ma amazonica, S. crouvina, Johnius crou-vina, Johnius amazonicus, Corvina mo-nocantha, Pachyurus squamosissimus, Diplolepis squamosissimus.*

Vork.: Südamerika; Flüsse und Urwald-seen im peruanischen und brasiliani-schen Amazonasgebiet.

Ersteinf.: In den 80er Jahren in die USA.

GU: Unbekannt. Möglicherweise können die ♂♂, wie die der Meerwasser-Umber-fische, weithin vernehmbare, artbedingt unterschiedliche Laute erzeugen, die als Trommeln, Quaken, Schnarchen oder Grunzen beschrieben werden.

Soz.V.: Bisher unbekannt.

Hält.B.: Pflege nur in großen Schau-aquarien. Raubfisch, daher nur mit ande-ren großen Fischarten aus dem Amazo-nas vergesellschaften.

ZU: Unbekannt.

FU: K; lebende oder tote Futterfische, mageres Säugerfleisch, evtl. auch Fo-rellenfutterpellets.

Bes.: Die Süßwasser-Umberfische ge-hören zu einer amazonischen Tiergruppe, die in vorgeschichtlicher Zeit aus dem Meer in das riesige Brackwasserbecken einwanderte, das weite Teile des heuti-gen Amazonastieflandes bedeckte. Die bereits erwähnte Lauterzeugung männli-cher Umberfische soll dadurch zustande-kommen, daß die der Schwimmblase an-liegende Abdominalmuskulatur deren Wandung vibrieren läßt. Dabei werden bei einigen Arten bis zu 24 Schwingun-gen pro Sekunde erzeugt. Da diese Lau-te zumeist während der Laichzeit zu hö-ren sind, wird vermutet, daß sie den ♂♂ zur Anlockung der ♀♀ sowie auch als Drohgebärde gegenüber Rivalen dienen. Diese Art ist durch den schwarzen Fleck unter dem Ansatz der Brustflossen cha-rakterisiert. Speisefisch.

T: 22 - 27° C, L: um oder über 50 cm, BL: 200 - 300 cm, WR: m, SG: 3

Sillaginopsis panijus   (HAMILTON, 1822)

Syn.: *Sillago domina.*

Vork.: Küstengewässer Asiens, Mündungsgebiet des Ganges, Indien.

Ersteinf.: 1992 durch BLEHER.

GU: ♂♂ etwas kleiner und farbiger als ♀♀.

Soz.V.: Nicht mit kleineren Fischen halten, Schwarmfisch, aber auch Einzelgänger.

Hält.B.: Brackwasser. Kräftige Filterung. Im Süßwasser halten nur jüngere Tiere bis etwa 18 cm Länge einige Monate aus.

ZU: Im Aquarium nicht möglich. Es wird zweimal jährlich zwischen November und Februar sowie August und September gelaicht. Die Jungtiere schwimmen für 2 - 3 Monate ins Süßwasser.

FU: K, O; Allesfresser, Krebstiere, Seesterne, Würmer, etc. Im Aquarium Pellets aller Art, Großflocken.

Bes.: Der Art fehlt die Schwimmblase. Angelfisch. Das Fleisch ist weiß und wohlschmeckend.
* BERTIN (nach DECKERT 1991) faßt die Familien Latilidae, Sillaginidae, Malacanthidae und Brachiostegidae als eine Gruppe auf und vereinigt sie in der Familie Latiliidae.

T: 22 - 28° C **L:** bis 44 cm, **BL:** ab 150 cm, **WR:** m, u, **SG:** 4 (G)

Solea (Brachirus) selheimi

MACLEAY, 1882

Syn.: *Synaptura selheimi.*

Vork.: Nördliches Australien, Golf von Carpentaria mit seinen Zuflüssen: westlich bis Darwin, östlich bis Port Musgrave. Nur wenige Fundorte in den Bereichen des Palmer, Mary, Mc. Arthur, Mitchell sowie Leichhardt River.

Ersteinf.: Vermutlich erst Ende 1990 durch GLASER.

GU: Unbekannt.

Soz.V.: Friedliche Bodenbewohner des Süß- und Brackwassers, die außerhalb der Paarungszeit als Einzelgänger leben.

Hält.B.: Eine längere erfolgreiche Pflege dieser Art setzt eine, zumindest zeitweise, Haltung in Brackwasser voraus. Allgemein sollte das Wasser einen Salzzusatz aufweisen. Feiner Sandboden, in den sich diese Fische eingraben können, ist Bedingung für ihr Wohlbefinden. Dazu sollte eine kräftige Filterung mit Wasserrücklauf für klares Wasser und eine zumindest geringe Wasserbewegung sorgen.

ZU: Unbekannt.

FU: K; kleines Lebendfutter, wie *Tubifex*, Rote Mückenlarven, auch Daphnien und *Cyclops*, vermutlich auch Flockenfutter und Futtertabletten.

Bes.: Neben *Solea (Brachirus) selheimi* kommt in Australien noch *Solea (Brachirus) salinarum* OGILBY, 1911 etwa im selben Verbreitungsgebiet, vor. Beide Arten unterscheiden sich durch geringe taxonomische Merkmale in der Anzahl der Seitenlinienschuppen und der Kaudalstrahlen (siehe dazu Band 2, Seite 1157). Die dichte Körperfleckung von *Solea (Brachirus) selheimi* ist scharf konturiert, die von *S. (B.) salinarum* dagegen ohne scharfe Begrenzung, da jeder Fleck aus zahlreichen dunklen Pigmentteilchen zusammengesetzt ist.

T: 22 - 26° C, L: 10 - 15 cm, BL: 80 cm, WR: u, SG: 2 - 4

Achirus achirus
Zwergsüßwasserflunder

(LINNAEUS, 1758)

Syn.: *Pleuronectes achirus*.

Vork.: Südamerika: Surinam, Brasilien, Uruguay, Peru: Flußgebiete des Rio Ucayali, Rio Marañón und Amazonas; Contamana, Iquitos, Yarimaguas, Yarina Cocha bei Pucallpa, Gosulimacocha.

Ersteinf.: Unbekannt. 1979 durch FRANKE aus Peru.

GU: Unbekannt.

Soz.V.: Friedliche, außerhalb der Paarungszeit als Einzelgänger lebende Grundfische.

Hält.B.: In ihren amazonischen Heimatgewässern leben die Zwergsüßwasserflundern auf dem Sedimentschlamm in der Flachwasserzone großer Urwaldseen. Da man diese Gegebenheiten im Aquarium nicht nachvollziehen kann, muß diesen Fischen feiner Sand zur Verfügung stehen, in den sie sich zeitweise bis auf die hervorstehenden Augen eingraben. Die Wasserwerte der Yarina Cocha, einer toten Flußschleife des Rio Ucayali bei Pucallpa/Peru, in der die Art häufig zu sein scheint, betrugen: 11,3° dGH, pH-Wert 6,8, Leitwert 600 - 640 µS/cm bei 34° C in Oberflächennähe der Flachwasserzone.

ZU: Unbekannt.

FU: K; kleines Lebendfutter, besonders Rote Mückenlarven und *Tubifex*, Enchyträen, auch *Cyclops*, *Moina* und kleinere Daphnien.

Bes.: Interessante und im Aquarium bei entsprechender Pflege lange haltbare Art, leider bisher nur selten importiert.
*ESCHMEYER (1990) zählt die Gattung *Achirus* zur Familie Achiridae.

T: 25 - 28° C, L: 10 cm (oder etwas mehr), BL: 60 cm, WR: u, SG: 3 - 4

Eigenmannia lineata   (MÜLLER & TROSCHEL, 1848)

Syn.: *Eigenmannia virescens, Sternopygus tumifrons, S. microstomus.*

Vork.: Weite Verbreitung in Südamerika.

Ersteinf.: Nicht bekannt.

GU: ♂♂ werden größer als ♀♀. Reife Eierstöcke schimmern gelblich, reife Hoden weißlich durch die Bauchhaut. Schwanzanhang beim ♂ breiter. Frequenz der Entladung beim ♀ höher.

Soz.V.: Gesellig lebende Tiere, die feste Sozialstrukturen ausbilden und sich individuell erkennen. Bei den Rangordnungskämpfen gibt es nie Verletzungen. Nachtaktiv; aber auch tagsüber lebhaft.

Hält.B.: Die Tiere benötigen ausreichend Schwimmraum und leben in allen Wasserschichten; eine dichte Schwimmpflanzendecke ist für das Wohlbefinden und als potentielles Ablaichsubstrat wichtig. Auf Bodengrund kann verzichtet werden.

ZU: Zum ersten Mal 1975 gelungen. Zur Auslösung der Gonadenreifung müssen Hochwasserbedingungen (Anstieg des Wasserniveaus, Verringerung der Leitfähigkeit des Wasser, Imitation von Regen) simuliert werden. Ablaichen nachts in Schwimmpflanzen; das dominante ♂ laicht mit dem jeweils laichbereiten ♀. 40 - 160 Eier werden pro Laichgang abgelegt. Ablaichintervalle dauern 2 - 4 Tage.

FU: K; lebende oder tiefgefrorene Insektenlarven; Rote oder Weiße Mückenlarven, Salinenkrebse. *Tubifex* oder Daphnien werden nicht gern gefressen. Trockenfutter wird nicht angenommen.

Bes.: Das elektrische System erlaubt Orientierung in der Dunkelheit und wird zur Elektrokommunikation (bei Fortpflanzung sehr wichtig) verwendet. Das Regenerationsvermögen ist sehr ausgeprägt.

T: 20 - 30° C, **L**: ♀ bis 20 cm, ♂ bis 35 cm, **BL**: ab 100 cm, **WR**: o, m, u, **SG**: 3

Hippichthys spicifer
Braune Seenadel, Indische Seenadel

BLEEKER, 1853

Syn.: *Syngnathus gastrotaenia, S. tapeinosoma, S. hunnuii, Corythroichthys spicifer, Syngnathus spicifer* var. *gastrotaenia, S. (Parasyngnathus) spicifer, Micrognathus suvensis, Doryichthys suvensis, Bombonia spicifer.*

Vork.: Östlicher Indischer Ozean, Rotes Meer bis Indonesien, Küstengewässer von Indien, Komoren, Sri Lanka, Samoa, Fidschi.

Ersteinf.: Nicht bekannt.

GU: ♂♂ hochrückiger und mit dunkler Bauchseite (Bruttasche).

Soz.V.: Friedliche Art, nur mit sehr ruhigen Fischen vergesellschaften. Kleine Fische bis 3 cm Länge werden als Nahrung angesehen.

Hält.B.: Sandboden mit harten Pflanzen, die Salzzusatz vertragen, wie z.B. einige Vallisnerien. Salzzusatz 10 g/l Wasser. pH-Wert 7,5 - 8,2; Härte über 20 - 30° dGH.

ZU: Temperatur 24 - 28° C. Salzzusatz 1 - 1,5 g/l Wasser. Jungfische und lebende Schwarze Mückenlarven zum Laichansatz. Das ♂ schwimmt stark gekrümmt auf dem Rücken, mit der Bauchseite zum ♀. Das ♀ legt seine Eier in die Bauchtasche des ♂. Die Eier sind oval und klein. Bei 27 - 28° C schlüpfen die Larven innerhalb von 36 - 48 Stunden. Aufzucht mit Infusorien, später *Artemia*.

FU: K; feinstes Lebendfutter, Daphnien, *Cyclops, Artemia, Tubifex,* Mikroälchen, Mückenlarven. Tote Nahrung wird nach Gewöhnung im Herabfallen genommen.

Bes.: Im "alten" HOLLY-MEINKEN-RACHOW wird die Art mit einem Foto von VAN DEN NIEUWENHUIZEN vorgestellt. Sicher stellt das Foto rechts und das vorzitierte Bild die gleiche Art dar. Da die nebenstehende Art aus Indonesien stammt, dürfte es sich um *H. spicifer* handeln.

T: 23 - 28° C, **L**: 18 cm, **BL**: 100 cm, **WR**: m, u, **SG**: 4

Microphis (Oostethus) brachyurus aculeatus
Große Süßwassernadel

(KAUP, 1856)

Syn.: *Microphis (Dorichthys) aculeatus, M. (D.) smithii, Doryichthys lineatus* (partim), *D. juillerati, Microphis aculeatus, Doryichthys macropterus, Microphis smithii, M. brachyurus, M. smithii, Syngnathus pulchellus, Oostethus brachyurus aculeatus.*

Vork.: Afrika: Küstengewässer (Süß- und Meerwasser) von Senegal bis Angola.

Ersteinf.: 1954.

GU: ♂ mit Bauchtasche, die durch zwei Längsleisten gebildet wird. Beim ♀ ist der Bauch abgerundet.

Soz.V.: Ruhige, friedliche Art, vorzugsweise nur für Artbecken.

Hält.B.: Sandboden mit harten Pflanzen, die Salzzusatz vertragen, wie z.B. einige Vallisnerien. Salzzusatz 10 g/l Wasser. pH-Wert 7,5 - 8,2; Härte über 20 - 30° dGH.

ZU: Die Zucht dürfte der der vorigen Art gleichen.

FU: Wie vorige Art.

Bes.: Die Art wurde unter dem Synonym *Microphis smithii* bereits vorgestellt (Bd. 1, Seite 865). Die Lateralansicht auf diesem Foto zeigt die Art etwas eindeutiger.

T: 22 - 26° C, **L**: 20 cm, **BL**: 100 cm, **WR**: m, **SG**: 4

Hippichthys spicifer

Microphis (Oostethus) brachyurus aculeatus

Novumbra hubbsi   SCHULTZ, 1929

Syn.: Keine.

Vork.: Nordamerika, USA, in einem relativ begrenzten und isolierten Vorkommen auf der Olympic-Halbinsel im Bundesstaat Washington, wo verschiedene Küstengewässer bevölkert werden.

Ersteinf.: Unbekannt.

GU: Die Unterschiede sind nicht immer sehr deutlich, vor allem nicht außerhalb der Laichzeit. Im allgemeinen zeigen die ♂♂ eine intensiver dunkelbraune bis dunkelgraue breitere senkrechte Streifung, die vom Rücken zur Bauchseite verläuft. Die hellere Streifung der ♀♀ ist meist nur angedeutet und sehr unregelmäßig. Der obere Kiemendeckelrand ist blauschwarz, ebenso die Augen der ♂♂. Die Färbung der unpaaren Flossen zeigt eine dunkel gefleckte Basis und einen weißlichen Saum, der in der Kaudale meist fehlt. Während der Balz intensiviert sich die Grundfärbung der ♂♂ und wird dunkelbraun bis schwarz.

Soz.V.: Friedliche Art, die ♂♂ sind allerdings territorial und verteidigen ihr Revier.

Hält.B.: *Novumbra hubbsi* ist ein Fisch für das unbeheizte Aquarium, besser noch für einen abgeschlossenen Gartenteich. Die Fische dürfen nicht in offene Gewässer entlassen werden (Faunenverfälschung). In der Natur finden sie sich in stark verkrauteten, ruhigen Gewässern, das Aquarium sollte also dicht mit Wasserpest, Tausendblatt oder ähnlichem bepflanzt werden. Die Wasserwerte sind von untergeordneter Bedeutung. Auch vorübergehend niedrigen Sauerstoffgehalt vertragen diese anspruchslosen Tiere problemlos.

ZU: Die Laichzeit von *N. hubbsi* liegt im Frühjahr, die Larven besitzen Klebedrüsen am Kopf, mit denen sie an den Pflanzen hängenbleiben.

FU: K, O; in erster Linie Lebendfutter aller Art, aber auch Flockenfutter.

Bes.: Keine.

T: 4 - 25° C (Kaltwasserfisch), **L**: 8 cm, **BL**: 100 cm, **WR**: u, m, **SG**: 2

Novumbra hubbsi, ♂

Novumbra hubbsi, ♀

Zeichenerklärung *

Zeichenerklärung zum Bildteil:

Fam.:	= Familie
Unterfam.:	= Unterfamilie
Syn.:	= Synonym = gleichlautend

In der Systematik der Tiernamen ist immer nur der Name der Art gültig, den der Erstbeschreiber festgelegt hat. Nachfolgende Neubeschreibungen der gleichen Art unter einem anderen Namen sind sogenannte Synonyme oder Synonyma.

Vork.: = Vorkommen. Hiermit ist das ursprüngliche Verbreitungsgebiet gemeint.

Ersteinf.: = Ersteinführung. Bei vielen Arten ist es recht interessant zu wissen, wie lange die Art schon in der Aquaristik bekannt ist.

GU: = Geschlechtsunterschiede ♂ = Männchen, ♀ = Weibchen

Soz.V.: = Sozialverhalten

Hält.:B.: = Hälterungsbedingungen
Hinter den Angaben bei pH-Wert und Härte (dGH) stehen häufig Werte in Klammern. Diese Werte sind für den Fisch am zuträglichsten.

ZU: = Zucht. Die Angabe in dieser Rubrik soll lediglich einen Anhaltspunkt geben. Komplette Zuchtanleitungen entnehme man den Fachzeitschriften oder einschlägigen Fachbüchern.

FU: = Futterplan

Bes.: = Besonderheiten

T: = Temperatur

L: = Länge des Fisches ausgewachsen. Die Angabe in Klammern bezieht sich auf die mögliche Länge im Aquarium.

BL: = Beckenlänge

WR: = Wasserregion: o = obere; m = mittlere; u = untere

SG: = Schwierigkeitsgrad. Siehe hierzu die Erläuterungen auf Seite 203 in Band 1.

FU: (Futterplan)

Bei den einzelnen Fischbeschreibungen stehen in dieser Rubrik am Anfang die Abkürzungen: K, H, L, O.
Diese Abkürzungen bedeuten:

K = Karnivore = Fleischfresser
H = Herbivore = Pflanzenfresser
L = Limnivore = Aufwuchsfresser
O = Omnivore = Allesfresser

SG 1: (Arten für Anfänger)
SG 2: (Arten für Anfänger im Vorkenntnissen)
SG 3: (Arten für Fortgeschrittene)
SG 4: (Arten für Könner und Spezialisten)

H = Herbivore; C = Chemie; K = Karnivore; G = Größe

* Die ausführlichen Erläuterungen finden Sie in Band 1, Seite 200 ff.

Index

Verzeichnis der gültigen wissenschaftlichen und deutschen Fischnamen sowie der Synonyma

In diesem Stichwortverzeichnis sind die Gattungs- und Artnamen *kursiv* geschrieben. Die Familien und Unterfamilien sind **fett** gedruckt. Ist eine Seitenzahl **fett** gedruckt, so bedeutet dies, daß sich für die Art auf der angegebenen Seite ein Steckbrief befindet. Ist jedoch die Seitenzahl mager gedruckt, so handelt es sich bei den einzelnen Taxa (Arten) um Synonyma.

Index

Index

Index

Index

Index

Index

Index

Index

Index

Index

Index

Index

Index

847

Index

Index

Index

Index

Index

Index

853

Index

Index

855

Index

Index

Literaturverzeichnis

Das Literaturverzeichnis ist als Ergänzung der in Band 1 bis Band 3 aufgeführten Literaturzitate gedacht.

Allen G.R. (1989): Freshwater fishes of Australia. T.F.H. Publications, Neptune City.

Allen, G.R. (1991): Field guide to the freshwater fishes of New Guinea. Madang

Andrews C. (1990): Gesunde Zierfische. Grundlagen - Vorbeugung - Heilung. Tetra Verlag, Melle.

Andrews C. (1991): Faszinierende Goldfische. Tetra-Verlag, Melle.

Arnold, A. (1990): Eingebürgerte Fischarten. Zur Biologie und Verbreitung allochtoner Wildfische in Europa. Ziemsen Verlag, Wittenberg Lutherstadt, Deutschland.

Baensch H.A., Paffrath K. and Seegers L. (1992): Mergus Gartenteich Atlas. Mergus Verlag für Natur- und Heimtierkunde, Melle.

Balirwa, J.S. (1990): Die Barbus-Arten des Viktoriasees (Pisces, Cyprinidae). DATZ 43 (6), 349-354; Stuttgart, Deutschland.

Banarescu, Petru und Teodor T. Nalbant (1968): Cobitidae collected by the German India expedition, in: Mitt. Hamburg, Biol. Mus. Inst. 65., 327-51 (1968).

Banarescu P. (1990): Zoogeography of fresh waters. Vol. 1: General distribution and dispersal of freshwater animals. Aula - Verlag, Wiesbaden.

Banarescu P. (1992): Zoogeography of fresh waters. Vol. 2: Distribution and dispersal of freshwater animals in North America and Eurasia. Aula-Verlag, Wiesbaden.

Berkenkamp, H.O. (1989): *Rivulus erberi* spec. nov., ein neuer Bachling aus Ecuador, mit der Wiederbeschreibung von *Rivulus limoncochae* Hoedeman, 1962 (Rivulidae). Das Aquarium, (238): 211-218.

Bishop K.A., Allen S.A., Pollard D.A. & Cook M.G. (1990): Ecological studies on the freshwater fishes of the Alligator Rivers Region, Northern Territory. Vol. 2: Synecology. Australian Government Publishing Service, Canberra.

Brembach M. (1991): Lebendgebärende Halbschnäbler. Verlag Natur & Wissenschaft, Solingen.

Büscher, H.H. (1990): Xenotilapia papilio n. sp., ein neuer Cichlide aus dem Tangajikasee (Cichlidae, Ectodini). DATZ 43 (5), 289-293; Stuttgart, Deutschland.

Crapon de Caprona, M.-.D. & Fritzsch B. (eds)(1989): Proceedings of the workshop on biology and conservation of cichlids. Held at Bielefeld 24. - 27. 2. 1988. Ann. Kon. Mus. Midden-Afr., Zool. Wetensch. 257: 1-156, Tervuren.

Daget J., Gosse J.-.P., Teugels G.G. & Thys van den Audenaerde D.F.E. (1991): Checklist of the freshwater fishes of Africa. Vol. 4. ISNB - MRAC - ORSTOM, Brüssel - Tervuren - Paris.

Derijst E. (1989): Katalog der Regenbogenfische. Belgische Bond van Aquarium- und Terrariumhouders, Geraardsbergen.

DeWitt, H.C.D. (1990): Aquarienpflanzen. Ulmer Verlag, Stuttgart, Deutschland.

Echelle, A.A., C. Hubbs & A.F. Echelle (1972): Developmental rates and tolerances of the Red River Pupfish, *Cyprinodon rubrofluviatilis*. The Southwestern Naturalist, 17 (1): 55-60.

Eccles, D.,H. & Trewavas, E. (1989): Malawian cichlid fishes. The classification of some Haplochromine genera. Lake Fish Movies, Herten, Deutschland.

Eschmeyer W.N. (1991): Catalogue of the genera of recent fishes. California Academy of Sciences, San Francisco.

Fiedler K. (1991): Lehrbuch der Speziellen Zoologie. Band II: Wirbeltiere, Teil 2: Fische. Gustav Fischer Verlag, Stuttgart.

Frickhinger K.A. (1991): Kleine Zierfischwelt. Tetra-Verlag, Melle.

Géry J., Planquette P. & Le Bail P.Y. (1991): Faune characoide (poissons ostariophysaires) de L'Oyapock, L'Approuague et la Riviere Kaw (Guayane Francaise). Cybium 15, Suppl. 1-69.

Hieronimus, H. (1989): Welse. Ulmer Verlag, Stuttgart, Deutschland.

Holcík, Juray: The Freswater Fishes of Europe, Vol 1, Part. I. Petromyzontiformes, Aula Verlag, Wiesbaden 1986.

Huber, J.H. (1992): Review of *Rivulus*. Ecobiogeography - Relationships. Cybium, Société Française d'Ichthyologie. Mus. Nat. Hist. Nat., Paris.

Inger, Robert F. und Phui Kong Chin: The Fresh-Water Fishes of North Borneo. Fieldiana: Biology, vol. 45, Chicago Nat. Hist. Mus.

James B. (1990): Koi. Eine umfassende Einführung zur Haltung und Pflege dieser einzigartigen Zierkarpfen. Tetra-Verlag, Melle.

Jayaram, K.C. (1966): Contributions to the study of the fishes of the family Bagridae. A systematic account of the African genera with a new classification of the family. Bull. I.F.A.N., (A) 28 (3): 1064-1139, 4 figs.

Jayaram, K. C. (1981): The Fresh-Water Fishes of India, A Handbook, Calcutta 1981.

Konings, A. (1990): Descriptions of six new Malawi cichlids. Trop. Fish Hobbyist **38** (no. 11), 110-129, Neptune City, U.S.A.

Konings, A. (Red.)(1991): Das Cichlidenjahrbuch, Band 1. Edition Cichlid Press, St. Leon-Rot.

Konings A. (Red.)(1992): Das Cichlidenjahrbuch, Band 2. Edition Cichlid Press, St. Leon-Rot.

Kottelat, M. (1990): Indochinese Nemacheilines. A revision of nemacheiline loaches (Pisces: Cypriniformes) of Thailand, Burma, Laos, Cambodia and southern Viet Nam. Verlag F. Pfeil, München, Deutschland.

Kozhov, M. (1963): Lake Baikal and its life. Dr. W. Junk, Publishers, Den Haag, Niederlande.

Kullander S.O. & Nijssen H. (1989): The cichlids of Suriname (Teleostei: Labroidei). Verlag E.J. Brill, Leiden.

Lelek, Anton: The Freshwater Fishes of Europe, Vol. 9, Threatened Fishes of Europe, Aula Verlag, Wiesbaden, 1987.

Leveque C., Paugy D. & Teugels G.G. (eds)(1990): Faune des poissons d'eaux douces et saumatres de l'Afrique de l'Ouest. Tome 1. ORSTOM et MRAC, Paris.

Lévêque, C., D. Paugy, G.G. Teugels (1992): Faune des poissons d'eaux douces et saumâtres de l'Afrique de l'Ouest, Vol. 2, Musée Royal de l'Afrique Centrale, Tervuren, & ORSTOM, Paris.

Lim K.K.P. & Ng P.K.L. (1990): A guide to the freshwater fishes of Singapore. Singapore Science Centre, Singapore.

Linke H. (1990): Labyrinthfische - Farbe im Aquarium. Tetra-Verlag, Melle.

Loiselle, P.V. (1981): Aus der Wüste von Nevada: Der Killi *Crenichthys baileyi*. Aquarien Magazin, 15 (1): 42-47.

Loiselle P.V. (1991): Afrikanische Cichliden. Tetra-Verlag, Melle.

Mayland H.J. (1991): Das Gesellschaftsaquarium. Landbuch Verlag, Hannover.

Mc Allister, Don E.: A working List of Fishes of the World, Ichthyology Section Natural Museums of Canada, Ottawa, Ontario, 1988.

Meffe G.K., & Snelson Jr F.E. (eds)(1989): Ecology and evolution of livebearing fishes (Poeciliidae). Englewood Cliffs, Prentice Hall.

Meinken, Hermann (1961): Noemacheilus botia botia (Ham.-Buch., 1822): - eine hübsche Schmerle aus Ceylon.

Melzer J. (1991): Wunderwelt Aquarium. Tetra-Verlag, Melle.

Menon A.G.K. (1987): The fauna of India and the adjacent countries. Pisces, Vol. 4: Teleostei - Cobitoidea, part 1: Homalopteridae. Amra Press, Madras

Mills D. (1990): Gesellschaftsfische. Tetra-Verlag, Melle.

Mohsin, A.K.M. & Ambak, M.A. (1983): Freshwater fishes of peninsular Malaysia. Penerbit Universiti, Kuala Lumpur, Malaysia.

Naiman, R.J. & D.L. Soltz (Eds.) (1981): Fishes in North American Deserts. J. Wiley & Sons, New York, Chichester, Brisbane, Toronto.

Literaturverzeichnis

Ott, Gerhard (1982): Acanthocobitis botia botia (Ham.-Buch, 1822), in: DATZ 35., (1d: 371-373 (1982).

Page, Lawrence M. & Burr, Brooks M., Freshwater Fishes, Peterson Field Guide, Houghten Mifflin Company, Boston - New York.

Paysan K. (1992): Aquarienfische. Franckh-Kosmos Verlags-GmbH & Co., Stuttgart.

Pethiyagoda R. (1991): Freshwater fishes of Sri Lanka. Wildlife Hertage Trust of Sri Lanka, Colombo.

Ploeg A. (1991): Revision of the South American cichlid genus Crenicichla Heckel, 1840, with descriptions of fifteen new species and considerations on species groups, phylogeny and biogeography (Pisces, Perciformes, Cichlidae). Universität Amsterdam, Amsterdam.

Rendahl, Holmar (1948): Die Süßwasserfische Birmas. I. Die Familie Cobitidae, in: Arkiv för Zoologi (Stockholm), 40. A., (7): 1 - 116 (1948).

Riehl, R. & Bless, R. (1995): First report on the egg deposition and egg morphology of the endangered endemic romanian perch Romanichthys valsanicola. Journal of Fish Biology (im Druck).

Roberts, T.R. (1989): The freshwater fishes of western Borneo (Kalimantan Barat, Indonesia). Mem. Calif. Acad. Sci. **14**, 1-210; San Francisco, U.S.A.

Robins C.R. et al. (1991): Common and scientific names of the fishes from the United States and Canada. 5th edition. American Fisheries Society, Bethesda.

Roman, B. (1985): Peces de agua dulce de Venezuela, tomo I. Editorial Biosfera, Caracas, Venezuela.

Roman, B. (1988): Peces de agua dulce de Venezuela, tomo II. Fundacion Cientifica Fluvial de Los Llanos, Caracas, Venezuela.

Sands D. (1991): Afrikanische und asiatische Welse. Tetra-Verlag, Melle.

Sands D. (1991): Mittelamerikanische Cichliden. Tetra-Verlag, Melle.

Schreck C.B. & Moyle P.M. (1990): Methods for fish biology. American Fisheries Society, Bethesda.

Scott P.W. (1989): Lebendgebärende Fische. Tetra Verlag, Melle.

Soltz, D.L. & R.J. Naiman (1978): The natural history of the native fishes in the Death Valley System. Nat. Hist. Mus. L A. County, Sci. Ser., 30: 1-76.

Spreinat, A. (1990): Kaiserbuntbarsche des Malawisees. Ulmer Verlag, Stuttgart, Deutschland.

Spreinat, Andreas (1994): Malawisee-Cichliden aus Tansania. Unitext-Verlag, Göttingen.

Stallknecht H. (1989): Lebendgebärende Zahnkarpfen. Neumann Verlag, Leipzig - Radebeul.

Stiassny M.L.J. (1989): A taxonomic revision of the African genus Tylochromis (Labroidei, Cichlidae); with notes on the anatomy and relationships of the group. Musee Royal Afrique Centrale, Tervuren.

Storch V. & Welsch U. (1991): Systematische Zoologie. 4. Auflage. Gustav Fischer Verlag, Stuttgart.

Sublette J.E., Hatch M.D. & Sublette M. (1990): The fishes of New Mexico. University of New Mexico Press, Albuquerque.

Tomelleri, J.R. & Eberle, M.E. (1990): Fishes of the Central United States. University Press of Kansas, Lawrence, U.S.A.

Tönsmeier D. (1989): Einheimische Fische im Aquarium. Verlag Eugen Ulmer, Stuttgart.

Fotonachweis

Allen, Dr. Gerald R.: 713 o, 717 (2), 739 u, 751 u, 777 u, 788 u, 793 (2), 795 (2), 821 (2).

Allison, David: 219 u.

Baensch, Hans A.: 75, 108, 124, 151 o, 280.

Bless, Dr. Rüdiger: 735 o.

Böhm, Otto: 455 (2),474 o, 475 o.

Bohlen, Jörg: 719 o, 721 u, 723 u.

Büscher, Horst: 615 (2), 643 (2), 645 u, 647 o, 651 (2), 653 o, 655 u, 656, 659 o, 671 o, 673 o, 707 (2).

Dieckhoff, Horst: 579, 583 u, 593 u, 617 o, 635 o, 637 (2), 647 u, 657 u, 659 u, 671 u, 677 o, 787 u.

Evers, Hans-Georg: 67 u, 79 o, 115 o, 237 u, 241 u, 245 o, 249 o, 252 o, 253, 261 o, 295 (2), 307 u, 319 o, 783 o.

Foersch, Dr. Walter: 405 (2).

Franke, Dr. Hanns-Joachim: 19, 25 u, 35 o, 61 o, 62, 73 o, 79 u, 83 o, 85 u, 87 u, 89 o, 93 o, 95 o, 107 u, 111 u, 115 u, 131 o, 135 u, 229 (2), 230, 237 o, 249 u, 256, 257 (2), 277 (2), 278, 279 (2), 285 u, 289 u, 307 o, 335, 826.

Freyhof, Jörg: 7, 33 u, 59 o, 162, 163 o, 165 (2), 179 u, 201 u, 203 o, 209 (2), 211 (2), 213 u, 417 o, 587 o, 625 (2), 639 o, 663 u, 665 (2), 681 (2), 683 (2), 685 (2), 687 u, 689 o, 691 u, 693 o, 695 (2), 697 (2), 699 o, 701 u, 731 u, 735 u, 773 u, 817 o.

Garbe, Heiner: 667 u.

Greet, Jaan-Jan de: 205 (2), 551 o.

Hartl, Andreas: 191 u, 280, 287 (2), 303 o, 575, 746 (2), 747 (2), 822.

Hellner, Steffen: 357 u, 367 (2), 379 u.

Herrmann, Hans J.: 635 u.

Hieronimus, Harro: 91, 459 u, 461 o, 517 u (2).

Horsthemke, Hans: 222, 714, 715 (2), 739 o, 741 (2), 751 o, 753 o, 757 u, 759 (2), 761 o, 763 (2), 765 u, 767 (2), 773 o, 777 o, 779 u, 781 (2).

Kirschbaum, Dr. Frank: 827.

Kochetov, Alexander M.: 6, 11, 12, 13, 145 u, 146 u, 149 (2), 161 (2), 213 o, 215 o, 217 u, 221 u, 708, 709, 731 o, 736, 742, 745 o, 748, 749 (3), 771 (2), 774, 775 (2), 779 o.

Linke, Horst: 21, 65 o, 564, 565 u (4), 567 (2), 568, 569 (2), 571 (2), 573 (2), 574, 587 u.

Lucas, Peter: 289 o, 599 o, 601 u.

Mayland, Hans-Jörg: 25 o, 97 u, 113 u, 141, 189, 193 o, 281 u, 327 u, 653 u, 687 o.

Meyer, Manfred K.: 195 u, 450, 451, 453 (2), 457 (2), 459 o, 461 u, 465 (2), 467 (2), 469 (2), 471 (2), 472, 473 (2), 474 u, 475 u, 477 (2), 479 (2), 481 (2), 483 (2), 485 (2), 487 (2), 488 (2), 489 (2), 491 (2), 493 (2), 495 (2), 497 (2), 499 (2), 501 (2), 503 (2), 505 (2), 507 (2), 509 (2), 511 (2), 512 (2), 513 (2), 515 (2), 517 o, 519 (2), 521 (2), 523 (2), 525 (2), 527 (2), 528 (2), 529 (2), 531 u, 533 (2), 535 (2), 537 (2), 539 (2), 541 (2), 543 (2), 545 (2), 546, 547 (2), 549 (2), 551 u, 552, 553 (2), 554, 555 (2), 556 (2), 557, 558, 559 (2), 560, 561 (2), 563 (2), 581 u, 595 u, 629, 631 (2), 633 u, 649 (2), 655 o, 679 (2).

Minde, Ulrich: 577 o, 597 o, 608, 641 u.

Müller, Friedrich: 565 o.

Nieuwenhuizen, Arend van den: 117 o, 221 o, 223.

Norman, Aaron: 9 (2), 27 o, 41 u, 63, 67 o, 69 u, 71 o, 77, 81 u, 83 u, 87 o, 89 u, 93 u, 95 u, 99 o, 109 u, 111 o, 127 o, 132, 137 o, 139 o, 140, 153 o, 157 u, 183 u, 201 o, 207 u, 235 o, 291 u, 305 (2), 401 u, 427 o, 445 o, 718, 725 u, 729 o, 745 u, 823.

Ott, Gerhard: 157 o.

Fotonachweis

Pinter, Helmut: 131 u.
Reinhardt, Hans: 217 o, 737, 768.
Rahm, Patrick de: 327 o.
Rösler, Hans-Jürgen: 409 u.
Sands, David D.: 243 o.
Schliewen, Ulrich: 691 o.
Schraml, Erwin: 17 o, 61 u, 107 o, 127 u, 153 u, 187 u, 207 o, 224, 271, 273 u, 275 o, 283 o, 293 o, 296, 297 u, 301 o, 309 u, 325 o, 585 (2), 589 u, 595 o, 633 o, 675 (2), 713 u, 789, 791 o, 797 u, 799 (2), 801 o.
Schramm, Ulrich: 241 o.
Schreiber, Roland: 285 o, 299 (2), 339 u, 788 o, 797 o.
Seegers, Lothar: 44, 101 u, 113 o, 171 o, 175 o, 188, 225, 235 u, 315 (2), 317 u, 331, 333 u, 340, 351 o, 353 u, 355 u, 359 (2), 361 (2), 365 (2), 368 u, 371 (2), 373 (2), 375 (2), 377 (2), 382 u, 385 o, 387 o, 389 u, 391 u, 393 (2), 395 o, 397 (2), 399 (2), 403 (2), 407 u, 411 u, 423 o, 429 u, 431 o, 433 (2), 437 u, 619 o, 621 u, 623 (2), 661 u, 769.
Seuss, Werner: 121 u, 239 (2), 243 u, 245 u, 247 (2), 251 u, 252 u, 255 (2), 259 (2), 261 u.
Sosna, Ernst: 85 o, 601 o, 607 o, 609 u, 705, 753 u.
Spreinat, Dr. Andreas: 22, 311 o, 317 o, 581 o, 583 o, 593 o, 617 u, 641 o, 645 o, 657 o, 663 o, 673 u, 677 u, 701 u,
Staeck, Dr. Wolfgang: 577 u, 639 u, 755 o, 761 u, 813 u.
Szafranek, Klaus: 368 o, 369 o, 381 u, 401 o.
Warzel, Frank: 597 u, 605 o, 607 u.
Werner, Uwe: 291 o, 589 o, 591 (2), 599 u, 603 (2), 605 u, 609 o, 611 (2), 613 (2), 619 u, 621 o, 627 (2), 667 o, 669 (2), 689 u, 699 u, 703 (2).
Wildekamp, Ruud: 23 (2), 27 u, 29 (2), 31 (2), 33 o, 35 u, 37 (2), 39 (2), 41 o, 42, 43, 45, 47 (2), 49 (2), 51 (2), 52, 53 (2), 55 (2), 56 (2), 57, 59 u, 69 o, 71 u, 73 u, 74, 81 o, 90, 97 o, 99 u, 101 o, 105 (2), 109 u, 117 u, 119 (2), 121 o, 122 (2), 123, 125, 129 (2), 133, 135 o, 137 u, 139 u, 143 (2), 145 o, 146 o, 147, 150 (2), 151 u, 155 (2), 159 (2), 163 u, 167 (2), 169 (2), 171 u, 172 (2), 173, 175 u, 176 (2), 177, 179 o, 181 (2), 185 (2), 187 o, 191 o, 193 u, 195 o, 197 (2), 199 (2), 203 u, 219 o, 227 (2), 231, 233 (2), 262, 263, 264, 265. 267 (2), 268, 269, 270, 273 o, 275 u, 281 o, 283 u, 293 u, 297 o, 298, 301 u, 303 u, 309 o, 311 u, 313 (2), 319 u, 321 (2), 323 (2), 325 u, 329 (2), 333 o, 334, 336, 337, 339 o, 347 (2), 348 (2), 349 (2), 351 u, 353 o, 355 o, 356 (2), 357 o, 363 (2), 369 u, 379 o, 381 o, 382 o, 383 (2), 385 u, 387 u, 389 o, 391 o, 395 u, 400 (2), 407 o, 409 o, 411 o, 413 (2), 415 (2), 417 u, 419 (2), 420 (2), 421 (2), 423 u, 425 (2), 426 (2), 427 u, 429 o, 431 u, 434 (2), 435, 437 o, 439 (2), 441 (2), 443 (2), 445 u, 447 (2), 449 (2), 463 (2), 531 o, 661 o, 693 u, 710 (2), 711, 719 u, 721 o, 722, 723 o, 725 o, 727 (2), 729 u, 733 u, 755 u, 757 o, 783 u, 785 (2), 787 o, 791 u, 801 u, 803 (2), 805 u, 807 (2), 809 (2), 811 (2), 813 o, 815 (2), 817 u, 819 (2), 824, 825, 829 (2), 831 (2).
Zarske, Dr. Axel: 103 (2), 183 o, 215 u, 251 o.

Ihr AQUARIEN ATLAS
befindet sich in
guter Gesellschaft

Wir wünschen Ihnen viel Freude und Anregung beim Lesen.

Die Autoren

GARTENTEICH ATLAS
Rund um den Gartenteich und
das Kaltwasseraquarium
Baensch, Paffrath, Seegers

Was dem Taucher ein prächtiger Unterwassergarten, ist dem
Gartenliebhaber sein Gartenteich.
Der Band gibt Tips und praxisbezogene Beispiele zur Errichtung
und Pflege eines Teiches. Ein breiter Teil ist den Tieren im und um
den Teich gewidmet. 440 Land- und Wasserpflanzen werden von
Kurt Paffrath in Farbfotos vorgestellt.

1024 Seiten, 1100 Farbfotos, zahlreiche Zeichnungen.
Format wie alle MERGUS ATLAS - Bände 12,5 x 19 cm.

ISBN 3-88244-024-4 (festgebunden) Kunstleder
ISBN 3-88244-109-7 Taschenbuchausgabe